《量子电动力学（第四版）》

　　本书是《理论物理学教程》的第四卷，内容包括外场中自由粒子的相对论理论，光发射和散射理论，相对论微扰理论及其在电动力学过程中的应用，辐射修正理论，高能过程的渐近理论。本书的处理透彻、仔细而不学究式。本书可作为高等学校物理专业高年级本科生教学参考书，也可供相关专业的研究生、科研人员和教师参考。

《统计物理学 I（第五版）》

　　本书是《理论物理学教程》的第五卷，根据俄文最新版译出。本书以吉布斯方法为基础讲述统计物理学。全书论述热力学基础，理想气体，非理想气体理论，费米分布与玻色分布，固体统计理论，溶液理论，化学反应与表面现象，高密度下物质的性质，晶体的对称性，涨落理论，相平衡，二级相变和临界现象。本书可作为高等学校物理专业高年级本科生或研究生的教学参考书，也可供相关专业的研究生、科研人员和教师参考。

《流体力学（第五版）》

　　本书是《理论物理学教程》的第六卷，将流体力学作为理论物理学的一部分来阐述，全书风格独特，内容和视角与其它教材相比有很大不同。作者尽可能全面地研究了所有对物理学有重要意义的问题，尽可能清晰地描述了诸多物理现象和它们之间的相互关系。主要内容除了流体力学的基本理论外，还包括湍流、传热传质、声波、气体力学、激波、燃烧、相对论流体力学和超流体等专题。本书可作为高等学校物理专业高年级本科生教学参考书，也可供相关专业的研究生和科研人员参考。

列夫·达维多维奇·朗道（1908—1968） 理论物理学家、苏联科学院院士、诺贝尔物理学奖获得者。1908 年 1 月 22 日生于今阿塞拜疆共和国的首都巴库，父母是工程师和医生。朗道 19 岁从列宁格勒大学物理系毕业后在列宁格勒物理技术研究所开始学术生涯。1929—1931 年赴德国、瑞士、荷兰、英国、比利时、丹麦等国家进修，特别是在哥本哈根，曾受益于玻尔的指引。1932—1937 年，朗道在哈尔科夫担任乌克兰物理技术研究所理论部主任。从 1937 年起在莫斯科担任苏联科学院物理问题研究所理论部主任。朗道非常重视教学工作，曾先后在哈尔科夫大学、莫斯科大学等学校教授理论物理，撰写了大量教材和科普读物。

朗道的研究工作几乎涵盖了从流体力学到量子场论的所有理论物理学分支。1927 年朗道引入量子力学中的重要概念——密度矩阵；1930 年创立电子抗磁性的量子理论（相关现象被称为朗道抗磁性，电子的相应能级被称为朗道能级）；1935 年创立铁磁性的磁畴理论和反铁磁性的理论解释；1936—1937 年创立二级相变的一般理论和超导体的中间态理论（相关理论被称为朗道相变理论和朗道中间态结构模型）；1937 年创立原子核的概率理论；1940—1941 年创立液氦的超流理论（被称为朗道超流理论）和量子液体理论；1946 年创立等离子体振动理论（相关现象被称为朗道阻尼）；1950 年与金兹堡一起创立超导理论（金兹堡－朗道唯象理论）；1954 年创立基本粒子的电荷约束理论；1956—1958 年创立了费米液体的量子理论（被称为朗道费米液体理论）并提出了弱相互作用的 CP 不变性。

朗道于 1946 年当选为苏联科学院院士，曾 3 次获得苏联国家奖；1954 年获得社会主义劳动英雄称号；1961 年获得马克斯·普朗克奖章和弗里茨·伦敦奖；1962 年他与栗弗席兹合著的《理论物理学教程》获得列宁奖，同年，他因为对凝聚态物质特别是液氦的开创性工作而获得了诺贝尔物理学奖。朗道还是丹麦皇家科学院院士、荷兰皇家科学院院士、英国皇家学会会员、美国国家科学院院士、美国国家艺术与科学院院士、英国和法国物理学会的荣誉会员。

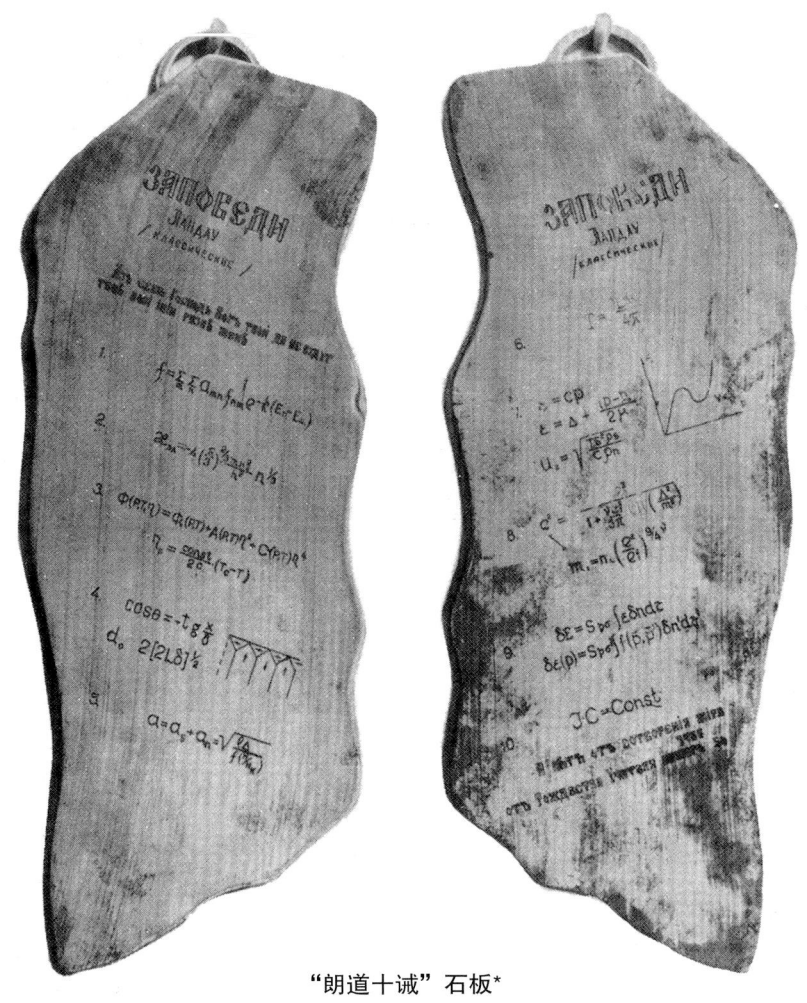

"朗道十诫"石板*

1958年苏联原子能研究所为庆贺朗道50岁寿辰,送给他的刻有朗道在物理学上最重要的10项科学成果的大理石板,这10项成果是:

1. 量子力学中的密度矩阵和统计物理学(1927年)
2. 自由电子抗磁性的理论(1930年)
3. 二级相变的研究(1936—1937年)
4. 铁磁性的磁畴理论和反铁磁性的理论解释(1935年)
5. 超导体的混合态理论(1934年)
6. 原子核的概率理论(1937年)
7. 氦Ⅱ超流性的量子理论(1940—1941年)
8. 基本粒子的电荷约束理论(1954年)
9. 费米液体的量子理论(1956年)
10. 弱相互作用的CP不变性(1957年)

---

* Бессараб М Я. Ландау: Страницы жизни. Москва: Московский рабочий, 1988.

ТЕОРЕТИЧЕСКАЯ ФИЗИКА ТОМ V

Л. Д. ЛАНДАУ
Е. М. ЛИФШИЦ

СТАТИСТИЧЕСКАЯ ФИЗИКА Часть 1

理论物理学教程 第五卷

TONGJI WULIXUE

统计物理学 I（第五版）

Л. Д. 朗道　Е. М. 栗弗席兹　著　束仁贵　束莼　译　郑伟谋　校

俄罗斯联邦教育部推荐大学物理专业教学参考书

高等教育出版社·北京

图字:01－2007－0914 号

Л. Д. Ландау, Е. М. Лифшиц Теоретическая физика. Учебное пособие для вузов в 10 томах
Copyright © FIZMATLIT ® PUBLISHERS RUSSIA, ISBN 5－9221－0053－X
The Chinese language edition is authorized by FIZMATLIT ® PUBLISHERS RUSSIA for publishing and sales in the People's Republic of China

图书在版编目(CIP)数据

理论物理学教程. 第 5 卷. 统计物理学. Ⅰ: 第 5 版/(俄罗斯)朗道,(俄罗斯)栗弗席兹著;束仁贵,束莼译,郑伟谋校. —北京: 高等教育出版社, 2011.4 (2023.11重印)
ISBN 978－7－04－030572－2

Ⅰ. ①理… Ⅱ. ①朗… ②栗… ③束… ④束… ⑤郑… Ⅲ. ①理论物理学-教材 ②统计物理学-教材 Ⅳ. ①O41 ②O414.2

中国版本图书馆 CIP 数据核字(2011)第 030474 号

策划编辑	王　超	责任编辑	王　超	封面设计	刘晓翔
版式设计	余　杨	责任校对	杨雪莲	责任印制	田　甜

出版发行	高等教育出版社	咨询电话	400－810－0598
社　　址	北京市西城区德外大街 4 号	网　　址	http://www.hep.edu.cn
邮政编码	100120		http://www.hep.com.cn
印　　刷	涿州市京南印刷厂	网上订购	http://www.landraco.com
开　　本	787×1092　1/16		http://www.landraco.com.cn
印　　张	30		
字　　数	550 000	版　次	2011 年 4 月第 1 版
插　　页	1	印　次	2023 年 11 月第 8 次印刷
购书热线	010－58581118	定　价	99.00 元

本书如有缺页、倒页、脱页等质量问题, 请到所购图书销售部门联系调换。
版权所有　侵权必究
物　料　号　30572－00

第四版编者序

在准备《统计物理学》第四版付印之际，已经纠正了明显的印刷错误，并加了某些详细说明。这些订正的大部分在本书最新的英文版中已有。我还认为有必要在§133和§145的末尾补充关于无公度相的简短说明。这种相的发现，从本质上阐明了 E. M. 栗弗席兹关于二级相变可能性判据的意义。与此相应，在§150增加了一个研究无公度相相变的习题。最后，关于晶体表面张力问题的讨论有所扩展。我衷心地感谢安德列耶夫（А. Ф. Андреев）、加洛辛斯基（И. Е. Дзялошинский）、柳巴尔斯基（Г. Я. Любарский）、马克西莫夫（Л. А. Максимов）、梅希科夫（С. В. Мешков）、波克罗夫斯基（В. Л. Покровский），我曾与他们讨论本书有关的一系列问题。

Л. П. 皮塔耶夫斯基
1989年11月

第三版序言

本书已大幅增补并修订，所有这些工作由我和皮塔耶夫斯基共同完成。

新增章节包括气体磁性、简并等离子体热力学、液晶、二级相变涨落理论和临界现象。关于固体和晶体对称的两章已大大扩充，特别是详尽地论述了晶态物理学所用的空间不可约群表示理论。关于涨落耗散定理的各节也已增订。

处理量子液体理论及相关的近理想简并气体理论的几节已从本书删去。量子液体物理学，由卡皮查的开创性实验及朗道本人的理论工作而奠定基础并大为发展，目前已形成一大学科，其意义已远超出它的原先对象——液氦同位素。量子液体理论的论述，现在即便在理论物理普通教程中也拥有其合理的位置，而本书旧版只有几节论及是不够的。

这些章节将以大大扩充的方式形成本教程的另一卷，目前正由皮塔耶夫斯基和我撰写。该卷也将详细论述格林函数方法和图技术，它们在很大程度上决定了近20年来统计物理学的发展。将这些（及另外一些）论题另辟一卷的原因，不仅在于将它们收入本卷会使篇幅过大并显著地改变其整体特点。问题还在于，这些论题实质上与流体力学和宏观电动力学关系密切；再如，在论述超导电性微观理论时引用这种现象的已知宏观理论也较为方便。根据这个理由，新卷作为本教程的一卷将列于连续介质的力学和电动力学等卷之后。

本书的第一版（只含经典统计学）于1938年问世。将吉布斯普遍方法用于统计物理学，即便到了20世纪30年代仍须如该版前言摘录（已重印附后）中所列的那些论证，在如今的读者看来可能觉得不可思议。也许正是在展现统计物理学一般原理和各种应用的过程之中，朗道最能显露出他把握全局的异常广博以及他洞悉有效捷径获取大大小小理论结果的惊人能力。

最后，谨以皮塔耶夫斯基和我个人的名义，衷心感谢И. Е. 加洛辛斯基，И. М. 栗弗席兹和В. Л. 波克罗夫斯基，与他们曾就本书修订进行过许多讨论。

E. M. 栗弗席兹
1975年5月 莫斯科

旧版序言摘录

在物理学家中有一种相当普遍的误解：统计物理学是理论物理中基础最不牢靠的一个分支。这种误解，通常是因为他们看到某些统计物理学的结论缺乏严格的数学证明，而他们没有看到，理论物理的所有其它分支也有同样的不严格论证，却并没有当成那些学科基础不足的证据。

由克劳修斯、麦克斯韦和玻尔兹曼奠基的统计物理学，已通过吉布斯的工作变成逻辑连贯且条理清晰的体系。吉布斯给出了一般方法，原则上可以应用于统计物理学面对的所有问题。可惜吉布斯方法没有被充分采纳。现有的大量统计物理学书籍的主要缺点恰好就在于：它们的作者不以这种一般方法作为基础，而只是顺便一带而过。

统计物理学和热力学一起形成一个整体。热力学的全部概念和物理量，可最自然、最简单、也最严格地从统计物理学的概念中得出。即使说热力学的一般理论没有统计物理学也能够表述，热力学对具体问题的应用却总离不开统计物理。

在本书中，我们力图把统计物理与热力学放在一起系统地论述。吉布斯方法是基础。统计物理学的所有具体问题都借助于这个一般方法研究。在证明时，我们不追求数学严密性，这在理论物理中通常也做不到，我们主要强调各个物理结论间的相互联系。

在讨论经典统计物理的基础时，我们从一开始就考虑系统小部分（子系）的统计分布，而不是整个闭合系统的统计分布。这种方法恰好对应于统计物理的主要问题与目的，这就完全能够避开各态经历或其它类似假说的问题，实际上这些假说对于这里的目的并不重要。

理想气体，从一般方法的观点看是个例，所以我们不叙述玻尔兹曼方法本身。这种方法无法证实自己的合理性；尤其是，很难对引入先验概率给出理由。然而，理想气体熵的玻尔兹曼表达式可以从吉布斯方法的普遍公式导出。

Л. Д. 朗道，E. M. 栗弗席兹
1937—1939 年

版本说明

在朗道、栗弗席兹的十卷本《理论物理学教程》中，第五卷《统计物理学 I》占有特殊的地位，因为它是朗道及其同事策划的这套教材的原版书中最早出版的一卷。

早在 20 世纪 30 年代初在列宁格勒物理技术研究所时期，朗道即与其好友博隆斯坦（M. Bronstein）合作，由后者根据自己的讲课笔记写出了这本书的初稿。1932 年朗道到哈尔科夫担任乌克兰物理技术研究所理论部主任后，组织其学生继续这套丛书的写作，当时的计划是第一卷《力学》（由朗道与皮亚季戈尔斯基（L. Piyatigorskii）合写），第二卷《统计物理》（由朗道与栗弗席兹在博隆斯坦已完成初稿的基础上改写），第三卷《电动力学》（由朗道与皮亚季戈尔斯基合写），同时出版一本《理论物理习题集》（由朗道、栗弗席兹和罗森凯维奇（L. Rozenkevich）合写，1935 年出版了第一部分《力学习题集》）。受 1936 年斯大林发起的"大清洗"影响（博隆斯坦于 1937 年被捕，次年被处死；另一位合作者罗森凯维奇也于 1937 年被捕并处死；1937 年"乌克兰物理技术所反革命事件"导致朗道与皮亚季戈尔斯基失和），写作计划受到干扰，这套书只有前两卷写成。1937 年朗道转到莫斯科物理问题研究所工作后，当时在该所工作的英国低温物理学家肖因伯格（D. Shoenberg，卡皮查的学生）博士将已成稿的《统计物理学》译成英文，1938 年 4 月朗道被捕后由牛津大学出版社出版。据说，本书以英文出版是卡皮查营救朗道的措施之一。

《统计物理学》的俄文版刚巧在朗道被捕前的 1938 年 2 月印出，1940 年又出了修订版。英文版和这两个俄文版都只含经典统计，既包含经典统计也包含量子统计的《统计物理学》直到 1951 年才出版。按照当时的计划，它是全教程的第四卷。1958 年起，朗道、栗弗席兹将全教程的计划改为九卷，被列为教程第五卷的《统计物理学》增订第二版于 1964 年由苏联科学出版社出版，内容做了较大调整，增加了有关凝聚态、非理想气体、二级相变以及涨落的内容。

1968 年朗道逝世后，栗弗席兹和皮塔耶夫斯基（L. Pitaevskii）合作对本书做了增补和调整，于 1975 年由苏联科学出版社出版了增补第三版，并将书名改为《统计物理学 I》，这样做的原因，是他们决定将全教程扩充为十卷，将原《统计物理学》中有关量子液体理论以及弱非理想简并气体理论部分抽出，单独成卷（即现在的教程第九卷《统计物理学 II（凝聚态理论）》）。做此调整后，《统计物理学 I》的内容和篇幅仍比第二版多，增加的内容主要为气体的磁学性质、简并等离子体的热力学、液晶、二级相变和临界现象的涨落理论。《统计物理学 I》的俄文第四版和第五版是 1985 年栗弗席兹逝世后，由皮塔耶夫斯基编辑，于 1995 年和 2005 年出版的，第五版实际是第四版的重印版，而第四版内容与第三版基本相同，只是在个别章节做了若干补充说明并增加了一个习题。

《统计物理学》共有过四个英译本，分别是 1938 年牛津大学出版社出版的肖因伯格译本，1958 年由英国 Pergamon Press 出版的 E. Peierls 和 R. F. Peierls 据俄文第一版译出的译本，以及均由 J. B. Sykes 和 M. J. Kearsley 翻译的 1969 年英译第二版及 1980 年英译第三版，后三个译本名义上与俄文的第一、二、三版对应。

《统计物理学》第一个中译本是 1964 年 7 月由人民教育出版社出版的，主译者为杨训恺（参与前七章翻译的人员有程开甲、徐躬耦、刘建恒、梁昆淼、张汝仁等），这个中译本参照的原本是 1951 年的俄文第一版和 1958 年 Pergamon Press 出版的英译本。由于 1958 年的英译本内容已非常接近 1964 年的俄文第二版，所以杨训恺先生的这个译本的内容介于俄文第一版和第二版之间。杨译《统计物理学》无论在科学性还是文字表达上均属上乘。该版本曾多次重印，1964—1979 年期间共发行了 3 万册以上。

这次出版的中文新译本，是根据俄文第五版及英文第三版译出的，翻译参考了杨训恺先生的译本。对束仁贵和束纯二位译者的译稿，郑伟谋先生逐节逐句做了精心核审和修正，保证了译本的科学和文字质量，殊为不易。南京大学物理学院鞠国兴教授又做了细致的勘误，使译本更趋完善。

刘寄星
2012 年 4 月

记号

字母上加 ^ 表示算符.
字母上加横线或用角括号 $\langle\cdots\rangle$（参见(1.5)后的脚注）表示物理量的平均值.

相空间

p, q 分别是广义动量和广义坐标

$\mathrm{d}p\mathrm{d}q = \mathrm{d}p_1\mathrm{d}p_2\cdots\mathrm{d}p_s\mathrm{d}q_1\mathrm{d}q_2\cdots\mathrm{d}q_s$ 是相空间的体积元（s 是自由度数）

$$\mathrm{d}\Gamma = \frac{\mathrm{d}p\mathrm{d}q}{(2\pi\hbar)^s}$$

$\int'\cdots\mathrm{d}\Gamma$ 对所有物理上不同状态的积分

热力学量

T 温度
V 体积
P 压强
E 能量
S 熵
$W = E + PV$ 焓
$F = E - TS$ 自由能
$\Phi = E - TS + PV$ 热力学势
$\Omega = -PV$ 热力学势
C_p, C_v 热容   (c_p, c_v 分子比热)
N 粒子数
μ 化学势
α 表面张力系数

$\mathscr{S}$ 界面面积

在所有公式中温度以能量为单位表示(换算成以开尔文为单位的方法参看§9,§42的脚注)

在引用《理论物理学教程》其它各卷的章节和公式时,给出的卷号对应的书名是:

第一卷:《力学》,俄文第五版,中文第一版,
第二卷:《场论》,俄文第八版,中文第一版,
第三卷:《量子力学(非相对论理论)》,俄文第六版,中文第一版,
第四卷:《量子电动力学》,俄文第四版,中文第一版,
第七卷:《弹性理论》,俄文第五版,中文第一版,
第八卷:《连续介质电动力学》,俄文第四版,中文第一版,
第九卷:《统计物理学Ⅱ(凝聚态理论)》,俄文第四版,中文第二版,
第十卷:《物理动理学》,俄文第二版,中文第一版.

目录

第一章 统计物理学的基本原理 1
- §1 统计分布 1
- §2 统计独立 5
- §3 刘维尔定理 8
- §4 能量的作用 9
- §5 统计矩阵 11
- §6 量子统计中的统计分布 17
- §7 熵 19
- §8 熵增长定律 24

第二章 热力学量 28
- §9 温度 28
- §10 宏观运动 30
- §11 绝热过程 31
- §12 压强 34
- §13 功和热量 37
- §14 焓 39
- §15 自由能和热力学势 40
- §16 热力学量的导数之间的关系 42
- §17 热力学温标 46
- §18 焦耳–汤姆孙过程 47
- §19 最大功 48
- §20 处于外部介质中的物体所做的最大功 50
- §21 热力学不等式 53

§22 勒夏特列原理 …………………………………………… 55
§23 能斯特定理 …………………………………………… 58
§24 热力学量对粒子数的依赖关系 …………………………… 59
§25 在外场中物体的平衡 …………………………………… 62
§26 转动的物体 …………………………………………… 63
§27 相对论范围内的热力学关系式 …………………………… 65

第三章 吉布斯分布 …………………………………………… 68
§28 吉布斯分布 …………………………………………… 68
§29 麦克斯韦分布 ………………………………………… 71
§30 振子的概率分布 ……………………………………… 74
§31 吉布斯分布中的自由能 ………………………………… 78
§32 热力学微扰理论 ……………………………………… 82
§33 按 $\hbar$ 的幂次展开式 …………………………………… 84
§34 转动物体的吉布斯分布 ………………………………… 90
§35 粒子数可变的吉布斯分布 ……………………………… 91
§36 从吉布斯分布出发的热力学关系式推导 …………………… 94

第四章 理想气体 …………………………………………… 96
§37 玻尔兹曼分布 ………………………………………… 96
§38 经典统计中的玻尔兹曼分布 …………………………… 98
§39 分子的碰撞 ………………………………………… 100
§40 非平衡的理想气体 …………………………………… 102
§41 玻尔兹曼理想气体的自由能 …………………………… 104
§42 理想气体的物态方程 ………………………………… 105
§43 热容为常数的理想气体 ……………………………… 108
§44 能量均分定理 ……………………………………… 114
§45 单原子理想气体 …………………………………… 116
§46 单原子气体. 电子角动量的影响 ……………………… 118
§47 分子由不同原子构成的双原子气体. 分子的转动 ………… 120
§48 分子由相同原子构成的双原子气体. 分子的转动 ………… 124
§49 双原子气体. 原子的振动 …………………………… 126
§50 双原子气体. 电子角动量的影响 ……………………… 129
§51 多原子气体 ………………………………………… 131
§52 气体的磁性 ………………………………………… 134

第五章 费米分布和玻色分布 140
- §53 费米分布 140
- §54 玻色分布 141
- §55 非平衡的费米气体和玻色气体 142
- §56 基本粒子的费米气体和玻色气体 144
- §57 简并电子气 147
- §58 简并电子气的热容 150
- §59 电子气的磁性.弱场 152
- §60 电子气的磁性.强场 155
- §61 相对论性简并电子气 157
- §62 简并玻色气体 160
- §63 黑体辐射 162

第六章 凝聚体 170
- §64 低温下的固体 170
- §65 高温下的固体 174
- §66 德拜内插公式 177
- §67 固体的热膨胀 180
- §68 高度各向异性的晶体 181
- §69 晶格的振动 184
- §70 振动数的态密度 187
- §71 声子 190
- §72 声子的产生和湮没算符 192
- §73 负温度 195

第七章 非理想气体 198
- §74 气体对理想性的偏离 198
- §75 按密度幂次的展开式 203
- §76 范德瓦尔斯公式 205
- §77 位力系数与散射振幅的关系 208
- §78 经典等离子体的热力学量 211
- §79 关联函数方法 214
- §80 简并等离子体的热力学量 216

第八章　相平衡

§81　相平衡条件 ⋯⋯⋯⋯⋯⋯⋯⋯⋯⋯⋯⋯ 221
§82　克拉珀龙-克劳修斯方程 ⋯⋯⋯⋯⋯ 224
§83　临界点 ⋯⋯⋯⋯⋯⋯⋯⋯⋯⋯⋯⋯⋯ 226
§84　对应态定律 ⋯⋯⋯⋯⋯⋯⋯⋯⋯⋯⋯ 229

第九章　溶液

§85　由不同粒子构成的系统 ⋯⋯⋯⋯⋯⋯ 231
§86　相律 ⋯⋯⋯⋯⋯⋯⋯⋯⋯⋯⋯⋯⋯⋯ 232
§87　稀溶液 ⋯⋯⋯⋯⋯⋯⋯⋯⋯⋯⋯⋯⋯ 233
§88　渗透压 ⋯⋯⋯⋯⋯⋯⋯⋯⋯⋯⋯⋯⋯ 235
§89　溶剂相的相互接触 ⋯⋯⋯⋯⋯⋯⋯⋯ 236
§90　相对于溶质的平衡 ⋯⋯⋯⋯⋯⋯⋯⋯ 238
§91　溶解过程的放热和体积改变 ⋯⋯⋯⋯ 241
§92　强电解质溶液 ⋯⋯⋯⋯⋯⋯⋯⋯⋯⋯ 243
§93　理想气体的混合物 ⋯⋯⋯⋯⋯⋯⋯⋯ 245
§94　同位素混合物 ⋯⋯⋯⋯⋯⋯⋯⋯⋯⋯ 247
§95　浓溶液上的蒸气压 ⋯⋯⋯⋯⋯⋯⋯⋯ 249
§96　溶液的热力学不等式 ⋯⋯⋯⋯⋯⋯⋯ 251
§97　平衡曲线 ⋯⋯⋯⋯⋯⋯⋯⋯⋯⋯⋯⋯ 254
§98　相图举例 ⋯⋯⋯⋯⋯⋯⋯⋯⋯⋯⋯⋯ 259
§99　平衡曲面的特征曲线的相交 ⋯⋯⋯⋯ 262
§100　气体和液体 ⋯⋯⋯⋯⋯⋯⋯⋯⋯⋯⋯ 263

第十章　化学反应

§101　化学平衡条件 ⋯⋯⋯⋯⋯⋯⋯⋯⋯⋯ 267
§102　质量作用定律 ⋯⋯⋯⋯⋯⋯⋯⋯⋯⋯ 268
§103　反应热 ⋯⋯⋯⋯⋯⋯⋯⋯⋯⋯⋯⋯⋯ 271
§104　电离平衡 ⋯⋯⋯⋯⋯⋯⋯⋯⋯⋯⋯⋯ 274
§105　涉及粒子对产生的平衡 ⋯⋯⋯⋯⋯⋯ 276

第十一章　甚高密度物质的性质

§106　高密度物质的物态方程 ⋯⋯⋯⋯⋯⋯ 278
§107　大质量物体的平衡 ⋯⋯⋯⋯⋯⋯⋯⋯ 281
§108　引力物体的能量 ⋯⋯⋯⋯⋯⋯⋯⋯⋯ 287

§109　中子球体的平衡 ··· 289

第十二章　涨落

§110　高斯分布 ··· 293
§111　多个热力学量的高斯分布 ··· 295
§112　基本热力学量的涨落 ·· 298
§113　理想气体中的涨落 ··· 304
§114　泊松公式 ··· 306
§115　溶液中的涨落 ·· 308
§116　密度涨落的空间关联 ·· 309
§117　简并气体中的密度涨落关联 ·· 312
§118　涨落的时间关联 ··· 317
§119　多变量涨落的时间关联 ·· 320
§120　动理学系数的对称性 ·· 321
§121　耗散函数 ··· 324
§122　涨落的谱分解 ·· 327
§123　广义响应率 ·· 331
§124　涨落耗散定理 ·· 337
§125　多个量的涨落耗散定理 ·· 341
§126　广义响应率的算符形式 ·· 344
§127　长分子弯曲的涨落 ··· 347

第十三章　晶体的对称性

§128　晶格的对称元素 ··· 351
§129　布拉维格子 ·· 353
§130　晶系 ··· 354
§131　晶类 ··· 358
§132　空间群 ··· 359
§133　倒格子 ··· 361
§134　空间群的不可约表示 ·· 363
§135　时间反演对称性 ··· 368
§136　晶格简正振动的对称性质 ··· 371
§137　一维和二维的周期结构 ·· 375
§138　二维系统的关联函数 ·· 378
§139　分子取向的对称性 ··· 380

- §140 丝状相液晶和螺状相液晶 …… 381
- §141 液晶中的涨落 …… 383

第十四章 二级相变与临界现象 …… 386
- §142 二级相变 …… 386
- §143 比热的跃变 …… 390
- §144 外场对相变的影响 …… 393
- §145 二级相变中对称的改变 …… 396
- §146 序参量的涨落 …… 406
- §147 有效哈密顿量 …… 411
- §148 临界指数 …… 414
- §149 标度不变性 …… 419
- §150 连续相变的孤立点和临界点 …… 423
- §151 二维晶格中的二级相变 …… 428
- §152 临界点的范德瓦尔斯理论 …… 435
- §153 临界点的涨落理论 …… 439

第十五章 表面 …… 444
- §154 表面张力 …… 444
- §155 晶体表面的张力 …… 447
- §156 表面压强 …… 449
- §157 溶液的表面张力 …… 451
- §158 强电解质溶液的表面张力 …… 453
- §159 吸附 …… 454
- §160 润湿 …… 455
- §161 接触角 …… 457
- §162 相变时的成核 …… 459
- §163 相在一维系统中存在的不可能性 …… 462

索引 …… 463

第一章

统计物理学的基本原理

§1 统计分布

统计物理学(或简称统计学)的目的是研究宏观物体的行为和性质所遵循的特殊一类规律性,所谓宏观物体是指由大量的单个粒子(原子、分子)构成的物体.这些规律性的共同特点,在很大程度上与物体中各个粒子的运动用什么力学——经典力学还是量子力学——来描述是无关的;然而,在这两种情形下,这些规律性的论证所要求的方式不同.为叙述方便起见,我们首先在经典力学适用的假设下进行所有的讨论.

写出力学系统的运动方程(其数目等于该系统的自由度的数目),并将其积分,在原则上我们能够得到关于该系统运动的详尽无遗的知识.但是,如果我们必须处理这样的系统——虽然它遵循经典力学的规律,但其自由度的数目却非常巨大,那么在实际应用力学的方法时,我们就必然要写出并求解同样多的微分方程式,以至于实际上是实现不了的.应该着重指出:即使能够把这些微分方程以普遍的形式积分出来,想把所有粒子的速度和坐标的初始条件代入通解中去也是根本不可能的.

乍一看来可以由此得出结论:随着粒子数目的增加,力学系统的性质必定会变得难以想像的复杂和紊乱,以至在宏观物体的行为中我们将不可能找到任何规则性的迹象.然而,情况并非如此,以后我们会看到:在粒子数目相当大的情形下,出现一些新的独特规律性.

这些规律性——所谓的**统计规律性**——正是以存在大量的构成物体的粒子为其先决条件,决不可能把它们归结为纯粹的力学规律性.这些规律的特点表现在:当它们应用到自由度数目不大的力学系统时,它们便失去任何意义.因此,具有巨大自由度数目的系统的运动虽然与粒子数不多的系统的运动遵循同样的力学规律,但是自由度数目的巨大却导致性质上全新的规律性.

统计物理学在理论物理学诸多分支中的重要价值就在于:在自然界中我们经常遇到的总是宏观物体,它们的行为根据上述的原因不可能用纯粹力学的方法作详尽的描述,它们服从的是统计的规律性.

为表述经典统计学的基本问题,我们首先要引入"**相空间**"的概念,这是以后经常用到的概念.

设我们所考虑的宏观力学系统有 s 个自由度. 换而言之,这个系统的各点在空间的位置由 s 个坐标来表征,我们用字母 q_i 表示这些坐标,角标 i 取 $1,2,\cdots,s$ 诸值. 那么在给定时刻系统的状态将取决于该时刻的 s 个坐标 q_i 以及 s 个与之相应的速度 $\dot{q}_i$ 的值. 在统计学中通常用系统的坐标 q_i 与动量 p_i(而不用速度)来表征系统的状态,因为这样做有很大的优越性. 系统的不同状态在数学上可以用相空间(当然这纯粹是数学上的概念)中不同的点来表示;在这个空间的坐标轴上标出的是该系统的坐标值与动量值. 因此,每个系统有自己独特的相空间,该相空间的维数等于系统自由度数的两倍. 相空间的每一点,对应于系统一组确定坐标值 q_i 与动量值 p_i,因而代表这个系统的一个确定的状态. 系统的状态随着时间而变化,相应地,表示系统相空间中状态的点(以后我们把它简称为"系统的相点")将在相空间中描画出一条曲线,称为相轨道.

现在我们来考虑任意的宏观物体或物体系统. 假设系统是闭合的,即该系统与任何其它物体都不产生相互作用. 设想从这个系统中划分出某一部分,它与整个系统相比非常小,然而它又是宏观的;显然,当整个系统中的粒子数足够大时,在它的一小部分中的粒子数仍然可以很大. 这种相对很小却又是宏观的部分称为**子系统**. 子系统仍然是力学系统,但绝不是闭合的,相反,它经受到来自系统其余各部分所有可能的作用. 由于这些其余部分的自由度数量巨大,这种相互作用具有十分复杂而又紊乱的特征. 因而子系统的状态随着时间以非常复杂而紊乱的方式变化.

要精确求解关于子系统的行为问题,只有通过求解整个闭合系统的力学问题的办法,即通过写出并在给定初始条件下求解全部微分运动方程组的办法;正如已经指出的,这是一个无法实现的问题. 幸而,正是由于子系统状态的这种极其复杂变化过程使力学的方法不再适用,但却给出了从另一方面求解问题的可能性.

这一见解的根据在于:由于被我们划分出来的子系统与系统的其余各部分间的相互作用极其复杂而紊乱,在足够长的时间间隔内子系统在自身所有可能的状态中经历足够多的次数.

更精确地讲,这个情况应当表述如下. 我们用 $\Delta p \Delta q$ 表示子系统的相空间中某个小区域的"体积",对应于子系统的坐标 q_i 和动量 p_i 的值位于小间隔 Δq_i 与 Δp_i 内. 可以确信,在足够长的时间 T 内,子系统的十分紊乱的相轨道会多次穿过相空间中每一个这样的区域. 设在总时间 T 内,子系统"处于"相空间中给定区域 $\Delta p \Delta q$ 内[①]那一段时间为 Δt. 当总时间 T 无限增大时,比值 $\frac{\Delta t}{T}$ 将趋于某个极限值

$$w = \lim_{T \to \infty} \frac{\Delta t}{T}. \tag{1.1}$$

显然,可以把这个数值看成是当我们在某个任意时刻观测子系统时发现它处于相空间中给定区域 $\Delta p \Delta q$ 内的概率.

当相空间中的体积元[②]变为无限小时,

$$dqdp = dq_1 dq_2 \cdots dq_s dp_1 dp_2 \cdots dp_s, \tag{1.2}$$

我们可以引入 dw 来表示由这个体积元中的相点所代表的状态的概率,即坐标 q_i 与动量 p_i 的值位于给定的 q_i, p_i 与 $q_i + dq_i, p_i + dp_i$ 之间的无限小的间隔内的概率,这个概率 dw 可以写成

$$dw = \rho(p_1, \cdots, p_s, q_1, \cdots, q_s) dpdq, \tag{1.3}$$

式中 $\rho(p_1, \cdots, p_s, q_1, \cdots, q_s)$ 是全部坐标与全部动量的函数(通常将其简记为 $\rho(p, q)$ 甚至简写为 ρ). 函数 ρ 起着相空间中概率分布"密度"的作用,称为该物体的**统计分布函数**(或简称**分布函数**). 显然,分布函数应该满足"**归一化条件**"

$$\int \rho dpdq = 1, \tag{1.4}$$

积分遍及整个相空间. 它表明了这样一个简单事实:所有可能的状态的概率之和应当为 1.

对统计学而言,最重要的是:某个子系统的统计分布与同一系统的其它任意小部分的初始状态无关,因为这种初始状态的影响在足够长的时间内被系统中其余的更为广大的部分的影响所完全消除. 这种被我们划分出来的子系统的统计分布也与它自身的初始状态无关,因为子系统将逐渐经历所有可能的状态,因而其中的每一个状态都可以取作初始状态. 因此不必考虑到用初始条件来解决系统的力学问题的办法,就可以求出系统中各个小部分的统计分布.

求出任意子系统的统计分布是统计学的基本课题. 当我们说闭合系统的各个"小部分"时,应当注意到:我们所需要考虑的宏观物体通常就已经是一个更

---

① 为简短起见,通常我们按照习惯说成:系统"处于相空间的区域 $\Delta p \Delta q$ 中",这时所指的意思是:系统处于用在这一区域的相点所表示的状态中.

② 以后我们总是约定用 dp 和 dq 分别表示系统的全部动量微分的乘积和全部坐标微分的乘积.

大的闭合系统的这样的"小部分",这个更大的闭合系统就是由这些宏观物体同它们周围的外部介质一起构成的.

如果上述问题已经解决,因而该子系统的统计分布已经知道,那么我们就可以把任何依赖于子系统状态的(即依赖于子系统坐标 q 和动量 p 之值的)物理量取不同值的概率计算出来.我们也可以计算出任何这种物理量 $f(p,q)$ 的平均值,只要把它的所有可能值乘以相应的概率,并遍及所有的状态进行积分,就可以得到.我们用在字母上加一横线的办法来表示平均值,于是就可以写出公式

$$\bar{f} = \int f(p,q)\rho(p,q)\mathrm{d}p\mathrm{d}q, \tag{1.5}$$

按照这一公式就可以用统计分布函数来计算各种物理量的平均值.①

用分布函数来求平均(或者说,统计平均)使我们不必为了确定物理量 $f(p,q)$ 的平均值而去追踪它随时间的真实变化.同时也很明显,正是由于概率概念的定义,按照公式(1.1),统计平均完全等价于按时间来求平均.对时间求平均的意思是:如果我们追踪物理量随时间的变化,那么一定能建立起一个函数 $f=f(t)$,然后把所要求的平均值定义为

$$\bar{f} = \lim_{T\to\infty} \frac{1}{T}\int_0^T f(t)\mathrm{d}t.$$

从上面的叙述可知:统计学所能作出的关于宏观物体行为的结论和预言具有概率的特征.这就是统计学不同于(经典)力学之处,后者的结论是具有完全确定的特征的.但是必须着重指出,经典统计学的结论的概率特征绝非它所研究的客体本身所固有,而只是由于得到这些结论所依据的条件远比完整的力学描述所需要的少得多(不需要知道全部坐标和动量的初始值)的缘故.

但是在实际上,在把统计学应用于宏观物体时,它的概率特征通常完全表现不出来.这是因为:如果在足够长的时间间隔内观测任何一个宏观物体(处于稳定的,即与时间无关的外界条件下)就会发现:所有表征这个物体的物理量实际上都是常量(等于它们的平均值),而很少显示出任何明显的偏离.这里所说的"**宏观物理量**"所表征的是整个物体或者它的各个宏观部分,而不是单个粒子②.统计学的这个基本情况是从(将在下一节中阐明的)非常普遍的考虑得出来的,而且所考虑的物体愈复杂、愈庞大,结果就愈正确.用统计分布的术语可

---

① 本书中,我们将用字母加上横线 $\bar{f}$ 或尖括号 $\langle f \rangle$ 表示平均值,这仅仅是为了书写公式方便;为了书写繁冗表达式的平均值,最好采用第二种写法.

② 我们举一个例子直观地说明这一规则精确到什么程度.若在某种气体中划分出一部分,比如说只有 1/100 摩尔分子,则会发现这部分物质的能量对其平均值的平均偏差是 $\sim 10^{-11}$.如果我们想要在一次观测中,发现数量级为 10^{-6} 的相对偏差,那么就会发现这种偏差的概率小得出奇,约为 $10^{-3\times 10^{15}}$.

以说:如果用函数 $\rho(p,q)$ 来构成一个表示物理量 $f(p,q)$ 取不同值的概率的分布函数,那么这个函数将在 $f=\bar{f}$ 处具有非常陡的极大值,即在最靠近极大值的范围内这个函数才明显地不等于零.

由此可见,由于统计学给出了计算表征宏观物体的物理量平均值的可能性,任意时间间隔只要长到足以消除物体初始状态的影响,那么在这个时间间隔的绝大部分时间内,统计学所作出的预言都是高度正确的. 在这个意义下,统计学的预言实际上是确定的,而非概率的. (由于这一点,今后在表示宏观物理量时,几乎总是不在字母上加横线了.)

如果闭合宏观系统在其所处的状态下,其任何宏观子系统的宏观物理量都充分精确地等于相应量的平均值,那么就说系统处于**统计平衡**状态(也称为**热力学平衡**或**热平衡**状态). 由上面可以看出:如果在足够长的时间间隔内观测闭合的宏观系统,那么在这个间隔的绝大部分时间内它都是处于统计平衡状态的. 不论在任何初始时刻,假如闭合的宏观系统不处在统计平衡状态(例如,人为地对系统施加外作用,使它离开统计平衡状态,然后再把它孤立起来,使它重新成为闭合系统),那么以后一定会过渡到平衡状态. 过渡到统计平衡状态所需要的时间称为**弛豫时间**. 我们在上面所说的"足够长"的时间间隔,实质上就是指比弛豫时间长得多的时间间隔.

与过渡到平衡状态有关的过程理论,称为**动理学**,它本来就不是统计学的研究对象,统计学所研究的是处于统计平衡状态的系统.

§2 统计独立

在 §1 中所讲到的子系统本身并不是闭合的. 相反,它们受到来自系统中其它部分的连续不断的作用. 虽然这些部分比起整个大系统来要小得多,但是它们本身仍然是宏观物体. 正因为如此,我们总可以认为在不太长的时间间隔内,它们的行为近似于闭合系统. 实际上,子系统中与周围部分发生相互作用的主要是那些在子系统表面附近的粒子. 这些粒子的数目与子系统中粒子总数之比随着子系统尺度的增加而迅速下降,因而当子系统足够大时,它与周围部分相互作用的能量比子系统的内能要小得多. 因此可以说,子系统是"**准闭合**"的. 但是必须再次强调指出:子系统的准闭合性只在不太长的时间间隔内才能成立. 而在足够长的时间间隔内,子系统之间的相互作用不管多么微弱,总会表现出来. 不仅如此,统计平衡之得以建立,归根到底就是全靠这些比较微弱的相互作用.

可以认为各个不同的子系统是彼此微弱地相互作用着,这一事实也就相当于:可以把它们认为在统计意义上是独立的. **统计独立性**意味着:一个子系统所处的状态绝不影响其它子系统处于不同状态的概率.

考虑任意两个子系统,并设 $\mathrm{d}p^{(1)}\mathrm{d}q^{(1)}$ 和 $\mathrm{d}p^{(2)}\mathrm{d}q^{(2)}$ 表示它们的相空间体积元. 如果把两个子系统的集合看成一个组合的子系统,那么从数学的观点来看,子系统的统计独立性就意味着:组合子系统处于它的相体积元 $\mathrm{d}p^{(12)}\mathrm{d}q^{(12)} = \mathrm{d}p^{(1)}\mathrm{d}q^{(1)} \cdot \mathrm{d}p^{(2)}\mathrm{d}q^{(2)}$ 中的概率,可以分解为每个子系统分别处于 $\mathrm{d}p^{(1)}\mathrm{d}q^{(1)}$ 和 $\mathrm{d}p^{(2)}\mathrm{d}q^{(2)}$ 中的概率的乘积,并且每个概率仅与该子系统的坐标和动量有关. 因此可以写出

$$\rho_{12}\mathrm{d}p^{(12)}\mathrm{d}q^{(12)} = \rho_1\mathrm{d}p^{(1)}\mathrm{d}q^{(1)} \cdot \rho_2\mathrm{d}p^{(2)}\mathrm{d}q^{(2)},$$

或

$$\rho_{12} = \rho_1\rho_2, \tag{2.1}$$

其中 ρ_{12} 是组合子系统的统计分布函数,而 ρ_1 和 ρ_2 是单个子系统的统计分布函数;对于几个子系统的集合也可以写出类似的关系式①.

显然它的逆定理也成立:如果某个复合系统的概率分布也可以分解为几个因子的乘积,而每个因子又只与表征复合系统的一部分物理量有关,那么这就表示这些部分是统计独立的,并且每个因子正比于相应部分的状态概率.

如果 f_1 和 f_2 是两个属于不同子系统的物理量,那么从(2.1)以及平均值的定义(1.5)直接得到:乘积 f_1f_2 的平均值就等于物理量 f_1 和 f_2 的各自平均值的乘积:

$$\overline{f_1f_2} = \bar{f}_1 \cdot \bar{f}_2. \tag{2.2}$$

我们来考察属于某个宏观物体或它的某一部分的任意一个物理量 f. 该物理量随时间变化,在其平均值附近摆动. 现在我们引进一个量,用它来量度这种变化的平均幅度. 差值 $\Delta f = f - \bar{f}$ 的平均值不适于这个目的,因为物理量 f 对其平均值的偏差是双向的,差值 $f - \bar{f}$ 时正时负,平均值总是等于零,而不论 f 是如何频繁地显著偏离其平均值. 作为偏差程度的量度,最合适的是取这个差值的平方的平均值. 因为 $(\Delta f)^2$ 总是正的,因此它的平均值只有当它本身趋于零时才趋于零;换句话说,只有当 f 对 $\bar{f}$ 的明显偏差具有非常小的概率时,$(\Delta f)^2$ 的平均值才会很小. $\sqrt{\langle(\Delta f)^2\rangle}$ 称为物理量 f 的**方均根涨落**. 把平方值 $(f - \bar{f})^2$ 展开,我们得出

$$\langle(\Delta f)^2\rangle = \overline{f^2} - (\bar{f})^2, \tag{2.3}$$

即一个物理量的方均根涨落取决于它的平方的平均值与它的平均值的平方之差.

比值

---

① 当然是在这样的条件下:这些子系统的集合仍然是整个闭合系统的一个小部分.

$$\frac{\sqrt{\langle(\Delta f)^2\rangle}}{\bar{f}}$$

称为 f 这个量的**相对涨落**. f 这个量对它的平均值的偏差在某种状态中可能达到与平均值本身可以相比的程度,相对涨落愈小,则物体处于这种状态的时间就愈微不足道.

现在我们来证明:物理量的相对涨落随着它们所从属的物体尺度(粒子数)的增加而迅速减小. 为了证明这一点,应当预先指出:大多数有物理意义的量都是可加量;这种情况是物体中各个部分的准封闭性的结果,它的意思也就是说:整个物体的这种物理量的值等于它的各个(宏观)部分的该物理量的值之和. 例如,物体中各部分的内能(根据上述理由)比它们的相互作用能量大得多,所以整个物体的能量可以足够精确地认为等于它的各部分的能量之和.

设 f 为这种可加的物理量. 设想把所考虑的物体分成数目很大的 N 个大致相同的小部分. 那么,

$$\bar{f} = \sum_{i=1}^{N} \bar{f}_i,$$

其中 f_i 是属于物体各个部分的物理量.

显然,随着物体尺度的增加, $\bar{f}$ 大致与 N 成正比地增长. 其次,我们来确定物理量 f 的方均涨落. 我们有

$$\langle(\Delta f)^2\rangle = \langle\left(\sum_{i=1}^{N}\Delta f_i\right)^2\rangle.$$

但是,由于物体各部分的统计独立性,乘积的平均值

$$\overline{\Delta f_i \cdot \Delta f_k} = \overline{\Delta f_i} \cdot \overline{\Delta f_k} = 0 \quad (i \neq k)$$

(因为每个 $\overline{\Delta f_i} = 0$). 因此,

$$\langle(\Delta f)^2\rangle = \sum_{i=1}^{N}\langle(\Delta f_i)^2\rangle. \tag{2.4}$$

由此得出:当 N 增加时,方均涨落 $\langle(\Delta f)^2\rangle$ 也将与 N 成正比地增长. 而相对涨落与 $\sqrt{N}$ 成反比,即

$$\frac{\sqrt{\langle(\Delta f)^2\rangle}}{\bar{f}} \propto \frac{1}{\sqrt{N}}. \tag{2.5}$$

从另一方面来看,如果我们约定把均匀物体分成大小一定的许多小块,则显然,这些小块的数目将与物体中的粒子(分子)总数成正比. 因此所得的结果也可以如下表述:任何可加量 f 的相对涨落与宏观物体的粒子数的平方根成反比,所以当粒子数足够大时,实际上可以认为 f 这个量本身就是不随时间变化的常量,并且就等于它的平均值. 这个结论已经在上一节中用过.

§3 刘维尔定理

我们现在进一步研究统计分布函数的性质.

假定在一段很长的时间内观测某个子系统. 把这段时间划分为大量的（在极限情况下无穷大）同样大小的时间间隔,这些时间间隔的分界点在 $t_1, t_2, \cdots$ 这些时刻. 在每一个这样的时刻,所研究的子系统在相空间中由一点来代表（我们把这些点称为 $A_1, A_2, A_3, \cdots$). 这样得到的点集合以一定密度分布在相空间中,在极限情形下,相空间每一处的密度都与分布函数 $\rho(p,q)$ 的值成正比, 这是因为分布函数本来的意义就是子系统处于各个不同状态的概率.

我们可以不去考察表示单个子系统在不同时刻 $t_1, t_2, \cdots$ 所处状态的相点, 而纯粹形式地同时考察大量的（在极限情形是无穷大）、完全等同的子系统①, 它们在同一时刻（譬如说 $t = 0$）分别处于相点 $A_1, A_2, \cdots$ 所代表的状态.

现在我们来追踪代表这些子系统状态的相点以后的运动, 但是所考虑的时间间隔不能太长, 以使准闭合的子系统可以足够精确地看成是闭合系统. 于是相点的运动服从运动方程, 这些方程只涉及子系统的粒子坐标和动量.

显然, 根据在 $t = 0$ 时的同样理由, 在任何时刻 t, 所有这些相点将按照同一个分布函数 $\rho(p,q)$ 分布在相空间中. 换句话说, 虽然相点随着时间而运动, 但是它们在各处的分布密度仍然保持不变, 而且与相应的 ρ 值成正比.

可以把相点的这种运动纯粹形式地看成在 $2s$ 维相空间中稳定的"气"流, 因而可以对它应用表示气体"粒子"（现在的情形是相点）总数不变的熟悉的连续性方程. 通常的连续性方程具有形式

$$\frac{\partial \rho}{\partial t} + \nabla \cdot (\rho \boldsymbol{v}) = 0$$

（ρ 是密度, $\boldsymbol{v}$ 是气体的速度）, 而对于稳定的流动有:

$$\nabla \cdot (\rho \boldsymbol{v}) = 0.$$

把上式推广到 $2s$ 维空间情形为

$$\sum_{i=1}^{2s} \frac{\partial}{\partial x_i}(\rho v_i) = 0.$$

在现在的情形下, "坐标" x_i 是坐标 q 与动量 p, 而"速度" $v_i = \dot{x}_i$ 是它们对时间的导数 $\dot{q}$ 和 $\dot{p}$, 由力学方程所决定. 因此, 有

$$\sum_{i=1}^{s} \left[\frac{\partial}{\partial q_i}(\rho \dot{q}_i) + \frac{\partial}{\partial p_i}(\rho \dot{p}_i) \right] = 0.$$

把上式导数展开, 可以写成

---

① 这种假想的全同系统的集合通常称为**统计系综**.

$$\sum_{i=1}^{s}\left[\dot{q}_i\frac{\partial\rho}{\partial q_i}+\dot{p}_i\frac{\partial\rho}{\partial p_i}\right]+\rho\sum_{i=1}^{s}\left[\frac{\partial\dot{q}_i}{\partial q_i}+\frac{\partial\dot{p}_i}{\partial p_i}\right]=0. \tag{3.1}$$

把力学方程写成哈密顿形式

$$\dot{q}_i=\frac{\partial H}{\partial p_i},\quad \dot{p}_i=-\frac{\partial H}{\partial q_i},$$

其中 $H=H(p,q)$ 是所考察的子系统的哈密顿函数,我们看出

$$\frac{\partial \dot{q}_i}{\partial q_i}=\frac{\partial^2 H}{\partial q_i\partial p_i}=-\frac{\partial \dot{p}_i}{\partial p_i}.$$

因此(3.1)式中的第二项恒等于零,而第一项不是别的,正是分布函数对时间的全导数,因而我们有

$$\frac{\mathrm{d}\rho}{\mathrm{d}t}=\sum_{i=1}^{s}\left(\frac{\partial\rho}{\partial q_i}\dot{q}_i+\frac{\partial\rho}{\partial p_i}\dot{p}_i\right)=0. \tag{3.2}$$

因此,我们得到一个重要的结论:沿着子系统的相轨道,分布函数保持恒定,这就是**刘维尔定理**.应当注意的是,由于我们所讨论的是准闭合的系统,只有当时间间隔不太长,因而子系统行为可以足够精确地看作是闭合系统时,上面所得到的结果才成立.

§4 能量的作用

从刘维尔定理可以直接得出结论:分布函数只能表示为变量 p,q 的这样一些组合,它们在子系统作为闭合系统而运动时保持不变.这就是所谓的力学不变量或运动积分,众所周知,它们是运动方程式的第一积分.因此可以说,由于分布函数是力学不变量的函数,它本身也是运动积分.

其次,分布函数所可能依赖的运动积分的数目也可以大大减少.为此应当考虑到,两个子系统的组合的分布函数 ρ_{12} 等于这两个子系统各自的分布函数 ρ_1 和 ρ_2 的乘积:$\rho_{12}=\rho_1\rho_2$.因此

$$\ln\rho_{12}=\ln\rho_1+\ln\rho_2, \tag{4.1}$$

即分布函数的对数是可加性的量.因而我们得出结论:分布函数的对数不仅应该是运动积分,而且应该是可加性的运动积分.

从力学中大家知道,总共存在着七个独立的可加性的运动积分:能量、动量矢量的三个分量和角动量矢量的三个分量.我们分别用 $E_a(p,q)$,$\boldsymbol{P}_a(p,q)$,$\boldsymbol{M}_a(p,q)$ 来表示第 a 个子系统的能量、动量和角动量作为子系统中粒子的坐标和动量的函数.这些量的唯一的可加性组合是以下形式的线性组合:

$$\ln\rho_a=\alpha_a+\beta E_a(p,q)+\boldsymbol{\gamma}\cdot\boldsymbol{P}_a(p,q)+\boldsymbol{\delta}\cdot\boldsymbol{M}_a(p,q), \tag{4.2}$$

式中 $\alpha_a,\beta,\boldsymbol{\gamma},\boldsymbol{\delta}$ 是常系数,并且对于给定闭合系统的所有子系统的 $\beta,\boldsymbol{\gamma},\boldsymbol{\delta}$ 应该是相同的.

我们将在以后(第三章)对分布函数(4.2)作详细研究. 这里对我们重要的只是下面的事实. 系数 α_a 就是归一化常数, 由条件 $\int \rho_a \mathrm{d}p^{(a)} \mathrm{d}q^{(a)} = 1$ 来确定. 常数 β, γ, δ——总共七个独立量——显然可以由整个闭合系统的七个可加性运动积分的常数来确定.

由此可见, 我们得到了统计学的一个重要结论. 可加性的运动积分(能量、动量和角动量)的值完全确定了闭合系统的统计性质, 也就是说完全确定了它的任何子系统的统计分布, 因而同时也确定了子系统的任何物理量的平均值. 正是这七个可加性运动积分代替了在用力学方法处理问题时所需要的多得不可想象的数据(初始条件).

上面的讨论可以使我们直接构造出一个适于描述闭合系统统计性质的简单的分布函数. 我们现在既然知道不可相加的运动积分的值不会对系统的统计性质发生影响, 那么任何函数 ρ 只要它仅依赖于系统的可加性运动积分的值, 并且满足刘维尔定理, 就可以用来描述闭合系统的统计性质. 最简单的这种函数就是这样一个函数: 在相空间中, 对于所有相应于系统的能量、动量和角动量取给定常数 E_0, P_0, M_0 的点, ρ = 常数(不依赖于非可加性运动积分的值), 对于所有其它的点, $\rho = 0$. 显然, 这样规定的分布函数在任何情况下沿着系统的相轨道都保持常数, 即满足刘维尔定理.

但是, 这样的表述不是很严格的. 问题在于由方程式

$$E(p,q) = E_0, \quad P(p,q) = P_0, \quad M(p,q) = M_0 \quad (4.3)$$

所确定的点构成一个只有 $2s-7$ 维的子空间(而并不像相空间的体积那样是 $2s$ 维的). 因此, 要使积分 $\int \rho \mathrm{d}p \mathrm{d}q$ 不等于零, 函数 $\rho(p,q)$ 必须在这些点变成无穷大. 闭合系统的分布函数的正确写法为

$$\rho = 常数 \cdot \delta(E - E_0) \delta(P - P_0) \delta(M - M_0). \quad (4.4)$$

δ 函数①的出现保证: 在相空间中, 凡是在 E, P, M 这些量中有一个不等于它们的给定值 E_0, P_0, M_0 的那些点, ρ 为零. 函数 ρ 对于包含上述相点流形全部或部分在内的相体积整体求积分是有限的. 分布(4.4)称为**微正则分布**②.

闭合系统的动量和角动量是与它的整体运动——匀速平动和匀速转动——相联系的. 因此可以说: 进行着某种给定运动的系统, 其统计状态只与它的能量有关. 正因为如此, 在统计学中能量具有非常特殊的作用.

---

① 关于 δ 函数的定义和性质可参看本教程第三卷《量子力学(非相对论理论)》§5.

② 我们再次强调: 这种分布绝不是闭合系统的真正的统计分布. 承认它是真正的分布就等于断言: 闭合系统的相轨道在足够长的时间内无限接近由方程(4.3)所决定的子空间内的任意一点. 这个论断(通常称为**遍历假说**)在一般情形下分明是不正确的.

为了在以后完全不考虑动量和角动量,可以采用如下方法:设想把系统包藏在一个刚体的"匣子"中,并且所用的坐标系相对于"匣子"是静止的. 在这样的条件下,动量和角动量一般来讲已不再是运动积分,而能量就成为唯一的可加性运动积分;同时,"匣子"的存在一般来讲也显然不会影响系统中各个小部分(子系统)的统计性质. 因此对于子系统的分布函数的对数,我们有比(4.2)式更为简单的表达式

$$\ln \rho_a = \alpha_a + \beta E_a(p,q). \tag{4.5}$$

而整个系统的微正则分布可以写成

$$\rho = 常数 \cdot \delta(E - E_0). \tag{4.6}$$

直到现在我们都假定整个闭合系统是处于统计平衡状态的. 换句话说,我们对系统进行考察的时间比它的弛豫时间要长得多. 但是实际上往往需要在与弛豫时间可以相比的、甚至比弛豫时间更短的时间内来考察一个系统. 对于很大的系统而言这样做是可能的,因为除了整个闭合系统的完全统计平衡以外,还有所谓的非完全的(或局部的)平衡存在.

问题是弛豫时间随着系统尺度的增大而增长. 由于这个缘故,系统的各个小部分本身达到平衡状态远比各个不同的小部分之间建立平衡快得多. 这就意味着:系统的每个小部分由它本身的(4.2)型分布函数来描述,但是对于各个不同的小部分而言,分布参量 β, γ, δ 的值是不同的. 在这种情形下,系统处于**非完全平衡**状态. 随着时间的推移,非完全平衡逐渐过渡到完全平衡,并且每个小部分的参量 β, γ, δ 随着时间缓慢地变化,最终在整个闭合系统中变得完全相同.

常常还需要考察另外一种非完全平衡. 这种非完全平衡的起源并不是由于整个系统的弛豫时间和它的各个小部分的弛豫时间有很大差别,而是由于在整个系统中所进行的各种可能过程的速度有很大差别. 如果几种物质之间发生化学反应,那么它们的混合物的非完全平衡就是最好的例子. 由于化学反应的过程比较缓慢,一般来讲,在分子运动之间建立平衡远比在分子相互转化之间达到平衡(即混合物的成分达到平衡)快得多. 这种情况使我们可以把混合物的非完全平衡看作是在给定的(实际上是不平衡的)化学成分下的平衡.

非完全平衡的存在使我们可以引入一个关于系统的"**宏观状态**"的概念. 系统的力学微观描述指定系统中全部粒子的坐标和动量,与之相反,宏观描述只是指定某种物理量的平均值用以确定系统的特定的非完全平衡,例如,指定表征系统中各个足够小却是宏观部分的物理量的平均值,每一个这样的部分都可以认为处于各自的平衡中.

§5 统计矩阵

现在我们来研究有关量子统计学的特点的问题. 首先应当指出:在量子力

学中正像在经典力学中一样，用纯粹的力学方法来确定宏观物体的行为，自然也是毫无希望的. 用这样的方法需要求解由物体全部粒子构成的系统的薛定谔方程——这个任务可以说要比把经典运动方程积分出来更没有希望. 假如即使在某种场合下有可能求得薛定谔方程的通解，那么要选择和写出满足问题的一定具体条件的特解也是绝对不可能的，因为这种特解要用非常大量的各种量子数的确定值来表征. 除此以外，以后我们将看到，对于宏观物体而言，定态这一概念在某种意义上变成虚构的了，这种情况具有重大的原则上的意义.

从纯粹的量子力学观点来看，宏观物体与由较少数目粒子构成的系统相比具有某些特点，我们先阐明这些特点.

这些特点归结为：在宏观物体的能量本征值谱中能级的分布极其稠密. 由于物体中存在着非常大量的粒子，因而任何能量，粗略地讲，都可以按无数种方式来"分配"给各个粒子，只要注意到这一点，就很容易理解能级稠密的原因了. 这种情况与能级稠密性的联系，如果用一个例子来说明就变得更为明显：把宏观物体看成是包含在某一体积内的由 N 个完全没有相互作用的粒子所构成的"气体". 这个系统的能级都是它的各个粒子能量的总和，并且每一个粒子的能量都可以取一无限系列的离散值①.

可以普遍地证明（参看(7.18)），在宏观物体的能谱中给定的有限间隔内的能级数目随着物体中所包含的粒子总数的增加而按指数规律增加，而能级间的距离可用 10^{-N} 型的数字表示，N 为物体中粒子数的数量级. 这个结论不论用何种单位都没有什么区别，因为各种能量单位之间的差别对于这样小得出奇的数字来讲是完全无关紧要的②.

由于能级非常稠密，事实上宏观物体任何时候都不会处于严格的定态中. 首先，在任何情况下，系统的能量值显然总是会被"展宽"，其范围为系统与周围物体的相互作用能量的量级. 但是相互作用的能量比起能级间的距离来要大得多，并且这不仅对于"准闭合"的子系统如此，而且对于从任何其它观点看来可以认为是严格闭合的系统也是如此. 当然，在自然界中并没有完全闭合的系统，即没有一个系统同其它任何物体的作用会精确地等于零. 实际上，总是会存在一些相互作用，即使可能微小到一点也不影响系统的其它性质，但是与系统的能谱中距离极为微小的间隔相比还是非常大的.

---

① 单个粒子的相邻能级间的间隔与包容它的体积的线度 L 的平方成反比（$\sim \dfrac{\hbar^2}{mL^2}$，其中 m 是粒子的质量，$\hbar$ 是量子常数）.

② 应当说，以上的讨论不适用于能谱中能量最低的区域；宏观物体的开头几个能级之间的距离甚至可以不依赖于物体的尺度（例如，在电介质的电子能谱中就是如此——参阅本教程第九卷 §66）. 但是这种情况对于以后的结论并不重要：因为宏观物体的前几个能级之间的距离，如果表示为属于单个粒子的能量，那么还是小得微不足道的，因而属于单个粒子的能量还十分微小时，能级已经达到了正文中所提到的稠密程度.

§5 统计矩阵

但是除此以外还存在着另一种更深刻的原因使得宏观物体实际上不可能处于定态。从量子力学中大家知道，量子力学系统的状态由波函数来描述，这种状态的产生，是由于这个系统同另一个足够精确地服从经典力学规律的系统之间某种相互作用过程的结果。同时定态的产生具有特殊的性质。在这里必须区别系统在相互作用以前的能量 E 和由于相互作用的结果而产生的状态的能量 E'。众所周知，能量 E 和 E' 的不确定度 ΔE 和 $\Delta E'$（参阅本教程第三卷§44）与相互作用过程的持续时间 Δt 由关系式

$$|\Delta E' - \Delta E| \sim \frac{\hbar}{\Delta t}$$

联系着。

一般说来，ΔE 和 $\Delta E'$ 这两个误差是同一数量级的，而且分析表明绝不会达到 $\Delta E' \ll \Delta E$。因此可以确信 $\Delta E' \sim \frac{\hbar}{\Delta t}$。但是要使得状态可以认为是定态，在任何情况下不确定度 $\Delta E'$ 都必须比相邻能级间的距离小得多。由于后者极为微小，我们看到，假如要使得宏观物体处于任何确定的定态，就会要求时间 $\Delta t \sim \frac{\hbar}{\Delta E'}$ 无比的长。换句话说，我们所得到的结论仍旧是：宏观物体的严格的定态是不可能实现的。

一般来讲，用波函数来描述宏观物体的状态是不现实的，因为实际上可能积累到的有关该物体的状态的数据，远远不能与构成状态的波函数所必需的整套数据相适应。在某种意义上这里的情况是与经典统计学中所发生的情况相类似的：在经典统计学中由于不可能记及物体中全部粒子的初始条件，也就使得对物体的行为作精确的力学描述是不可能的；但是，二者并不是完全类似的，因为正如我们看到的，完整的量子力学描述之不可能，以及描述宏观物体的波函数之不存在，是具有更为深刻得多的理由的。

众所周知，根据系统的一套不完整的数据来进行量子力学描述，是通过**密度矩阵**（参阅本教程第三卷§14）来实现的。知道了密度矩阵就能够计算出表征系统的任何物理量的平均值，也能够计算出这些物理量取各个不同值的概率。同时，描述的不完全性就在于：根据密度矩阵的知识，只能预言各种测量的结果以多大的概率出现，要更确切地甚至于完全确切地预言各种测量结果，只有根据一套足以建立系统波函数的、关于系统的完整数据才有可能。

在这里，我们并不打算摘录量子力学中大家熟知的关于坐标表象中的密度矩阵的公式，因为在统计学中实际上并不采用这种表象。但是我们重新来证明，怎样可以直接引入在统计学应用中所需要的能量表象中的密度矩阵。

我们来考虑某个子系统，如果完全忽略掉该子系统同闭合系统中其余部分

的一切相互作用,那么这样得到的各种状态就可以用来作为子系统的"定态". 设 $\psi_n(q)$ 是这些定态的归一化波函数(不带时间因子),其中 q 按约定代表子系统的全部坐标的集合,而角标 n 是区别不同定态的全部量子数的集合,这些状态的能量用 E_n 表示.

假定在某一时刻子系统处于一个由波函数 ψ 所完全描述的状态. 波函数 ψ 可以按照构成完备集的各函数 $\psi_n(q)$ 来展开. 我们把这个展开式写成形式

$$\psi = \sum_n c_n \psi_n. \tag{5.1}$$

正如所知,子系统的任何物理量 f 在该状态的平均值都可以利用如下公式根据系数 c_n 来计算:

$$\bar{f} = \sum_{nm} c_n^* c_m f_{nm}, \tag{5.2}$$

式中

$$f_{nm} = \int \psi_n^* \hat{f} \psi_m \mathrm{d}q \tag{5.3}$$

是 f 这个量的矩阵元($\hat{f}$ 是与它对应的算符).

子系统的量子力学描述从完备过渡到不完备,在某种意义上可以认为是对子系统的不同 ψ 状态取平均,由于这种平均的结果,乘积 $c_n^* c_m$ 给出某些量的双重(有两个角标的)集合,我们把它们用 w_{mn} 来表示,而不能用任何形成通常单重集合的量的乘积形式来表示. 现在物理量 f 这个量的平均值形式为

$$\bar{f} = \sum_{nm} w_{mn} f_{nm}. \tag{5.4}$$

w_{mn} 这些量(一般来讲,是时间的函数)的全体就是能量表象中的密度矩阵;在统计学中把它称为**统计矩阵**①.

如果把 w_{mn} 看成某个**统计算符** $\hat{w}$ 的矩阵元,那么和式 $\sum_n w_{mn} f_{nm}$ 就是算符乘积 $\hat{w}\hat{f}$ 的对角矩阵元,而平均值 $\bar{f}$ 可以写成这个算符乘积的迹(对角矩阵元之和)的形式

$$\bar{f} = \sum_n (\hat{w}\hat{f})_{nn} = \mathrm{tr}(\hat{w}\hat{f}). \tag{5.5}$$

写成这样形式的优点在于:给出了利用任意一个正交归一化波函数完备集来进

---

① 我们讲能量表象,因为在统计学中通常用的正是这种表象. 但是直到目前为止,我们还没有在任何地方直接利用过 ψ_n 是定态波函数这一点. 因此很明显,用同样的方法可以确定以任何波函数的完备集来表示的密度矩阵.

还应指出,通常的坐标密度矩阵 $\rho(q,q')$(参阅本教程第三卷§14)可通过矩阵 w_{mn} 用下式表示为

$$\rho(q,q') = \sum_{mn} w_{mn} \psi_n^*(q') \psi_m(q).$$

行计算的可能性;大家知道,算符的迹与用来确定矩阵元的函数集的选择是无关的(参阅本教程第三卷§12).

其它的包含 c_n 这些量的量子力学公式也要作类似的改变——每一次乘积 $c_n^* c_m$ 都必须用"平均过的值"w_{mn} 来代替:

$$c_n^* c_m \to w_{mn}.$$

因此,子系统处于第 n 个状态的概率等于密度矩阵中相应的对角元 w_{nn}(代替模量的平方 $c_n^* c_n$).以后,我们将用 w_n 来代表这些矩阵元,显然它们恒为正数

$$w_n = w_{nn} > 0, \tag{5.6}$$

并且满足归一化条件

$$\operatorname{tr} \hat{w} = \sum_n w_n = 1 \tag{5.7}$$

(相当于条件 $\sum_n |c_n|^2 = 1$).

我们引入不同的 ψ 状态,其目的在于说明如何从完备的量子力学描述过渡到不完备描述.必须强调指出,对不同的 ψ 状态进行平均仅仅有形式上的意义.特别是,假如认为用密度矩阵来描述就相当于子系统能以不同的概率处于不同的 ψ 状态,而平均就是对这些概率而言,那就完全错了.这样的看法有悖于量子力学的基本原理.

由波函数描述的量子力学系统的状态有时称为"**纯态**",以区别于由密度矩阵所描述的"**混合态**",但是,必须预防在上述意义下对后者产生的误解.

利用由公式(5.4)所确定的统计矩阵来求平均具有双重性质.它既包含有与量子描述(即使是最完备的描述)本身的概率性质相联系的平均,又包含有由于我们对所研究的客体数据不全而必须进行的统计平均.在"纯态"情形下只剩下第一种平均,而在统计的情形下总是出现两种因素的平均.但是必须注意:这两种因素的平均是绝不可能彼此分隔开来的;整个平均是一次进行的,不可能表示成纯粹的量子力学平均和纯粹的统计平均相继进行的结果.

在量子统计学中统计矩阵代替了经典统计分布函数.经典统计学所作的预言基本上具有完全确定的性质,在前几节中所述的适用于经典统计学的一切也完全适用于量子统计学.在§2中所叙述的关于可加性物理量的相对涨落(随着粒子数的增加)而趋于零的证明,始终没有利用任何专属于经典力学的特点,所以这个结果也完全适用于量子的情形.因此我们可以预先断言:宏观量实际上仍然等于它自己的平均值.

在经典统计学中分布函数 $\rho(p,q)$ 直接给出物体中粒子取不同坐标值和动量值的概率.在量子统计学中则并非如此:w_n 这个量只给出发现物体在哪一个量子态的概率,而对粒子的坐标值与动量值并没有任何直接的指示.

正是由于量子力学本身的性质,在以它为基础的统计学中只可能讨论怎样

去求坐标和动量各自单独的概率分布,而不能讨论两者一起的概率分布,因为粒子的坐标和动量根本不可能同时具有确定的值.所求的概率分布必须既考虑到统计的不确定性,又考虑到量子力学的描述本身所固有的不确定性.为了求出这些分布,我们重新利用前面所用的讨论方法.首先设物体处于由波函数(5.1)所表示的量子力学纯态,这些坐标的概率分布由模平方

$$|\psi|^2 = \sum_n \sum_m c_n^* c_m \psi_n^* \psi_m$$

来确定,因此坐标值在某个给定间隔 $dq = dq_1 dq_2 \cdots dq_s$ 内的概率等于 $dw_q = |\psi|^2 dq$.为过渡到混合态用统计矩阵元 w_{mn} 代替乘积 $c_n^* c_m$,结果 $|\psi|^2$ 变为和式

$$\sum_n \sum_m w_{mn} \psi_n^* \psi_m.$$

但是按照矩阵元的定义可以写为

$$\sum_m w_{mn} \psi_m = \hat{w} \psi_n.$$

因此,

$$\sum_n \sum_m w_{mn} \psi_n^* \psi_m = \sum_n \psi_n^* \hat{w} \psi_n.$$

这样一来,我们求得按坐标的概率分布的如下公式:

$$dw_q = \sum_n \psi_n^* \hat{w} \psi_n \cdot dq. \tag{5.8}$$

在以这种形式写出的表达式中,可以利用任何归一化波函数完备集作为函数 ψ_n.

其次,我们来确定动量的概率分布.所有的动量具有确定值的量子态对应于全部粒子的自由运动.我们用 $\psi_p(q)$ 来表示这些状态的波函数,其中角标 p 约定表示全部动量值的集合.我们知道,密度矩阵的对角元是系统处于相应量子态的概率.因此,在波函数集 ψ_p 下确定了密度矩阵后,就得到所求的动量概率的分布公式①

$$dw_p = w_{pp} dp = dp \cdot \int \psi_p^* \hat{w} \psi_p dq, \tag{5.9}$$

其中 $dp = dp_1 dp_2 \cdots dp_s$.

非常有趣的是,两种分布——按坐标和按动量的概率分布——都可以用对同一个函数

$$I(q,p) = \psi_p^*(q) \hat{w} \psi_p(q) \tag{5.10}$$

进行积分而得到.把它对 dq 进行积分,得到按动量的分布(5.9).而把它对 dp 进行积分,给出

---

① 函数 $\psi_p(q)$ 是系统位形空间中的平面波;假定它们归一化为所有的动量的 δ 函数.

$$dw_q = dq \cdot \int \psi_p^*(q) \hat{w} \psi_p(q) dp \tag{5.11}$$

与普遍的定义式(5.8)一致. 我们还注意到,函数(5.10)也可以用坐标密度矩阵 $\rho(q,q')$ 表示成

$$I(q,p) = \psi_p^*(q) \int \rho(q,q') \psi_p(q') dq'. \tag{5.12}$$

但是,必须强调,这里所述的一切绝不意味着函数 $I(q,p)$ 可以看成同时为坐标和动量的概率分布;且不说这种观点违背量子力学的基本原理,就表达式(5.10)本身来讲也是一个复数[①].

§6 量子统计中的统计分布

在量子力学中可以证明一个定理,这个定理完全类似于在§3中以经典力学为基础得到的刘维尔定理.

为此我们预先推导出一个普遍的量子力学方程,它确定任何(闭合)系统的统计矩阵对时间的微商[②]. 仿照上节所用的方法,先假定系统处于纯态,其波函数由级数形式(5.1)表示. 由于系统的闭合性,它的波函数在以后任何时刻都将具有同样的形式,并且只有系数 c_n 是时间的函数,正比于因子 $\exp(-iE_n t/\hbar)$,因此有

$$\frac{\partial}{\partial t} c_n^* c_m = \frac{i}{\hbar}(E_n - E_m) c_n^* c_m.$$

现在用 w_{mn} 代替 $c_n^* c_m$ 以过渡到混合态的一般情况下的统计矩阵. 这样一来,我们就得到所求的方程式

$$\dot{w}_{mn} = \frac{i}{\hbar}(E_n - E_m) w_{mn}. \tag{6.1}$$

这个方程式可以改写为一般的算符形式,只要注意到

---

① 由于 $I(q,p)$ 没有直接的物理意义,当然具有所述性质的函数的定义不唯一. 例如, q 和 p 的分布可用同样的方法从如下函数得到

$$I_W(q,p) = \int_{-\infty}^{\infty} \rho\left(q + \frac{\xi}{2}, q - \frac{\xi}{2}\right) \psi_p^*\left(q + \frac{\xi}{2}\right) \psi_p\left(q - \frac{\xi}{2}\right) d\xi, \tag{5.10a}$$

式中 ξ 表示所有辅助变量 $\xi_1, \cdots, \xi_s$ 的集合,而 $d\xi = d\xi_1 \cdots d\xi_s$ (E. Wigner, 1932). 因为

$$\int \psi_p^*\left(q + \frac{\xi}{2}\right) \psi_p\left(q - \frac{\xi}{2}\right) dp = \delta\left(q + \frac{\xi}{2} - q + \frac{\xi}{2}\right) = \delta(\xi),$$

积分 $\int I_W dp = \rho(q,q')$. 积分 $\int I_W dq$ 在变量代换 $q + \xi/2 \to q, q - \xi/2 \to q'$ 后与积分 $\int I dq$ 完全一致. 与 $I(q,p)$ 不同,函数 $I_W(q,p)$ 是实的(考虑矩阵 $\rho(q,q')$ 的厄米性容易证明这一点),但是,并非处处都是正的.

② 在上一节中我们所讨论的是子系统的密度矩阵,并考虑到它的基本的统计应用. 当然,密度矩阵也可以用来描述处于混合态的闭合系统.

$$(E_n - E_m)w_{mn} = \sum_l (w_{ml}H_{ln} - H_{ml}w_{ln}),$$

其中 H_{mn} 是系统的哈密顿算符 $\hat{H}$ 的矩阵元,它在我们所取的能量表象中是对角化了的.因此,

$$\dot{\hat{w}} = \frac{i}{\hbar}(\hat{w}\hat{H} - \hat{H}\hat{w}). \tag{6.2}$$

(应当注意这个式子与通常量子力学中物理量对时间微商的算符表示式差了一个符号.)

我们看到:要使统计矩阵对时间的微商等于零,算符 $\hat{w}$ 必须与系统的哈密顿算符可以对易.该结果正是刘维尔定理在量子力学中的对应:在经典力学中对分布函数稳定性的要求导致 w 是运动积分;而任意物理量的算符与哈密顿算符的可对易性则恰恰就是该物理量守恒的量子力学条件.

在我们感兴趣的能量表象中,守恒条件可以表述得特别简单:从(6.1)式可以看出,矩阵 w_{mn} 应该是对角化的——这又和通常物理量的量子力学守恒的矩阵表达式相符合,即守恒量的矩阵可与哈密顿算符同时化为对角形式.

类似于在§3中所做过的,现在我们可以把上面所得到的结果应用于准闭合系统,只要在所考虑的时间间隔内子系统的行为可以足够精确地看成是闭合的.因为根据统计平衡本身的定义,子系统的统计分布(在这里是统计矩阵)必须是稳定的,所以我们首先得出结论:所有子系统的矩阵 w_{mn} 都是对角化的[①].因此,确定统计分布的问题归结为计算出概率 $w_n = w_{nn}$,它们就是量子统计学中的"分布函数".任意物理量 f 的平均值公式(5.4)就简化为

$$\bar{f} = \sum_n w_n f_{nn}, \tag{6.3}$$

现在公式中只包含对角矩阵元 f_{nn}.

其次,考虑到 w 必须是量子力学的运动积分,并利用子系统的准独立性,我们就可以完全类似于公式(4.5)的推导而求出子系统的分布函数的对数必须具有形式

$$\ln w_n^{(a)} = \alpha^{(a)} + \beta E_n^{(a)} \tag{6.4}$$

(角标 a 用来区别不同的子系统).这样,概率 w_n 可以表示为只与能级有关的函数:$w_n = w(E_n)$.

最后,在§4中所述的有关可加性运动积分(特别是能量)在确定闭合系统的全部统计性质的问题上所起的作用,所有那些讨论现在仍旧是完全有效的.

[①] 因为这一论断在一定程度上是与忽略子系统彼此间的相互作用相联系的,所以可以更精确地说:非对角元 w_{mn} 随着这些相互作用的相对重要性的减弱而趋于零,因而随着子系统中粒子数的增加而趋于零.

这就使得我们对于闭合系统仍旧有可能构成一个简单的分布函数,用来描述系统的统计性质,虽然它并不是真正的分布函数(像经典的情形那样).

为了用数学表述这种"量子的微正则分布",必须用下述方法.考虑到宏观物体的能谱"几乎是连续的",我们引入闭合系统"处于"能量值的某个无限小间隔内的量子态数目这一概念①.我们用 $d\Gamma$ 表示这个数目,它在这里所起的作用类似于相空间体积元 $dpdq$ 在经典情形下所起的作用.

如果把闭合系统当成由许多子系统构成的,同时忽略子系统之间的相互作用,则整个系统的每一个状态都可以通过给定所有各个子系统的状态来表示,因而闭合系统的状态数 $d\Gamma$ 可以表示为各个子系统的量子态数 $d\Gamma_a$ 的乘积:

$$d\Gamma = \prod_a d\Gamma_a \tag{6.5}$$

(但是必须使得所有的子系统的能量总和恰好是在整个闭合系统所被考虑的能量值间隔之内).

现在我们可以把微正则分布表述为类似于经典的(4.6)式的形式,即把系统处于 $d\Gamma$ 个状态中的任一状态的概率 dw 写成下式

$$dw = 常数 \cdot \delta(E - E_0) \prod_a d\Gamma_a. \tag{6.6}$$

§7 熵

我们将在比弛豫时间长得多的时间内来考察闭合系统;这也就意味着系统处于完全的统计平衡状态.

首先我们对量子统计学的情形来进行以下的讨论.我们把系统分成大量的宏观部分(子系统),然后考虑其中的任意一个子系统.设 w_n 是这个子系统的分布函数,为简化公式起见,对于 w_n(以及其它的量)我们暂时把用来区分不同子系统的角标 a 省略掉.特别是,利用 w_n 可以计算子系统的能量 E 取不同数值的概率分布.我们已知,w_n 可以写成仅与能量有关的函数 $w_n = w(E_n)$.为了得到子系统的能量介于 E 和 $E + dE$ 之间的间隔内的概率 $W(E)dE$,必须把 $w(E)$ 乘以能量介于这个间隔内的量子态的数目;在这里我们仍旧利用在上一节末尾用过的关于"展宽"的能谱的概念.我们用 $\Gamma(E)$ 来代表子系统的能量小于以及等于 E 的量子态的数目;于是能量介于 E 和 $E + dE$ 之间的状态数目可以写成形式

$$\frac{d\Gamma(E)}{dE}dE,$$

---

① 必须记住,我们已经约定(§4)完全不考虑整个系统的动量和角动量,为此只要设想系统被封闭到一个刚体的"匣子"中,并且我们是用相对匣子为静止的坐标系来研究的.

而按能量的概率分布为:

$$W(E) = \frac{\mathrm{d}\Gamma(E)}{\mathrm{d}E} w(E). \tag{7.1}$$

归一化条件

$$\int W(E)\mathrm{d}E = 1,$$

在几何上表示:曲线 $W = W(E)$ 下包含的面积等于 1.

按照在 §1 中所作的普遍论断,函数 $W(E)$ 在 $E = \bar{E}$ 时具有非常尖锐的极大值,并且仅仅在这一点的邻域内才显著地不等于零. 我们引入曲线 $W = W(E)$ 的"宽度"ΔE,规定它等于这样一个矩形的宽度:该矩形的高等于函数 $W(E)$ 在极大值处的值,而其面积等于 1,即

$$W(\bar{E})\Delta E = 1. \tag{7.2}$$

注意到(7.1)式,我们可以把这个定义改写成

$$w(\bar{E})\Delta\Gamma = 1, \tag{7.3}$$

式中

$$\Delta\Gamma = \frac{\mathrm{d}\Gamma(\bar{E})}{\mathrm{d}E}\Delta E \tag{7.4}$$

是与能量值的间隔 ΔE 相应的量子态的数目. 可以说,这样定义的量 $\Delta\Gamma$ 表征的是子系统的宏观状态按其微观状态的"展宽程度". 至于间隔 ΔE,按数量级来说它与子系统的能量的平均涨落一致.

上面所作的定义可以直接转用到经典统计学中,只需要用经典的分布函数 ρ 来代替函数 $w(E)$,而代替 $\Delta\Gamma$ 的是由公式

$$\rho(\bar{E})\Delta p\Delta q = 1 \tag{7.5}$$

所定义的相空间区域的体积. 相体积 $\Delta p\Delta q$ 和 $\Delta\Gamma$ 一样,所表征的是相空间内这样一个区域的大小:该子系统几乎全部时间都处于这个区域内.

不难在量子理论中的 $\Delta\Gamma$ 和经典极限下的 $\Delta p\Delta q$ 之间建立关系. 在准经典的情况下,相空间一个区域的体积和"相应"的量子态数目之间可以建立起对应关系(参阅本教程第三卷 §48);也就是说,相空间中体积为 $(2\pi\hbar)^s$ 的"小胞"(s 为系统的自由度数目)"对应"于一个量子态. 因此显然在准经典的情形下,状态数 $\Delta\Gamma$ 可以写成形式

$$\Delta\Gamma = \frac{\Delta p\Delta q}{(2\pi\hbar)^s}, \tag{7.6}$$

其中 s 是该子系统的自由度数目. 这个公式建立了 $\Delta\Gamma$ 和 $\Delta p\Delta q$ 之间所求的对应关系.

$\Delta\Gamma$ 这个量称为子系统的宏观状态的**统计权重**,而它的对数

$$S = \ln\Delta\Gamma \tag{7.7}$$

称为子系统的**熵**. 在经典的情形下, 熵相应地由如下表达式来定义:

$$S = \ln \frac{\Delta p \Delta q}{(2\pi\hbar)^s}. \tag{7.8}$$

这样定义的熵就像统计权重本身一样, 是一个无量纲的量. 因为在任何情形下状态数 $\Delta \Gamma$ 都不会小于 1, 所以熵也不会是负的. 熵的概念是统计力学中最重要的概念之一.

必须指出: 如果完全停留在经典统计学的观点上, 就不能引入关于"微观状态的数目"的概念, 而只好就将 $\Delta p \Delta q$ 定义为统计权重. 但是, 像相空间中的每个体积一样, 这个量具有 s 重动量和 s 重坐标的乘积的量纲, 也就是作用量的 s 次幂的量纲 $[(\text{erg} \cdot \text{s})^s]$. 假如把熵定义为 $\ln \Delta p \Delta q$, 那么它就会具有作用量对数的特殊量纲. 这就意味着, 当作用量的单位改变时, 熵就会改变一个可加性常数: 如果作用量的单位改变 a 倍, 那么 $\Delta p \Delta q$ 就变为 $a^s \Delta p \Delta q$, 而 $\ln \Delta p \Delta q$ 就变为 $\ln \Delta p \Delta q + s \ln a$. 因此在纯粹的经典统计学中, 熵这个量只能精确到一个可加常数, 这个常数依赖于单位的选择. 在这种情况下, 只有熵差, 即熵在某种过程中的改变, 才是与单位选择无关的确定量.

与这种情况相联系的, 就是在熵的经典统计学定义 (7.8) 中出现量子常数 $\hbar$. 分立的量子态的数目的概念必定与不等于零的量子常数有关, 只有这个概念才使我们能够引入一个无量纲的统计权重, 从而把熵定义为一个完全确定的量.

我们直接用分布函数来表示熵, 就可以把熵的定义写成另一种形式. 根据 (6.4) 式, 子系统的分布函数的对数具有形式

$$\ln w(E_n) = \alpha + \beta E_n.$$

由于这个式子对 E_n 是线性的, 所以

$$\ln w(\bar{E}) = \alpha + \beta \bar{E}$$

这个量也可以写成平均值 $\langle \ln w(E_n) \rangle$. 因此, 根据 (7.3) 式, 可以把熵 $S = \ln \Delta \Gamma = -\ln w(\bar{E})$ 写成

$$S = -\langle \ln w(E_n) \rangle, \tag{7.9}$$

即可以把熵定义为子系统的分布函数的对数的平均值 (取相反的符号). 按照平均值的意义, 有

$$S = -\sum_n w_n \ln w_n; \tag{7.10}$$

这个式子可以写成普遍的算符形式[①]:

[①] 按照一般法则, 算符 $\ln \hat{w}$ 应当理解为这样一个算符: 它的本征值等于算符 $\hat{w}$ 的本征值的对数, 而它的本征函数同 $\hat{w}$ 的本征函数一致.

$$S = -\mathrm{tr}(\hat{w}\ln\hat{w}), \tag{7.11}$$

而不依赖于确定统计矩阵元所选择的波函数集.

类似地,在经典统计学中可以把熵的定义写成

$$S = -\langle \ln[(2\pi\hbar)^s \rho] \rangle = -\int \rho \ln[(2\pi\hbar)^s \rho] \mathrm{d}p\mathrm{d}q. \tag{7.12}$$

现在我们回来考虑整个的闭合系统,并令 $\Delta\Gamma_1, \Delta\Gamma_2, \cdots$ 表示它的各个子系统的统计权重.如果每个子系统可以处于 $\Delta\Gamma_a$ 个量子态中的一个状态,则与此相应,整个系统显然有

$$\Delta\Gamma = \prod_a \Delta\Gamma_a \tag{7.13}$$

个不同的状态.这个量称为闭合系统的统计权重,而它的对数称为闭合系统的熵 S.显然

$$S = \sum_a S_a, \tag{7.14}$$

即这样定义的熵是一个可加性的量:复合系统的熵等于它的各个部分的熵之和.

为了清楚地理解这种定义熵的方法,必须注意下述情况.处于完全统计平衡的闭合系统(它的总能量我们用 E_0 来表示)的熵也可以直接来定义,而不必把系统划分为许多个子系统.为此我们设想:所考虑的系统实际上只是某个假想中极为巨大的系统(此时称之为"恒温器"或"热浴")的一个小部分.恒温器被假定为处于完全平衡的状态,并且使得我们的系统(现在它是恒温器的一个不闭合的子系统)的平均能量恰好与真正的能量值 E_0 一致.于是对我们的系统可以形式地假定一个分布函数,其形式与它的任何子系统的分布函数一样,并且可以借助于这个分布来定义它的统计权重 $\Delta\Gamma$,并由此按照那些我们曾经用于子系统的公式(7.3)—(7.12)来直接定义熵.显然,恒温器的存在绝不会影响到我们的系统中各个小部分(子系统)的统计性质,因为它们在恒温器不存在时就早已不闭合,而是同系统中其余部分处于平衡的了.因此恒温器的存在并不改变这些小部分的统计权重 $\Delta\Gamma_a$,因而刚才用上述方法所定义的统计权重也就同先前以乘积形式(7.13)所定义的统计权重相一致.

到现在为止,我们一直假定闭合系统处于完全统计平衡状态.现在应当把上面所作的定义推广到处于任意宏观状态(不完全平衡)的系统上去.

我们假定系统处于某种不完全的平衡状态,并且在比完全平衡的弛豫时间短得多的时间间隔 Δt 内来考虑它.这时我们必须用下述方式来定义熵.我们想象把系统划分为许多小部分,它们是这样地微小,以致它们各自的弛豫时间都比 Δt 小得多(应当记得,弛豫时间一般来讲是随着系统尺度的减小而减小的).可以认为,这些子系统在时间 Δt 内是处于各自的局部平衡状态,它们由一些确

定的分布函数所描述. 因此, 对它们可以应用统计权重 $\Delta \Gamma_a$ 的上述定义, 并由此计算它们的熵 S_a. 于是整个系统的统计权重 $\Delta \Gamma$ 可以定义为乘积(7.13), 相应地, 整个系统的熵 S 定义为熵 S_a 之和.

我们把不平衡系统的熵定义为它的各部分(满足上述条件)的熵之和, 但是必须强调指出: 这样定义的熵, 如果现在只借助于恒温器的概念, 而不把系统划分为许多部分, 是不可能计算出来的. 同时, 如果每个子系统本身已经处于各自的"完全"平衡状态, 那么把各子系统再进一步划分为更小的部分并不改变熵的数值, 只有在这种意义下, 上述定义才是完全确定的.

特别应当注意时间在熵的定义中的作用. 熵是一个表征物体在某个不等于零的时间间隔 Δt 内的平均性质的量. 给定 Δt 后, 为了确定熵 S, 我们必须想象把物体划分为这样一些微小的部分, 以至它们各自的弛豫时间都比 Δt 小得多. 因为这些部分本身必须同时又是宏观的, 所以很明显, 对于过分短的时间间隔 Δt 而言, 熵的概念就完全失去意义, 特别是绝不能谈到熵的瞬时值.

在给出了熵的完整定义后, 我们来阐明这个量的最重要的性质和它的基本物理意义. 为此引入微正则分布, 按照这种分布, 可以利用形式(6.6)的分布函数

$$\mathrm{d}w = 常数 \cdot \delta(E - E_0) \prod_a \mathrm{d}\Gamma_a$$

来描述闭合系统的统计性质. 式中 $\mathrm{d}\Gamma_a$ 可以理解为函数 $\Gamma_a(E_a)$ 的微分, $\Gamma_a(E_a)$ 是子系统的能量值小于和等于 E_a 的量子态的数目. 我们把 $\mathrm{d}w$ 的形式改写为

$$\mathrm{d}w = 常数 \cdot \delta(E - E_0) \prod_a \frac{\mathrm{d}\Gamma_a}{\mathrm{d}E_a} \mathrm{d}E_a. \tag{7.15}$$

统计权重 $\Delta \Gamma_a$ 按照它的定义是子系统的平均能量 $\bar{E}_a$ 的函数. 对于熵也是如此: $S_a = S_a(\bar{E}_a)$. 现在, 我们把 $\Delta \Gamma_a$ 和 S_a 在形式上看成是真实能量值 E_a 的函数(与 $\Delta \Gamma_a$ 和 S_a 实际上依赖于 $\bar{E}_a$ 的函数形式相同). 于是我们可以在(7.15)中用比值 $\frac{\Delta \Gamma_a}{\Delta E_a}$ 来代替微商 $\frac{\mathrm{d}\Gamma_a(E_a)}{\mathrm{d}E_a}$, 其中 $\Delta \Gamma_a$ 是在上述意义下来理解的 E_a 的函数, 而 ΔE_a 是相应于 $\Delta \Gamma_a$ 的能量值间隔(也是 E_a 的函数). 最后, 用 $\mathrm{e}^{S_a(E_a)}$ 来代替 $\Delta \Gamma_a$, 我们得到

$$\mathrm{d}w = 常数 \cdot \delta(E - E_0) \mathrm{e}^S \prod_a \frac{\mathrm{d}E_a}{\Delta E_a}, \tag{7.16}$$

式中 $S = \sum_a S_a(E_a)$ 是整个闭合系统的熵, 它应理解为系统的各个部分的实际能量值的函数. 因子 e^S 的指数是一个可加性的量, 因此这个因子是能量 E_a 的急剧变化的函数. 与这个函数相比, $\prod_a \Delta E_a$ 这个量对能量的依赖关系就完全

无关紧要了,因此,我们可以用表达式

$$dw = 常数 \cdot \delta(E - E_0) e^S \prod_a dE_a. \tag{7.17}$$

来代替(7.16),而仍旧具有很高的精确度.

但是,被表示为正比于所有微分 dE_a 的乘积形式的 dw 不是别的,正是所有的子系统处于给定的 E_a 到 $E_a + dE_a$ 之间的能量间隔内的概率. 因此,我们看到:这个概率被系统的熵——作为子系统能量的函数——所确定;因子 $\delta(E - E_0)$ 保证总和 $E = \sum E_a$ 等于系统的给定能量值 E_0. 我们以后将看到,熵的这个性质是它的统计应用的基础.

我们知道,E_a 诸能量的最概然值是它们的平均值 $\bar{E}_a$. 这就意味着:函数 $S(E_1, E_2, \cdots)$ 应当在 $E_a = \bar{E}_a$ 时具有最大的可能值(在给定了总能量值 $\sum E_a = E_0$ 的条件下). 但是 $\bar{E}_a$ 正好是与系统的完全统计平衡状态相对应的诸子系统的能量值. 因此,我们得出下述重要结论:处于完全统计平衡状态的闭合系统的熵(在给定了系统的能量的条件下)具有最大的可能值.

最后,我们再对任何子系统或闭合系统的熵函数 $S = S(E)$ 指出一个有趣的解释(在后一种情形,假定系统处于完全平衡状态,因此它的熵可以表示为只是它的总能量的函数). 统计权重 $\Delta \Gamma = e^{S(E)}$ 按照定义就是系统在间隔 ΔE 内包含的能级数目,而 ΔE 以一定的方式表征能量概率分布的宽度. 以 $\Delta \Gamma$ 除 ΔE,就得到在所考虑的系统的能谱的这个区域(在能量值 E 附近的区域)内相邻能级之间的平均距离. 把这个距离表示为 $D(E)$,可以写出:

$$D(E) = \Delta E \cdot e^{-S(E)}. \tag{7.18}$$

因此,函数 $S(E)$ 确定了宏观系统的能谱中能级的稠密程度. 由于熵的可加性,我们可以说:宏观物体的能级间的平均距离随着它的尺度(亦即它所包含的粒子数)的增大而指数递减.

§8 熵增长定律

如果闭合系统并不处于统计平衡状态,则其宏观状态将随着时间而变化,直到系统最后达到完全平衡的状态为止. 用能量在各子系统之间的分布来表征系统的每一个宏观状态,我们可以说:系统依次所经历的一系列状态对应于愈来愈概然的能量分布. 一般来讲,由于上节所阐明的指数性质的缘故,概率的这种增长是极为迅速的. 我们已经看到:概率由表达式 e^S 所决定,而它的指数部分是一个可加性的量——系统的熵. 因此我们可以说,在非平衡的闭合系统内所发生的过程是这样进行的:系统从具有较小熵的状态连续过渡到具有较大熵的状态,直到最后熵达到了相应于完全统计平衡状态的最大可能值时为止.

由此可见,如果闭合系统在某一时刻处于非平衡的宏观状态,那么最概然的后果是系统的熵在后续时刻单调地增长. 这称为**熵增长定律**或**热力学第二定律**. 这个定律由克劳修斯(R. Clausius, 1865)发现, 而由玻尔兹曼(L. Boltzmann, 19世纪70年代)给出其统计学论据.

在谈到"最概然的"结果时, 必须注意: 在现实中, 过渡到较大熵的状态的概率, 与不论熵有多少明显的减小的概率比较起来占有压倒的优势, 以致于后一种情形实际上从来没有在自然界中被观察到过. 如果撇开由于极为微小的涨落引起的熵的减小不谈, 那么我们就可以把熵增长定律表述如下: 如果在某一时刻闭合系统的熵不是最大, 那么在以后诸时刻熵不会减小——只会增加或者在极端情况下保持常数.

毫无疑问, 这里所作的简单的表述是符合现实情况的; 它们被我们所有日常的观察所证实. 但是当更深入地来考虑关于这些规律性的物理本质和来源的问题时, 就出现了重大的困难, 这些困难在一定程度内到现在还没有解决.

首先, 如果我们试图把统计学应用到整个宇宙上去, 把宇宙看作一个单一的闭合系统, 那么我们立刻会遇到理论和实验之间的显著矛盾. 按照统计学的结果, 宇宙应该处于完全统计平衡的状态. 更精确地讲, 宇宙中任何一个无论多大但是有限的区域(它的弛豫时间在任何情况下都是有限的)应该处于统计平衡状态. 同时日常经验使我们相信: 自然界的性质与一个平衡系统的性质毫无共同之处, 而且天文学数据也表明: 对于我们的观测所能达到的整个巨大宇宙范围, 情况也是如此.

摆脱这样产生的矛盾, 办法应该在广义相对论中去寻找. 道理在于, 在考虑宇宙中的巨大区域时, 其中存在的引力场将起重大的作用. 众所周知, 引力场不是别的, 而是时空度规的改变. 在研究物体的统计性质时, 时空的度规性质在某种意义上可以看作物体所处的"外界条件". 然而, 有关闭合系统在足够长的时间内必定达到平衡状态的论断, 当然仅对处于稳定外界条件下的系统适用. 同时, 普遍的宇宙膨胀也表明, 其度规实质上与时间有关. 所以, "外界条件"在这种情况下绝不是稳定的. 这里重要的是, 引力场本身不能当作闭合系统的一部分, 否则守恒定律将退化为恒等式, 而我们知道守恒定律是统计学的基础. 正由于此, 在广义相对论中, 整个宇宙不能看成闭合系统, 而应看成处于变化的引力场中的系统, 与此相关, 应用熵增长定律不会得出统计平衡必然存在的结论.

因此, 关于把宇宙作为整体来考虑的问题, 在上面所讨论的一部分中, 至少把表面上矛盾的物理根源弄清楚了. 但是, 对于如何理解熵增长定律的本质仍有其它难点.

大家知道, 经典力学本身相对于时间的两个方向是完全对称的. 以 $-t$ 代替 t 时, 力学方程式保持不变, 因此, 如果这些方程式允许某一种运动, 则它们也允许正好相反的运动, 在该运动中力学系统以完全相反的次序经历完全相同的位形.自然,这种对称也必然会保持在以经典力学为基础的统计学中,因此,在宏观的闭合系统中只要可能有一个伴随着熵的增长的过程,那么也一定可能有一个熵减小的逆过程.但是,前面对熵增长定律所作的表述本身并不与这个对称性相矛盾,因为其中所讲的只是一个宏观描述的状态的最概然的结果.换句话说,如果给定了一个非平衡的宏观状态,那么熵增长定律只是断言:在满足该宏观描述的所有微观状态中,其绝大多数在以后诸时刻熵都增长.

但是,如果把注意力转到该问题的另一方面,矛盾就产生了.在表述熵增长定律时,我们所讲的是关于在某一时刻给定的宏观状态的最概然的结果.但是这个状态本身一定是由于自然界中所发生的某种过程的结果而从另一个状态发展过来的.关于时间的两个方向的对称意味着:对于在某个时刻 $t=t_0$ 任意选定的闭合系统的所有宏观状态,不仅可以断言在 $t>t_0$ 时熵增长是最最可能的后果,而且可以断言它本身最最可能是从一个熵较大的状态中发展过来的.换句话说,作为时间函数的熵最最可能在任意选定的时刻 $t=t_0$ 有极小①.

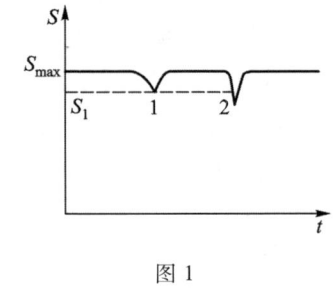

图 1

但是,这样的说法当然和熵增长定律毫无共同之处,根据熵增长定律,在自然界中所有实际存在的闭合系统的熵从来不会减小(除了十分微小的涨落而外).同时,正是熵增长定律的这种普遍表述完全为自然界中发生的一切现象所证实.必须强调指出:这种表述与本节开头所给出的表述绝不等价,这一点似乎很明白.假如要从一种表述得到另一种表述,就不得不引入观测者的概念,他在某一时刻人为地"制造"一个闭合系统,使得关于系统以前的行为的问题根本不存在;物理定律对观测者性质的这种依赖性当然是完全不能接受的.

这样表述的熵增长定律是否能由经典力学导出,值得怀疑.况且,由于经典力学方程的时间反演不变性,只能寻求推导熵的单调变化.为了要得到熵单调增长的定律,我们就不得不定义时间方向,将之取为熵在增长的方向.这样又发生问题,即要证明这样的热力学定义与量子力学定义等同(见下文).

在量子力学中情况有本质性的改变.大家知道,量子力学的基本方程——薛定谔方程——本身是时间反演对称的(只要也将波函数 ψ 换为 ψ^*).这意味

---

① 为了更好地理解这种对称,我们画出系统熵变化的示意图(图 1),该系统在很长一段时间内都是闭合的.设在这样的系统内看到熵为 $S=S_1<S_{\max}$ 的宏观状态,该状态由某种很大的涨落(不很可能)而产生.那么可以断言,它为"1"类点的概率很高,在该点熵已达到极小值,而不会是"2"类点,那里的熵还会继续减小.

着:如果在某一时刻 $t=t_1$,波函数给定为 $\psi=\psi(t_1)$,并且根据薛定谔方程,在另一时刻 $t=t_2$ 它应当变成等于 $\psi(t_2)$,那么从 $\psi(t_1)$ 到 $\psi(t_2)$ 的变化是可逆的;换句话说,如果在初始时刻 $t=t_1$,$\psi=\psi^*(t_2)$,那么在 $t=t_2$ 时将有 $\psi=\psi^*(t_1)$. 不过,尽管有这种对称性,其实量子力学实际上含有两个时间方向的非等价性. 这种非等价性的出现起因于量子力学中的基本过程即在量子客体与足够精确地服从经典力学的系统之间的相互作用过程. 也就是说,如果同给定的一个量子客体依次发生两个相互作用过程(我们称它们为 A 和 B),那么只有在过程 A 发生于过程 B 以前的情形下,才能够断言:过程 B 的某一结果的概率是取决于过程 A 的结果的(也可参阅本教程第三卷§7).

因此,在量子力学中,原则上,时间的两个方向具有物理上的非等价性,而熵增长定律很可能就是这种不等价性的宏观表现形式. 在这种情况下必定存在一个含有量子常数 $\hbar$ 的不等式,以保证这个定律的正确性并在现实世界中得到实现. 但是,直到目前任何人都未能以多少令人信服的方式探索这种联系并证明其确实存在.

因此,有关熵单调增长的物理基础的问题仍未解决. 有没有它的宇宙学本质的起源? 它与宇宙学中初始条件的普遍问题有没有联系? 在基本粒子某些弱相互作用过程中时间反演对称性的破坏有没有什么贡献? 很可能,只有在进一步综合物理学理论的过程中,才会对这样的问题求得答案.

作为总结,我们重述一下熵增长定律的普遍表述:在所有存在于自然界的闭合系统中,熵从来不会减少——它总是增长或者在极端情况下保持常数. 相应于这两种可能性,通常把所有发生在宏观物体中的过程分为**不可逆的**和**可逆的**两种. 前者指的是与整个闭合系统的熵增长相伴的过程,按照相反次序重复的过程是不可能发生的,因为在这种情况下熵不得不减少. 如果闭合系统的熵在过程中保持常数①,因而过程也可以按相反的方向进行,那么这一类过程就称为可逆过程. 自然,严格的可逆过程是理想的极限情形;实际上,在自然界中所进行的过程仅仅在一定的精度下才是可逆的.

---

① 应当着重指出:这时系统中各个部分的熵未必也保持常数.

第二章
热力学量

§9 温度

表征物体宏观状态的物理量称为**热力学量**. 在热力学量中有一些量, 不仅具有热力学的意义, 而且也具有纯力学的意义. 例如, 能量与体积就是这样. 但是还存在另外一类量, 它们只是作为纯粹统计规律性的产物, 而在应用于非宏观系统时就没有意义, 例如熵.

以后我们要引入热力学量之间的一系列关系式, 这些关系式总是成立的, 与热力学量究竟属于什么样的实际物体无关. 这些关系式称为热力学关系式.

在运用热力学量的时候, 通常对它们经历的微小的涨落并不感兴趣. 因此, 我们将完全忽略这些涨落, 仅仅在物体的宏观状态改变的情况下才考虑热力学量怎样变化[①].

考虑彼此处于热平衡的两个物体, 并且这两个物体一起组成一个闭合系统. 那么这个系统的熵 S(在系统能量给定为 E 的情况下) 有最大的可能值. 能量 E 是每个物体的能量 E_1 与 E_2 之和: $E = E_1 + E_2$. 系统的熵也是如此, 而且每个物体的熵都是各自能量的函数: $S = S_1(E_1) + S_2(E_2)$. 因为 $E_2 = E - E_1$, 其中 E 是常数, 所以 S 实际上是单个自变量的函数, 极大值的必要条件可以写成

$$\frac{dS}{dE_1} = \frac{dS_1}{dE_1} + \frac{dS_2}{dE_2}\frac{dE_2}{dE_1} = \frac{dS_1}{dE_1} - \frac{dS_2}{dE_2} = 0,$$

由此,

---

① 热力学量的涨落将在第十二章专门讨论.

$$\frac{\mathrm{d}S_1}{\mathrm{d}E_1} = \frac{\mathrm{d}S_2}{\mathrm{d}E_2}.$$

该结论不难推广到任意多个物体彼此处于平衡的情况.

由此可见,如果系统处于热力学平衡状态.那么熵对能量的导数,对于系统中所有各部分都是相同的,即在整个系统内都不变.物体的熵 S 对其能量 E 的导数的倒数称为该物体的**绝对温度**,或简称温度 T

$$\frac{\mathrm{d}S}{\mathrm{d}E} = \frac{1}{T} \tag{9.1}$$

因此彼此处于平衡的物体的温度是相等的,$T_1 = T_2$.

正如熵一样,温度显然也是一个纯粹统计性质的量,只对宏观物体才有意义.

其次,我们考虑彼此组成闭合系统,但并不处于平衡状态的两个物体.它们的温度 T_1 和 T_2 是不同的.随着时间的推移,在这两个物体之间将建立起平衡状态,并且它们的温度将逐渐趋于相等.同时它们的总熵 $S = S_1 + S_2$ 应该增加,即熵对时间的导数是正的:

$$\frac{\mathrm{d}S}{\mathrm{d}t} = \frac{\mathrm{d}S_1}{\mathrm{d}t} + \frac{\mathrm{d}S_2}{\mathrm{d}t} = \frac{\mathrm{d}S_1}{\mathrm{d}E_1}\frac{\mathrm{d}E_1}{\mathrm{d}t} + \frac{\mathrm{d}S_2}{\mathrm{d}E_2}\frac{\mathrm{d}E_2}{\mathrm{d}t} > 0.$$

因为总能量保持守恒,所以 $\frac{\mathrm{d}E_1}{\mathrm{d}t} + \frac{\mathrm{d}E_2}{\mathrm{d}t} = 0$,因此

$$\frac{\mathrm{d}S}{\mathrm{d}t} = \left(\frac{\mathrm{d}S_1}{\mathrm{d}E_1} - \frac{\mathrm{d}S_2}{\mathrm{d}E_2}\right)\frac{\mathrm{d}E_1}{\mathrm{d}t} = \left(\frac{1}{T_1} - \frac{1}{T_2}\right)\frac{\mathrm{d}E_1}{\mathrm{d}t} > 0.$$

设第二个物体的温度高于第一个物体的温度($T_2 > T_1$).考虑到温度是正的(参见下节),那么有 $\frac{\mathrm{d}E_1}{\mathrm{d}t} > 0$(相应地 $\frac{\mathrm{d}E_2}{\mathrm{d}t} < 0$).换句话说,第二个物体的能量减小,而第一个物体的能量增加.温度的这一性质可以这样表述:能量从温度较高的物体转移到温度较低的物体.

熵 S 是个无量纲量.因此从定义(9.1)得出,温度具有能量的量纲,所以就可以用能量的单位来量度,例如用尔格(erg).但是,在普通条件下尔格似乎是太大的量,实际上通常用一种特殊的单位来量度温度,这种单位称为**开尔文**(K),或简称为**开**.尔格与开尔文之间的变换系数,即每一开尔文的尔格数,称为**玻尔兹曼常量**,通常用字母 k 表示,它等于[①]

$$k = 1.38 \times 10^{-16} \mathrm{erg}/\mathrm{K}$$

我们约定今后所有的公式中温度都以能量为单位来量度.如果在数值计算

---

① 为便于查询,我们也给出开尔文(K)与电子伏特(eV)之间的换算系数:
$$1 \text{ eV} = 11606 \text{ K}.$$

时,要将温度换算成以开尔文来量度,只需用 kT 替换 T. 因子 k 只是用于标示温度的单位约定,处处记 k 只会让公式繁冗.

如果温度以开尔文为单位,为避免在普遍的热力学关系式中出现常数 k,通常也在熵的定义中引入因子 k,写成

$$S = k\ln\Delta\Gamma \tag{9.2}$$

以取代(7.7)式. 那么定义温度的公式(9.1),以及本章下面导出的含温度的一切普遍热力学关系式在换算为开尔文时都不改变.

这样,换算为开尔文的规则就在于在所有公式中作代换

$$T \to kT, \quad S \to \frac{S}{k} \tag{9.3}$$

§10 宏观运动

物体的各个宏观部分作为整体参与的运动称为宏观运动,以区别于分子的微观运动. 现在我们考虑在热力学平衡状态下宏观运动的可能性问题.

把物体划分为大量很小的(但是宏观的)部分,并设 M_a, E_a 和 $\boldsymbol{P}_a$ 分别表示第 a 个部分的质量、能量和动量. 每一部分的熵 S_a 是其内能的函数,即是它的总能量 E_a 与它的宏观运动的动能 $P_a^2/2M_a$ 之差的函数①. 因此物体的总熵可写成

$$S = \sum_a S_a\left(E_a - \frac{P_a^2}{2M_a}\right). \tag{10.1}$$

我们假设物体是闭合的. 那么除了物体的能量守恒而外,物体的总动量与总角动量也是守恒的:

$$\sum_a \boldsymbol{P}_a = 常数, \quad \sum_a \boldsymbol{r}_a \times \boldsymbol{P}_a = 常数 \tag{10.2}$$

($\boldsymbol{r}_a$ 是物体的第 a 个部分的径矢). 在平衡状态中,物体的总熵 S 作为动量 $\boldsymbol{P}_a$ 的函数,在附加条件(10.2)下具有极大值. 根据熟知的拉格朗日不定乘子法,使和式

$$\sum_a \{S_a + \boldsymbol{a}\cdot\boldsymbol{P}_a + \boldsymbol{b}\cdot(\boldsymbol{r}_a\times\boldsymbol{P}_a)\}, \tag{10.3}$$

(式中 $\boldsymbol{a}, \boldsymbol{b}$ 为常矢量)对 $\boldsymbol{P}_a$ 的导数等于零,我们求出总熵为极大值的必要条件. 把 S_a 对 $\boldsymbol{P}_a$ 进行求导②,再根据温度的定义,就给出

$$\frac{\partial}{\partial\boldsymbol{P}_a}S_a\left(E_a - \frac{P_a^2}{2M_a}\right) = -\frac{\boldsymbol{P}_a}{M_a T} = -\frac{\boldsymbol{v}_a}{T}$$

---

① 物体的熵只是它的内能的函数,这个事实可直接从伽利略相对性原理得出;量子态的数目、从而统计权重(其对数等于熵)在所有的惯性参考系也包括物体在其中是静止的参考系中,应该是同样的.

② 标量对矢量的微商应理解为这样一个矢量:其分量等于标量对于该矢量的诸分量的微商.

($v_a = \dfrac{P_a}{M_a}$ 是物体的第 a 个部分的速度). 因此, (10.3) 对 P_a 求导, 得

$$-\frac{v_a}{T} + a + b \times r_a = 0$$

或

$$v_a = u + \Omega \times r_a \tag{10.4}$$

式中 $u = Ta, \Omega = Tb$ 都是常矢量.

所得到的结果具有简单的物理意义. 如果物体所有各部分的速度都由 (10.4) 式确定, 而式中 u 和 Ω 对于所有各部分都是相同的, 这就意味着: 我们讨论的情形就是物体以不变的速度 u 作整体的平动和以不变的角速度 Ω 作整体的转动. 因此, 我们得到一个重要的结论: 在热力学平衡状态下, 闭合系统只可能整体作匀速的平动和转动, 任何一种内部的宏观运动在平衡状态中都是不可能的[①].

以后我们通常研究静止的物体, 相应地, 能量 E 就是物体的内能.

到目前为止, 只利用了熵作为动量的函数取极大值的必要条件, 还没有利用附加到熵的二阶导数上的充分条件. 容易看出, 后者引导出一个非常重要的结论: 温度只可能是正的, $T > 0$[②]. 为此甚至不必实际算出二阶导数, 只要进行如下讨论就够了.

考虑一个整体静止的闭合系统. 假如温度会是负的, 那么熵就会随着它的宗量的减小而增长. 由于熵有增长的趋势, 物体就会有自发地瓦解为相互飞散 (同时保持总动量 $\sum P_a = 0$) 的各部分的趋势, 以使和式 (10.1) 中的每一个 S_a 的宗量取尽可能小的数值. 换句话说, 在 $T < 0$ 时, 根本不可能有平衡状态的物体存在.

不过在这里还应指出下述情况. 虽然物体的温度或者它的任何一部分的温度从来不可能是负的, 但是在不完全平衡状态下, 负温度却被证明是可能的, 在这种情况下与物体的一部分自由度相对应的温度可以是负的 (详见 §73).

§11 绝热过程

在物体所经受的各类外界作用中, 有一种特殊类型的作用, 其作用归结为改变物体所处的外界条件. 我们把外界条件广义地理解为各种不同的外场. 实际上, 最常遇到的外界条件就是规定物体外形的体积. 在某种意义下, 这种情形

---

① 为避免误解, 我们提出这个规则的一个重要例外: 超流的液氦不可能作为整体旋转. 这个现象将在本教程的第九卷中考虑; 在这里仅指出: 所作的证明, 并不适用于该情形, 因为速度的分布依从附加条件 (超流运动的有势性), 应在该条件下寻求熵的极大值.

② 温度 $T = 0$ (绝对零度) 对应摄氏温标 -273.15°C.

也可以看成是一种特殊类型的外场,因为限制着体积的器壁,就其作用而言,等效于阻止物体的分子向外逃逸的势垒.

如果除了外界条件的改变以外,物体不再受到其它任何作用,就说物体是**热绝缘**的. 应当强调:虽然热绝缘的物体与任何别的物体并无直接相互作用,但是一般来说,它并不是闭合的,而且它的能量可以随时间而变化.

从纯力学观点来看,热绝缘的物体不同于闭合物体之处就在于:由于存在着变化的外场,它的哈密顿函数(能量)明显地与时间有关:$E = E(p,q,t)$. 假如物体与其它物体还直接发生相互作用,则它本身就完全不会有哈密顿函数,因为相互作用不仅仅与该物体分子的坐标有关,而且还与其它物体分子的坐标有关.

这种情况可以得出这样的结论:熵增长定律不仅对闭合系统是正确的,而且对热绝缘的物体也是正确的. 实际上,在这里我们把外场看成是完全给定了的坐标和时间的函数,特别是忽略了物体自身对外场的反作用. 换句话说,在这里场是纯力学的对象,而不是统计学的对象,因而在这种意义下也可以说:它的熵等于零. 由此也就得出了上面作出的结论.

假设物体是热绝缘的,而且它所处的外界条件变化得足够缓慢,这样的过程称为**绝热过程**. 我们要证明,在绝热过程中,物体的熵保持不变,即该过程是可逆的.

我们可以用一些参量来表征外界条件,这些参量都是时间的给定函数. 例如,假设总共只有一个这样的参量,用字母 λ 来表示. 熵对时间的导数 $\dfrac{dS}{dt}$ 将以某种方式依赖于 λ 对时间的变化率 $\dfrac{d\lambda}{dt}$. 由于 $\dfrac{d\lambda}{dt}$ 很小,可以把 $\dfrac{dS}{dt}$ 展开成 $\dfrac{d\lambda}{dt}$ 的幂级数. 该展开式的零次项,即不含 $\dfrac{d\lambda}{dt}$ 的项为零,因为处于热力学平衡状态的闭合系统,在不变的外界条件下其熵应该保持不变,所以当 $\dfrac{d\lambda}{dt} = 0$ 时, $\dfrac{dS}{dt}$ 也应该为零. 可是与 $\dfrac{d\lambda}{dt}$ 成正比的一阶项也应该为零. 事实上,该项应该随着 $\dfrac{d\lambda}{dt}$ 改变符号而变号. 然而,根据熵增长定律, $\dfrac{dS}{dt}$ 总是正的. 由此得出结论, $\dfrac{dS}{dt}$ 的展开式从二阶项开始,即当 $\dfrac{d\lambda}{dt}$ 很小时有

$$\frac{dS}{dt} = A\left(\frac{d\lambda}{dt}\right)^2,$$

由此得到

§11 绝热过程

$$\frac{dS}{d\lambda} = A\frac{d\lambda}{dt}.$$

因此，当 $\frac{d\lambda}{dt}$ 趋近于零时，$\frac{dS}{d\lambda}$ 也趋近于零，这就证明了绝热过程的可逆性.

必须强调指出，虽然绝热过程是可逆的，但是绝非任何可逆过程都是绝热的. 过程的可逆性条件只要求整个闭合系统的总熵不变，而它的各个部分的熵既可以增加，也可以减少. 但是在绝热过程的情况下，必须满足一个更为严格的条件：对于给定的物体虽然本身只是闭合系统的一个组成部分，但是其熵也必须保持不变.

以上我们把绝热过程定义为足够缓慢的过程. 更确切地说，外界条件必须变化得如此缓慢，以致在每一时刻都可以认为，物体是处在与该时刻所存在的外界条件相对应的平衡状态之中. 换句话说，绝热过程必须比在该物体中建立平衡状态的过程更加缓慢.①

我们来推导一个公式，该公式使得通过纯热力学的途径能够计算各种平均值. 为此，假定物体经历着一个绝热过程，我们要确定物体的能量对时间的导数 $\frac{dE}{dt}$. 根据定义，热力学能量 $E = \overline{E(p,q;\lambda)}$，其中 $E(p,q;\lambda)$ 是物体的哈密顿函数，它以 λ 作为参变量. 从力学已经知道（参看第一卷 §40），哈密顿函数对时间的全导数就等于它对时间的偏导数

$$\frac{dE(p,q;\lambda)}{dt} = \frac{\partial E(p,q;\lambda)}{\partial t}.$$

在给定的情况下，$E(p,q;\lambda)$ 通过 $\lambda(t)$ 而明显地与时间有关，所以能够写成

$$\frac{dE(p,q;\lambda)}{dt} = \frac{\partial E(p,q;\lambda)}{\partial \lambda}\frac{d\lambda}{dt}.$$

因为按照统计分布求平均值的运算与对时间求导的运算显然可以按任意次序进行，我们有

$$\frac{dE}{dt} = \overline{\frac{dE(p,q;\lambda)}{dt}} = \overline{\frac{\partial E(p,q;\lambda)}{\partial \lambda}}\frac{d\lambda}{dt} \tag{11.1}$$

（导数 $d\lambda/dt$ 是给定的时间函数，因而可以从平均号下提出来）.

---

① 事实上，该条件可能是很不严格的，也就是说"缓慢"的绝热过程实际上可能进行得相当"迅速". 例如，在气体膨胀时（比如活塞在汽缸中向外移动）活塞的速度只要比气体中的声速小得多就可以，即在实际上它可能还是很大的.

在物理学的一般教程中，绝热膨胀（或压缩）常常被定义为"非常迅速的". 这时候，所注意的是问题另一方面——过程应该进行得如此迅速，以使物体来不及与周围介质进行热交换. 由此可见，我们所注意的是能够实际保证物体的热绝缘性条件，而应当比建立平衡状态的过程缓慢得多这一条件就默认为已经满足了.

更重要的，由于绝热过程，式(11.1)中的导数 $\frac{\partial E(p,q;\lambda)}{\partial \lambda}$ 的平均值可以理解为按统计分布求平均，该统计分布与在参量 λ 的给定值下的平衡状态相对应，即与该时刻所存在的外界条件下的平衡状态相对应．

把热力学量 E 看成物体的熵 S 和外参量 λ 的函数，就可以把导数 $\frac{\mathrm{d}E}{\mathrm{d}t}$ 写成另外的形式．因为在绝热过程中熵 S 保持不变，所以我们有

$$\frac{\mathrm{d}E}{\mathrm{d}t} = \left(\frac{\partial E}{\partial \lambda}\right)_S \frac{\mathrm{d}\lambda}{\mathrm{d}t}, \tag{11.2}$$

式中括号下方的字母表明导数是在 S 不变的情况下取的．

将式(11.1)与式(11.2)相比较，我们得到：

$$\overline{\frac{\partial E(p,q;\lambda)}{\partial \lambda}} = \left(\frac{\partial E}{\partial \lambda}\right)_S, \tag{11.3}$$

这就是所求的公式．该公式使得能够通过热力学的途径来计算形为 $\frac{\partial E(p,q;\lambda)}{\partial \lambda}$ 的量(按照平衡的统计分布)的平均值．这种类型的量在研究宏观物体的性质时常会遇到，因此(11.3)式在统计学中起着非常重要的作用．计算作用于物体上的各种力（这时作为参量 λ 的是物体某一部分的坐标，参阅下面讨论压强的一节），计算物体的磁矩或电矩（这时作为参量 λ 的是磁场强度或电场强度）等等，都属于这一类．

我们在这里对于经典力学的情形所进行的全部讨论也完全可以应用到量子理论中去，只需要在所有的地方都用哈密顿算符 $\hat{H}$ 去代替能量 $E(p,q;\lambda)$ 就行了．这时公式(11.3)写成如下形式

$$\overline{\frac{\partial \hat{H}}{\partial \lambda}} = \left(\frac{\partial E}{\partial \lambda}\right)_S, \tag{11.4}$$

式中横线表示完全的统计平均，该平均已自动包含了量子力学的平均．

§12 压强

物体的能量 E 是一个可加性的热力学量：物体的能量等于它的各个（宏观的）部分的能量之和[①]．另一个基本的热力学量熵也具有同样的性质．

能量和熵的可加性导致下列非常重要的结果．如果物体处于热平衡状态，那么可以断言：物体的熵在给定的能量值下（或物体的能量在给定的熵值下）仅

[①] 其所以如此是由于我们忽略了这些部分之间的相互作用能；如果我们正是要考虑由于不同物体间存在着分界面而引起的那些现象（这些现象在第十五章中研究），就不能这样做了．

§12 压强

与物体的**体积**有关而与物体的形状无关①. 实际上, 物体形状的改变可以当成是物体各个部分的重新排列, 由于熵与能量都是可加性量, 所以它们不发生变化. 当然, 这时假定物体并不处于外力场中, 所以物体各部分在空间的位移不至于引起它们能量的变化.

这样, 处于平衡中的静止物体的宏观状态总共只要用两个量就可以完全确定, 例如用体积与能量. 所有其它的热力学量都可以表示为这两个量的函数. 当然, 因为各个热力学量之间的这种相互依赖关系, 所以其它任何一对热力学量也都可以用来作为自变量.

现在我们来求物体作用于自身体积的边界上的力. 根据力学中熟知的公式, 作用到某个表面元 $d\mathbf{s}$ 上的力等于

$$F = -\frac{\partial E(p,q;\mathbf{r})}{\partial \mathbf{r}}$$

式中 $E(p,q;\mathbf{r})$ 是物体的能量, 作为物体中粒子的坐标与动量的函数, 同时也作为该表面元的径矢的函数, 在现在的情况下, 面元的径矢起着外参量的作用. 对该等式取平均值并利用(11.3)式, 得到

$$\overline{F} = -\overline{\frac{\partial E(p,q;\mathbf{r})}{\partial \mathbf{r}}} = -\left(\frac{\partial E}{\partial \mathbf{r}}\right)_S = -\left(\frac{\partial E}{\partial V}\right)_S \frac{\partial V}{\partial \mathbf{r}},$$

式中 V 为体积. 因为体积的变化等于 $d\mathbf{s}\cdot d\mathbf{r}$, 其中 $d\mathbf{s}$ 是表面元, 所以 $\frac{\partial V}{\partial \mathbf{r}} = d\mathbf{s}$, 因而

$$\overline{F} = -\left(\frac{\partial E}{\partial V}\right)_S d\mathbf{s}.$$

由此可见, 作用在表面元上的平均力, 指向该面元的法线方向并与该面元的面积成正比(**帕斯卡定律**). 作用到单位表面积上的力, 其绝对值等于

$$P = -\left(\frac{\partial E}{\partial V}\right)_S \tag{12.1}$$

该物理量称为**压强**.

在用(9.1)式来定义温度时, 实质上是对不直接与任何其它物体相接触的物体而言的, 特别是对不被任何外界介质所包围的物体而言的. 在这种条件下, 不必确定过程的特征, 就可以讨论物体的能量和熵的变化. 而在物体处于外界介质中(或被容器壁所包围)的普遍情况下, 公式(9.1)必须规定得更明确些.

---

① 这些论断事实上只适用于液体和气体, 而不适用于固体, 改变固体的形状(使之形变)要求耗费一定的功, 即这时物体的能量被改变. 这种情况是因为: 固体的形变状态, 严格地说, 是不完全的热动平衡状态(但是为了建立完全平衡所需要的弛豫时间如此之大, 以致于在很多方面, 形变固体的行为都像在平衡状态一样).

实际上,如果在变化的进程中,给定物体的体积发生变化,这就不可避免地会影响到同它相互接触的诸物体的状态,因而为了定义温度,我们必须同时考虑所有这些同它相互接触的物体(例如,把物体与放置它的容器一起考虑). 而如果我们想仅仅根据一个给定物体的热力学量来定义温度,就必须认为这个物体的体积没有改变. 换句话说,温度定义为:在恒定体积下取物体的能量对其熵的导数

$$T = \left(\frac{\partial E}{\partial S}\right)_V. \tag{12.2}$$

等式(12.1),(12.2)可以合在一起写成以下微分关系式

$$dE = TdS - PdV. \tag{12.3}$$

这是最重要的热力学关系式之一.

彼此处于平衡的物体,其压强彼此相等. 这甚至从以下事实就可直接得出:任何情况下的热平衡都以存在力学平衡为前提,换而言之,这些物体中任何两个物体的相互作用力(遍及它们的接触表面)应该相互抵消,即其绝对值相等而方向相反.

平衡时压强相等也可以从熵是极大值的条件推导出来,完全类似于我们在§9中证明温度相等那样. 为此,考虑处于平衡状态的闭合系统的两个相互接触的部分. 熵为极大值的必要条件之一是:熵相对于这两部分的体积 V_1 和 V_2 的变化,如果其它部分的状态保持不变(这也特指 $V_1 + V_2$ 之和保持不变),应取极大值. 如果 S_1 和 S_2 表示这两部分的熵,则有

$$\frac{\partial S}{\partial V_1} = \frac{\partial S_1}{\partial V_1} + \frac{\partial S_2}{\partial V_2}\frac{\partial V_2}{\partial V_1} = \frac{\partial S_1}{\partial V_1} - \frac{\partial S_2}{\partial V_2} = 0.$$

但是,由改写的关系式(12.3)

$$dS = \frac{1}{T}dE + \frac{P}{T}dV$$

可以看出 $\frac{\partial S}{\partial V} = \frac{P}{T}$,因此 $\frac{P_1}{T_1} = \frac{P_2}{T_2}$. 由于平衡时温度 T_1 和 T_2 相同,所以我们由此得出所求的压强相等关系式:$P_1 = P_2$.

必须注意,在建立热平衡的过程中,压强达到相等(即力学平衡)远比温度达到相等要快得多. 因此,常常会遇到这样的情况,在整个物体的压强是常数时,而温度还不是常数. 问题就在于:压强不恒定与存在未抵消的力有关,这些力导致出现宏观运动,宏观运动促使压强趋于相等的过程远比促使温度趋于相等的过程进行得快得多,因为温度趋于相等的过程与宏观运动无关.

容易看出,在任何平衡状态下,物体的压强应该是正的. 实际上,当 $P > 0$ 时有 $\left(\frac{\partial S}{\partial V}\right)_E > 0$,因而物体的熵只可能在物体膨胀时增加,然而这种膨胀又会受到

它周围物体的阻碍. 反之, 当 $P < 0$ 时就会有 $\left(\dfrac{\partial S}{\partial V}\right)_E < 0$. 因而物体就必须自发地收缩, 致使熵增长.

但是, 温度为正的要求与压强为正的要求之间有本质的区别. 具有负温度的物体是完全不稳定的, 因而不可能存在于自然界中. 而具有负压强的(不平衡的)状态在自然界中是可以实现的, 虽然只具有有限度的稳定性. 问题就在于: 物体自发地收缩使它"脱离开"容器壁, 或者在物体的内部形成空腔, 即物体形成了新的表面; 这种情况就导致在所谓亚稳态中实现负压强的可能性[①].

§13 功和热量

作用在物体上的外力可以对物体做**功**, 根据普遍的力学规则, 功定义为这些力与它们所引起的位移的乘积. 这个功可以使物体进入宏观运动的状态(通常用于改变物体的动能), 或使物体在外场中产生位移(例如在重力场中使物体升高). 然而最使我们感兴趣的情况是对物体做功的结果改变了物体的体积(即外力是对物体进行压缩, 物体作为一个整体仍然保持静止).

以后我们约定外力对已知物体做功 R 总认为是正的, 负功 $R < 0$ 相应地表示已知物体本身(例如物体膨胀时)对某些外界客体做功(大小为 $|R|$).

作用在物体表面单位面积上的力是压强, 而表面的面元与它的位移的乘积就是该面元运动所扫过的体积, 注意到这两点我们就求得物体体积改变时对物体所做的功(在单位时间内)是

$$\dfrac{dR}{dt} = -P\dfrac{dV}{dt} \qquad (13.1)$$

(在压缩物体时 $\dfrac{dV}{dt} < 0$, 则 $\dfrac{dR}{dt} > 0$). 该公式既可用于可逆过程, 也可用于不可逆过程; 此时只要求遵守一个条件——在整个过程中物体必须处于力学平衡状态, 即在每一时刻, 压强在整个物体内必须是常数.

如果物体是热绝缘的, 则其能量的所有变化由对物体做功而引起. 在非热绝缘物体的普遍情况下, 除了功以外, 物体还通过直接传递的途径从与它相互接触的其它物体获得(或给予)能量. 这部分变化的能量称为物体所获得(或给出)的**热量** Q. 因而, 物体能量的变化(在单位时间内)可以写成

$$\dfrac{dE}{dt} = \dfrac{dR}{dt} + \dfrac{dQ}{dt}. \qquad (13.2)$$

与功的情形相类似, 我们约定物体从外源获得的热量总是正的.

一般说来, (13.2)中的能量 E 应当理解为物体的总能量, 包括宏观运动的

---

① 关于亚稳态的定义, 参看 §21; 关于负压强, 也可参看(83.1)后的脚注.

动能在内. 然而, 我们习惯上将只研究与改变静止物体体积有关的功; 在这种情况下, 能量就归结为物体的内能了.

在功由(13.1)式所定义的条件下, 对于热量有:

$$\frac{dQ}{dt} = \frac{dE}{dt} + P\frac{dV}{dt}. \tag{13.3}$$

我们假定: 在整个过程中, 可以认为物体在每一时刻都处于热平衡状态, 这个热平衡状态与物体在这一时刻的能量和体积的值相对应 (必须强调, 这并不表示过程一定是可逆的, 因为物体可能并不和周围的物体处于平衡状态). 根据定义函数 $E(S,V)$ (物体在平衡状态下的能量) 的微分的关系式(12.3)可以写出

$$\frac{dE}{dt} = T\frac{dS}{dt} - P\frac{dV}{dt}.$$

将其与(13.3)式比较, 我们求出热量为:

$$\frac{dQ}{dt} = T\frac{dS}{dt}. \tag{13.4}$$

当物体的状态作无限小改变时, 它所获得的功 dR 与热量 dQ 都并不是任何物理量的全微分[①]. 只有 $dQ + dR$ 之和即能量的变化 dE 才是全微分. 因此可以说物体在给定状态下的能量 E, 而不能说, 例如, 物体在给定状态下所具有的热量. 换而言之, 绝不能把物体的能量分为热能与机械能. 这种划分仅仅在讨论能量的变化时才有可能. 在物体从一种状态转化为另一种状态时, 能量的变化可以分成物体所获得 (或给出) 的热量以及对物体所做 (或物体自身对其它物体所做) 的功. 这种区分并非由物体的初态与末态单值地确定, 而与过程本身的特征有关. 换而言之, 功与热量是物体所经历的过程的函数, 而不仅仅是物体的初态与末态的函数. 当物体经历一个循环过程, 即从某一状态开始而又以同一状态终结时, 这一点表现得尤为明显. 实际上, 在这一过程中能量的变化为零, 而同时物体却能够获得 (或给出) 一定的热量 (或者功). 在数学上把这种情况表示为: 全微分 dE 对闭合回路的积分等于零, 而 dQ 和 dR 并不是全微分, 所以它们的积分不等于零.

物体的温度在每升高一度时所吸收的热量称为**热容**. 显然, 物体的热容与在什么条件对它加热有关. 通常分为在体积不变情况下的热容 C_v 与在压强不变条件下的热容 C_p. 显然,

$$C_v = T\left(\frac{\partial S}{\partial T}\right)_V, \tag{13.5}$$

$$C_p = T\left(\frac{\partial S}{\partial T}\right)_P. \tag{13.6}$$

[①] 在这种意义下, 记号 dR 与 dQ 是不太确切的, 因此我们要避免使用它们.

我们来讨论热量的公式(13.4)不适用,然而却可以对它建立某些不等式的情形. 有这样一些过程:虽然温度(和压强)在物体内都是不变的,而整个过程中物体并不处于热平衡状态. 例如,在相互反应物质的均匀混合物中所产生的化学反应就是这样. 由于物体自身存在不可逆过程(化学反应),物体的熵的增长也就不依赖于它所获得的热量,于是可以断言:如下不等式是正确的

$$\frac{dQ}{dt} < T\frac{dS}{dt}. \tag{13.7}$$

有一种不可逆过程,其结果是物体从一个平衡态过渡到另一个与初态很相近的平衡态,但是整个过程中物体并不处于平衡状态[①],在这种情况下可以写出另一个类似的不等式. 这时,物体在该过程中获得的热量 δQ 与物体的熵的改变 δS 之间有不等式

$$\delta Q < T\delta S. \tag{13.8}$$

§14 焓

如果在过程中物体的体积保持不变,则 $dQ = dE$,即物体所获得的热量等于物体能量的变化. 如果过程是在压强不变的情形下进行的,则热量可以用某个量的微分形式来确定:

$$dQ = d(E + PV) = dW, \tag{14.1}$$

这个物理量

$$W = E + PV \tag{14.2}$$

称为物体的**焓**[②]. 因此,在压强不变的情况下所进行的过程中焓的变化等于该物体所获得的热量.

容易求出焓的全微分等于什么. 把 $dE = TdS - PdV$ 代入 $dW = dE + PdV + VdP$,我们求出

$$dW = TdS + VdP. \tag{14.3}$$

由此得出

$$T = \left(\frac{\partial W}{\partial S}\right)_P, \quad V = \left(\frac{\partial W}{\partial P}\right)_S. \tag{14.4}$$

如果物体是热绝缘的(应该记得,这绝不表明物体是闭合的),则 $dQ = 0$,而从(14.1)得出,热绝缘物体在压强不变的条件下所经历的过程中

$$W = 常数, \tag{14.5}$$

即它的焓是守恒的.

[①] 压强改变不大的所谓焦耳-汤姆孙过程(参阅§18)就是一个例子.
[②] 它也称为**热函数**或**热函**.

根据关系式 $dE = TdS - PdV$，热容 C_v 可以写成

$$C_v = \left(\frac{\partial E}{\partial T}\right)_V. \tag{14.6}$$

类似地，对于热容 C_p 有

$$C_p = \left(\frac{\partial W}{\partial T}\right)_P. \tag{14.7}$$

我们看到，在压强不变的情况下焓具有的性质类似于在体积不变的条件下能量所具有的性质.

§15 自由能和热力学势

当物体的状态发生无穷小的可逆等温变化时，对物体所做的功可以写成一个量的微分形式

$$dR = dE - dQ = dE - TdS = d(E - TS)$$

或

$$dR = dF, \tag{15.1}$$

其中

$$F = E - TS \tag{15.2}$$

是物体状态的一个新的函数，称为**自由能**. 这样，在可逆的等温过程中，对物体所做的功等于物体自由能的变化.

我们来求自由能的微分. 把 $dE = TdS - PdV$ 代入 $dF = dE - TdS - SdT$，得到

$$dF = -SdT - PdV \tag{15.3}$$

由此得出很明显的等式

$$S = -\left(\frac{\partial F}{\partial T}\right)_V, \quad P = -\left(\frac{\partial F}{\partial V}\right)_T. \tag{15.4}$$

利用关系式 $E = F + TS$，可以通过自由能把能量表示为

$$E = F - T\left(\frac{\partial F}{\partial T}\right)_V = -T^2\left(\frac{\partial}{\partial T}\frac{F}{T}\right)_V. \tag{15.5}$$

公式(12.1),(12.2),(14.4),(15.4)表明，知道了 E,W 或 F 这些量中的任何一个(作为两个相应的自变量的函数)，并作出其偏导数，就可以确定所有其余的热力学量. 由于这个原因，E,W,F 这些量通常称为**热力学势**(与力学势相类似)或热力学特征函数. 能量 E 是相对于变量 S,V 的势；焓 W 是相对于变量 S,P 的势；自由能 F 是相对于变量 V,T 的势.

我们还缺少相对于变量 P,T 的热力学势. 为此，我们把 $PdV = d(PV) - VdP$ 代入(15.3)，并将 $d(PV)$ 移到等式的左边，得到

$$d\Phi = -SdT + VdP, \tag{15.6}$$

式中引入一个新的量

§15 自由能和热力学势

$$\varPhi = E - TS + PV = F + PV = W - TS, \quad (15.7)$$

称为**热力学势**（狭义的）①．

从(15.6)式可以有两个明显的等式

$$S = -\left(\frac{\partial \varPhi}{\partial T}\right)_P, \quad V = \left(\frac{\partial \varPhi}{\partial P}\right)_T. \quad (15.8)$$

就像通过 F 表示 E 一样，也可以通过 $\varPhi$ 表示焓：

$$W = \varPhi - T\left(\frac{\partial \varPhi}{\partial T}\right)_P = -T^2\left(\frac{\partial}{\partial T}\frac{\varPhi}{T}\right)_P. \quad (15.9)$$

如果除了体积以外还有确定系统状态的其它参量 λ_i，则能量的微分表示式中必须附加上与微分 $\mathrm{d}\lambda_i$ 成正比的诸项：

$$\mathrm{d}E = T\mathrm{d}S - P\mathrm{d}V + \sum_i \varLambda_i \mathrm{d}\lambda_i, \quad (15.10)$$

式中 $\varLambda_i$ 是物体状态的某些函数．由于变换到其它的势并不涉及变量 λ_i，显然，在 $F, \varPhi, W$ 的微分表示式中也必须附加这些同样的项：

$$\mathrm{d}F = -S\mathrm{d}T - P\mathrm{d}V + \sum_i \varLambda_i \mathrm{d}\lambda_i,$$

如此等等．因此，$\varLambda_i$ 这些量可以从任何一个势对 λ_i 求偏导数得出（这时必须记住，在求偏导数时有哪些其它的变量应看作为常数）．再回顾公式(11.3)，可以写出相类似的关系式：

$$\overline{\frac{\partial E(p, q; \lambda)}{\partial \lambda}} = \left(\frac{\partial F}{\partial \lambda}\right)_{T, V}, \quad (15.11)$$

该式表明：物体的哈密顿函数对某个参变量的偏导数的平均值可通过自由能对同一参变量的偏导数表示（完全类似地，也可通过 $\varPhi$ 或者 W 的偏导数表示）．

值得注意下列情况．如果 λ_i 这些参变量的值变化不太大，则 $E, F, W, \varPhi$ 这些量的变化也不太大．显然，如果这些量中的每一个都是在相应的一对变量不变的条件下考虑的，则这些量的变化彼此都相等：

$$(\delta E)_{S, V} = (\delta F)_{T, V} = (\delta W)_{S, P} = (\delta \varPhi)_{T, P}. \quad (15.12)$$

这个结果称为**小增量定理**，以后将多次用到．

自由能与热力学势具有极其重要的性质，利用该性质能在各种不同的不可逆过程中确定它们变化的方向．从不等式(13.7)出发，把(13.3)式中的 $\frac{\mathrm{d}Q}{\mathrm{d}t}$ 代入其中，得到

$$\frac{\mathrm{d}E}{\mathrm{d}t} + P\frac{\mathrm{d}V}{\mathrm{d}t} < T\frac{\mathrm{d}S}{\mathrm{d}t}. \quad (15.13)$$

假设过程在等温和体积不变（T = 常数，V = 常数）的条件下进行，这时不等式可

---

① 在西方文献中量 F 和 $\varPhi$ 常常也分别称为亥姆霍兹自由能和吉布斯自由能．

以写成

$$\frac{\mathrm{d}(E-TS)}{\mathrm{d}t} = \frac{\mathrm{d}F}{\mathrm{d}t} < 0. \tag{15.14}$$

因此，在温度和体积不变的情况下所进行的不可逆过程伴随着物体自由能的减少.

类似地，在 $P=$ 常数、$T=$ 常数时，不等式(15.13)具有形式

$$\frac{\mathrm{d}\Phi}{\mathrm{d}t} < 0, \tag{15.15}$$

即在温度和压强都不变的情况下所进行的不可逆过程伴随着热力学势的减少[1]。

相应地，在热平衡状态下，物体的自由能与热力学势都取极小值——前者是在 T 和 V 不变的条件下对于状态的一切变化而言，后者是在 T 和 P 不变的条件下对于状态的一切变化而言.

习　题

已知物体自由能的表示式，怎样可以计算出物体粒子的平均动能？

解：哈密顿函数（在量子情形下为哈密顿算符）可以写成 $E(p,q) = U(q) + K(p)$ 的形式，其中 $U(q)$ 是物体粒子间的相互作用势能，$K(p)$ 是物体粒子的动能. 后者是动量的二次函数，并且与粒子的质量 m（对于由全同粒子构成的物体而言）成反比. 因此把 m 当成参变量，可以写出

$$\frac{\partial E(p,q;m)}{\partial m} = -\frac{1}{m}K(p),$$

这样，应用公式(15.11)，得到平均动能

$$K = \overline{K(p)} = -m\left(\frac{\partial F}{\partial m}\right)_{T,V}.$$

§16　热力学量的导数之间的关系

T,V 和 T,P 是在实践中最常用而且最方便的两对热力学变量. 正因为如此，常常需要将热力学量彼此间的各种导数变换成别的变量——无论是函数，还是自变量.

如果用 V 和 T 作为自变量，则变换的结果可通过压强 P 与热容 C_v（作为 V 和 T 的函数）很方便地表示出来. 把压强、体积和温度联系起来的方程，称为物体的物态方程. 因此这里所论及的公式应该使得能够根据物态方程与热容 C_v

---

[1]　应该注意，在这两种情况下所讨论的都是物体并非处于平衡状态的过程（例如，化学反应），因此，它的状态并非单值地取决于温度与体积（或压强）.

§16 热力学量的导数之间的关系

计算出热力学量的各种导数.

类似地,在选取 P 和 T 作为自变量时,变换的结果应该通过 V 和 C_p(作为 P 和 T 的函数)表示出来.

同时还应该注意,C_v 对 V 或 C_p 对 P(而不是对温度 T)的依赖关系本身就可用物态方程来确定. 实际上,容易看出,导数 $\left(\dfrac{\partial C_v}{\partial V}\right)_T$ 能变换成用函数 $P(V, T)$ 就可以确定的形式. 利用 $S = -\left(\dfrac{\partial F}{\partial T}\right)_V$,我们有

$$\left(\frac{\partial C_v}{\partial V}\right)_T = T\frac{\partial^2 S}{\partial V \partial T} = -T\frac{\partial^3 F}{\partial V \partial T^2} = -T\frac{\partial^2}{\partial T^2}\left(\frac{\partial F}{\partial V}\right)_T,$$

又因为 $\left(\dfrac{\partial F}{\partial V}\right)_T = -P$,就得到所求的公式

$$\left(\frac{\partial C_v}{\partial V}\right)_T = T\left(\frac{\partial^2 P}{\partial T^2}\right)_V. \tag{16.1}$$

用类似的方法,可求得公式

$$\left(\frac{\partial C_p}{\partial P}\right)_T = -T\left(\frac{\partial^2 V}{\partial T^2}\right)_P \tag{16.2}$$

(变换时必须用到公式(15.8)).

现在我们指出,最常遇到的几种热力学导数可以怎样变换.

熵对体积或压强的导数可以根据物态方程并借助于下列一些公式计算出来,这些公式是热力学量微分表达式的直接结果.

这些公式是:

$$\left(\frac{\partial S}{\partial V}\right)_T = -\frac{\partial}{\partial V}\left(\frac{\partial F}{\partial T}\right)_V = -\frac{\partial}{\partial T}\left(\frac{\partial F}{\partial V}\right)_T,$$

即

$$\left(\frac{\partial S}{\partial V}\right)_T = \left(\frac{\partial P}{\partial T}\right)_V. \tag{16.3}$$

类似地有

$$\left(\frac{\partial S}{\partial P}\right)_T = -\frac{\partial}{\partial P}\left(\frac{\partial \Phi}{\partial T}\right)_P = -\frac{\partial}{\partial T}\left(\frac{\partial \Phi}{\partial P}\right)_T,$$

即

$$\left(\frac{\partial S}{\partial P}\right)_T = -\left(\frac{\partial V}{\partial T}\right)_P. \tag{16.4}$$

根据等式 $dE = TdS - PdV$ 可以计算导数 $\left(\dfrac{\partial E}{\partial V}\right)_T$ 为

$$\left(\frac{\partial E}{\partial V}\right)_T = T\left(\frac{\partial S}{\partial V}\right)_T - P$$

或者,把(16.3)式代入,得

$$\left(\frac{\partial E}{\partial V}\right)_T = T\left(\frac{\partial P}{\partial T}\right)_V - P. \tag{16.5}$$

用类似的方式可以求出下列公式:

$$\left(\frac{\partial E}{\partial P}\right)_T = -T\left(\frac{\partial V}{\partial T}\right)_P - P\left(\frac{\partial V}{\partial P}\right)_T, \tag{16.6}$$

$$\left(\frac{\partial W}{\partial V}\right)_T = T\left(\frac{\partial P}{\partial T}\right)_V + V\left(\frac{\partial P}{\partial V}\right)_T, \quad \left(\frac{\partial W}{\partial P}\right)_T = V - T\left(\frac{\partial V}{\partial T}\right)_P, \tag{16.7}$$

$$\left(\frac{\partial E}{\partial T}\right)_P = C_p - P\left(\frac{\partial V}{\partial T}\right)_P, \quad \left(\frac{\partial W}{\partial T}\right)_V = C_v + V\left(\frac{\partial P}{\partial T}\right)_V. \tag{16.8}$$

最后,我们指出:在以 T,P 作为自变量时,如何从热容 C_p 和物态方程来计算热容 C_v. 由于 $C_v = T\left(\frac{\partial S}{\partial T}\right)_V$,问题就在于把导数 $\left(\frac{\partial S}{\partial T}\right)_V$ 变换到其它自变量. 进行这类变换最简单的方法是用雅可比行列式①.

我们写出

$$C_v = T\left(\frac{\partial S}{\partial T}\right)_V = T\frac{\partial(S,V)}{\partial(T,V)} = T\frac{\partial(S,V)/\partial(T,P)}{\partial(T,V)/\partial(T,P)} =$$

$$= T\frac{\left(\frac{\partial S}{\partial T}\right)_P\left(\frac{\partial V}{\partial P}\right)_T - \left(\frac{\partial S}{\partial P}\right)_T\left(\frac{\partial V}{\partial T}\right)_P}{\left(\frac{\partial V}{\partial P}\right)_T} =$$

$$= C_p - T\frac{\left(\frac{\partial S}{\partial P}\right)_T\left(\frac{\partial V}{\partial T}\right)_P}{\left(\frac{\partial V}{\partial P}\right)_T}.$$

---

① 行列式

$$\frac{\partial(u,v)}{\partial(x,y)} = \begin{vmatrix} \frac{\partial u}{\partial x} & \frac{\partial u}{\partial y} \\ \frac{\partial v}{\partial x} & \frac{\partial v}{\partial y} \end{vmatrix} \tag{Ⅰ}$$

称为雅可比行列式. 它具有下列很显然的性质:

$$\frac{\partial(v,u)}{\partial(x,y)} = -\frac{\partial(u,v)}{\partial(x,y)}, \tag{Ⅱ}$$

$$\frac{\partial(u,y)}{\partial(x,y)} = \left(\frac{\partial u}{\partial x}\right)_y. \tag{Ⅲ}$$

其次还有下列关系式:

$$\frac{\partial(u,v)}{\partial(x,y)} = \frac{\partial(u,v)}{\partial(t,s)} \cdot \frac{\partial(t,s)}{\partial(x,y)}, \tag{Ⅳ}$$

$$\frac{\mathrm{d}}{\mathrm{d}t}\frac{\partial(u,v)}{\partial(x,y)} = \frac{\partial\left(\frac{\mathrm{d}u}{\mathrm{d}t},v\right)}{\partial(x,y)} + \frac{\partial\left(u,\frac{\mathrm{d}v}{\mathrm{d}t}\right)}{\partial(x,y)}. \tag{Ⅴ}$$

把(16.4)式代入,就得到所求的公式

$$C_p - C_v = -T\frac{\left(\frac{\partial V}{\partial T}\right)_P^2}{\left(\frac{\partial V}{\partial P}\right)_T}. \tag{16.9}$$

类似地,把 $C_p = T\left(\frac{\partial S}{\partial T}\right)_P$ 变换到以 T,V 作为自变量时,可以得到公式

$$C_p - C_v = -T\frac{\left(\frac{\partial P}{\partial T}\right)_V^2}{\left(\frac{\partial P}{\partial V}\right)_T}. \tag{16.10}$$

导数 $\left(\frac{\partial P}{\partial V}\right)_T$ 总是负的——当物体等温膨胀时,其压强总是下降的(在§21中,将严格地证明这种情况).因此从公式(16.10)得出结论,对于所有的物体有

$$C_p > C_v. \tag{16.11}$$

当物体绝热膨胀(或压缩)时,其熵保持不变.因此在绝热过程中,物体的温度、体积和压强之间的关系由熵不变的情况下所取的各种导数来确定.我们来推导能够根据物体的物态方程和热容来计算这些导数的一些公式.

当以 V,T 为自变量时,我们求出温度对体积的导数为:

$$\left(\frac{\partial T}{\partial V}\right)_S = \frac{\partial(T,S)}{\partial(V,S)} = \frac{\frac{\partial(T,S)}{\partial(V,T)}}{\frac{\partial(V,S)}{\partial(V,T)}} = -\frac{\left(\frac{\partial S}{\partial V}\right)_T}{\left(\frac{\partial S}{\partial T}\right)_V} = -\frac{T}{C_v}\left(\frac{\partial S}{\partial V}\right)_T,$$

或者将(16.3)式代入,得

$$\left(\frac{\partial T}{\partial V}\right)_S = -\frac{T}{C_v}\left(\frac{\partial P}{\partial T}\right)_V. \tag{16.12}$$

类似地求得公式

$$\left(\frac{\partial T}{\partial P}\right)_S = \frac{T}{C_p}\left(\frac{\partial V}{\partial T}\right)_P. \tag{16.13}$$

从上述公式可以看出,如果热膨胀系数 $\left(\frac{\partial V}{\partial T}\right)_P$ 为正(负),则在绝热膨胀时物体的温度下降(升高)[1].

其次,我们计算物体的绝热压缩率,写出

---

[1] 在§21中将严格证明总有 $C_v > 0$,所以也总有 $C_p > 0$.

$$\left(\frac{\partial V}{\partial P}\right)_S = \frac{\partial(V,S)}{\partial(P,S)} = \frac{\frac{\partial(V,S)}{\partial(V,T)}}{\frac{\partial(P,S)}{\partial(P,T)}}\frac{\partial(V,T)}{\partial(P,T)} = \frac{\left(\frac{\partial S}{\partial T}\right)_V}{\left(\frac{\partial S}{\partial T}\right)_P}\left(\frac{\partial V}{\partial P}\right)_T,$$

或者

$$\left(\frac{\partial V}{\partial P}\right)_S = \frac{C_v}{C_p}\left(\frac{\partial V}{\partial P}\right)_T. \tag{16.14}$$

因为不等式 $C_p > C_v$，由此得出，绝热压缩率按绝对值总是小于等温压缩率．

利用公式(16.9)，(16.10)，从(16.14)可以得到关系式

$$\left(\frac{\partial V}{\partial P}\right)_S = \left(\frac{\partial V}{\partial P}\right)_T + \frac{T}{C_p}\left(\frac{\partial V}{\partial T}\right)_P^2, \tag{16.15}$$

$$\left(\frac{\partial P}{\partial V}\right)_S = \left(\frac{\partial P}{\partial V}\right)_T - \frac{T}{C_v}\left(\frac{\partial P}{\partial T}\right)_V^2. \tag{16.16}$$

§17 热力学温标

现在我们指出，怎样可以(至少在原则上)建立热力学温标，为此使用任意的一个物体，其物态方程预先并不知道．换句话说，问题就在于要用这个物体来建立热力学温标 T 与由任意刻度的"温度计"所定义的某种纯粹经验温标 τ 之间的关系 $T = T(\tau)$．

为此从如下关系式(所有的量均属于该物体)出发：

$$\left(\frac{\partial Q}{\partial P}\right)_T = T\left(\frac{\partial S}{\partial P}\right)_T = -T\left(\frac{\partial V}{\partial T}\right)_P$$

(此处已用到(16.4)式)．由于 τ 与 T 彼此一一对应，说 T 不变或是 τ 不变求导并无区别．我们把导数 $\left(\frac{\partial V}{\partial T}\right)_P$ 改写成

$$\left(\frac{\partial V}{\partial T}\right)_P = \left(\frac{\partial V}{\partial \tau}\right)_P \frac{d\tau}{dT},$$

那么就有

$$\left(\frac{\partial Q}{\partial P}\right)_\tau = -T\left(\frac{\partial V}{\partial \tau}\right)_P \frac{d\tau}{dT},$$

或

$$\frac{d\ln T}{d\tau} = -\frac{\left(\frac{\partial V}{\partial \tau}\right)_P}{\left(\frac{\partial Q}{\partial P}\right)_\tau}. \tag{17.1}$$

在等式右边的两个量作为经验温度 τ 的函数可以直接被测量出来：$\left(\frac{\partial Q}{\partial P}\right)_\tau$

可以用等温膨胀时为了使物体的温度保持恒定而必须传递给它的热量来确定，而导数 $\left(\dfrac{\partial V}{\partial \tau}\right)_P$ 可以用等压加热时物体体积的改变来确定．因此，公式(17.1)解决了所提出的问题，能确定所求的关系 $T = T(\tau)$．

同时必须考虑到，由(17.1)式的积分来确定 $\ln T$ 只能精确到一个任意附加常数的程度．由此可知温度 T 本身的确定也只精确到一个任意的常数因子的程度．自然，这也是理所当然的——绝对温度的量度单位可以任意选择，这等价于在关系 $T = T(\tau)$ 中有一个任意的因子．

§18 焦耳－汤姆孙过程

考虑这样一种过程，在压强 P_1 下的气体（或液体）稳定地迁移到压强为 P_2 的容器内．过程的稳定性意味着，在整个过程中压强 P_1 和 P_2 保持不变．可以把这一过程图示为气体可穿过多孔的壁（图2的 a），同时分别用一个向里移动和一个向外移动的活塞保持壁两边的压强不变．如果壁上的孔足够地小，则气体的宏观流速可以认为是零．同时还假定：气体与外界是热绝缘的．

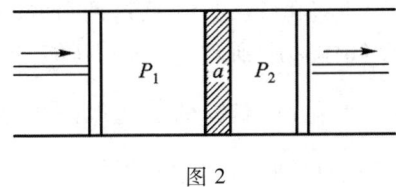

图2

上面描述的过程称为**焦耳－汤姆孙过程**．应当着重指出：该过程是不可逆的，这从存在具有许多小孔的壁就可以看出，它会产生很大的摩擦，把气体的速度消耗掉．

设有一定量气体在压强 P_1 下充满体积 V_1，绝热地迁移到 V_2 中去，并且压强变为 P_2．气体能量的变化 $E_2 - E_1$，等于让气体移出体积 V_1 对之所做的功 $P_1 V_1$，减去气体在压强 P_2 下占有体积 V_2 其所做的功 $P_2 V_2$．因此，有 $E_2 - E_1 = P_1 V_1 - P_2 V_2$，或 $E_1 + P_1 V_1 = E_2 + P_2 V_2$，此即

$$W_1 = W_2. \tag{18.1}$$

所以，在焦耳－汤姆孙过程中，气体的焓守恒．

在压强作微小变化的情况下，焦耳－汤姆孙过程所引起的温度变化由等焓下所取的导数 $\dfrac{\partial T}{\partial P}$ 决定．变换这个导数，使 P, T 为自变量，有

$$\left(\frac{\partial T}{\partial P}\right)_W = \frac{\partial(T,W)}{\partial(P,W)} = \frac{\frac{\partial(T,W)}{\partial(P,T)}}{\frac{\partial(P,W)}{\partial(P,T)}} = -\frac{\left(\frac{\partial W}{\partial P}\right)_T}{\left(\frac{\partial W}{\partial T}\right)_P},$$

由此并借助公式(14.7)和(16.7),得

$$\left(\frac{\partial T}{\partial P}\right)_W = \frac{1}{C_p}\Big[T\Big(\frac{\partial V}{\partial T}\Big)_P - V\Big]. \tag{18.2}$$

熵的变化取决于导数 $\left(\frac{\partial S}{\partial P}\right)_W$. 关系式 $dW = TdS + VdP$ 可写成 $dS = \frac{1}{T}dW - \frac{V}{T}dP$,由之有

$$\left(\frac{\partial S}{\partial P}\right)_W = -\frac{V}{T}. \tag{18.3}$$

这个量总是负的,这是理所当然的:因为气体经过不可逆的焦耳－汤姆孙过程而变到较低压强时伴随着熵的增加.

我们再讨论一个如下过程,最初处于两个连通容器之一的气体膨胀到第二个容器中去;这个过程当然是不稳定的,并且这两个容器中的压强都要发生变化,直到彼此相等为止. 在气体膨胀到真空中时,其能量 E 守恒. 如果由于膨胀的结果,总体积只有不大的变化,则温度的变化取决于导数 $\left(\frac{\partial T}{\partial V}\right)_E$. 把这个导数变换到以 V, T 为自变量,我们得到公式

$$\left(\frac{\partial T}{\partial V}\right)_E = \frac{1}{C_v}\Big[P - T\Big(\frac{\partial P}{\partial T}\Big)_V\Big]. \tag{18.4}$$

对于熵的变化有

$$\left(\frac{\partial S}{\partial V}\right)_E = \frac{P}{T}. \tag{18.5}$$

正如所料,气体膨胀时,熵增加.

§19 最大功

考虑由几个彼此并不处于热平衡的物体所组成的绝热系统. 在建立热平衡的过程中,系统可以(对某个外界客体)做功. 然而,向平衡状态的过渡可以通过不同的方式来实现,而且系统最终的平衡状态也将是不同的;特别地,系统的能量和熵将会是不同的.

根据这一点,从不平衡的系统可能获得的总功将与建立平衡的方式有关,因而可以提出以下问题:为使系统产生尽可能大的功,向平衡状态的过渡应该如何进行. 同时,我们感兴趣的正是由于系统的不平衡性所做的那部分功;这意

味着必须除去由于系统一般膨胀所可能做的功——系统本身处于平衡状态也能做这样的功. 根据这一点, 我们将假定在过程结束时系统的总体积保持不变(虽然在过程进行之中可能有所变化).

设系统的初始能量为 E_0, 而系统在平衡状态下的能量作为系统在该状态下熵的函数为 $E(S)$. 由于系统是热绝缘的, 它所做的功就简单地等于其能量的变化:

$$|R| = E_0 - E(S)$$

(我们写成 $|R|$, 是因为根据我们约定, 如果系统本身做功, 就有 $R<0$).

把 $|R|$ 对末态的熵 S 求导数, 有

$$\frac{\partial |R|}{\partial S} = -\left(\frac{\partial E}{\partial S}\right)_V = -T,$$

式中 T 是末态的温度; 导数在系统末态体积 (与初态值相同) 恒定的条件下取. 我们看到, 该导数是负的, 即 $|R|$ 随着 S 的增加而减小. 但是热绝缘系统的熵不可能减少. 因此, 只要在整个过程进行中 S 保持不变, 就会达到最大可能的 $|R|$.

因此, 我们得出结论: 当系统的熵保持不变时, 即按可逆方式向平衡态过渡时, 系统做的功最大.

设有两个具有不同温度 T_1 和 T_2 的物体, 而且 $T_2 > T_1$. 我们来确定当它们之间有小量的能量交换时可能产生的最大功. 首先要着重指出: 假如能量的转移是在两个物体相互接触时直接发生的话, 那么就什么功也不会产生. 这时过程将是不可逆的 (两个物体的熵会增加 $\delta E\left(\dfrac{1}{T_1} - \dfrac{1}{T_2}\right)$, 其中 δE 是转移的能量).

因此, 为了实现能量的可逆转移而相应地得到最大功, 还必须把一个实现某种可逆循环过程的辅助性物体 ("**工作物体**") 引进系统中. 这个过程应该这样进行, 使得彼此直接进行能量交换的物体处于相同的温度, 就是说, 我们在温度 T_2 下把工作物体同温度为 T_2 的物体相接触并等温地从后者获得一定的能量. 随后, 它被绝热地冷却到温度 T_1, 并在此温度下把能量给予温度为 T_1 的物体, 最后, 又绝热地返回到初态. 在与这些过程相联系的膨胀过程中, 工作物体对外界客体做功. 以上所描述的循环过程称为**卡诺循环**.

在着手计算所获得的最大功时, 值得指出, 工作物体在这里可以不予考虑, 因为过程的结果仍旧是使它返回到最初的状态. 设比较热的第二个物体失去热量 $-\delta E_2 = -T_2 \delta S_2$, 而第一个物体同时获得能量 $\delta E_1 = T_1 \delta S_1$. 由于过程的可逆性, 两个物体熵的和保持不变, 即 $\delta S_1 = -\delta S_2$. 所做的功等于两个物体总能量的减少, 即

$$|\delta R|_{\max} = -\delta E_1 - \delta E_2 = -T_1 \delta S_1 - T_2 \delta S_2 = -(T_2 - T_1)\delta S_2,$$

或

$$|\delta R|_{\max} = \frac{T_2 - T_1}{T_2} |\delta E_2|. \tag{19.1}$$

所做的功与所耗费的能量之比称为**效率** η. 根据(19.1)式,当能量从较热的物体转移到较冷的物体时,最大效率等于

$$\eta_{\max} = \frac{T_2 - T_1}{T_2}. \tag{19.2}$$

一个更方便的量是**利用系数** n,它定义为所做的功与在给定条件下可能获得的最大功的比. 显然,

$$n = \frac{\eta}{\eta_{\max}}.$$

§20 处于外部介质中的物体所做的最大功

现在我们考虑另一种情况下的最大功问题. 设物体处于外部介质中,而且介质的温度 T_0 和压强 P_0 与物体的温度 T 和压强 P 并不相同. 物体可以对某个客体做功,假定该客体不仅与介质,而且与该物体都是热绝缘的. 介质与处于其中的物体以及物体对之做功的客体一起组成闭合系统. 介质具有如此巨大的体积和能量,以致由于物体所经历的过程而引起的能量与体积的改变,不会导致介质的温度与压强有任何可觉察的变化,因而可以认为介质的温度和压强是不变的.

假如没有介质,那么在物体状态变化给定(即给定物体的初态与末态)的情况下,物体对热绝缘的客体所做的功就是一个完全确定的量,等于物体能量的变化. 然而,有了介质存在而且它也参与过程,这就使得结果不再是单值的,同时产生一个问题:在物体状态变化给定的情况下,物体能够做的最大功是怎么样的.

如果物体从一个状态转变到另一个状态时,它对外部客体做功,那么物体从第二个状态逆转变到第一个状态时,某个外功源应该对物体做功. 正转变伴随着物体做最大功 $|R|_{\max}$,要实现与这个转变相对应的逆转变,就要求外源耗费最小功 $R_{\min}$. 显然,$|R|_{\max}$ 与 $R_{\min}$ 这两个功彼此相同,因此有关计算它们二者问题完全等价,下面我们就讨论热绝缘的外功源对物体所做的功.

在过程进行中,物体可以同介质交换热量和功. 因为我们感兴趣的只是给定的外源对物体所做的那部分功,当然就必须把介质对物体所做的功从对物体所做的总功中分出来. 这样,在物体状态的某种(不一定很小的)变化下,物体能量的总的变化由三部分组成:外源对物体所做的功 R,介质对物体所做的功以及物体从介质获得的热量. 正如上面已经指出的,由于介质的尺度很大,它的温

度和压强可以认为是不变的；所以它对物体所做的功是 $P_0 \Delta V_0$，它所放出的热量等于 $-T_0 \Delta S_0$（角标为 0 的字母属于介质，不带角标的字母属于物体）. 因此，我们有：

$$\Delta E = R + P_0 \Delta V_0 - T_0 \Delta S_0.$$

由于介质和物体一起的总体积保持不变，所以 $\Delta V_0 = -\Delta V$. 其次，由于熵增长定律有 $\Delta S + \Delta S_0 \geq 0$（热绝缘的外功源的熵始终不变），因此 $\Delta S_0 \geq -\Delta S$. 所以从 $R = \Delta E - P_0 \Delta V_0 + T_0 \Delta S_0$ 求得

$$R \geq \Delta E - T_0 \Delta S + P_0 \Delta V. \tag{20.1}$$

在可逆过程的情况下取等号. 因此，我们再次得出结论：假如转变过程是可逆的，那么实现状态的转变所耗费的功就最小（相应地，完成逆转变产生最大功）. 最小功的数值取决于公式

$$R_{\min} = \Delta(E - T_0 S + P_0 V) \tag{20.2}$$

（T_0 和 P_0 是常量，可以移到符号 Δ 之外），这个功等于物理量 $E - T_0 S + P_0 V$ 的变化. 显然，最大功的公式应该以相反的符号写出：

$$|R|_{\max} = -\Delta(E - T_0 S + P_0 V), \tag{20.3}$$

因为初态与末态交换了位置.

如果在过程进行中，物体在每一给定的时刻都处于平衡状态（当然，同介质并不处于平衡），那么对于状态的无穷小变化，可以把 (20.2) 式写成另外的形式：把 $dE = TdS - PdV$ 代入 $dR_{\min} = dE - T_0 dS + P_0 dV$，求得

$$dR_{\min} = (T - T_0)dS - (P - P_0)dV. \tag{20.4}$$

值得指出两种重要的特殊情形. 如果物体的体积和温度保持不变，并且物体的温度与介质的温度相等，则从 (20.2) 式有 $R_{\min} = \Delta(E - TS)$，或

$$R_{\min} = \Delta F, \tag{20.5}$$

即最小功等于物体自由能的变化. 倘若物体的温度和压强保持不变，并且 $T = T_0, P = P_0$，则有

$$R_{\min} = \Delta \Phi, \tag{20.6}$$

即外源所做的功等于物体热力学势的变化.

值得强调的是，在这两种特殊的情形下，所指的物体应该是并非处于平衡状态的物体，所以其状态并不能仅由 T 和 V（或 P）唯一地确定；否则这些量不变就意味着：根本没有任何过程发生. 这里可以考虑在相互反应的混合物中的化学反应、溶解过程，等等.

现在假定，处于外部介质中的物体任其自然，不对它做任何功. 在这个物体中将产生自发的不可逆过程，使物体趋于平衡状态. 现在应该在不等式 (20.1) 中令 $R = 0$，所以有

$$\Delta(E - T_0 S + P_0 V) \leq 0. \tag{20.7}$$

这意味着，物体所经历的过程，将使 $E - T_0 S + P_0 V$ 这个量不断减小，直到平衡时达到最小值.

特别是，在温度 $T = T_0$ 和压强 $P = P_0$ 都不变的自发过程中，物体的热力学势 Φ 降低，而在物体的温度 $T = T_0$ 和体积都不变的自发过程中，物体的自由能 F 将降低. 这些结果曾在 §15 中用另一种观点得到. 应该指出，这里所得出的结论实质上并非以物体的温度和体积（或压强）在整个过程中保持不变为前提；可以断言；在任何过程的开始与结束时，只要温度和压强（或体积）是相同的（而且等于介质的温度和压强），即使它们在过程的进行中是变化的，那么物体的热力学势（或自由能）将因该过程而减小.

还可以赋予最小功另外的热力学意义. 设 S_t 是物体和介质的总熵；如果物体处于同介质平衡的状态，则 S_t 是它们的总能量 E_t 的函数：
$$S_t = S_t(E_t).$$
假设物体并不处于同介质平衡的状态，这时它们的总熵与 $S_t(E_t)$ 的值（在它们的总能量值 E_t 相同的条件下）相差某一数量 $\Delta S_t < 0$. 在图 3 中，实线表示函数 $S_t(E_t)$，而竖直线段 ab 表示数量 $-\Delta S_t$. 水平线段 bc 表示当物体从与介质平衡的状态逆向转变到对应于点 b 的状态时总能量的变化. 换而言之，该线段表示某个外源为了使物体从与介质平衡的状态进入给定状态所必须耗费的最小功. 这里所说的平衡状态（图 3 上的 c 点），当然跟对应于给定值 E_t 的平衡状态（a 点）并不一致.

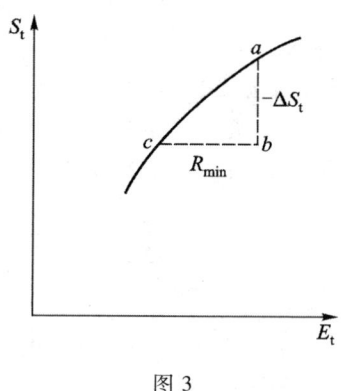

图 3

因为物体是整个系统的一个非常小的组成部分，所以它所经历的过程只能使总能量和总熵产生相对而言极小的变化. 从图 3 上的图形得出：
$$\Delta S_t = -\frac{\mathrm{d} S_t(E_t)}{\mathrm{d} E_t} R_{\min}.$$

但是导数 $\dfrac{\mathrm{d}E_t}{\mathrm{d}S_t}$ 是系统的平衡温度，即介质的温度 T_0。因此，

$$\Delta S_t = -\frac{R_{\min}}{T_0} = -\frac{1}{T_0}(\Delta E - T_0 \Delta S + P_0 \Delta V). \tag{20.8}$$

该公式确定的是：当物体并不处于同介质平衡的状态时，闭合系统（物体＋介质）的熵与其最大可能值相差多少；这里的 ΔE，ΔS 和 ΔV 表示物体的能量、熵和体积与它们在完全平衡状态下的值之差.

§21 热力学不等式

从熵的极大值条件得到热平衡条件以后，直到目前，我们只考虑了熵的一阶导数. 因为要求熵对能量和体积的导数为零，作为平衡条件我们得到了（§9，§12）物体所有各部分的温度和压强应该相等的条件. 然而，一阶导数等于零仅仅是极值的必要条件，并不保证熵就一定取极大值. 众所周知，阐明极大值的充分条件，就需要研究函数的二阶导数.

然而，不直接从闭合系统的熵为极大值的条件出发，而是从与它等效的另一个条件出发，研究这个问题更为方便[1]. 从所考虑的物体中分出某个微小的（然而是宏观的）部分. 相对于这一小部分，物体的其余部分可以看成是外部的介质. 这时，正如我们在上一节所见到的，能够断言，在平衡时，

$$E - T_0 S + P_0 V$$

这个量有个极小值，式中 E, S, V 是物体的该小部分的能量、熵和体积；而 T_0, P_0 是介质的温度和压强，即物体的其余部分的温度和压强. 显然，T_0 和 P_0 同时也是我们正研究的这一部分在平衡状态下的温度和压强.

因此，对平衡状态有任何微小的偏离时，$E - T_0 S + P_0 V$ 这个量的改变应该是正的，即

$$\delta E - T_0 \delta S + P_0 \delta V > 0. \tag{21.1}$$

换句话说，为使物体的这一小部分从平衡状态变到任何邻近态所必须耗费的最小功应该是正的.

热力学量与其平衡值的偏差前的系数，以后都指的是平衡值，与此相应，把零角标也略去.

把 δE 展开为级数（把 E 看成是 S 和 V 的函数），精确到二次项，我们得到

$$\delta E = \frac{\partial E}{\partial S}\delta S + \frac{\partial E}{\partial V}\delta V + \frac{1}{2}\left(\frac{\partial^2 E}{\partial S^2}\delta S^2 + 2\frac{\partial^2 E}{\partial S \partial V}\delta S \delta V + \frac{\partial^2 E}{\partial V^2}\delta V^2\right).$$

---

[1] 至于熵对宏观运动动量的依赖关系，则无论关于一阶导数的条件，或者关于二阶导数的条件，我们都已经研究过了（§10），其结果是求出了物体内部不存在宏观运动的要求以及温度必须大于零的要求.

但是 $\frac{\partial E}{\partial S} = T, \frac{\partial E}{\partial V} = -P$，因此这里的一次项等于 $T\delta S - P\delta V$，而且在把 δE 代入 (21.1) 式时，一次项就消去了. 这样，我们得到条件

$$\frac{\partial^2 E}{\partial S^2}\delta S^2 + 2\frac{\partial^2 E}{\partial S \partial V}\delta S\delta V + \frac{\partial^2 E}{\partial V^2}\delta V^2 > 0. \tag{21.2}$$

众所周知，为使这个不等式对于任意的 δS 和 δV 都成立，必须满足下列两个条件①：

$$\frac{\partial^2 E}{\partial S^2} > 0, \tag{21.3}$$

$$\frac{\partial^2 E}{\partial S^2}\frac{\partial^2 E}{\partial V^2} - \left(\frac{\partial^2 E}{\partial S \partial V}\right)^2 > 0. \tag{21.4}$$

因为

$$\frac{\partial^2 E}{\partial S^2} = \left(\frac{\partial T}{\partial S}\right)_V = \frac{T}{C_v},$$

所以条件 (21.3) 取 $\frac{T}{C_v} > 0$ 的形式，或

$$C_v > 0, \tag{21.5}$$

即定容热容总是正的.

条件 (21.4) 可以写成雅可比行列式形式

$$\frac{\partial\left[\left(\frac{\partial E}{\partial S}\right)_V, \left(\frac{\partial E}{\partial V}\right)_S\right]}{\partial(S,V)} = -\frac{\partial(T,P)}{\partial(S,V)} > 0.$$

变换到以 T 和 V 为自变量. 有

$$\frac{\partial(T,P)}{\partial(S,V)} = \frac{\frac{\partial(T,P)}{\partial(T,V)}}{\frac{\partial(S,V)}{\partial(T,V)}} = \frac{\left(\frac{\partial P}{\partial V}\right)_T}{\left(\frac{\partial S}{\partial T}\right)_V} = \frac{T}{C_v}\left(\frac{\partial P}{\partial V}\right)_T < 0.$$

因为 $C_v > 0$，上式相当于条件

$$\left(\frac{\partial P}{\partial V}\right)_T < 0, \tag{21.6}$$

即在温度不变的条件下，体积的增加总是伴随着压强的减小.

条件 (21.5) 和 (21.6) 称为**热力学不等式**. 不满足这两个条件的状态是不稳定的，因而在自然界中不可能存在.

在 §16 中已经指出，由于不等式 (21.6) 和公式 (16.10) 总有 $C_p > C_v$. 因此由 (21.5) 式，可得出结论，总有

---

① 在 (21.4) 中取等号的特殊情况，将在以后的 §152 中考虑.

$$C_p > 0. \tag{21.7}$$

C_v 和 C_p 是正的,意味着在体积不变的条件下能量是随温度单调增长的函数,而在压强不变的条件下焓也是随温度单调增长的函数.至于熵则无论在体积不变的条件下还是在压强不变的条件下,都随温度单调增长.

条件(21.5),(21.6)是对物体中任何一个微小的部分推导出来的,因为在平衡状态下所有各部分的温度和压强彼此都相等,当然这些条件也适用于整个物体.这里我们假定物体是均匀的(至今也只考虑这样的物体).我们着重指出,满足条件(21.5),(21.6)正好与物体的均匀性有关.例如,可以考虑这样的物体,其粒子是靠万有引力维系在一起的;显然,这样的物体是不均匀的,它将沿着指向中心的方向逐渐变得稠密.物体的热容整体也可以小于零,即物体可以随着能量的减小而变热.值得指出,这与物体每一小部分的热容大于零的结论并不矛盾,因为在这种条件下,整个物体的能量并不等于它的各部分的能量之和——这些部分之间还存在着万有引力相互作用产生的附加能量.

我们推导出来的不等式是平衡条件.但是满足这些条件并不足以使得平衡是完全稳定的.

的确,可以存在这样的状态,当无限小地偏离该状态时,熵减小,因此物体接着就返回到初态;当产生某一有限偏离时,熵有可能比初态更大.在这种有限偏离的情况下,物体并不返回到初态,相反地,会趋向于转变到某个其它的平衡态,这个状态所对应的熵的极大值比最初状态中熵的极大值还要大.相应于这种可能性,在平衡状态中,需要区别所谓**亚稳态**和**稳定态**.如果物体处于亚稳态,则在偏离足够大时,物体可能不返回初态.虽然亚稳态在一定限度内是稳定的,但是物体迟早终究要从该状态转变到另一个稳定的状态中.后者对应于所有可能的极大熵中的最大者;离开这种状态的物体迟早会返回到这个状态.

§22 勒夏特列原理

考虑由介质和被介质所包围的物体所组成的闭合系统.设 S 为系统的总熵,而 y 为属于物体的某一个量,并且是这样一种量: S 相对于它具有极大值的条件 $\frac{\partial S}{\partial y} = 0$,表示物体本身处于平衡状态,而并不一定同介质处于平衡.再设 x 为属于同一物体的另一个热力学量,并且是这样一种量:如果除了 $\frac{\partial S}{\partial y} = 0$ 以外,还有 $\frac{\partial S}{\partial x} = 0$ 表示物体不仅处于自身的内部平衡,而且也同介质处于平衡.

引入符号

$$X = -\frac{\partial S}{\partial x}, \quad Y = -\frac{\partial S}{\partial y}. \tag{22.1}$$

在完全的热力学平衡状态下,熵 S 应当是极大值.因此,除条件

$$X = 0, \quad Y = 0, \tag{22.2}$$

以外,还应该满足不等式

$$\left(\frac{\partial X}{\partial x}\right)_y > 0, \quad \left(\frac{\partial Y}{\partial y}\right)_x > 0, \tag{22.3}$$

并且

$$\left(\frac{\partial X}{\partial x}\right)_y \left(\frac{\partial Y}{\partial y}\right)_x - \left(\frac{\partial X}{\partial y}\right)_x^2 > 0. \tag{22.4}$$

现在假定,经过某种不太大的外部作用,物体与介质的平衡被破坏,而且量 x 稍有变化,条件 $X = 0$ 也被破坏;而至于量 y,则假定它并不受该作用的直接影响.设 Δx 是量 x 的变化,则在受到作用的那一时刻量 X 的变化为

$$(\Delta X)_y = \left(\frac{\partial X}{\partial x}\right)_y \Delta x.$$

在 y 不变的情况下,x 的变化当然会破坏 $Y = 0$ 的条件,即破坏了物体内部的平衡.此后,当平衡重新恢复以后,量 $X \equiv \Delta X$ 将取数值

$$(\Delta X)_{Y=0} = \left(\frac{\partial X}{\partial x}\right)_{Y=0} \Delta x,$$

式中导数是在等于零的恒定的 Y 值下取的.

我们比较 ΔX 的这两个数值.利用雅可比行列式的性质,有

$$\left(\frac{\partial X}{\partial x}\right)_{Y=0} = \frac{\partial(X,Y)}{\partial(x,Y)} = \frac{\frac{\partial(X,Y)}{\partial(x,y)}}{\frac{\partial(x,Y)}{\partial(x,y)}} = \left(\frac{\partial X}{\partial x}\right)_y - \frac{\left(\frac{\partial X}{\partial y}\right)_x^2}{\left(\frac{\partial Y}{\partial y}\right)_x}.$$

根据条件(22.3),在上式中第二项的分母是正的,再考虑到不等式(22.4),求得

$$\left(\frac{\partial X}{\partial x}\right)_y > \left(\frac{\partial X}{\partial x}\right)_{Y=0} > 0, \tag{22.5}$$

或

$$|(\Delta X)_y| > |(\Delta X)_{Y=0}|. \tag{22.6}$$

不等式(22.5)或(22.6)构成所谓**勒夏特列原理**的内容.

我们把量 x 的变化 Δx 看作为外界对物体作用的量度,而把 ΔX 看作在这种作用的影响下物体性质变化的量度.不等式(22.6)表明,在外部作用使物体离开平衡状态以后,当物体内部的平衡又恢复时,ΔX 的值变小了.所以,勒夏特列原理可以表述如下:

使物体离开平衡状态的外部作用,会在物体中引发一些过程,力图减弱该作用的影响.

我们举例来阐明上述内容.

首先,利用(20.8)式,把 X 和 Y 这两个量的定义稍加改变较为方便;根据(20.8)式,介质加物体所组成系统的熵的变化等于 $-\frac{R_{\min}}{T_0}$,式中 T_0 是介质的温度,而 $R_{\min}$ 是把物体从与介质处于平衡的状态引到给定状态时必须做的最小功. 于是可写

$$X = \frac{1}{T_0}\frac{\partial R_{\min}}{\partial x}, \quad Y = \frac{1}{T_0}\frac{\partial R_{\min}}{\partial y} \tag{22.7}$$

对于物体状态的无穷小变化,有(参看(20.4))

$$dR_{\min} = (T - T_0)dS - (P - P_0)dV;$$

从今以后没有下标的所有量都属于物体,而具有下标 0 的量都属于介质.

设 x 是物体的熵 S,那么 $X = \frac{T - T_0}{T_0}$. 平衡条件 $X = 0$ 给出 $T = T_0$,即物体的温度与介质的温度相等. 不等式(22.5)和(22.6)取形式

$$\left(\frac{\partial T}{\partial S}\right)_y > \left(\frac{\partial T}{\partial S}\right)_{Y=0} > 0, \tag{22.8}$$

$$|(\Delta T)_y| > |(\Delta T)_{Y=0}|. \tag{22.9}$$

这些不等式的意义如下. 量 x(物体的熵)的变化表明:有一定的热量传给物体(或从物体中取出). 结果物体自身的平衡被破坏,特别是物体的温度改变了(变化了 $(\Delta T)_y$). 物体内平衡的恢复导致物体温度的变化在绝对值上减小(变为 $(\Delta T)_{Y=0}$),即好像使物体从平衡状态偏离作用的后果被减弱了一样. 可以说,加热(冷却)物体会在物体中引发一些过程,这些过程会促使物体降低(升高)温度.

现在,设 x 是物体的体积 V. 那么 $X = -\frac{P - P_0}{T_0}$. 平衡时 $X = 0$,即 $P = P_0$. 不等式(22.5)和(22.6)给出

$$\left(\frac{\partial P}{\partial V}\right)_y < \left(\frac{\partial P}{\partial V}\right)_{Y=0} < 0, \tag{22.10}$$

$$|(\Delta P)_y| > |(\Delta P)_{Y=0}|. \tag{22.11}$$

如果物体(在温度不变的条件下)体积改变而偏离平衡,那么,特别是它的压强就会改变;在物体内平衡的恢复会使压强改变的绝对值减小. 物体体积的减小会增加它的压强,反之亦然. 注意到这一点,可以说,物体体积的减小(或增加)会在物体中引发一些过程,这些过程会促使压强减小(或增加).

今后,我们会遇到这些结果在(溶液、化学反应等等)各方面的一系列应用.

还应该指出,如果在不等式(22.8)中,取物体的体积作为量 y,则我们有:

$$\left(\frac{\partial T}{\partial S}\right)_y = \left(\frac{\partial T}{\partial S}\right)_V = \frac{T}{C_v}, \quad \left(\frac{\partial T}{\partial S}\right)_{Y=0} = \left(\frac{\partial T}{\partial S}\right)_P = \frac{T}{C_p},$$

因为条件 $Y=0$ 在该情况下是指 $P=P_0$，即压强恒定。因此，我们再次得到熟知的不等式 $C_p > C_v > 0$。

类似地，如果在(22.10)中，取物体的熵作为 y，则条件 $Y=0$ 将表示温度是常数 $T=T_0$，因而得到

$$\left(\frac{\partial P}{\partial V}\right)_S < \left(\frac{\partial P}{\partial V}\right)_T < 0,$$

这也是我们已经熟知的结果。

§23 能斯特定理

热容 C_v 大于零的这一事实表示：能量是温度的单调增长函数。反之，当温度下降时能量单调地减小，因而，在最低的可能温度即绝对零度时，物体应该处于具有最小可能能量的状态。如果假想物体划分为许多部分，把物体的能量看作这些部分的能量之和，则可以断言这些部分中的每一个也将处于能量最小的状态；显然，当总和取极小值时，它的所有各项也必然相应地取极小值。

所以，在绝对零度时，物体的任何一部分应该处于一个确定的量子态——基态。换句话说，这些部分的统计权重都等于一，因而它们的乘积，即整个物体的宏观状态的统计权重也等于一。因而，物体的熵——统计权重的对数——等于零。

因此，我们得出如下重要的结论：在绝对零度时，任何物体的熵都变为零[①]（称为**能斯特定理**（W. Nernst, 1906））。

值得强调的是，这个定理是量子统计学的结论，分立量子态的概念在量子统计学中起重要作用。在纯粹的经典统计学中，这个定理是不能被证明的，这时熵始终只能确定到具有一个任意附加常数的准确度（参看§7）。

能斯特定理还能够对其它某些热力学量在 $T \rightarrow 0$ 时的行为作出结论。例如，容易看出，当 $T=0$ 时，热容——无论是 C_p 还是 C_v——都变为零：

$$\text{当 } T=0 \text{ 时}, \quad C_p = C_v = 0. \tag{23.1}$$

只要把热容的定义写成形式

$$C = T\frac{\partial S}{\partial T} = \frac{\partial S}{\partial \ln T},$$

就可以直接得出(23.1)式。当 $T \rightarrow 0$ 时，有 $\ln T \rightarrow -\infty$，但因为 S 趋向于常数极限（即零），显然，上述导数趋于零。

[①] 为避免误解，我们强调指出：凡讨论温度趋近于零都是在某些其它条件不变的情况之下——比如说在体积不变或压强不变的条件下。但是假如在使气体的温度趋近于零的同时，又无限地减小它的密度，则熵就可以不变为零。

其次，热膨胀系数变为零：

$$\text{当 } T = 0 \text{ 时}, \quad \left(\frac{\partial V}{\partial T}\right)_P = 0. \tag{23.2}$$

实际上，这个导数等于导数 $-\left(\frac{\partial S}{\partial P}\right)_T$（参看(16.4)），而后者在 $T = 0$ 时变为零，因为当 $T = 0$ 时，不论压强如何，总有 $S = 0$.

类似地，我们可以证明：

$$\text{当 } T = 0 \text{ 时}, \quad \left(\frac{\partial P}{\partial T}\right)_V = 0. \tag{23.3}$$

通常当 $T \to 0$ 时，熵按某种幂律变为零，即 $S = aT^n$，其中 a 是压强或体积的函数. 显然，在这种情况下，热容和 $\left(\frac{\partial V}{\partial T}\right)_P, \left(\frac{\partial P}{\partial T}\right)_V$ 这些量都按同样的规律（即按同样的幂次 n）变为零.

最后，可以看出，$C_p - C_v$ 较之热容本身更快地变为零，即

$$\text{当 } T = 0 \text{ 时}, \quad \frac{C_p - C_v}{C_p} = 0. \tag{23.4}$$

实际上，当 $T \to 0$ 时，设熵按规律 $S \propto T^n$ 趋近于零. 从(16.9)式可以看出，这时 $C_p - C_v \propto T^{2n+1}$，因此 $\frac{C_p - C_v}{C_p} \propto T^{n+1}$（应当注意，当 $T = 0$ 时，压缩率 $\left(\frac{\partial V}{\partial P}\right)_T$ 一般说来仍然是一个不等于零的有限值）.

如果在温度的整个变化范围内物体的热容都是已知的，则熵可以用积分的方法计算出来，而且用能斯特定理可以确定出积分常数的值. 于是，在给定的压强值下，熵对温度的关系由如下公式确定

$$S = \int_0^T \frac{C_p}{T} dT, \tag{23.5}$$

对于焓，类似的公式为

$$W = W_0 + \int_0^T C_p dT, \tag{23.6}$$

式中 W_0 是在 $T = 0$ 时焓的值. 对于热力学势 $\Phi = W - TS$，相应地有

$$\Phi = W_0 + \int_0^T C_p dT - T\int_0^T \frac{C_p}{T} dT. \tag{23.7}$$

§24 热力学量对粒子数的依赖关系

除了能量和熵以外，像 F, Φ, W 这些热力学量也都具有可加性（可加性可以从这些量的定义直接得出，只要考虑到压强和温度在处于平衡状态的整个物体内都是不变的）. 这种可加性使我们能够对于这些量依赖于物体中粒子数的特

征作出某些结论. 在这里我们考虑由全同粒子(分子)构成的物体;所有的结果都能直接推广到由不同粒子所构成的物体——混合物上去(参看§85).

物理量的可加性意味着:物质的数量(与其相关的就是粒子数 N)变化了多少倍,则该物理量也变化多少倍. 换句话说,可加性的热力学量应该是可加性变量的一次齐次函数.

我们把物体的能量表示为熵和体积以及粒子数的函数. 因为 S 和 V 本身也是可加性的,这个函数应该取如下形式:

$$E = Nf\left(\frac{S}{N}, \frac{V}{N}\right), \tag{24.1}$$

这是 N, S 和 V 的一次齐次函数的最普遍的形式. 自由能 F 是 N, T 和 V 的函数. 因为温度在整个物体内部都是不变的,而体积是可加性的,所以出于同样的考虑,可以写出

$$F = Nf\left(\frac{V}{N}, T\right). \tag{24.2}$$

完全类似地,把焓 W 表示为 N, S 和压强 P 的函数形式,我们得到

$$W = Nf\left(\frac{S}{N}, P\right). \tag{24.3}$$

最后,对于作为 N, P, T 的函数的热力学势,有

$$\Phi = Nf(P, T) \tag{24.4}$$

在以上的叙述中,实质上我们是把粒子数看作是一个参量,对于每一个物体它具有给定的常数值. 现在,我们在形式上把 N 也看成是一个自变量. 那么在热力学势的微分表达式中,应该附加一个正比于 dN 的项. 例如,我们把能量的全微分写成

$$dE = TdS - PdV + \mu dN, \tag{24.5}$$

式中我们用字母 μ 表示偏导数

$$\mu = \left(\frac{\partial E}{\partial N}\right)_{S,V}, \tag{24.6}$$

μ 这个量称为物体的**化学势**. 类似地,用同样的 μ,现在有

$$dW = TdS + VdP + \mu dN, \tag{24.7}$$

$$dF = -SdT - PdV + \mu dN, \tag{24.8}$$

$$d\Phi = -SdT + VdP + \mu dN. \tag{24.9}$$

从这些公式中得出

$$\mu = \left(\frac{\partial W}{\partial N}\right)_{S,P} = \left(\frac{\partial F}{\partial N}\right)_{T,V} = \left(\frac{\partial \Phi}{\partial N}\right)_{P,T}, \tag{24.10}$$

也就是说,把 E, W, F, Φ 这些量中的任何一个对粒子数求导数,就可以得到化学

势,但是在每一种情形下化学势是用不同的变量来表示的.

把写成(24.4)形式的 Φ 进行微分,我们求出 $\mu = \dfrac{\partial \Phi}{\partial N} = f(P, T)$,即

$$\Phi = N\mu. \tag{24.11}$$

由此可见,(由全同粒子所构成的)物体的化学势不是别的,而是属于一个分子的热力学势. 化学势可以表示为 P 和 T 的函数,而与 N 无关. 因此,对化学势的微分而言,可以立即写出如下表达式

$$d\mu = -sdT + vdP, \tag{24.12}$$

式中 s 和 v 是单分子熵和单分子体积.

如果考虑一定量的物质(直到目前为止,我们通常都是这么做的),则其中的粒子数是给定的常量,而它的体积是变量. 现在我们在物体内划分出某个一定的体积,并考虑这个体积中所包含的物质;在这种情况下,粒子数 N 将是变量,而体积 V 将是常量. 这时,例如等式(24.8)就化为

$$dF = -SdT + \mu dN.$$

在这里自变量是 T 和 N;我们引入这样一种热力学势:它的第二个自变量不是 N,而是 μ. 为此把 $\mu dN = d(\mu N) - N d\mu$ 代入,就得到

$$d(F - \mu N) = -SdT - Nd\mu.$$

但是,$\mu N = \Phi$,而 $F - \Phi = -PV$. 所以,一种新的热力学势(我们用字母 Ω 来表示它)就等于

$$\Omega = -PV \tag{24.13}$$

而且

$$d\Omega = -SdT - Nd\mu \tag{24.14}$$

在温度和体积都不变的条件下,把 Ω 对化学势求导数,就得到粒子数.

$$N = -\left(\frac{\partial \Omega}{\partial \mu}\right)_{T,V} = V\left(\frac{\partial P}{\partial \mu}\right)_{T,V} \tag{24.15}$$

就像证明 E, W, F 和 Φ(各自在相应的一对变量恒定时)的小增量彼此相等一样,容易证明在 T, μ, V 不变的条件下,变化 $(\delta \Omega)_{T,\mu,V}$ 也具有相同的性质. 换句话说,

$$(\delta E)_{S,V,N} = (\delta F)_{T,V,N} = (\delta \Phi)_{T,P,N} = (\delta W)_{S,P,N} = (\delta \Omega)_{T,V,\mu}.$$
$$\tag{24.16}$$

这些等式改进并推广了小增量定理.

最后,类似于在 §15 和 §20 中对自由能和热力学势所进行的推导,可以证明,在 T, V 和 μ 不变的条件下所进行的一个可逆过程中所做的功,就等于热力学势 Ω 的变化. 相对于状态在 T, V, μ 不变的条件下的一切变化,在热平衡状态下的势 Ω 有极小值.

习 题

试求在变量取 T,μ,V 时热容 C_v 的表达式.

解:把导数 $C_v = T\left(\dfrac{\partial S}{\partial T}\right)_{V,N}$ 变换到以 T,V 和 μ 作为自变量,为此,我们写出(考虑 V 始终不变):

$$\left(\frac{\partial S}{\partial T}\right)_N = \frac{\partial(S,N)}{\partial(T,N)} = \frac{\dfrac{\partial(S,N)}{\partial(T,\mu)}}{\dfrac{\partial(T,N)}{\partial(T,\mu)}} = \left(\frac{\partial S}{\partial T}\right)_\mu - \frac{\left(\dfrac{\partial S}{\partial \mu}\right)_T\left(\dfrac{\partial N}{\partial T}\right)_\mu}{\left(\dfrac{\partial N}{\partial \mu}\right)_T}.$$

但是 $\left(\dfrac{\partial S}{\partial \mu}\right)_T = -\dfrac{\partial^2 \Omega}{\partial T \partial \mu} = \left(\dfrac{\partial N}{\partial T}\right)_\mu$;所以

$$C_v = T\left\{\left(\frac{\partial S}{\partial T}\right)_\mu - \frac{\left(\dfrac{\partial N}{\partial T}\right)_\mu^2}{\left(\dfrac{\partial N}{\partial \mu}\right)_T}\right\}.$$

§25 在外场中物体的平衡

考虑处于(时间上)恒定的外场中的物体. 这时,物体的各个部分处于不同的条件下,因此物体是不均匀的. 这样的物体的平衡条件之一仍旧是在整个物体中温度为常量;但是在物体中的不同地点压强是不同的.

为了推导第二个平衡条件,我们从物体中划分出两个确定的相互接触的体积,并且要求在物体的其余部分的状态不变的条件下它们的熵 $S = S_1 + S_2$ 极大. 熵为极大值的必要条件之一是导数 $\dfrac{\partial S}{\partial N_1}$ 等于零. 因为在给定的物体这两部分中的粒子总数 $N_1 + N_2$ 可看作常数,我们有

$$\frac{\partial S}{\partial N_1} = \frac{\partial S_1}{\partial N_1} + \frac{\partial S_2}{\partial N_2}\frac{\partial N_2}{\partial N_1} = \frac{\partial S_1}{\partial N_1} - \frac{\partial S_2}{\partial N_2} = 0.$$

但是只要把恒等式 $dE = TdS + \mu dN$ 改写成为如下形式

$$dS = \frac{dE}{T} - \frac{\mu}{T}dN,$$

我们就可以看出,(在 E 和 V 恒定的条件下)导数 $\dfrac{\partial S}{\partial N}$ 等于 $-\dfrac{\mu}{T}$. 因此,有 $\dfrac{\mu_1}{T_1} = \dfrac{\mu_2}{T_2}$. 但是在平衡时 $T_1 = T_2$,因此,$\mu_1 = \mu_2$. 于是,我们得出以下结论:物体在外场中平衡时,除了温度为常数外,还应该遵守条件

$$\mu = 常数, \qquad (25.1)$$

即物体所有各部分的化学势应该彼此相等. 这时,每一部分的化学势是它的温

度和压强的函数,也是确定外场的诸参量的函数.如果没有外场,则由 μ 和 T 为常数的条件,自动地得出压强也为常数.

在引力场中,分子的势能 u 只是其重心坐标 x,y,z 的函数(而与分子内原子的位置无关).在这种情况下,物体的热力学量的变化归结为在其能量上再附加上分子在引力场中的势能.例如,化学势(单分子热力学势)取 $\mu = \mu_0 + u(x,y,z)$ 的形式,式中 $\mu_0(P,T)$ 是没有外场时的化学势.因此,引力场中的平衡条件可以写成

$$\mu_0(P,T) + u(x,y,z) = 常数. \tag{25.2}$$

特别是,在均匀的重力场中,$u = mgz$(m 为分子的质量,g 为重力加速度,z 为铅直坐标).把等式(25.2)在不变的温度条件下对坐标 z 进行微分,得到

$$v\mathrm{d}P = -mg\mathrm{d}z.$$

式中 $v = \left(\dfrac{\partial \mu_0}{\partial P}\right)_T$ 是比体积.在压强变化不大的条件下,v 可以认为是不变的.引入密度 $\rho = \dfrac{m}{v}$,并进行积分,得到

$$P = 常数 - \rho g z,$$

这就是在不可压缩的液体中通常的流体静压强的公式.

§26 转动的物体

正如我们在 §10 中已经看到的,在热平衡状态,只有物体整体的匀速平动和匀速转动才有可能.对于匀速平动无需作任何特殊的讨论,因为根据伽利略相对性原理,它无论如何也不会影响物体的力学性质,所以也不会影响物体的热力学性质,而且,说物体的热力学量有变化,也只是在物体的能量上附加了物体的动能.

现在考虑以角速度 $\boldsymbol{\Omega}$ 围绕一根固定轴作匀速转动的物体.设 $E(p,q)$ 是物体在静止坐标系中的能量,而 $E'(p,q)$ 是在随物体一起转动的坐标系中的能量.从力学中已经知道,这两个能量通过如下关系彼此相联系:

$$E'(p,q) = E(p,q) - \boldsymbol{\Omega} \cdot \boldsymbol{M}(p,q), \tag{26.1}$$

式中 $\boldsymbol{M}(p,q)$ 是物体的角动量[①].

因此,能量 $E'(p,q)$ 以角速度 $\boldsymbol{\Omega}$ 作为参量而与其有关,并且

$$\frac{\partial E'(p,q)}{\partial \boldsymbol{\Omega}} = -\boldsymbol{M}(p,q).$$

---

① 参看第一卷 §39.虽然在那里导出的公式(39.13)是以经典力学为基础的,但是在量子理论中,对于相应各量的算符,完全同样的关系式也成立.因此,下面所导出的全部热力学关系式与用哪一种力学来描述物体粒子的运动无关.

将上式按统计分布求平均,并利用公式(11.3),得到

$$\left(\frac{\partial E'}{\partial \boldsymbol{\Omega}}\right)_S = -\boldsymbol{M}, \qquad (26.2)$$

式中 $E' = \overline{E'(p,q)}$, $\boldsymbol{M} = \overline{\boldsymbol{M}(p,q)}$ 是物体的平均(热力学)能量和平均角动量.

根据这个关系式,我们可以把给定体积下转动物体能量的微分写成

$$dE' = TdS - \boldsymbol{M} \cdot d\boldsymbol{\Omega}. \qquad (26.3)$$

对于(在转动坐标系中的)自由能 $F' = E' - TS$,相应地有

$$dF' = -SdT - \boldsymbol{M} \cdot d\boldsymbol{\Omega}. \qquad (26.4)$$

将等式(26.1)求平均,得到

$$E' = E - \boldsymbol{M} \cdot \boldsymbol{\Omega}, \qquad (26.5)$$

把该等式微分,并将(26.3)式代入,就得到在静止坐标系中能量的微分

$$dE = TdS + \boldsymbol{\Omega} \cdot d\boldsymbol{M}. \qquad (26.6)$$

对于自由能 $F = E - TS$,相应地有

$$dF = -SdT + \boldsymbol{\Omega} \cdot d\boldsymbol{M}. \qquad (26.7)$$

由此可见,在这些关系式中,自变量并非角速度,而是角动量,而且

$$\boldsymbol{\Omega} = \left(\frac{\partial E}{\partial \boldsymbol{M}}\right)_S = \left(\frac{\partial F}{\partial \boldsymbol{M}}\right)_T. \qquad (26.8)$$

从力学中大家知道,匀速转动在一定意义下等效于呈现两个力场:离心力场和科里奥利力场.离心力与物体的大小(其中包含到转动轴的距离)成正比;而科里奥利力与物体的大小完全无关.由于这种情况,后者对宏观转动物体的热力学性质的影响与前者相较十分微小,通常可以把它们完全忽略不计[①].因此,只要把粒子的离心能量作为 $u(x,y,z)$ 代入(25.2)式,就得到转动物体的热平衡条件:

$$\mu_0(P,T) - \frac{m\Omega^2 r^2}{2} = \text{常数}, \qquad (26.9)$$

式中 μ_0 是静止物体的化学势,m 为分子的质量,r 为到转动轴的距离.根据同样的理由,可以把转动物体的总能量 E 写成它的内能(在这里我们用 E_{in} 来代表它)与转动动能之和:

$$E = E_{\text{in}} + \frac{M^2}{2I}, \qquad (26.10)$$

式中 I 是物体相对于转动轴的转动惯量.必须注意,一般说来,转动会改变物体中的质量分布,所以物体的转动惯量和内能一般来讲,也与 $\boldsymbol{\Omega}$(或与 $\boldsymbol{M}$)有关.只有在转动足够缓慢的情况下,这两个量才可以认为是与 $\boldsymbol{\Omega}$ 无关的常数.

[①] 可以证明:在经典统计学中,科里奥利力完全不影响物体的统计性质——参看§34.

考虑孤立的匀速转动的固体,固体内部具有给定的质量分布. 因为物体的熵是它的内能的函数,所以在这种情况下有

$$S = S\left(E - \frac{M^2}{2I}\right).$$

由于物体的闭合性,它的总能量和角动量守恒,而熵应该在给定的 M 和 E 下取极大的可能值. 所以我们得出结论:物体的转动惯量相对哪一根轴具有最大的可能值,它的平衡转动就绕哪一根轴进行. 这就自动地意味着:在任何情况下,转动轴总是物体的惯量主轴. 其实上述情况,早就很显然,如果物体并非绕惯量主轴转动,则从力学可知,转动轴本身将在空间发生移动(进动),即转动是非均匀的,因而也是非平衡的.

§27 相对论范围内的热力学关系式

相对论力学使通常的热力学关系式产生一系列的变化. 在这里,我们只考虑那些最感兴趣的变化.

如果构成物体的粒子的微观运动变为相对论性运动,那么热力学的普遍关系式并不改变,但是能得出物体的压强与能量之间的一个重要的不等式

$$P < \frac{E}{3V}, \tag{27.1}$$

式中 E 是物体的能量,其中包括构成物体的粒子的静止能量[①].

考虑到物体自身所产生的引力场,广义相对论可引起热平衡条件中的某些变化,这些变化就是我们主要兴趣所在. 考虑一个静止的宏观物体,当然,它的引力场是不变的. 在恒定的引力场中,必须把物体任何一小部分的守恒能量 E_0 与位于给定位置的观察者所测量到的能量 E 区别开来. 这两个量由关系式

$$E_0 = E\sqrt{g_{00}}$$

彼此相联系,式中 g_{00} 是度规张量的时间分量(参看第二卷§88 的公式(88.9),式中 $v = 0, mc^2 = E$). 但是,在§9 中证明了处于平衡状态的整个物体内温度是恒定的,但是按照这个证明本来的含义,很显然,熵对守恒能量 E_0 求微商而得到的量应该是不变的. 而由位于空间给定的一点观察者测量到的温度 T,是熵对能量 E 求微商得到的,因而在物体的不同点是各不相同的.

为导出定量的关系式,应当注意:按照熵的定义的实质,熵只与物体的内部状态有关,所以不会在出现引力场的情况下发生变化(只要这个场不影响物体的内部性质,这一条件事实上总能满足). 因此守恒能量 E_0 对熵的导数等于

[①] 参看第二卷§35. 但是值得注意,关于该不等式适用于在自然界中所有存在的粒子间相互作用类型(不仅仅限于电磁的相互作用),目前还没有普遍证明.

$T\sqrt{g_{00}}$，由此可见，热平衡条件之一是要求该量在整个物体内为常数①

$$T\sqrt{g_{00}} = 常数. \tag{27.2}$$

第二个平衡条件——化学势恒定——也以类似的方式发生变化. 化学势被定义为能量对粒子数的导数. 由于粒子数当然不会因为有引力场而发生变化，所以对于在每一给定点测量到的化学势，我们得到与温度的关系式完全相似的关系式：

$$\mu\sqrt{g_{00}} = 常数. \tag{27.3}$$

我们注意到，关系式(27.2)，(27.3)可以写成

$$T = 常数 \cdot \frac{\mathrm{d}x^0}{\mathrm{d}s}, \quad \mu = 常数 \cdot \frac{\mathrm{d}x^0}{\mathrm{d}s}, \tag{27.4}$$

这两个式子不仅能考虑物体在参照系中静止的情况，而且也能考虑物体在参照系中运动（整体转动）的情形. 这时，导数$\frac{\mathrm{d}x^0}{\mathrm{d}s}$应该是沿着物体中给定点所描出的世界线来求取.

在微弱的（牛顿的）引力场中，$g_{00} = 1 + \frac{2\varphi}{c^2}$，其中$\varphi$是引力势（参看第二卷§87）. 把这个式子代入(27.2)中并求出平方根，我们就在同样的近似程度下求出

$$T = 常数 \cdot \left(1 - \frac{\varphi}{c^2}\right). \tag{27.5}$$

注意到$\varphi < 0$，我们得出：当平衡时，在物体中$|\varphi|$越大的地方，即在物体中越深的地方，温度就越高. 当过渡到非相对论力学的极限情形时（$c \to \infty$），(27.5)变为$T = $常数，这正是所预期的.

条件(27.3)也可以用类似的方式来变换，但是必须注意，在过渡到经典力学的极限情形时，相对论性的化学势并不直接变换到通常没有引力场时的（非相对论性的）化学势表示式，我们用字母μ_0来标记，而是变为$\mu_0 + mc^2$，其中mc^2是物体单个粒子的静止能量. 因此我们有

$$\mu\sqrt{g_{00}} \approx (\mu_0 + mc^2)\left(1 + \frac{\varphi}{c^2}\right) \approx \mu_0 + mc^2 + m\varphi,$$

所以条件(27.3)变为

$$\mu_0 + m\varphi = 常数,$$

它与(25.2)一致，这正是所预期的.

最后，我们指出一个有用的关系式，它是条件(27.2)和(27.3)的直接推论.

---

① 方程(27.2)在g_{00}变为零的那些点失去意义. 这种情形发生在所谓黑洞的附近.（参见第二卷§102）. 这类客体热力学性质的讨论可参阅论文集：黑洞. М.；Мир，1978.

把这两个表达式相除,求出 $\frac{\mu}{T}$ = 常数,由此得出 $\frac{\mathrm{d}\mu}{\mu} = \frac{\mathrm{d}T}{T}$. 另一方面,根据(24.12)式,在恒定的体积(等于单位体积)下,有
$$\mathrm{d}P = S\mathrm{d}T + N\mathrm{d}\mu,$$
式中 S, N 是单位体积内物体的熵和粒子数. 把 $\mathrm{d}T = \frac{T}{\mu}\mathrm{d}\mu$ 代入上式,并注意到 $\mu N + ST = \Phi + ST = \varepsilon + P$($\varepsilon$ 是单位体积物体的能量),我们得到所求的关系式①

$$\frac{\mathrm{d}\mu}{\mu} = \frac{\mathrm{d}P}{\varepsilon + P}. \tag{27.6}$$

---

① 在非相对论的情形下,令 $\mu \approx mc^2$,$\varepsilon \approx \rho c^2 \gg P$($\rho$ 为密度),我们得到 $\mathrm{d}\mu = v\mathrm{d}P$($v = \frac{m}{\rho}$ 表示一个粒子所占的体积),这正如在 T = 常数时所预期的.

第三章
吉布斯分布

§28 吉布斯分布

现在我们回到第一章所提出的问题:任何宏观物体作为某个大的闭合系统的微小部分(子系统),求其分布函数.解决这个问题的最方便和最普遍的方法,是基于将微正则分布应用于整个系统上.

把我们感兴趣的物体从闭合系统中划分出来,并把整个系统看成由两部分即由该物体和系统的所有其余部分组成.我们把这个相对于物体的其余部分称为**介质**.

把微正则分布(6.6)写成

$$dw = 常数 \cdot \delta(E + E' - E^{(0)}) d\Gamma d\Gamma', \qquad (28.1)$$

式中的 $E, d\Gamma$ 和 $E', d\Gamma'$ 分别属于物体和介质,而 $E^{(0)}$ 是闭合系统给定的能量值;物体和介质的能量之和 $E + E'$ 应该等于这个 $E^{(0)}$ 值.

我们的目的是求出整个系统的这样一种状态的概率 w_n:在这种状态下该物体处于某个确定的量子态(具有能量 E_n),即处于以微观方式描述的状态.这时我们对介质的微观状态并不感兴趣,而认为介质处于某种宏观描述的状态.设 $\Delta\Gamma'$ 是介质的宏观状态的统计权重;我们用 $\Delta E'$ 表示在 §7 中所指出的意义下与量子态间隔 $\Delta\Gamma'$ 相对应的介质的能量间隔.

在(28.1)中用 1 代替 $d\Gamma$,令 $E = E_n$,并对 $d\Gamma'$ 进行积分就求出所寻求的概率 w_n:

$$w_n = 常数 \cdot \int \delta(E_n + E' - E^{(0)}) d\Gamma'.$$

设 $\Gamma'(E')$ 表示介质的能量小于或等于 E' 的量子态总数.由于被积式只与 E' 有

关，所以可以变换成对 dE' 的积分，写成

$$d\Gamma' = \frac{d\Gamma'(E')}{dE'}dE'.$$

用下式

$$\frac{d\Gamma'}{dE'} = \frac{e^{S'(E')}}{\Delta E'},$$

代替导数 $\dfrac{d\Gamma'}{dE'}$（参看§7），其中 $S'(E')$ 是介质的熵，为介质能量 E' 的函数. 当然，$\Delta E'$ 也是 E' 的函数. 因此，

$$w_n = 常数 \cdot \int \frac{e^{S'}}{\Delta E'}\delta(E' + E_n - E^{(0)})dE',$$

由于 δ 函数的存在，积分归结为用 $E^{(0)} - E_n$ 代替 E'，我们就得到

$$w_n = 常数 \cdot \left(\frac{e^{S'}}{\Delta E'}\right)_{E' = E^{(0)} - E_n}. \tag{28.2}$$

现在考虑到：由于物体很小，其能量 E_n 比 $E^{(0)}$ 小得多. 当 E' 变化不很大时，$\Delta E'$ 这个量的变化相对来讲也很小；所以在 $\Delta E'$ 中可以直接地令 $E' = E^{(0)}$，于是 $\Delta E'$ 就变为与 E_n 无关的常数了. 在指数因子 $e^{S'}$ 中，必须把 $S'(E^{(0)} - E_n)$ 按 E_n 的幂次展开至线性项：

$$S'(E^{(0)} - E_n) = S'(E^{(0)}) - E_n\frac{dS'(E^{(0)})}{dE^{(0)}},$$

但是熵 S' 对能量的导数不是别的，而是 $\dfrac{1}{T}$，其中 T 是系统的温度（物体与介质的温度相同，因为假定系统处于平衡状态）.

于是，最后我们得到 w_n 的如下表示式：

$$w_n = A\exp\left(-\frac{E_n}{T}\right), \tag{28.3}$$

式中 A 是与 E_n 无关的归一化常数. 这是统计物理学中最重要的公式之一. 它确定了任何宏观物体的统计分布，这个宏观物体是某个大的闭合系统的比较小的一部分. 分布(28.3)称为**吉布斯分布**或**正则分布**（它是吉布斯在 1901 年对经典统计学研究所发现的）.

归一化常数 A 由条件 $\sum w_n = 1$ 确定，由此得出

$$\frac{1}{A} = \sum_n e^{-E_n/T}. \tag{28.4}$$

表征该物体的任何物理量 f 的平均值都可以借助于吉布斯分布按如下公式计算：

$$\bar{f} = \sum_n w_n f_{nn} = \frac{\sum_n f_{nn}\mathrm{e}^{-E_n/T}}{\sum_n \mathrm{e}^{-E_n/T}}. \tag{28.5}$$

在经典统计学中,对于相空间中的分布函数,可以得到与公式(28.3)完全对应的表达式

$$\rho(p,q) = A\mathrm{e}^{-E(p,q)/T}, \tag{28.6}$$

式中 $E(p,q)$ 是物体的能量作为它的粒子的坐标和动量的函数①. 归一化常数 A 由如下条件决定

$$\int \rho \mathrm{d}p\mathrm{d}q = A\int \mathrm{e}^{-E(p,q)/T}\mathrm{d}p\mathrm{d}q = 1. \tag{28.7}$$

实际上常常会遇到这样的情况:并非粒子的所有微观运动都是准经典的,只有对应于一部分自由度的运动是准经典的,而对应于其余的自由度的运动是量子的(例如,分子的平动可以是准经典的,而分子内部的原子的运动具有量子的特征). 在这种情况下,物体的能级可以写成准经典的坐标和动量的函数形式:$E_n = E_n(p,q)$,式中 n 表示确定"量子部分"运动的量子数的集合,对于量子部分的运动,p,q 的值起参量的作用. 于是吉布斯分布的公式可写成

$$\mathrm{d}w_n(p,q) = A\mathrm{e}^{-E_n(p,q)/T}\mathrm{d}p_{\mathrm{cl}}\mathrm{d}q_{\mathrm{cl}}, \tag{28.8}$$

式中 $\mathrm{d}p_{\mathrm{cl}}\mathrm{d}q_{\mathrm{cl}}$ 是"准经典的"坐标与动量微分的乘积.

最后,关于能够应用吉布斯分布解决问题的范围必须作如下说明. 我们讲到吉布斯分布总是指子系统的统计分布,事实上也正是如此. 然而,十分重要的是,这个分布也可以完全成功地用于确定闭合物体的基本统计性质. 事实上,像物体的热力学量或它的各个粒子的坐标与速度的概率分布这些性质,显然与我们把物体看成是闭合的还是看成放在一个想像的恒温器中无关(§7). 但是,在后一种情况下,物体成为"子系统",因而就可以把吉布斯分布直接应用于它. 在应用吉布斯分布时,闭合系统与非闭合系统的差别实质上只在考虑关于物体总能量的涨落这个重要性不太大的问题时才会出现.

吉布斯分布给出一个不等于零的能量平均涨落,这种涨落对处于介质中的物体具有实际意义,而对于闭合物体就是完全虚构的了,因为按照定义,这种物体的能量是常量,并不会发生涨落.

吉布斯分布实质上与微正则分布差别细微,由之也可以看出(在上述意义下)应用吉布斯分布于闭合系统的可能性,而用它进行具体计算要方便得多. 实际上,粗略地说,微正则分布等于承认对应于物体给定能量值的所有微观状态

---

① 为避免误解,我们再次提醒,w_n(或 ρ)是能量的单调函数,绝对不会在 $E = \bar{E}$ 处具有极大值. 在 $E = \bar{E}$ 处具有很陡的极大值的,是按能量的分布函数,它由 w_n 与 $\dfrac{\mathrm{d}\varGamma(E)}{\mathrm{d}E}$ 相乘得到.

是等概率的. 而正则分布是"散布"在能量值的一个间隔内, 但是, 对于宏观物体来讲, 这个间隔的宽度(能量平均涨落的数量级)是极为微小的.

§29 麦克斯韦分布

在经典统计学的吉布斯分布公式中能量 $E(p,q)$ 总是可以表示为两部分之和——动能和势能. 其中的第一部分是原子的动量的二次函数[①], 而第二部分是它们坐标的函数, 并且这个函数的形式取决于物体内粒子的相互作用定律(如果有外场存在, 则还依赖于外场). 如果把动能和势能分别表示为 $K(p)$ 和 $U(q)$, 则 $E(p,q) = K(p) + U(q)$, 而且概率 $\mathrm{d}w = \rho(p,q)\mathrm{d}p\mathrm{d}q$ 可以写成

$$\mathrm{d}w = A\exp\left(-\frac{U(q)}{T} - \frac{K(p)}{T}\right)\mathrm{d}p\mathrm{d}q,$$

也就是说, 概率被分为两个因子的乘积, 其中一个仅仅与坐标有关, 而另一个仅仅与动量有关. 这意味着动量的概率与坐标的概率是彼此独立的, 其意义也就是说: 动量的任何特定值无论如何也不会影响坐标的任何特定值的概率, 反之亦然. 因而, 动量的不同值的概率可以写成

$$\mathrm{d}w_p = a\mathrm{e}^{-K(p)/T}\mathrm{d}p, \tag{29.1}$$

而坐标的概率分布为

$$\mathrm{d}w_q = b\mathrm{e}^{-U(q)/T}\mathrm{d}q. \tag{29.2}$$

因为动量的所有可能值的概率之和应该等于一(对于坐标来说也完全一样), 所以概率 $\mathrm{d}w_p$ 与 $\mathrm{d}w_q$ 应当各自归一化, 即它们对该物体所有可能的动量值或坐标值的积分应该等于一. 从这两个条件可以决定(29.1)和(29.2)中的常数 a 和 b.

我们来研究动量的概率分布, 同时再次强调一个非常重要的事实: 在经典统计学中, 这种分布与系统内粒子的相互作用类型或外场的类型完全无关, 所以可以把这种分布表示成一种对于任何物体都适用的形式[②].

整个物体的动能等于物体内所含有的每个原子的动能之和, 因而概率再一次分解为许多因子的乘积, 其中的每个因子只与一个原子的动量有关. 这又表示: 各个原子动量的概率是彼此独立的, 即其中任何一个原子的动量无论如何也不会影响其它所有原子动量的概率. 因此可以把每个原子动量的概率分布分别写出来.

一个质量为 m 的原子的动能等于 $\dfrac{p_x^2 + p_y^2 + p_z^2}{2m}$, 式中 p_x, p_y, p_z 是原子的动量

---

① 假定我们使用笛卡儿坐标.

② 在量子统计学中, 一般说来, 这个论断是不正确的.

在笛卡儿坐标中的分量,因而概率分布具有如下形式

$$dw_p = a\exp\left[-\frac{1}{2mT}(p_x^2 + p_y^2 + p_z^2)\right]dp_x dp_y dp_z,$$

常数 a 由归一化条件决定. 分成对 dp_x, dp_y, dp_z 的积分并借助于已知的公式

$$\int_{-\infty}^{+\infty} e^{-\alpha x^2} dx = \sqrt{\frac{\pi}{\alpha}}.$$

结果求得 $a = (2\pi mT)^{-3/2}$,我们得到最终的动量概率分布的形式为

$$dw_p = \frac{1}{(2\pi mT)^{3/2}}\exp\left[-\frac{p_x^2 + p_y^2 + p_z^2}{2mT}\right]dp_x dp_y dp_z. \tag{29.3}$$

把动量变换为速度 ($\boldsymbol{p} = m\boldsymbol{v}$),可以写出相对于速度的分布:

$$dw_v = \left(\frac{m}{2\pi T}\right)^{3/2}\exp\left[-\frac{m(v_x^2 + v_y^2 + v_z^2)}{2T}\right]dv_x dv_y dv_z. \tag{29.4}$$

这就是所谓的**麦克斯韦分布**(J. C. Maxwell, 1860). 应当指出,这个分布又可分解为三个独立因子的乘积:

$$dw_{v_x} = \sqrt{\frac{m}{2\pi T}}e^{-mv_x^2/2T}dv_x, \cdots, \tag{29.5}$$

其中的每一个因子确定一个速度分量的概率分布.

如果物体是由许多分子构成的(例如,多原子气体),那么除了单个原子具有麦克斯韦分布以外,分子的整体平动也具有这样的分布. 这是因为,从分子的动能中可以把平动能量作为一项分离出来,结果就把所求的分布以(29.4)式的形式分离出来了,其中 m 必须理解为分子的总质量,而 v_x, v_y, v_z 应当理解为它的质心的速度分量. 必须强调:分子平动麦克斯韦分布的成立条件,与分子内部原子运动(以及分子的转动)的性质关系不大,这里包括原子运动必须用量子力学描述的情形在内.①

式(29.4)是以"速度空间"中的笛卡儿坐标来表示的. 如果从笛卡儿坐标变换到球坐标,则得到:

$$dw_v = \left(\frac{m}{2\pi T}\right)^{3/2} e^{-mv^2/2T} v^2 \sin\theta d\theta d\varphi dv, \tag{29.6}$$

式中 v 是速度的绝对值,而 θ 和 φ 是确定速度方向的极角和方位角. 对角度进行积分,我们得到速度绝对值的概率分布为:

$$dw_v = 4\pi\left(\frac{m}{2\pi T}\right)^{3/2} e^{-mv^2/2T} v^2 dv. \tag{29.7}$$

有时采用速度空间中的圆柱坐标较为方便. 这时

---

① 显然,麦克斯韦分布对于悬浮在液体中的粒子的所谓布朗运动也是正确的.

§29 麦克斯韦分布

$$\mathrm{d}w_v = \left(\frac{m}{2\pi T}\right)^{3/2} \exp\left[-\frac{m(v_z^2 + v_r^2)}{2T}\right] v_r \mathrm{d}v_r \mathrm{d}v_z \mathrm{d}\varphi, \qquad (29.8)$$

式中 v_z 是沿 z 轴的速度分量，v_r 是垂直于 z 轴的速度分量，而 φ 是决定 v_r 方向的角度.

我们来计算原子的动能的平均值. 根据平均值的定义并利用(29.5)，对速度的任意一个笛卡儿分量，我们得到[①]

$$\overline{v_x^2} = \sqrt{\frac{m}{2\pi T}} \int_{-\infty}^{+\infty} v_x^2 \mathrm{e}^{-mv_x^2/2T} \mathrm{d}v_x = \frac{T}{m}. \qquad (29.9)$$

因此原子动能的平均值等于 $\frac{3}{2}T$. 因而可以说，在经典统计学中物体的全部粒子的平均动能总是等于 $\frac{3}{2}NT$，其中 N 是原子的总数.

习　题

1. 求速度绝对值的 n 次幂的平均值.

解：利用(29.7)，得

$$\langle v^n \rangle = 4\pi \left(\frac{m}{2\pi T}\right)^{3/2} \int_0^\infty \mathrm{e}^{-\frac{mv^2}{2T}} v^{n+2} \mathrm{d}v = \frac{2}{\sqrt{\pi}} \left(\frac{2T}{m}\right)^{n/2} \Gamma\left(\frac{n+3}{2}\right).$$

如果 n 为偶数($n=2r$)，则

$$\langle v^{2r} \rangle = \left(\frac{T}{m}\right)^r (2r+1)!!,$$

如果 $n = 2r+1$，则

[①] 我们在这里引入在应用麦克斯韦分布时经常会遇到的形如

$$I_n = \int_0^\infty \mathrm{e}^{-ax^2} x^n \mathrm{d}x$$

的积分的值，以供参考. 以 $\alpha x^2 = y$ 代入后，给出

$$I_n = \frac{1}{2}\alpha^{-\frac{n+1}{2}} \int_0^\infty \mathrm{e}^{-y} y^{\frac{n-1}{2}} \mathrm{d}y = \frac{1}{2}\alpha^{-\frac{n+1}{2}} \Gamma\left(\frac{n+1}{2}\right),$$

式中 $\Gamma(x)$ 是伽马函数. 特别地，如果 $n = 2r, r > 0$，则

$$I_{2r} = \frac{(2r-1)!!}{2^{r+1}} \sqrt{\frac{\pi}{\alpha^{2r+1}}},$$

式中 $(2r-1)!! = 1 \cdot 3 \cdot 5 \cdots (2r-1)$. 如果 $r = 0$，则

$$I_0 = \frac{1}{2}\sqrt{\frac{\pi}{\alpha}}.$$

如果 $n = 2r+1$，则

$$I_{2r+1} = \frac{r!}{2\alpha^{r+1}}.$$

从 $-\infty$ 到 $+\infty$ 的同样积分，在 n 为奇数时等于零，而在 n 为偶数时等于从 0 到 ∞ 的积分的两倍.

$$\langle v^{2r+1} \rangle = \frac{2}{\sqrt{\pi}} \left(\frac{2T}{m}\right)^{\frac{2r+1}{2}} (r+1)!.$$

2. 求速度的方均涨落.

解：利用习题 1 中 $n=1$ 和 $n=2$ 的结果，求得

$$\langle (\Delta v)^2 \rangle = \overline{v^2} - \bar{v}^2 = \frac{T}{m}\left(3 - \frac{8}{\pi}\right).$$

3. 求原子动能的平均值、方均值和方均涨落.

解：利用习题 1 中的结果，得到

$$\bar{\varepsilon} = \frac{m}{2}\overline{v^2} = \frac{3T}{2}, \qquad \overline{\varepsilon^2} = \frac{15}{4}T^2,$$

$$\langle (\Delta \varepsilon)^2 \rangle = \overline{\varepsilon^2} - \bar{\varepsilon}^2 = \frac{3}{2}T^2.$$

4. 求原子动能的概率分布.

解：
$$dw_\varepsilon = \frac{2}{\sqrt{\pi T^3}} e^{-\frac{\varepsilon}{T}} \sqrt{\varepsilon}\, d\varepsilon.$$

5. 求分子转动角速度的概率分布.

解：按照与分子平动情形相同的理由，(在经典统计学中) 可以分别写出每个分子转动的概率分布. 把分子看成刚体 (由于分子内部的原子振动很小，因此可以这样考虑)，它的转动动能就等于

$$\varepsilon_{\rm rot} = \frac{1}{2}(I_1\Omega_1^2 + I_2\Omega_2^2 + I_3\Omega_3^2) = \frac{1}{2}\left(\frac{M_1^2}{I_1} + \frac{M_2^2}{I_2} + \frac{M_3^2}{I_3}\right),$$

式中 I_1, I_2, I_3 是主转动惯量，$\Omega_1, \Omega_2, \Omega_3$ 是角速度在惯量主轴上的投影，而 $M_1 = I_1\Omega_1, M_2 = I_2\Omega_2, M_3 = I_3\Omega_3$ 是角动量的分量，相对于角速度 $\Omega_1, \Omega_2, \Omega_3$ 它们起着广义动量的作用. 角动量的归一化概率分布为

$$dw_M = (2\pi T)^{-3/2} (I_1 I_2 I_3)^{-1/2} \exp\left[-\frac{1}{2T}\left(\frac{M_1^2}{I_1} + \frac{M_2^2}{I_2} + \frac{M_3^2}{I_3}\right)\right] dM_1 dM_2 dM_3,$$

而角速度的概率分布为

$$dw_\Omega = (2\pi T)^{-3/2} (I_1 I_2 I_3)^{1/2} \exp\left[-\frac{1}{2T}(I_1\Omega_1^2 + I_2\Omega_2^2 + I_3\Omega_3^2)\right] d\Omega_1 d\Omega_2 d\Omega_3.$$

6. 求分子的角速度和角动量绝对值的方均值.

解：借助于上题求出的分布，得到

$$\overline{\Omega^2} = T\left(\frac{1}{I_1} + \frac{1}{I_2} + \frac{1}{I_3}\right), \qquad \overline{M^2} = T(I_1 + I_2 + I_3).$$

§30 振子的概率分布

考虑一个物体，它的原子各自相对于一定的平衡位置作微小的振动. 这里

§30 振子的概率分布

所说的可以是晶体中原子的振动,也可以是气体分子中原子的振动(在后一种情况下,分子的整体运动并不影响其内部的原子振动,因而不会影响到下面所得到的结果).

从力学中已经知道,由任意个作微小振动的粒子所构成的系统,其哈密顿函数(能量)可以表示为求和的形式

$$E(p,q) = \frac{1}{2}\sum_\alpha (p_\alpha^2 + \omega_\alpha^2 q_\alpha^2),$$

式中 q_α 是振动的简正坐标(在平衡点 $q_\alpha = 0$), $p_\alpha = \dot{q}_\alpha$ 是与它们相对应的广义动量,而 ω_α 是振动频率. 换句话说, $E(p,q)$ 分解为许多独立项之和,其中每一项对应于一个单独的简正振动(或称为"振子"). 在量子力学中,对于系统的哈密顿算符情况也同样,因此每一个振子都独立地量子化,并且系统的能级由和式表示:

$$\sum_\alpha \hbar\omega_\alpha \left(n_\alpha + \frac{1}{2}\right),$$

n_α 是整数.

由于这些情况,整个系统的吉布斯分布分为许多独立因子的乘积,其中每一个因子各自确定一个振子的统计分布. 根据这一点,下面我们考虑一个单独的振子.

我们来确定振子 q 的概率分布①(以后我们总是省略掉标明振子号码的角标 α). 在经典统计学中解决这个问题十分简单:因为振子的势能是 $\frac{1}{2}\omega^2 q^2$,所以概率分布由下述公式给出:

$$\mathrm{d}w_q = A\mathrm{e}^{-\frac{\omega^2 q^2}{2T}}\mathrm{d}q,$$

或者由归一化条件确定 A 以后,为

$$\mathrm{d}w_q = \frac{\omega}{\sqrt{2\pi T}}\mathrm{e}^{-\frac{\omega^2 q^2}{2T}}\mathrm{d}q \qquad (30.1)$$

(由于积分收敛得很快,所以对 $\mathrm{d}q$ 的积分可以在积分限 $-\infty$ 到 $+\infty$ 中进行).

现在我们在量子情形下解决这个问题. 设 $\psi_n(q)$ 是振子的定态波函数,相应的能级为

$$\varepsilon_n = \hbar\omega\left(n + \frac{1}{2}\right).$$

如果振子处于第 n 个状态,则它的坐标的量子力学概率分布取决于 ψ_n^2 (在振子的情形下,函数 ψ_n 是实数,所以我们可以直接写成 ψ_n^2 去代替模平方

---

① 简正坐标 q 的量纲是 $[\mathrm{cm}\cdot\mathrm{g}^{1/2}]$.

$|\psi_n|^2$). 如果用振子处于第 n 个状态的概率 w_n 去乘 ψ_n^2, 然后对所有可能的状态求和, 就得到所求的概率的统计分布.

根据吉布斯分布, w_n 具有形式

$$w_n = a\mathrm{e}^{-\frac{\varepsilon_n}{T}},$$

式中 a 是常数. 因此, 我们得到公式

$$\mathrm{d}w_q = a\mathrm{d}q \sum_{n=0}^{\infty} \mathrm{e}^{-\frac{\varepsilon_n}{T}} \psi_n^2, \qquad (30.2)$$

当然, 这个公式是与普遍公式(5.8)完全相符合的.

为了计算上式中的和式, 可以应用如下方法. 引入符号 $\mathrm{d}w_q = \rho_q \mathrm{d}q$ 并求导数:

$$\frac{\mathrm{d}\rho_q}{\mathrm{d}q} = 2a \sum_{n=0}^{\infty} \mathrm{e}^{-\frac{\varepsilon_n}{T}} \psi_n \frac{\mathrm{d}\psi_n}{\mathrm{d}q}.$$

引入动量算符 $\hat{p} = -\mathrm{i}\hbar \dfrac{\mathrm{d}}{\mathrm{d}q}$, 并且考虑到振子的动量只在 $n \to n \pm 1$ 的跃迁中才有不等于零的矩阵元(参看本教程第三卷§23), 可以写出:

$$\frac{\mathrm{d}\psi_n}{\mathrm{d}q} = \frac{\mathrm{i}}{\hbar}\hat{p}\psi_n = \frac{\mathrm{i}}{\hbar}(p_{n-1,n}\psi_{n-1} + p_{n+1,n}\psi_{n+1}) =$$

$$= \frac{\omega}{\hbar}(q_{n-1,n}\psi_{n-1} - q_{n+1,n}\psi_{n+1})$$

(式中利用了动量矩阵元和坐标矩阵元之间的关系式 $p_{n-1,n} = -\mathrm{i}\omega q_{n-1,n}$, $p_{n+1,n} = \mathrm{i}\omega q_{n+1,n}$). 因此, 我们有

$$\frac{\mathrm{d}\rho_q}{\mathrm{d}q} = \frac{2a\omega}{\hbar}\left\{\sum_{n=0}^{\infty} q_{n-1,n}\psi_n\psi_{n-1}\mathrm{e}^{-\varepsilon_n/T} - \sum_{n=0}^{\infty} q_{n+1,n}\psi_n\psi_{n+1}\mathrm{e}^{-\varepsilon_n/T}\right\}.$$

在第一个和式中作求和角标的变换 ($n \to n+1$), 并注意到关系式

$$\varepsilon_{n+1} = \varepsilon_n + \hbar\omega, \quad q_{n+1,n} = q_{n,n+1}, \quad q_{-1,0} = 0,$$

求出

$$\frac{\mathrm{d}\rho_q}{\mathrm{d}q} = -\frac{2a\omega}{\hbar}(1 - \mathrm{e}^{-\hbar\omega/T}) \sum_{n=0}^{\infty} q_{n,n+1}\psi_n\psi_{n+1}\mathrm{e}^{-\varepsilon_n/T}.$$

用类似的方法我们求出等式

$$q\rho_q = a(1 + \mathrm{e}^{-\hbar\omega/T}) \sum_{n=0}^{\infty} q_{n,n+1}\psi_n\psi_{n+1}\mathrm{e}^{-\varepsilon_n/T}.$$

比较这两个等式后, 我们得到方程式

$$\frac{\mathrm{d}\rho_q}{\mathrm{d}q} = -\left(\frac{2\omega}{\hbar}\tanh\frac{\hbar\omega}{2T}\right)q\rho_q,$$

由此得出

$$\rho_q = 常数 \cdot \exp\left(-q^2 \frac{\omega}{\hbar}\tanh\frac{\hbar\omega}{2T}\right).$$

从归一化条件确定常数后,最后我们得到如下公式(F. Bloch,1932):

$$\mathrm{d}w_q = \left(\frac{\omega}{\pi\hbar}\tanh\frac{\hbar\omega}{2T}\right)^{1/2}\exp\left(-q^2\frac{\omega}{\hbar}\tanh\frac{\hbar\omega}{2T}\right)\mathrm{d}q. \tag{30.3}$$

由此可见,在量子的情形中,振子的不同坐标值的概率也是按照 $\mathrm{e}^{-\alpha q^2}$ 形式的规律而分布的,但是与经典统计学相比较,系数 α 具有不同的值. 在 $\hbar\omega \ll T$ 的极限情形下,量子化已经不起作用,公式(30.3)正如所希望的那样变为公式(30.1).

在相反的极限情形 $\hbar\omega \gg T$ 下,公式(30.3)变成

$$\mathrm{d}w_q = \sqrt{\frac{\omega}{\pi\hbar}}\mathrm{e}^{-q^2\frac{\omega}{\hbar}}\mathrm{d}q,$$

即振子处于基态中,其坐标的概率分布是纯量子分布[①]. 这相当于在 $T \ll \hbar\omega$ 时,振子的振动实际上未被激发.

振子动量的概率分布可按类似于(30.3)的方式写出来,无需重新计算. 这是因为:振子量子化的问题相对于坐标和相对于动量是完全对称的,因而振子在 p 表象中的波函数与它通常的坐标波函数完全一样(用 $\frac{p}{\omega}$ 代替 q;参看本教程第三卷 §23 习题1). 因此所求的分布为

$$\mathrm{d}w_p = \left(\frac{1}{\pi\hbar\omega}\tanh\frac{\hbar\omega}{2T}\right)^{1/2}\exp\left(-\frac{p^2}{\hbar\omega}\tanh\frac{\hbar\omega}{2T}\right)\mathrm{d}p. \tag{30.4}$$

在经典的极限情形下($\hbar\omega \ll T$),它变为通常的麦克斯韦分布

$$\mathrm{d}w_p = (2\pi T)^{-1/2}\mathrm{e}^{-\frac{p^2}{2T}}\mathrm{d}p. \tag{30.5}$$

习 题

确定简谐振子的坐标密度矩阵.

解:与统计平衡相应的振子坐标密度矩阵由如下公式确定

$$\rho(q,q') = a\sum_{n=0}^{\infty}\mathrm{e}^{-\frac{\varepsilon_n}{T}}\psi_n(q')\psi_n(q)$$

(与(5.4)后的脚注相比较). 设 $q = r + s, q' = r - s$ 并计算导数 $\left(\frac{\partial\rho}{\partial s}\right)_r$. 如正文中作类似计算,得到

[①] 这是振子基态波函数的模平方.

$$\frac{\partial \rho}{\partial s} = \frac{\partial \rho}{\partial q} - \frac{\partial \rho}{\partial q'} =$$

$$= -\frac{a\omega}{\hbar}(1 + e^{-\frac{\hbar\omega}{T}}) \sum_{n=0}^{\infty} q_{n,n+1}[\psi_{n+1}(q)\psi_n(q') - \psi_n(q)\psi_{n+1}(q')].$$

以同样的方法计算 $s\rho = \frac{1}{2}(q-q')\rho$ 并且与求出的导数相比较,我们得到

$$\left(\frac{\partial \rho}{\partial s}\right)_r = -s\rho \frac{2\omega}{\hbar}\coth\frac{\hbar\omega}{2T},$$

由此得出

$$\rho(q,q') = A(r)\exp\left(-s^2\frac{\omega}{\hbar}\coth\frac{\hbar\omega}{2T}\right).$$

要求在 $s=0$ 即 $q=q'=r$ 时密度矩阵的"对角元" $\rho(q,q)$ 与(30.3)一致,可确定函数 $A(r)$. 最后我们有

$$\rho(q,q') = \left(\frac{\omega}{\pi\hbar}\tanh\frac{\hbar\omega}{2T}\right)^{1/2}\exp\left\{-\frac{\omega(q+q')^2}{4\hbar}\tanh\frac{\hbar\omega}{2T} - \frac{\omega(q-q')^2}{4\hbar}\coth\frac{\hbar\omega}{2T}\right\}.$$

§31 吉布斯分布中的自由能

根据公式(7.9),物体的熵可以用它的分布函数的对数的平均值来计算:

$$S = -\langle \ln w_n \rangle.$$

把吉布斯分布(28.3)代入上式,得到

$$S = -\ln A + \frac{\bar{E}}{T},$$

由此得出 $\ln A = (\bar{E} - TS)/T$. 但是平均能量 $\bar{E}$ 恰好是我们在热力学中所了解的能量,因此 $\bar{E} - TS = F$,而且 $\ln A = F/T$,即分布的归一化常数直接与物体的自由能有关.

因此,吉布斯分布又可以写成形式

$$w_n = \exp\frac{F - E_n}{T}, \tag{31.1}$$

这也是它最常用的形式. 用同样的方法借助于(7.12),我们得到在经典情形下的表达式

$$\rho = (2\pi\hbar)^{-s}\exp\frac{F - E(p,q)}{T}. \tag{31.2}$$

分布(31.1)的归一化条件为

$$\sum_n w_n = e^{\frac{F}{T}}\sum_n e^{-\frac{E_n}{T}} = 1,$$

由此得出

$$\mathrm{e}^{-\frac{F}{T}} = \sum_n \mathrm{e}^{-\frac{E_n}{T}},$$

取对数后，

$$F = -T\ln \sum_n \mathrm{e}^{-\frac{E_n}{T}}. \tag{31.3}$$

这个公式是吉布斯分布的热力学应用的基本公式. 在原则上它提供了计算任何物体的热力学函数的可能性, 只要物体的能谱是已知的.

在(31.3)的对数符号后面的和式通常称为**配分函数**. 它不是别的, 而就是算符 $\mathrm{e}^{-\hat{H}/T}$ 的迹, 式中 $\hat{H}$ 是该物体的哈密顿算符[①]:

$$Z \equiv \sum_n \mathrm{e}^{-E_n/T} = \mathrm{tr}(\mathrm{e}^{-\hat{H}/T}). \tag{31.4}$$

这种形式的写法其优点在于: 可以利用任何波函数的完备集来计算迹.

在经典统计学中, 可由分布(31.2)的归一化条件得到类似的公式. 然而, 必须事先顾及一个前提, 在我们只对分布函数本身感兴趣, 而不将归一化系数与物体的特定的定量特性如自由能相联系之前, 这个前提一直是不重要的. 例如, 如果把两个同样的原子相互交换位置, 那么在这种置换以后物体的微观状态由另外一个相点表示, 这个相点是由原来的相点在把一个原子的坐标和动量与另一个原子的坐标和动量交换以后得到的. 另一方面, 由于被置换原子的全同性, 物体的这两种状态在物理上是同样的. 因此, 与物体的同一物理微观态相对应的, 在相空间中有一系列的点. 然而, 在对分布函数(31.2)进行积分时, 每一个状态当然只应该考虑一次[②]. 换而言之, 我们只应该对相空间的一部分区域积分, 这部分区域相应于物理上不同的物体状态; 我们用积分号上加一撇来标记这种情况.

这样, 我们得到公式

$$F = -T\ln \int' \mathrm{e}^{-\frac{E(q,p)}{T}} \mathrm{d}\Gamma; \tag{31.5}$$

在这里和以后在类似的情形下, 我们总是用 $\mathrm{d}\Gamma$ 表示相空间的体积元除以 $(2\pi\hbar)^s$:

$$\mathrm{d}\Gamma = \frac{\mathrm{d}p\mathrm{d}q}{(2\pi\hbar)^s}. \tag{31.6}$$

[①] 按照一般法则, $\mathrm{e}^{-\hat{H}/T}$ 应该理解为这样一个算符: 它的本征函数与算符 $\hat{H}$ 的本征函数相同, 而它的本征值等于 $\mathrm{e}^{-E_n/T}$.

[②] 如果把经典的配分函数看成是量子的配分函数的极限, 这个情况就变得特别明显. 后者是按所有不同的量子态进行求和的, 因而根本不会发生任何问题(必须注意, 由于量子力学中的波函数对称性原理, 量子态绝不会因全同粒子的置换而发生变化).

从纯粹经典的观点看来, 如此理解配分函数很有必要, 否则统计权重的可乘性就会破坏, 从而熵和其它热力学量的可加性也会破坏.

因此,求和形式的量子配分函数(31.3)被**积分形式的配分函数**所代替. 正如在§29 中已经指出的,经典的能量 $E(p,q)$ 总是可以表示成动能 $K(p)$ 与势能 $U(q)$ 之和的形式. 动能是动量的二次函数,并且对动量的积分可以在一般形式下积分出来. 因此有关计算配分函数的问题实际上归结为函数 $e^{-\frac{U(q)}{T}}$ 对坐标积分的问题.

在实际计算配分函数时,为方便起见,通常是扩大积分的区域,同时引入相应的修正因子. 例如,设所讨论的是由 N 个全同的原子所构成的气体. 于是可以对每个原子的坐标独立地进行积分,并且把积分区域扩展到气体所占据的整个体积. 但是,所得的结果必须除以 N 个原子可能的置换数,即除以 $N!$. 换句话说,可以用对整个相空间的积分除以 $N!$ 取代积分 $\int'$:

$$\int' \cdots d\Gamma = \frac{1}{N!} \int \cdots d\Gamma. \tag{31.7}$$

对于由 N 个全同分子构成的气体,用类似的方法扩展积分区域也很方便:对于每个分子作为一个整体的坐标(分子质心的坐标)独立地积遍整个体积,而对分子内部原子的坐标所进行的积分则只在每个分子内部积遍它本身所拥有的"体积"(即构成分子的原子能以显著的概率被发现的一个小区域);此后,必须把积分再除以 $N!$.

习　题

1. 设物体的粒子间相互作用势能是它们坐标的 n 次齐次函数. 试用相似性分析,确定出这种物体的自由能在经典统计学中应取何种形式.

解:在配分函数

$$Z = \int' e^{-\frac{K(P)+U(q)}{T}} d\Gamma$$

中,把所有的 q 用 λq 代替,把所有的 p 用 $\lambda^{n/2} p$ 代替(其中 λ 是任意常数). 如果同时用 $\lambda^n T$ 代替 T,则被积式保持不变. 但是,对坐标进行积分的积分限改变了——积分区域的线度变为原来的 $1/\lambda$,这使得体积相应地变为原来的 $1/\lambda^3$;要使积分限保持不变,必须同时用 $\lambda^3 V$ 代替 V. 在经过所有这些代换以后,由于在 $d\Gamma$ 中的自变量($s=3N$ 个坐标和同样数目的动量;N 为物体中的粒子数)的变换,积分还要乘上因子 $\lambda^{3N(1+n/2)}$. 因此,我们得出结论:在代换

$$V \to \lambda^3 V, \qquad T \to \lambda^n T$$

下,配分函数作如下变换:

$$Z \to \lambda^{3N(1+n/2)} Z.$$

具有这些性质的函数 $Z(V,T)$ 的最普遍的形式为

$$Z = T^{3N(1/2+1/n)} f(VT^{-3/n}),$$

式中 f 是单变量的一个任意函数.

由此我们求出自由能的表达式形为

$$F = -3\left(\frac{1}{2} + \frac{1}{n}\right)NT \ln T + NT\varphi\left(\frac{VT^{-3/n}}{N}\right), \tag{1}$$

它只含有一个未知的单变量函数(在(1)式的第二项中引入了数 N,以使得 F 具备应有的可加性).

2. 设宏观物体中粒子间的相互作用势能是它们坐标的 n 次齐次函数,试推导这种宏观物体的位力定理.

解:遵循力学中推导位力定理的方法(参看本教程第一卷 §10),计算和式 $\sum \boldsymbol{r} \cdot \boldsymbol{p}$ 对时间的导数,其中 $\boldsymbol{r}$ 和 $\boldsymbol{p}$ 为物体中诸粒子的径矢和动量. 注意到 $\dot{\boldsymbol{r}} = \frac{\partial K(p)}{\partial \boldsymbol{p}}$ 并且 $K(p)$ 是动量的二次齐次函数,得到

$$\frac{\mathrm{d}}{\mathrm{d}t} \sum \boldsymbol{r} \cdot \boldsymbol{p} = \sum \boldsymbol{p} \frac{\partial K(p)}{\partial \boldsymbol{p}} + \sum \boldsymbol{r} \cdot \dot{\boldsymbol{p}} = 2K(p) + \sum \boldsymbol{r} \cdot \dot{\boldsymbol{p}}.$$

物体的粒子在空间的有限区域内运动,其速度不会趋于无穷大. 因此 $\sum \boldsymbol{r} \cdot \boldsymbol{p}$ 这个量是有限的,而且它对时间的导数的平均值变为零,所以

$$2K + \left\langle \sum \boldsymbol{r} \cdot \dot{\boldsymbol{p}} \right\rangle = 0$$

(式中 $K = \langle K(p) \rangle$). 导数 $\dot{\boldsymbol{p}}$ 由作用于物体粒子上的力确定. 在对所有的粒子求和时,必须考虑到:除了这些粒子彼此间的相互作用力以外,还有来自物体周围各方面(遍及物体表面)作用于物体上的力:

$$\left\langle \sum \boldsymbol{r} \cdot \dot{\boldsymbol{p}} \right\rangle = -\left\langle \sum \boldsymbol{r} \cdot \frac{\partial U(q)}{\partial \boldsymbol{r}} \right\rangle - P \oint \boldsymbol{r} \cdot \mathrm{d}\boldsymbol{f} = -nU - 3PV$$

(面积分化为体积分并注意到 $\nabla \cdot \boldsymbol{r} = 3$). 这样,我们就得到 $2K - nU - 3PV = 0$,或者引入总能量 $E = U + K$,有

$$(n+2)K = nE + 3PV. \tag{2}$$

这就是所求的定理. 它不仅在经典理论中是正确的,而且在量子理论中也是正确的. 在经典的情形下,平均动能 $K = \frac{3}{2}NT$,从而关系式(2)给出

$$E + \frac{3}{n}PV = 3\left(\frac{1}{2} + \frac{1}{n}\right)NT. \tag{3}$$

由习题 1 中得到的自由能表达式(1)出发,也可以推导出这个公式.

在粒子按照库仑定律相互作用的情形下($n = -1$),我们从(2)式得到

$$K = -E + 3PV.$$

这个关系式是相对论关系式

$$E - 3PV = \sum mc^2 \sqrt{1 - \frac{v^2}{c^2}}$$

的极限情形,式中能量 E 还包括物体中粒子的静止能量(参看本教程第二卷 §35).

§32 热力学微扰理论

在具体计算热力学量时常有这样的情况:从物体的能量 $E(p,q)$ 中可以分离出一些相对说来较小的项,这些项在零级近似下可以忽略不计.例如,物体的粒子在外场中的势能就可以起这些微小项的作用(关于允许认为哪一些项是微小的条件,参看下面).

在这一类情况下可以建立一种计算热力学量的"微扰理论"(R. Peierls, 1932).首先,我们指出在经典吉布斯分布可以应用的情形下怎样进行这种计算.

把能量 $E(p,q)$ 写成

$$E(p,q) = E_0(p,q) + V(p,q), \qquad (32.1)$$

式中 V 是微小的项.为了计算物体的自由能我们写出

$$e^{-\frac{F}{T}} = \int' e^{-\frac{E_0(p,q) + V(p,q)}{T}} d\Gamma \approx \int' e^{-\frac{E_0}{T}} \left(1 - \frac{V}{T} + \frac{V^2}{2T^2}\right) d\Gamma, \qquad (32.2)$$

并且在按 V 的幂次的展开式中,在这里和以后我们都只限于取到二次项,因为我们的目的只在于计算一级近似和二级近似的修正.取对数并把对数也展开成级数,在同样的精确度下我们有

$$F = F_0 + \int' \left(V - \frac{V^2}{2T}\right) e^{\frac{F_0 - E_0(p,q)}{T}} d\Gamma + \frac{1}{2T}\left[\int' V e^{\frac{F_0 - E_0(p,q)}{T}} d\Gamma\right]^2,$$

式中 F_0 表示在 $V = 0$ 时计算出来的"未微扰"的自由能.

以上所得到的几个积分是用"未微扰"的吉布斯分布来计算各个相应量的平均值.记住在这种意义下取平均并注意到 $\overline{V^2} - \overline{V}^2 = \langle(V - \overline{V})^2\rangle$,最后我们写出

$$F = F_0 + \overline{V} - \frac{1}{2T}\langle(V - \overline{V})^2\rangle. \qquad (32.3)$$

由此可见,对自由能的一级近似的修正就直接等于微扰能量 V 的平均值.二级近似的修正总是负的,而且取决于 V 与其平均值 $\overline{V}$ 的方均偏差.特别是,如果平均值 $\overline{V}$ 变为零,则由于微扰的结果,自由能就减小了.

把(32.3)中的二次项与一次项进行比较,我们就能阐明上述微扰法的适用条件.这时必须注意:无论是平均值 $\overline{V}$,还是方均值 $\langle(V - \overline{V})^2\rangle$,粗略地

说，这两者都与粒子数成正比(参看§2中关于宏观物体热力学量的方均涨落的讨论). 因此可以把所求的条件表述为:属于一个粒子的微扰能量应当比 T 小得多[①].

现在我们对量子的情形作类似的计算. 代替(32.1)式,在这里必须写出相应的哈密顿算符表达式

$$\hat{H} = \hat{H}_0 + \hat{V}.$$

根据量子微扰理论(参看第三卷§38),微扰系统的能级在精确到二级近似修正时的表达式为

$$E_n = E_n^{(0)} + V_{nn} + \sum_m{}' \frac{|V_{nm}|^2}{E_n^{(0)} - E_m^{(0)}}, \tag{32.4}$$

式中 $E_n^{(0)}$ 是未微扰的能级(假定是非简并的);求和号上的一撇表示应该把 $m = n$ 的项去掉.

必须把该表达式代入公式

$$e^{-\frac{F}{T}} = \sum_n e^{-\frac{E_n}{T}},$$

并且像上面已进行的那样把它展开. 经过简单的计算得到下面结果:

$$F = F_0 + \sum_n V_{nn} w_n + \sum_n \sum_m{}' \frac{|V_{nm}|^2 w_n}{E_n^{(0)} - E_m^{(0)}} - \frac{1}{2T}\sum_n V_{nn}^2 w_n + \frac{1}{2T}\left(\sum_n V_{nn} w_n\right)^2, \tag{32.5}$$

式中 $w_n = e^{\frac{F_0 - E_n^{(0)}}{T}}$ 是"未微扰"的吉布斯分布.

对角矩阵元 V_{nn} 不是别的,而是微扰能量 V 在该(第 n 个)量子态的平均值. 因此和式

$$\sum_n V_{nn} w_n \equiv \bar{V}_{nn}$$

是 V 的完全平均值——既对物体的量子态进行了平均,又按不同量子态的("未微扰"的)统计分布进行了平均. 对自由能的一级近似修正等于 $\bar{V}$——这个结果在形式上与上面所得到的经典结果是一致的.

可以把公式(32.5)改写成

$$F = F_0 + \bar{V}_{nn} - \frac{1}{2}\sum_n \sum_m{}' \frac{|V_{nm}|^2 (w_m - w_n)}{E_n^{(0)} - E_m^{(0)}} - \frac{1}{2T}\langle(V_{nn} - \bar{V}_{nn})^2\rangle. \tag{32.6}$$

[①] 在把(32.2)中的被积式展开时,我们是按 $\frac{V}{T}$ 这个量来展开的,它与粒子数成正比,严格地讲,绝非很小. 但是取对数并把对数再次展开后,导致大项相消,结果就得到按小量展开的幂级数.

在这个表达式中,所有的二次项都是负的(因为 $w_m - w_n$ 与 $E_n^{(0)} - E_m^{(0)}$ 同号). 因此在量子的情形下,对自由能的二级近似修正也是负的.

正如经典的情形一样,这个方法适用的条件也是要求(属于一个粒子的)微扰能量比 T 小得多. 然而众所周知,通常的量子力学微扰理论(给出 E_n 的表达式(32.4))能够适用的条件是要求微扰矩阵元比相应的能级之差小得多;粗略地说,微扰能量应该比那些彼此之间允许发生跃迁①的能级之差小得多.

这两个条件绝非彼此一致的——温度与物体的能级没有任何关系. 可能出现这种情况:微扰能量比 T 是小得多,但同时比几个起主要作用的能级之差却并非很小,甚至还大得多. 在这种情况下,热力学量的微扰理论(即公式(32.6))可以应用,然而作为能级本身的微扰理论(即公式(32.4))却不能应用了;换句话说,由公式(32.6)所表示的展开式的收敛范围可能比推导(32.6)所根据的展开式(32.4)的收敛范围还宽.

当然,相反的情形(在足够低的温度下)也是可能的.

如果不仅微扰能量比 T 小得多,而且连能级之差也比 T 小很多,则公式(32.6)就可以大大简化. 把(32.6)中的 $w_m - w_n$ 按 $\dfrac{E_n^{(0)} - E_m^{(0)}}{T}$ 的幂次展开,在这种情形下我们求得

$$F = F_0 + \bar{V}_{nn} - \frac{1}{2T}\left[\sum_m{}' \langle |V_{nm}|^2 \rangle + \langle (V_{nn} - \bar{V}_{nn})^2 \rangle\right].$$

但是根据矩阵乘法规则,有

$$\sum_m{}' |V_{nm}|^2 + V_{nn}^2 = \sum_m |V_{nm}|^2 = \sum_m V_{nm} V_{mn} = (V^2)_{nn},$$

因而我们得到在形式上与公式(32.3)完全一致的表达式. 于是,在这种情形下,量子力学的公式在形式上转变为经典的公式②.

§33 按 $\hbar$ 的幂次展开式

公式(31.5)实质上是自由能的量子力学表达式(31.3)在准经典情形下按 $\hbar$ 幂次展开的级数的第一项,也是主要的一项. 计算展开式中下一个不等于零的项也很有意义(E. Wigner, G. E. Uhlenbeck, L. Gropper, 1932).

计算自由能的问题归结为计算配分函数. 为此目的,我们利用配分函数就是算符 $e^{-\beta \hat{H}}$ 的迹这一事实(参看(31.4));为了简化繁复的表达式的书写,我们引入符号 $\beta = 1/T$. 计算算符的迹可以借助于任何一个正交归一化波函数完备集

---

① 一般来讲,这是一些使得物体中只有少数粒子的状态发生变化的跃迁.
② 更强的方法是所谓图技术,它能考虑热力学量的整个微扰论级数,将在本教程的第九卷叙述.

§33 按 $\hbar$ 的幂次展开式

来进行. 为方便起见,我们可以选择 N 个彼此不相互作用的粒子所构成的系统在某个很大的(但是是有限的)体积 V 中的自由运动的波函数来作为这样的波函数集.

这种波函数具有形式

$$\psi_p = \frac{1}{\sqrt{V^N}} \exp\left(\frac{i}{\hbar} \sum_i p_i q_i\right), \tag{33.1}$$

式中 q_i 是粒子的笛卡儿坐标,而 p_i 是相应的动量;我们将其编号,取 $i = 1, 2, \cdots, s$ 的值,其中 $s = 3N$ 是 N 个粒子所构成的系统的自由度数.

下面的计算对于由全同或者不同的粒子(原子)所构成的系统都是同样适用的. 为了以普遍的形式考虑到这些粒子有可能是不同的,我们把粒子的质量也写上表征自由度的编号的角标 m_i(对应于同一个粒子的三个 m_i 值当然总是相同的).

在物体内存在全同粒子,则在量子理论中必须考虑所谓的交换效应. 首先,这就意味着:波函数(33.1)相对于粒子的坐标来说应该是对称的或者是反对称的——需视粒子服从哪一种统计而定. 然而,实际上这个效应只是使得在自由能中出现指数型的小项,因而没有必要考虑. 此外,粒子的量子力学的全同性会影响到应该怎样对粒子的不同动量值进行求和的方法——在下面,例如在计算量子理想气体的配分函数时,我们就会遇到这个问题. 这个效应导致在自由能出现一个 $\hbar$ 三次方的项(见下面),所以也不影响我们在这里要计算的 $\hbar^2$ 项. 这样,在计算时我们可以完全不考虑任何交换效应.

在(33.1)的每一个波函数中,动量 p_i 有确定的常数值. 每个 p_i 的全部可能值形成一个稠密的不连续的序列(两个相邻值之间的距离与系统所占据体积的线度成反比). 因此矩阵元 $(e^{-\beta\hat{H}})_{pp}$ 对全部可能的动量值的求和可以用对 $dp = dp_1 dp_2 \cdots dp_s$ 的积分来代替,同时要考虑到"占据"在相空间体积 $V^N dp$(每个粒子在体积 V 的全部坐标值和在 dp 中的动量值)内的量子态数等于 $\frac{V^N dp}{(2\pi\hbar)^s}$.

引入符号

$$I = \exp\left(-\frac{i}{\hbar} \sum p_i q_i\right) \exp(-\beta\hat{H}) \exp\left(\frac{i}{\hbar} \sum p_i q_i\right). \tag{33.2}$$

把它对所有的坐标进行积分就得到我们所感兴趣的矩阵元:

$$(e^{-\beta\hat{H}})_{pp} = \frac{1}{V^N} \int I dq. \tag{33.3}$$

由此再对动量进行积分,就得到所求的配分函数.

因此,我们应该把 I 遍及整个相空间进行积分,更确切地说,应该遍及相空间内对应于物体的物理上不同状态的区域进行积分,其理由已在 §31 中说明;

如同在§31中一样,我们用积分号上加一撇来表明这种情况

$$Z \equiv \sum_n e^{-\beta E_n} = \int' I d\Gamma. \qquad (33.4)$$

我们首先来计算 I 这个量,方法如下. 求导数

$$\frac{\partial I}{\partial \beta} = -\exp\left(-\frac{i}{\hbar}\sum p_i q_i\right)\hat{H}\exp\left(\frac{i}{\hbar}\sum p_i q_i\right)I$$

(算符 $\hat{H}$ 作用在位于它右边的所有因子上). 展开上式的右边,并利用物体哈密顿算符的明确表达式

$$\hat{H} = \sum_i \frac{\hat{p}_i^2}{2m_i} + U = -\frac{\hbar^2}{2}\sum_i \frac{1}{m_i}\frac{\partial^2}{\partial q_i^2} + U, \qquad (33.5)$$

式中 $U = U(q_1, q_2, \cdots, q_s)$ 是物体中所有粒子的相互作用势能. 借助于(33.5),并经过简单的计算后,我们得到关于 I 的如下方程:

$$\frac{\partial I}{\partial \beta} = -E(p,q)I + \sum_i \frac{\hbar^2}{2m_i}\left(\frac{2i}{\hbar}p_i\frac{\partial I}{\partial q_i} + \frac{\partial^2 I}{\partial q_i^2}\right), \qquad (33.6)$$

式中

$$E(p,q) = \sum_i \frac{p_i^2}{2m_i} + U$$

是物体能量的通常的经典表达式.

当 $\beta = 0$ 时显然有 $I = 1$,上述方程应该在这个条件下求解. 将

$$I = e^{-\beta E(p,q)}\chi \qquad (33.7)$$

代入,方程化为以下形式:

$$\frac{d\chi}{d\beta} = \sum_i \frac{\hbar^2}{2m_i}\left[-\frac{2i\beta p_i}{\hbar}\frac{\partial U}{\partial q_i}\chi + \frac{2ip_i}{\hbar}\frac{\partial \chi}{\partial q_i} - \beta\chi\frac{\partial^2 U}{\partial q_i^2} + \beta^2\chi\left(\frac{\partial U}{\partial q_i}\right)^2 - 2\beta\frac{\partial \chi}{\partial q_i}\frac{\partial U}{\partial q_i} + \frac{\partial^2 \chi}{\partial q_i^2}\right], \qquad (33.8)$$

其边界条件为:当 $\beta = 0$ 时,$\chi = 1$.

为求得依 $\hbar$ 幂的级数展开,我们用逐次近似法来解方程(33.8):

$$\chi = 1 + \hbar\chi_1 + \hbar^2\chi_2 + \cdots, \qquad (33.9)$$

当 $\beta = 0$ 时式中的 $\chi_1, \chi_2, \cdots$ 都等于零. 把这个展开式代入方程(33.8),并且把 $\hbar$ 的不同幂次的项分离出来,得到方程

$$\frac{\partial \chi_1}{\partial \beta} = -i\beta\sum_i \frac{p_i}{m_i}\frac{\partial U}{\partial q_i},$$

$$\frac{\partial \chi_2}{\partial \beta} = \sum_i \frac{1}{2m_i}\left[-2i\beta p_i\frac{\partial U}{\partial q_i}\chi_1 + 2ip_i\frac{\partial \chi_1}{\partial q_i} - \beta\frac{\partial^2 U}{\partial q_i^2} + \beta^2\left(\frac{\partial U}{\partial q_i}\right)^2\right].$$

从第一个方程确定出 χ_1,然后从第二个方程确定出 χ_2. 经过简单的计算后,我们

得到

$$\chi_1 = -\frac{i\beta^2}{2}\sum_i \frac{p_i}{m_i}\frac{\partial U}{\partial q_i},$$

$$\chi_2 = -\frac{\beta^4}{8}\left(\sum_i \frac{p_i}{m_i}\frac{\partial U}{\partial q_i}\right)^2 + \frac{\beta^3}{6}\sum_i\sum_k \frac{p_i}{m_i}\frac{p_k}{m_k}\frac{\partial^2 U}{\partial q_i \partial q_k} +$$

$$+ \frac{\beta^3}{6}\sum_i \frac{1}{m_i}\left(\frac{\partial U}{\partial q_i}\right)^2 - \frac{\beta^2}{4}\sum_i \frac{1}{m_i}\frac{\partial^2 U}{\partial q_i^2}. \tag{33.10}$$

所求的配分函数(33.4)等于积分

$$Z = \int{}'(1 + \hbar\chi_1 + \hbar^2\chi_2)\,e^{-\beta E(p,q)}\,d\Gamma. \tag{33.11}$$

容易看出，在这个积分中 $\hbar$ 的一次项变成 0. 这是因为，这一项中的被积函数是动量的奇函数（$E(p,q)$ 是动量的二次函数，而 χ_1 按照(33.10)是动量的线性函数），所以在对动量积分后变为零. 因此，可把(33.11)改写为形式

$$Z = (1 + \hbar^2\bar{\chi}_2)\int{}' e^{-\beta E(p,q)}\,d\Gamma,$$

式中我们引入了依经典吉布斯分布的平均值 $\bar{\chi}_2$：

$$\bar{\chi}_2 = \frac{\int{}'\chi_2 e^{-\beta E(p,q)}\,d\Gamma}{\int{}' e^{-\beta E(p,q)}\,d\Gamma}.$$

把配分函数的这个表达式代入公式(31.3)，求得自由能为：

$$F = F_{cl} - \frac{1}{\beta}\ln(1 + \hbar^2\bar{\chi}_2),$$

或者在同样的精度下，

$$F = F_{cl} - \frac{\hbar^2}{\beta}\bar{\chi}_2, \tag{33.12}$$

式中，F_{cl} 是经典统计学中的自由能（公式(31.5)）.

由此可见，在自由能的展开式中紧接经典项之后的是 $\hbar$ 的二次项. 这并不偶然. 我们用逐次近似法解方程(33.8)，而量子常数仅以 $i\hbar$ 的形式出现在该方程内；因此所得到的展开式也是按 $i\hbar$ 幂次的展开式. 自由能是实数，所以在自由能中只能出现实数的 $i\hbar$ 幂次. 因此在这里推导出的自由能展开式（不考虑交换效应）是按 $\hbar$ 偶次幂的展开式.

我们剩下的问题是计算平均值 $\bar{\chi}_2$. 在§29中我们看到：在经典统计学中坐标的概率分布与动量的概率分布是相互独立的. 因此对动量的平均和对坐标的平均可以分别进行.

显然，两个不同的动量的乘积其平均值等于零，而平方 p_i^2 的平均值等于 $\frac{m_i}{\beta}$.

因此可以写成

$$\langle p_i p_k \rangle = \frac{m_i}{\beta} \delta_{ik},$$

式中当 $i = k$ 时，$\delta_{ik} = 1$；当 $i \neq k$ 时，$\delta_{ik} = 0$. 利用该式对动量进行平均时得到

$$\bar{\chi}_2 = \frac{\beta^3}{24} \sum_i \frac{1}{m_i} \left\langle \left(\frac{\partial U}{\partial q_i} \right)^2 \right\rangle - \frac{\beta^2}{12} \sum_i \frac{1}{m_i} \left\langle \frac{\partial^2 U}{\partial q_i^2} \right\rangle. \qquad (33.13)$$

在这里，两项可以合并为一项，因为其中包含的平均值由如下关系式相联系：

$$\left\langle \frac{\partial^2 U}{\partial q_i^2} \right\rangle = \beta \left\langle \left(\frac{\partial U}{\partial q_i} \right)^2 \right\rangle. \qquad (33.14)$$

很容易证明这个等式的正确性，只要注意到

$$\int \frac{\partial^2 U}{\partial q_i^2} e^{-\beta U} dq_i = \frac{\partial U}{\partial q_i} e^{-\beta U} + \beta \int \left(\frac{\partial U}{\partial q_i} \right)^2 e^{-\beta U} dq_i.$$

右边的第一项给出代表表面效应的表达式，第二项给出体积效应；由于物体的宏观性，第一项与第二项比较起来完全可以忽略不计.

把这样得到的 $\bar{\chi}_2$ 的表达式代入公式(33.12)并以 $1/T$ 代替 β，最后求得自由能的表达式为

$$F = F_{cl} + \frac{\hbar^2}{24T^2} \sum_i \frac{1}{m_i} \left\langle \left(\frac{\partial U}{\partial q_i} \right)^2 \right\rangle. \qquad (33.15)$$

我们看到，对经典值的修正项总是一个正的量，它由作用到粒子上的力的方均值来决定. 这个修正项随着粒子质量的增加以及温度的升高而减小.

根据以上所述，在这里所推导出来的展开式的下一项应该是四次项. 这个情况使我们可以完全独立地计算 $\hbar^3$ 项；该项在自由能中的出现，起因于量子力学粒子全同性导致的动量求和的某些特点. 这一项在形式上与对理想气体进行类似计算时出现的修正项相同，因而（对于由 N 个全同粒子构成的物体）由公式(56.14)：

$$F^{(3)} = \pm \frac{\pi^{3/2}}{2g} \frac{N^2 \hbar^3}{V T^{1/2} m^{3/2}} \qquad (33.16)$$

所确定. 正号属于费米统计的情形，负号属于玻色统计的情形；g 是关于电子和核二者角动量取向的总简并度.

所得到的这些公式也可以用于求出物体内的原子坐标与动量概率分布函数中的修正项. 根据在 §5 中得到的普遍结果，把 I 对 dq 积分后就得到动量的概率分布（参看(5.10)）

$$dw_p = 常数 \cdot dp \int I dq.$$

在 I 中的 $\chi_1 e^{-\beta E(p,q)}$ 一项含有对坐标的全微商，对坐标积分后它给出的量代表表

面效应,可以忽略不计. 因此有:

$$dw_p = 常数 \cdot \exp\left(-\beta \sum_i \frac{p_i^2}{2m_i}\right) dp \int (1 + \hbar^2 \chi_2) e^{-\beta U} dq.$$

在 χ_2 的表达式(33.10)中的第三项和第四项在对坐标积分后给出一个微小的常数项(不包含动量),它在这一近似下可以忽略不计. 把因子 $\int e^{-\beta U} dq$ 也归并到常系数中去,得到:

$$dw_p = 常数 \cdot \exp\left(-\beta \sum_i \frac{p_i^2}{2m_i}\right) \left[1 - \hbar^2 \frac{\beta^4}{8} \sum_{i,k} \frac{p_i p_k}{m_i m_k} \left\langle \frac{\partial U}{\partial q_i} \frac{\partial U}{\partial q_k} \right\rangle + \right.$$
$$\left. + \hbar^2 \frac{\beta^3}{6} \sum_{i,k} \frac{p_i p_k}{m_i m_k} \left\langle \frac{\partial^2 U}{\partial q_i \partial q_k} \right\rangle \right] dp.$$

式中所包含的平均值由如下关系式(类似于(33.14))相联系:

$$\left\langle \frac{\partial^2 U}{\partial q_i \partial q_k} \right\rangle = \beta \left\langle \frac{\partial U}{\partial q_i} \frac{\partial U}{\partial q_k} \right\rangle.$$

因此有:

$$dw_p = 常数 \cdot \exp\left(-\beta \sum_i \frac{p_i^2}{2m_i}\right) \left[1 + \frac{\hbar^2 \beta^4}{24} \sum_{i,k} \frac{p_i p_k}{m_i m_k} \left\langle \frac{\partial U}{\partial q_i} \frac{\partial U}{\partial q_k} \right\rangle \right] dp.$$

$$(33.17)$$

用同样精度的指数式代替(33.17)中方括号项,该表达式可以很方便地改写成如下形式:

$$dw_p = 常数 \cdot \exp\left\{-\frac{1}{T}\left[\sum_i \frac{p_i^2}{2m_i} - \frac{\hbar^2}{24T^3} \sum_{i,k} \frac{p_i p_k}{m_i m_k} \left\langle \frac{\partial U}{\partial q_i} \frac{\partial U}{\partial q_k} \right\rangle \right]\right\} dp.$$

$$(33.18)$$

因此,我们看到,对经典的动量分布函数的修正归结为把动量的一个二次式附加到指数中的动能上,这个二次式的系数与物体中粒子的相互作用定律有关.

如果我们想求对于任意一个动量 p_i 的概率分布,就必须把(33.17)对所有其余的动量进行积分. 这时,所有带平方 p_k^2 ($k \neq i$) 的项给出一些常数,它们比 1 小得多而可以忽略不计,而所有带不同动量乘积的项积分后变为零. 重新变为指数形式后,最后求得

$$dw_{p_i} = 常数 \cdot \exp\left\{-\frac{p_i^2}{2m_i T}\left[1 - \frac{\hbar^2}{12m_i T^3}\left\langle \left(\frac{\partial U}{\partial q_i}\right)^2 \right\rangle \right]\right\} dp_i. \quad (33.19)$$

我们看到,得到的分布与麦克斯韦分布的差别只在于用某个较高的"有效温度"去代替真正的温度 T:

$$T_{\text{eff}} = T + \frac{\hbar^2}{12 m_i T^2} \left\langle \left(\frac{\partial U}{\partial q_i}\right)^2 \right\rangle.$$

用类似的方法可以计算出修正的坐标分布函数. 在把 I 对动量积分后就得到坐标的分布函数：

$$\mathrm{d}w_q = 常数 \cdot \mathrm{d}q \int I \mathrm{d}p.$$

利用类似于获得表达式(33.13)的计算,得到如下结果：

$$\mathrm{d}w_q = 常数 \cdot \exp\left\{-\frac{1}{T}\left[U - \frac{\hbar^2}{24T^2}\sum_i \frac{1}{m_i}\left(\frac{\partial U}{\partial q_i}\right)^2 + \right.\right.$$

$$\left.\left. + \frac{\hbar^2}{12T}\sum_i \frac{1}{m_i}\frac{\partial^2 U}{\partial q_i^2}\right]\right\}\mathrm{d}q. \tag{33.20}$$

§34 转动物体的吉布斯分布

关于转动物体的热力学关系式的问题已经在§26中研究过了. 现在我们来看,应该如何表述转动物体的吉布斯分布；这样就完全解决了关于转动物体的统计性质的问题. 至于匀速平动,正如在§26中已经指出的,因为伽利略相对性原理,它对统计性质只起着无关紧要的影响,所以不必特殊考虑.

在随物体一起转动的坐标系中,通常的吉布斯分布是正确的；在经典统计学中,

$$\rho = (2\pi\hbar)^{-s}\exp\frac{F' - E'(p,q)}{T}, \tag{34.1}$$

式中 $E'(p,q)$ 是物体在该坐标系中的能量,它是物体粒子的坐标和动量的函数,而 F' 是物体在该坐标系中的自由能（但是它决不同于静止物体的自由能）. 能量 $E'(p,q)$ 与静止坐标系中的能量 $E(p,q)$ 之间的关系式为

$$E'(p,q) = E(p,q) - \boldsymbol{\Omega} \cdot \boldsymbol{M}(p,q) \tag{34.2}$$

式中 $\boldsymbol{\Omega}$ 是转动角速度,而 $\boldsymbol{M}(p,q)$ 是物体的角动量（参看§26）. 把(34.2)代入(34.1),我们求出转动物体的吉布斯分布形式为①

$$\rho = (2\pi\hbar)^{-s}\exp\left[\frac{F' - E(p,q) + \boldsymbol{\Omega} \cdot \boldsymbol{M}(p,q)}{T}\right] \tag{34.3}$$

在经典统计学中,转动物体的吉布斯分布也可以表示成另外一种形式. 为此,我们利用物体能量在转动坐标系中的如下表达式：

$$E' = \sum \frac{mv'^2}{2} - \frac{1}{2}\sum m(\boldsymbol{\Omega} \times \boldsymbol{r})^2 + U, \tag{34.4}$$

式中 v' 是粒子相对于转动坐标系的速度,而 r 是粒子的径矢（参看第一卷§39）. 不依赖于 $\boldsymbol{\Omega}$ 的那部分能量我们用

---

① 分布(34.3),像通常的吉布斯分布一样,是同§4中由刘维尔定理(公式(4.2))出发所得到的结果完全符合的：分布函数的对数是物体的能量和角动量的线性函数.

$$E_0(\boldsymbol{v}',\boldsymbol{r}) = \sum \frac{mv'^2}{2} + U \tag{34.5}$$

来表示,于是就得到吉布斯分布的形式为

$$\rho = (2\pi\hbar)^{-s}\exp\left\{\frac{1}{T}\left[F' - E_0(\boldsymbol{v}',\boldsymbol{r}) + \frac{1}{2}\sum m(\boldsymbol{\Omega}\times\boldsymbol{r})^2\right]\right\}.$$

函数 ρ 决定处于相空间体积元 $dx_1 dy_1 dz_1 \cdots dp'_{1x} dp'_{1y} dp'_{1z} \cdots$ 中的概率,其中 $\boldsymbol{p}' = m\boldsymbol{v}' + m(\boldsymbol{\Omega}\times\boldsymbol{r})$ 是物体粒子的动量(参看第一卷§39).因为在求动量的微分时坐标应该看成常数,所以 $d\boldsymbol{p}' = m d\boldsymbol{v}'$,并且我们可以用粒子的坐标和速度表示概率分布:

$$dw = C\exp\left\{\frac{F'}{T} - \frac{1}{T}\left[E_0(\boldsymbol{v}',\boldsymbol{r}) - \sum\frac{m}{2}(\boldsymbol{\Omega}\times\boldsymbol{r})^2\right]\right\}\times$$
$$\times dx_1 dy_1 dz_1 \cdots dv'_{1x} dv'_{1y} dv'_{1z}\cdots, \tag{34.6}$$

为简单起见,在这里我们用字母 C 表示因子 $(2\pi\hbar)^{-s}$ 与所有粒子质量的乘积,这些质量的乘积是在把动量微分变换为速度微分时而出现的.

对于静止的物体我们有

$$dw = C\exp\left\{\frac{F - E_0(\boldsymbol{v},\boldsymbol{r})}{T}\right\}dx_1 dy_1 dz_1 \cdots dv_{1x} dv_{1y} dv_{1z}\cdots, \tag{34.7}$$

式中 $E_0(\boldsymbol{v},\boldsymbol{r})$ 的表达式与(34.5)相同,不过现在是静止坐标系中的速度的函数.因此,我们看到,转动物体按坐标和速度的吉布斯分布与静止物体的吉布斯分布之间的区别仅在于附加了一项势能,它等于

$$-\frac{1}{2}\sum m(\boldsymbol{\Omega}\times\boldsymbol{r})^2.$$

换句话说,对物体的统计性质而言,转动相当于出现一个对应于离心力的外场.科里奥利力并不影响这些性质.

然而,必须着重指出:上述结论只适用于经典统计学.在量子的情形下,对于转动物体用类似于(34.3)式的统计算符表达式

$$\hat{w} = \exp\frac{F' - \hat{H} + \boldsymbol{\Omega}\cdot\hat{\boldsymbol{M}}}{T} \tag{34.8}$$

才是正确的.形式上可以把这个算符化为与(34.6)相应的形式,这时速度 $\boldsymbol{v}'$ 用算符 $\hat{\boldsymbol{v}} = \frac{\hat{\boldsymbol{p}}'}{m} - (\boldsymbol{\Omega}\times\boldsymbol{r})$ 来代替.但是这个矢量算符各分量彼此不对易,不像静止坐标系中的速度算符 $\hat{\boldsymbol{v}}$ 那样.因此,与(34.6)式和(34.7)式相应的两个统计算符,除了其中有一个存在着离心能量以外,一般来讲,彼此之间还存在着重大的差别.

§35 粒子数可变的吉布斯分布

直到目前为止我们始终默认:物体中的粒子数是给定的常数.同时我们有

意不提各个子系统之间实际上可以发生粒子交换这一事实.换而言之,子系统中的粒子数 N 不可避免地会在它的平均值附近涨落.为了准确地表述这里的粒子数是什么意思,我们把系统中被包围在一个确定体积内的部分称为子系统,那么我们把 N 理解为处于该体积内的粒子数[1].

这样就产生了把吉布斯分布推广到粒子数可变的物体上的问题.在这里,我们只写出由全同粒子所组成的物体的公式;如何进一步推广到含有不同粒子的系统上去是很显然的(§85).

现在分布函数不仅与量子态的能量有关,而且还与物体中的粒子数 N 有关,并且能级 E_{nN} 本身在不同的 N 下当然也是不同的(该情况用角标 N 表明).物体包含 N 个粒子并且同时处于第 n 个状态的概率用 w_{nN} 表示.

确定这个函数形式的方法与 §28 中获得函数 w_n 的方法完全一样.区别只在于:介质的熵现在不仅是它的能量 E' 的函数,而且也是其粒子数 N' 的函数,$S' = S'(E', N')$.把 E' 和 N' 写成 $E' = E^{(0)} - E_{nN}$ 和 $N' = N^{(0)} - N$(N 是物体中的粒子数,$N^{(0)}$ 是整个闭合系统中给定的粒子总数,它比 N 大得多),根据(28.2),我们有

$$w_{nN} = 常数 \cdot \exp\{S'(E^{(0)} - E_{nN}, N^{(0)} - N)\}$$

(正如在 §28 中一样,把 $\Delta E'$ 当成常数).

其次,把 S' 按 E_{nN} 和 N 的幂次展开,而且仍然只保留到线性项.把等式(24.5)写成形式

$$dS = \frac{dE}{T} + \frac{P}{T}dV - \frac{\mu}{T}dN,$$

由这个式子得出

$$\left(\frac{\partial S}{\partial E}\right)_{V,N} = \frac{1}{T}, \qquad \left(\frac{\partial S}{\partial N}\right)_{E,V} = -\frac{\mu}{T}.$$

因此,

$$S'(E^{(0)} - E_{nN}, N^{(0)} - N) \approx S'(E^{(0)}, N^{(0)}) - \frac{E_{nN}}{T} + \frac{\mu N}{T},$$

并且根据平衡条件,物体和介质的化学势 μ(正如温度一样)是相同的.

这样,我们就得到分布函数的如下表达式:

$$w_{nN} = A\exp\frac{\mu N - E_{nN}}{T}. \tag{35.1}$$

归一化常数 A 就像在 §31 中那样可以用热力学量表示出来.计算出物体的

---

[1] 在 §28 中推导吉布斯分布时,我们所考虑的实质上正是在这种意义下的子系统:从公式(28.2)变换到(28.3),我们对熵进行微分时,就认为物体的体积是恒定的(因而介质体积也是恒定的).

熵,

$$S = -\langle \ln w_{nN} \rangle = -\ln A - \frac{\mu \bar{N}}{T} + \frac{\bar{E}}{T},$$

由此得出

$$T\ln A = \bar{E} - TS - \mu \bar{N}.$$

但是 $\bar{E} - TS = F$, 而差 $F - \mu \bar{N}$ 是热力学势 Ω. 因此, $T\ln A = \Omega$, 而且可以把 (35.1) 改写成

$$w_{nN} = \exp\frac{\Omega + \mu N - E_{nN}}{T}. \tag{35.2}$$

这就是粒子数可变情形的吉布斯分布的最后形式①.

分布 (35.2) 的归一化条件, 要求把 w_{nN} 首先对所有的量子态 (在给定的 N 下) 然后对所有的 N 值求和的结果应当等于 1:

$$\sum_N \sum_n w_{nN} = e^{\Omega/T} \sum_N \left(e^{\mu N/T} \sum_n e^{-E_{nN}/T} \right) = 1.$$

由此得到热力学势 Ω 的如下表达式:

$$\Omega = -T\ln \sum_N \left[e^{\mu N/T} \sum_n e^{-E_{nN}/T} \right]. \tag{35.3}$$

除了公式 (31.3) 以外, 这个公式也可以用来计算具体物体的热力学量. 公式 (31.3) 给出物体的自由能作为 T, N 和 V 的函数, 而公式 (35.3) 给出物体的热力学势 Ω 作为 T, μ 和 V 的函数.

在经典统计学中, 我们写概率分布形如

$$dw_N = \rho_N dp^{(N)} dq^{(N)},$$

式中

$$\rho_N = (2\pi\hbar)^{-s} \exp\frac{\Omega + \mu N - E_N(p,q)}{T} \tag{35.4}$$

我们把变量 N 写成分布函数的角标; 我们给相空间的体积元也写上同样的角标, 以此强调: 与每一个 N 值对应的有它自己的相空间 (其维数为 $2s$). 相应地, Ω 的公式写成

$$\Omega = -T\ln\left\{ \sum_N e^{\mu N/T} \int' e^{-E_N(p,q)/T} d\Gamma_N \right\}. \tag{35.5}$$

最后, 我们讨论一下在这里推导出的粒子数可变情形的吉布斯分布 (35.2) 与此前的分布 (31.1) 之间的关系. 首先很明显, 在确定物体所有的统计性质 (除了物体中粒子总数的涨落以外) 时, 这两种分布完全等效. 忽略粒子数 N 的涨

---

① 这个分布有时称为**巨正则分布**.

落,我们就得到 $\Omega + \mu N = F$,分布(35.2)与(31.1)也就完全一致了.分布(31.1)和(35.2)之间的关系在一定意义下类似于微正则分布和正则分布之间的关系.用微正则分布描述子系统相当于忽略它的总能量的涨落;而正则分布在它的通常形式(31.1)下则考虑了这种涨落.但是,后者没有考虑到粒子数的涨落,可以说,它是"相对于粒子数的微正则分布".而分布(35.2)无论对能量或是对粒子数都是"正则的".

因此,所有这三种分布——微正则分布和两种形式的吉布斯分布,对于确定物体的热力学性质来说原则上都适用.从这种观点来看,区别只在于数学上的方便程度.实际上,微正则分布是最不方便的,而且从来不用于这个目的.最方便的通常是粒子数可变的吉布斯分布.

§36 从吉布斯分布出发的热力学关系式推导

吉布斯分布在整个统计学中起着最主要的作用,所以在这里我们再给一种说法看其合理性.这个分布实质上早在§4和§6中就已经直接从刘维尔定理推导出来了.我们看到,应用刘维尔定理(与子系统分布函数可乘性假设一起)就能够得出,子系统分布函数的对数应该是其能量的线性函数:

$$\ln w_n = \alpha + \beta E_n, \tag{36.1}$$

系数 β 对于给定闭合系统的所有子系统来讲都是相同的(参看(6.4)式,或经典情形的类似关系式(4.5)).由此可得

$$w_n = e^{\alpha + \beta E_n};$$

如果形式上引入符号 $\beta = -\dfrac{1}{T}, \alpha = \dfrac{F}{T}$,那么这个表达式在形式上就与吉布斯分布(31.1)一致.剩下来还需要证明:从吉布斯分布本身,即用纯粹统计学的方式,可以推导出基本的热力学关系式.

我们已经看到,β 这个量,因而也就是 T 这个量,对处于平衡状态的系统的所有部分应该是相同的.其次,显然应该有 $\beta < 0$,即 $T > 0$,否则归一化的和式 $\sum w_n$ 就必然会发散(由于包含粒子的动能,能量 E_n 可以取任意大的数值).所有这些性质都与热力学温度的基本性质一致.

为了导出定量的关系式,我们从归一化条件

$$\sum_n \exp\frac{F - E_n}{T} = 1$$

出发.对这个等式取微分,把它的左边看成 T 和某些参量 $\lambda_1, \lambda_2, \cdots$ 的函数,这些参量表征我们所考虑的物体所处的外部条件;例如,这些参量可以确定物体所占体积的形状和大小.能级 E_n 依赖于 $\lambda_1, \lambda_2, \cdots$,以它们为参量.

进行微分后,我们写出

§36 从吉布斯分布出发的热力学关系式推导

$$\sum_n \frac{w_n}{T}\Big[\mathrm{d}F - \frac{\partial E_n}{\partial \lambda}\mathrm{d}\lambda - \frac{F - E_n}{T}\mathrm{d}T\Big] = 0$$

(为简短起见,我们在这里只考虑一个外参量 λ). 由此可得

$$\mathrm{d}F \sum_n w_n = \mathrm{d}\lambda \sum_n w_n \frac{\partial E_n}{\partial \lambda} + \frac{\mathrm{d}T}{T}\Big(F - \sum_n w_n E_n\Big).$$

在等式的左边,$\sum w_n = 1$,而在右边

$$\sum_n w_n E_n = \bar{E}, \qquad \sum_n w_n \frac{\partial E_n}{\partial \lambda} = \overline{\frac{\partial E_n}{\partial \lambda}}.$$

再考虑到 $F - \bar{E} = -TS$ 以及①

$$\overline{\frac{\partial E_n}{\partial \lambda}} = \overline{\frac{\partial \hat{H}}{\partial \lambda}}, \tag{36.2}$$

最后得到

$$\mathrm{d}F = -S\mathrm{d}T + \overline{\frac{\partial \hat{H}}{\partial \lambda}}\mathrm{d}\lambda.$$

这就是自由能微分的一般形式.

用同样的方法也可以得到粒子数可变情形的吉布斯分布. 如果把粒子数看成动力学变量,则显然它(对于闭合系统而言)也是一个"运动积分",并且同样也是可加性的. 所以应当写成

$$\ln w_{nN} = \alpha + \beta E_n + \gamma N, \tag{36.3}$$

式中 γ 也像 β 一样,对于平衡系统的所有各部分都应该是相同的. 设

$$\alpha = \frac{\Omega}{T}, \qquad \beta = -\frac{1}{T}, \qquad \gamma = \frac{\mu}{T}$$

就得到形为(35.2)的分布,然后用与上面相同的方法,就可以得到热力学势 Ω 微分的表达式.

---

① 如果哈密顿算符 $\hat{H}$(因而还有它的本征值 E_n)与某个参量 λ 有关,则

$$\frac{\partial E_n}{\partial \lambda} = \Big(\frac{\partial \hat{H}}{\partial \lambda}\Big)_{nn}$$

(参看第三卷,(11.16)),对它进行统计平均后就得到公式(36.2).

第四章

理想气体

§37 玻尔兹曼分布

统计物理学最重要的研究对象之一,是所谓的**理想气体**. 理想气体是指这样一种气体,它的粒子(分子)间的相互作用是如此微弱,以至于可以忽略不计. 物理上允许这种忽略的前提是:或者粒子之间的相互作用在任何距离下都很小,或者气体足够稀薄. 后一种情况更为重要,在这种情形下,气体稀薄导致它们的分子几乎始终彼此相距很远,在这种距离下相互作用力已经足够小了.

由于分子间不存在相互作用,就可以把确定整个气体的能级 E_n 的量子力学问题归结为确定单个分子的能级问题. 我们用 e_k 表示这些能级,其中角标 k 是确定分子状态的量子数的集合. 于是能量 E_n 可以表示为每个分子的能量之和的形式.

但是,必须注意,即使不存在直接的力学相互作用,在量子力学中也有独特的处于相同量子状态的粒子间的相互影响(称为交换效应). 比如,若粒子服从费米统计,那么这种效应表现为在每一个量子态中不可能同时出现一个以上的粒子[①];对于服从玻色统计的粒子发生类似的效应,但以另一种方式表现出来.

我们用 n_k 来代表气体中处于第 k 个量子态的粒子数, n_k 这些数有时称为各个量子态的**占有数**. 我们来考虑怎样计算这些数的平均值 $\bar{n}_k$ 的问题,并且先来详细地研究对所有 k 有

---

① 应当强调一下:当我们讲到单个粒子的量子态时,所指的总是由全部量子数的集合才能完全确定的状态(其中包括粒子角动量的取向,如果它具有这种量子数的话). 不应当把量子态和量子能级混为一谈——对应于同一个能级可以有一系列不同的量子态(如果能级是简并的).

$$\bar n_k \ll 1 \tag{37.1}$$

的一种非常重要的情形. 这种情形在物理上相当于足够稀薄的气体. 以后我们将建立一个保证满足这个条件的判据, 但是现在已经可以指出: 事实上通常所有的分子气体或原子气体都是满足这个条件的. 只有当密度大到使物质无论如何也不能考虑为理想气体时, 这个条件才被破坏.

平均占有数 $\bar n_k \ll 1$ 的条件意味着: 事实上, 在每一时刻处于每一个量子态中的粒子不会多于一个. 由于这个缘故, 不仅粒子间的直接的动力学相互作用可以忽略不计, 而且连上述它们之间的量子力学间接相互影响也可以忽略不计. 这种情况也就使得吉布斯分布公式可应用于各个分子.

事实上, 我们是对任何大的闭合系统中较小的但同时又是宏观的部分来推导吉布斯分布的. 由于物体是宏观的, 可以认为它们是准闭合的, 亦即在某种意义下可以把它们同系统中其它各部分的相互作用忽略不计. 在这里所考虑的情形下, 气体的各个分子是准闭合的, 虽然它们绝不是宏观物体.

把吉布斯分布公式应用于气体的分子, 我们可以断言: 分子处于第 k 个状态的概率正比于 $\mathrm{e}^{-\varepsilon_k/T}$, 从而在这个状态的分子的平均数 $\bar n_k$ 也正比于 $\mathrm{e}^{-\varepsilon_k/T}$, 即

$$\bar n_k = a\mathrm{e}^{-\varepsilon_k/T}, \tag{37.2}$$

式中 a 是常数, 由归一化条件

$$\sum_k \bar n_k = N \tag{37.3}$$

来决定 (N 是气体中的粒子总数). 由公式 (37.2) 所确定的理想气体分子按不同状态的分布称为**玻尔兹曼分布**; 它是玻尔兹曼在 1871 年对于经典统计学的情形所发现的.

在 (37.2) 中的常系数可以通过气体的热力学量来表示. 为此, 我们再给出这个公式的一种推导方法, 其基础在于把吉布斯分布应用于气体中处于一个给定量子态中的所有粒子的集合. 我们之所以能这么做 (即使粒子数 $\bar n_k$ 并不小), 是因为这些粒子与其余粒子之间 (与理想气体中的所有粒子之间一样) 没有直接的动力学相互作用, 而量子力学的交换效应只对处在同一状态上的粒子才会发生. 在粒子数可变的吉布斯分布的普遍公式 (35.2) 中, 令 $E = n_k \varepsilon_k$, $N = n_k$, 并把 Ω 这个量写上角标 k, 我们就得到 n_k 取各种不同值的概率分布的形式

$$w_{n_k} = \exp\frac{\Omega_k + n_k(\mu - \varepsilon_k)}{T}. \tag{37.4}$$

特别是, $w_0 = \mathrm{e}^{\Omega_k/T}$ 为第 k 个状态中完全没有粒子的概率. 在这里所感兴趣的情况下, $\bar n_k \ll 1$, 这时概率 w_0 接近于 1, 所以在第 k 个状态中有一个粒子的概率表达式 $w_1 = \exp\dfrac{\Omega_k + \mu - \varepsilon_k}{T}$ 中, 可以略去高阶无穷小量, 而令 $\mathrm{e}^{\Omega_k/T} = 1$. 于是

$$w_1 = \exp\frac{\mu - \varepsilon_k}{T}.$$

至于说到 $n_k > 1$ 的值的概率,则在同样的近似下可以认为它们等于零. 因此

$$\bar{n}_k = \sum_{n_k} w_{n_k} n_k = w_1 \cdot 1,$$

我们就得到玻尔兹曼分布的形式为

$$\bar{n}_k = \exp\frac{\mu - \varepsilon_k}{T}. \tag{37.5}$$

由此可见,公式(37.2)中的系数可以用气体的化学势表示.

§38 经典统计中的玻尔兹曼分布

假如气体分子(以及分子内的原子)的运动遵循经典力学,那么我们就可以用分子在相空间中的分布,亦即按动量和坐标的分布,来代替按量子态的分布. 设在分子的一个相空间体积元

$$dpdq = dp_1 \cdots dp_r dq_1 \cdots dq_r$$

(r 是分子的自由度的数目)中所"含有"的平均分子数为 dN,我们把它写成

$$dN = n(p,q)d\tau, \quad d\tau = \frac{dpdq}{(2\pi\hbar)^r}, \tag{38.1}$$

并且把 $n(p,q)$ 称为相空间中的密度(虽然 $d\tau$ 与相空间的体积元相差一个 $(2\pi\hbar)^{-r}$ 因子). 现在代替(37.5)我们得到

$$n(p,q) = \exp\frac{\mu - \varepsilon(p,q)}{T}, \tag{38.2}$$

式中 $\varepsilon(p,q)$ 是一个分子的能量,它是分子内原子的坐标和动量的函数.

但是,通常并非分子的全部运动都是准经典的,只有对应于它的一部分自由度的运动才是准经典的. 例如,当气体不处于外力场中时,分子的平动总是准经典的,同时平动的动能在分子的能量 ε_k 中是一个独立分量,而能量的其余部分完全不包含分子质心的坐标 x,y,z 和动量 p_x,p_y,p_z. 这种情况使我们可以从玻尔兹曼分布的普遍公式中分离出一个因子,该因子决定气体分子按上述诸变量的分布. 显然,分子在气体所占据的体积内的分布就是均匀分布,而对于单位体积内具有在给定间隔 dp_x, dp_y, dp_z 中的(平动)动量的分子数而言,我们得到麦克斯韦分布公式

$$dN_p = \frac{N}{V(2\pi mT)^{3/2}}\exp\left[-\frac{p_x^2 + p_y^2 + p_z^2}{2mT}\right]dp_x dp_y dp_z, \tag{38.3}$$

$$dN_v = \frac{N}{V}\left(\frac{m}{2\pi T}\right)^{3/2}\exp\left[-\frac{m(v_x^2 + v_y^2 + v_z^2)}{2T}\right]dv_x dv_y dv_z, \tag{38.4}$$

(m 是分子的质量),该公式已归一化为在单位体积内有 $\frac{N}{V}$ 个粒子.

§38 经典统计中的玻尔兹曼分布

我们进一步考虑处于外场中的气体,并且认为分子在外场中的势能只是其质心坐标的函数:$u = u(x, y, z)$(例如,引力场就是如此). 如果在这个外场中平动是准经典的(实际上总是如此的),那么 $u(x, y, z)$ 在分子的能量中就是一个独立的分量. 按分子速度的麦克斯韦分布显然保持不变,而按质心坐标的分布由公式

$$dN_r = n_0 e^{-u(x,y,z)/T} dV \qquad (38.5)$$

来决定. 这个公式给出空间体积元 $dV = dxdydz$ 中的分子数; 而

$$n(r) = n_0 e^{-u(x,y,z)/T} \qquad (38.6)$$

这个量就是粒子数密度. 常数 n_0 是在 $u = 0$ 的那些点的密度. 公式(38.6)称为**玻尔兹曼公式**.

特别是,在沿着 z 轴方向的均匀重力场中,$u = mgz$,气体的密度分布由所谓的**大气压公式**

$$n(z) = n_0 e^{-mgz/T}, \qquad (38.7)$$

给出,式中 n_0 是在 $z = 0$ 的水平面上的密度.

在距离地球很远的地方,引力场应该用精确的牛顿公式来描述,并且势能 u 在无穷远处变为零. 按照公式(38.6),这时气体的密度在无穷远处应该具有不等于零的有限值. 但是有限数量的气体不可能以到处都不等于零的密度分布在无限大的体积内. 这意味着:在引力场中,气体(大气)不可能处于平衡状态而必然会连续不断地弥散到空间中.

习 题

1. 设有一半径为 R,长度为 l 的圆柱体,以角速度 Ω 绕它自己的轴转动(圆柱体内共有 N 个分子),试求圆柱体内的气体密度.

解:在§34 中已经指出,物体的整体转动相当于具有势能 $-\frac{1}{2}m\Omega^2 r^2$ 的外力场(r 是到转动轴的距离). 所以气体的密度为

$$n(r) = Ae^{m\Omega^2 r^2/2T}.$$

归一化后给出

$$n(r) = \frac{Nm\Omega^2 e^{m\Omega^2 r^2/2T}}{2\pi Tl(e^{m\Omega^2 R^2/2T} - 1)}.$$

2. 求相对论性理想气体的粒子按动量的分布.

解:相对论性粒子的能量用它的动量来表示时为 $\varepsilon = c\sqrt{m^2c^2 + p^2}$($c$ 是光速). 归一化以后按动量的分布为

$$dN_p = \frac{N}{V} \frac{\exp\left(-\dfrac{c\sqrt{m^2c^2+p^2}}{T}\right)}{2\left(\dfrac{T}{mc^2}\right)^2 K_1\left(\dfrac{mc^2}{T}\right) + \dfrac{T}{mc^2}K_0\left(\dfrac{mc^2}{T}\right)} \frac{dp_x dp_y dp_z}{4\pi(mc)^3},$$

式中 K_0, K_1 是马克多那尔德函数(虚宗量的汉克尔函数). 在计算归一化的积分时, 用到以下公式:

$$\int_0^\infty e^{-z\cosh t}\sinh^2 t\, dt = \frac{1}{z}K_1(z),$$

$$K_1'(z) = -\frac{1}{z}K_1(z) - K_0(z).$$

§39 分子的碰撞

封闭在容器内的气体的分子在运动时会与器壁发生碰撞. 我们来计算气体分子在单位时间内碰撞到单位面积器壁上的平均次数.

我们在器壁上选取一个任意的面元, 并引入一个坐标系, 其 z 轴垂直于这一面元(现在可以把它写成 $dxdy$ 的形式). 在气体的诸分子中, 能够在单位时间内达到器壁, 亦即同器壁发生碰撞的, 只是那样一些分子: 它们的坐标 z 不大于它们沿 z 轴方向的速度分量 v_z (z 轴自然应该是指向器壁, 而不是指向相反的方向).

因此, 速度分量处在给定间隔 dv_x, dv_y, dv_z 中的分子在单位时间内(与单位面积器壁)的碰撞次数 $d\nu_v$, 等于分布函数(38.4)乘以底为 $1\,\mathrm{cm}^2$、高为 v_z 的柱体体积. 于是我们得到

$$d\nu_v = \frac{N}{V}\left(\frac{m}{2\pi T}\right)^{3/2}\exp\left[-\frac{m}{2T}(v_x^2+v_y^2+v_z^2)\right]v_z dv_x dv_y dv_z. \tag{39.1}$$

由此很容易求出气体分子在单位时间内碰撞到单位面积器壁上的总次数 ν. 为此, 我们把(39.1)式对所有从 0 到 ∞ 的速度 v_z 进行积分, 并对 v_x 和 v_y 从 $-\infty$ 到 ∞ 进行积分. (不应当对 v_z 从 $-\infty$ 到 0 进行积分, 因为在 $v_z<0$ 时分子飞向与器壁相反的方向, 因而不会同器壁发生碰撞.) 这样就给出:

$$\nu = \frac{N}{V}\sqrt{\frac{T}{2\pi m}} = \frac{P}{\sqrt{2\pi mT}} \tag{39.2}$$

(式中我们已经根据克拉珀龙方程用气体的压强来表示气体的密度).

引入速度的绝对值 v 以及确定它的方向的极角 θ 和 φ 来代替 v_x, v_y, v_z, 我们就可以把公式(39.1)用"速度空间"中的球坐标写出来. 如果选取 z 轴为极轴, 则 $v_z = v\cos\theta$, 因而

$$d\nu_v = \frac{N}{V}\left(\frac{m}{2\pi T}\right)^{3/2}\exp\left(-\frac{mv^2}{2T}\right)v^3\sin\theta\cos\theta\, d\theta\, d\varphi dv. \tag{39.3}$$

§39 分子的碰撞

现在我们来研究气体分子彼此间的碰撞. 为此必须预先求出分子按它们彼此间的相对速度(速度总是指的质心的速度)的分布函数. 因此我们选取任意一个分子并研究其余所有的分子相对于这个分子的运动, 亦即对于每一个分子来说我们不考虑它(相对于器壁)的绝对速度 v, 而考虑它相对于其它某个分子的相对速度 v'. 换句话说, 我们不讨论单个分子的运动, 而每次都考虑一对分子的相对运动, 并且对它们的共同质心的运动不感兴趣.

大家从力学中知道: 两个质点(其质量为 m_1 和 m_2)的相对运动的动能等于 $\frac{1}{2}m'v'^2$, 其中 $m' = \frac{m_1 m_2}{m_1 + m_2}$ 是它们的"约化质量", 而 v' 是相对速度. 因此理想气体的分子按相对速度的分布具有按绝对速度分布同样的形式, 不同的只在于 m 被约化质量 m' 所代替. 因为所有的分子都是相同的, 所以 $m' = \frac{m}{2}$, 因而我们得到在单位体积内相对于某个给定分子的相对速度位于 v' 和 $v' + dv'$ 之间的分子数表达式为

$$dN_{v'} = \frac{N}{V} \frac{\pi}{2} \left(\frac{m}{\pi T}\right)^{3/2} \exp\left(-\frac{mv'^2}{4T}\right) v'^2 dv'. \tag{39.4}$$

分子的相互碰撞可以伴随着各种不同的过程: 偏离(散射)一定的角度、分解为原子等等. 在碰撞时发生的这些过程通常用它们的"有效截面"来表征. 一个给定的粒子同其它粒子碰撞时, 所发生的某种过程的**有效截面**或简称截面, 就是单位时间内发生这种碰撞的概率与粒子流密度的比值. (粒子流密度是单位体积内相应的粒子数和它们的速度的乘积.) 因此一个给定的粒子(在单位时间内)与其它粒子发生碰撞而同时伴随着有效截面为 σ 的某种过程的次数等于

$$\nu' = \frac{N}{V} \frac{\pi}{2} \left(\frac{m}{\pi T}\right)^{3/2} \int_0^\infty \exp\left(-\frac{mv'^2}{4T}\right) \sigma v'^3 dv'. \tag{39.5}$$

在单位时间内气体的整个体积内所发生的这种碰撞的总次数显然等于 $\nu' \frac{N}{2}$.

习 题

1. 求速度方向与器壁表面法线的夹角位于 θ 和 $\theta + d\theta$ 之间的气体分子在单位时间内碰撞到单位面积器壁上的次数.

解:

$$d\nu_\theta = \frac{N}{V}\left(\frac{2T}{m\pi}\right)^{1/2} \sin\theta \cos\theta \, d\theta.$$

2. 求速度的绝对值位于 v 和 $v + dv$ 之间的气体分子在单位时间内碰撞到单位面积器壁上的次数.

解：
$$d\nu_v = \frac{N}{V}\pi\left(\frac{m}{2\pi T}\right)^{3/2} e^{-\frac{mv^2}{2T}} v^3 dv.$$

3. 求单位时间内碰撞到单位面积器壁上的气体分子的总动能.

解：
$$E_{\text{inc}} = \frac{N}{V}\sqrt{\frac{2T^3}{m\pi}} = P\sqrt{\frac{2T}{m\pi}}.$$

4. 求一个分子在单位时间内与其余的分子发生碰撞的次数. 在这里分子可以看成是半径为 r 的刚球.

解：分子相互碰撞的有效截面现在是 $\sigma = \pi(2r)^2 = 4\pi r^2$（因为每当分子彼此接近到小于 $2r$ 的距离时就发生碰撞）. 将其代入(39.5)式,求得

$$\nu = 16 r^2 \frac{N}{V}\sqrt{\frac{\pi T}{m}} = 16 r^2 P \sqrt{\frac{\pi}{mT}}.$$

§40 非平衡的理想气体

玻尔兹曼分布还可以用另一种完全不同的方法推导出来,即把整个气体看作为一个闭合系统而从它所有的熵应为极大值的条件推导出来. 这种推导具有极为重要的独特意义,因为它所依据的方法使我们能够把处于任何非平衡宏观状态的气体的熵计算出来.

理想气体的任何宏观状态可以用下述方式来表征. 我们把气体中单个粒子的全部量子态分成许多组,每一组包含许多邻近的状态（例如能量相近的状态）,并且每组中的状态数和处于这些状态中的粒子数都非常大. 我们把这些状态组用号码 $j = 1, 2, \cdots$ 来进行编号,设 G_j 是第 j 组中的状态数, N_j 是在这些状态中的粒子数. 于是,数 N_j 的集合完全表征了气体的宏观状态.

计算气体的熵的问题归结为确定该宏观状态的统计权重 $\Delta \Gamma$ 的问题,也就是确定这个宏观状态可能以多少种微观方式来实现的问题. 把 N_j 个粒子所组成的每一组看成是一个独立系统,并用 $\Delta \Gamma_j$ 来代表它的统计权重,我们就可以写出：

$$\Delta \Gamma = \prod_j \Delta \Gamma_j. \tag{40.1}$$

由此可见,问题归结为计算 $\Delta \Gamma_j$.

在玻尔兹曼统计中,所有量子态的平均占有数比 1 小得多. 这就意味着：粒子数 N_j 应当比状态数 G_j 小得多（$N_j \ll G_j$）,但是它本身当然还是很大的. 在 §37 中已经阐明,由于平均占有数很小,可以认为所有的粒子彼此完全独立地分布在各个不同的状态中. 把 N_j 个粒子中的每一个粒子都放到 G_j 个状态中的任何

一个状态中去，我们总共得到 $G_j^{N_j}$ 种可能的分布，但是其中有许多种分布是等同的，区别仅仅在于粒子的不同排列（所有的粒子都是全同的）. N_j 个粒子的排列数目是 $N_j!$，因此，N_j 个粒子在 G_j 个状态中分布的统计权重等于

$$\Delta \Gamma_j = \frac{G_j^{N_j}}{N_j!}. \tag{40.2}$$

取统计权重的对数，就算出气体的熵：

$$S = \ln \Delta \Gamma = \sum_j \ln \Delta \Gamma_j.$$

把(40.2)代入，我们有：

$$S = \sum_j (N_j \ln G_j - \ln N_j!).$$

注意到 N_j 这些数都很大，对 $\ln N_j!$ 可以运用近似公式①

$$\ln N! \approx N \ln \left(\frac{N}{e}\right) \tag{40.3}$$

得到

$$S = \sum_j N_j \ln \frac{eG_j}{N_j}. \tag{40.4}$$

这个公式确定了处于任意宏观状态（由 N_j 这些数的集合来确定）的理想气体的熵，因而也就解决了上面所提出的问题. 我们用 $\bar{n}_j$ 来代表第 j 组中每个量子态中的平均粒子数：$\bar{n}_j = \frac{N_j}{G_j}$，就可以把(40.4)式改写为

$$S = \sum_j G_j \bar{n}_j \ln \frac{e}{\bar{n}_j}. \tag{40.5}$$

如果粒子的运动是准经典的，则在这个公式中可以变换到粒子在相空间内的分布. 我们把粒子的相空间分成许多个区域 $\Delta p^{(j)} \Delta q^{(j)}$，每一个区域都很小，但是仍旧包含着很多粒子. "包含"在这些区域中的量子态的数目等于

$$G_j = \frac{\Delta p^{(j)} \Delta q^{(j)}}{(2\pi\hbar)^r} = \Delta \tau^{(j)} \tag{40.6}$$

（r 是粒子的自由度数目），而在这些状态中的粒子数可以写成形式 $N_j = n(p,q) \Delta \tau^{(j)}$，其中 $n(p,q)$ 是粒子在相空间中的分布密度. 我们把这些表达式代入(40.5)，注意到 $\Delta \tau^{(j)}$ 这些区域都很小而它们的数目很大，我们就可以把对 j 的求和用遍及粒子的整个相空间的积分来代替：

$$S = \int n \ln \frac{e}{n} d\tau. \tag{40.7}$$

在平衡状态，熵应该具有极大值（在应用于理想气体时，这个论断有时称为

---

① 当 N 很大时，可以近似地用积分 $\int_0^N \ln x \, dx$ 代替和式 $\ln N! = \ln 1 + \ln 2 + \cdots + \ln N$，由此得到(40.3).

玻尔兹曼 H 定理).我们来表明:从这个要求出发怎样来求出气体粒子在统计平衡状态的分布函数.问题在于寻求这样的 $\bar{n}_j$ 值:在这种 $\bar{n}_j$ 值下,和式(40.5)具有在

$$\sum_j N_j = \sum_j G_j \bar{n}_j = N,$$
$$\sum_j \varepsilon_j N_j = \sum_j \varepsilon_j G_j \bar{n}_j = E$$

这两个附加条件下所可能的极大值,这两个附加条件表示粒子总数 N 和气体的总能量 E 都是常数.根据熟知的拉格朗日不定乘子法,我们应该令如下导数等于零:

$$\frac{\partial}{\partial \bar{n}_j}(S + \alpha N + \beta E) = 0, \tag{40.8}$$

式中 α, β 是常数.进行微分后我们求得

$$G_j(-\ln \bar{n}_j + \alpha + \beta \varepsilon_j) = 0,$$

由此得出 $\ln \bar{n}_j = \alpha + \beta \varepsilon_j$,即

$$\bar{n}_j = e^{\alpha + \beta \varepsilon_j}.$$

这不是别的,而就是我们熟知的玻尔兹曼分布,并且常数 α 和 β 通过关系式 $\alpha = \frac{\mu}{T}$ 和 $\beta = -\frac{1}{T}$[①]同 T 和 μ 联系着.

§41 玻尔兹曼理想气体的自由能

我们现在应用普遍公式(31.3)

$$F = -T \ln \sum_n e^{-\frac{E_n}{T}} \tag{41.1}$$

来计算遵循玻尔兹曼统计的理想气体的自由能.

我们把能量 E_n 写成 ε_k 这些能量之和的形式,就可以把对气体所有状态的求和归结为对单个分子的所有状态的求和.气体的每一个状态由 N 个(N 是气体中的分子数)ε_k 值的集合来决定,在玻尔兹曼情形下所有这些 ε_k 值都可以认为是互不相同的(即在分子的每一个状态中都没有多于一个以上的分子).把 $e^{-\frac{E_n}{T}}$ 写成属于每个分子的因子 $e^{-\frac{\varepsilon_k}{T}}$ 的乘积,并且独立地对每个分子的所有状态进行求和,我们就得到表达式

$$\left(\sum_k e^{-\frac{\varepsilon_k}{T}}\right)^N. \tag{41.2}$$

[①] α 和 β 这两个值的意义可以预先看出来:方程(40.8)可以写成几个微分之间的关系式的形式:
$$dS + \alpha dN + \beta dE = 0,$$
而它应该同(在给定体积下的)内能的微分式 $dE = TdS + \mu dN$ 一致.

ε_k 的可能值的集合对于气体中所有的分子来讲都是相同的,因此和式 $\sum_k \mathrm{e}^{-\frac{\varepsilon_k}{T}}$ 对于气体中所有的分子来讲也是相同的.

但是,必须注意到下述情况.在 N 个不同 ε_k 值的所有各种可能的集合中,有许多集合的区别只在于气体分子在各 ε_k 能级上的不同排列,由于气体分子是全同的,所以这些集合对应于气体的同一个量子态.但是在公式(41.1)的配分函数中,每一个状态只应该计算一次[①].因此,我们还必须把(41.2)式除以 N 个分子彼此间可能的排列数目,即除以 $N!$ [②].因此,

$$\sum_n \mathrm{e}^{-\frac{E_n}{T}} = \frac{1}{N!}\left(\sum_k \mathrm{e}^{-\frac{\varepsilon_k}{T}}\right)^N. \tag{41.3}$$

把这个表达式代入(41.1)后,我们得到:

$$F = -NT \ln \sum_k \mathrm{e}^{-\frac{\varepsilon_k}{T}} + T \ln N!.$$

因为 N 是个很大的数,所以可以对 $N!$ 应用公式(40.3).结果我们得到如下公式:

$$F = -NT \ln\left(\frac{\mathrm{e}}{N}\sum_k \mathrm{e}^{-\frac{\varepsilon_k}{T}}\right), \tag{41.4}$$

利用这个公式,就能够把全同粒子所组成的而且遵循玻尔兹曼统计的任何气体的自由能计算出来.

在经典统计学中,公式(41.4)应该写成形式

$$F = -NT \ln \frac{\mathrm{e}}{N}\int \mathrm{e}^{-\frac{\varepsilon(p,q)}{T}}\mathrm{d}\tau, \tag{41.5}$$

式中积分是遍及分子的相空间来进行的,而 $\mathrm{d}\tau$ 由(38.1)式给出.

§42 理想气体的物态方程

在§38中已经指出,气体分子的平动总是准经典的,并且分子的能量可以写成形式

$$\varepsilon_k(p_x, p_y, p_z) = \frac{p_x^2 + p_y^2 + p_z^2}{2m} + \varepsilon_k', \tag{42.1}$$

式中第一项是分子的平动动能,而 ε_k' 代表与分子的转动和它的内部状态相对应的能级;ε_k' 既与速度无关,也与分子质心的坐标无关(假定没有任何外场).

公式(41.4)中对数号下的配分函数,现在应该用下式来代替:

$$\sum_k \iint \exp\left(-\frac{\varepsilon_k(\boldsymbol{p})}{T}\right)\frac{\mathrm{d}^3 p}{(2\pi\hbar)^3}\mathrm{d}V = V\left(\frac{mT}{2\pi\hbar^2}\right)^{3/2}\sum_k \mathrm{e}^{-\varepsilon_k'/T} \tag{42.2}$$

[①] 参看§31 的第二个脚注.

[②] 这里重要的是,在玻尔兹曼统计中包含有相同 ε_k 的项在(41.2)式中所起的作用应可忽略不计.

(对 $dV = dxdydz$ 的积分是遍及气体的整个体积 V 来进行的). 于是我们得到自由能为：

$$F = -NT \ln\left[\frac{eV}{N}\left(\frac{mT}{2\pi\hbar^2}\right)^{3/2} \sum_k e^{-\varepsilon_k'/T}\right]. \tag{42.3}$$

当然,如果对分子的性质不作任何假定,出现在上式中的和式是不可能以普遍形式计算出来的. 但是值得注意的是：它只是温度的函数. 因此自由能对体积的依赖关系可以由公式(42.3)完全确定,这就使得我们可以从这个公式获得有关(不处于外场中的)理想气体性质的一系列重要的普遍结果.

在(42.3)中把包含体积的项分离出来,我们就可以把这个公式写成

$$F = -NT \ln\frac{eV}{N} + Nf(T), \tag{42.4}$$

式中 $f(T)$ 是温度的某个函数.

由此可得气体的压强为

$$P = -\frac{\partial F}{\partial V} = \frac{NT}{V},$$

或

$$PV = NT. \tag{42.5}$$

这样,我们就得到了著名的理想气体物态方程(**克拉珀龙方程**). 如是温度以开尔文(K)来量度,则①

$$PV = NkT. \tag{42.5a}$$

知道了 F,也就可以求出其它的热力学量. 例如,热力学势等于

$$\Phi = -NT \ln\frac{eV}{N} + Nf(T) + PV.$$

根据(42.5)用 P 和 T 来代替 V(Φ 应该表示成 P 和 T 的函数),并且引入一个新的温度函数 $\chi(T) = f(T) - T\ln T$,我们得到：

$$\Phi = NT \ln P + N\chi(T). \tag{42.6}$$

熵被确定为

$$S = -\frac{\partial F}{\partial T} = N \ln\frac{eV}{N} - Nf'(T), \tag{42.7}$$

或者表示为 P 和 T 的函数：

$$S = -\frac{\partial \Phi}{\partial T} = -N \ln P - N\chi'(T). \tag{42.8}$$

最后,能量等于

---

① 对于 1 摩尔分子的气体而言($N = 6.023 \times 10^{23}$/mol 是阿伏伽德罗常量),乘积 $R = Nk$ 称为**气体常量**：

$$R = 8.314 \times 10^7 \text{erg/K} = 8.314 \text{ J/K}.$$

$$E = F + TS = Nf(T) - NTf'(T). \qquad (42.9)$$

我们看到,能量只是气体温度的函数(焓 $W = E + PV = E + NT$ 也只是温度的函数).其实,这个情况早就是很明显的——因为理想气体的分子被假定为彼此不相互作用的,所以在气体的总体积变化时,所引起的分子彼此间平均距离的变化不会影响气体的能量.

与 E 和 W 一样,热容 $C_v = \left(\dfrac{\partial E}{\partial T}\right)_V$ 和 $C_p = \left(\dfrac{\partial W}{\partial T}\right)_P$ 也只是温度的函数.以后我们将更方便地使用单分子的热容,并且用小写字母 c 来表示它们:

$$C_v = Nc_v, \quad C_p = Nc_p. \qquad (42.10)$$

对于理想气体,有 $W - E = NT$,所以差 $c_p - c_v$ 为一普适常数[①]

$$c_p - c_v = 1. \qquad (42.11)$$

习 题

1. 试求在等温过程中把理想气体的体积从 V_1 变到 V_2(或把压强从 P_1 变到 P_2)时对它所做的功.

解:所求的功 R 等于气体的自由能的改变,根据(42.4)我们有:

$$R = F_2 - F_1 = NT \ln \dfrac{V_1}{V_2} = NT \ln \dfrac{P_2}{P_1}.$$

在该过程中吸收的热量为

$$Q = T(S_2 - S_1) = NT \ln \dfrac{V_2}{V_1}.$$

后者也可以直接用以下的方法求得:$R + Q$ 是能量的改变,在等温过程中对于理想气体来讲它等于零.

2. 两种相同的理想气体处于两个容器中,它们具有相同的温度 T 和相同的粒子数 N,但是具有不同的压强 P_1 和 P_2.然后把两个容器连通,试求熵的改变.

解:在两个容器连通以前,两种气体的熵等于它们的熵之和,即等于

$$S_0 = -N \ln P_1 P_2 - 2N\chi'(T).$$

在把容器连通以后,气体的温度保持不变(这是由于两种气体的能量守恒所致).压强由关系式

$$\dfrac{1}{P} = \dfrac{V_1 + V_2}{2NT} = \dfrac{1}{2}\left(\dfrac{1}{P_1} + \dfrac{1}{P_2}\right)$$

来决定.熵现在等于

[①] 值得提醒,因为热容是能量(热量)对温度的导数,所以在变换到通常的单位(K)时在公式中必须作代换 $C \to C/k$.例如,公式(42.11)在通常单位下为 $c_p - c_v = k$.

$$S = 2N \ln \frac{P_1 + P_2}{2P_1 P_2} - 2N\chi'(T).$$

因此,熵的改变为

$$\Delta S = N \ln \frac{(P_1 + P_2)^2}{4P_1 P_2}.$$

3. 一个圆柱体容器(半径为 R,高为 l)以角速度 Ω 绕它本身的轴转动,试求处于该容器中的理想气体的能量.

解:根据 §34,转动相当于呈现一个"离心力"外场,其势能为

$$u = -\frac{1}{2}m\Omega^2 r^2$$

(r 为粒子到转动轴之间的距离).

当有外场存在时,在(42.2)的被积式中多出一个因子 $e^{-u/T}$,与此相应,在(42.3)式的对数的宗量中,体积 V 用积分 $\int e^{-u/T} dV$ 来代替. 因此我们得到下式:

$$F = F_0 - NT \ln \frac{1}{V} \int e^{-\frac{u}{T}} dV,$$

式中 F_0 是气体在没有外场时的自由能.

在这里所讨论的情形下,借助于这个公式我们得到自由能(在转动坐标系中)为:

$$F' = F_0 - NT \ln \frac{1}{\pi R^2 l} \int_0^l \int_0^R e^{\frac{m\Omega^2 r^2}{2T}} 2\pi r dr dz =$$

$$= F_0 - NT \ln \left[\frac{2T}{m\Omega^2 R^2} \left(e^{\frac{m\Omega^2 R^2}{2T}} - 1 \right) \right].$$

气体的转动角动量为

$$M = -\frac{\partial F'}{\partial \Omega} = -\frac{2NT}{\Omega} + \frac{NmR^2\Omega}{1 - e^{-m\Omega^2 R^2/2T}}.$$

在随物体一起转动的坐标系中的能量为

$$E' = F' - T\frac{\partial F'}{\partial T} = E_0 - \frac{Nm\Omega^2 R^2}{2(1 - e^{-m\Omega^2 R^2/2T})} + NT,$$

而在静止坐标系中的能量为(参看(26.5))

$$E = E' + M\Omega = E_0 + \frac{Nm\Omega^2 R^2}{2(1 - e^{-m\Omega^2 R^2/2T})} - NT$$

(E_0 是静止气体的能量).

§43 热容为常数的理想气体

以后我们将看到:在一系列重要的情形下,气体的热容——在或大或小的

温度范围内——是与温度无关的常数. 考虑到这种情况,在这里我们将以普遍形式计算出这种气体的热力学量.

把能量的表达式(42.9)进行求导,我们求得函数 $f(T)$ 同比热 c_v 的关系为
$$-Tf''(T) = c_v.$$
把这个关系式进行积分,我们得到:
$$f(T) = -c_v T \ln T - \zeta T + \varepsilon_0,$$
式中 ζ 和 ε_0 为常数. 把这个式子代入(42.4),我们最后得到自由能的表达式如下:
$$F = N\varepsilon_0 - NT \ln \frac{eV}{N} - Nc_v T \ln T - N\zeta T. \tag{43.1}$$
常数 ζ 称为气体的**化学常数**. 我们得到能量为:
$$E = N\varepsilon_0 + Nc_v T, \tag{43.2}$$
即能量是温度的线性函数.

把 $PV = NT$ 这个量附加到(43.1)中去,并且用压强和温度来表示气体的体积,就可以得到气体的热力学势 Φ. 我们求得:
$$\Phi = N\varepsilon_0 + NT \ln P - Nc_p T \ln T - N\zeta T. \tag{43.3}$$
焓 $W = E + PV$ 等于
$$W = N\varepsilon_0 + Nc_p T. \tag{43.4}$$
最后,把(43.1)和(43.3)式对温度进行求导,我们就分别求得用 T 和 V 或 T 和 P 来表示的熵:
$$S = N \ln \frac{eV}{N} + Nc_v \ln T + (\zeta + c_v)N, \tag{43.5}$$
$$S = -N \ln P + Nc_p \ln T + (\zeta + c_p)N, \tag{43.6}$$

特别是,从熵的这两个表达式出发可以直接求得(具有恒定热容的)理想气体的体积、温度和压强之间在绝热膨胀或绝热压缩(所谓**泊松绝热**)条件下的相互关系. 因为在绝热过程中熵保持不变,所以从(43.6)式我们有: $-N \ln P + Nc_p \ln T =$ 常数, 由此得出 $\frac{T^{c_p}}{P} =$ 常数, 再利用(42.11),我们有:
$$T^\gamma P^{1-\gamma} = 常数, \tag{43.7}$$
式中 γ 代表常数比值
$$\gamma = \frac{c_p}{c_v}. \tag{43.8}$$
再利用物态方程 $PV = NT$,我们得到 T 和 V 之间以及 P 和 V 之间的关系式各为:
$$TV^{\gamma-1} = 常数, \quad PV^\gamma = 常数. \tag{43.9}$$

第四章 理想气体

习 题

1. 两个相同的理想气体分别处于体积为 V_1 和 V_2 的两个容器中，它们具有相同的压强 P 和粒子数 N，但是具有不同的温度 T_1 和 T_2。然后把容器连通，试求熵的改变。

解：在容器连通以前，根据(43.6)两个气体的熵(等于它们的熵之和)为 $S_0 = -2N\ln P + Nc_p \ln T_1 T_2$[①]。在容器连通以后，气体的温度变为相等。两个气体的能量之和保持不变。利用能量的表达式(43.2)我们求出：

$$T = \frac{1}{2}(T_1 + T_2)$$

(T 是变为相等后的温度)。

在容器连通以后，气体有 $2N$ 个粒子，并且占据体积

$$V_1 + V_2 = \frac{N(T_1 + T_2)}{P}.$$

现在它的压强等于 $\frac{2NT}{V_1 + V_2} = P$，即保持不变。因此熵等于

$$S = -2N\ln P + 2Nc_p \ln\frac{T_1 + T_2}{2}.$$

熵的改变为

$$\Delta S = S - S_0 = Nc_p \ln\frac{(T_1 + T_2)^2}{4T_1 T_2}.$$

2. 试求绝热压缩时对理想气体所做的功。

解：在绝热过程中，热量 $Q = 0$，因此 $R = E_2 - E_1$，其中 $E_2 - E_1$ 是过程中能量的改变。根据(43.2)我们求得 $R = Nc_v(T_2 - T_1)$，其中 T_2 和 T_1 分别是过程之后和过程之前的气体温度；利用关系式(43.9)，R 可以用开始的体积 V_1 和最终的体积 V_2 来表示：

$$R = Nc_v T_1\left[\left(\frac{V_1}{V_2}\right)^{\gamma-1} - 1\right] = Nc_v T_2\left[1 - \left(\frac{V_2}{V_1}\right)^{\gamma-1}\right].$$

3. 试求气体在体积恒定的过程(等容过程)中所获得的热量。

解：因为在这种情形下，功 $R = 0$，所以我们有：

$$Q = E_2 - E_1 = Nc_v(T_2 - T_1).$$

4. 试求气体在压强恒定的过程(等压过程)中所获得的功和热量。

解：在恒定的压强下，我们有：

[①] 熵和能量中的常数项在解决问题时是无关紧要的，因此我们总是把它们省略掉。

§43 热容为常数的理想气体

$$R = -P(V_2 - V_1), \quad Q = W_2 - W_1,$$

由此得出

$$R = N(T_1 - T_2), \quad Q = Nc_p(T_2 - T_1).$$

5. 如果把气体按照 $PV^n = a$ 的规律（多方过程）从体积 V_1 压缩到体积 V_2，试求对它所作的功和它所获得的热量.

解：功

$$R = -\int_{V_1}^{V_2} P dV = \frac{a}{n-1}(V_2^{1-n} - V_1^{1-n}).$$

因为热量与功之和等于能量的总改变，所以我们得到：$Q = Nc_v(T_2 - T_1) - R$，又因为 $T = PV/N = (a/N)V^{1-n}$，所以

$$Q = a\left(c_v + \frac{1}{1-n}\right)(V_2^{1-n} - V_1^{1-n}).$$

6. 设一理想气体经历了一个循环过程（即在过程结束后回复到初态），这个循环过程由两个等容过程和两个等压过程所组成：气体从压强和体积为 P_1，V_1 的状态过渡到 P_1, V_2 的状态，再到 P_2, V_2 的状态，再到 P_2, V_1 的状态，最后仍旧回到 P_1, V_1 的状态；试求对这个气体所做的功和它所获得的热量.

解：能量在循环过程中的改变等于零，因为初态是同终态重合的. 因此在这样的过程中所获得的功和热量彼此相等而符号相反（$R = -Q$）. 为了求出在这种情形下的 R，应当注意：在等容过程中，功等于零，而在两个等压过程中，功分别等于 $-P_1(V_2 - V_1)$ 和 $-P_2(V_1 - V_2)$. 因此，

$$R = (V_2 - V_1)(P_2 - P_1).$$

7. 同上题，但是循环过程由两个等容过程和两个等温过程构成，气体状态的体积和温度依次为：1) V_1, T_1；2) V_1, T_2；3) V_2, T_2；4) V_2, T_1；5) V_1, T_1.

解：

$$R = (T_2 - T_1)N\ln\frac{V_1}{V_2}.$$

8. 同上，但循环过程由两个等温过程和两个绝热过程构成，状态的熵、温度和压强依次为：1) S_1, T_1, P_1；2) S_1, T_2；3) S_2, T_2, P_2；4) S_2, T_1；5) S_1, T_1, P_1.

解：

$$Q = (T_2 - T_1)(S_2 - S_1) = (T_2 - T_1)\left(N\ln\frac{P_1}{P_2} + Nc_p\ln\frac{T_2}{T_1}\right).$$

9. 同上，但循环过程由两个等压过程和两个等温过程构成，状态依次为：1) P_1, T_1；2) P_1, T_2；3) P_2, T_2；4) P_2, T_1；5) P_1, T_1.

解：在两个等压过程中对气体所作的功（见习题4）分别等于 $N(T_1 - T_2)$ 和 $N(T_2 - T_1)$，而在两个等温过程中分别等于 $NT_2\ln\frac{P_2}{P_1}$ 和 $NT_1\ln\frac{P_1}{P_2}$. 它们之和等

于

$$R = N(T_2 - T_1)\ln\frac{P_2}{P_1}.$$

10. 同上，但循环过程由两个等压过程和两个绝热过程构成，气体的状态依次为：1) P_1, S_1, T_1；2) P_1, S_2；3) P_2, S_2, T_2；4) P_2, S_1；5) P_1, S_1, T_1.

解：在第二个状态的温度为 $T_2\left(\dfrac{P_2}{P_1}\right)^{(1-\gamma)/\gamma}$，而在第四个状态的温度为 $T_1\left(\dfrac{P_1}{P_2}\right)^{(1-\gamma)/\gamma}$（它们可以用关系式(43.7)由 T_1 和 T_2 求出）. 在绝热过程中理想气体所获得的热量等于零，而在两个等压过程中所获得的热量分别为（见习题4）

$$Nc_p\left[T_2\left(\frac{P_2}{P_1}\right)^{\frac{1-\gamma}{\gamma}} - T_1\right] \text{和} Nc_p\left[T_1\left(\frac{P_1}{P_2}\right)^{\frac{1-\gamma}{\gamma}} - T_2\right].$$

因此，

$$Q = Nc_p T_1\left[\left(\frac{P_1}{P_2}\right)^{\frac{1-\gamma}{\gamma}} - 1\right] + Nc_p T_2\left[\left(\frac{P_2}{P_1}\right)^{\frac{1-\gamma}{\gamma}} - 1\right].$$

11. 同上，但循环过程由两个等容过程和两个绝热过程构成，状态依次为：1) V_1, S_1, T_1；2) V_1, S_2；3) V_2, S_2, T_2；4) V_2, S_1；5) V_1, S_1, T_1.

解：利用习题2的结果，我们求得：

$$R = Nc_v T_2\left[1 - \left(\frac{V_2}{V_1}\right)^{\gamma-1}\right] + Nc_v T_1\left[1 - \left(\frac{V_1}{V_2}\right)^{\gamma-1}\right].$$

12. 两个容器中装有相同的理想气体，它们具有相同的温度 T_0 和相同的粒子数 N，但具有不同的体积 V_1 和 V_2；试求把这两个容器连通时可能获得的最大功.

解：只要过程是可逆的，亦即只要熵保持不变，就可以获得最大的功；这时所做的功等于过程前、后的能量之差（§19）. 在容器连通以前，两个气体的熵等于它们的熵之和，根据(43.5)式它等于

$$S_0 = N\ln\frac{e^2 V_1 V_2}{N^2} + 2Nc_v \ln T_0.$$

在容器连通以后，气体由 $2N$ 个粒子所构成，在某个温度 T 下占据体积 $V_1 + V_2$. 它的熵

$$S = 2N\ln\frac{e(V_1 + V_2)}{2N} + 2Nc_v \ln T.$$

从条件 $S_0 = S$ 我们求得温度 T：

$$T = T_0\left[\frac{4V_1 V_2}{(V_1 + V_2)^2}\right]^{\frac{\gamma-1}{2}}.$$

在容器连通以前,两个气体的能量为 $E_0 = 2Nc_vT_0$. 在容器连通以后,两个气体的能量为 $E = 2Nc_vT$. 因此最大功为

$$R_{\max} = E_0 - E = 2Nc_v(T_0 - T) = 2Nc_vT_0\left[1 - \left(\frac{4V_1V_2}{(V_1+V_2)^2}\right)^{\frac{\gamma-1}{2}}\right].$$

13. 同上题,但是在容器连通以前,气体具有相同的压强 P_0,而具有不同的温度 T_1 和 T_2.

解:类似于习题 12 的解法我们求得:

$$R_{\max} = Nc_v\left\{T_1 + T_2 - 2^\gamma\sqrt{T_1T_2}\left[\frac{T_1T_2}{(T_1+T_2)^2}\right]^{\frac{\gamma-1}{2}}\right\}.$$

14. 把理想气体在恒定温度(等于介质的温度 $T = T_0$)下从压强 P_1 压缩到压强 P_2,试求对它必须做的最小功.

解:根据(20.2)式,最小功 $R_{\min} = (E_2 - E_1) - T_0(S_2 - S_1) + P_0(V_2 - V_1)$,其中角标 1 和角标 2 分别表示气体在压缩前、后的量. 在这里所给定的情形下,能量 E 不发生变化(因为温度不变),即 $E_2 - E_1 = 0$. 利用(43.6)式,我们求得压强从 P_1 改变到 P_2 时熵的改变为:$S_2 - S_1 = N\ln\frac{P_1}{P_2}$,而体积的改变为:$V_2 - V_1 = NT_0\left(\frac{1}{P_2} - \frac{1}{P_1}\right)$. 由此我们求出:

$$R_{\min} = NT_0\left[\ln\frac{P_2}{P_1} + P_0\left(\frac{1}{P_2} - \frac{1}{P_1}\right)\right].$$

15. 把理想气体在恒定体积下从温度 T 冷却到介质的温度 T_0,试求这时可能获得的最大功.

解:根据普遍公式(20.3),我们求得:

$$R_{\max} = Nc_v(T - T_0) + Nc_vT_0\ln\frac{T_0}{T}.$$

16. 同上题,但气体从温度 T 冷却到介质的温度 T_0,同时它的压强从 P 膨胀到介质的压强 P_0.

解:

$$R_{\max} = Nc_v(T - T_0) + NT_0\ln\frac{P}{P_0} + Nc_pT_0\ln\frac{T_0}{T} + N\left(T\frac{P_0}{P} - T_0\right).$$

17. 气体从一个绝热的大热库流入一个绝热的空容器,热库的温度为 T_0,热库中的压强保持恒定. 试求在这个过程中气体温度的改变.

解:气体在容器中的能量 E 等于气体在热库中所具备的能量 E_0 加上气体从热库"排出"的过程中对气体所做的功. 因为气体在热库中的状态可以看成是稳定的,所以我们得到 $W_0 = E$ 的条件(参看§18). 因此气体在容器中的温度为

$$T = \gamma T_0.$$

§44 能量均分定理

在考虑到各种量子效应来详细计算气体的热力学量以前，先从纯经典统计学的观点来研究一下这个问题是有益处的. 以后我们将看到：在怎样的情形下以及在怎样的程度上这样得到的结果可以应用于实际气体.

分子是由原子构成的系统，原子在一定的平衡位置附近作微小的振动，这些位置相应于它们的相互作用势能的极小. 这里的相互作用势能形为

$$u = \varepsilon_0 + \sum_{i,k=1}^{r_{\text{vib}}} a_{ik} q_i q_k,$$

式中 ε_0 是所有的原子都处于平衡位置时的相互作用势能；各 q 是表征原子对平衡位置偏离程度的坐标，第二项是这些坐标的二次函数. 在这个函数中坐标的数目 r_{vib} 是分子振动的自由度的数目.

自由度的数目可以由分子中的原子数 n 来决定. 就是说，n 个原子的分子总共有 $3n$ 个自由度. 其中三个对应于分子整体的平动，三个对应于分子整体的转动. 如果全部原子都位于一条直线上（特别是，在双原子分子的情形），则转动自由度总共为 2. 由此可见，n 个原子的非直线型分子总共有 $3n-6$ 个振动自由度，而直线型分子有 $3n-5$ 个振动自由度. 当然，在 $n=1$ 时，根本就没有振动自由度，因为原子的三个自由度全部相应于分子的平动了.

分子的总能量 ε 是势能与动能之和. 动能是所有动量的二次函数，动量的数目等于分子的自由度总数 $3n$. 因此能量 ε 具有形式 $\varepsilon = \varepsilon_0 + f_{\text{II}}(p,q)$，其中 $f_{\text{II}}(p,q)$ 是动量和坐标的二次函数；这个函数中的自变量的总数为 $l = 6n - 6$（对于非直线型分子）或 $l = 6n - 5$（对于直线型分子）；在单原子气体的情形中，$l = 3$，因为能量的表达式中根本不出现坐标.

把能量的这个表达式代入公式(41.5)，我们有：

$$F = -NT \ln \frac{e \cdot e^{-\frac{\varepsilon_0}{T}}}{N} \int e^{-\frac{f_{\text{II}}(p,q)}{T}} d\tau.$$

为了确定上式中的积分对温度的依赖关系，我们对函数 $f_{\text{II}}(p,q)$ 所依赖的所有 l 个自变量作 $p = p'\sqrt{T}, q = q'\sqrt{T}$ 的变换. 由于这个函数是二次式，所以有：

$$f_{\text{II}}(p,q) = T f_{\text{II}}(p',q'),$$

因而在被积式的指数中的 T 被消去了. 包含在 $d\tau$ 中的这些自变量的微分经过变换后给出一个 $T^{l/2}$ 的因子，它可以提到积分号外面来. 对各振动坐标 q 进行积分所遍及的坐标值范围应该相当于原子的振动保持在分子内部的范围. 但是，因为被积函数随着 q 的增加而很快地减小，所以积分可扩展到从 $-\infty$ 到 $+\infty$ 的整个区域，就像对所有的动量值进行积分时那样. 于是，我们所作的变量

§44 能量均分定理

代换并不改变积分的上下限,因而整个积分是一个与温度无关的常数.对分子质心坐标进行积分所给出的结果就是气体所占据的体积 V,考虑到这一点,结果我们就得到自由能的表达式为

$$F = -NT \ln \frac{AVe^{-\frac{\varepsilon_0}{T}}T^{\frac{l}{2}}}{N}$$

(式中 A 是常数). 把对数展开,我们就得到与热容为常数情形下的(43.1)式同一类型的表达式,在这里常数热容等于

$$c_v = \frac{l}{2}. \tag{44.1}$$

相应地,热容 $c_p = c_v + 1$ 等于

$$c_p = \frac{l+2}{2}. \tag{44.2}$$

因此,我们看到纯粹经典的理想气体应该具有常数热容. 同时公式(44.1)使我们找到下述法则:分子能量 $\varepsilon(p,q)$ 中的每一个变量在气体的热容 c_v 中都占有相等的一份 $\frac{1}{2}$(在通常单位下取 $\frac{k}{2}$),也就是说每一个变量在气体的能量中都占有相等的一份 $\frac{T}{2}$. 这个法则称为**能量均分定理**.

对于平动和转动的自由度来说,能量 $\varepsilon(p,q)$ 中只包含与它们对应的动量,注意到这一点,我们可以说,这两类自由度中的每一个自由度对热容的贡献等于 $\frac{1}{2}$. 对于每一个振动自由度来说,能量 $\varepsilon(p,q)$ 中包含有两个变量(坐标和动量),因而每一个振动自由度对热容的贡献等于 1.

对于我们在这里所讨论的模型,很容易在普遍形式下求得气体分子按能量的分布. 为了方便起见,我们现在假定:分子的能量是从 ε_0 开始算起的,也就是说,在 $\varepsilon(p,q)$ 的表达式中把这个常数去掉. 我们来考虑分子相空间中这样一个体积:其中的点所对应的能量值 $\varepsilon(p,q)$ 小于和等于某个给定值 ε. 换句话说,我们来确定 $\tau(\varepsilon) = \int d\tau$ 的积分, 这积分所遍及的区域为 $\varepsilon(p,q) \leq \varepsilon$. 根据上面所述, $\varepsilon(p,q)$ 是 l 个变量的二次函数. 能量 $\varepsilon(p,q)$ 依赖于 l 个变量 p,q, 现在我们引入 l 个新变量 $p' = \frac{p}{\sqrt{\varepsilon}}$, $q' = \frac{q}{\sqrt{\varepsilon}}$ 来代替这 l 个变量. 于是条件 $\varepsilon(p,q) \leq \varepsilon$ 变换为

$$\varepsilon(p',q') \leq 1,$$

而 $\int d\tau$ 变为 $\varepsilon^{\frac{l}{2}} \int d\tau'$. 积分 $\int d\tau'$ 显然与 ε 无关, 因此, $\tau = $ 常数 $\cdot \varepsilon^{\frac{l}{2}}$. 由此得出

$$\mathrm{d}\tau(\varepsilon) = 常数 \cdot \varepsilon^{\frac{l}{2}-1}\mathrm{d}\varepsilon,$$

以及按能量的概率分布为

$$\mathrm{d}w_\varepsilon = A\mathrm{e}^{-\frac{\varepsilon}{T}}\varepsilon^{\frac{l}{2}-1}\mathrm{d}\varepsilon.$$

由归一化条件确定 A，我们就求出：

$$\mathrm{d}w_\varepsilon = \frac{1}{T^{\frac{l}{2}}\Gamma\left(\frac{l}{2}\right)}\mathrm{e}^{-\frac{\varepsilon}{T}}\varepsilon^{\frac{l}{2}-1}\mathrm{d}\varepsilon. \tag{44.3}$$

习 题

试求在相对论性的极限情形（粒子的能量和动量之间的关系为 $\varepsilon = cp$, c 是光速）下理想气体的热容.

解：根据(41.5)，我们有：

$$F = -NT\ln\frac{\mathrm{e}V}{N(2\pi\hbar)^3}\int_0^\infty \mathrm{e}^{-\frac{cp}{T}}4\pi p^2\mathrm{d}p.$$

进行积分后我们得到：

$$F = -NT\ln\frac{AVT^3}{N}$$

(A 是常数). 由此我们得到热容的值为：

$$c_v = 3,$$

即两倍于非相对论性单原子气体的热容.

§45 单原子理想气体

为了彻底计算出理想气体的自由能（其余的热力学量也就同它一起计算出来），需要把公式(42.3)中对数宗量中的配分函数

$$Z = \sum_k \mathrm{e}^{-\frac{\varepsilon_k'}{T}}$$

具体地计算出来. 式中 ε_k' 是原子或分子的能级（不计粒子的平动动能）. 如果求和只是遍及所有不同的能级，那么必须考虑到能级可能是简并的，因而相应项必定在遍及全部状态的求和中多次出现，其次数等于简并度. 我们用 g_k 来代表能级的简并度；由于这种关系，能级的简并度常常称为能级的**统计权重**. 为了简便起见，我们省略掉 ε_k' 上的一撇而把我们感兴趣的配分函数写成如下形式

$$Z = \sum_k g_k \mathrm{e}^{-\frac{\varepsilon_k}{T}}. \tag{45.1}$$

气体的自由能为

$$F = -NT\ln\left[\frac{\mathrm{e}V}{N}\left(\frac{mT}{2\pi\hbar^2}\right)^{3/2}Z\right]. \tag{45.2}$$

§45 单原子理想气体

现在来考虑单原子气体,首先,我们提出下述的重要事实.气体中处于激发态(包括相应于原子电离的连续谱中的状态在内)的原子数随着温度的升高而增加.当温度不太高时,气体中电离原子的数目相对而言是微乎其微的.但重要的是:只要在 T 与电离能 I_{ion} 同数量级的温度下(而不只是在 $T \gg I_{\text{ion}}$ 的条件下——关于这一点参看§104),气体实际上已经差不多完全电离了.因此只有在满足条件 $T \ll I_{\text{ion}}$[①] 的温度下方可合理考虑非离化气体.

大家知道,原子谱项(不考虑它们的精细结构)以如下方式排布:基态能级到第一激发态能级的距离大小同电离能相当.因此在 $T \ll I_{\text{ion}}$ 的温度下,实际上气体中不仅没有电离的原子而且也没有激发的原子,以致所有的原子都可以认为是处于基态.

首先,我们来考虑原子的最简单情形,这些原子处于基态,既没有轨道角动量,也没有自旋角动量($L = S = 0$);惰性气体的原子就是这样的例子.这时基态能级不是简并的,因而配分函数归结为单一项:$Z = e^{-\frac{\varepsilon_0}{T}}$. 对于单原子气体通常假设 $\varepsilon_0 = 0$,即能量是从原子的基态能级开始算起的;于是 $Z = 1$. 把(45.2)中的对数分解为几项之和,我们就得到(43.1)型的自由能表达式,其常数热容为

$$c_v = \frac{3}{2}, \tag{45.3}$$

而化学常数等于

$$\zeta = \frac{3}{2} \ln \frac{m}{2\pi \hbar^2}. \tag{45.4}$$

所得到的这个热容值完全是由于原子的平动自由度所引起的——每个自由度为 $\frac{1}{2}$;顺便提醒一下:气体粒子的平动总是准经典的.自然,在这里所给的条件下(气体中不存在激发原子)"电子的自由度"是根本不会影响到热力学量的[②].

从上面所得的表达式可以推导出玻尔兹曼统计适用性的判据.在这种统计中是假定 $\bar{n}_k$ 这个数很小的:

$$\bar{n}_k = e^{\frac{\mu - \varepsilon_k}{T}} \ll 1$$

[①] 各种原子的温度值 I_{ion}/k 位于 5×10^4 K(碱金属原子)和 28×10^4 K(氦)之间.

[②] 自然,热力学量的"电子部分"无论在什么条件下都不能用经典的方式来处理.就此而言,必须指出以下的情况(实质上这种情况是我们早已默认的):在经典统计学中原子应该看成是没有内部结构的粒子.把电子同原子核的相互作用能代入经典的分布公式中,会得出荒谬的结论,由之再次可以看到,以经典力学为基础的统计学不能适用于原子内部的现象.这个能量具有形式 $-\frac{a}{r}$,其中 r 是电子与原子核之间的距离,a 是常数.把它代入后,我们就会在分布中得到一个因子 $\exp(\frac{a}{rT})$,它在 $r = 0$ 时变成无限大;这就意味着:在热平衡状态下所有的电子都势必"落入"原子核中.

(见(37.1)). 显然, 充分条件是需要满足

$$e^{\frac{\mu}{T}} \ll 1.$$

从(45.3)和(45.4)式把 c_v 和 ζ 的值代入(43.3), 我们就求得化学势 $\mu = \dfrac{\Phi}{N}$ 为:

$$\mu = T \ln\left[\frac{P}{T^{5/2}}\left(\frac{2\pi\hbar^2}{m}\right)^{3/2}\right] = T \ln\left[\frac{N}{V}\left(\frac{2\pi\hbar^2}{mT}\right)^{3/2}\right]. \tag{45.5}$$

因此我们得到判据

$$\frac{N}{V}\left(\frac{\hbar^2}{mT}\right)^{3/2} \ll 1. \tag{45.6}$$

这个条件要求在给定的温度下气体足够稀薄. 把实际的数值代入以后发现: 事实上对于所有的原子气体(和分子气体)来说, 只有当气体的密度很大以至于粒子间的相互作用变得很重要的情况下这个条件才会被破坏, 而这时气体也已经绝对不能被认为是理想气体了.

对于上面所得到的判据作如下的显而易见的解释是很有用处的. 由于大部分原子具有数量级为 T 的能量, 因而动量的数量级为 $\sqrt{mT}$, 所以可以说: 所有的原子在相空间内占据大小为 $V(mT)^{3/2}$ 的体积. 这个体积内有 $\sim V(mT)^{3/2}/\hbar^3$ 个量子态. 在玻尔兹曼情形下, 这个数目应当比粒子数 N 大得多, 由此就得到了(45.6).

最后我们再作如下的注解. 我们在这一节中所得到的公式初看起来是同能斯特定理发生矛盾的: 无论是熵还是热容在 $T=0$ 时都不趋向零. 但是, 首先必须注意到: 在能斯特定理能够成立的那些条件下, 所有的实际气体在足够低的温度下早已凝聚了. 实际上, 能斯特定理要求当物体体积保持一定值时它的熵在 $T=0$ 时变为零. 但是在 $T \to 0$ 时所有物质的饱和蒸气压变得如此任意地小, 以至于数量一定有限的物质在一定的有限体积下就不可能在 $T \to 0$ 时保持气态了.

如果我们考虑一种由相互排斥的粒子所构成的气体模型, 这种模型原则上是可能存在的, 那么虽然这样的气体永远不会凝聚起来, 但是在足够低的温度下玻尔兹曼统计也无论如何不再正确了; 我们在下面会看到, 应用费米统计或玻色统计所得出的表达式就满足能斯特定理.

§46 单原子气体. 电子角动量的影响

如果在原子的基态中, 角动量 L 或 S 之一不等于零, 那么基态能级仍然没有精细结构. 基态能级不存在精细结构, 实际上, 总是由于轨道角动量 L 等于零的缘故; 而自旋角动量 S 常常是不等于零的(例如, 碱金属蒸气中的原子).

§46 单原子气体.电子角动量的影响

具有自旋 S 的能级的简并度为 $2S+1$. 与上节所考虑的情形的全部差别只在于:配分函数 Z 变为等于 $2S+1$(而不再等于 1 了),由于这个缘故,化学常数(45.4)被附加上一个量①

$$\zeta_S = \ln(2S+1). \tag{46.1}$$

如果原子的基态谱项具有精细结构,那么必须注意到:这种结构的能量间距一般来讲是可能同 T 相比的;因此在配分函数中应该考虑到基态谱项精细结构的所有组态.

大家知道,精细结构的组态(在同样的轨道角动量 L 和自旋角动量 S 下)因原子总角动量值的不同而不同. 我们用 ε_J 来代表这些能级(以其中最低的能级作为计算能量的起点). 具有给定 J 的每个能级按总角动量不同取向的简并度为 $2J+1$②. 所以配分函数具有如下形式

$$Z = \sum_J (2J+1) e^{-\varepsilon_J/T}; \tag{46.2}$$

求和是遍及所有可能的(在一定的 L 和 S 下)J 值来进行的. 我们得到自由能为:

$$F = -NT \ln \left[\frac{eV}{N} \left(\frac{mT}{2\pi\hbar^2} \right)^{3/2} \sum_J (2J+1) e^{-\varepsilon_J/T} \right]. \tag{46.3}$$

这个表达式在两种极限情形下可以大大简化. 我们假定温度是如此的高,以至 T 远远大于精细结构的所有间距:

$$T \gg \varepsilon_J.$$

于是可以令 $e^{-\varepsilon_J/T} \approx 1$,因而 Z 就直接变为等于精细结构组态的总数 $(2S+1)(2L+1)$. 出现在自由能公式中的常数热容仍然是以前的 $c_v = \frac{3}{2}$,而附加到化学常数(45.4)上的量为

$$\zeta_{SL} = \ln(2S+1)(2L+1). \tag{46.4}$$

在相反的极限情形下,即当 T 远远小于精细结构的间距时③,所得到的热力学量表达式是一样的(ζ 不同). 在这种情形下在和式(46.2)中可以忽略掉所有的项,而只保留 $\varepsilon_J = 0$ 的一项(精细结构的最低组态,即原子的基态能级). 结果

---

① 为了提供参考起见,我们写出基态统计权重(简并度)为 g 的单原子理想气体的化学势公式:

$$\mu = T \ln \left[\frac{P}{g(T)^{5/2}} \left(\frac{2\pi\hbar^2}{m} \right)^{3/2} \right] = T \ln \left[\frac{N}{gV} \left(\frac{2\pi\hbar^2}{mT} \right)^{3/2} \right]. \tag{46.1a}$$

这个公式也适用于由基本粒子所构成的玻尔兹曼气体;例如对于电子气来说 $g=2$.

② 我们假定在原子中发生的耦合是所谓罗素-桑德斯(Russell-Saunders)的情形——例如,参看本教程第三卷 §72.

③ 举例来说,氧原子三重基态谱项诸组态的 $\frac{\varepsilon_J}{k}$ 值等于 230K 和 320K,铁原子五重基态谱项诸组态的 $\frac{\varepsilon_J}{k}$ 值从 600K 到 1 400K,氯原子双重基态谱项的 $\frac{\varepsilon_J}{k}$ 值等于 1 300K.

附加到化学常数(45.4)上的项等于
$$\zeta_J = \ln(2J+1), \quad (46.5)$$
式中 J 是原子在基态的总角动量.

由此可见,当原子的基态谱项存在精细结构时,气体的热容在足够低和足够高的温度下具有相同的常数值,而在中间的温度下随温度而变化,并经过一个最大值. 但是必须注意:对于实际上在这里可能讨论的气体(重金属的蒸气、原子状态的氧等)而言,重要的只是高温区域,这时气体的热容已经是常数.

到现在为止,我们完全没有考虑原子中可能存在的不等于零的核自旋 i. 大家知道,核自旋的存在导致所谓原子能级的超精细分裂. 但是,这种结构的间距是如此微小,以至于差不多在气体以气态存在的所有温度下,都可以认为它们比 T 小得多[①]. 因此在计算配分函数时,超精细结构多重态的各个组态之间的能量差可以完全忽略不计,而必要计及这种分裂之处只是将全部能级的简并度(因而也就是使配分函数 Z)增加为 $2i+1$ 倍. 相应地,在自由能中出现了附加的"原子核的"一项
$$F_{\text{nuc}} = -NT\ln(2i+1). \quad (46.6)$$
这一项并不改变气体的热容(相应的能量 $E_{\text{nuc}} = 0$),而只是使熵改变 $S_{\text{nuc}} = N\ln(2i+1)$,或是使化学常数改变 $\zeta_{\text{nuc}} = \ln(2i+1)$.

由于核自旋同电子壳层之间的相互作用极其微弱,热力学量的"原子核"部分在各种热过程中通常都不起任何作用,因而在所有的方程式中不出现. 因此我们像通常所做的那样省略掉这些项;换句话说,我们假定熵并不是从零算起,而是以由核自旋所引起的值 S_{nuc} 作为计算熵的起点.

§47 分子由不同原子构成的双原子气体. 分子的转动

现在我们来计算双原子气体的热力学量,首先应当指出:正像单原子气体只有在 T 远小于电离能的温度下研究才有意义一样,双原子气体也只有在 T 远小于分子离解能的条件下才可以这样考虑[②]. 这种情况也就使得我们在配分函数中只需要考虑分子的电子基态谱项.

我们从研究一种最重要的情形开始,此时气体分子在其电子基态上既没有自旋,也没有绕轴转动的轨道角动量($S=0, \Lambda=0$);当然,这样的电子谱项不会具有精细结构. 此外,必须区别由不同原子所构成的分子(包括由同一种元素的不同同位素所构成的情形在内)和由相同原子所构成的分子这两种情形,因为

[①] 各种原子的超精细结构间距相应的温度范围是从 0.1K 到 1.5K.

[②] 举例来说,某些双原子分子的温度 I_{diss}/k 为:H_2 52 000K,N_2 113 000K,O_2 59 000K,Cl_2 29 000K,NO 61 000K,CO 98 000K.

§47 分子由不同原子构成的双原子气体. 分子的转动

后一种情形具有某些特点. 在本节中我们将认为分子是由不同原子所构成的.

大家知道,双原子分子的能级在通常的近似下由三个独立部分组成——电子能(其中也包括两个原子核在它们的平衡位置上的库仑相互作用能量,并且我们以两个孤立原子的能量之和作为计算电子能的起点)、转动能和原子核在分子内的振动能. 对于单重态的电子谱项而言,可以把这些能级写成形式(参看第三卷§82)

$$\varepsilon_{vK} = \varepsilon_0 + \hbar\omega\left(v + \frac{1}{2}\right) + \frac{\hbar^2}{2I}K(K+1). \tag{47.1}$$

式中 ε_0 是电子能,$\hbar\omega$ 是振动量子,v 是振动量子数,K 是转动量子数(分子的转动角动量),$I = m'r_0^2$ 是分子的转动惯量($m' = \dfrac{m_1 m_2}{m_1 + m_2}$ 是两个原子的约化质量,r_0 是两个原子核之间的距离的平衡值).

把(47.1)代入配分函数,后者显然分解为三个独立的因子:

$$Z = e^{-\frac{\varepsilon_0}{T}} Z_{\text{rot}} Z_{\text{vib}}, \tag{47.2}$$

式中"转动的"和"振动的"配分函数决定于

$$Z_{\text{rot}} = \sum_{K=0}^{\infty} (2K+1)\exp\left[-\frac{\hbar^2}{2TI}K(K+1)\right], \tag{47.3}$$

$$Z_{\text{vib}} = \sum_{v=0}^{\infty} \exp\left[-\frac{\hbar\omega}{T}\left(v + \frac{1}{2}\right)\right], \tag{47.4}$$

在 Z_{rot} 中的因子 $(2K+1)$ 是由于考虑到转动能级按角动量 K 的不同取向的简并度. 相应地,自由能被表示为三部分之和的形式:

$$F = -NT\ln\left[\frac{eV}{N}\left(\frac{mT}{2\pi\hbar^2}\right)^{3/2}\right] + F_{\text{rot}} + F_{\text{vib}} + N\varepsilon_0 \tag{47.5}$$

($m = m_1 + m_2$ 是分子的质量). 第一项可以称为"平动"部分 F_{tr}(因为它是由于分子的平动自由度而引起的),而

$$F_{\text{rot}} = -NT\ln Z_{\text{rot}}, \quad F_{\text{vib}} = -NT\ln Z_{\text{vib}} \tag{47.6}$$

可以称为"转动"部分和"振动"部分. 平动部分总是可以表示为(43.1)型的公式,其常数热容为 $c_{\text{tr}} = \dfrac{3}{2}$,而化学常数为

$$\zeta_{\text{tr}} = \frac{3}{2}\ln\frac{m}{2\pi\hbar^2}. \tag{47.7}$$

气体的总热容可以写成几项之和的形式:

$$c_v = c_{\text{tr}} + c_{\text{rot}} + c_{\text{vib}}, \quad c_p = c_{\text{tr}} + c_{\text{rot}} + c_{\text{vib}} + 1, \tag{47.8}$$

其中的每一项分别来自于分子的平动的、转动的和原子在分子内振动的热激发.

我们来计算自由能的转动部分. 如果温度是如此之高, 以至

$$T \gg \frac{\hbar^2}{2I}$$

("转动量子" $\frac{\hbar^2}{2I}$ 比 T 小得多[①]), 那么在配分函数(47.3)中只有 K 很大的那些项才起主要的作用. 但是, 当 K 值很大时, 分子的转动是准经典的. 因此在这种情形下, 配分函数 Z_{rot} 可以用相应的经典积分来代替:

$$Z_{\text{rot}} = \int e^{-\frac{\varepsilon(M)}{T}} d\tau_{\text{rot}}, \tag{47.9}$$

式中 $\varepsilon(M)$ 是转动动能的经典表达式, 它是角动量 M 的函数. 引入与分子一起转动的坐标系 ξ, η, ζ (ζ 轴沿着分子的轴的方向), 并且注意到: 双原子分子具有两个转动自由度, 而直线型力学系统的转动角动量是与它的轴垂直的, 我们就可以写出:

$$\varepsilon(M) = \frac{1}{2I}(M_\xi^2 + M_\eta^2).$$

体积元 $d\tau_{\text{rot}}$ 是微分 $dM_\xi dM_\eta$ 和对应于 M_ξ, M_η 的"广义坐标"微分(即绕 ξ 和 η 轴旋转的无限小角度) $d\varphi_\xi d\varphi_\eta$[②]的乘积再除以 $(2\pi\hbar)^2$. 但是绕 ξ 和 η 轴旋转的两个无限小角度的乘积不是别的, 而就是第三个轴 ζ 方向的立体角元 $d\sigma_\zeta$; 对立体角进行积分后得到 4π. 因此, 我们得到[③]:

$$Z_{\text{rot}} = \frac{4\pi}{(2\pi\hbar)^2} \iint_{-\infty}^{+\infty} \exp\left[-\frac{1}{2TI}(M_\xi^2 + M_\eta^2)\right] dM_\xi dM_\eta = \frac{2I}{\hbar^2}T.$$

由此得出自由能为

$$F_{\text{rot}} = -NT \ln T - NT \ln \frac{2I}{\hbar^2}. \tag{47.10}$$

由此可见, 当所考虑的温度不太低时, 热容的转动部分是常数, 并且等于 $c_{\text{rot}} = 1$, 这同 §44 中经典考虑所得到的普遍结果相符(每个转动自由度的贡献为 $\frac{1}{2}$). 化学常数的转动部分等于 $\zeta_{\text{rot}} = \ln \frac{2I}{\hbar^2}$. 在下面我们将看到: 一个相当大的温度范围内, $T \gg \frac{\hbar^2}{2I}$ 的条件是满足的, 而同时自由能的振动部分因而热容的振

[①] 事实上, 除了氢的两种同位素之外, 这个条件对于所有的气体来说都是满足的. 举例来说, 几种分子的 $\frac{\hbar^2}{2kI}$ 值为: H_2 85.4K, D_2 43K, HD 64K, N_2 2.9K, O_2 2.1K, Cl_2 0.36K, NO 2.4K, HCl 15.2K.

[②] 必须注意: 这种写法在某种意义下是有条件的, 因为 $d\varphi_\xi$ 和 $d\varphi_\eta$ 不是任何轴位置函数的全微分.

[③] Z_{rot} 的这个值也可以用另一种方法来求得: 考虑到配分函数(47.3)中的 K 值很大, 从而把对 K 的求和用对 K 的积分来代替, 我们就求得:

$$Z_{\text{rot}} \approx \int_0^\infty 2K \exp\left(-\frac{K^2\hbar^2}{2IT}\right) dK = \frac{2TI}{\hbar^2}.$$

动部分都不出现. 在这个范围内, 双原子气体的热容等于 $c_v = c_{tr} + c_{rot}$, 即

$$c_v = \frac{5}{2}, \quad c_p = \frac{7}{2} \tag{47.11}$$

而化学常数 $\zeta = \zeta_{tr} + \zeta_{rot}$ 为

$$\zeta = \ln\left[\frac{2I}{\hbar^5}\left(\frac{m}{2\pi}\right)^{3/2}\right]. \tag{47.12}$$

在相反的低温极限情形下,

$$T \ll \frac{\hbar^2}{2I},$$

保留和式中的头两项就足够了:

$$Z_{rot} = 1 + 3e^{-\frac{\hbar^2}{IT}},$$

在这样的近似下我们得到的自由能为:

$$F_{rot} = -3NTe^{-\frac{\hbar^2}{IT}}. \tag{47.13}$$

由此得到熵为

$$S_{rot} = \frac{3N\hbar^2}{IT}e^{-\frac{\hbar^2}{IT}}\left(1 + \frac{IT}{\hbar^2}\right), \tag{47.14}$$

比热为

$$c_{rot} = 3\left(\frac{\hbar^2}{IT}\right)^2 e^{-\frac{\hbar^2}{IT}}. \tag{47.15}$$

由此可见, 气体转动部分的熵和比热在 $T\to 0$ 时基本上按指数规律趋向于零. 因此, 在低温下双原子气体的行为就像单原子气体的行为一样; 无论是它的比热的值还是它的化学常数的值都与粒子质量为 m 的单原子气体所具有的值一样.

在任意温度的普遍情形下, 配分函数 Z_{rot} 应该用数值方法计算. 在图 4 中我

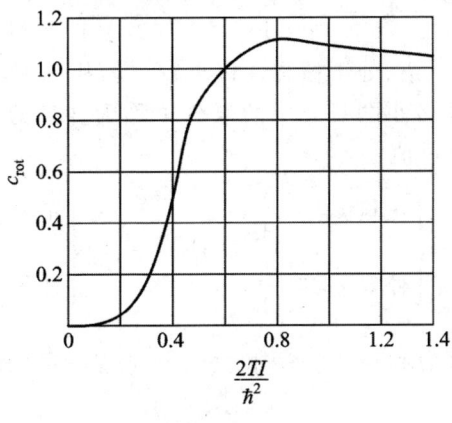

图 4

们作出了 c_{rot} 依赖于 $\dfrac{2TI}{\hbar^2}$ 的函数关系的曲线. 转动部分的比热在 $T = 0.81\left(\dfrac{\hbar^2}{2I}\right)$ 时具有极大值, 等于 1.1, 然后渐近地趋向于经典值 1①.

§48 分子由相同原子构成的双原子气体. 分子的转动

由相同原子构成的双原子分子具有一些特点, 有必要对前节中得到的某些公式加以修改.

首先来讨论使我们可以作经典考虑的高温极限情形. 由于两个核是相同的, 分子轴的两个相反的取向(区别只在于两个核的置换)现在对应于分子在物理上的同一个状态. 因此经典的配分函数(47.9)应该除以 2. 这个情况也使得化学常数变为

$$\zeta_{\text{rot}} = \ln\dfrac{I}{\hbar^2}; \tag{48.1}$$

相当于在 $\zeta_{\text{tr}} + \zeta_{\text{rot}}$ 之和 (47.12) 中去掉了对数宗量中的因子 2.

在需要作量子考虑的温度下会引起更重要的变化. 由于整个问题的兴趣事实上只在于把它应用于氢的两种同位素(H_2 和 D_2), 下面我们就只注意这两种气体了. 大家知道(参看第三卷 §86), 由于核的量子力学对称性的要求, 使得在电子谱项 $^1\Sigma_g^+$ (氢分子的基态谱项) 中偶数 K 值的和奇数 K 值的转动能级具有不同的核简并度: 偶数(奇数)K 的能级只在两个核的自旋之和是偶数(奇数)的情形下出现, 并且当核自旋 i 为半整数时具有相对简并度:

$$g_g = \dfrac{i}{2i+1}, \quad g_u = \dfrac{i+1}{2i+1},$$

当 i 为整数时具有相对简并度

$$g_g = \dfrac{i+1}{2i+1}, \quad g_u = \dfrac{i}{2i+1}.$$

按照通常采用的氢的术语, 处于核统计权重较大的状态中的氢分子称为**正氢分子**, 而处于核统计权重较小的状态中的氢分子称为**仲氢分子**. 因此, 分子 H_2 和 D_2 具有以下的统计权重值:

$$H_2\left(i = \dfrac{1}{2}\right)\begin{cases}\text{正氢 } g_u = \dfrac{3}{4}, \\ \text{仲氢 } g_g = \dfrac{1}{4},\end{cases} \quad D_2(i = 1)\begin{cases}\text{正氢 } g_g = \dfrac{2}{3}, \\ \text{仲氢 } g_u = \dfrac{1}{3}.\end{cases}$$

---

① 当 $2TI/\hbar^2$ 很大时, 可以求得热力学量的渐近展开式. 比热的展开式的前两项等于

$$c_{\text{rot}} = 1 + \dfrac{1}{45}\left(\dfrac{\hbar^2}{2TI}\right)^2.$$

但是必须注意: 这个展开式是函数 $c_{\text{rot}}(T)$ 的一个不好的近似.

下标 g 表示分子具有偶数的总核自旋(对于 H_2 是 0,对于 D_2 是 0 或 2)和偶数的转动角动量 K;下标 u 表示奇数的总核自旋(对于 H_2 和 D_2 都是 1)和奇数的 K 值.

在具有不同原子的分子中,全部转动能级的核简并度都是相同的,因此假如考虑到这种简并性,那么也不过使得化学常数发生一个我们不感兴趣的改变,但在这里却导致配分函数本身形式的改变,现在应该把它写成如下的形式[①]:

$$Z_{\text{rot}} = g_g Z_g + g_u Z_u, \tag{48.2}$$

式中

$$Z_g = \sum_{K=0,2,\cdots} (2K+1)\exp\left[-\frac{\hbar^2}{2IT}K(K+1)\right],$$

$$Z_u = \sum_{K=1,3,\cdots} (2K+1)\exp\left[-\frac{\hbar^2}{2IT}K(K+1)\right]. \tag{48.3}$$

自由能发生相应的改变:

$$F_{\text{rot}} = -NT\ln(g_g Z_g + g_u Z_u), \tag{48.4}$$

其余的热力学量亦然. 在高温下,

$$Z_g \approx Z_u \approx \frac{1}{2}Z_{\text{rot}} = \frac{TI}{\hbar^2},$$

因此,对于自由能仍旧得到以前的经典表达式,这正是理所当然的.

当 $T \to 0$ 时,和式 Z_g 趋近于 1,而 Z_u 按指数规律趋近于 0;所以,在低温下气体的行为就像单原子气体的情形一样(比热 $c_{\text{rot}}=0$),对气体的化学常数只需要附加上一个"核部分",它等于 $\zeta_{\text{nuc}} = \ln g_g$.

显然,上述各公式只适用于处于完全热平衡状态的气体. 在这样的气体中,正氢分子数和仲氢分子数的比值是温度的确定函数,按照玻尔兹曼分布它等于

$$\left.\begin{aligned} \chi_{H_2} &= \frac{N_{\text{正}H_2}}{N_{\text{仲}H_2}} = \frac{g_u Z_u}{g_g Z_g} = \frac{3Z_u}{Z_g}, \\ \frac{1}{\chi_{D_2}} &= \frac{N_{\text{正}D_2}}{N_{\text{仲}D_2}} = \frac{g_g Z_g}{g_u Z_u} = \frac{2Z_g}{Z_u}. \end{aligned}\right\} \tag{48.5}$$

当温度从 0 变到 ∞ 时,比值 χ_{H_2} 从 0 变到 3,而 χ_{D_2} 从 0 变到 $\frac{1}{2}$(当 $T=0$ 时,所有的分子当然都处于 K 最小的状态,即处于 $K=0$ 的状态,这相当于纯仲 H_2 或纯正 D_2).

[①] 我们采用归一化的核统计权重(即使得 $g_g + g_u = 1$),这种归一化意味着:熵的计算是以 $\ln(2i+1)^2$ 的值为起点的,这相当于在 §46 末尾所采用的条件.

但是必须注意:在分子碰撞时,总核自旋改变的概率是非常小的.因此正氢分子和仲氢分子的行为实际上就像氢的两种彼此不能转变[①]的不同变体一样.因此在实际上碰到的并不是平衡的气体,而是正态和仲态的非平衡混合物,它们的相对的量是一个给定的常数值[②].这种混合物的自由能等于两种成分的自由能之和.

特别是,当 $\chi = \infty$(纯正 H_2 或纯仲 D_2)时,我们有:

$$F_{\text{rot}} = -NT\ln(g_u Z_u).$$

在低温下 $\left(\dfrac{\hbar^2}{2IT} \gg 1\right)$,在 Z_u 中可以只保留和式的第一项,因此有 $Z_u = 3\exp\left(-\dfrac{\hbar^2}{IT}\right)$,因而自由能为

$$F_{\text{rot}} = N\frac{\hbar^2}{I} - NT\ln(3g_u).$$

这表示:气体的行为就像单原子气体一样($c_{\text{rot}} = 0$),并且在化学常数中出现一个附加项 $\ln 3g_u$,而在能量中出现一个常数项 $\dfrac{N\hbar^2}{I}$,相当于全部分子都具有 $K=1$ 时的转动能.

§49 双原子气体.原子的振动

气体热力学量的振动部分在非常高的温度下要比转动部分重要得多,因为谱项振动结构的间距比转动结构的间距大得多[③].

但是,我们将认为温度只高到这样的程度:太高的振动能级基本上都没有被激发.这时振动是微小的(因而也是简谐的),因而能级由(47.4)中用过的通常的表达式 $\hbar\omega\left(v + \dfrac{1}{2}\right)$ 来决定.

振动配分函数 Z_{vib} (47.4)的计算是很容易的.由于级数收敛得很快,可以在形式上把求和扩展到 $v = \infty$.我们假定以最低的($v=0$)振动能级作为计算分子能量的起点(即把 $\dfrac{\hbar\omega}{2}$ 包括到(47.1)中的常数 ε_0 中去).

于是我们有:

---

① 不存在特殊的催化剂时.

② 对于通常长时间处于室温下的气体来讲,这个比值等于 $\chi_{H_2} = 3, \chi_{D_2} = \dfrac{1}{2}$.

③ 举例来说,某些双原子气体的 $\dfrac{\hbar\omega}{k}$ 值为:H_2 6100K,N_2 3340K,O_2 2230K,NO 2690K,HCl 4140K.

§49 双原子气体. 原子的振动

$$Z_{\text{vib}} = \sum_{v=0}^{\infty} e^{-\frac{\hbar\omega}{T}v} = \frac{1}{1 - e^{-\frac{\hbar\omega}{T}}},$$

由此得出自由能为

$$F_{\text{vib}} = NT \ln(1 - e^{-\frac{\hbar\omega}{T}}), \tag{49.1}$$

熵为

$$S_{\text{vib}} = -N \ln(1 - e^{-\frac{\hbar\omega}{T}}) + \frac{N\hbar\omega}{T(e^{\frac{\hbar\omega}{T}} - 1)}, \tag{49.2}$$

能量为

$$E_{\text{vib}} = \frac{N\hbar\omega}{e^{\frac{\hbar\omega}{T}} - 1}, \tag{49.3}$$

比热为

$$c_{\text{vib}} = \left(\frac{\hbar\omega}{T}\right)^2 \frac{e^{\frac{\hbar\omega}{T}}}{(e^{\frac{\hbar\omega}{T}} - 1)^2}. \tag{49.4}$$

在图 5 中我们描出了 c_{vib} 与 $\dfrac{T}{\hbar\omega}$ 的函数关系曲线.

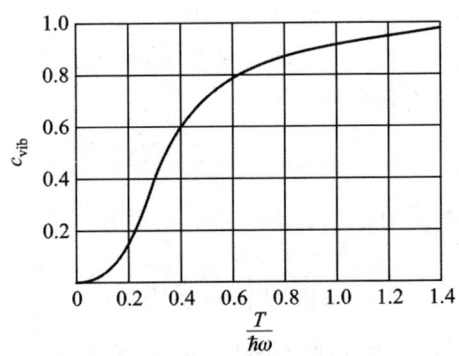

图 5

在低温下 ($\hbar\omega \gg T$),所有这些量都按指数规律趋于零:

$$F_{\text{vib}} = -NT e^{-\frac{\hbar\omega}{T}},$$
$$c_{\text{vib}} = \left(\frac{\hbar\omega}{T}\right)^2 e^{-\frac{\hbar\omega}{T}}. \tag{49.5}$$

在高温下 ($\hbar\omega \ll T$),我们有:

$$F_{\text{vib}} = -NT \ln T + NT \ln \hbar\omega - N\frac{\hbar\omega}{2}, \tag{49.6}$$

与此对应的常数比热为 $c_{\text{vib}} = 1$①，化学常数为 $\zeta_{\text{vib}} = -\ln(\hbar\omega)$. 把它们分别同 (47.11), (47.12) 的值相加，我们求得在温度 $T \gg \hbar\omega$ 时双原子气体的总比热等于②

$$c_v = \frac{7}{2}, \quad c_p = \frac{9}{2}, \tag{49.7}$$

而化学常数为

$$\zeta = \ln\left[\frac{(2)I}{\omega\hbar^6}\left(\frac{m}{2\pi}\right)^{3/2}\right]. \tag{49.8}$$

在这个公式中，对于由相同原子构成的分子来说，应该把因子 (2) 去掉. E_{vib} 的展开式中的前两项等于

$$E_{\text{vib}} = NT - \frac{1}{2}N\hbar\omega. \tag{49.9}$$

式中出现的常数项 $-\frac{1}{2}N\hbar\omega$ 是因为我们计算能量是以最低的量子能级作为起点的（即从"零点振动"能开始算起），但是经典能量应该从势能的极小值开始算起.

当然，自由能的表达式 (49.6) 也可以用经典的方法求出来，因为当 $T \gg \hbar\omega$ 时，重要的是大的量子数 v，对于这些量子数来讲，运动是准经典的. 角频率为 ω 的微振动的经典能量具有形式

$$\varepsilon_{\text{vib}}(p,q) = \frac{p^2}{2m'} + \frac{m'\omega^2 q^2}{2}$$

（m' 是约化质量）. 利用 ε 的这个表达式来进行积分，就给出了配分函数的值

$$Z_{\text{vib}} = \frac{1}{2\pi\hbar}\iint_{-\infty}^{+\infty}\exp\left(-\frac{\varepsilon_{\text{vib}}}{T}\right)dpdq = \frac{T}{\hbar\omega}, \tag{49.10}$$

它与 (49.6)③ 相对应（由于积分收敛很快，对 dq 的积分可以从积分限 $-\infty$ 积到 $+\infty$）.

在足够高的温度下，v 值很大的振动也被激发. 在这种温度下，振动的非简谐性的效应以及振动同分子转动的相互作用的效应都变得重要了（这两种效应原则上是同一数量级的）. 由于 v 很大，对热力学量的相应的修正可以用经典的方法来确定.

---

① 再次与 §44 的经典结果一致.

② 从图 5 中可以看到，实际上 c_{vib} 在 $T \approx \hbar\omega$ 时已经趋近于它的极限值 1 了（例如，当 $\frac{T}{\hbar\omega} = 1$ 时，$c_{\text{vib}} = 0.93$）. 经典表达式可以适用的实用判别条件可以写为

$$T \gg \frac{\hbar\omega}{3}.$$

③ 这个值是把对 v 的求和用对 dv 的积分来代替后求得的.

我们把分子看成由两个粒子所构成的力学系统,在相对于它们的质心为静止的坐标系中,它们按规律 $U(r)$ 相互作用着. 经典地讲,以精确方式描述系统的转动和振动的能量(哈密顿函数)是动能(具有约化质量 m' 的粒子的能量)和势能 $U(r)$ 之和. 配分函数在对动量进行积分后归结为对坐标的积分:

$$\int e^{-\frac{U(r)}{T}} dV,$$

对角度(在球坐标中)进行积分后,剩下的积分为

$$\int_0^\infty e^{-\frac{U(r)}{T}} r^2 dr.$$

如果令 $U(r) = U_0 + \frac{1}{2} m'\omega^2 (r-r_0)^2$,并且在积分时把变化缓慢的因子 r^2 用 r_0^2 来代替(其中 r_0 是两个粒子间的平衡距离,而 $U_0 = U(r_0)$),那么就可以获得相当于分子的转动和各种简谐振动都是独立的近似. 为了考虑振动的非简谐性以及各种振动同转动的相互作用,我们现在把 $U(r)$ 写成

$$U(r) = U_0 + \frac{m'\omega^2 r_0^2}{2}(\xi^2 - \alpha\xi^3 + \beta\xi^4) \tag{49.11}$$

($\xi = \dfrac{r}{r_0} - 1$,α 和 β 是常数①),然后从被积式中把因子

$$\exp\left[-\frac{1}{T}\left(U_0 + \frac{1}{2}m'\omega^2 r_0^2 \xi^2\right)\right]$$

提出来,再把被积式按 ξ 的幂次展开. 在展开式中仅须保留在积分以后会给出温度最高幂和次高幂的那些项;对 $d\xi$ 从积分限 $-\infty$ 积到 $+\infty$. 展开式的零阶项就是配分函数的通常的值,而其余所有的项都是所求的修正项. 我们把中间的计算省略掉,而直接把对自由能的修正的最后结果写出来:

$$F_{\text{anh}} = -NT^2 \frac{1}{2I\omega^2}\left(1 + 3\alpha - \frac{3}{2}\beta + \frac{15}{8}\alpha^2\right). \tag{49.12}$$

由此可见,由于振动的非简谐性(以及它们同转动的相互作用)在自由能中所引起的修正项与温度的平方成正比. 相应地,对比热所附加的修正项与温度的一次方成正比.

§50 双原子气体. 电子角动量的影响

某些分子(当然,为数是不多的)在它们的电子基态中具有不等于零的轨道角动量或自旋.

大家知道,由于不等于零的轨道角动量 Λ 的存在,电子谱项成为二重简并

---

① 这两个常数可以用分子的光谱常数来表示(参看本教程第三卷 §82).

的,对应于轨道角动量相对于分子轴的两种可能的取向①. 这种情况对气体的热力学量的影响是:由于配分函数增加了一倍,化学常数附加了一个量

$$\zeta_\Lambda = \ln 2. \tag{50.1}$$

由于不等于零的自旋 S 的存在,谱项分裂成 $2S+1$ 个谱项;但是(当 $\Lambda = 0$ 时),这些精细结构的间距是如此的微小,以至在计算热力学量时总是可以忽略不计. 自旋的存在仅仅导致所有的能级的简并度增加 $2S+1$ 倍,与此相应,化学常数附加了一个量

$$\zeta_S = \ln(2S+1). \tag{50.2}$$

出现在 $S \neq 0, \Lambda \neq 0$ 的精细结构需要特别的考虑. 在这种情形下,精细结构的间距所可能达到的值使我们在计算热力学量时必须考虑到它们. 我们来推导二重态电子谱项情形的公式. ②电子二重态的每个组态都具有它自己的振动的和转动的结构,但参量可以认为是相同的. 因此在配分函数(47.2)中还要出现一个因子:

$$Z_{el} = g_0 + g_1 e^{-\frac{\Delta}{T}},$$

式中 g_0, g_1 是二重态的两个组态的简并度,Δ 是它们之间的距离. 相应地,自由能附加了一项"电子的"部分:

$$F_{el} = -NT \ln(g_0 + g_1 e^{-\frac{\Delta}{T}}). \tag{50.3}$$

我们也可以写出"电子的"比热:

$$c_{el} = \frac{\left(\dfrac{\Delta}{T}\right)^2}{\left[1 + \dfrac{g_0}{g_1} e^{\frac{\Delta}{T}}\right]\left[1 + \dfrac{g_1}{g_0} e^{-\frac{\Delta}{T}}\right]}, \tag{50.4}$$

它应该添加到比热的其余部分上. 在 $T \to 0$ 和 $T \to \infty$ 这两种极限情形下,c_{el} 显然趋向于 0,而在温度 $T \sim \Delta$ 时具有极大值.

习　题

试确定由 O_2 分子第一激发态电子谱项(参看(50.2)后的脚注)所引起的氧自由能修正项. 温度比振动量子大得多,但是比基态谱项 $^3\Sigma$ 和激发态谱项 $^1\Delta$

---

① 严格地讲,谱项是分裂成两个能级的(称为 Λ-二重态),但是这两个能级之间的距离是如此的微小,以至在这里可以完全忽略不计.

② 这种情形在 NO 中出现;分子 NO 的基态电子谱项是二重态 $\Pi_{\frac{1}{2},\frac{3}{2}}$,其宽度(以 K 为单位)等于 Δ = 178K. 二重态的两个组态都是二重简并的.

在氧中发生特殊的情况. 分子 O_2 的基态电子谱项是距离非常窄的三重态 $^3\Sigma$,它们的宽度可以忽略不计. 但是由于偶然的原因,下一个(激发态的)谱项 $^1\Delta$(二重简并的)相距不太远: Δ = 11300K,在高温时可以被激发,因而对热力学量会有影响.

之间的距离 Δ 小得多.

解:配分函数为

$$Z = 3\frac{T}{\hbar\omega} \cdot \frac{TI}{\hbar^2} + 2\mathrm{e}^{-\frac{\Delta}{T}} \cdot \frac{T}{\hbar\omega'} \cdot \frac{TI'}{\hbar^2},$$

式中第一项和第二项各为基态谱项的和激发态谱项的配分函数,每一项都是电子因子、振动因子和转动因子的乘积. 因此,所求的对自由能的修正项为

$$F_{1\Delta} = -NT\ln\left(1 + \frac{2\omega r_0'^2}{3\omega' r_0^2}\mathrm{e}^{-\frac{\Delta}{T}}\right) \approx -NT\frac{2\omega r_0'^2}{3\omega' r_0^2}\mathrm{e}^{-\frac{\Delta}{T}},$$

式中 ω, r_0 和 ω', r_0' 各为在电子基态和电子激发态中的角频率和原子核之间的平衡距离.

§51 多原子气体

如同双原子气体一样,多原子气体的自由能可以表示为三部分之和——平动的、转动的和振动的. 平动部分仍旧由比热 c_{tr} 和化学常数 ζ_{tr} 即

$$c_{\mathrm{tr}} = \frac{3}{2}, \quad \zeta_{\mathrm{tr}} = \frac{3}{2}\ln\frac{m}{2\pi\hbar^2} \tag{51.1}$$

来表征.

由于多原子分子的转动惯量值很大(因而相应地,转动量子很小),它们的转动总是可以经典地来考虑①. 多原子分子具有三个转动自由度,因而在一般情形下具有三个不同的主转动惯量 I_1, I_2, I_3;因此它的转动动能是

$$\varepsilon_{\mathrm{rot}} = \frac{M_\xi^2}{2I_1} + \frac{M_\eta^2}{2I_2} + \frac{M_\zeta^2}{2I_3} \tag{51.2}$$

式中 ξ, η, ζ 是转动坐标系的坐标,其坐标轴同分子的惯量主轴重合(我们暂时不考虑构成分子的诸原子排列在一条直线上的特殊情形). 这个表达式应该代入到配分函数

$$Z_{\mathrm{rot}} = \int' \mathrm{e}^{-\frac{\varepsilon_{\mathrm{rot}}}{T}}\mathrm{d}\tau_{\mathrm{rot}}, \tag{51.3}$$

其中

$$\mathrm{d}\tau_{\mathrm{rot}} = \frac{1}{(2\pi\hbar)^3}\mathrm{d}M_\xi \mathrm{d}M_\eta \mathrm{d}M_\zeta \mathrm{d}\varphi_\xi \mathrm{d}\varphi_\eta \mathrm{d}\varphi_\zeta,$$

像平常一样,积分号上的一撇表示:积分应该只对分子在物理上彼此不同的取向来进行.

如果分子具有某些对称轴,那么绕这些轴的某些转动使分子同它本身重合,因而其结果只不过是相同原子的置换. 显然,分子在物理上相同的取向的数

---

① 转动的量子效应只有在甲烷 CH_4 中才会观察到,这种效应大约在 50K 的温度下出现(参看本节的习题).

目等于分子绕各对称轴所容许的各种旋转(包括恒等变换——旋转 360°——在内)的数目. 用 σ 来代表这个数目①,我们可以在(51.3)中直接对一切取向进行积分,再把整个表达式除以 σ.

在三个无限小转动角度的乘积 $\mathrm{d}\varphi_\xi \mathrm{d}\varphi_\eta \mathrm{d}\varphi_\zeta$ 中,可以把 $\mathrm{d}\varphi_\xi \mathrm{d}\varphi_\eta$ 看作是相对于 ζ 轴方向的立体角元 $\mathrm{d}o_\zeta$. 对 $\mathrm{d}o_\zeta$ 的积分是与对 $\mathrm{d}\varphi_\zeta$(绕 ζ 轴本身的转动)的积分无关的,进行积分的结果等于 4π. 以后对 $\mathrm{d}\varphi_\zeta$ 进行积分又给出 2π. 再对 $\mathrm{d}M_\xi \mathrm{d}M_\eta \mathrm{d}M_\zeta$ 进行积分(积分限从 $-\infty$ 到 $+\infty$),结果我们求得:

$$Z_{\mathrm{rot}} = \frac{8\pi^2}{\sigma(2\pi\hbar)^3}(2\pi T)^{3/2}(I_1 I_2 I_3)^{1/2} = \frac{(2T)^{3/2}(\pi I_1 I_2 I_3)^{1/2}}{\sigma\hbar^3}.$$

由此得出自由能

$$F_{\mathrm{rot}} = -\frac{3}{2}NT\ln T - NT\ln\frac{(8\pi I_1 I_2 I_3)^{1/2}}{\sigma\hbar^3}. \tag{51.4}$$

因此按照§44,转动比热是:

$$c_{\mathrm{rot}} = \frac{3}{2}, \tag{51.5}$$

而化学常数等于

$$\zeta_{\mathrm{rot}} = \ln\frac{(8\pi I_1 I_2 I_3)^{1/2}}{\sigma\hbar^3}. \tag{51.6}$$

如果多原子分子中所有的原子都排列在一条直线上(直线型分子),那么它也像双原子分子一样,具有两个转动自由度和一个转动惯量 I. 转动比热和化学常数也像双原子气体一样,等于

$$c_{\mathrm{rot}} = 1, \quad \zeta_{\mathrm{rot}} = \ln\frac{2I}{\sigma\hbar^2}, \tag{51.7}$$

在这里对于非对称的分子(例如,NNO)来讲,$\sigma = 1$,对于中心对称的分子(例如,OCO)来讲,$\sigma = 2$.

对多原子气体自由能的振动部分的计算类似于我们对双原子气体所作的计算. 区别在于:多原子气体所具有的振动自由度不止一个,而是若干个. 就是说,n 个原子的(非直线型)分子显然具有 $r_{\mathrm{vib}} = 3n - 6$ 个振度自由度;而对于直线型的 n 个原子的分子,$r_{\mathrm{vib}} = 3n - 5$(参看§44). 振动自由度的数目决定分子的所谓简正振动的数目,每一种简正振动有它自己的角频率 ω_α(角标 α 是简正振动的编号). 必须注意:这些 ω_α 中的某些频率可能彼此相同;在这种情形下我们说角频率是简并的.

在简谐近似下,我们认为振动很微小(我们所考虑的也只是这样的温度),

---

① 例如,对于 H_2O(等腰三角形)来讲,$\sigma = 2$;对于 NH_3(正三角锥体)来讲,$\sigma = 3$;对于 CH_4(正四面体)来讲,$\sigma = 12$;对于 C_6H_6(正六角形)来讲,$\sigma = 12$.

这时所有的简正振动都是独立的,因而振动能量就是各个振动的能量之和.因此振动配分函数分解成各个振动的配分函数之积,而所得到的自由能 F_{vib} 是 (49.1)型的表达式之和

$$F_{\text{vib}} = NT \sum_{\alpha} \ln(1 - e^{-\frac{\hbar\omega_\alpha}{T}}). \tag{51.8}$$

在这个和式中每一个角频率出现的次数等于它的简并度.对于其它热力学量的振动部分也相应地得到这种类型的和式.

每一种简正振动在各自的经典情形($T \gg \hbar\omega_\alpha$)下对比热的贡献等于 $c_{\text{vib}}^{(\alpha)}$;当 T 比最大的一个 $\hbar\omega_\alpha$ 还大时,我们就会得到

$$c_{\text{vib}} = r_{\text{vib}}. \tag{51.9}$$

但是,事实上这个极限是达不到的,因为多原子分子通常在比这低得多的温度下就已经分解了.

多原子分子的各种角频率 ω_α 的值通常是散布在一个很大的范围内.随着温度的升高,各种简正振动逐个"计入"到比热中去.这种情况使得多原子气体的比热往往可以在相当宽阔的温度范围内认为几乎是常数.

我们现在来讨论一种从振动到转动的特殊转变的可能性,乙烷分子 C_2H_6 就是这种例子.这种分子由两个 CH_3 原子团构成,它们彼此相隔一定的距离,并且以一定的方式相对地取向.分子的简正振动之一是"扭转振动",在这种振动下,一个 CH_3 原子团相对于另一个 CH_3 扭转.随着振动能量的增加,它们的振幅也在增长,最后在足够高的温度下,振动转变为自由转动.结果这个自由度对比热的贡献在振动被完全激发时大约达到 1,当温度继续增高时开始下降,渐近地趋近于转动的特征值 $1/2$.

最后,应当指出:如果分子具有不等于零的自旋 S(例如,分子 NO_2,ClO_2),那么就使得化学常数附加一个量

$$\zeta_S = \ln(2S + 1). \tag{51.10}$$

习 题

试确定甲烷在低温下的转动配分函数.

解:在本节第一个脚注中已经指出,在足够低的温度下,甲烷的 Z_{rot} 应该用量子方法计算.

CH_4 分子具有正四面体的形状,因而转动时像一个球状陀螺,因此它的转动能级等于 $\frac{\hbar^2}{2I}J(J+1)$,其中 I 是三个主转动惯量的共同值,J 是转动量子数.因为 H 核的自旋等于 $i = \frac{1}{2}$,而碳原子 C^{12} 的核自旋等于零,所以 CH_4 分子的总核自

旋可以等于 0,1,2（相应的核统计权重为 1,3,5）①. 对于每一个给定的 J 值来讲,对应于总核自旋每一个不同的值存在着一定数目的状态. 在下表中给出了前五个 J 值在不同总核自旋时的状态数：

核自旋：	0	1	2
$J = 0$	—	—	1
$J = 1$	—	1	—
$J = 2$	2	1	—
$J = 3$	—	2	1
$J = 4$	2	2	1

如果我们假定熵是以 $\ln(2i+1)^4 = \ln 16$ 的值作为起点来计算的（参看 §48 第一个脚注）,那么在考虑到转动角动量和核自旋各种取向的总简并度后所得到的配分函数 Z_{rot} 的值还必须除以 16. 结果我们得到：

$$Z_{\text{rot}} = \frac{5}{16} + \frac{9}{16} e^{-\frac{\hbar^2}{IT}} + \frac{25}{16} e^{-3\frac{\hbar^2}{IT}} + \frac{77}{16} e^{-6\frac{\hbar^2}{IT}} + \frac{117}{16} e^{-10\frac{\hbar^2}{IT}} + \cdots.$$

§52 气体的磁性

置于外磁场 H 中的物体还需要一个宏观量来表征——物体在场中所具有的磁矩 $\mathfrak{M}$. 对于理想气体,该磁矩 $\mathfrak{M} = N\overline{m}$（式中 $\overline{m}$ 是原子或分子的单粒子磁矩）,因此,计算它只需要考虑气体的单个粒子在磁场中的行为. 我们还要着重指出,因为作为稀薄介质的气体其磁化强度及密度都很小,所以可以忽略介质对磁场的影响,即认为作用在每个粒子上的磁场就是外磁场 H.

当外磁场有微小变化 δH 时,气体的哈密顿量的变化是 $\delta \hat{H} = -\hat{\mathfrak{M}} \cdot \delta H$,式中 $\hat{\mathfrak{M}}$ 是气体的磁矩算符②. 根据公式（15.11）（另见（11.4））,那里的外参量 λ 现在应取作场 H,因此我们有

$$\mathfrak{M} = -\left(\frac{\partial F}{\partial H}\right)_{T,V,N}. \tag{52.1}$$

为计算粒子在磁场中的自由能必须预先确定与场有关的气体粒子能级修正,我们先考虑单原子气体. 原子在磁场中的哈密顿算符为

$$\hat{H} = \hat{H}_0 - \hat{m} \cdot H + \frac{e^2}{8mc^2} \sum_a (H \times r_a)^2, \tag{52.2}$$

---

① 参看本教程第三卷 §105 习题 5.
② 在经典力学中,磁场变化 δH 时粒子系统拉格朗日量的微小变化为 $\delta L = \mathfrak{M}(q,\dot{q}) \cdot \delta H$,式中 $\mathfrak{M}(q,\dot{q})$ 是系统的磁矩,为其动力学变量坐标与速度的函数（参看本教程第二卷,(45.3)）. 哈密顿量的变化（在给定的坐标 q 与动量 p 下）与 δL 的区别仅在于符号（参看第一卷,(40.7)）；$\delta H = -\mathfrak{M}(p,q) \cdot \delta H$. 在量子力学中哈密顿量的变化也有类似的表达式,并且 $\hat{\mathfrak{M}}$ 是磁矩算符,通过粒子的坐标与动量（以及它们的自旋）算符来表示.

式中 $\hat{H}_0$ 是没有外场时原子的哈密顿算符,e 和 m 是电子的电荷与质量,r_a 是电子的坐标(求和对所有的电子进行),$\hat{m} = -\beta(2\hat{S}+\hat{L})$ 是原子的"内禀"磁矩算符($\hat{S}$ 和 $\hat{L}$ 是电子的自旋和轨道角动量算符,$\beta = \dfrac{|e|\hbar}{2mc}$ 是玻尔磁子(参看第三卷 §113)). 把(52.2)中的第二项和第三项看成对 $\hat{H}_0$ 的微扰,我们确定精确到场的二阶的能级修正项,其形式为

$$\Delta\varepsilon_k \equiv \varepsilon_k - \varepsilon_k^{(0)} = -A_k H - \frac{1}{2}B_k H^2, \tag{52.3}$$

其中

$$A_k = (m_z)_{kk}, \tag{52.4}$$

$$B_k = 2\sum_{k'}{}' \frac{|(m_z)_{kk'}|^2}{\varepsilon_{k'}^{(0)} - \varepsilon_k^{(0)}} - \frac{e^2}{4mc^2}\sum_a (x_a^2 + y_a^2)_{kk}, \tag{52.5}$$

这里 z 轴沿 H 的方向;(52.5)中的第一项来自(52.2)中 H 线性项的二阶微扰,而第二项来自哈密顿算符二次项的一阶微扰.

在计算自由能时,我们假设气体的温度不太低,从而修正项 $\Delta\varepsilon_k \ll T$. 这时配分函数可按 H 的幂次展开. 精确到 H 的平方项我们有

$$Z \equiv \sum_k e^{-\frac{\varepsilon_k}{T}} = \sum_k e^{-\frac{\varepsilon_k^{(0)}}{T}}\left[1 + \frac{A_k H}{T} + \frac{A_k^2 H^2}{2T^2} + \frac{B_k H^2}{2T}\right].$$

对 k 的求和特别包含了对原子内禀磁矩 m 取向的平均(未微扰能级与磁矩无关);考虑到对称性,显然,这时平均值 $\overline{A}$ 为零,于是有

$$Z = \left[1 + \frac{H^2}{2T}\left(\frac{\overline{A^2}}{T} + \overline{B}\right)\right]\sum_k e^{-\frac{\varepsilon_k^{(0)}}{T}},$$

式中横线表示按(无微扰场)玻尔兹曼分布求平均. 把这个表达式代入(41.4)并随后求自由能对 H 的导数,就得到磁矩形如 $\mathfrak{M} = N\chi H$,式中

$$\chi = \frac{1}{T}\overline{A^2} + \overline{B} \tag{52.6}$$

是气体的分子磁化率(J. H. Van Vleck,1927). 我们考虑几种特殊情形.

我们考虑同基态能级与激发态能级中最接近能级(包括基态谱项的精细结构组态)之间的间距相比温度 T 很小的情况. 这时可以认为只有原子的基态($k=0$)对平均值 $\overline{A^2}$ 与 $\overline{B}$ 有贡献.

如果原子(在基态中)既无自旋又无轨道角动量,在这种最简单的情况下,原子的内禀磁矩的所有矩阵元也等于 0. 这时 $A_0 = 0$,而只有第二项 B_0 不等于零. 由于 $L = S = 0$ 态的波函数有球对称性,对角矩阵元(即对原子态的平均值)为 $(x_a^2)_{00} = (y_a^2)_{00} = \dfrac{1}{3}(r_a^2)_{00}$. 结果我们求得

$$\chi = -\frac{e^2}{6mc^2}\sum_a (r_a^2)_{00}, \qquad (52.7)$$

即气体是抗磁的,具有与温度无关的磁化率(P. 朗之万,1905)[1].

如果原子的内禀磁矩不为零,则 $A_0 \neq 0$ 且(52.6)中的第一项(在关于温度所作的假设下)比第二项大. 根据定义(52.4),计算给出

$$A_0 = -\beta g M_J, \quad g = 1 + \frac{J(J+1) - L(L+1) + S(S+1)}{2J(J+1)},$$

式中 g 为朗德因子,M_J 是原子总角动量的投影(参看第三卷§113 节). (52.6)中的求平均化为对 M_J 求平均. 注意到

$$\overline{M_J^2} = \frac{1}{2J+1}\sum_{M_J=-J}^{J} M_J^2 = \frac{1}{3}J(J+1),$$

得

$$\chi = \frac{\beta^2 g^2}{3T}J(J+1). \qquad (52.8)$$

因此,气体是顺磁的,其磁化率遵从居里定律,与温度成反比(P. 朗之万,1905)[2].

如果原子的轨道角动量和自旋都不等于零但数值相同($L = S \neq 0$),而且合成总角动量 $J = 0$,那么内禀磁矩的对角矩阵元等于零,然而非对角矩阵元(对于多重态内的 $L, S, J \rightarrow L, S, J \pm 1$ 跃迁)不为零. 这时,$A_0 = 0$,而(52.5)的 B_0 中第二项(抗磁性项)比第一项小,后者的分母含有相对较小的基态精细结构间距. 这里 $B_0 > 0$:相对于基态能级,k' 求和中的每一项无论分子还是分母都是正的. 因此,在这种情况下气体是顺磁的,其磁化率与温度无关:$\chi = B_0$ (J. H. Van Vleck,1928)[3].

分子气体的磁化率可用类似的方法计算. 在通常温度下分子的转动是经典的. 因此计算磁矩的矩阵元可以先对固定不动的原子核计算,然后再将分子看成如同是刚性的经典磁偶极子对分子的取向求平均(参看习题)[4].

---

[1] 我们着重指出,这种抗磁性(在第三卷§113 就已经指出)具有量子本性:虽然在(52.7)中不显含量子常数 $\hbar$,事实上它决定原子的"大小". 在这一方面我们指出,在经典统计学中物质的宏观磁性完全不出现. 实际上,在经典力学中,磁场中系统的哈密顿量与没有磁场时的区别只在于用差 $P - \frac{e}{c}A(r)$ 代替粒子的动量 p,这里 P 是广义动量,而 $A(r)$ 是场的矢势. 在配分函数中积分是对所有的动量 P(以及坐标 r)进行的. 变量代换以后(从对 P 积分变到对 $p = P - \frac{e}{c}A$ 积分),我们发现磁场通常从配分函数中因而也从所有热力学量中消失.

[2] 公式(52.8)不仅适用于气体,而且也适用于凝聚体,只要原子磁矩由于某种原因可以当成是"自由的". 例如稀土元素的固体盐类与溶液中的磁性就属于这种情况. 这些离子的顺磁性与未被占满的 4f 壳层有关. 这些较深层电子被外层电子所屏蔽而不受近邻原子影响,结果在磁性方面,这些离子就像稀薄气体的原子一样.

[3] 这种情况可出现在铕盐的铕离子 Eu^{+++} 中(参看上注).

[4] 核运动所产生的磁矩与电子运动所产生的磁矩相比很小,因此总可以忽略不计.

习　题

1. 在 T 同原子基态精细结构间距相比很小的情况下,确定单原子气体的磁化率.

解:在这种情况下,(52.6)中的平均应该对原子多重态的所有组态求,并且所有组态的玻尔兹曼因子$(\mathrm{e}^{-\frac{\varepsilon_J^{(0)}}{T}})$可以认为是相同的. 这时,

$$\overline{A^2} = \overline{|\langle JM_J|m_z|JM_J\rangle|^2},$$

式中求平均对所有的值 J 和 M_J(在给定的 S 和 L 下)进行. 但是这种求平均的结果,与求平均在角动量 S 和 L 相加成 J 之后还是之前没有关系;换句话说,可以对 M_L 和 M_S 独立求平均来计算

$$\overline{A^2} = \overline{|\langle M_L M_S|m_z|M_L M_S\rangle|^2}.$$

注意到

$$\overline{M_S M_L} = \overline{M_S}\,\overline{M_L} = 0, \quad \overline{M_S^2} = \frac{1}{3}S(S+1), \quad \overline{M_L^2} = \frac{1}{3}L(L+1),$$

得

$$\overline{A^2} = \beta^2[4S(S+1) + L(L+1)].$$

在 $\overline{B}$ 的(52.5)式中第二项可以忽略;第一项(由于它的分母即多重态间距很小而可能很大)在对多重态的组态求平均后变为零:在和式

$$\sum{}' \frac{|\langle JM_J|m_z|J'M'_J\rangle|^2}{\varepsilon_{J'}^{(0)} - \varepsilon_J^{(0)}}$$

中的求和,现在遍及所有的数 J, J', M_J, M'_J,而 J 和 J' 的互换的不同项相消. 因此,磁化率为

$$\chi = \frac{\beta^2}{3T}[4S(S+1) + L(L+1)].$$

2. 在与 T 相比分子的电子基态精细结构间距很大时①,求双原子气体的磁化率.

解:在这种情况下,只要研究分子的基态能级即基态多重态的最低的组态就够了. 在轨道角动量与自旋在分子轴上的投影为 Λ 和 Σ 的态中,分子磁矩的平均值为

$$\langle \Lambda\Sigma|\boldsymbol{m}|\Lambda\Sigma\rangle = -\beta\boldsymbol{n}(\Lambda + 2\Sigma),$$

式中 $\boldsymbol{n}$ 是沿分子轴的单位矢量. 在经典转动的情况下 $\overline{n_z^2} = \frac{1}{3}$,我们求得磁化率

---

① 在通常温度下,多重态的间距与转动能级结构间距相比明显地大,因而分子项属于 a 型耦合(参看第三卷§83).

为

$$\chi = \frac{\beta^2}{3T}(\Lambda + 2\Sigma)^2.$$

3. 如果与 T 相比精细结构间距很小(分子项属于 b 型),求上题.

解:在这种情况下,应该对多重态的所有组态求平均. 在给定 Λ 和自旋 z 分量 M_S 时,磁矩 z 分量的对角矩阵元为

$$\langle \Lambda M_S | m_z | \Lambda M_S \rangle = -\beta(n_z\Lambda + 2M_S).$$

把它的平方对 M_S 的值和方向 n 求平均,就得到磁化率

$$\chi = \frac{\beta^2}{3T}[\Lambda^2 + 4S(S+1)].$$

4. 确定 NO 气体的磁化率. 分子的基态电子项为 $^2\Pi\left(\text{即 } \Lambda = 1, S = \frac{1}{2}\right)$,并且二重态的组态间距 Δ 与温度相当①. (J. H. Van Vleck,1928).

解:这里,在求(52.6)中的平均时必须考虑双能级的两个组态具有不同的玻尔兹曼因子. 两种状态 $|\Lambda\Sigma\rangle$ 的磁矩对角矩阵元为

$$\left\langle 1, -\frac{1}{2} \middle| L + 2S \middle| 1, -\frac{1}{2} \right\rangle = n - 2 \cdot \frac{1}{2}n = 0,$$

$$\left\langle 1, \frac{1}{2} \middle| L + 2S \middle| 1, \frac{1}{2} \right\rangle = 2n,$$

由此得

$$\overline{A^2} = \frac{4}{3}\beta^2 \frac{e^{-\frac{\Delta}{T}}}{1 + e^{-\frac{\Delta}{T}}}.$$

对于这两种状态之间的跃迁,算符 $\hat{L}$ 矩阵元为零(因为跃迁时 Σ 改变而 Λ 不变). 算符 $2S_z$ 的非对角矩阵元为

$$\left\langle 1, \frac{1}{2} \middle| 2S_z \middle| 1, -\frac{1}{2} \right\rangle = \left\langle 1, -\frac{1}{2} \middle| 2S_z \middle| 1, \frac{1}{2} \right\rangle = -1 \cdot \sin\theta,$$

式中 θ 是 n 与 z 轴间的夹角②. 根据(52.5)(这里再次忽略第二项),有

$$\overline{B} = \frac{2\beta^2}{\Delta} \cdot \frac{2}{3} \frac{1 - e^{-\frac{\Delta}{T}}}{1 + e^{-\frac{\Delta}{T}}}$$

---

① 它为 $\Delta = 180K$. 二重态的下态对应于自旋的轴分量 $\Sigma = -\frac{1}{2}$,而上态对应于 $\Sigma = \frac{1}{2}$. 耦合项属于 a 型.

② 算符 $\hat{S} = \frac{\sigma}{2}$,式中 σ 是量子化方向沿分子轴的泡利矩阵,也就是说,如果 $\xi\eta\zeta$ 是坐标轴且 ζ 轴沿 n,则 $\sigma_\zeta = \begin{pmatrix} 1 & 0 \\ 0 & -1 \end{pmatrix}$.

(因子 $\frac{2}{3}$ 来自 $\sin^2\theta$ 的平均). 磁化率的完全表达式可得如下式

$$\chi = \frac{\beta^2}{3T} f\left(\frac{\Delta}{T}\right), \quad f(x) = \frac{4[1 - e^{-x}(1-x)]}{x(1 + e^{-x})}.$$

第五章
费米分布和玻色分布

§53 费米分布

如果理想气体的温度(在给定的密度下)足够低,那么玻尔兹曼统计就不再适用而必须建立另一种统计,在这种统计中粒子在各量子态的平均占有数不能假定为很小.

但是,这种统计是随气体(考虑为由 N 个全同粒子所构成的系统)由何种波函数来描述而有所不同的. 大家知道,这些波函数相对于任何一对粒子的交换来讲,不是反对称的,就是对称的:前一种情形发生于半整数自旋的粒子,后一种情形发生于整数自旋的粒子.

由反对称波函数来描述的粒子系统遵循泡利原理:不可能有多于一个以上的粒子同时处在每一个量子态中. 以这个原理为基础的统计称为**费米统计**(或费米－狄拉克统计[①]).

类似于我们在§37中所做过的那样,我们把吉布斯分布应用于气体中处于给定量子态的全部粒子的集合;在§37中已经指出,即使在粒子之间存在着交换作用时也是可以这样做的. 我们用 Ω_k 来代表这个粒子系统的热力学势,根据普遍公式(35.3),我们有:

$$\Omega_k = -T\ln\sum_{n_k}\left[\exp\left(\frac{\mu-\varepsilon_k}{T}\right)\right]^{n_k}, \qquad (53.1)$$

因为在第 k 个状态中的 n_k 个粒子的能量就是 $n_k\varepsilon_k$. 根据泡利原理,每一个状态的占有数都只可能取 0 或者 1 两个值. 因此我们得到:

[①] 这种统计是由费米(E. Fermi,1926)对电子提出的,而它同量子力学的联系由狄拉克(P. A. M. Dirac,1926)所阐明.

$$\Omega_k = -T\ln\left(1 + \exp\frac{\mu - \varepsilon_k}{T}\right).$$

因为系统中的平均粒子数等于热力学势 Ω 对化学势 μ 的导数取反号,所以在现在的情形下,我们就得到所求的在第 k 个量子态中的平均粒子数为导数

$$\bar{n}_k = -\frac{\partial \Omega_k}{\partial \mu} = \frac{e^{(\mu-\varepsilon_k)/T}}{1 + e^{(\mu-\varepsilon_k)/T}},$$

或者最后写为

$$\bar{n}_k = \frac{1}{e^{(\varepsilon_k - \mu)/T} + 1}. \tag{53.2}$$

这就是遵循费米统计的理想气体(或简称之为**费米气体**)的分布函数。正如所预期的,所有的 $\bar{n}_k \leq 1$。当 $e^{\frac{\mu-\varepsilon_k}{T}} \ll 1$ 时,公式(53.2)当然就过渡到玻尔兹曼分布函数。

费米分布由以下条件归一化

$$\sum_k \frac{1}{e^{(\varepsilon_k-\mu)/T} + 1} = N, \tag{53.3}$$

式中 N 是气体中的粒子总数。这个等式以隐函数的形式确定化学势为 T 和 N 的函数。

把 Ω_k 对所有的量子态求和,就得到整个气体的热力学势 Ω:

$$\Omega = -T\sum_k \ln\left(1 + \exp\frac{\mu - \varepsilon_k}{T}\right). \tag{53.4}$$

§54 玻色分布

现在我们来研究由对称波函数描述的粒子所构成的理想气体,这种理想气体所遵循的统计法称为**玻色统计法**(或玻色-爱因斯坦统计法)[①]。

在对称波函数的情形下,量子态的占有数不受任何限制,而可以具有任意的值。分布函数的推导可以像前一节那样来进行,我们写出:

$$\Omega_k = -T\ln\sum_{n_k=0}^{\infty}\left(\exp\frac{\mu - \varepsilon_k}{T}\right)^{n_k}.$$

出现在这里的几何级数只有当 $\exp\left(\dfrac{\mu-\varepsilon_k}{T}\right) < 1$ 时才是收敛的。因为这个条件对于所有的 ε_k($\varepsilon_k = 0$ 也包括在内)来说都应该成立,所以显然在任何情形下都应该有:

$$\mu < 0. \tag{54.1}$$

---

① 这种统计是玻色(S. N. Bose,1924)对光量子提出的,后为爱因斯坦所推广。

关于化学势,应当提醒一下:玻尔兹曼气体的化学势总是取(绝对值很大的)负值;但是费米气体的 μ 可负可正.

求出几何级数的和,我们得到:

$$\Omega_k = T\ln\left(1 - \exp\frac{\mu - \varepsilon_k}{T}\right).$$

由此我们求得平均占有数 $\bar{n}_k = -\dfrac{\partial \Omega_k}{\partial \mu}$ 为:

$$\bar{n}_k = \frac{1}{e^{(\varepsilon_k-\mu)/T} - 1}. \tag{54.2}$$

这就是遵循玻色统计的理想气体(或简称为玻色气体)的分布函数. 玻色分布函数与费米分布函数的区别在于分母中 1 前面的符号相反. 也像费米分布函数那样,当 $e^{\frac{\mu-\varepsilon_k}{T}} \ll 1$ 时,玻色分布函数自然地过渡到玻尔兹曼分布函数. 气体中的粒子总数表示为公式

$$N = \sum_k \frac{1}{e^{(\varepsilon_k-\mu)/T} - 1}, \tag{54.3}$$

把 Ω_k 对所有的量子态求和,就得到整个气体的热力学势 Ω:

$$\Omega = T\sum_k \ln\left(1 - \exp\frac{\mu - \varepsilon_k}{T}\right). \tag{54.4}$$

§55 非平衡的费米气体和玻色气体

类似于在 §40 中的那种做法,同样能计算出非平衡费米气体和玻色气体的熵,而从熵为极大值的条件出发又重新得到费米分布函数和玻色分布函数.

在费米情况下,不可能有多于一个以上的粒子处在每个量子态中,但是 N_j 这个数并不小,一般来讲,是与 G_j 这个数同数量级的(这里所有的符号与 §40 中的符号相同).

N_j 个全同粒子分布在 G_j 个状态上(每个状态不可多于一个粒子)的可能方式数不是别的,而就是从 G_j 个状态中选取 N_j 个状态的可能方式数,也就是从 G_j 个元素中选取 N_j 个元素的组合数. 因此,我们有:

$$\Delta \Gamma_j = \frac{G_j!}{N_j!(G_j - N_j)!}. \tag{55.1}$$

把这个表达式取对数,并对(55.1)中三个阶乘的对数都应用公式(40.3),我们求得:

$$S = \sum_j \{G_j\ln G_j - N_j\ln N_j - (G_j - N_j)\ln(G_j - N_j)\}. \tag{55.2}$$

再引入量子态的平均占有数 $\bar{n}_j = \dfrac{N_j}{G_j}$,最后我们得到非平衡费米气体的熵的表达

§55 非平衡的费米气体和玻色气体

式如下:

$$S = -\sum_j G_j [\bar{n}_j \ln \bar{n}_j + (1 - \bar{n}_j) \ln (1 - \bar{n}_j)]. \qquad (55.3)$$

从这个表达式为极大值的条件出发,根据方程式(40.8)很容易求出确定平衡分布的公式为:

$$\bar{n}_j = \frac{1}{e^{\alpha + \beta \varepsilon_j} + 1},$$

正如所希望的那样,它是同费米分布一致的.

最后,在玻色统计的情形下,在每个量子态中可以有任意个粒子数,所以统计权重 $\Delta \Gamma_j$ 就是 N_j 个粒子分布在 G_j 个状态上的一切可能方式的数目. 这个数目等于①

$$\Delta \Gamma_j = \frac{(G_j + N_j - 1)!}{(G_j - 1)! N_j!}. \qquad (55.4)$$

对这个表达式取对数,同时,与 $G_j + N_j$ 和 G_j 这两个很大的数相比而略去 1,我们得到

$$S = \sum_j \{(G_j + N_j) \ln (G_j + N_j) - N_j \ln N_j - G_j \ln G_j\}. \qquad (55.5)$$

引入平均占有数 $\bar{n}_j$,我们可以把非平衡玻色气体的熵写成形式

$$S = \sum_j G_j [(1 + \bar{n}_j) \ln (1 + \bar{n}_j) - \bar{n}_j \ln \bar{n}_j]. \qquad (55.6)$$

很容易证明:实际上导致玻色分布的就是这个表达式为极大值的条件.

自然,(55.2)和(55.5)这两个熵的公式在 $N_j \ll G_j$ 的极限情形下都过渡到玻尔兹曼公式(40.4). 费米统计和玻色统计的统计权重(55.1)和(55.4)也都过渡到玻尔兹曼表达式(40.2). 为此必须设

$$G_j! \approx (G_j - N_j)! G_j^{N_j}, \quad (G_j + N_j - 1)! \approx (G_j - 1)! G_j^{N_j}.$$

但是,必须注意到:统计权重的这种过渡意味着在其中忽略掉数量级为 $\frac{N_j^2}{G_j}$ 的项,这是不难证明的;一般来讲,这些项本身并不很小,但是在取对数后,这些项在熵中所给出的修正项具有相对较小的数量级 $\frac{N_j}{G_j}$.

---

① 可以说,问题在于找出把 N_j 个相同的球分配到 G_j 个盒子中去的方式数. 我们把这些球表示成 N_j 个点按次序排列成一个队列的形式;把盒子编号,并假定用 $G_j - 1$ 根竖线排列在点的队列中,表示这些盒子间的分界. 例如,下图

· | · · · | | · · · · | · ·

表示 10 个球分配在五个盒子内:第一个盒子内 1 个球,第二个盒子内 3 个球,第三个盒子内 0 个球,第四个盒子内 4 个球,第五个盒子内 2 个球. 在这个队列中(点或竖线所占据的)位置总数是 $G_j + N_j - 1$. 我们所求的把球分配到盒子中去的方式数目就是选取 $G_j - 1$ 个竖线位置的可能方式的数目,也就是从 $N_j + G_j - 1$ 个元素中选取 $G_j - 1$ 个元素的组合数,由此就得到在正文中引用的公式.

最后,每个量子态中的粒子数很大(以致 $N_j \gg G_j, \bar{n}_j \gg 1$)的极限情形是很重要的,我们写出在这种情形下的玻色气体熵的公式.从量子力学中大家知道,这种情形对应于场的经典波动图像.统计权重(55.4)具有形式

$$\Delta \Gamma_j = \frac{N_j^{G_j-1}}{(G_j-1)!},\tag{55.7}$$

而熵为

$$S = \sum_j G_j \ln \frac{eN_j}{G_j}.\tag{55.8}$$

以后我们在§71中要用到这个公式.

§56 基本粒子的费米气体和玻色气体

我们来研究由基本粒子(或者在给定条件下可以看成是基本粒子的粒子)构成的气体.以前已经指出,对于通常的原子气体或分子气体来说,根本不需要应用费米分布或玻色分布,因为用玻尔兹曼分布来描述这些气体实际上总是足够精确的.

在这一节中所有推导出来的公式对于费米和玻色这两种分布具有完全类似的形式,差别只在于一个正负号.在后文中,正负号的上号总是对应于费米统计,而下号对应于玻色统计.

基本粒子的能量归结为它的平动动能,平动动能总是准经典的.因此我们有:

$$\varepsilon = \frac{1}{2m}(p_x^2 + p_y^2 + p_z^2),\tag{56.1}$$

而分布函数就像通常那样过渡到在粒子相空间中的分布.同时应该注意到:在一定的动量值下,粒子的状态还取决于它的自旋方向.因此,把分布函数(53.2)或(54.2)乘以

$$g\mathrm{d}\tau = g\frac{\mathrm{d}p_x \mathrm{d}p_y \mathrm{d}p_z \mathrm{d}V}{(2\pi\hbar)^3},$$

就得到了在相空间体积元 $\mathrm{d}p_x \mathrm{d}p_y \mathrm{d}p_z \mathrm{d}V$ 中的粒子数,式中 $g = 2s+1$,而 s 是粒子的自旋.于是,粒子数等于

$$\mathrm{d}N = \frac{g\mathrm{d}\tau}{\mathrm{e}^{\frac{\varepsilon-\mu}{T}} \pm 1}.\tag{56.2}$$

对 $\mathrm{d}V$ 积分(这归结为以气体的总体积 V 来代替 $\mathrm{d}V$),我们得到按粒子动量分量的分布.在动量空间中变换到球坐标,并对角度进行积分,我们就求得按动量绝对值的分布:

$$\mathrm{d}N_p = \frac{gVp^2\mathrm{d}p}{2\pi^2\hbar^3(\mathrm{e}^{\frac{\varepsilon-\mu}{T}} \pm 1)}.\tag{56.3}$$

$\left(\text{式中 } \varepsilon = \dfrac{p^2}{2m}\right)$,或按能量的分布:

$$dN_\varepsilon = \frac{gVm^{3/2}}{\sqrt{2}\pi^2\hbar^3}\frac{\sqrt{\varepsilon}d\varepsilon}{e^{\frac{\varepsilon-\mu}{T}}\pm 1}. \tag{56.4}$$

这两个公式代替了经典的麦克斯韦分布.

把(56.4)对 $d\varepsilon$ 积分,我们得到气体中的粒子总数:

$$N = \frac{gVm^{3/2}}{\sqrt{2}\pi^2\hbar^3}\int_0^\infty \frac{\sqrt{\varepsilon}d\varepsilon}{e^{\frac{\varepsilon-\mu}{T}}\pm 1}.$$

引入新的积分变量 $\dfrac{\varepsilon}{T}=z$,我们把上式改写为形式

$$\frac{N}{V} = \frac{g(mT)^{3/2}}{\sqrt{2}\pi^2\hbar^3}\int_0^\infty \frac{\sqrt{z}dz}{e^{z-\mu/T}\pm 1}. \tag{56.5}$$

这个公式以隐函数的形式确定了气体的化学势 μ 对温度 T 和密度 $\dfrac{N}{V}$ 的函数关系.

在公式(53.4),(54.4)中,同样地把求和变换到积分,我们得到热力学势 Ω 的表达式如下:

$$\Omega = \mp \frac{VgTm^{3/2}}{\sqrt{2}\pi^2\hbar^3}\int_0^\infty \sqrt{\varepsilon}\ln\left(1\pm e^{\frac{\mu-\varepsilon}{T}}\right)d\varepsilon.$$

作分部积分,求得:

$$\Omega = -\frac{2}{3}\frac{gVm^{3/2}}{\sqrt{2}\pi^2\hbar^3}\int_0^\infty \frac{\varepsilon^{3/2}d\varepsilon}{e^{\frac{\varepsilon-\mu}{T}}\pm 1}. \tag{56.6}$$

这个表达式同气体的总能量

$$E = \int_0^\infty \varepsilon dN_\varepsilon = \frac{gVm^{3/2}}{\sqrt{2}\pi^2\hbar^3}\int_0^\infty \frac{\varepsilon^{3/2}d\varepsilon}{e^{\frac{\varepsilon-\mu}{T}}\pm 1} \tag{56.7}$$

只差一个因子 $-\dfrac{2}{3}$.同时注意到 $\Omega=-PV$,我们因此就得到下述关系式:

$$PV = \frac{2}{3}E. \tag{56.8}$$

因为这个关系式是精确的,所以它在玻尔兹曼气体的极限情形下也应该满足;事实上,我们把玻尔兹曼气体的值 $E=\dfrac{3}{2}NT$ 代入上式,就得到克拉珀龙方程.

在公式(56.6)中作变量代换 $\dfrac{\varepsilon}{T}=z$,我们求得:

$$\Omega = -PV = VT^{5/2}f\left(\frac{\mu}{T}\right), \tag{56.9}$$

式中 f 是单变量函数,亦即 $\frac{\Omega}{V}$ 是 μ 和 T 的 $\frac{5}{2}$ 次齐次函数①.

因此

$$\frac{S}{V} = -\frac{1}{V}\left(\frac{\partial \Omega}{\partial T}\right)_{V,\mu} \quad \text{和} \quad \frac{N}{V} = -\frac{1}{V}\left(\frac{\partial \Omega}{\partial \mu}\right)_{T,V}$$

是 μ 和 T 的 $\frac{3}{2}$ 次齐次函数,而它们的比值 $\frac{S}{N}$ 是零次齐次函数,即 $\frac{S}{N} = \varphi\left(\frac{\mu}{T}\right)$. 由此可以看出:在绝热过程中($S = $ 常数),比值 $\frac{\mu}{T}$ 保持不变,又因为 $\frac{N}{VT^{3/2}}$ 也只是 $\frac{\mu}{T}$ 的函数,所以

$$VT^{3/2} = \text{常数}. \tag{56.10}$$

于是从(56.9)得出

$$PV^{5/3} = \text{常数}, \tag{56.11}$$

而同样地 $T^{5/2}/P = $ 常数. 这些等式同通常单原子气体的泊松绝热曲线方程 (43.9)是一致的. 但是,应当着重指出:公式(56.10),(56.11)中的幂指数现在同比热的比值没有关系(因为关系式 $\frac{c_p}{c_v} = \frac{5}{3}$ 和 $c_p - c_v = 1$ 不再成立).

把公式(56.6)改写成如下形式

$$P = \frac{g\sqrt{2}m^{3/2}T^{5/2}}{3\pi^2\hbar^3}\int_0^\infty \frac{z^{3/2}\mathrm{d}z}{\mathrm{e}^{z-\frac{\mu}{T}} \pm 1}, \tag{56.12}$$

它同公式(56.5)一起以参量形式(参量是 μ)确定气体的物态方程,即 P,V 和 T 之间的关系. 在玻尔兹曼气体的极限情形下(与此相应的是 $\mathrm{e}^{\frac{\mu}{T}} \ll 1$),也可以从这些公式得到克拉珀龙方程,这是理所应当的. 我们通过计算证实这一点,同时给出物态方程展开式的一阶修正项.

当 $\mathrm{e}^{\frac{\mu}{T}} \ll 1$ 时,我们把(56.12)中的被积式按 $\mathrm{e}^{\frac{\mu}{T}-z}$ 的幂次展开成级数,保留展开式的头两项,我们就得到:

$$\int_0^\infty \frac{z^{3/2}\mathrm{d}z}{\mathrm{e}^{z-\frac{\mu}{T}} \pm 1} \approx \int_0^\infty z^{3/2}\mathrm{e}^{\frac{\mu}{T}-z}(1 \mp \mathrm{e}^{\frac{\mu}{T}-z})\mathrm{d}z = \frac{3\sqrt{\pi}}{4}\mathrm{e}^{\frac{\mu}{T}}\left(1 \mp \frac{1}{2^{5/2}}\mathrm{e}^{\frac{\mu}{T}}\right).$$

以此代入(56.12),我们有:

$$\Omega = -PV = -\frac{gVm^{3/2}T^{5/2}}{(2\pi)^{3/2}\hbar^3}\mathrm{e}^{\frac{\mu}{T}}\left(1 \mp \frac{1}{2^{5/2}}\mathrm{e}^{\frac{\mu}{T}}\right).$$

---

① 如果按照表达式(56.9)来计算能量

$$E = N\mu + TS - PV = -\mu\frac{\partial \Omega}{\partial \mu} - T\frac{\partial \Omega}{\partial T} + \Omega,$$

那么我们再次得到关系式(56.8).

如果只保留展开式的第一项，我们正好得到单原子气体热力学势的玻尔兹曼值（公式(46.1a)）。次一项给出所求的修正项，因此可以写出：

$$\Omega = \Omega_\mathrm{B} \pm \frac{gVm^{3/2}T^{5/2}}{16\pi^{3/2}\hbar^3} e^{\frac{2\mu}{T}}. \tag{56.13}$$

但是对所有的热力学势用相应的变量来表示的微小增量（参看(24.16)）都是相等的。因此，用 T 和 V 来表示 Ω 的修正项（借助于玻尔兹曼表达式也可以得到相同精度），我们就直接得到对自由能的修正项：

$$F = F_\mathrm{B} \pm \frac{\pi^{3/2}}{2g} \frac{N^2\hbar^3}{VT^{1/2}m^{3/2}}. \tag{56.14}$$

最后，对体积进行微分，我们就得到所求的物态方程：

$$PV = NT\left[1 \pm \frac{\pi^{3/2}}{2g} \frac{N\hbar^3}{V(mT)^{3/2}}\right]. \tag{56.15}$$

在这个公式中修正项很小的条件同玻尔兹曼统计能够适用的条件(45.6)自然是一致的。因此，我们看到：理想气体的性质偏离经典性质，在给定的密度下降低温度时（或是说，当理想气体开始简并时）发生，使得在费米统计中压强比它在通常气体中的值有所增加；可以说，在这种情形中，量子力学的交换效应使得粒子之间出现某种附加的有效"排斥力"。

在玻色统计中，气体的压强值向相反的方面偏离——偏向比经典值小的方面；可以说，在这里粒子之间出现了某种附加的有效"吸引力"。

§57 简并电子气

在足够低的温度下研究费米气体的性质有着非常重要的原则性的意义。在下面我们将看到，这里所指的低温，实际上从别的观点看来可能还是很高的。

下面我们来讨论电子气，因为考虑到它是费米统计最重要的应用。对于电子来讲，$g = 2$（自旋 $S = \frac{1}{2}$）。

我们从研究绝对零度下的电子气（**完全简并的**费米气体）开始。在这种气体中电子按不同量子态的分布方式是使得气体的总能量具有最小的可能值。因为每个量子态不可能有一个以上的电子，所以电子占满了能量从最小值（等于 0）到某个最大值为止的全部状态，这个最大值取决于气体中的电子数。

考虑能级的二重自旋简并（$g = 2$），动量绝对值位于间隔 p 和 $p + \mathrm{d}p$ 之间的在体积 V 内运动的电子的量子态数等于

$$2\frac{4\pi p^2 \mathrm{d}p \cdot V}{(2\pi\hbar)^3} = V\frac{p^2\mathrm{d}p}{\pi^2\hbar^3}. \tag{57.1}$$

电子占据了动量从零到边界值 $p = p_\mathrm{F}$ 的全部状态；这个值称为动量空间中的费米球半径。在这些状态中的电子总数为

$$N = \frac{V}{\pi^2 \hbar^3} \int_0^{p_F} p^2 \mathrm{d}p = \frac{V p_F^3}{3\pi^2 \hbar^3},$$

由此得边界动量

$$p_F = (3\pi^2)^{1/3} \left(\frac{N}{V}\right)^{1/3} \hbar, \tag{57.2}$$

并且边界能量为

$$\varepsilon_F = \frac{p_F^2}{2m} = (3\pi^2)^{2/3} \frac{\hbar^2}{2m} \left(\frac{N}{V}\right)^{2/3}. \tag{57.3}$$

这个能量具有简单的热力学意义. 根据前面的叙述,量子态(具有确定的动量值 p 和自旋投影)的费米分布函数

$$\bar{n}_p = \frac{1}{\mathrm{e}^{\frac{\varepsilon - \mu}{T}} + 1} \tag{57.4}$$

在 $T \to 0$ 的极限下变为"阶跃"函数:在 $\varepsilon < \mu$ 时为 1,在 $\varepsilon > \mu$ 时为 0(在图 6 中用实线表示这个函数). 由此可见,在 $T = 0$ 时,气体的化学势与电子的边界能量是一致的.

$$\mu = \varepsilon_F. \tag{57.5}$$

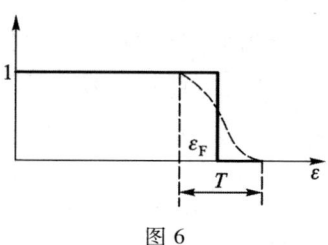

图 6

把状态数(57.1)乘以 $\frac{p^2}{2m}$,并遍及所有的动量值进行积分,就得到气体的总能量:

$$E = \frac{V}{2m\pi^2 \hbar^3} \int_0^{p_F} p^4 \mathrm{d}p = \frac{V p_F^5}{10 m \pi^2 \hbar^3},$$

把(57.2)代入上式后得到:

$$E = \frac{3(3\pi^2)^{2/3}}{10} \frac{\hbar^2}{m} \left(\frac{N}{V}\right)^{2/3} N. \tag{57.6}$$

最后,按照普遍关系式(56.8)我们求得气体的物态方程

$$P = \frac{(3\pi^2)^{2/3}}{5} \frac{\hbar^2}{m} \left(\frac{N}{V}\right)^{5/3}. \tag{57.7}$$

由此可见,在绝对零度的温度下,费米气体的压强与密度的 $\frac{5}{3}$ 次方成正比.

在给定的气体密度下,所得到的公式(57.6),(57.7)也可以近似地适用于非常接近绝对零度的温度. 显然,这些公式适用(气体为"强简并")的条件要求 T 比边界能量 ε_F 小得多:

$$T \ll \frac{\hbar^2}{m}\left(\frac{N}{V}\right)^{2/3}. \tag{57.8}$$

正如预期的那样,这个条件与玻尔兹曼统计的适用条件(45.6)是相反的. 由关系式 $T_F \approx \varepsilon_F$ 所决定的温度称为**简并温度**.

简并电子气具有独特的特性——它的密度愈大,它就愈接近于理想气体. 这点容易证实如下.

我们来考虑由电子和带正电荷的原子核所构成的气体,原子核的数量正好能够中和所有电子的电荷.(显然,仅由电子构成的气体是根本不稳定的;我们在前面没有提到原子核,这是由于假设了气体的理想性,因而原子核的存在并不影响电子气的热力学量.)电子同原子核的库仑相互作用能(相对于一个电子来讲)的数量级为 $\frac{Ze^2}{a}$,其中 Ze 是原子核的电荷,而 $a \sim \left(\frac{ZV}{N}\right)^{1/3}$ 是电子和原子核之间的平均距离. 气体理想性的条件归结为要求这个库仑相互作用能远小于电子的平均动能,后者与费米能量 ε_F 同一数量级. 不等式

$$\frac{Ze^2}{a} \ll \varepsilon_F,$$

在把 $a \sim \left(\frac{ZV}{N}\right)^{1/3}$ 和 ε_F 的表达式(57.3)代入后,给出条件

$$\frac{N}{V} \gg \left(\frac{e^2 m}{\hbar^2}\right)^3 Z^2. \tag{57.9}$$

我们看到:气体密度 $\frac{N}{V}$ 愈大,这个条件就满足得愈好[①].

习 题

试求在绝对零度下的电子气中同器壁碰撞的次数.

解:动量大小在间隔 $\mathrm{d}p$ 内而动量方向与器壁法线所成角度在间隔 $\mathrm{d}\theta$ 内的电子数(在单位体积内)为

$$\frac{2 \cdot 2\pi \sin\theta \mathrm{d}\theta p^2 \mathrm{d}p}{(2\pi\hbar)^3}.$$

把它乘以 $v\cos\theta \left(v = \frac{p}{m}\right)$,并对 $\mathrm{d}\theta$ 从 0 积到 $\frac{\pi}{2}$ 且对 $\mathrm{d}p$ 从 0 积到 p_F,就得到所求

[①] 在电子气密度等于 $\left(\frac{e^2 m}{\hbar^2}\right)^3 Z^2$ 时,相应的简并温度是 $40 Z^{4/3}$ eV $\approx 0.5 \times 10^6 Z^{4/3}$ K.

的(相对于1cm^2器壁的)碰撞次数 ν. 结果求得:

$$\nu = \frac{3(3\pi^2)^{1/3}}{16} \frac{\hbar}{m} \left(\frac{N}{V}\right)^{4/3}.$$

§58 简并电子气的热容

当温度比简并温度 T_F 低得多时,分布函数(57.4)具有图6中虚线所示的形式:分布函数只在能量 ε 的值靠近边界能量 ε_F 的狭窄间隔内才显著地不等于1或0.这个间隔称为费米分布的展布区,其宽度的数量级为 T.

表达式(57.6),(57.7)为相应量按微小比值 T/T_F 的幂次展开的头一项.我们来确定这些展开式中其次几项.

在公式(56.6)中出现形式为

$$I = \int_0^\infty \frac{f(\varepsilon)\mathrm{d}\varepsilon}{\mathrm{e}^{(\varepsilon-\mu)/T} + 1}$$

的积分,式中 $f(\varepsilon)$ 是(使得积分收敛的)某个函数;在(56.6)中,$f(\varepsilon) = \varepsilon^{3/2}$. 作代换 $\varepsilon - \mu = Tz$,把这个积分变为:

$$I = \int_{-\mu/T}^\infty \frac{f(\mu + Tz)}{\mathrm{e}^z + 1} T\mathrm{d}z = T\int_0^{\mu/T} \frac{f(\mu - Tz)\mathrm{d}z}{\mathrm{e}^{-z} + 1} + T\int_0^\infty \frac{f(\mu + Tz)\mathrm{d}z}{\mathrm{e}^z + 1}.$$

在第一个积分中利用

$$\frac{1}{\mathrm{e}^{-z} + 1} = 1 - \frac{1}{\mathrm{e}^z + 1}$$

就得到:

$$I = \int_0^\mu f(\varepsilon)\mathrm{d}\varepsilon - T\int_0^{\mu/T} \frac{f(\mu - Tz)}{\mathrm{e}^z + 1}\mathrm{d}z + T\int_0^\infty \frac{f(\mu + Tz)}{\mathrm{e}^z + 1}\mathrm{d}z.$$

在第二个积分中,我们注意到 $\frac{\mu}{T} \gg 1$ 而积分收敛得很快,所以把积分上限换成无穷大[①].因此,我们得到:

$$I = \int_0^\mu f(\varepsilon)\mathrm{d}\varepsilon + T\int_0^\infty \frac{f(\mu + Tz) - f(\mu - Tz)}{\mathrm{e}^z + 1}\mathrm{d}z.$$

现在我们把第二个积分中被积式的分子按 z 的幂次展开成泰勒级数,并逐项进行积分:

$$I = \int_0^\mu f(\varepsilon)\mathrm{d}\varepsilon + 2T^2 f'(\mu)\int_0^\infty \frac{z\mathrm{d}z}{\mathrm{e}^z + 1} + \frac{1}{3}T^4 f'''(\mu)\int_0^\infty \frac{z^3\mathrm{d}z}{\mathrm{e}^z + 1} + \cdots$$

[①] 这个替换意味着忽略掉指数型的小项.必须注意,下面得到的展开式(58.1)是渐近的(而并非收敛的)级数.

§58 简并电子气的热容

把各个积分的值①代入上式,最后我们有:

$$I = \int_0^\mu f(\varepsilon)\,\mathrm{d}\varepsilon + \frac{\pi^2}{6}T^2 f'(\mu) + \frac{7\pi^4}{360}T^4 f'''(\mu) + \cdots \qquad (58.1)$$

展开式的第三项列出供参考,我们在这里并不需要.

在公式(58.1)中令 $f = \varepsilon^{3/2}$ 并将它代入(56.6),就得到所求的热力学势 Ω 在低温下的展开式中次一项:

$$\Omega = \Omega_0 - VT^2 \frac{\sqrt{2\mu}\, m^{3/2}}{6\hbar^3}. \qquad (58.2)$$

Ω_0 代表 Ω 在绝对零度下的值.

把第二项看作是对 Ω_0 的微小增量,并借助于"零级近似"(57.5)把其中的 μ 用 T 和 V 来表示,可以直接写出自由能的表达式(根据小增量定理(24.16))

$$F = F_0 - \frac{\beta}{2} N T^2 \left(\frac{V}{N}\right)^{2/3}, \qquad (58.3)$$

---

① 这种类型的积分计算如下:

$$\int_0^\infty \frac{z^{x-1}\mathrm{d}z}{\mathrm{e}^z + 1} = \int_0^\infty z^{x-1} \mathrm{e}^{-z} \sum_{n=0}^\infty (-1)^n \mathrm{e}^{-nz}\mathrm{d}z = \Gamma(x) \sum_{n=1}^\infty (-1)^{n+1} \frac{1}{n^x} =$$
$$= (1 - 2^{1-x})\Gamma(x) \sum_{n=1}^\infty \frac{1}{n^x},$$

或

$$\int_0^\infty \frac{z^{x-1}\mathrm{d}z}{\mathrm{e}^z + 1} = (1 - 2^{1-x})\Gamma(x)\zeta(x) \qquad (x > 0), \qquad (1)$$

式中

$$\zeta(x) = \sum_{n=1}^\infty \frac{1}{n^x}$$

是黎曼 ζ 函数.

当 $x = 1$ 时,(1)式变为不定的;积分值为

$$\int_0^\infty \frac{\mathrm{d}z}{\mathrm{e}^z + 1} = \ln 2. \qquad (2)$$

当 x 为偶数($x = 2n$)时,ζ 函数可以用所谓伯努利数 B_n 来表示,因而得到:

$$\int_0^\infty \frac{z^{2n-1}}{\mathrm{e}^z + 1}\mathrm{d}z = \frac{2^{2n-1} - 1}{2n} \pi^{2n} B_n. \qquad (3)$$

类似的方式可以用来计算下述积分:

$$\int_0^\infty \frac{z^{x-1}\mathrm{d}z}{\mathrm{e}^z - 1} = \Gamma(x)\zeta(x) \qquad (x > 1). \qquad (4)$$

当 x 为偶数 $2n$ 时,有:

$$\int_0^\infty \frac{z^{2n-1}\mathrm{d}z}{\mathrm{e}^z - 1} = \frac{(2\pi)^{2n} B_n}{4n}. \qquad (5)$$

为了参考起见,我们列出头几个伯努利数的值以及 ζ 函数和 Γ 函数的一些值:

$$B_1 = \frac{1}{6}, \quad B_2 = \frac{1}{30}, \quad B_3 = \frac{1}{42}, \quad B_4 = \frac{1}{30};$$
$$\zeta(3/2) = 2.612, \quad \zeta(5/2) = 1.341, \quad \zeta(3) = 1.202, \quad \zeta(5) = 1.037;$$
$$\Gamma(3/2) = \sqrt{\pi}/2, \quad \Gamma(5/2) = 3\sqrt{\pi}/4.$$

式中为了简便起见引入符号

$$\beta = \left(\frac{\pi}{3}\right)^{2/3} \frac{m}{\hbar^2}. \tag{58.4}$$

由此我们求得气体的熵:

$$S = \beta NT\left(\frac{V}{N}\right)^{2/3}, \tag{58.5}$$

气体热容[①]

$$C = \beta NT\left(\frac{V}{N}\right)^{2/3} \tag{58.6}$$

以及能量

$$E = E_0 + \frac{\beta}{2}NT^2\left(\frac{V}{N}\right)^{2/3} = E_0\left[1 + 0.18\left(\frac{mT}{\hbar^2}\right)^2\left(\frac{V}{N}\right)^{4/3}\right]. \tag{58.7}$$

由此可见,在低温下简并费米气体的热容与温度的一次方成正比.

§59 电子气的磁性. 弱场

弱磁场中电子气的磁化强度由两个独立部分组成:与电子(自旋的)内禀磁矩有关的顺磁性(**泡利顺磁性**,W. Pauli,1927)以及与电子在磁场中的轨道运动量子化有关的抗磁性(**朗道抗磁性**,L. D. Landau,1930). 设气体是简并的:温度 $T \ll \varepsilon_F$,我们来计算相应的磁化率. 磁场很弱的条件表明:应该有(参看下面)$\beta H \ll T$,式中 $\beta = \frac{|e|\hbar}{2mc}$ 是玻尔磁子[②].

对于简并气体,以 T,V,μ(而不是 T,V,N)为独立变量进行热力学计算较方便. 与此相应,玻尔兹曼气体的磁矩计算公式(52.1)在这里替代为热力学势 Ω 的导数

$$\mathfrak{M} = -\left(\frac{\partial \Omega}{\partial H}\right)_{T,V,\mu}. \tag{59.1}$$

我们首先确定磁化率的顺磁性部分. 电子在磁场中的附加(自旋)能量等于 $\pm\beta H$,这里的两个符号对应于自旋沿场方向的两个投影值 $\left(\pm\frac{1}{2}\right)$. 因此,电子在磁场中的统计分布与没有磁场时的区别就在于用能量 $\varepsilon = \frac{p^2}{2m} \pm \beta H$ 代替 $\varepsilon =$

---

① 我们不写出热容的角标 v 或 p,因为在这种近似下 C_v 和 C_p 是同一的. 的确,我们在 §23 中已经看到:如果 $T\to 0$ 时 S 以 T^n 的方式趋于 0,那么差值 $C_p - C_v$ 依 T^{2n+1} 的方式趋向于 0;因而在这里所考虑的情形下,

$$C_p - C_v \propto T^3.$$

② 在高温($T \gg \varepsilon_F$)的相反情况下,电子形成玻尔兹曼气体,单位体积磁化率的顺磁性部分为:$\chi_{\text{para}} = \frac{N\beta^2}{VT}$($g=2, J=\frac{1}{2}$ 下的公式(52.8)).

§59 电子气的磁性. 弱场

$\dfrac{p^2}{2m}$. 但是，因为 ε 与化学势一道以组合 $\varepsilon - \mu$ 出现在分布中，上述替代等价于以 $\mu \mp \beta H$ 代替 μ. 于是，磁场中电子气的势 Ω 可以表示为

$$\Omega(\mu) = \frac{1}{2}\Omega_0(\mu + \beta H) + \frac{1}{2}\Omega_0(\mu - \beta H), \tag{59.2}$$

式中 $\Omega_0(\mu)$ 是没有磁场的势(为简略没有写出宗量 T, V);和式中的两项对应于电子不同自旋投影的组分,而因子 $\dfrac{1}{2}$ 是考虑在取定的自旋投影值下电子量子态数减半.

在(59.2)中按 βH 的幂次作展开,得到

$$\Omega(\mu) \approx \Omega_0(\mu) + \frac{1}{2}\beta^2 H^2 \frac{\partial^2 \Omega_0(\mu)}{\partial \mu^2}, \tag{59.3}$$

由此得到磁矩 $\mathfrak{M} = -H\beta^2 \dfrac{\partial^2 \Omega_0}{\partial \mu^2}$. 但是导数 $\dfrac{\partial \Omega_0}{\partial \mu} = -N$,因此在本节中相对于气体单位体积而言的顺磁磁化率为

$$\chi_{\text{para}} = -\frac{\beta^2}{V}\frac{\partial^2 \Omega_0}{\partial \mu^2} = \frac{\beta^2}{V}\left(\frac{\partial N}{\partial \mu}\right)_{T,V}. \tag{59.4}$$

忽略(当 $T \ll \mu$ 时)微小的温度效应,即认为气体是完全简并的,从(57.3)有

$$N = V\frac{(2m\mu)^{3/2}}{(3\pi^2 \hbar^3)},$$

求导给出

$$\chi_{\text{para}} = \frac{\beta^2 (2m)^{3/2} \sqrt{\mu}}{2\pi^2 \hbar^3} = \frac{\beta^2 p_F m}{\pi^2 \hbar^3}. \tag{59.5}$$

我们现在计算抗磁性磁化率. 电子在磁场中轨道运动的能级由下式给出

$$\varepsilon = \frac{p_z^2}{2m} + (2n+1)\beta H, \tag{59.6}$$

式中 $n = 0, 1, 2, \cdots$, 而 p_z 是在磁场方向上的动量,取从 $-\infty$ 到 ∞ 的连续值(参看第三卷§112). 这里,对于每个给定的值 n 在间隔 $\mathrm{d}p_z$ 中态的数目是

$$2\frac{V|e|H}{(2\pi\hbar)^2 c}\mathrm{d}p_z, \tag{59.7}$$

式中因子 2 计及自旋的两个方向. 势 Ω 的表达式(53.4)取

$$\Omega = 2\beta H \sum_{n=0}^{\infty} f[\mu - (2n+1)\beta H], \tag{59.8}$$

$$f(\mu) = -\frac{TmV}{2\pi^2 \hbar^3}\int_{-\infty}^{+\infty} \ln\left[1 + \exp\left(\frac{\mu}{T} - \frac{p_z^2}{2mT}\right)\right]\mathrm{d}p_z. \tag{59.9}$$

和式(59.8)可计算并达到要求的精度,这须借助于公式①

$$\sum_{n=0}^{\infty} F\left(n + \frac{1}{2}\right) \approx \int_0^{\infty} F(x)\,dx + \frac{1}{24} F'(0). \qquad (59.10)$$

这个公式适用的条件在于函数 F 的 $n \to n+1$ 的单步相对变化很小. 在应用于(59.9)时就归结为要求 $\beta H \ll T$.②

把(59.10)用于和式(59.8),我们得到

$$\Omega = 2\beta H \int_0^{\infty} f(\mu - 2\beta H x)\,dx + \frac{2\beta H}{24} \left.\frac{\partial f(\mu - 2n\beta H)}{\partial n}\right|_{n=0} =$$

$$= \int_{-\infty}^{\mu} f(x)\,dx - \frac{(2\beta H)^2}{24} \frac{\partial f(\mu)}{\partial \mu}.$$

第一项不含 H,即它是没有磁场下气体的势 $\Omega_0(\mu)$. 因此,

$$\Omega = \Omega_0(\mu) - \frac{1}{6}\beta^2 H^2 \frac{\partial^2 \Omega_0(\mu)}{\partial \mu^2}, \qquad (59.11)$$

由此得到磁化率③

$$\chi_{\text{dia}} = \frac{\beta^2}{3V} \frac{\partial^2 \Omega_0}{\partial \mu^2} = -\frac{1}{3}\chi_{\text{para}}. \qquad (59.12)$$

整体上气体是顺磁的,有磁化率 $\chi = \frac{2}{3}\chi_{\text{para}}$. 在这里我们为解释其两部分的起源对它们分别进行了计算. 当然也可直接计算总磁化率 χ. 为此必须把电子的能级写成 $\varepsilon = \frac{p_z^2}{2m} + (2n+1)\beta H \pm \beta H$, 它由(59.6)附加上自旋的磁能 $\pm \beta H$ 得到. 这组 ε 值也可写成

$$\varepsilon = \frac{p_z^2}{2m} + 2n\beta H, \quad n = 0, 1, 2, \cdots, \qquad (59.13)$$

并且 $n \neq 0$ 的每个值会出现两次,而 $n = 0$ 的值出现一次;换句话说,$n \neq 0$ 的状态数密度由相同的(59.7)式给出,而 $n = 0$ 时取其半. 势 Ω 现在由以下和式给出:

---

① 根据著名的欧拉 - 麦克劳林求和公式

$$\frac{1}{2}F(a) + \sum_{n=1}^{\infty} F(a+n) \approx \int_a^{\infty} F(x)\,dx - \frac{1}{12}F'(a), \qquad (59.10\text{a})$$

如果设 $a = \frac{1}{2}$ 并且把区间 $0 \leq x \leq \frac{1}{2}$ 内的函数 $F(x)$ 表示成 $F(x) \approx F(0) + xF'(0)$,由此可得到公式(59.10).

② 否则,在 $\mu - (2n+1)\beta H$ 接近于零的 n 值"危险"区中条件不成立. 这个区域导致(参看下节)在 Ω 中出现迅速振荡的项(作为 H 的函数). 如果选择区间 ΔH, 使得(在 $\mu - 2n\beta H \approx 0$ 的点附近)宗量 $\mu - 2n\beta H$ 的改变比它的两个相邻值之差大得多:$\beta H \ll n\beta\Delta H \sim \mu \frac{\Delta H}{H}$, 或者 $\frac{\Delta H}{H} \gg \frac{\beta H}{\mu}$, 则将级数(59.8)对 ΔH 求平均后振荡项不出现. 公式(59.10)又重新适用,并且用它所得到的结果将只受限于条件 $\beta H \ll \mu$.

③ 值得指出,这个关系式适用于气体的任意程度的简并.

$$\Omega = 2\beta H \left\{ \frac{1}{2} f(\mu) + \sum_{n=1}^{\infty} f(\mu - 2\beta H n) \right\}, \qquad (59.14)$$

并借助下式计算:①

$$\frac{1}{2} F(0) + \sum_{n=1}^{\infty} F(n) = \int_0^{\infty} F(x) \, \mathrm{d}x - \frac{1}{12} F'(0). \qquad (59.15)$$

§60 电子气的磁性. 强场

现在我们来考虑这样的场,这时 βH 同 μ 相比仍然很小,但与 T 相比未必很小:

$$T \lesssim \beta H \ll \mu \qquad (60.1)$$

在这些条件下,轨道运动的量子化效应和自旋效应已经不能彼此分开而应该同时顾及;换句话说,在计算 Ω 时必须从表达式(59.14)出发.

我们将看到,在 $\beta H \gtrsim T$ 时电子气的磁性含有作为 H 的函数的大振幅振荡部分;在这里我们感兴趣的正是这种磁性的振荡部分.

为了从热力学量中分出振荡部分,利用泊松公式②

$$\frac{1}{2} F(0) + \sum_{n=1}^{\infty} F(n) = \int_0^{\infty} F(x) \, \mathrm{d}x + 2 \mathrm{Re} \sum_{k=1}^{\infty} \int_0^{\infty} F(x) \mathrm{e}^{2\pi i k x} \, \mathrm{d}x, \qquad (60.2)$$

变换和式(59.14)较为方便,变换后它取如下形式

$$\Omega = \Omega_0(\mu) + \frac{TmV}{\pi^2 \hbar^3} \mathrm{Re} \sum_{k=1}^{\infty} I_k, \qquad (60.3)$$

式中

$$I_k = -2\beta H \int_{-\infty}^{\infty} \int_0^{\infty} \ln \left[1 + \exp\left(\frac{\mu}{T} - \frac{p_z^2}{2mT} - \frac{2x\beta H}{T} \right) \right] \mathrm{e}^{2\pi i k x} \, \mathrm{d}x \mathrm{d}p_z, \qquad (60.4)$$

而 $\Omega_0(\mu)$ 是没有场的热力学势.

在积分 I_k 中我们用 $\varepsilon = \frac{p_z^2}{2m} + 2x\beta H$ 代替变量 x. 我们可得感兴趣的积分振荡部分(记作 $\tilde{I}_k$):

$$\tilde{I}_k = -\int_{-\infty}^{\infty} \int_0^{\infty} \ln \left(1 + \exp \frac{\mu - \varepsilon}{T} \right) \exp\left(\frac{\mathrm{i}\pi k \varepsilon}{\beta H} \right) \exp\left(-\frac{\mathrm{i}\pi k p_z^2}{2m\beta H} \right) \mathrm{d}\varepsilon \mathrm{d}p_z.$$

---

① 它由欧拉-麦克劳林公式设 $a = 0$ 得到.
② 该公式由以下等式得出:

$$\sum_{n=-\infty}^{\infty} \delta(x - n) = \sum_{k=-\infty}^{\infty} \mathrm{e}^{2\pi i k x};$$

这个等式左边的 δ 函数之和是变量 x 的周期为 1 的周期函数,而右边的和式是这个函数的傅里叶级数展开式. 等式乘上任意函数 $F(x)$ 随后对 x 从 0 积分到 ∞,就得到(60.2)式. (这时,积分 $\int_0^{\infty} F(x)\delta(x) \mathrm{d}x$ 是和式的 $n=0$ 的项,只沿 $x=0$ 点的一侧区域积分给出 $\frac{F(0)}{2}$.)

对 p_z 积分时, $\frac{p_z^2}{2m} \sim \beta H$ 之值很重要. 积分的振荡部分源于 μ 附近的 ε 值区域(见后面); 因此 ε 的积分下限取作 0(替代 $\frac{p_z^2}{2m}$).

分出对 p_z 的积分并用下式①

$$\int_{-\infty}^{\infty} e^{-i\alpha p^2} dp = e^{-i\pi/4} \sqrt{\frac{\pi}{\alpha}}$$

计算之后得

$$\tilde{I}_k = -e^{-i\pi/4} \sqrt{\frac{2m\beta H}{k}} \int_0^{\infty} \ln\left[1 + e^{(\mu-\varepsilon)/T}\right] e^{i\pi k\varepsilon/\beta H} d\varepsilon.$$

对这个积分中作两次分部积分, 在留下的积分中作变量代换 $\frac{\varepsilon - \mu}{T} = \xi$. 略去非振荡部分, 我们得到

$$\tilde{I}_k = \frac{\sqrt{2m}(\beta H)^{5/2}}{T\pi^2 k^{5/2}} \exp\left(\frac{i\pi k\mu}{\beta H} - \frac{i\pi}{4}\right) \int_{-\infty}^{\infty} \frac{e^{\xi}}{(e^{\xi}+1)^2} \exp\left(\frac{i\pi kT}{\beta H}\xi\right) d\xi.$$

ξ 积分的下限等于 $-\frac{\mu}{T}$, 因条件 $\mu \gg T$ 替换为 $-\infty$. 在 $\beta H \gtrsim T$ 时, $\xi \sim 1$ 即 ε 值接近于 μ 的区域 ($\varepsilon - \mu \sim T$) 对积分起决定性作用. 积分的计算可运用公式②

$$\int_{-\infty}^{\infty} \frac{e^{\xi}}{(e^{\xi}+1)^2} e^{i\alpha\xi} d\xi = \frac{\pi\alpha}{\sinh \pi\alpha}.$$

最后对 Ω 的振荡部分求得

$$\tilde{\Omega} = \frac{\sqrt{2}(m\beta H)^{3/2} TV}{\pi^2 \hbar^3} \sum_{k=1}^{\infty} \frac{\cos\left(\frac{\pi\mu}{\beta H}k - \frac{\pi}{4}\right)}{k^{3/2} \sinh(\pi^2 kT/\beta H)}. \tag{60.5}$$

在由 (60.5) 的导数计算磁矩时, 只需对变化最快的因子即和式各项分子中的余弦求导. 这给出

$$\tilde{\mathfrak{M}} = -\frac{\sqrt{2\beta} m^{3/2} \mu TV}{\pi \hbar^3 \sqrt{H}} \sum_{k=1}^{\infty} \frac{\sin\left(\frac{\pi\mu}{\beta H}k - \frac{\pi}{4}\right)}{\sqrt{k} \sinh(\pi^2 kT/\beta H)} \tag{60.6}$$

---

① 在 p 的复平面中旋转积分路径, 令 $p = e^{-i\pi/4} u$ 且对实值 u 从 $-\infty$ 积到 ∞, 可得该式.

② 用代换 $(e^{\xi}+1)^{-1} = u$, 积分化为欧拉 B 积分:

$$\int_0^1 (1-u)^{i\alpha} u^{-i\alpha} du = \frac{\Gamma(1+i\alpha)\Gamma(1-i\alpha)}{\Gamma(2)}$$

并且根据公式

$$\Gamma(1-z)\Gamma(1+z) = \frac{\pi z}{\sin \pi z}$$

就得到正文中所示的结果.

(L. D. Landau,1939). 这个函数以很高的频率振荡①. 它的以 $\frac{1}{H}$ 为变量的"周期"是与温度无关的常数

$$\Delta \frac{1}{H} = \frac{2\beta}{\mu}, \tag{60.7}$$

这里,$\frac{\Delta H}{H} \sim \frac{\beta H}{\mu} \ll 1$.

在 $\beta H \sim T$ 时,磁矩的振幅 $\widetilde{\mathfrak{M}} \sim V\mu H^{1/2}(m\beta)^{3/2}\hbar^{-3}$. 磁化的"单调"部分(记作 $\overline{\mathfrak{M}}$),由上节计算的磁化率决定,为 $\overline{\mathfrak{M}} \sim V\mu^{1/2}Hm^{3/2}\beta^2\hbar^{-3}$. 因而,$\widetilde{\mathfrak{M}}/\overline{\mathfrak{M}} \sim (\mu/\beta H)^{1/2}$;振荡部分的振幅同单调部分相比很大. 与此相反,在 $\beta H \ll T$ 时,这个振幅为指数型小量如 $\exp(-\pi^2 T/\beta H)$ 而变得可略.

§61 相对论性简并电子气

电子的平均能量随着气体的压缩而增加(ε_F 增加);当它变得与 mc^2 相近时,相对论效应就成为重要的了. 我们在这里详细地研究完全简并的极端相对论性电子气,这种气体的粒子能量比 mc^2 大得多. 大家知道,在这种情形下,粒子的能量与它的动量由以下的关系式相联系:

$$\varepsilon = cp. \tag{61.1}$$

对于量子态数及由之而来的边界动量,我们仍有前面的公式(57.1)和(57.2). 但是边界能量(即气体的化学势)现在等于

$$\varepsilon_F = cp_F = (3\pi^2)^{1/3}\hbar c\left(\frac{N}{V}\right)^{1/3}. \tag{61.2}$$

气体的总能量为

$$E = \frac{cV}{\pi^2\hbar^3}\int_0^{p_F} p^3\,\mathrm{d}p = V\frac{cp_F^4}{4\pi^2\hbar^3},$$

或

$$E = \frac{3(3\pi^2)^{1/3}}{4}\hbar cN\left(\frac{N}{V}\right)^{1/3}. \tag{61.3}$$

把能量对体积进行微分(在熵保持不变——等于零的情况下),可以得到气体的压强. 这样做给出:

$$P = \frac{E}{3V} = \frac{(3\pi^2)^{1/3}}{4}\hbar c\left(\frac{N}{V}\right)^{4/3}. \tag{61.4}$$

即极端相对论性电子气的压强与它的密度的 4/3 次方成正比.

---

① 朗道(1930)定性预言了磁化率振荡. 在金属中,这种现象称为德哈斯 – 范阿尔芬效应.

必须指出：实际上不仅在绝对零度下，而且在所有的温度下，对于极端相对论性电子气来讲，关系式

$$PV = \frac{E}{3} \tag{61.5}$$

总是成立的。只要对于能量 ε 用表达式 $\varepsilon = cp$ 来代替 $\varepsilon = \frac{p^2}{2m}$，利用与推导关系式 (56.8) 完全同样的方法就很容易证明这一点。实际上，取 $\varepsilon = cp$，从公式 (53.4) 得到 Ω 的表达式

$$\Omega = -\frac{TV}{\pi^2 c^3 \hbar^3} \int_0^\infty \varepsilon^2 \ln\left(1 + \exp\frac{\mu - \varepsilon}{T}\right) d\varepsilon,$$

进行分部积分，我们求得：

$$\Omega = -\frac{V}{3\pi^2 c^3 \hbar^3} \int_0^\infty \frac{\varepsilon^3 d\varepsilon}{e^{(\varepsilon-\mu)/T} + 1} = -\frac{E}{3}. \tag{61.6}$$

由此可见，极端相对论性费米气体的压强达到了任何宏观物体的压强（在给定的 E 下）所能达到的极限值（参看 §27）。

引入积分变量 $\frac{\varepsilon}{T} = z$，我们写出：

$$\Omega = -\frac{VT^4}{3\pi^2 c^3 \hbar^3} \int_0^\infty \frac{z^3 dz}{e^{z-\mu/T} + 1}.$$

由此可见：

$$\Omega = VT^4 f\left(\frac{\mu}{T}\right). \tag{61.7}$$

用 §56 中所采用的同样方法，我们可以由此求出在绝热过程中极端相对论性费米气体的体积、压强和温度之间的关系式为

$$PV^{4/3} = 常数, \quad VT^3 = 常数, \quad \frac{T^4}{P} = 常数. \tag{61.8}$$

它们同 $\gamma = \frac{4}{3}$ 的通常的泊松绝热曲线方程是一致的；但是，应当着重指出：在这里 γ 绝不是气体热容的比值。

习　题

1. 试求在极端相对论性的完全简并电子气中同器壁碰撞的次数。

解：计算的方法与在 §57 习题中的一样，但是必须注意到电子的速度 $v \approx c$。结果得到：

$$\nu = \frac{c}{4}\frac{N}{V}.$$

2. 试求极端相对论性简并电子气的热容。

§61 相对论性简并电子气

解：把公式(58.1)用于(61.6)中的积分，我们求得：

$$\Omega = \Omega_0 - \frac{(\mu T)^2}{6(c\hbar)^3}V.$$

由此得到熵

$$S = \frac{\mu^2}{3(c\hbar)^3}VT = N\frac{(3\pi^2)^{2/3}}{3c\hbar}T\left(\frac{V}{N}\right)^{1/3}$$

和热容

$$C = N\frac{(3\pi^2)^{2/3}}{3c\hbar}\left(\frac{V}{N}\right)^{1/3}T.$$

3. 试求相对论性的完全简并电子气的物态方程（电子的能量和动量之间的关系式为 $\varepsilon^2 = c^2p^2 + m^2c^4$）.

解：对于状态数和边界动量，我们仍旧有前面的公式(57.1)和(57.2)，而总能量等于

$$E = \frac{Vc}{\pi^2\hbar^3}\int_0^{p_F}p^2\sqrt{m^2c^2 + p^2}\,\mathrm{d}p,$$

由此得出

$$E = \frac{cV}{8\pi^2\hbar^3}\left\{p_F(2p_F^2 + m^2c^2)\sqrt{p_F^2 + m^2c^2} - (mc)^4\operatorname{arsinh}\frac{p_F}{mc}\right\}.$$

对于压强 $P = -\left(\frac{\partial E}{\partial V}\right)_{S=0}$ 我们有：

$$P = \frac{c}{8\pi^2\hbar^3}\left\{p_F\left(\frac{2}{3}p_F^2 - m^2c^2\right)\sqrt{p_F^2 + m^2c^2} + (mc)^4\operatorname{arsinh}\frac{p_F}{mc}\right\}.$$

我们引入

$$\xi = 4\operatorname{arsinh}\frac{p_F}{mc}$$

作为参量，就可以把以上所得到的公式表示为参量形式. 于是我们得到：

$$\frac{N}{V} = \left(\frac{mc}{\hbar}\right)^3\frac{1}{3\pi^2}\sinh^3\frac{\xi}{4},$$

$$P = \frac{m^4c^5}{32\pi^2\hbar^3}\left(\frac{1}{3}\sinh\xi - \frac{8}{3}\sinh\frac{\xi}{2} + \xi\right),$$

$$\frac{E}{V} = \frac{m^4c^5}{32\pi^2\hbar^3}(\sinh\xi - \xi).$$

气体的化学势 μ（包括粒子的静止能量）与边界能量 $\varepsilon_F = \varepsilon(p_F)$ 相一致，它与密度的关系为

$$\frac{N}{V} = \frac{1}{3\pi^2\hbar^3}\left(\frac{\mu^2}{c^2} - m^2c^2\right)^{3/2}.$$

§62 简并玻色气体

在低温下,玻色气体的性质与费米气体的性质毫无共同之处. 这事先就很明显,因为玻色气体在 $T=0$ 时所处的最低能量的状态应该是 $E=0$ 的状态(所有的粒子都处于 $\varepsilon=0$ 的量子态),但是费米气体在绝对零度下却具有不等于零的能量.

如果在给定的密度 $\dfrac{N}{V}$ 下降低玻色气体的温度,那么由方程(56.5)(取下面的符号)所决定的化学势 μ 将增加,也就是说它的绝对值将减小. 因为 μ 是负的. 化学势达到 $\mu=0$ 值时的温度决定于等式

$$\frac{N}{V} = \frac{g(mT)^{3/2}}{\sqrt{2}\pi^2 \hbar^3} \int_0^\infty \frac{\sqrt{z}\mathrm{d}z}{\mathrm{e}^z - 1}. \tag{62.1}$$

出现在上式中的积分可以用 ζ 函数来表示(参看§58 第二个脚注);用 T_0 来代表所求的温度,我们得到:

$$T_0 = \frac{3.31}{g^{2/3}} \frac{\hbar^2}{m} \left(\frac{N}{V}\right)^{2/3}. \tag{62.2}$$

在 $T < T_0$ 时方程(56.5)没有负值解,但是在玻色统计中化学势在所有的温度下都应该是负的.

这种表面上的矛盾是由于把((54.3)式中的)求和转换为((56.5)式中的)积分在这里所讨论的条件下是不合理的. 这是因为,在这个转换中和式的第一项($\varepsilon_k = 0$ 的项)被 $\sqrt{\varepsilon} = 0$ 所乘,也就是说它从求和式中消失了. 但是在温度降低时,粒子正是应当聚集到这个能量最低的状态上去,到 $T=0$ 时,所有的粒子全都落在这个状态上了. 这种情况在数学上表现为:当 μ 向极限值过渡($\mu \to 0$)时,在和式(54.3)中除第一项以外,级数的所有项之和趋向于一个有限的极限值(由积分(56.5)所确定),而第一项($\varepsilon_k = 0$ 的项)趋向于无限大. 所以,使 μ 不趋向于 0 而趋向于某个小的有限值,就可以赋予和式的第一项以所要求的有限值.

因此在 $T < T_0$ 时的实际情况如下:能量 $\varepsilon > 0$ 的粒子按照 $\mu = 0$ 的(56.4)式分布:

$$\mathrm{d}N_\varepsilon = \frac{gm^{3/2}V}{\sqrt{2}\pi^2 \hbar^3} \frac{\sqrt{\varepsilon}\mathrm{d}\varepsilon}{\mathrm{e}^{\varepsilon/T} - 1}. \tag{62.3}$$

所以,能量 $\varepsilon > 0$ 的粒子总数为

$$N_{\varepsilon>0} = \int \mathrm{d}N_\varepsilon = \frac{gV(mT)^{3/2}}{\sqrt{2}\pi^2 \hbar^3} \int_0^\infty \frac{\sqrt{z}\mathrm{d}z}{\mathrm{e}^z - 1} = N\left(\frac{T}{T_0}\right)^{3/2}.$$

其余的粒子处于最低的状态即具有能量 $\varepsilon=0$[①]，数目为

$$N_{\varepsilon=0} = N\left[1 - \left(\frac{T}{T_0}\right)^{3/2}\right]. \tag{62.4}$$

在 $T<T_0$ 时气体的能量当然只由 $\varepsilon>0$ 的那些粒子来决定；在(56.7)中令 $\mu=0$，我们有：

$$E = \frac{gV(mT)^{3/2}T}{\sqrt{2}\pi^2\hbar^3}\int_0^\infty \frac{z^{3/2}\mathrm{d}z}{\mathrm{e}^z-1}.$$

这个积分可化为 $\zeta\left(\frac{5}{2}\right)$（参看 §58 第二个脚注），于是得到：

$$E = 0.770NT\left(\frac{T}{T_0}\right)^{3/2} = 0.128g\frac{m^{3/2}T^{5/2}}{\hbar^3}V. \tag{62.5}$$

由此得到热容

$$C_v = \frac{5E}{2T}, \tag{62.6}$$

即热容正比于 $T^{3/2}$。把热容进行积分后，我们求得熵：

$$S = \frac{5E}{3T}, \tag{62.7}$$

和自由能 $F = E - TS$：

$$F = -\frac{2}{3}E. \tag{62.8}$$

后一结果是非常自然的，因为当 $\mu=0$ 时，

$$F = \Phi - PV = N\mu + \Omega = \Omega.$$

对于压强 $P = -\left(\frac{\partial F}{\partial V}\right)_T$ 我们有：

$$P = 0.0851g\frac{m^{3/2}T^{5/2}}{\hbar^3}. \tag{62.9}$$

我们看到：在 $T<T_0$ 时，压强正比于 $T^{5/2}$，并且完全与体积无关。这种情况是下述事实的自然结果：处于 $\varepsilon=0$ 的状态的粒子不具有动量，因而对压强就没有任何贡献。

在 $T=T_0$ 这一点，所有上列的热力学量都是连续的。但是，可以证明：热容对温度的导数在这一点经历了一个跃变（参看本节的习题）。作为温度函数的热容曲线本身在 $T=T_0$ 这一点具有一个折点，并且热容在这一点为极大 $\left(\text{等于} 1.28\times\frac{3}{2}N\right)$[②]。

[①] 粒子聚集到 $\varepsilon=0$ 的状态中去的现象常常称为"**玻色－爱因斯坦凝聚**"。应当着重指出：这里所指的只是"在动量空间中的凝聚"；当然，气体中并没有发生任何实在的凝聚。

[②] 但是，必须着重指出，热容的这种行为正是完全忽略了气体粒子相互作用的结果，在引入即使微弱的相互作用后，这种转变就成为二级相变了（这种转变在第十四章中讨论）。

习 题

试求导数 $\left(\dfrac{\partial C_v}{\partial T}\right)_V$ 在 $T = T_0$ 这一点的跃变.

解:为了解决这个问题,必须确定当 $T - T_0$ 为很小的正值时气体的能量. 我们把等式(56.5)恒等地改写如下式

$$N = N_0(T) + \frac{gVm^{3/2}}{\sqrt{2}\pi^2\hbar^3}\int_0^\infty \left[\frac{1}{e^{(\varepsilon-\mu)/T}-1} - \frac{1}{e^{\varepsilon/T}-1}\right]\sqrt{\varepsilon}\,d\varepsilon,$$

式中函数 $N_0(T)$ 由等式(62.1)所确定. 我们把被积式展开,同时注意到在 $T = T_0$ 这一点附近 μ 很小,因而在积分中重要的只是 ε 很小的区域,于是我们求得在上式中出现的积分为

$$T\mu\int_0^\infty \frac{d\varepsilon}{\sqrt{\varepsilon}(\varepsilon + |\mu|)} = -\pi T\sqrt{|\mu|}. \tag{1}$$

把这个数值代入前式,并用 $N - N_0$ 来表示 μ,我们得到:

$$-\mu = \frac{2\pi^2\hbar^6}{g^2 m^3}\left(\frac{N_0 - N}{TV}\right)^2.$$

在同样的精确程度下

$$\frac{\partial E}{\partial \mu} = -\frac{3}{2}\frac{\partial \Omega}{\partial \mu} = \frac{3}{2}N \approx \frac{3}{2}N_0,$$

由此得出

$$E = E_0 + \frac{3}{2}N_0\mu = E_0 - \frac{3\pi^2\hbar^6}{g^2 m^3}N_0\left(\frac{N_0 - N}{TV}\right)^2,$$

式中 $E_0 = E_0(T)$ 是 $\mu = 0$ 时的能量,即函数(62.5). 显然,第二项对温度的二阶导数就是我们所求的热容导数的跃变. 经过计算后,我们求得:

$$\Delta\left(\frac{\partial C_v}{\partial T}\right)_V = -\frac{6\pi^2\hbar^6}{g^2 m^3 V^2}\left[N_0\left(\frac{1}{T}\frac{\partial N_0}{\partial T}\right)^2\right]_{T=T_0} = -3.66\frac{N}{T_0}. \tag{2}$$

根据(62.5),导数 $\left(\dfrac{\partial C_v}{\partial T}\right)_V$ 在 $T = T_0 - 0$ 时的值是 $+2.89\dfrac{N}{T_0}$,因而在 $T = T_0 + 0$ 时它等于 $-0.77\dfrac{N}{T_0}$.

§63 黑体辐射

玻色统计法的最重要的应用对象是处于热平衡中的电磁辐射,即所谓的**黑体辐射**.

黑体辐射可以看作是由光子构成的"气体". 电动力学方程的线性性质反映出这

样一个事实:光子彼此间并不相互作用(电磁场的叠加原理),因此"光子气体"可以看成是理想气体.由于已知光子的角动量是整数,所以这种气体服从玻色统计法.

如果辐射不是处在真空中,而是处在物质介质中,那么光子气体理想性的条件还要求辐射同介质的相互作用也很小.这个条件在气体介质中是满足的(除了靠近物质吸收谱线的那些频率以外,在辐射的整个光谱中都是满足的);但是当物质密度很大时,这个条件只有在很高的温度下才可能满足.

应该注意到:正是为了有可能在辐射中建立起热平衡,哪怕是很少量的物质的存在也是必需的,因为光子本身之间的相互作用可以认为完全不存在[①].

这时使平衡建立起来的机制就在于光子被物质吸收和发射.这种情况使得光子气体具有非常重要的特性:光子气体中的粒子数 N 是一个变量,而不像在通常气体中那样是一个给定的常数.因此 N 本身应该由热平衡条件来确定.要求气体的自由能(在给定的 T 和 V 下)为极小,作为必要条件之一我们得到 $\frac{\partial F}{\partial N} = 0$. 但是由于 $\left(\frac{\partial F}{\partial N}\right)_{T,V} = \mu$,我们求得:

$$\mu = 0, \tag{63.1}$$

即光子气体的化学势等于零.

因此,光子在具有确定的动量 $\hbar k$ 和能量 $\varepsilon = \hbar\omega = \hbar ck$(而且有确定的极化)的不同量子态上的分布由 $\mu = 0$ 的(54.2)式来确定:

$$\bar{n}_k = \frac{1}{e^{\hbar\omega/T} - 1}. \tag{63.2}$$

这就是所谓**普朗克分布**.

认为体积足够大,我们可以像通常那样(参看第二卷§52)从辐射本征频率的不连续分布过渡到连续分布.大家知道,波矢 $\boldsymbol{k}$ 的分量在间隔 $d^3k = dk_x dk_y dk_z$ 内的本征振动数等于

$$\frac{V}{(2\pi)^3} d^3k,$$

而波矢的绝对值在间隔 dk 内的本征振动数相应地为:

$$\frac{V}{(2\pi)^3} \cdot 4\pi k^2 dk.$$

引用频率 $\omega = ck$ 并乘以 2(每一振动有两个独立的偏振方向),就得到频率在 ω 和 $\omega + d\omega$ 之间的光子的量子态数:

$$\frac{V\omega^2 d\omega}{\pi^2 c^3}. \tag{63.3}$$

[①] 与可能产生的虚的电子–正电子对有关的相互作用(光对光的散射)是完全可以忽略不计的,在这里不考虑(参看第四卷§127).

把分布(63.2)乘以这个量,我们就求出在该频率间隔内的光子数:

$$dN_\omega = \frac{V}{\pi^2 c^3} \frac{\omega^2 d\omega}{e^{\hbar\omega/T} - 1}, \qquad (63.4)$$

再乘以 $\hbar\omega$,就得到在这个能谱间隔内所包含的辐射能:

$$dE_\omega = \frac{V\hbar}{\pi^2 c^3} \frac{\omega^3 d\omega}{e^{\hbar\omega/T} - 1}. \qquad (63.5)$$

黑体辐射能谱分布的这个公式称为**普朗克公式**[①]. 如果用波长 $\lambda = \dfrac{2\pi c}{\omega}$ 来表示,这个公式具有如下形式:

$$dE_\lambda = \frac{16\pi^2 c\hbar V}{\lambda^5} \frac{d\lambda}{e^{\frac{2\pi\hbar c}{T\lambda}} - 1}. \qquad (63.6)$$

当频率很小($\hbar\omega \ll T$)时,公式(63.5)给出:

$$dE_\omega = V \frac{T}{\pi^2 c^3} \omega^2 d\omega. \qquad (63.7)$$

这就是所谓的**瑞利-金斯公式**. 我们注意到:这个公式并不包含量子常数 $\hbar$,并且可以直接由 T 乘以本征振动数(63.3)来获得;在这种意义上,它与经典统计相似,在经典统计学中每个振动自由度应该占有能量 T(能量均分定理,§44).

在频率很大($\hbar\omega \gg T$)的相反的极限情形下,公式(63.5)给出:

$$dE_\omega = V \frac{\hbar}{\pi^2 c^3} \omega^3 e^{-\hbar\omega/T} d\omega. \qquad (63.8)$$

这就是**维恩公式**.

在图 7 中,画出了对应于分布(63.5)的函数 $\dfrac{x^3}{e^x - 1}$ 的图形.

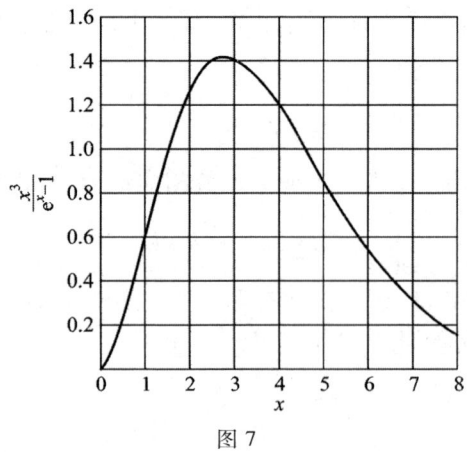

图 7

[①] 普朗克(M. Planck)在 1900 年发现的该定律标志量子理论开始创立.

黑体辐射能量的频谱分布密度 $\dfrac{\mathrm{d}E_\omega}{\mathrm{d}\omega}$ 在 $\omega = \omega_m$ 的频率处具有极大值,ω_m 由下式决定:

$$\frac{\hbar\omega_m}{T} = 2.822. \tag{63.9}$$

由此可见,当温度升高时,分布的极大值的位置以与 T 成正比的方式向频率较大的方向移动①(**维恩位移定律**).

我们来计算黑体辐射的热力学量. 当 $\mu = 0$ 时自由能 F 同 Ω 一致(因为 $F = \Phi - PV = N\mu + \Omega$). 根据公式(54.4),在其中令 $\mu = 0$,并且像通常那样(借助于(63.3))从求和转换到积分,我们就得到:

$$F = T\frac{V}{\pi^2 c^3}\int_0^\infty \omega^2 \ln(1 - e^{-\hbar\omega/T})\,\mathrm{d}\omega. \tag{63.10}$$

引入积分变量 $x = \dfrac{\hbar\omega}{T}$ 并进行分部积分,我们得到:

$$F = -V\frac{T^4}{3\pi^2\hbar^3 c^3}\int_0^\infty \frac{x^3\,\mathrm{d}x}{e^x - 1}.$$

上式中的积分等于 $\dfrac{\pi^4}{15}$(参看§58第二个脚注). 由此可见,

$$F = -V\frac{\pi^2 T^4}{45(\hbar c)^3} = -\frac{4\sigma}{3c}VT^4. \tag{63.11}$$

如果 T 用开尔文量度,那么系数 σ 等于

$$\sigma = \frac{\pi^2 k^4}{60\hbar^3 c^2} = 5.67\times 10^{-5}\,\frac{\mathrm{g}}{\mathrm{s}^3\cdot\mathrm{K}^4} \tag{63.12}$$

称为**斯特藩-玻尔兹曼常量**.

熵为

$$S = -\frac{\partial F}{\partial T} = \frac{16\sigma}{3c}VT^3. \tag{63.13}$$

它与温度的立方成正比. 辐射总能量 $E = F + TS$ 等于

$$E = \frac{4\sigma}{c}VT^4 = -3F. \tag{63.14}$$

当然,这个表达式也可以由直接对分布(63.5)积分而得到. 由此可见,黑体辐射

---

① 按波长的分布密度 $\dfrac{\mathrm{d}E_\lambda}{\mathrm{d}\lambda}$ 也具有极大值,它的位置由另一个类似的比值

$$\frac{2\pi\hbar c}{T\lambda_m} = 4.965$$

所决定. 由此可见,按波长的分布极大值点(λ_m)以与温度成反比的方式移动.

的总能量与温度的四次方成正比(**玻尔兹曼定律**).

对于辐射的热容,有

$$C_v = \left(\frac{\partial E}{\partial T}\right)_V = \frac{16\sigma}{c}T^3 V. \tag{63.15}$$

最后,压强等于

$$P = -\left(\frac{\partial F}{\partial V}\right)_T = \frac{4\sigma}{3c}T^4, \tag{63.16}$$

$$PV = \frac{E}{3}. \tag{63.17}$$

理所当然,对于光子气体可以得到与极端相对论性电子气(§61)同样的压强极限表达式;关系式(63.17)是粒子的能量和动量之间的线性关系($\varepsilon = cp$)的直接结果.

黑体辐射中的光子总数为

$$N = \frac{V}{\pi^2 c^3}\int_0^\infty \frac{\omega^2\,d\omega}{e^{\hbar\omega/T}-1} = \frac{VT^3}{\pi^2 c^3 \hbar^3}\int_0^\infty \frac{x^2\,dx}{e^x - 1}.$$

上式中的积分可以用 $\zeta(3)$ 来表示(参看§58第二个脚注). 由此可见,

$$N = \frac{2\zeta(3)}{\pi^2}\left(\frac{T}{\hbar c}\right)^3 V = 0.244\left(\frac{T}{\hbar c}\right)^3 V. \tag{63.18}$$

当光子气体做绝热膨胀(或压缩)时,体积和温度彼此由 VT^3 = 常数的关系式联系着. 同时由于(63.16),压强和体积由 $PV^{4/3}$ = 常数的关系式联系着. 与(61.8)相比较,我们看到:光子气体的绝热曲线方程同极端相对论性电子气的绝热曲线方程一致(这正是我们所预期的).

我们来研究与周围的黑体辐射处于热平衡的任何物体. 物体不断地反射和吸收投射到它上面的光子,同时物体本身也辐射出新的光子,并且在平衡状态下所有这些过程相互抵消,以使得光子按频率和方向的分布平均地来讲保持不变.

由于黑体辐射是完全各向同性的,能流从它的每个体积元中均匀地向四面八方流出. 我们引入符号

$$e_0(\omega) = \frac{1}{4\pi V}\frac{dE_\omega}{d\omega} = \frac{\hbar\omega^3}{4\pi^3 c^3(e^{\hbar\omega/T}-1)} \tag{63.19}$$

代表在单位体积和单位立体角内黑体辐射的能谱密度. 于是,从每一点流出而进入立体角元 do 且频率在间隔 $d\omega$ 内的能流密度为:

$$ce_0(\omega)\,do\,d\omega.$$

因此在单位时间内,投射到物体表面的单位面积上而投射方向与表面法线成 θ 角(同时频率在 $d\omega$ 内)的辐射能量为

$$ce_0(\omega)\cos\theta do d\omega, \quad do = 2\pi\sin\theta d\theta.$$

我们用 $A(\omega,\theta)$ 来代表物体的吸收本领,它是辐射频率及其投射方向的函数;这个量被定义为:投射到物体表面上的在给定频率间隔 $d\omega$ 内的辐射能量被该物体所吸收的部分,不包括透过物体的辐射(如果有的话). 于是(在 1s 内、在 $1cm^2$ 表面上)被吸收辐射的量为:

$$ce_0(\omega)A(\omega,\theta)\cos\theta do d\omega. \tag{63.20}$$

我们假定物体不散射辐射,也不发荧光,也就是说反射时不改变 θ 角和频率. 此外,我们认为辐射不能穿透物体;换句话说,所有未被反射的辐射完全被吸收了. 这时被吸收辐射的数量(63.20)应该被物体本身在同一个方向上和在同一个频率间隔内所发射的辐射所抵消. 用 $J(\omega,\theta)d\omega do$ 来代表(从 $1cm^2$ 表面上)发射出来的强度,并且令它等于被吸收的能量,我们就得到如下关系式:

$$J(\omega,\theta) = ce_0(\omega)A(\omega,\theta)\cos\theta. \tag{63.21}$$

当然,函数 $J(\omega,\theta)$ 和 $A(\omega,\theta)$ 对于不同的物体是不同的. 但是,我们看到:它们的比值是频率和方向的普适函数而与物体的性质无关:

$$\frac{J(\omega,\theta)}{A(\omega,\theta)} = ce_0(\omega)\cos\theta,$$

这个函数由黑体辐射(当温度等于物体的温度时)的能谱分布所决定;这个结论就是所谓**基尔霍夫定律**的内容.

如果物体对光散射,那么基尔霍夫定律只能以一种更为局限的方式来表述. 因为在这种情形下反射时会改变 θ 角,所以从平衡条件出发只能要求:物体从所有方向吸收来的辐射(在一定的频率下)等于物体发射到所有方向去的总辐射:

$$\int J(\omega,\theta) do = ce_0(\omega)\int A(\omega,\theta)\cos\theta do. \tag{63.22}$$

在辐射可以穿透物体的情形下,一般来讲,θ 角也发生改变(由于射入物体和由物体射出时发生折射所致). 在这种情形下,关系式(63.22)还应该对物体的整个表面进行积分;同时函数 $A(\omega,\theta)$ 和 $J(\omega,\theta)$ 不但与物体的材料和形状有关,而且还与物体表面上的所在点有关.

最后,当有伴随着频率改变的散射(**荧光**)存在时,基尔霍夫定律只有在既对方向进行积分,又对辐射频率进行积分后才能成立:

$$\iint J(\omega,\theta) do d\omega = c\iint e_0(\omega)A(\omega,\theta)\cos\theta do d\omega. \tag{63.23}$$

如果一个物体能够完全吸收投射到它上面的全部辐射,那么这个物体就称为**绝对黑体**[①]. 根据定义,这种物体的 $A(\omega,\theta) = 1$,而它的发射本领完全决定于函数

$$J_0(\omega,\theta) = ce_0(\omega)\cos\theta, \qquad (63.24)$$

这个函数对于所有的绝对黑体来讲都是相同的. 应当注意:绝对黑体的发射强度对方向的依赖关系非常简单——它正比于发射方向同物体表面法线的夹角的余弦. 把(63.24)对所有的频率和对半球内的所有立体角进行积分,就得到绝对黑体的总发射强度 J_0:

$$J_0 = c\int_0^\infty e_0(\omega)\mathrm{d}\omega \cdot \int_0^{\pi/2} 2\pi\cos\theta\sin\theta\mathrm{d}\theta = \frac{cE}{4V},$$

式中 E 由公式(63.14)所确定. 由此可见,

$$J_0 = \sigma T^4, \qquad (63.25)$$

即绝对黑体的总发射强度与它的温度的四次方成正比.

最后,我们来研究不处于热平衡的辐射;这种不平衡既可以指辐射谱分布,也可以指辐射按方向的分布. 设 $e(\omega,\boldsymbol{n})\mathrm{d}\omega\mathrm{d}o$ 是频率在间隔 $\mathrm{d}\omega$ 内而波矢方向 $\boldsymbol{n}$ 在立体角元 $\mathrm{d}o$ 内的这种辐射的空间密度. 在频率和方向的每一个小间隔内可以这样来引入辐射温度的概念:密度 $e(\omega,\boldsymbol{n})$ 等于由普朗克公式在这个温度下所给出的值,即

$$e(\omega,\boldsymbol{n}) = e_0(\omega).$$

把这个温度表示为 $T_{\omega n}$,我们有:

$$T_{\omega n} = \frac{\hbar\omega}{\ln\left[1 + \dfrac{\hbar\omega^3}{4\pi^3 c^3}\dfrac{1}{e(\omega,\boldsymbol{n})}\right]}. \qquad (63.26)$$

我们来设想一个向周围(真空)空间辐射的绝对黑体. 辐射沿着直的射线自由地传播,并且在物体以外不再处于热平衡状态——它不再像平衡辐射那样是各向同性的. 因为光子在真空中传播时彼此并不相互作用,所以我们有理由把刘维尔定理严格地应用于光子在它们的相空间内的分布函数,即光子按坐标和波矢分量的分布函数[②]. 根据这个定理,分布函数沿着相轨道保持不变. 然而,除了一个与频率有关的因子以外,分布函数是同给定频率和方向的辐射的空间密度 $e(\omega,\boldsymbol{n},\boldsymbol{r})$ 一致的. 因为辐射频率在传播时也不改变,所以我们可以有以下重要结果:在每一个有辐射在其中(从空间给定的一点)传播的立体角元中,辐射密度 $e(\omega,\boldsymbol{n},\boldsymbol{r})$ 等于在辐射黑体内部所具有的密度,也就是说等于黑体辐射的

---

① 这样的物体可以用空腔的形式实现,它有强吸收的内壁并备有一小孔. 从外部射入这个小孔的任何射线只有在受到腔壁的多次反射以后,才可能重新射到这个小孔上而外逸. 因此只要孔径足够小,空腔实际上把投射到小孔上的所有辐射都吸收掉,因而小孔成为绝对黑体.

② 在研究几何光学的极限情形时,我们可以说光子的坐标.

密度 $e_0(\omega)$. 但是,在平衡的辐射中这样的密度是在所有的方向都存在的,而在这里这样的密度只在某个选定的方向间隔内才存在.

根据(63.26)来定义非平衡辐射的温度时,我们可以把这个结果表示为另一种形式,譬如说,对于所有的有辐射在其中(从空间的每一给定点)传播的方向来讲,温度 $T_{\omega n}$ 等于辐射黑体的温度 T. 如果辐射温度按照对所有方向求平均的密度来定义,那么这个温度当然是低于黑体温度的.

刘维尔定理的所有这些结论在有反射镜和折射透镜存在的情形中也完全保持有效——当然是在保持几何光学适用的条件下. 利用透镜或镜子可以使辐射聚焦,即扩大射线(到达空间中给定的一点)的通行方向的范围. 从而可以提高在这一点的辐射平均温度;但是,由上述讨论可以得出结论:无论用什么方式也不能使它高于发射这个辐射的黑体的温度.

第六章
凝聚体

§64 低温下的固体

能够有成效地应用统计方法来计算热力学量的另一类对象是固体. 固体的特征在于: 其中的原子仅仅在某些平衡位置——晶体的格点——附近作微小的振动. 对应于物体热平衡的格点位形是选定的, 即是有别于所有其它可能的分布, 因而是规则的. 换句话说, 在热平衡状态下的固体应该是**晶体**.

根据经典力学, 在绝对零度下原子是不动的, 它们的相互作用势能应该取平衡极小值. 因而在足够低的温度下, 原子应该总是只作微小的振动, 即所有的物体都应该是固态的. 然而, 在现实中量子效应可以使这个规则产生例外. 液氦就是一例, 它是在绝对零度(不太高的压强下)仍然保持液态的唯一物质; 其它所有物质早在其中的量子效应变得重要以前就已经固化了[①].

要使物体成为固体, 它的温度与原子相互作用能相比在任何情况下应该很小(事实上在较高的温度下所有的固体都已经熔化或分解). 与此相关, 固体中的原子在它们的平衡位置附近的振动总是很小的.

在自然界中除晶体外还存在着一种**非晶**固体, 其原子在混乱排列的点附近振动. 从热力学的观点来看, 这种物体是亚稳定的, 随着时间的推移终究会结晶的. 但是事实上, 它们的弛豫时间是如此的长, 以致在无限长的时间内, 非晶体的行为实际上都像是稳定状态的物体一样. 下面所有的计算同样地适用于晶体和非晶体. 区别仅仅在于: 由于非晶体的非平衡性, 能斯特定理不适用于它们,

---

① 当与原子的热运动相对应的德布罗意波长变得可以同原子间距相比较的时候, 量子效应变得重要. 在液态氦中, 这种情况在 $2\sim3K$ 时开始出现.

$T \to 0$ 时它们的熵趋向于不等于零的值. 因此对于非晶体来讲, 对下面所得到的熵的公式(64.7)必须附加某个常数 S_0 (而对自由能必须附加相应的项 TS_0); 但是这个不很重要的常数并不影响例如物体的热容, 我们将省略掉它.

这种在 $T \to 0$ 时不等于零的剩余的熵在晶态固体中也可以观测到, 这与所谓的晶体**有序化**现象有关. 一种给定类型的原子可以出现在晶体格点上, 如果格点数同该类原子的数目一致, 那么在每一格点附近都有一个原子; 换句话说, 在每一格点附近出现该种类型的任何一个原子的概率等于一. 这样的晶体称为**完全有序的**. 但是, 也存在着这样的晶体: 在这种晶体中原子不仅可能出现在它们"自身的"位置(即完全有序时它们所占据的位置)上, 而且也可能出现在另一些"他身的"位置上. 在这种情形下, 可能出现该类原子的格点的数目超过这些原子的数目; 显然, 这时该类原子出现在无论老的或者新的格点上的概率都不等于一.

例如, 固态的一氧化碳是分子晶体, 其中分子 CO 可以有两种相反的取向: 通过把原子 C 和 O 相互置换的方式就可以从一种取向得到另一种取向; 在这种情形下, 可能出现原子 C(或 O)的位置的数目是这些原子的数目的两倍.

在绝对零度下的完全热力学平衡状态中, 任何晶体都应该是完全有序的, 即每一类原子都应该占据完全确定的位置[①]. 但是由于晶格结构重排过程非常缓慢(特别是在低温下), 在高温下不完全有序的晶体, 到很低的温度下事实上也可能仍然保持着这种不完全有序的状态. 这种无序性的"冻结"导致晶体的熵中出现一项剩余的常数项. 例如, 在上述的晶体 CO 的例子中, 如果分子 CO 以相等的概率取两种取向, 那么剩余熵就等于

$$S_0 = \ln 2.$$

设 N 是晶格的单胞数, ν 是一个单胞中的原子数. 于是原子的总数为 $N\nu$. 在总共 $3N\nu$ 个自由度中, 三个相应于物体整体的平动, 三个相应于物体整体的转动. 因此振动的自由度数为 $3N\nu - 6$; 但是由于 $3N\nu$ 数量非常巨大, 当然可以忽略掉 6 这个数, 而认为振动的自由度数就等于 $3N\nu$.

应当着重指出: 在考虑固体时, 我们在这里完全不考虑原子的"内部"(电子的)自由度. 因此, 如果这部分的自由度是重要的话(例如, 在金属中就可能是这样), 那么必须注意到下面所有关于固体的热力学量的公式都只是与原子振动有关的那一部分(通常称为"**晶格**"部分). 要得到这些量的总值还必须把电子

[①] 严格地说, 这个说法仅在忽略量子效应时才正确. 如果晶格原子零点振动的振幅与原子间距可比, 量子效应可以变得很重要(在 $T = 0$ 时). 原则上, 在这种"量子晶体"中, 基态($T = 0$ 的状态)时格点数有可能超过原子数. 于是, 晶格中可存在"零点"缺陷(自由空位), 但它们并不(像在经典晶体中那样)定位在任何特定的格点上, 而表现为不打乱周期性的晶格集体性质. 参看 Андреев А Ф, Лифшиц И М. ЖЭТФ, 1969, 56: 2057.

的部分附加到晶格的部分上去.

从力学的观点来看,具有 $3N\nu$ 个振动自由度的系统可以考虑为 $3N\nu$ 个独立振子的集合,其中的每一个振子相当于一个单独的简正振动.与一个振动自由度相联系的热力学量我们已经在§49中计算过了.以那些公式为基础,我们可以把固体的自由能直接写成①

$$F = N\varepsilon_0 + T \sum_\alpha \ln(1 - e^{-\hbar\omega_\alpha/T}) \qquad (64.1)$$

的形式.求和是对所有的 $3N\nu$ 个简正振动进行的,它们的编号用角标 α 来表示②.我们把一项 $N\varepsilon_0$ 附加到对振动的求和上去,$N\varepsilon_0$ 代表物体的全部原子在平衡位置时(更确切地说,在"零点"振动状态)的相互作用能.该项与密度有关,但是与物体的温度无关:$\varepsilon_0 = \varepsilon_0\left(\dfrac{N}{V}\right)$.

我们来研究低温的极限情形.当 T 很小时,在对 α 求和的和式中起作用的只是频率很低的项:$\hbar\omega_\alpha \sim T$.但是低频振动不是别的,就是通常的**声波**.声波的波长与频率的关系为 $\lambda \sim \dfrac{u}{\omega}$,其中 u 是声速.在声波的情形中,波长比晶格常数 a 大得多($\lambda \gg a$);这就意味着 $\omega \ll \dfrac{u}{a}$.换句话说,为了能够把振动考虑为声波,温度必须满足写成如下形式的条件:

$$T \ll \frac{\hbar u}{a}. \qquad (64.2)$$

假设物体是各向同性的(非晶固体).大家知道,在各向同性的固体中,纵声波(我们用 u_l 代表它的速度)的传播和具有两个独立偏振方向的横波(具有相同的传播速度 u_t)的传播都是可能的.这些波的频率同波矢 $\boldsymbol{k}$ 的绝对值由线性关系式 $\omega = u_l k$ 或 $\omega = u_t k$ 联系着.

在声波的频谱中,波矢绝对值位于间隔 dk 内而具有一定偏振的本征振动的数目为

$$V\frac{4\pi k^2 dk}{(2\pi)^3},$$

其中 V 是物体的体积.在三种独立的偏振中,令其中的一种为 $k = \dfrac{\omega}{u_l}$,另外其它两种为 $k = \dfrac{\omega}{u_t}$,我们就求出在间隔 $d\omega$ 内总共具有的振动数目如下:

---

① 振动的量子化是首先由爱因斯坦用来计算固体的热力学量的(A. Einstein, 1907).
② 该公式的积分表示参看(71.7).

$$V\frac{\omega^2 \, d\omega}{2\pi^2}\left(\frac{1}{u_l^3} + \frac{2}{u_t^3}\right). \tag{64.3}$$

根据定义

$$\frac{3}{\bar{u}^3} = \frac{2}{u_t^3} + \frac{1}{u_l^3}$$

我们引入一个平均声速 $\bar{u}$. 于是表达式(64.3)可以写成形式

$$V\frac{3\omega^2 \, d\omega}{2\pi^2 \bar{u}^3}. \tag{64.4}$$

在这样的形式下,它不仅可以应用于各向同性的物体,并且也可以应用于晶体,这时 $\bar{u} = \bar{u}\left(\dfrac{V}{N}\right)$ 应当理解为声波在晶体中以一定方式取平均的传播速度. 要确定按照什么规则来进行平均,则要求解决关于声波在具有给定对称的晶体中传播的弹性理论问题[①].

借助于表达式(64.4),我们在(64.1)中把求和转换到积分,得到:

$$F = N\varepsilon_0 + T\frac{3V}{2\pi^2 \bar{u}^3}\int_0^\infty \ln(1 - e^{-\hbar\omega/T})\omega^2 \, d\omega \tag{64.5}$$

(当 T 很小时由于积分收敛得很快,我们可以把积分从 0 积到 ∞). 这个表达式(除开 $N\varepsilon_0$ 一项以外)与黑体辐射的自由能公式(63.10)的差别只在于:以声速 $\bar{u}$ 代替了光速 c 而且多了一个因子 $\dfrac{3}{2}$. 这样的类似是十分自然的. 这是因为,把声振动的频率同它的波矢联系起来的线性关系式对于光子同样是正确的. 而且在一组声振子所构成的系统的能级 $\sum_\alpha \nu_\alpha \hbar\omega_\alpha$ 中,整数 ν_α 可以看成是能量为 $\varepsilon_\alpha = \hbar\omega_\alpha$ 的不同量子态中的占有数,并且这些数的值是任意的(像在玻色统计中一样). 在(64.5)中多一个因子 $\dfrac{3}{2}$,是由于声振动具有三个可能的偏振方向,而对于光子只有两个偏振方向.

因此不必重新进行计算,我们可以利用在§63中所得到的黑体辐射的自由能表达式(63.11),在其中用 $\bar{u}$ 代替 c 并把它乘以 $\dfrac{3}{2}$. 因而固体的自由能等于

$$F = N\varepsilon_0 - V\frac{\pi^2 T^4}{30(\hbar\bar{u})^3}. \tag{64.6}$$

固体的熵为

---

① 应当提醒,在各向异性的介质中,一般存在三支不同的声波谱支,每支的传播速度都是方向的函数(参看第七卷§23).

$$S = V\frac{2\pi^2 T^3}{15(\hbar\bar{u})^3}, \tag{64.7}$$

它的能量为

$$E = N\varepsilon_0 + V\frac{\pi^2 T^4}{10(\hbar\bar{u})^3}, \tag{64.8}$$

而热容为

$$C = \frac{2\pi^2}{5(\hbar\bar{u})^3}T^3 V. \tag{64.9}$$

由此可见,在低温下,固体的热容与温度的三次方成正比[1](P. Debye,1912). 我们把热容简单地写成 C(不区分 C_v 和 C_p),因为在低温下 $C_p - C_v$ 之差与热容本身相比是更小的数量级(参看§23,在此情形下,$S \propto T^3$,因而 $C_p - C_v \propto T^7$).

对于具有简单晶格的固体(元素和简单化合物)来讲,热容的 T^3 定律事实上在数量级为几十 K 的温度下就开始符合. 对于具有复杂晶格的物体来讲,可以预期这个定律只有在低得多的温度下才能得到令人满意的符合.

§65 高温下的固体

现在我们来讨论相反的高温极限情形(按数量级来讲,$T \gg \dfrac{\hbar u}{a}$,a 是晶格常数). 在这种情形下,可以令:

$$1 - e^{-\hbar\omega_\alpha/T} \approx \frac{\hbar\omega_\alpha}{T} - \frac{(\hbar\omega_\alpha)^2}{2T^2},$$

$$\ln(1 - e^{-\hbar\omega_\alpha/T}) \approx \ln\frac{\hbar\omega_\alpha}{T} - \frac{\hbar\omega_\alpha}{2T},$$

因而公式(64.1)具有形式

$$F = N\varepsilon_0' + T\sum_\alpha \ln\frac{\hbar\omega_\alpha}{T}, \quad \varepsilon_0' = \varepsilon_0 - \sum_\alpha \frac{1}{2}\hbar\omega_\alpha. \tag{65.1}$$

在对 α 的求和式中总共有 $3N\nu$ 项;我们按照下面的定义来引入一个"几何平均"频率 $\bar{\omega}$:

$$\ln\bar{\omega} = \frac{1}{3N\nu}\sum_\alpha \ln\omega_\alpha. \tag{65.2}$$

于是我们得到固体的自由能公式

$$F = N\varepsilon_0' - 3N\nu T\ln T + 3N\nu T\ln\hbar\bar{\omega}. \tag{65.3}$$

平均频率 $\bar{\omega}$ 也像 $\bar{u}$ 一样,是密度的某个函数:$\bar{\omega} = \bar{\omega}\left(\dfrac{V}{N}\right)$.

---

[1] 应该提醒,在有"电子自由度"时,这些公式只决定热力学量的晶格部分,然而,即使有电子部分(如在金属中),它也只在温度为几 K 时才开始比如对热容有所影响.

§65 高温下的固体

从 (65.3) 我们求得物体的能量 $E = F - T\dfrac{\partial F}{\partial T}$，为

$$E = N\varepsilon_0' + 3N\nu T. \tag{65.4}$$

高温的情形相当于对原子振动作经典的考虑；因此很自然，公式 (65.4) 完全符合能量均分定理 (§44)：$3N\nu$ 个振动自由度中的每一个自由度都占有一份能量 T（常数 $N\varepsilon_0'$ 除外）。

对于热容有：

$$C = Nc = 3N\nu, \tag{65.5}$$

式中 $c = 3\nu$，是每个单胞的热容。注意到在固体中 C_p 和 C_v 之间的差别是完全可以忽略的（参看 §67 节末尾），我们仍旧把热容简单地写为 C。

由此可见，在足够高的温度下固体的热容是常数，并且只与固体中的原子数有关。特别是，各种不同元素 ($\nu = 1$) 的原子热容应该都是相同的并等于 3——这称为**杜隆－珀蒂定律**。在常温下许多元素是满足这个定律的。公式 (65.5) 在高温下对于一系列简单的化合物也是满足的；对于复杂的化合物，热容的这种极限值一般来讲事实上是不能达到的（在此以前物质早开始熔化或分解了）。

把 (65.5) 代入 (65.3) 和 (65.4)，我们可以把固体的自由能和能量写成形式

$$F = N\varepsilon_0' - NcT \ln T + NcT \ln \hbar\overline{\omega}, \tag{65.6}$$

$$E = N\varepsilon_0' + NcT. \tag{65.7}$$

熵 $S = -\dfrac{\partial F}{\partial T}$ 等于

$$S = Nc \ln T - Nc \ln \dfrac{\hbar\overline{\omega}}{\mathrm{e}}. \tag{65.8}$$

当然，从普遍公式 (31.5)

$$F = -T \ln \int' \mathrm{e}^{-E(p,q)/T} \mathrm{d}\varGamma. \tag{65.9}$$

出发，也可以直接从经典统计学把公式 (65.1) 推导出来。在固体的情形下，在这个积分中对坐标的积分可以用下述方式来进行：考虑到每个原子处于晶格中一定的格点附近，因而对它的坐标的积分可以只在这个格点周围不大的区域内进行；显然，这样确定的积分区域内所有的点相当于物理上不同的微观状态，在积分中不必附加任何因子[①]。

在 (65.9) 中代入用简正振动的坐标和动量表示的能量

[①] 在气体的情形下，因为对每个粒子的坐标的积分是对整个体积进行的，所以这种因子是必要的（参看 §31 节末尾）。

$$E(p,q) = \frac{1}{2}\sum_\alpha (p_\alpha^2 + \omega_\alpha^2 q_\alpha^2), \tag{65.10}$$

并把 $\mathrm{d}\varGamma$ 写成形式

$$\mathrm{d}\varGamma = \frac{1}{(2\pi\hbar)^{3N\nu}}\prod_\alpha \mathrm{d}p_\alpha \mathrm{d}q_\alpha.$$

于是积分可以分解为 $3N\nu$ 个相同积分的乘积,这些积分的形式为

$$\iint_{-\infty}^{+\infty} \exp\left(-\frac{p_\alpha^2 + \omega_\alpha^2 q_\alpha^2}{2T}\right)\mathrm{d}p_\alpha \mathrm{d}q_\alpha = \frac{2\pi T}{\omega_\alpha},$$

结果就得到公式(65.1)(由于积分收敛得很快,所以对 $\mathrm{d}q_\alpha$ 的积分可以扩展为从 $-\infty$ 到 $+\infty$).

在足够高的温度下(只要固体在这些温度下尚未熔化或分解),原子振动的非简谐性效应可能变得显著起来.这种效应对物体热力学量的影响的特征可以用下述的方式来阐明(参看§49 中对气体的类似计算).在振动势能按 q_α 幂次的展开式中考虑到二次项以后的几项,我们有:

$$E(p,q) = f_2(p,q) + f_3(q) + f_4(q) + \cdots,$$

式中 $f_2(p,q)$ 代表简谐振动的表达式(65.10)(q_α 和 p_α 的二次式),而 $f_3(q)$,$f_4(q)$,$\cdots$ 分别为所有坐标 q_α 的三次、四次等的齐次式.在(65.9)的配分函数中作 $q_\alpha = q_\alpha'\sqrt{T}$,$p_\alpha = p_\alpha'\sqrt{T}$ 的变换,我们就得到:

$$Z = \int' \mathrm{e}^{-E(p,q)/T}\mathrm{d}\varGamma =$$
$$= T^{3N\nu}\int' \exp[-f_2(p',q') - \sqrt{T}f_3(q') - Tf_4(q') - \cdots]\mathrm{d}\varGamma.$$

我们看到:在被积式按温度幂次的展开式中,$\sqrt{T}$ 的所有奇次项都被乘上坐标的一个奇函数,所以这些项在对坐标进行积分后变为零.因此 Z 被表示成级数形式 $Z = Z_0 + TZ_1 + T^2 Z_2 + \cdots$,它只包含温度的整数幂.把它代入(65.9),因而自由能的一级修正项具有形式

$$F_{\text{anh}} = AT^2, \tag{65.11}$$

即与温度的平方成正比.在热容中它导致与温度一次方成正比的修正项①.应当着重指出:这里所指的展开式实质上是按 $\dfrac{T}{\varepsilon_0}$ 这个总是很小的比值的幂次来展开的,而当然不是按比值 $\dfrac{T}{\hbar\omega}$ 的幂次来展开,后一比值在这种情形下是很大的.

---

① 这个修正项通常是负的,与此相应在(65.11)中 $A > 0$.

习 题

1. 试求使两个相同固体(其温度为 T_1 和 T_2)的温度相等时可能获得的最大功.

解:与 §43 中习题 12 的解法完全相似. 我们求得:
$$|R|_{\max} = Nc(\sqrt{T_1} - \sqrt{T_2})^2.$$

2. 试求使固体从温度 T 冷却到介质的温度 T_0 时(在体积不变的情况下)可能获得的最大功。

解:根据公式(20.3)我们求得:
$$|R|_{\max} = Nc(T - T_0) + NcT_0 \ln \frac{T_0}{T}.$$

§66 德拜内插公式

由此可见,在两种极限——低温和高温——的情形下,对固体的热力学量进行足够完全的计算是可能的. 在中间的温度范围内,这样的计算是不可能的,因为在(64.1)中对频率的求和在很大程度上依赖于给定物体的整个振动频谱分布的具体形式.

由于这个缘故,如果建立一个统一的内插公式,能够给出热力学量在两种极限情形下的正确值,那是很有意义的. 当然,关于求得这种公式的问题的解不是唯一的. 但是,应该希望:以合理的方式建立起来的内插公式,至少能够定性地正确描述物体在整个中间温度范围内的行为.

固体的热力学量在低温下的形式由振动频谱分布(64.4)所决定. 在高温下的情况是所有 $3N\nu$ 个振动都被激发. 因此为了建立所求的内插公式自然要从这样一个模型出发:在这个模型中,在振动频谱的整个范围内频率是按定律(64.4)分布的(实际上它只对于低频是正确的),并且振动频谱是从 $\omega = 0$ 开始,到某一有限频率 $\omega = \omega_m$ 为止;决定后者的条件是振动的总数等于应有的值 $3N\nu$:

$$\frac{3V}{2\pi^2 \bar{u}^3} \int_0^{\omega_m} \omega^2 \mathrm{d}\omega = \frac{V\omega_m^3}{2\pi^2 \bar{u}^3} = 3N\nu,$$

由此得出

$$\omega_m = \bar{u}\left(\frac{6\pi^2 N\nu}{V}\right)^{1/3}. \tag{66.1}$$

由此可见,在所考虑的模型中,频率分布由公式

$$9N\nu \frac{\omega^2 \mathrm{d}\omega}{\omega_m^3} \quad (\omega \leq \omega_m) \tag{66.2}$$

给出,它表示频率在间隔 $\mathrm{d}\omega$ 内的振动数目(我们已用 ω_m 来表示 $\bar{u}$).

在(64.1)中把求和变换为积分,我们现在得到:

$$F = N\varepsilon_0 + T\frac{9N\nu}{\omega_m^3}\int_0^{\omega_m}\omega^2\ln(1-\mathrm{e}^{-\hbar\omega/T})\mathrm{d}\omega.$$

我们引入物体的所谓**德拜温度**或**特征温度** Θ,其定义为:

$$\Theta = \hbar\omega_m \qquad (66.3)$$

(当然,Θ 是物体密度的函数). 于是

$$F = N\varepsilon_0 + 9N\nu T\left(\frac{T}{\Theta}\right)^3\int_0^{\Theta/T}z^2\ln(1-\mathrm{e}^{-z})\mathrm{d}z. \qquad (66.4)$$

对它进行分部积分,并引入**德拜函数**

$$D(x) = \frac{3}{x^3}\int_0^x\frac{z^3\mathrm{d}z}{\mathrm{e}^z-1}, \qquad (66.5)$$

可以把自由能的公式改写成形式

$$F = N\varepsilon_0 + N\nu T\left[3\ln(1-\mathrm{e}^{-\Theta/T}) - D\left(\frac{\Theta}{T}\right)\right]. \qquad (66.6)$$

由此得到能量 $E = F - T\frac{\partial F}{\partial T}$ 为

$$E = N\varepsilon_0 + 3N\nu TD\left(\frac{\Theta}{T}\right), \qquad (66.7)$$

热容为

$$C = 3N\nu\left[D\left(\frac{\Theta}{T}\right) - \frac{\Theta}{T}D'\left(\frac{\Theta}{T}\right)\right]. \qquad (66.8)$$

图 8 给出了 $\frac{C}{3N\nu}$ 对 $\frac{T}{\Theta}$ 的依赖关系的曲线.

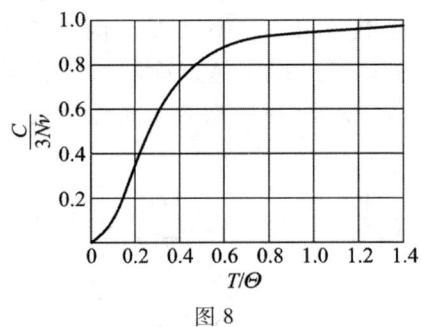

图 8

公式(66.6)—(66.8)就是所求的固体各热力学量的内插公式(P. Debye,1912).

很容易看到:在两种极限情形下这些公式确实给出了正确的结果. 在 $T \ll \Theta$

(低温)时德拜函数的宗量 $\dfrac{\Theta}{T}$ 很大. 在一级近似下, 在德拜函数 $D(x)$ 的定义 (66.5)中可以把积分上限 x 用 ∞ 代替; 所得到的定积分等于 $\dfrac{\pi^4}{15}$, 因此①

$$D(x) \approx \frac{\pi^4}{5x^3} \quad (x \gg 1).$$

把它代入(66.8),我们得到：

$$C = \frac{12N\nu\pi^4}{5}\left(\frac{T}{\Theta}\right)^3, \tag{66.9}$$

这同(64.9)是一致的. 而在高温($T \gg \Theta$)时德拜函数的宗量很小; 当 $x \ll 1$ 时, 在一级近似下 $D(x) \approx 1$②, 因而从(66.8)我们有: $C = 3N\nu$, 又同以前所得的结果(65.5)完全一致③.

值得指出: 函数 $D(x)$ 的实际变化进程表明: 热容在两种极限情形下的定律能够适用的判据是 T 和 $\dfrac{\Theta}{4}$ 的相对大小: 当 $T \gg \dfrac{\Theta}{4}$ 时热容可以认为是常数, 而 $T \ll \dfrac{\Theta}{4}$ 时热容与 T^3 成正比④.

根据德拜公式, 热容是比值 $\dfrac{\Theta}{T}$ 的某个普适函数. 换句话说, 根据这个公式, 处于所谓"对应态"（即具有相同的 $\dfrac{\Theta}{T}$）中的不同物体的热容应该是相同的.

德拜公式只对一些具有简单晶格的固体包括大多数元素和一些简单化合物如卤素盐类固体, 才(在对内插公式所能要求的精确程度内)很好地表达了热容随温度变化的进程. 对于结构很复杂的物体, 实际上它是不适用的; 这是很自然的, 因为这些物体的振动谱非常复杂.

---

① 用积分 $\int_0^\infty - \int_x^\infty$ 代替 $\int_0^x$, 在第二个积分的被积式中把 $(e^z - 1)^{-1}$ 按 e^{-z} 的幂次展开并逐项进行积分, 我们求出: 当 $x \gg 1$ 时,

$$D(x) = \frac{\pi^4}{5x^3} - 3e^{-x}\left[1 + O\left(\frac{1}{x}\right)\right].$$

因此, 在正文中所引用的值, 除了未考虑指数小的项以外, 是正确的.

② 当 $x \ll 1$ 时, 把被积式按 x 的幂次直接展开并逐项积分, 就得出

$$D(x) = 1 - \frac{3}{8}x + \frac{1}{20}x^2 - \cdots.$$

③ 在高温下, 热容精确到展开的下一项为

$$C = 3N\nu\left[1 - \frac{1}{20}\left(\frac{\Theta}{T}\right)^2\right].$$

④ 举例来说, 一些物质从热容数据所得到的 Θ 值为: Pb 90K, Ag 210K, Al 400K, KBr 180K, NaCl 280K; 特别大的是金刚石的 Θ: 大约 2000K.

§67 固体的热膨胀

在自由能(64.6)中，正比于 T^4 的项在低温下可以认为是附加到 $F_0 = N\varepsilon_0\left(\dfrac{V}{N}\right)$ 上的一个很小的增量. 从另一方面来看，对自由能的小的修正项(在给定的 V 和 T 下)等于(在给定的 P 和 T 下)对热力学势 Φ 的小修正项(见(15.12)). 因此我们可以立刻写出：

$$\Phi = \Phi_0(P) - \frac{\pi^2 T^4 V_0(P)}{30(\hbar\bar{u})^3}. \tag{67.1}$$

式中 $\Phi_0(P)$ 是热力学势中与温度无关的部分，$V_0(P)$ 是体积，借助于

$$P = -\frac{\partial F_0}{\partial V} = -N\frac{\mathrm{d}\varepsilon_0}{\mathrm{d}V}$$

表示为压强的函数，而 $\bar{u} = \bar{u}(P)$ 是借助于同一个关系式用压强来表示的平均声速. 物体的体积对温度的依赖关系由 $V = \dfrac{\partial\Phi}{\partial P}$ 来决定：

$$V = V_0(P) - \frac{\pi^2 T^4}{30\hbar^3}\frac{\mathrm{d}}{\mathrm{d}P}\left(\frac{V_0}{\bar{u}^3}\right). \tag{67.2}$$

热膨胀系数

$$\alpha = \frac{1}{V}\left(\frac{\partial V}{\partial T}\right)_P = -\frac{2\pi^2 T^3}{15\hbar^3 V_0}\frac{\mathrm{d}}{\mathrm{d}P}\left(\frac{V_0}{\bar{u}^3}\right). \tag{67.3}$$

我们看到：在低温下 α 与温度的三次方成正比. 虽然如此，但是这个事实早就可以从能斯特定理(§23)和热容的 T^3 定律看出来了.

类似地，在高温下我们把(65.6)中的第二项和第三项看作是对第一项的小修正项(为了使物体是固态的，在任何情形下都应该有 $T \ll \varepsilon_0$)，我们得到：

$$\Phi = \Phi_0(P) - NcT\ln T + NcT\ln\hbar\bar{\omega}(P). \tag{67.4}$$

由此得出

$$V = V_0(P) + \frac{NcT}{\bar{\omega}}\frac{\mathrm{d}\bar{\omega}}{\mathrm{d}P}. \tag{67.5}$$

热膨胀系数为

$$\alpha = \frac{Nc}{V_0\bar{\omega}}\frac{\mathrm{d}\bar{\omega}}{\mathrm{d}P}. \tag{67.6}$$

它是与温度无关的.

随着压强的增加，固体中的原子彼此靠近，而它们振动的振幅(在同一能量值下)减小；换句话说，频率增加. 所以 $\dfrac{\mathrm{d}\bar{\omega}}{\mathrm{d}P} > 0$，因此 $\alpha > 0$，即固体随温度的升高而膨胀. 类似的讨论表明：公式(67.3)中的热膨胀系数 α 也是正的.

最后，我们来利用在上一节末尾所指出的对应态定律. 热容只是比值 $\dfrac{T}{\Theta}$ 的函数的论断，相当于断言，以热力学势为例，它是如下形式的函数

$$\Phi = \Phi_0(P) + \Theta f\left(\dfrac{T}{\Theta}\right). \tag{67.7}$$

同时体积为

$$V = V_0(P) + \dfrac{\mathrm{d}\Theta}{\mathrm{d}P}\left(f - \dfrac{T}{\Theta}f'\right),$$

而热膨胀系数为

$$\alpha = -\dfrac{T}{V_0\Theta^2}\dfrac{\mathrm{d}\Theta}{\mathrm{d}P}f''.$$

用类似的方式我们求得焓 $W = \Phi - T\dfrac{\partial\Phi}{\partial T}$ 和热容 $C = \dfrac{\partial W}{\partial T}$:

$$C = -\dfrac{T}{\Theta}f''.$$

比较 C 和 α 的两个表达式，我们得到如下关系式：

$$\dfrac{\alpha}{C} = \dfrac{1}{\Theta V_0(P)}\dfrac{\mathrm{d}\Theta}{\mathrm{d}P}. \tag{67.8}$$

由此可见，在对应态定律能够适用的范围内，固体热膨胀系数和热容的比值与温度无关(**格林艾森定律**).

以前我们已经提到过：在固体中热容 C_p 和 C_v 之差是非常小的. 在低温范围内，这是由于适用于所有一般物体的能斯特定理的普遍结果. 在高温范围内，利用热力学关系式(16.9)，我们有：

$$C_p - C_v = -\dfrac{T\alpha^2 V_0^2}{\mathrm{d}V_0/\mathrm{d}P},$$

式中 $\alpha = \alpha(P)$ 是热膨胀系数(67.6). 我们看到：$C_p - C_v$ 之差正比于 T；这实质上意味着：它按 $\dfrac{T}{\varepsilon_0}$ 的幂次的展开式是从一次项开始的，但是热容本身的展开式是从零次(常数)项开始的. 由此得出结论：固体在高温时也有 $C_p - C_v \ll C$.

§68 高度各向异性的晶体

在§66末尾已经指出，德拜公式实际上对结构复杂的晶体不适用. 这里尤其指"层"型和"链"型的高度各向异性晶体结构. 前者可以说是由平行原子层构成，并且在每一层内部原子的相互作用能与相邻层的结合能相比很大. 类似地，链型结构由彼此结合相对较弱的平行原子链构成. 这些晶体的声波振动谱不是由单个而是由几个数量级不同的德拜温度来表征. 只有在温度与德拜温度

中的最低一个相比为低时,热容的 T^3 定律才成立;在中间范围内会出现新的极限规律(И. М. Лифшиц, 1952).

我们首先考虑层型结构. 相对于层平面(取作 xy 平面)中的原子振动而言, 这种晶格具有最大的刚度;而对于以层为整体的层间相对振动,晶格的刚度很小. 这些性质导致三支声波谱有频率依赖于波矢的特征(色散关系),这里以六方对称晶体为例,它们可以表示为下列公式:

$$\omega_1^2 = U_1^2 \varkappa^2 + u_3^2 k_z^2, \qquad \omega_2^2 = U_2^2 \varkappa^2 + u_3^2 k_z^2, \\ \omega_3^2 = u_3^2 \varkappa^2 + u_4^2 k_z^2, \qquad (\varkappa^2 = k_x^2 + k_y^2), \tag{68.1}$$

此处 $U_1, U_2 \gg u_3, u_4$. 在这里传播速度 U_1, U_2 属于层平面中的原子振动,u_3(在 ω_1, ω_2 两支中)属于层间剪切振动,u_4 属于层间距的振动①.

然而,对于研究晶体的热性质而言,表达式(68.1)还是不够的. 实际上,这些表达式只是函数 $\omega^2(\boldsymbol{k})$ 按波矢幂次展开式的第一项. 但是由于这些展开式的二次项的某些系数"反常"的小,下一阶(四次)项也起重要的作用②. 为阐明它们的形式,我们注意到,完全忽略层间耦合时,波的色散关系形为

$$\omega_1^2 = U_1^2 \varkappa^2, \quad \omega_2^2 = U_2^2 \varkappa^2, \quad \omega_3^2 = \gamma^2 \varkappa^4. \tag{68.2}$$

频率 ω_1 和 ω_2 相应于层平面内的纵振动,而频率 ω_3 相应于横振动,这种情况下是看作自由弹性薄板的片层的弯曲波(参看第七卷§25). 所以,略去四次方项中与层间耦合有关的小项,我们最后把波的色散关系写成

$$\omega_{1,2}^2 = U_{1,2}^2 \varkappa^2 + u_3^2 k_z^2, \quad \omega_3^2 = u_3^2 \varkappa^2 + u_4^2 k_z^2 + \gamma^2 \varkappa^4 \tag{68.3}$$

我们将认为 $U_1 \sim U_2$,$u_3 \sim u_4$,并用记号 $\eta \sim \dfrac{u}{U}$ 记小比值,以表征层间耦合能与同层原子间耦合能相比的相对大小. 我们也引进像 $\Theta = \hbar \omega_m$ 一样的德拜温度(更确切地说,是德拜温度中最大的),式中 $\omega_m \sim \dfrac{U}{a}$ 是"硬"振动的极限频率(a 是晶格常数);"软"振动的极限频率与 ω_m 相比很小,差一比例 η. 最后,自然可以认为,弯曲波的极限频率与 ω_m 同数量级或稍小;设它 $\sim \omega_m$③. 在这些情形下,

---

① 关于晶体六方对称的假设并非必不可少,这样做只是为了使公式(68.1)更为明确. 速度 $U_1, \cdots, u_4$ 用这种晶体的弹性模量表示如下:

$$U_1^2 = \frac{1}{\rho}\lambda_{xyxy}, \quad U_2^2 = \frac{1}{\rho}\lambda_{xxxx}, \quad u_3^2 = \frac{1}{\rho}\lambda_{xzxz}, \quad u_4^2 = \frac{1}{\rho}\lambda_{zzzz},$$

式中 ρ 是密度. (对于层型晶体,弹性模量 $\lambda_{xzxz}, \lambda_{zzzz}, \lambda_{xxxx}$ 与模量 $\lambda_{xxxx}, \lambda_{xyxy}$ 相比很小,对第七卷§23 的习题 2 中求出的表达式,按前者的幂次展开,可得到这些公式.). 正文中所述的振动类型,可以从张量 λ_{iklm} 的各个分量的意义予以辨认.

② 确定波的色散关系的方程是 ω^2 的代数方程(见下节). 因此,它就是函数 $\omega^2(\boldsymbol{k})$ 按 k_x, k_y, k_z 幂次的正则展开. 考虑到这些函数的偶性(参看§69),展开式仅含偶次项.

③ 换而言之,我们假设 $\gamma \sim \omega_m a^2 \sim U a$. 应该着重指出,与层的"横向刚度"有关的系数 γ 并非只用一些弹性模量 λ_{iklm} 表达.

我们阐明在 $T \ll \Theta$ 下晶体热容的温度依赖关系的特征[1]。

考虑声学振动的贡献,物体的自由能取决于公式

$$F = N\varepsilon_0 + T\sum_{\alpha=1}^{3}\int \ln(1-\mathrm{e}^{-\hbar\omega_\alpha/T})\frac{V\mathrm{d}k_x\mathrm{d}k_y\mathrm{d}k_z}{(2\pi)^3}, \tag{68.4}$$

式中求和对波谱的三个支进行,而积分遍及波矢变化的所有区域[2]。

如果 $T \gg \eta\Theta$,则可以忽略层间耦合,并相应地利用谱(68.2)。对自由能的主要贡献来自"弯曲"支 ω_3。由于 $T \ll \Theta$ 时收敛很快,关于 $\mathrm{d}k_x\mathrm{d}k_y$ 的积分可以扩展为从 $-\infty$ 到 ∞。用对 $2\pi\varkappa\mathrm{d}\varkappa$ 的积分取代它,经此显而易见的代换,求得

$$\int_0^\infty \ln(1-\mathrm{e}^{-\hbar\gamma\varkappa^2/T})2\pi\varkappa\mathrm{d}\varkappa = \frac{\pi T}{\hbar\gamma}\int_0^\infty \ln(1-\mathrm{e}^{-x})\mathrm{d}x.$$

对 $\mathrm{d}k_z$ 的积分$\left(\text{区域取 } |k_z| \leqslant k_{z\,\max} \sim \frac{1}{a}\right)$给出与温度无关的因子 $\sim \frac{1}{a}$。结果求得自由能的温度部分正比于 T^2,相应地对于热容有

$$C \propto T \quad \text{当} \quad \eta\Theta \ll T \ll \Theta \text{ 时}. \tag{68.5}$$

当 $T \ll \eta\Theta$ 时,在积分(68.4)中必须写出 $\omega_\alpha(\boldsymbol{k})$ 的完全表达式(68.3),而对 $\boldsymbol{k}$ 的各个分量的积分可以扩展为从 $-\infty$ 到 ∞。这样得到的自由能的温度关系足够复杂,但是仍然可以分出两种极限情形。如果 $T \gg \eta^2\Theta$,则主要的贡献还是来自 ω_3 一支,且可略去它的 $\varkappa^2$ 项,写成

$$\omega_3^2 = u_4^2 k_z^2 + \gamma^2 \varkappa^4.$$

实际上,$\varkappa\mathrm{d}\varkappa$ 的积分中起主要作用的是如下的值:$\hbar\gamma\varkappa^2 \sim T$,这时 $\hbar u\varkappa \sim \hbar u(T/\hbar\gamma)^{1/2} \sim T(\eta^2\Theta/T)^{1/2} \ll T$。现在我们求得

$$\int_{-\infty}^{\infty}\int_0^\infty \ln\left[1-\exp\left(-\frac{\hbar}{T}\sqrt{u_4^2 k_z^2 + \gamma^2\varkappa^4}\right)\right]2\pi\varkappa\mathrm{d}\varkappa\mathrm{d}k_z = \text{常数} \cdot \frac{T^2}{u_4\gamma},$$

结果,对于热容有

$$C \propto T^2, \quad \text{当} \quad \eta^2\Theta \ll T \ll \eta\Theta \text{ 时}. \tag{68.6}$$

最后,在 $T \ll \eta^2\Theta$ 时用同样的方法可以证明在(68.3)中可略 $\varkappa^4$ 项,于是我们回到 ω 线性依赖于 k 的声波谱(68.1),对于热容得到德拜定律

$$C \propto T^3, \quad \text{当} \quad T \ll \eta^2\Theta \text{ 时}. \tag{68.7}$$

用类似的方法可以考虑链型结构的晶体(选取链方向为 z 轴)。在这种情形下,声波谱三个分支的色散关系有下列形式

$$\omega_{1,2}^2 = u_{1,2}^2\varkappa^2 + u_3^2 k_z^2 + \gamma^2 k_z^4, \quad \omega_3^2 = u_3^2\varkappa^2 + U_4^2 k_z^2, \tag{68.8}$$

---

[1] 高温 $T \gg \Theta$ 构成经典区域,其中热容 $C =$ 常数。
[2] 也就是一个倒格子胞;参看下面的公式(71.7)。

而且现在 $u_1, u_2, u_3 \ll U_4$①. 略去链间相互作用,关系(68.8)归于

$$\omega_{1,2}^2 = \gamma^2 k_z^4, \quad \omega_3^2 = U_4^2 k_z^2;$$

谱支 ω_3 对应于链中原子的纵振动,ω_1 和 ω_2 对应于把链看成弹性弦时的弯曲波. 设 $u_1 \sim u_2 \sim u_3$ 并且仍旧引进小参量 $\eta \sim \dfrac{u}{U}$ 和德拜温度,可以得出下列热容与温度依赖关系的极限规律:

$$\left.\begin{array}{ll} \text{当 } \eta\Theta \ll T \ll \Theta \text{ 时,} & C \propto T^{1/2} \\ \text{当 } \eta^2\Theta \ll T \ll \eta\Theta \text{ 时,} & C \propto T^{5/2} \\ \text{当 } T \ll \eta^2\Theta \text{ 时,} & C \propto T^3. \end{array}\right\} \quad (68.9)$$

§69 晶格的振动

在上节中我们把固体中原子的热运动考虑为晶格的简正微振动的集合. 现在我们来更仔细地研究这些振动的力学性质.

在晶体的每个单胞中一般来讲有若干个原子. 因此要指定一个原子必须给出它所处的单胞以及这个原子在该胞中的编号. 单胞的位置可以用单胞的任意一个特定顶点的径矢 $\boldsymbol{r}_n$ 来确定. 这些径矢的取值为

$$\boldsymbol{r}_n = n_1\boldsymbol{a}_1 + n_2\boldsymbol{a}_2 + n_3\boldsymbol{a}_3, \quad (69.1)$$

式中 n_1, n_2, n_3 是整数,而 $\boldsymbol{a}_1, \boldsymbol{a}_2, \boldsymbol{a}_3$ 是基格矢(即单胞的边长).

我们用 $\boldsymbol{u}_s$ 表示振动的原子位移,式中角标 s 表示原子在胞中的编号($s = 1, 2, \cdots, \nu$;ν 是胞中的原子数目). 作为在平衡位置(格点)附近作微振动的粒子力学系统,晶格的拉格朗日函数具有形式

$$L = \frac{1}{2}\sum_{ns} m_s \dot{\boldsymbol{u}}_s^2(\boldsymbol{n}) - \frac{1}{2}\sum_{\substack{nn'\\ss'}} \Lambda_{ik}^{ss'}(\boldsymbol{n}-\boldsymbol{n}')u_{si}(\boldsymbol{n})u_{s'k}(\boldsymbol{n}'), \quad (69.2)$$

式中矢量 $\boldsymbol{n} = (n_1, n_2, n_3)$;$m_s$ 是原子的质量,而 i, k 是矢量指标,取值 x, y, z(而且依惯例二次重复指标意味着求和). 系数 Λ 仅仅依赖于差 $\boldsymbol{n} - \boldsymbol{n}'$,因为原子间相互作用力仅仅依赖于晶格单胞的相对位置,而与它们在空间的绝对位置无关. 这些系数具有对称性

$$\Lambda_{ik}^{ss'}(\boldsymbol{n}) = \Lambda_{ki}^{s's}(-\boldsymbol{n}), \quad (69.3)$$

这从函数(69.2)的形式显而易见.

从拉格朗日函数(69.2)可得运动方程

$$m_s \ddot{u}_{si} = -\sum_{\boldsymbol{n}'s'} \Lambda_{ik}^{ss'}(\boldsymbol{n}-\boldsymbol{n}')u_{s'k}(\boldsymbol{n}'). \quad (69.4)$$

应该指出,各系数 Λ 以特定的关系互相联系,体现如下事实:晶格作为整体作平

---

① 为明确起见,这里再次假设六方对称——这一次是指链方向. 速度 $u_1, \cdots, U_4$ 用本节第一个脚注中提到的同样的公式由弹性模量表达,但是现在模量 $\lambda_{xxxx}, \lambda_{xyxy}, \lambda_{xzxz}, \lambda_{xzzz}$ 与 λ_{zzzz} 相比为小.

移或者转动时不会对原子产生任何的作用力. 在平移时所有的 $u_s(n)$ = 常数,因此应有

$$\sum_{ns'} \Lambda_{ik}^{ss'}(n) = 0. \tag{69.5}$$

在这里我们不写出从相对转动不变性得出的关系.

我们求方程(69.4)的单色平面波形式的解

$$u_s(n) = e_s(k)\exp[\mathrm{i}(k\cdot r_n - \omega t)]. \tag{69.6}$$

(复)振幅 e_s 仅依赖于角标 s,即仅对同一胞内的不同原子有所不同,而不管不同胞中的等效原子. 矢量 e_s 既决定振幅的大小,也决定它们偏振的方向.

把(69.6)代入(69.4),我们得到

$$\omega^2 m_s e_{si} \exp(\mathrm{i}k\cdot r_n) = \sum_{n's'} \Lambda_{ik}^{ss'}(n-n') e_{s'k} \exp(\mathrm{i}k\cdot r_{n'}).$$

等式的两边除以 $\exp(\mathrm{i}k\cdot r_n)$ 并用对 $n'-n$ 的求和取代对 n' 的求和,得出

$$\sum_{s'} \Lambda_{ik}^{ss'}(k) e_{s'k} - \omega^2 m_s e_{si} = 0, \tag{69.7}$$

式中引入记号

$$\Lambda_{ik}^{ss'}(k) = \sum_n \Lambda_{ik}^{ss'}(n)\exp(-\mathrm{i}k\cdot r_n). \tag{69.8}$$

振幅的线性齐次代数方程组(69.7)有非零解,必须满足如下相容性条件

$$\det|\Lambda_{ik}^{ss'}(k) - \omega^2 m_s \delta_{ik}\delta_{ss'}| = 0. \tag{69.9}$$

指标 i,k 各取 3 值,而指标 s,s' 各取 ν 值,因此行列式的阶数等于 3ν,(69.9)是关于 ω^2 的 3ν 次代数方程.

这个方程 3ν 个解的每一个都决定频率 ω 依赖于波矢 k 的函数关系;这种关系称为**波的色散关系**,而决定这种关系的方程(69.9)称为**色散方程**. 因此,对于波矢的每一个给定值,在一般情况下,频率可以有 3ν 个不同的值. 可以说频率是波矢的多值函数,有 3ν 个支,$\omega = \omega_\alpha(k)$,这里指标 α 标记函数支.

从定义(69.8)和等式(69.3)得出

$$\Lambda_{ik}^{ss'}(k) = \Lambda_{ik}^{s's}(-k) = [\Lambda_{ik}^{s's}(k)]^*. \tag{69.10}$$

换句话说,$\Lambda_{ik}^{ss'}(k)$ 各量组成厄米矩阵,从数学观点看来,解方程(69.7)的问题就是求解该矩阵的本征值及相应"本征矢量"的问题. 根据厄米矩阵的已知性质,相应于不同本征值的本征矢量相互正交. 现在这意味着

$$\sum_{s=1}^{\nu} m_s u_s^{(\alpha)} u_s^{(\alpha')*} = 0 \quad \text{当} \quad \alpha \neq \alpha', \tag{69.11}$$

位移矢量的角标 (α) 表示它所属的振动谱支①. 等式(69.11)表示不同谱支偏

---

① 在关系式(69.11)中出现了"权重"因子 m_s,这是因为 ω_α^2 并非矩阵 $\Lambda_{ik}^{ss'}(k)$ 而是矩阵 $\Lambda_{ik}^{ss'}/\sqrt{m_s m_{s'}}$ 的本征值,并且相应的本征矢量是 $\sqrt{m_s}u_s^{(\alpha)}$.

振的正交性.

因为力学运动方程关于时间变号的对称性,如果某种波(69.6)的传播是可能的,则同样的波也可以在相反方向传播. 但是这种方向的改变等价于 k 的符号改变. 因此,$\omega(k)$ 应该是偶函数

$$\omega(-k) = \omega(k). \tag{69.12}$$

晶格振动的波矢具有如下重要性质. 波矢只通过指数因子 $\exp(i k \cdot r_n)$ 出现在(69.6)中. 但是该因子在如下代换下完全不变:

$$k \to k + b, \quad b = p_1 b_1 + p_2 b_2 + p_3 b_3, \tag{69.13}$$

式中 b 是任意的倒格矢(b_1, b_2, b_3 是它的基本周期;p_1, p_2, p_3 是整数)[①]. 换句话说,晶格振动的波矢在物理上不是单值的:相差 b 的所有 k 值在物理上都是等价的. 函数 $\omega(k)$ 在倒格子中是周期的:

$$\omega(k+b) = \omega(k),$$

因而在 $\omega(k)$ 的每一支中只要考虑波矢 k 的某个有限范围即一个倒格子胞. 例如,如果选取坐标轴(在一般情况下是斜交的)沿倒格子的三个基本周期,可以只考虑如下区域

$$-\frac{1}{2}b_i < k_i \leq \frac{1}{2}b_i. \tag{69.14}$$

当 k 取这个区域的值时,每个谱支的频率 $\omega(k)$ 取占有某个有限宽波段(或称为区)的值. 当然不同区可能部分交叠.

用几何的术语来说,函数关系 $\omega = \omega(k)$ 表示为四维超曲面,它的各个叶对应于函数的不同支. 这些叶可能并不是完全分开的,即可能相交. 这些相交的可能类型相当依赖于晶格的具体对称性. 研究这个问题需要应用群论方法,这将在以后§136中讨论.

在 3ν 支振动的波谱中,必定有一些波长(与晶格常数相比大的)很大,对应于晶体中通常的弹性波(即声波). 从弹性理论(参看第七卷§23)知,当成连续介质的晶体可以传播具有不同色散关系的三种波,并且对于所有这三种类型,ω 是矢量 k 的分量的一次齐次函数,且在 $k=0$ 时变为 0. 因此,在函数 $\omega(k)$ 的 3ν 支中应该有三支,在 k 很小时其色散关系形为

$$\omega = kf\left(\frac{k}{k}\right) \tag{69.15}$$

这三型波称为**声学波**;它们的特征是:(在 k 很小时)晶格像连续介质一样整体地振动. 在 $k \to 0$ 的极限情形下,这些振动变为整个晶格的简单平移.

在每胞含有多于一个原子的复杂晶格中,还存在 $3(\nu-1)$ 个类型的波. 这

[①] 这里用到的一些概念,在下面§133会详细考虑.

些波谱支在 $k=0$ 时频率并不变为 0，当 $k \to 0$ 时趋于常数极限．晶格的这些振动称为**光学振动**．在这种情形下，同一单胞中的原子彼此相对运动，并且在 $k=0$ 的极限情形下，胞的重心保持不动[①]．

所有 $3(\nu-1)$ 个光学振动的**极限频率**（$k=0$ 时的频率）不一定都各不相同．在具有一定对称的晶体中，某些光学谱支的极限频率可能重合，或者说是**简并**的（关于这一点参看§136）．

具有非简并极限频率的函数 $\omega(k)$ 可以在 $k=0$ 的附近展开为矢量 k 的分量的幂级数．由于 $\omega(k)$ 是偶函数，这种展开式只含 k_i 的偶次幂，因此它的前几项形为

$$\omega = \omega_0 + \frac{1}{2}\gamma_{ik}k_i k_k, \qquad (69.16)$$

式中 ω_0 是极限频率，γ_{ik} 是一些常数．

然而，如果有几支的极限频率相同，则这些支中的频率函数 $\omega(k)$ 完全不能按 k 的幂次展开，因为 $k=0$ 的点是它们的奇点（分支点）．这时只能够断言：在 $k=0$ 的附近差 $\omega - \omega_0$ 是 k 的分量的一次或二次齐次函数（依晶体的对称而定）．

我们再次提醒：上述的一切讨论都是在所谓的"简谐近似"之下，这时势能只考虑原子位移的二次项．只有在这种近似下，各种不同的单色波(69.6)才彼此没有相互作用，而自由地在晶格中传播．在考虑后面的"**非简谐**"项后，就会出现这些波的相互散射和各种衰减过程．相互作用也可能导致形成波的"束缚态"（声子，见下），这是简谐近似下所没有的波谱新支．

此外，我们假定了晶格具有理想的周期性．必须注意：只要在晶体中有各种同位素的原子以无序方式分布着（即使不考虑可能的"杂质"以及晶格的其它缺陷），理想的周期性在某种程度上也是被破坏了的．但是，如果这些同位素的原子量相对差很小，或者一种同位素比其余的多很多，则这种破坏比较不重要．在这些情形下，一级近似下所述的图像仍然有效，但是在更高级的近似下，就会产生波受晶格不均匀性散射的各种类型的过程[②]．

§70 振动数的态密度

波矢分量值处在区间 $d^3 k \equiv dk_x dk_y dk_z$ 内的振动数，对晶体单位体积而言等

[①] 后一结论可以从运动方程(69.7)，(69.8)直接正式导出．在 $k=0$ 时，方程形为
$$\sum_{ns'} \Lambda_{ik}^{ss'}(n) e_{s'k} = m_s \omega^2 e_{si}.$$
方程两边对 s 求和，因为(69.5)而左边得到 0；所以为使方程在 $k=0$ 时仍然对，应该也有 $\sum_s m_s e_s = 0$．

[②] 晶格缺陷的存在也引起振动谱的某些变化，出现一些新频率（对应于在缺陷附近的"局域化"振动）．这些问题的研究见：Лифшиц Е М，Косевич А М．Динамика кристаллической решетки с дефектами．Rep. Progr. Phys.，1966，29：217．Перевод-в киге：Лифшиц И М．Избранные труды．Физика реальных кристаллов и неупорядоченных систем．Наука，1987，статья 14.

于 $\frac{d^3k}{(2\pi)^3}$. 振动按频率的分布函数 $g(\omega)$ 是具体晶格的振动谱特征, 由它给出, 频率位于 ω 到 $\omega + d\omega$ 之间的振动数为 $g(\omega)d\omega$. 当然, 对于不同的谱支这个数是不同的, 但是为了简化记号, 本节略去函数 $\omega(\boldsymbol{k})$ 和 $g(\omega)$ 的相应角标 α.

数 $g(\omega)d\omega$, 等于 $\boldsymbol{k}$ 空间中包围在两个无限接近的等频面 $\omega(\boldsymbol{k}) = $ 常数之间的体积除以 $(2\pi)^3$. 函数 $\omega(\boldsymbol{k})$ 在 $\boldsymbol{k}$ 空间每一点的梯度, 指向过该点的等频面的法线. 因此, 从表达式 $d\omega = d\boldsymbol{k} \cdot \nabla_{\boldsymbol{k}}\omega(\boldsymbol{k})$ 可明显看出, 这样的两个无限接近表面的间距(用它们之间的法线一段量度)是 $\frac{d\omega}{|\nabla_{\boldsymbol{k}}\omega|}$. 把这个量乘以等频面的面元 $df_{\boldsymbol{k}}$ 并对整个表面积分(在一个倒格子胞的范围内), 我们得到待求的 $\boldsymbol{k}$ 空间体积部分, 把它除以 $(2\pi)^3$, 即为频率分布密度:

$$g(\omega) = \frac{1}{(2\pi)^3} \int \frac{df_{\boldsymbol{k}}}{|\nabla_{\boldsymbol{k}}\omega(\boldsymbol{k})|}. \tag{70.1}$$

在每区(某支 $\omega(\boldsymbol{k})$ 在 $\boldsymbol{k}$ 的一个倒格子胞内所取的值域)中, 函数 $\omega(\boldsymbol{k})$ 应该至少有一个极小和一个极大. 因而, 由此得出, 该函数也应该具有鞍点[①]. 所有这些驻点的存在导致频率分布函数 $g(\omega)$ 的一定特征(L. van Hove, 1953).

在位于某个 $\boldsymbol{k} = \boldsymbol{k}_0$ 的极值点附近, 记 $\omega_0 = \omega(\boldsymbol{k}_0)$, 差值 $\omega(\boldsymbol{k}) - \omega_0$ 具有形式

$$\omega - \omega_0 = \frac{1}{2}\gamma_{ik}(k_i - k_{0i})(k_k - k_{0k}).$$

取 $\boldsymbol{k}$ 空间的坐标轴沿该二次型的主轴, 我们把它写成

$$\omega - \omega_0 = \frac{1}{2}[\gamma_1(k_x - k_{0x})^2 + \gamma_2(k_y - k_{0y})^2 + \gamma_3(k_z - k_{0z})^2], \tag{70.2}$$

式中 $\gamma_1, \gamma_2, \gamma_3$ 是对称张量 γ_{ik} 的主值.

我们首先考虑函数 $\omega(\boldsymbol{k})$ 的一个极小点或极大点. 于是 $\gamma_1, \gamma_2, \gamma_3$ 有相同的符号. 根据 $\varkappa_x = \sqrt{|\gamma_1|}(k_x - k_{0x}), \cdots$, 引入新变量 $\varkappa_x, \varkappa_y, \varkappa_z$ 代换 k_x, k_y, k_z, 我们写出

$$\omega - \omega_0 = \pm \frac{1}{2}(\varkappa_x^2 + \varkappa_y^2 + \varkappa_z^2) = \pm \frac{1}{2}\varkappa^2. \tag{70.3}$$

这时在 $\varkappa$ 空间中的等频面是球面. 在 (70.1) 中变换到 $\varkappa$ 空间中的积分, 有

$$g(\omega) = \frac{1}{(2\pi)^3\sqrt{\gamma}} \int \frac{df_{\varkappa}}{|\nabla_{\varkappa}\omega(\varkappa)|}, \quad \gamma = |\gamma_1\gamma_2\gamma_3|. \tag{70.4}$$

球面元为: $df_{\varkappa} = \varkappa^2 dO_{\varkappa}$, 式中 $dO_{\varkappa}$ 是立体角元. 函数 (70.3) 的梯度为: $\nabla_{\varkappa}\omega(\varkappa) = \pm \varkappa$. 所以 (70.4) 中的积分等于 $4\pi\varkappa$; 根据 (70.3) 用 $\omega - \omega_0$ 表示 $\varkappa$, 最后得

[①] 可以证明(但不在这里给出), 至少应该存在 6 个鞍点, 两类各三个, 对应于公式 (70.8) (参看下面中的 + 号和 - 号.

$$g(\omega) = \frac{1}{\pi^2\sqrt{2\gamma}}\sqrt{|\omega-\omega_0|}. \tag{70.5}$$

因此,振动数密度具有平方根奇异性;微商 $\dfrac{dg}{d\omega}$ 在 $\omega\to\omega_0$ 时变为无穷大.

但是,应该注意到,在一般情形下(如果值 $\omega=\omega_0$ 位于频率变化带的内部而非正好边缘上),值 ω 接近 ω_0 的等频面(除了包含 $\boldsymbol{k}=\boldsymbol{k}_0$ 点周围的椭球面以外)还可能包含位于 $\boldsymbol{k}$ 空间中单胞其它部分的其它叶. 因此在一般情况下表达式(70.5)只给出振动数密度的"奇异"部分,因而更正确地应该对 $\omega=\omega_0$ 点的一侧(对极大为 $\omega<\omega_0$,而对极小为 $\omega>\omega_0$)写

$$g(\omega) = g(\omega_0) + \frac{\sqrt{|\omega-\omega_0|}}{\pi^2\sqrt{2\gamma}}, \tag{70.6}$$

而对另一侧,写 $g(\omega)=g(\omega_0)$.

我们也注意到,公式(70.5)自然并不属于声学振动区的下缘($\omega=0$)的邻域,那里色散关系形为(69.15).容易看出,在这种情形下

$$g(\omega) = \text{常数}\cdot\omega^2. \tag{70.7}$$

现在我们考虑鞍点的邻域.在这种情况下(70.2)中 $\gamma_1,\gamma_2,\gamma_3$ 的值,两正一负,或者一正两负.代替(70.3)现在有

$$\omega-\omega_0 = \pm\frac{1}{2}(\varkappa_x^2+\varkappa_y^2-\varkappa_z^2). \tag{70.8}$$

为明确起见,取该式中上号.于是,在 $\omega<\omega_0$ 时等频面是双叶双曲面,而在 $\omega>\omega_0$ 时是单叶双曲面;$\omega=\omega_0$ 的分界面是双锥面(图9).

在(70.4)中的积分现在很容易计算,如果用 $\varkappa$ 空间的圆柱坐标系:$\varkappa_\perp,\varkappa_z,\varphi$,这里 $\varkappa_\perp=\sqrt{\varkappa_x^2+\varkappa_y^2}$,而 φ 是 $\varkappa_x\varkappa_y$ 平面中的极角.梯度的绝对值为:$|\nabla_\varkappa\omega|=\varkappa$.当 $\omega<\omega_0$ 时,积分在双曲面的两叶中进行:

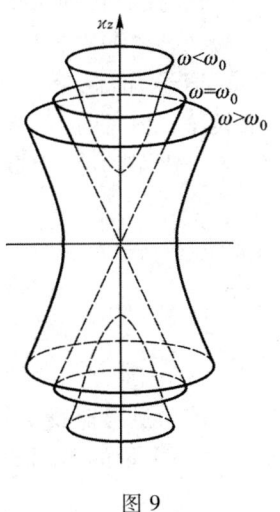

图9

$$df_\varkappa = \frac{2\pi\varkappa_\perp\varkappa}{|\varkappa_z|}d\varkappa_\perp,$$

$$g(\omega) = \frac{1}{(2\pi)^3\sqrt{\gamma}}\cdot 2\int_0^K\frac{2\pi\varkappa_\perp d\varkappa_\perp}{\sqrt{\varkappa_\perp^2+2(\omega_0-\omega)}};$$

作为上限 K(其值不影响最终奇异性的形式)可以取任何比 $\sqrt{\omega_0-\omega}$ 为大的 $\varkappa$ 值,但是同时又如此之小,以至于表达式(70.8)仍有等频面的形式.结果求得

$$g(\omega) = \frac{1}{2\pi^2\sqrt{\gamma}}[K-\sqrt{2(\omega_0-\omega)}].$$

在 $\omega > \omega_0$ 的情形下,用类似的方法可以求得

$$g(\omega) = \frac{2}{(2\pi)^3 \sqrt{\gamma}} \int_{\varkappa_{\perp\min}}^{K} \frac{2\pi \varkappa_\perp \, d\varkappa_\perp}{\sqrt{\varkappa_\perp^2 - 2(\omega - \omega_0)}} = \frac{K}{2\pi^2 \sqrt{\gamma}},$$

式中 $\varkappa_{\perp\min}^2 = 2(\omega - \omega_0)$. 因此,鞍点邻域的振动数密度具有形式

$$g(\omega) = \begin{cases} g(\omega_0) - \dfrac{\sqrt{|\omega_0 - \omega|}}{\pi^2 \sqrt{2\gamma}} & \text{当} \quad \omega < \omega_0, \\ g(\omega_0) & \text{当} \quad \omega > \omega_0. \end{cases} \tag{70.9}$$

这里 $g(\omega)$ 也具有平方根奇异性.

对于(70.8)中下号的鞍点,结果类似,不过区域 $\omega < \omega_0$ 和 $\omega > \omega_0$ 互换($\omega > \omega_0$ 时有平方根奇异性).

§71 声子

现在我们转到从量子理论的观点来看晶格的振动是怎样一种图像的问题.

波(69.6)中原子在每一时刻都有确定的位移,在量子理论中取代波而引入所谓"**声子**"的概念,它们是一些在晶格中传播的具有确定能量和运动方向的"**准粒子**". 在量子力学中振子的能量是 $\hbar\omega$(这里 ω 是经典波的频率)的整数倍,所以声子的能量与频率 ω 的关系为

$$\varepsilon = \hbar\omega, \tag{71.1}$$

与光量子——光子——的情况相类似. 至于波矢 k,则它确定声子的所谓"准动量" p:

$$p = \hbar k. \tag{71.2}$$

这个量在许多方面与通常的动量相似. 同时,它们之间又有重大差别,源于如下事实:准动量只能精确到可以附加一个形为 $\hbar b$ 的任意常数矢量的程度;所有相差这样一个量的不同的 p 值在物理上是等价的.

声子的速度取决于相应经典波的**群速度** $v = \dfrac{\partial \omega}{\partial k}$. 这个公式也可以写成

$$v = \frac{\partial \varepsilon(p)}{\partial p}, \tag{71.3}$$

与粒子的能量、动量和速度之间通常的关系式完全相似.

在§69,§70中所述的有关晶格经典振动谱的全部特性完全可以转移(适当改变术语)到声子的能谱即它们的能量与准动量的依赖关系上. 例如,声子的能谱 $\varepsilon(p)$ 有 3ν 个不同的支,其中包括三个声学支. 在§70 中考虑的振动数密度现在变成声子的量子态密度.

在量子图像中,无相互作用声子的自由运动对应于在简谐近似下波的自由传播. 在更高级的近似下出现声子碰撞的各种过程. 这些碰撞形成了声子气体

热平衡,即晶格平衡的热运动得以建立的机制.

在所有这些过程中必须遵守能量守恒定律以及准动量守恒定律. 但是后者对声子总准动量只要求守恒到可以附加形为 $\hbar \boldsymbol{b}$ 的任何一个矢量的程度,这与准动量本身的非单值性有关. 因此,在任何一个声子碰撞过程中,起始准动量($\boldsymbol{p}$)与最后准动量($\boldsymbol{p}'$)应该由如下形式的关系式相联系[①]

$$\sum \boldsymbol{p} = \sum \boldsymbol{p}' + \hbar \boldsymbol{b}. \tag{71.4}$$

在晶格中可以同时激发任意个全同声子;换句话说,处于声子的每一个量子态中的声子数可以是任意的(在经典图像中这对应于波的任意强度). 这意味着声子气体遵守玻色统计. 在这种气体中粒子总数不是给定的,而是取决于平衡条件,因此它的化学势等于零(参看§63). 因而每一个量子态(具有准动量 $\boldsymbol{p}$ 和能量 ε)的声子平均数,在热平衡时由普朗克分布函数确定

$$\bar{n}_p = \frac{1}{e^{\varepsilon(\boldsymbol{p})/T} - 1}. \tag{71.5}$$

应当指出,在高温下($T \gg \varepsilon$),这个表达式变为

$$\bar{n}_p = \frac{T}{\varepsilon(\boldsymbol{p})}, \tag{71.6}$$

即在该状态中的声子数与温度成正比.

声子的概念,对于在任何宏观物体的量子能谱理论中起重要作用的更一般概念而言只是特例. 宏观物体的任何弱激发态可以看成各个**元激发**的集合. 这些元激发相当于在物体所占体积中运动的某几种准粒子. 只要元激发的数目足够小,它们彼此"不相互作用"(即能量直接可加),因此它们的集合可以看成准粒子的理想气体. 我们再一次强调:元激发的概念只是作为物体中原子集体运动的量子力学描述方法,绝不能把它们混同于个别的原子或分子.

在声子的情形下,它们的相互作用对应于(在经典图像中)晶格原子的非简谐振动. 但是,正如§64中所指出的,在固体中这些振动事实上总是很小,因此是"几乎简谐的". 所以,在固体中声子的相互作用事实上总是很弱.

最后,我们写出根据固体声子谱确定的固体热力学量的公式.

固体在热力学平衡态中的自由能由公式(64.1)给出. 把其中求和变为对一系列连续声子态的积分,有

$$F = N\varepsilon_0 + T \sum_{\alpha=1}^{3\nu} \int \ln\left[1 - \exp\left(-\frac{\hbar \omega_\alpha(\boldsymbol{k})}{T}\right)\right] \frac{V d^3 k}{(2\pi)^3}, \tag{71.7}$$

式中求和对所有的谱支进行,而积分对一个倒格子胞中的 $\boldsymbol{k}$ 值进行[②]. 对各谱支

[①] 总准动量并不保持为常数而是改变 $\hbar \boldsymbol{b}$ 的过程,称为**倒逆过程**.

[②] 这个公式已经在§68中用于处理声学谱支对自由能的贡献.

引入状态数密度 $g_\alpha(\omega)$ 并转换为对频率的积分,这个公式也可以写成

$$F = N\varepsilon_0 + TV\sum_{\alpha=1}^{3\nu}\int\ln(1 - e^{-\hbar\omega/T})g_\alpha(\omega)d\omega. \tag{71.8}$$

固体的非平衡宏观状态用声子按它们的量子态的某个非平衡态分布来描述,完全类似于对理想气体所作过的那样. 物体在这种状态下的熵可以用§55中(对于玻色气体)所得的公式来计算. 尤其是,如果每个状态有许多声子,熵等于

$$S = \sum_j G_j \ln \frac{eN_j}{G_j},$$

式中 N_j 是一组 G_j 个邻近状态中的声子数(参看(55.8)). 这种情形对应于高温 ($T \gg \Theta$). 把这个公式改写成对应于热振动经典图像的积分形式. 处于波矢值区间 d^3k 和空间体元 dV 的(每一谱支)声子态数是 $d\tau = \dfrac{d^3k dV}{(2\pi)^3}$. 设 $U_\alpha(\boldsymbol{r},\boldsymbol{k})d\tau$ 是同一个相空间元 $d\tau$ 中的热振动能量. 对应的声子数是

$$\frac{U_\alpha(\boldsymbol{r},\boldsymbol{k})}{\hbar\omega_\alpha(\boldsymbol{k})}d\tau.$$

代入 G_j 和 N_j 的这些表达式并且化为积分,我们就得到固体在给定热振动能谱非平衡分布下的熵公式:

$$S = \sum_{\alpha=1}^{3\nu}\int\ln\frac{eU_\alpha(\boldsymbol{r},\boldsymbol{k})}{\hbar\omega_\alpha(\boldsymbol{k})}d\tau. \tag{71.9}$$

§72 声子的产生和湮没算符

我们现在看一下,上节引入的一些概念如何在系统推导振动量子化时出现. 这时所得出的公式也有独立的意义,研究声子的基本相互作用的数学工具以它们为基础.

晶格的任意振动可以表示成行波平面波的叠加①. 如果考虑晶格体积很大却有限,则波矢 $\boldsymbol{k}$ 取一系列彼此很近却是离散的值. 原子的位移 $\boldsymbol{u}_s(t,\boldsymbol{n})$ 于是表示为离散值的求和形式

$$\boldsymbol{u}_s(t,\boldsymbol{n}) = \frac{1}{\sqrt{N}}\sum_{\alpha=1}^{3\nu}\sum_{\boldsymbol{k}}(a_{\boldsymbol{k}\alpha}\boldsymbol{e}_s^{(\alpha)}(\boldsymbol{k})e^{i\boldsymbol{k}\cdot\boldsymbol{r}_n} + a_{\boldsymbol{k}\alpha}^*\boldsymbol{e}_s^{(\alpha)*}(\boldsymbol{k})e^{-i\boldsymbol{k}\cdot\boldsymbol{r}_n}) \tag{72.1}$$

(N 是晶格的单胞数). 求和对所有的(非等价) $\boldsymbol{k}$ 值和所有振动谱支进行,而其余的记号具有下列含义.

式(72.1)中的矢量 $\boldsymbol{e}_s^{(\alpha)}$ 是振动偏振矢量即振幅,但它现在不仅满足方程

---

① 完全类似于对自由电磁场所做的那样——参看第二卷§52.

(69.7),而且还假定以特定的条件归一. 这个条件(与正交关系(69.11)一起)可写成

$$\sum_{s=1}^{\nu} \frac{m_s}{m} e_s^{(\alpha)}(\boldsymbol{k}) [e_s^{(\alpha')}(\boldsymbol{k})]^* = \delta_{\alpha\alpha'} \tag{72.2}$$

($m = \sum m_s$ 是在一个胞中原子的总质量). 条件(72.2)在各矢量 $e_s^{(\alpha)}$ 中仍旧留下一个任意的共同相因子(不依赖于 s). 这种任意性使得可对这些矢量另加条件

$$e_s^{(\alpha)}(-\boldsymbol{k}) = [e_s^{(\alpha)}(\boldsymbol{k})]^*. \tag{72.3}$$

(这种选择的可能性显而易见,因为根据关系式(69.10),等式(72.3)两边的矢量满足相同的方程.)

式(72.1)中的系数 $a_{k\alpha}$ 是时间的函数,满足方程

$$\ddot{a}_{k\alpha} + \omega_\alpha^2(\boldsymbol{k}) a_{k\alpha} = 0, \tag{72.4}$$

它可通过把(72.1)代入方程(69.4)得到. 假设

$$a_{k\alpha} \propto \exp[-\mathrm{i}\omega_\alpha(\boldsymbol{k})t]; \tag{72.5}$$

于是和式中的每一项仅依赖于差 $\boldsymbol{k}\cdot\boldsymbol{r}_n - \omega_\alpha t$,即是 $\boldsymbol{k}$ 方向的行波.

晶格的振动能量用如下公式通过原子的位移和速度表示:

$$E = \frac{1}{2} \sum_{ns} m_s \dot{\boldsymbol{u}}_s^2(\boldsymbol{n}) + \frac{1}{2} \sum_{\substack{nn' \\ ss'}} \Lambda_{ik}^{ss'}(\boldsymbol{n}-\boldsymbol{n}') u_{si}(\boldsymbol{n}) u_{s'k}(\boldsymbol{n}'). \tag{72.6}$$

现在把展开式(72.1)代入. 所得到的和式中包含因子 $\exp[\pm\mathrm{i}(\boldsymbol{k}\pm\boldsymbol{k}')\cdot\boldsymbol{r}_n]$ 且有 $\boldsymbol{k}\pm\boldsymbol{k}'\neq 0$ 的所有各项,在对 $\boldsymbol{n}$ 求和后变为零,因为

$$\sum_n e^{\mathrm{i}\boldsymbol{q}\cdot\boldsymbol{r}_n} = \begin{cases} N & \text{当} \quad \boldsymbol{q}=0, \\ 0 & \text{当} \quad \boldsymbol{q}\neq 0, \end{cases}$$

式中 $\boldsymbol{q}$ 取所有不等价的值(参看§133). 再考虑到条件(72.2),(72.3),动能可化为形式

$$\sum_{\alpha k} m\omega_\alpha^2 \left\{ a_{k\alpha} a_{k\alpha}^* + \frac{1}{2}(a_{k\alpha} a_{-k\alpha} + a_{k\alpha}^* a_{-k\alpha}^*) \right\}.$$

借助于运动方程(69.4)把(72.6)中的势能改写成

$$-\frac{1}{2} \sum_{ns} m_s \ddot{\boldsymbol{u}}_s(\boldsymbol{n}) \boldsymbol{u}_s(\boldsymbol{n})$$

然后再作类似变换;结果得到的形式与动能的差别仅在于大括号中的第二项变号. 两部分能量相加,得

$$E = \sum_{\alpha k} 2m\omega_\alpha^2(\boldsymbol{k}) |a_{k\alpha}|^2. \tag{72.7}$$

因此,晶格振动的总能量表示成与每个波单独有关的能量之和.

我们现在作变换,将晶格运动方程变为力学正则方程. 为此,引入由下式定义的实"正则变量" $Q_{k\alpha}$ 和 $P_{k\alpha}$:

$$Q_{k\alpha} = \sqrt{m}(a_{k\alpha} + a_{k\alpha}^*),$$
$$P_{k\alpha} = -\mathrm{i}\omega_\alpha(\boldsymbol{k})\sqrt{m}(a_{k\alpha} - a_{k\alpha}^*) = \dot{Q}_{k\alpha}. \tag{72.8}$$

用它们表示 $a_{k\alpha}$ 和 $a_{k\alpha}^*$ 并代入(72.7),我们得到晶格的哈密顿函数

$$H = \frac{1}{2}\sum_{\alpha k}\left[P_{k\alpha}^2 + \omega_\alpha^2(\boldsymbol{k})Q_{k\alpha}^2\right]. \tag{72.9}$$

现在,哈密顿方程 $\dfrac{\partial H}{\partial P_{k\alpha}} = \dot{Q}_{k\alpha}$ 就是 $P_{k\alpha} = \dot{Q}_{k\alpha}$,从而由 $\dfrac{\partial H}{\partial Q_{k\alpha}} = -\dot{P}_{k\alpha}$ 得到方程

$$\ddot{Q}_{k\alpha} + \omega_\alpha^2(\boldsymbol{k})Q_{k\alpha} = 0,$$

与晶格运动方程一致.

于是,哈密顿函数表示成一些独立项之和,每项都具有一维谐振子哈密顿函数的形式. 这种描述经典振动的方法使得过渡到量子理论的途径显而易见①. 现在我们应当把正则变量——广义坐标 $Q_{k\alpha}$ 和广义动量 $P_{k\alpha}$——看成算符,它们满足对易规则

$$\hat{P}_{k\alpha}\hat{Q}_{k\alpha} - \hat{Q}_{k\alpha}\hat{P}_{k\alpha} = -\mathrm{i}\hbar. \tag{72.10}$$

哈密顿函数(72.9)也同样以算符来代替,它的本征值从量子力学已知,为

$$E = \sum_{\alpha k}\hbar\omega_\alpha(\boldsymbol{k})\left(n_{k\alpha} + \frac{1}{2}\right), \quad n_{k\alpha} = 0,1,2,\cdots \tag{72.11}$$

这个公式使得有可能引入在§71中所述意义上的声子概念:晶格的激发态可以看成元激发(准粒子)的集合,每个元激发具有能量 $\hbar\omega_\alpha(\boldsymbol{k})$,它是参量(准动量)$\boldsymbol{k}$ 的确定函数. 量子数 $n_{k\alpha}$ 在这种情形下变成不同准粒子态的占有数②.

根据量子力学中谐振子的已知性质,$\omega_\alpha(\boldsymbol{k})Q_{k\alpha} \pm \mathrm{i}P_{k\alpha}$ 只对 $n_{k\alpha}$ 的改变为 1 的跃迁才有非零矩阵元(参看第三卷§23). 就是说,如果引进算符

$$\hat{c}_{k\alpha} = \frac{1}{\sqrt{2\hbar\omega_\alpha(\boldsymbol{k})}}\left[\omega_\alpha(\boldsymbol{k})\hat{Q}_{k\alpha} + \mathrm{i}\hat{P}_{k\alpha}\right],$$
$$\hat{c}_{k\alpha}^+ = \frac{1}{\sqrt{2\hbar\omega_\alpha(\boldsymbol{k})}}\left[\omega_\alpha(\boldsymbol{k})\hat{Q}_{k\alpha} - \mathrm{i}\hat{P}_{k\alpha}\right], \tag{72.12}$$

则非零矩阵元为

$$\langle n_{k\alpha} - 1 | \hat{c}_{k\alpha} | n_{k\alpha}\rangle = \langle n_{k\alpha} | \hat{c}_{k\alpha}^+ | n_{k\alpha} - 1\rangle = \sqrt{n_{k\alpha}}. \tag{72.13}$$

这些算符的对易规则从定义(72.12)和规则(72.10)得出:

$$\hat{c}_{k\alpha}\hat{c}_{k\alpha}^+ - \hat{c}_{k\alpha}^+\hat{c}_{k\alpha} = 1. \tag{72.14}$$

---

① 完全类似于从自由电磁场的经典描述过渡到光子量子图像的过渡,参看第四卷§2.

② 所有的 $n_{k\alpha}=0$ 时仍在(72.11)中存在的"零点"能 $\sum\dfrac{\hbar\omega}{2}$,应列入物体的基态能量. 它的值是有限的(因为和式中项数有限),在这里它的存在并不导致任何严重困难(这与量子电动力学不同,那里的求和 $\sum\hbar\omega$ 发散).

从(72.13)可以看出,在作用到占有数的函数时,算符 $\hat{c}_{k\alpha}$ 和 $\hat{c}_{k\alpha}^+$ 充当声子的湮没和产生算符. 这里规则(72.14)对应于玻色统计,也本该如此.

位移矢量也随 $c_{k\alpha}$ 一起变成算符(在二次量子化的意义下)①

$$\hat{u}_s(n) = \sqrt{\frac{\hbar}{2mN}} \sum_{\alpha k} \frac{1}{\sqrt{\omega_\alpha(k)}} [\hat{c}_{k\alpha} e_s^{(\alpha)}(k) e^{i k \cdot r_n} + \hat{c}_{k\alpha}^+ e_s^{(\alpha)*}(k) e^{-i k \cdot r_n}].$$

(72.15)

借助于这个表达式,哈密顿量中的非简谐项(位移的三次和更高次幂的项)可用不同数目的声子生成算符和湮没算符的乘积表示. 这些项是微扰项,引起声子各种散射过程也是声子占有数变化的过程.

§73 负温度

现在我们考虑与顺磁电介质有关的某些特殊现象. 顺磁电介质的特征是:它们的原子的角动量(同它们的磁矩一起)的取向是多少有些自由的. 这些角动量之间的相互作用(交换相互作用或磁相互作用,取决于它们距离的远近),引起一个新的"磁"能谱的出现,叠加在通常的电介质能谱上.

显然,这一能谱全部位于有限的能量区间内——这个能量区间与物体中所有原子(这些原子彼此间以一定距离位于晶格的格点上)磁矩的相互作用能量同数量级;属于一个原子的这种能量可以从十分之几 K 到几百 K. 在这方面,磁能谱与通常的能谱有很大的区别:由于粒子动能的存在,通常的能谱可以一直扩展到任意大的能量值②.

由于这个特点,我们可以考虑比所有可允许的能量值(属于一个原子的)都大得多的温度范围. 这时与能谱中磁能谱部分有关的自由能 F_{mag} 可以完全类似于§32 中所做的那样来计算.

设 E_n 是相互作用磁矩系统的能级. 于是我们感兴趣的配分函数为:

$$Z_{mag} = \sum_n e^{-E_n/T} \approx \sum_n \left(1 - \frac{E_n}{T} + \frac{1}{2T^2} E_n^2\right).$$

在这里也像在§32 中一样,虽然 $\frac{E_n}{T}$ 这个量一般来讲并不很小,但是可以形式上展开为幂级数,因为在取对数后就是按 $\sim \frac{E_n}{NT}$ 这个很小的量展开的,其中 N 是原子数. 在所考虑的能谱中能级的总数是有限的而且等于原子磁矩取向的所有可能组合数;因此,如果所有的磁矩是相同的,那么能级总数就是 g^N,其中 g

---

① 从定义(72.8)和(72.12)很容易证实,量 $c_{k\alpha}$ 与 $a_{k\alpha}$ 只相差一个因子.

② 各种不同类型固体的电(其中包括磁)能谱将在本教程的另一卷(第九卷)中研究,在本节只考虑上述磁能谱共同性质的纯热力学结论.

是一个单独的磁矩相对于晶格的所有可能取向数. 这里在简单算术平均的意义下取平均, 就可以把 Z_{mag} 改写成形式

$$Z_{\text{mag}} = g^N \left(1 - \frac{1}{T}\overline{E_n} + \frac{1}{2T^2}\langle E_n^2 \rangle\right).$$

最后, 取对数并再以同样的精确度展开成级数, 我们就得到自由能的表达式如下:

$$F_{\text{mag}} = -T\ln Z_{\text{mag}} = -NT\ln g + \overline{E_n} - \frac{1}{2T}\langle(E_n - \overline{E_n})^2\rangle. \tag{73.1}$$

由此得出熵

$$S_{\text{mag}} = N\ln g - \frac{1}{2T^2}\langle(E_n - \overline{E_n})^2\rangle, \tag{73.2}$$

能量

$$E_{\text{mag}} = \overline{E_n} - \frac{1}{T}\langle(E_n - \overline{E_n})^2\rangle \tag{73.3}$$

和热容

$$C_{\text{mag}} = \frac{1}{T^2}\langle(E_n - \overline{E_n})^2\rangle. \tag{73.4}$$

我们把固定在格点上彼此相互作用的原子磁矩的集合, 考虑为一个孤立系统, 而忽略它与晶格振动的相互作用, 这种相互作用通常是非常微弱的. 公式 (73.1)—(73.4) 所确定的就是这个系统在高温下的热力学量.

在§10中给出的关于温度为正的证明, 基于如下条件, 即系统相对于其中发生的内部宏观运动应是稳定的. 但是我们在这里所考虑的原子矩系统按其本身的性质来说是根本不可能作宏观运动的, 因此上述考虑对它不能适用. 以吉布斯分布的归一化条件为基础的证明 (§36) 也不能适用——因为在这里所考虑的情形下, 系统只具有有限数目的有限能级, 所以归一化和式在任何温度 T 下都是收敛的.

因此, 我们得到了一个诡异的结论: 相互作用磁矩系统既可以具有正的温度, 也可以具有负的温度. 我们来研究系统处在不同温度下的性质.

当温度 $T=0$ 时, 系统处于它的最低的量子态, 它的熵等于零. 系统的能量和熵随着温度的升高而单调地增长. 当 $T = +\infty$ 时, 能量等于 $\overline{E_n}$, 而熵达到极大值 $N\ln g$; 这些值对应于按系统的所有量子态的等概率分布, 吉布斯分布在 $T \to \infty$ 时就过渡到这种分布.

温度 $T = -\infty$ 与温度 $T = +\infty$ 在物理上是恒等的; 这两个温度对系统给出相同的分布和相同的热力学量值. 系统能量的继续增加相当于温度从 $T = -\infty$ 继续升高, 但是因为温度是负的, 所以按绝对值来讲是减小了. 这时熵单调地下

§73 负温度

降(图10)①. 最后,当 $T=0-$ 时,能量达到了它的最大值,而熵重新变为零;这时系统处于它的最高的量子态.

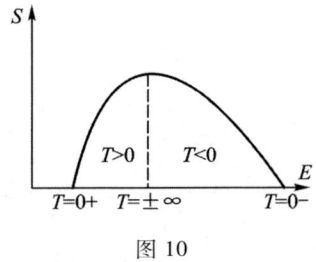

图 10

由此可见,负温度的区域并不位于"绝对零度之下",而是位于"无限大温度之上". 在这种意义下可以说:负温度比正温度"更高". 与这种论断一致的是这样一个事实:当具有负温度的系统同具有正温度的系统(同晶格振动)相互作用时,能量一定是从前一系统转移到后一系统中去的,这一点可以用在§9中用来研究温度不同的物体之间的能量交换的那种方法来证实.

负温度状态可以在晶体的诸原子核磁矩所构成的顺磁系统中具体实现,只要在这种晶体中核自旋相互作用的弛豫时间 t_2 比自旋和晶格之间相互作用的弛豫时间 t_1 小得多(E. M. Purcell, R. V. Pound,1951). 设晶体在强磁场中受到磁化,然后把磁场方向如此迅速地反过来,以使得自旋"来不及"随着反向. 这样就使得系统停留在一个非平衡状态,其能量显然高于 $\overline{E}_n$. 经过数量级为 t_2 的时间,它达到一个具有同样能量的平衡状态. 如果随后以绝热的方式把磁场移去,就使得系统所停留的状态显然是一个具有负温度的平衡状态. 随后在自旋系统和晶格之间交换能量,同时它们的温度变为相等,这将在 t_1 数量级的时间里发生.

---

① 曲线 $S=S(E)$ 在其极大值点附近是对称的,但是在远离这一点的地方,一般来讲不一定是对称的.

第七章

非理想气体

§74 气体对理想性的偏离

理想气体的物态方程应用于实际气体时常常足够精确.但是,这种近似有时不够,因此有必要考虑到实际气体由于其组成分子间的相互作用而导致偏离理想气体.

这里在作这种处理考虑时,认为气体还是足够稀薄,以至于可以忽略分子的三次、四次等多次碰撞,并假定分子间的相互作用只以成对碰撞的方式出现.

为了公式简单起见,我们首先考虑单原子的实际气体.其粒子运动可以按经典处理,所以它的能量可以写成形式

$$E(p,q) = \sum_{a=1}^{N} \frac{p_a^2}{2m} + U, \qquad (74.1)$$

其中第一项是 N 个气体原子的动能,而 U 是它们彼此间的相互作用能.在单原子气体中,U 只是原子间的相对距离的函数.配分函数 $\int e^{-E(p,q)/T} d\Gamma$ 可以分解为对原子动量的积分和对原子坐标的积分的乘积.后者具有形式

$$\int \cdots \int e^{-U/T} dV_1 \cdots dV_N,$$

式中对每一个积分 $dV_a = dx_a dy_a dz_a$ 都遍及气体所占据的整个体积 V. 对于理想气体来讲,$U=0$,这个积分就等于 V^N. 因此很明显:按照普遍公式(31.5)来计算自由能时我们得到:

$$F = F_{\text{id}} - T\ln\frac{1}{V^N}\int \cdots \int e^{-U/T} dV_1 \cdots dV_N, \qquad (74.2)$$

式中 F_{id} 是理想气体的自由能.

在被积式中加上 1 又减去 1,我们就可以把公式(74.2)改写成形式

$$F = F_{id} - T\ln\left\{\frac{1}{V^N}\int\cdots\int(e^{-U/T} - 1)dV_1\cdots dV_N + 1\right\}. \qquad (74.3)$$

为了进一步计算,我们利用下述的形式方法. 我们假设:气体不仅足够稀薄,而且量也足够少,以至于可以认为在气体中不会有一对以上的原子同时发生碰撞. 这样的假设一点也不会影响所得到公式的普遍性,因为由自由能的可加性可知它应该具有形式 $F = Nf\left(T, \dfrac{V}{N}\right)$(参看§24),所以对于少量气体所推导出来的公式自动地也适用于任何数量的气体.

两个原子只有当彼此靠得很近时,也就是说实际上已经发生碰撞时,它们之间的相互作用才不是很小的. 因此只有在任何两个原子彼此靠得很近的情形下,公式(74.3)中的被积式才显著地不等于零. 根据上面所作的假设,不会有一对以上的原子同时满足这个条件,并且从 N 个原子中选出一对原子可以有

$$\frac{1}{2}N(N-1)$$

种方法. 由于这个原因,(74.3)中的积分可以改写成形式

$$\frac{N(N-1)}{2}\int\cdots\int(e^{-U_{12}/T} - 1)dV_1\cdots dV_N,$$

式中 U_{12} 是两个原子的相互作用能,因而只依赖于两个原子的坐标(由于原子的全同性,究竟是哪两个原子并不重要). 因而对于其余所有的坐标就可以进行积分,这样就给出 V^{N-2}. 此外,当然可以用 N^2 代替 $N(N-1)$,因为 N 是一个很大的数;把所得到的表达式代入(74.3)以代替其中的积分,并利用 $\ln(1+x) \approx x$(当 $x \ll 1$ 时),我们有①:

$$F = F_{id} - \frac{TN^2}{2V^2}\iint(e^{-U_{12}/T} - 1)dV_1 dV_2,$$

式中 $dV_1 dV_2$ 是两个原子的坐标微分的乘积.

但是 U_{12} 只是两个原子间的相对距离的函数,即它们的坐标之差的函数. 因此,如果引入它们共同的质心坐标和它们的相对坐标来代替每个原子的坐标,那么 U_{12} 只依赖于它们的相对坐标(我们用 dV 来代表它们的微分的乘积). 所以可以对质心坐标进行积分,这样依旧给出体积 V. 因此最后我们得到:

---

① 在下面我们将看到:在公式(74.3)中对数号下的第一项正比于 $\dfrac{N^2}{V}$. 因此我们所进行的展开正好符合前面所作的假定:不仅气体密度 $\left(\dfrac{N}{V}\right)$ 很小,而且气体的数量也不大.

$$F = F_{\text{id}} + \frac{N^2 T B(T)}{V}, \tag{74.4}$$

式中

$$B(T) = \frac{1}{2}\int (1 - e^{-U_{12}/T})\,\mathrm{d}V. \tag{74.5}$$

由此我们求得压强 $P = -\frac{\partial F}{\partial V}$:

$$P = \frac{NT}{V}\left(1 + \frac{NB(T)}{V}\right) \tag{74.6}$$

$\left(\text{因为 } P_{\text{id}} = \frac{NT}{V}\right)$. 这就是在我们所考虑近似下的气体物态方程.

根据小增量定理(§15),当外界条件或物体性质有微小的改变时,恒定体积下所发生的自由能改变和恒定压强下所发生的热力学势改变彼此相等. 如果把气体对理想性的偏离看作是这样一种改变,那么我们就可以从(74.4)直接转到 Φ. 为此,只需要把(74.4)的修正项中的体积借助理想气体的物态方程用压强表出:

$$\Phi = \Phi_{\text{id}} + NBP. \tag{74.7}$$

由此可以用压强来表示体积:

$$V = \frac{NT}{P} + NB. \tag{74.8}$$

以上所述全部是对于单原子气体来讲的. 但是,同样的公式对于多原子气体也仍然有效. 这时分子彼此间的相互作用势能不仅与它们之间的相对距离有关,而且还与它们之间的相对取向有关. 如果分子的转动可以(几乎总是可以)按经典处理,那么可以说,U_{12} 是分子质心坐标和某种转动坐标(角度)的函数,后者确定分子在空间中的取向. 很容易理解,与单原子气体情形的全部差别可以归结为:现在 $\mathrm{d}V_a$ 必须理解为所有上列分子坐标微分的乘积. 但是转动坐标总是可以这样选择,以使得积分 $\int \mathrm{d}V_a$ 仍然等于气体的体积 V. 实际上,对质心坐标的积分给出体积 V, 而对角度的积分给出某个常数, 但是角度总可以归一化, 以使得这个常数等于一. 因此在本节中推导出来的全部公式对于多原子气体仍保持同样的形式, 差别只在于: (74.5)中的微分 $\mathrm{d}V$ 现在是确定两个分子间相对距离及其相对取向的二者坐标微分的乘积①.

当然, 得到的全部公式只有在积分(74.5)收敛的条件下才有意义. 为此, 在任何情形下分子间的相互作用力必须随距离增加而足够迅速地减小: 在大距离

---

① 如果气体的粒子具有自旋, 那么函数 U_{12} 的形式一般来讲还与自旋的方向有关. 在这种情形下, 对 $\mathrm{d}V$ 的积分还包括对自旋方向的求和.

下 U_{12} 应该比 $1/r^3$ 减小得更快①.

如果这个条件不能满足,那么由全同粒子所构成的气体根本不可能作为均匀物体而存在.在这种情形下,物质的每一部分将受到气体远处部分施加的很大的力.因此离开气体所占体积的边界很近和很远的部分所处的条件将大不相同,由于这个缘故气体的均匀性也就破坏了.

对于单原子气体来说,函数 $U_{12}(r)$ 具有如图 11 所示的形式;横坐标代表原子间的距离 r. 当距离很小时,U_{12} 随着距离的减小而增加,这相当于原子间的斥力;大约从曲线与横坐标轴相交的地方开始,曲线陡峭地上升,以致 U_{12} 很快地就变得非常大,这对应于原子的相互"不可穿透性"(根据这一理由,距离 r_0 有时称为原子的半径). 当距离很大时,U_{12} 缓慢地增加,渐近地趋于零. U_{12} 随距离而增加对应于原子的相互吸引. U_{12} 的极小点,与某个稳

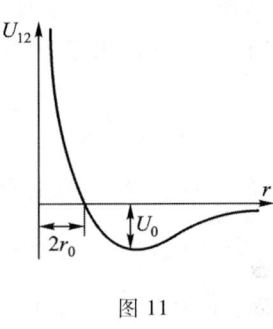

图 11

定的平衡相对应.同时,在这一点的能量绝对值 U_0 通常不太大(与该物质的临界温度同数量级).

在多原子气体的情形下,相互作用能具有类似的性质,当然,因为它是一个多变量的函数,它已经不可能表示为图 11 所示曲线的形式.

关于函数 U_{12} 的性质的这些知识,足够用来确定在高温和低温两种极限情形下 $B(T)$ 的符号. 在高温($T \gg U_0$)下,在 $r > 2r_0$ 的整个区域内我们有 $\dfrac{|U_{12}|}{T} \ll 1$,因而在 (74.5) $B(T)$ 中的被积式接近于零. 因此积分值基本上取决于 $r < 2r_0$ 的区域,在这个区域内 $\dfrac{U_{12}}{T}$ 是正的而且很大;所以,在这个区域内被积式是正的,因而整个积分也是正的. 由此可见,在高温下 $B(T)$ 是正的.

相反地,在低温($T \ll U_0$)下,在积分中起主要作用的是 $r > 2r_0$ 的区域,在这个区域内 $\dfrac{U_{12}}{T}$ 现在是负的而且绝对值很大. 因此在足够低的温度下 $B(T)$ 应该是负的,并且 $B(T)$ 与温度的关系基本上取决于指数因子 $-\exp\left(\dfrac{U_0}{T}\right)$.

因为 $B(T)$ 在高温下是正的而在低温下是负的,所以它应该在某个温度下

---

① 对于所有的原子气体或分子气体,这个条件总是满足——电中性的原子或分子(包括偶极子)之间的相互作用力在对粒子的相对取向平均以后,在大距离下按 $U_{12} \propto \dfrac{1}{r^6}$ 的规律减小(参看本教程第三卷 §89).

通过零值①.

最后,我们来研究在非理想气体中发生的焦耳-汤姆孙过程.在这个过程中温度的改变决定于导数

$$\left(\frac{\partial T}{\partial P}\right)_W = \frac{1}{C_p}\left[T\left(\frac{\partial V}{\partial T}\right)_P - V\right] \quad (74.9)$$

(参看(18.2)).对于理想气体来说,这个导数自然等于 0.对于具有物态方程(74.8)的气体来说,我们得到:

$$\left(\frac{\partial T}{\partial P}\right)_W = \frac{N}{C_p}\left(T\frac{\mathrm{d}B}{\mathrm{d}T} - B\right) = \frac{N}{2C_p}\int\left[\mathrm{e}^{-U_{12}/T}\left(1 - \frac{U_{12}}{T}\right) - 1\right]\mathrm{d}V. \quad (74.10)$$

类似于对于 $B(T)$ 所作的讨论那样,不难证明:在高温下应该有 $\left(\frac{\partial T}{\partial P}\right)_W < 0$,也就是说,在焦耳-汤姆孙过程中,气体从较高的压强过渡到较低的压强时气体的温度升高.而在低温下,$\left(\frac{\partial T}{\partial P}\right)_W > 0$,也就是说气体的温度随着压强的减小而降低.所以,在每种气体特有的一个温度(反转点)下,焦耳-汤姆孙效应必定反号②.

习　题

1. 若气体粒子按照 $U_{12} = \frac{\alpha}{r^n}(n>3)$ 的规律相互排斥,试求该气体的 $B(T)$.

解:在(74.5)中把 $\mathrm{d}V$ 写成 $\mathrm{d}V = 4\pi r^2 \mathrm{d}r$,并对 $\mathrm{d}r$(取积分限从 0 到 ∞)进行分部积分;然后用 $\frac{\alpha}{Tr^n} = x$ 代入,积分就化为 Γ 函数,因而得到:

$$B(T) = \frac{2\pi}{3}\left(\frac{\alpha}{T}\right)^{3/n}\Gamma\left(1 - \frac{3}{n}\right).$$

2. 在温度和化学势的给定值下,假如气体非常稀薄以致可以认为是理想气体时它该有的压强 P^*,称为气体的**逸度**.试求具有热力学势(74.7)的气体的逸度.

解:气体的化学势为(μ_{id} 由(42.6)求出):

$$\mu = \mu_{id} + BP = T\ln P + \chi(T) + BP.$$

---

① $B(T_B) = 0$ 时的温度 T_B 称为**玻意尔点**.如果描绘出在给定温度 T 下的 $\frac{PV}{T}$ 与 P 的相关曲线,则等温线 $T = T_B$ 在 $P \to 0$ 处有水平的切线而且按初始斜率为正和为负分开等温线(所有的等温线都从 $\frac{PV}{T} = 1$,$P = 0$ 的点开始).

② 值得注意,我们研究的是弱非理想气体,即压强相对较低.只在这种近似下,所得到的关于反转温度与压强无关的结果才成立(参看§76 习题 4).

按照逸度的定义，令它等同于表达式 $T\ln P^* + \chi(T)$，（在具有与(74.7)式同样的精度下）我们得到：

$$P^* = P\left(1 + \frac{BP}{T}\right) = \frac{NT}{V}\left(1 + \frac{2NB}{V}\right).$$

§75 按密度幂次的展开式

在上节中所得到的物态方程(74.6)实质上是压强按 $\frac{1}{V}$ 幂次的展开式中的头两项：

$$P = \frac{NT}{V}\left(1 + \frac{NB(T)}{V} + \frac{N^2 C(T)}{V^2} + \cdots\right). \tag{75.1}$$

展开式的第一项与理想气体相对应，第二项是考虑到一对分子的相互作用时得到的，而以后各项必然涉及三个、四个等多个分子的相互作用[①]。

展开式(75.1)中的系数 $B, C, \cdots$ 称为第二、第三、$\cdots$ **位力系数**。为了确定这些量，从计算势 Ω 着手比自由能方便。我们仍旧考虑单原子气体，并从普遍公式(35.5)出发，将之应用于全同粒子构成的气体得到：

$$e^{-\Omega/T} = \sum_{N=0}^{\infty} \frac{1}{N!} e^{\mu N/T} \int e^{-E_N(p,q)/T} d\Gamma_N. \tag{75.2}$$

我们引入了因子 $\frac{1}{N!}$，之后，积分就可简单地遍及 N 粒子系统的整个相空间取（参看(31.7)）。

在对 N 求和的依次各项中，能量 $E_N(p,q)$ 具有如下的形式。当 $N=0$ 时，当然 $E_0(p,q) \equiv 0$。当 $N=1$ 时，它就是一个原子的动能：

$$E_1(p,q) = \frac{p^2}{2m}.$$

当 $N=2$ 时，它由两个原子的动能以及它们的相互作用能组成：

$$E_2(p,q) = \sum_{a=1}^{2} \frac{p_a^2}{2m} + U_{12}.$$

类似地，

$$E_3(p,q) = \sum_{a=1}^{3} \frac{p_a^2}{2m} + U_{123},$$

式中 U_{123} 是三个原子的相互作用能（一般来讲，它不能归结为和式 $U_{12} + U_{13} + U_{23}$）。其余类推。

[①] 展开所用的无量纲小参量，实际上是单分子"体积" v_0 与一个分子所占气体体积 $\frac{V}{N}$ 之比即 $\frac{Nv_0}{V}$。

把这些表达式代入(75.2),并引进记号

$$\xi = \frac{e^{\mu/T}}{(2\pi\hbar)^3}\int e^{-p^2/2mT}d^3p = \left(\frac{mT}{2\pi\hbar^2}\right)^{3/2}e^{\mu/T}. \tag{75.3}$$

以后我们将看到:这个表达式不是别的,而就是

$$\xi = \frac{P_{id}}{T},$$

式中 P_{id} 是理想气体在给定的 T 和 V 下的压强. 我们得到:

$$\Omega = -T\ln\left(1 + \xi V + \frac{\xi^2}{2!}\iint e^{-U_{12}/T}dV_1dV_2 + \right.$$
$$\left. + \frac{\xi^3}{3!}\iiint e^{-U_{123}/T}dV_1dV_2dV_3 + \cdots\right).$$

$U_{12}, U_{123}\cdots$ 中的每一个都只是原子间相对距离的函数;因此,采用原子相对坐标(如相对于第一个原子),积分的重数可降低一次,同时有附加因子 V:

$$\Omega = -PV = -T\ln\left(1 + \xi V + \frac{\xi^2 V}{2!}\int e^{-U_{12}/T}dV_2 + \right.$$
$$\left. + \frac{\xi^3 V}{3!}\iint e^{-U_{123}/T}dV_2dV_3 + \cdots\right).$$

最后,把这个表达式按 ξ 的幂次展开;所得到的级数可以表示成形式

$$P = T\sum_{n=1}^{\infty}\frac{J_n}{n!}\xi^n, \tag{75.4}$$

式中

$$J_1 = 1, \quad J_2 = \int(e^{-U_{12}/T} - 1)dV_2,$$
$$J_3 = \iint(e^{-U_{123}/T} - e^{-U_{12}/T} - e^{-U_{13}/T} - e^{-U_{23}/T} + 2)dV_2dV_3 \tag{75.5}$$

等等. 积分 J_n 的构成规则很明显:只有在 n 个原子彼此很接近时,也就是在 n 个原子相互碰撞时,J_n 中的被积式才显著地不等于零.

把(75.4)式对 μ 求导数,我们就得到气体中的粒子数,因为

$$N = -\left(\frac{\partial\Omega}{\partial\mu}\right)_{T,V} = V\left(\frac{\partial P}{\partial\mu}\right)_{T,V}.$$

注意到据定义(75.3)有 $\frac{\partial\xi}{\partial\mu} = \frac{\xi}{T}$,我们得到:

$$N = V\sum_{n=1}^{\infty}\frac{J_n}{(n-1)!}\xi^n. \tag{75.6}$$

两个方程式(75.4)和(75.6)以参量形式(参量为 ξ)确定了 P,V 和 T 之间的联系,即确定了气体的物态方程. 从这两个方程式中消去 ξ,就得到级数

(75.1)形式的物态方程,其项数可以随意定①.

§76 范德瓦尔斯公式

在气体中分子间的相互作用是非常微弱的.随着相互作用的增强,气体的性质愈来愈偏离理想气体,最后气体变成凝聚体——液体.液体中分子间相互作用很强,并且这种相互作用的性质(从而液体的性质)强烈地依赖于液体的具体类型.由于这种原因,正如以前所指出的,要建立起任何能够定量描述液体性质的普遍公式是不可能的.

但是可以找到某种**内插公式**来定性地描述液体和气体之间的过渡.这个公式在两种极限情形下应该给出正确的结果.对于稀薄气体,它应化为理想气体适用的公式.随着密度的增加,气体趋近于液体,这时它应该考虑到物质的有限压缩率.于是这样的公式也将定性地描述气体在中间区域内的行为.

为了推导这样的公式,我们更详细地来研究气体在高温下对理想气体的偏离.像前两节一样,我们首先考虑单原子气体;根据与以前相同的理由,所得到的全部公式也同样适用于多原子气体.

对于§74中所描述的一类气体原子间相互作用(图11),我们有可能确定$B(T)$按倒温度幂次展开的前几项的形式;这里我们将认为比值$\dfrac{U_0}{T}$很小:

$$\frac{U_0}{T} \ll 1. \tag{76.1}$$

注意到U_{12}只是原子间距离r的函数,在(74.5)的积分中我们可以把$\mathrm{d}V$写成$\mathrm{d}V = 4\pi r^2 \mathrm{d}r$.把对$\mathrm{d}r$积分的区域分成两部分,我们写出:

$$B(T) = 2\pi \int_0^{2r_0} (1 - \mathrm{e}^{-U_{12}/T}) r^2 \mathrm{d}r + 2\pi \int_{2r_0}^{\infty} (1 - \mathrm{e}^{-U_{12}/T}) r^2 \mathrm{d}r.$$

但是当r的值在0和$2r_0$之间时,势能U_{12}一般非常大.因此在第一个积分中,$\exp(-U_{12}/T)$项同1相比可略.于是这个积分等于正的量

$$b = \frac{16}{3}\pi r_0^3.$$

(对于单原子气体,如果把r_0看成是原子的半径,那么b就是原子体积的四倍).

---

① 在一级近似下,$P = T\xi$,$N = V\xi$,从而$P = \dfrac{NT}{V} = P_{\mathrm{id}}$. 在二级近似下,

$$P = T\xi\left(1 + \frac{J_2}{2}\xi\right), \quad N = V\xi(1 + J_2\xi);$$

从这两个等式中消去ξ,(在同样的精确度下)我们得到:

$$P = \frac{NT}{V} - \frac{N^2}{2V^2}J_2,$$

同(74.6)一致.

在第二个积分中,处处有 $\dfrac{|U_{12}|}{T} \ll \dfrac{U_0}{T} \ll 1$. 因此可以把其中的被积式按 $\dfrac{U_{12}}{T}$ 的幂次展开直至第一个非零项. 那么第二个积分变成

$$-\frac{2\pi}{T}\int_{2r_0}^{\infty} |U_{12}| r^2 \mathrm{d}r = -\frac{a}{T},$$

式中 a 是正的常数. 因此,我们求得:

$$B(T) = b - \frac{a}{T}. \tag{76.2}$$

把它代入(74.4)和(74.7),我们求出气体自由能为

$$F = F_{\mathrm{id}} + \frac{N^2}{V}(bT - a), \tag{76.3}$$

而热力学势为:

$$\Phi = \Phi_{\mathrm{id}} + NP\left(b - \frac{a}{T}\right). \tag{76.4}$$

所求的内插公式可以从公式(76.3)求得,它本身并不满足必要的条件,因为它并没有考虑到有限的气体压缩率. 我们把 F_{id} 的表达式(42.4)代入(76.3),于是我们得到:

$$F = Nf(T) - NT\ln\frac{e}{N} - NT\left(\ln V - \frac{Nb}{V}\right) - \frac{N^2 a}{V}. \tag{76.5}$$

在推导气体自由能公式(74.4)时,我们假设虽然气体并未稀薄到可以认为是理想气体,但是毕竟还具有足够大的体积(以致可以忽略掉三个及更多分子的碰撞),也就是说分子间距比分子线度一般大得多. 可以说,气体的体积 V 在任何情形下都比 Nb 大得多. 于是,

$$\ln(V - Nb) = \ln V + \ln\left(1 - \frac{Nb}{V}\right) \approx \ln V - \frac{Nb}{V}.$$

所以,(76.5)可以写成形式

$$\begin{aligned}F &= Nf(T) - NT\ln\frac{e}{N}(V - Nb) - \frac{N^2 a}{V} = \\ &= F_{\mathrm{id}} - NT\ln\left(1 - \frac{Nb}{V}\right) - \frac{N^2 a}{V}.\end{aligned} \tag{76.6}$$

在这样的形式下,这个公式满足上面所提出的条件,因为当 V 很大时,它化为理想气体的自由能公式,而当 V 很小时,它显示出气体不能无限压缩($V < Nb$ 时对数的宗量变为负).

知道了自由能,就可以确定气体的压强:

$$P = -\frac{\partial F}{\partial V} = \frac{NT}{V - Nb} - \frac{N^2 a}{V^2}$$

或

$$\left(P + \frac{N^2 a}{V^2}\right)(V - Nb) = NT. \tag{76.7}$$

这就是所求的内插形式的实际气体物态方程即**范德瓦尔斯方程**. 当然, 它仅仅是满足上面所提出要求的无数个可能内插公式中的一个, 而可从其中选出一个的任何物理依据并不存在. 范德瓦尔斯公式只是最简单的和最方便的一个而已[①].

从(76.6)可以求得气体的熵:

$$S = S_{\text{id}} + N\ln\left(1 - \frac{Nb}{V}\right), \tag{76.8}$$

然后求得气体的能量 $E = F + TS$:

$$E = E_{\text{id}} - \frac{N^2 a}{V}. \tag{76.9}$$

由此可以看出: 范德瓦尔斯气体的热容 $C_v = \left(\frac{\partial E}{\partial T}\right)_V$ 与理想气体的热容是一致的, 它只与温度有关, 特别是, 它可以是常数. 而热容 C_p 则很容易证明(参看习题 1)不仅与温度有关, 而且还与体积有关, 因而不可能化为常数.

式(76.9)中的第二项相当于气体分子的相互作用能; 它自然是负的, 因为分子间平均来讲吸引力占主导.

习 题

1. 试求由范德瓦尔斯公式所描述的非理想气体的 $C_p - C_v$.

解: 借助于公式(16.10)和范德瓦尔斯方程, 我们求得:

$$C_p - C_v = \frac{N}{1 - \frac{2Na}{TV^3}(V - Nb)^2}.$$

2. 试求具有常数热容 C_v 的范德瓦尔斯气体的绝热过程方程.

解: 把 $S_{\text{id}} = N\ln V + Nc_v \ln T$(略去无关紧要的常数)代入(76.8), 并令 S 等于常数, 我们求得关系式

$$(V - Nb)T^{c_v} = \text{常数}.$$

它与理想气体相应方程的差别在于以 $V - Nb$ 代替了 V.

3. 将上题所述的气体膨胀到真空中去, 求体积从 V_1 到 V_2 时的温度改变.

解: 当膨胀到真空中去时, 气体的能量保持不变. 因此从公式(76.9)(其中 $E_{\text{id}} = C_v T$)求得:

---

① 在具体应用这个公式时, 常数 a 和 b 的值必须适当选取, 以使得同实验最为符合. 这时常数 b 即使对单原子气体也已不能认定是分子体积的四倍.

$$T_2 - T_1 = \frac{N^2 a}{C_v}\left(\frac{1}{V_2} - \frac{1}{V_1}\right).$$

4. 对于范德瓦尔斯气体，求焦耳-汤姆孙过程反转点对温度的依赖关系.

解：反转点取决于等式 $\left(\frac{\partial T}{\partial V}\right)_P = \frac{T}{V}$（参看 (74.9) 式）. 把 (76.7) 的 T 代入后给出一个方程式，它必须与 (76.7) 联立求解. 由代数计算可得反转点与压强的如下依赖关系：

$$T_{\mathrm{inv}} = \frac{2a}{9b}\left(2 \pm \sqrt{1 - \frac{3b^2}{a}P}\right)^2.$$

在 $P < \frac{a}{3b^2}$ 的每一压强下，存在两个反转点，在这两点之间导数 $\left(\frac{\partial T}{\partial P}\right)_W$ 为正，而在这个温度区间之外为负. 当 $P > \frac{a}{3b^2}$ 时，反转点不存在而且处处 $\left(\frac{\partial T}{\partial P}\right)_W < 0$[①].

§77 位力系数与散射振幅的关系

在 §74—§76 中计算位力系数时，我们用的是经典统计学，这在实用上是合理的. 但是，关于在量子情形下来计算这些系数的问题具有方法论的意义；这样的情形实际上可以出现在足够低温的氦中. 现在我们讨论，如何考虑气体粒子偶对相互作用的量子化来计算第二位力系数（E. Beth，G. E. Uhlenbeck，1937). 我们考虑单原子气体，其原子没有电子角动量；由于特别留意氦的情形，为了明确起见，我们还假定原子核没有自旋，原子遵循玻色统计.

在我们感兴趣的近似下，在确定热力学势 Ω 的公式 (35.3) 中只要保留对 N 求和的前三项

$$\Omega = -T\ln\left[1 + \sum_n e^{(\mu - E_{1n})/T} + \sum_n e^{(2\mu - E_{2n})/T}\right]. \quad (77.1)$$

在这里 E_{1n} 代表单个原子的能级，而 E_{2n} 代表两个相互作用的原子所构成系统的能级. 我们的目的只在于计算由原子直接相互作用而引起的那些热力学量修正项；量子力学交换效应引起的修正项在理想气体中就已经有，决定于公式 (56.15)，根据这一公式，第二位力系数的交换部分（在玻色统计的情形下）等于

$$B_{\mathrm{exch}} = -\frac{1}{2}\left(\frac{\pi \hbar^2}{mT}\right)^{3/2}. \quad (77.2)$$

由此可见，我们的问题归结为计算和式

$$Z^{(2)} = \sum_n \exp\frac{2\mu - E_{2n}}{T},$$

[①] 在 $P \to 0$ 时的上反转点 $T_{\mathrm{inv}} = \frac{2a}{b}$ 对应于 §74 末尾所考虑的情形. 小压强下的气体下反转点可能由于气体凝聚为液体而不存在.

§77 位力系数与散射振幅的关系

并且从中应该减去对于两个无相互作用原子会得到的表达式.

能级 E_{2n} 由两部分组成:两个原子质心运动的动能 $\left(\dfrac{p^2}{4m}\right.$,其中 p 是质心运动动量,m 是原子质量 $\Big)$,以及它们的相对运动能量. 我们用 ε 记后者;这就是质量为 $\dfrac{m}{2}$ (二原子的约化质量)的粒子在有心力场 $U_{12}(r)$ (U_{12} 为原子相互作用势能)中运动的能级. 质心的运动总是准经典的,用通常的方式对它的坐标和动量积分(参看§42),我们得到:

$$Z^{(2)} = Ve^{2\mu/T}\left(\frac{mT}{\pi\hbar^2}\right)^{3/2}\sum e^{-\varepsilon/T}.$$

如果用 Z_{int} 表示和式 $Z^{(2)}$ 中与粒子相互作用相关的部分,那么我们就可以把 Ω 写成形式

$$\Omega = \Omega_{\text{id}} - TVe^{2\mu/T}\left(\frac{mT}{\pi\hbar^2}\right)^{3/2}Z_{\text{int}}.$$

把第二项考虑为对第一项的微小增量,并(借助理想气体的化学势公式(45.5))用 T, V 和 N 来表示它,我们就得到自由能的表达式

$$F = F_{\text{id}} - T\frac{8N^2}{V}\left(\frac{\pi\hbar^2}{mT}\right)^{3/2}Z_{\text{int}}.$$

求对 V 的导数,就得到压强,位力系数中我们所感兴趣的由原子相互作用引起的部分等于

$$B_{\text{int}}(T) = -8\left(\frac{\pi\hbar^2}{mT}\right)^{3/2}Z_{\text{int}}. \tag{77.3}$$

能级 ε 的谱由负值的离散谱(对应于原子的有限相对运动)和正值的连续谱(无限运动)组成. 前者我们用 ε_n 来代表;后者可以写成 $\dfrac{p^2}{m}$ 的形式,其中 p 是彼此相距很远的原子的相对运动动量. 对离散谱的求和

$$\sum_n e^{|\varepsilon_n|/T}$$

整个包含在 Z_{int} 内. 而对连续谱的积分中必须把对应于无相互作用粒子的自由运动的那一部分分离出来. 为此,我们采用以下的方法.

轨道角动量为 l 且有正能量 $\dfrac{p^2}{m}$ 的定态波函数在距离 r 很大时具有渐近形式

$$\psi = \frac{\text{常数}}{r}\sin\left(\frac{p}{\hbar}r - \frac{l\pi}{2} + \delta_l\right),$$

式中相移 $\delta_l = \delta_l(p)$ 依赖于势场 $U_{12}(r)$ 的具体形式(参看本教程第三卷§33). 我们形式地假定:距离 r 的变化区域限制在一个很大的但有限的数值 R 以内.

于是动量 p 只能取一系列离散的值,它们由要求当 $r = R$ 时, ψ 变为 0 的边界条件予以确定:

$$\frac{p}{\hbar}R - \frac{l\pi}{2} + \delta_l = s\pi,$$

式中 s 是整数. 但是当 R 很大时, 这一系列 p 值非常稠密, 和式

$$\sum_p e^{-p^2/mT}$$

可以变换为积分. 为此, 将给定 l 的求和项乘以

$$ds = \frac{1}{\pi}\left(\frac{R}{\hbar} + \frac{d\delta_l}{dp}\right)dp,$$

并对 dp 积分,然后还应该把结果乘以 $2l+1$(轨道角动量取向的简并度),再对 l 求和:

$$\sum_p e^{-p^2/mT} = \frac{1}{\pi}\sum_l (2l+1)\int_0^\infty \left(\frac{R}{\hbar} + \frac{d\delta_l}{dp}\right)e^{-p^2/mT}dp.$$

遵循玻色统计且无自旋的粒子,其波函数的坐标部分应该是对称的;这就意味着只允许偶数的 l, 因此对 l 的求和只对所有偶数求.

自由运动时所有的相移 $\delta_l = 0$. 因此, $\delta_l = 0$ 时仍留下的表达式是和式中与原子相互作用无关的部分,应去除. 于是, 我们得到所求的 Z_{int} 的表达式如下:

$$Z_{\text{int}} = \sum_n e^{|\varepsilon_n|/T} + \frac{1}{\pi}\sum_l \int_0^\infty (2l+1)\frac{d\delta_l}{dp}e^{-p^2/mT}dp, \qquad (77.4)$$

而位力系数 $B = B_{\text{exch}} + B_{\text{int}}$ 等于

$$B(T) = -\frac{1}{2}\left(\frac{\pi\hbar^2}{mT}\right)^{3/2}(1 + 16Z_{\text{int}}). \qquad (77.5)$$

大家知道,势场中运动的粒子的散射振幅据下式由相移 δ_l 确定[①]:

$$f(\theta) = \frac{\hbar}{2ip}\sum_l (2l+1)(e^{2i\delta_l}-1)P_l(\cos\theta),$$

式中 P_l 是勒让德多项式, θ 是入射方向和散射方向之间的夹角;在这里的情形下,求和对所有偶数值 l 求. 因而, 有可能用散射振幅表示(77.4)中的积分. 具体地说,直接把 $f(\theta)$ 的表达式代入,很容易验证有如下的关系式成立:

$$\sum_l (2l+1)\frac{d\delta_l}{dp} = \frac{1}{2\hbar}\frac{d}{dp}\{p[f(0) + f^*(0)]\} + $$
$$+ \frac{i}{4\pi\hbar^2}\int p^2\left(f\frac{\partial f^*}{\partial p} - f^*\frac{\partial f}{\partial p}\right)do.$$

上式左边的和式正好出现在(77.4)的被积式中, 将上式代入(77.4), 并对其中一项作分部积分, 结果我们得到:

---

① 参看本教程第三卷 §123. 进入立体角元 do 的散射截面是 $|f(\theta)|^2 do$.

$$Z_{\text{int}} = \sum_n e^{|\varepsilon_n|/T} + \frac{1}{\pi\hbar mT}\int_0^\infty p^2 e^{-p^2/mT}[f(0) + f^*(0)]dp +$$

$$+ \frac{i}{(2\pi\hbar)^2}\iint p^2 e^{-p^2/mT}\left(f\frac{\partial f^*}{\partial p} - f^*\frac{\partial f}{\partial p}\right)dpdo. \quad (77.6)$$

如果在势场 $U_{12}(r)$ 中具有离散的能级,那么在足够低的温度下 $B(T)$ 对温度的依赖关系基本上决定于对离散能级的求和,这和式随温度的降低而指数增长.但是,离散能级也可能根本不存在;于是位力系数将按幂律而依赖于温度(如果考虑到当 $p\to 0$ 时散射振幅趋于一个常数极限,那么很容易证明:在足够低的温度下,B 基本上由 B_{exch} 这一项所决定).

应当注意:在相互作用很弱时,粒子间的碰撞可以用玻恩近似描述,这时散射振幅很小,(77.6)式中的第三项是振幅的二次项,可以忽略不计.相互作用很弱时,没有束缚态,因而(77.6)式中的第一项不出现.应用熟知的玻恩近似散射振幅 $f(0)$ 的表达式,容易看出 F 的表达式同(32.3)式(不看二次项)完全一致,这正是在这种情形下理所应当的.

习　　题

试求单原子气体的位力系数 $B(T)$ 在准经典的情形下的量子修正项(数量级为 $\hbar^2$).

解:对经典自由能的修正由公式(33.15)给出.考虑到这里只出现原子的偶对相互作用,并且 U_{12} 只是原子间距的函数,我们就求得:

$$B_{\text{qu}} = \frac{\pi\hbar^2}{6mT^3}\int_0^\infty\left(\frac{dU_{12}}{dr}\right)^2 e^{-U_{12}/T}r^2 dr.$$

这个表达式就是对公式(74.5)所给出的基本经典值的修正.应当指出:$B_{\text{qu}} > 0$.

§78　经典等离子体的热力学量

在 §75 中所叙述的计算非理想气体热力学量的方法,必定不适于按库仑定律相互作用的带电粒子所组成的气体,因为这时公式中所含的积分发散.所以这样的气体需要特殊处理.

我们考察完全电离的气体(等离子体).它的粒子的电荷用 $z_a e$ 表示,其中指标 a 用以标识各种不同种类的离子(e 是基本电荷,z_a 是正或负的整数).另外,设 n_{a0} 是气体单位体积内第 a 种离子的数目.当然,在整体上气体是电中性的,即

$$\sum_a z_a n_{a0} = 0. \quad (78.1)$$

我们认为气体偏离理想状态不远.为保证这一点,在任何情形下两个离子

的平均库仑相互作用能 $\left(\sim \dfrac{(ze)^2}{r}\right.$,其中 $r \sim n^{-1/3}$ 是离子间距$\bigg)$都必须比离子的平均动能($\sim T$)小得多. 因此, 应该有 $(ze)^2 n^{1/3} \ll T$, 或

$$n \ll \left(\dfrac{T}{z^2 e^2}\right)^3. \tag{78.2}$$

由于等离子体呈电中性, 如果全部粒子彼此独立地均匀分布在空间中, 其库仑相互作用能的平均值会是零. 因此, 等离子体热力学量的一级修正(与它们在理想气体中的值相比)仅仅在考虑了各种粒子位置间的关联之后才会有. 为了强调这一点, 我们称之为**关联修正**.

我们首先确定等离子体能量的修正 E_corr. 从静电学中大家知道, 带电粒子系的电相互作用能可以写成每个电荷与在该电荷处由其余所有电荷所产生势场的乘积之和的一半. 在这里

$$E_\text{corr} = V \cdot \dfrac{1}{2} \sum_a e z_a n_{a0} \varphi_a, \tag{78.3}$$

式中 φ_a 是作用到一个第 a 种离子上的其余电荷的势场. 我们以如下方式计算势场①.

每个离子在其周围产生某种(平均而言是球对称的)不均匀的带电**离子云**. 换而言之, 如果在气体中选择某个离子并考虑其余的离子相对于该离子的分布密度, 那么这个密度只与离开中心的距离 r 有关. 我们用 n_a 表示这个离子云中第 a 种离子的分布密度. 每一个第 a 种离子在该给定离子周围电场中的势能是 $z_a e \varphi$, 其中 φ 是这个场的位势. 因此, 根据玻尔兹曼公式(38.6), 有

$$n_a = n_{a0} \exp\left(-\dfrac{z_a e \varphi}{T}\right). \tag{78.4}$$

常系数已设为 n_{a0}, 因为离中心很远处(那里 $\varphi \to 0$)离子云的密度应该变成气体中的平均离子密度.

离子云的势场与其电荷密度(等于 $\sum e z_a n_a$)由静电泊松方程相联系

$$\Delta \varphi = -4\pi e \sum_a z_a n_a. \tag{78.5}$$

公式(78.4)和(78.5)一起构成电子和离子的自洽电场方程组.

在我们所作的关于离子相互作用相对微弱的假设下, 能量 $e z_a \varphi$ 比 T 小得多, 可以把公式(78.4)近似地写成

$$n_a = n_{a0} - \dfrac{n_{a0} e z_a}{T} \varphi. \tag{78.6}$$

把这个表达式代入(78.5)并注意到气体整体上为中性的条件(78.1), 就得到方

---

① 所述的方法曾被德拜和休克尔用于计算强电解质的热力学量(P. Debye, E. Hückel, 1923).

程

$$\Delta\varphi - \varkappa^2\varphi = 0, \tag{78.7}$$

这里引入了记号

$$\varkappa^2 = \frac{4\pi e^2}{T}\sum_a n_{a0}z_a^2. \tag{78.8}$$

$\varkappa$ 这个量具有长度倒数的量纲.

方程(78.7)的中心对称解为

$$\varphi = 常数 \cdot \frac{e^{-\varkappa r}}{r}.$$

在正中心附近,电场应该变成该电荷(其大小表示为 $z_b e$)的纯库仑场. 换而言之,对于足够小的 r 应该有 $\varphi \approx e z_b/r$,所以必须取常数 $= z_b e$,因此所求的电势分布如下式

$$\varphi = e z_b e^{-\varkappa r}/r. \tag{78.9}$$

由此可以顺便指出,在比 $1/\varkappa$ 大得多的距离下,场变得很小. 因此,长度 $1/\varkappa$ 可以看成是该离子所产生离子云的线度(它称为**德拜半径**). 当然,在这里所进行的全部计算都假定这个半径比离子平均间距大很多(显然,该条件与条件(78.2)一致).

当 $\varkappa r$ 很小时,把电势(78.9)展开成级数,求得

$$\varphi = \frac{ez_b}{r} - ez_b\varkappa + \cdots$$

略去的项在 $r=0$ 时为零. 第一项是该离子本身的库仑场. 第二项显然是离子云中所有其余离子在该离子所在点产生的电势;这也就是应该代入公式(78.3)中去的那个量:$\varphi_a = -ez_a\varkappa$.

因此,我们得到等离子体能量关联部分的如下表达式

$$E_{\rm corr} = -\frac{V}{2}\varkappa e^2\sum_a n_{a0}z_a^2 = -Ve^3\sqrt{\frac{\pi}{T}}\Big(\sum_a n_{a0}z_a^2\Big)^{3/2}, \tag{78.10}$$

或者,引入气体中各种离子的总数 $N_a = n_{a0}V$ 之后,

$$E_{\rm corr} = -e^3\sqrt{\frac{\pi}{TV}}\Big(\sum_a N_a z_a^2\Big)^{3/2}. \tag{78.11}$$

这个能量与气体温度的平方根和体积的平方根成反比.

对热力学关系式 $\dfrac{E}{T^2} = -\dfrac{\partial}{\partial T}\dfrac{F}{T}$ 积分,从 $E_{\rm corr}$ 可以求出自由能的相应增量

$$F = F_{\rm id} - \frac{2e^3}{3}\sqrt{\frac{\pi}{TV}}\Big(\sum_a N_a z_a^2\Big)^{3/2} \tag{78.12}$$

(必须令积分常数等于0,因为当 $T\to\infty$ 时应该有 $F = F_{\rm id}$). 由此得出压强

$$P = \frac{NT}{V} - \frac{e^3}{3V^{3/2}}\sqrt{\frac{\pi}{T}}\left(\sum_a N_a z_a^2\right)^{3/2}, \tag{78.13}$$

式中 $N = \sum N_a$. 借助于小增量定理从 F 可以得到热力学势 Φ(就像在§74中所做的),也就是把(78.12)中的第二项看成是 F_{id} 的小增量,并且将之以适当的精度用变量 P 和 T 表示[①]:

$$\Phi = \Phi_{id} - \frac{2e^3}{3T}\left(\frac{\pi P}{N}\right)^{1/2}\left(\sum_a N_a z_a^2\right)^{3/2}. \tag{78.14}$$

§79 关联函数方法

上节所述的德拜-休克尔方法的优点在于物理上简单明了. 另一方面,其主要缺点在于不能推广到计算关于浓度的高级近似. 因此,我们还要简短地叙述一下由 H. H. 博戈留波夫(1946)提出的另一种方法,它虽然比较复杂,但是在原则上可供计算热力学量展开式的后续项.

这种方法以考虑几个原子同时在空间几个给定点位置之间的所谓**关联函数**为基础. 关联函数中最简单也是最重要的是二体关联函数 w_{ab},它正比于同时在空间给定的两点 $\boldsymbol{r}_a$ 和 $\boldsymbol{r}_b$ 发现两个粒子(离子)的概率(两个离子 a 和 b 可以同种,也可以不同种). 由于气体的各向同性和均匀性,这个函数当然只与 $r = |\boldsymbol{r}_b - \boldsymbol{r}_a|$ 有关. 我们适当选取函数 w_{ab} 的归一因子,使得在 $r\to\infty$ 时它趋于1.

如果函数 w_{ab} 已知,所求的能量 E_{corr} 可以用如下显而易见的公式积分求出[②]

$$E_{corr} = \frac{1}{2V^2}\sum_{a,b} N_a N_b \iint u_{ab} w_{ab} dV_a dV_b, \tag{79.1}$$

式中求和遍及所有种类的离子,而 u_{ab} 是相距为 r 的一对离子的库仑相互作用能.

根据吉布斯分布公式,函数 w_{ab} 由下式给出:

$$w_{ab} = \frac{1}{V^{N-2}}\int \exp\frac{F - F_{id} - U}{T} dV_1 dV_2 \cdots dV_{N-2}, \tag{79.2}$$

式中 U 是所有离子的库仑相互作用能,而积分遍及除两个给定离子以外的所有其余离子的坐标. 为了近似计算这个积分,可以利用下面的方法.

把等式(79.2)对离子 b 的坐标求导数,

$$\frac{\partial w_{ab}}{\partial \boldsymbol{r}_b} = -\frac{w_{ab}}{T}\frac{\partial u_{ab}}{\partial \boldsymbol{r}_b} - \frac{1}{VT}\sum_c N_c \int \frac{\partial u_{bc}}{\partial \boldsymbol{r}_b} w_{abc} dV_c, \tag{79.3}$$

[①] 这种方法不可用于从(78.11)变换到(78.12),因为能量(78.11)没有采用这时要求的变量 S 和 V 来表示.

[②] 当然,该公式本身与粒子相互作用的库仑特征无关,只假定了二体性.

式中后一项的求和遍及离子的所有种类,而 w_{abc} 是三体关联函数,与(79.2)类似,定义如下:

$$w_{abc} = \frac{1}{V^{N-3}} \int \exp \frac{F - F_{\text{id}} - U}{T} dV_1 dV_2 \cdots dV_{N-3}.$$

假设气体足够稀薄,并且只考虑一级项,就可以用二体关联函数来表示三体关联函数. 实际上,忽略去所有三个离子同时相互靠近的可能性,有

$$w_{abc} = w_{ab} w_{bc} w_{ac}.$$

在同样的近似下,我们可以认为,即使一对粒子也不会彼此近到使 w_{ab} 明显地与 1 不同. 引入小量

$$\omega_{ab} = w_{ab} - 1 \tag{79.4}$$

并忽略它们的高次幂,可以写出

$$w_{abc} = \omega_{ab} + \omega_{bc} + \omega_{ac} + 1. \tag{79.5}$$

把该式代入(79.3)右边的积分,只有含 ω_{ac} 的项留下,其它项由于气体的各向同性而恒等于 0. 在(79.3)式右边的第一项中令 $w_{ab} = 1$ 已足够. 因此,

$$\frac{\partial \omega_{ab}}{\partial \boldsymbol{r}_b} = -\frac{1}{T} \frac{\partial u_{ab}}{\partial \boldsymbol{r}_b} - \frac{1}{TV} \sum_c N_c \int \omega_{ac} \frac{\partial u_{bc}}{\partial \boldsymbol{r}_b} dV_c.$$

现在对这个等式的两边取散度,并考虑到

$$u_{ab} = \frac{z_a z_b e^2}{r}, \quad \boldsymbol{r} = \boldsymbol{r}_b - \boldsymbol{r}_a,$$

以及熟知的公式

$$\Delta \frac{1}{r} = -4\pi \delta(\boldsymbol{r}),$$

由于出现 δ 函数,后面的积分变得很容易,我们得到

$$\Delta \omega_{ab}(\boldsymbol{r}) = \frac{4\pi z_a z_b e^2}{T} \delta(\boldsymbol{r}) + \frac{4\pi e^2 z_b}{TV} \sum_c N_c z_c \omega_{ac}(\boldsymbol{r}). \tag{79.6}$$

可以寻求该方程组如下形式的解

$$\omega_{ab}(\boldsymbol{r}) = z_a z_b \omega(\boldsymbol{r}), \tag{79.7}$$

于是方程组化成单一的方程

$$\Delta \omega(\boldsymbol{r}) - \varkappa^2 \omega(\boldsymbol{r}) = \frac{4\pi e^2}{T} \delta(\boldsymbol{r}). \tag{79.8}$$

这个最后的方程与德拜－休克尔方法中的方程(78.7)有相同的形式((79.8)中含有 δ 函数的一项,相当于加在(78.7)中函数 $\varphi(r)$ 上的在 $r \to 0$ 时的边界条件). 方程(79.8)的解为

$$\omega(r) = -\frac{e^2}{T} \frac{e^{-\varkappa r}}{r}, \tag{79.9}$$

它决定等离子体的二体关联函数.

如果计算能量,现在只需把(79.4)、(79.7)、(79.9)中的 w_{ab} 代入(79.1).变换到对两个粒子相对坐标的积分,我们求得

$$E_{\text{corr}} = -\frac{V}{2}\sum_{a,b} n_a n_b \int_0^\infty \left(\frac{z_a z_b e^2}{r} - \frac{z_a z_b e^2}{Tr}\right) e^{-\kappa r} 4\pi r^2 dr$$

(由于等离子体的电中性条件,w_{ab} 中的 1 这一项对能量没有贡献).进行积分后,回到原先的结果(78.11).

在下一级近似中,计算变得很繁.特别是,假设(79.5)现在已不充分,必须引入三体关联函数,它们已经不能化为二体关联函数了.对于它们可得到类似于(79.3)的方程,但现在含有四体关联函数,然而,在给定的(二级)近似下它们可化为三体关联函数[①].

§80 简并等离子体的热力学量

在§78中叙述的理论中假定等离子体远未简并,即遵循玻尔兹曼统计.现在我们考虑一种情况,等离子体的温度很低,以至于它的电子组分已经简并:

$$T \lesssim \frac{\hbar^2}{m}n^{2/3}, \tag{80.1}$$

式中 m 是电子质量(参看(57.8));但这时由于离子的质量很大,离子组分仍可能远未简并.值得指出,简并等离子体为近理想的条件在于要求

$$\frac{mz^{2/3}e^2}{\hbar^2 n^{1/3}} \ll 1 \tag{80.2}$$

(参看(57.9));等离子体的密度愈高,该条件满足得愈好.对于简并气体而言,(除了温度 T 和体积 V 以外,)方便的变量是它的化学势[②] μ_a 而不是粒子数 N_a.与此相应,我们将计算关于这些变量的热力学势 Ω.值得注意,这里的化学势并不是各自独立的变量;它们彼此通过由等离子体电中性条件导出的一个关系式相联系:

$$\sum_a z_a N_a = \sum_a z_a \frac{\partial \Omega}{\partial \mu_a} = 0. \tag{80.3}$$

利用公式

$$\left(\frac{\partial \Omega}{\partial \lambda}\right)_{T,V,\mu_a} = \left\langle \frac{\partial \hat{H}}{\partial \lambda} \right\rangle,$$

可将 Ω 对某个参量 λ 的导数表示成系统哈密顿算符的相应导数的平均值(参看类似的公式(11.4),(15.11)).这里我们取电荷的平方 e^2 作为参量 λ.等

[①] 等离子体热力学量的下一级项,实际上已经由 А. А. Веденов(韦杰诺夫)和 А. И. Ларкин(拉尔金)(用其它方法)计算了(ЖЭТФ. - 1959. - Т. 36. - С. 1133.).

[②] 关于混合物组分化学势的定义,参看§85.

离子体的哈密顿算符含有 e^2,它是粒子库仑相互作用算符 $\hat{U}$ 的一个普遍系数. 所以

$$\left(\frac{\partial \Omega}{\partial e^2}\right)_{T,V,\mu_a} = \left\langle\frac{\partial \hat{H}}{\partial e^2}\right\rangle = \frac{1}{e^2}\langle \hat{U}\rangle, \tag{80.4}$$

因此计算 Ω 归结为计算平均值 $\langle \hat{U}\rangle$.

我们将会看到,在近理想简并等离子体中,对理想气体热力学量的修正主要来自电子的电相互作用交换部分(它在经典情况下并不重要,在 §78 中完全不予考虑). 注意到这一点,我们在算符 $\hat{U}$ 中只写出描述电子库仑相互作用的那些项.

用二次量子化方法计算 $\langle\hat{U}\rangle$ 最为简单. 根据这种方法(参看第三卷 §64,§65),我们引入归一化的波函数集 $\psi_{p\sigma}$,它描述在体积 V 中运动的动量为 p 且自旋投影为 $\sigma\left(\sigma = \pm\dfrac{1}{2}\right)$ 的自由电子状态. 动量 p 取无限个离散值,其间距当 $V\to\infty$ 时趋于零. 我们再引入电子在 $\psi_{p\sigma}$ 状态中的湮没算符 $\hat{a}_{p\sigma}$ 和产生算符 $\hat{a}^+_{p\sigma}$,并借助它们构成 ψ 算符

$$\hat{\psi} = \sum_{p\sigma} \psi_{p\sigma}\hat{a}_{p\sigma},\quad \hat{\psi}^+ = \sum_{p\sigma}\psi^*_{p\sigma}\hat{a}^+_{p\sigma}. \tag{80.5}$$

粒子的库仑相互作用具有"成对"的特征;在二次量子化方法中把这种相互作用算符写成积分的形式

$$\hat{U} = \frac{1}{2}\iint\hat{\psi}^+(\boldsymbol{r}_1)\hat{\psi}^+(\boldsymbol{r}_2)\frac{e^2}{|\boldsymbol{r}_1-\boldsymbol{r}_2|}\hat{\psi}(\boldsymbol{r}_2)\hat{\psi}(\boldsymbol{r}_1)\mathrm{d}V_1\mathrm{d}V_2. \tag{80.6}$$

对该算符需要做的求平均可分为两步:首先对系统给定的量子态求平均,然后对不同量子态的平衡统计分布求平均. 在近理想等离子体中 $\hat{U}$ 起微扰的作用. 我们在微扰论的一级近似下,也就是相对于无相互作用的系统即理想气体的状态,计算这个量的平均值.

量子力学求平均归结为求相应的对角矩阵元. 把 ψ 算符(80.5)代入后,算符(80.6)被表达成求和形式,其各项为四个产生与湮没算符的各种乘积:

$$\hat{U} = \frac{1}{2}\sum\langle \boldsymbol{p}'_1\boldsymbol{p}'_2|U_{12}|\boldsymbol{p}_1\boldsymbol{p}_2\rangle \hat{a}^+_{p'_1\sigma_1}\hat{a}^+_{p'_2\sigma_2}\hat{a}_{p_2\sigma_2}\hat{a}_{p_1\sigma_1}, \tag{80.7}$$

式中求和遍及所有的角动量和自旋分量,而 $\langle\boldsymbol{p}'_1\boldsymbol{p}'_2|U_{12}|\boldsymbol{p}_1\boldsymbol{p}_2\rangle$ 是两个电子相互作用能量 $U_{12} = e^2/|\boldsymbol{r}_1-\boldsymbol{r}_2|$ 的矩阵元;因为库仑相互作用与自旋无关,所以矩阵元对应于电子自旋分量不变的跃迁,即其计算可用纯轨道函数

$$\psi_p = \frac{1}{\sqrt{V}}\mathrm{e}^{\mathrm{i}\boldsymbol{p}\cdot\boldsymbol{r}/\hbar}.$$

在和式(80.7)的所有项中,只是那些带有两对指标相同算符 $\hat{a}_{p\sigma}$ 和 $\hat{a}_{p\sigma}^+$ 的项才有对角矩阵元并且乘积 $\hat{a}_{p\sigma}^+\hat{a}_{p\sigma}$ 可代之以电子在该量子状态的占有数[①]. 令 $p_1 = p_1'$, $p_2 = p_2'$, 得到

$$\frac{e^2}{2V^2}\sum_{p_1\ne p_2}\sum_{\sigma_1\sigma_2}n_{p_1\sigma_1}n_{p_2\sigma_2}\int\frac{\mathrm{d}V_1\mathrm{d}V_2}{|\boldsymbol{r}_1-\boldsymbol{r}_2|}, \qquad (80.8)$$

而令 $p_1'=p_2$, $p_2'=p_1$, $\sigma_1=\sigma_2=\sigma$, 得到如下项

$$-\frac{e^2}{2V^2}\sum_{p_1\ne p_2}\sum_{\sigma}n_{p_1\sigma}n_{p_2\sigma}\int e^{i(\boldsymbol{p}_1-\boldsymbol{p}_2)\cdot(\boldsymbol{r}_1-\boldsymbol{r}_2)/\hbar}\frac{\mathrm{d}V_1\mathrm{d}V_2}{|\boldsymbol{r}_1-\boldsymbol{r}_2|} \qquad (80.9)$$

(这里出现负号是置换算符 $\hat{a}_{p_1\sigma}^+$ 和 $\hat{a}_{p_2\sigma}$ 的结果, 把乘积 $\hat{a}_{p_2\sigma}^+\hat{a}_{p_1\sigma}\cdot\hat{a}_{p_2\sigma}\hat{a}_{p_1\sigma}$ 化为 $\hat{a}_{p_2\sigma}^+\hat{a}_{p_2\sigma}\hat{a}_{p_1\sigma}^+\hat{a}_{p_1\sigma}$ 必须作置换, 而费米子的这些算符是反对易的).

式(80.8)各项是空间均匀分布的电子的直接库仑相互作用能. 正如在§78中已经指出的, 由于等离子体呈电中性, 这些项实际上正好相消, 类似于表示其它粒子(离子)彼此间以及与电子间的相互作用能项(也因这缘故(80.8)的积分发散问题不重要). 式(80.9)中诸项含有库仑势的非对角矩阵元, 表示要找的交换效应[②].

注意到在宏观体积 V 下, 电子的动量实际上具有一系列连续值, 将对 $\boldsymbol{p}_1$, $\boldsymbol{p}_2$ 的求和转为对 $\dfrac{V^2}{(2\pi\hbar)^6}\mathrm{d}^3p_1\mathrm{d}^3p_2$ 的积分(这时 $\boldsymbol{p}_1\ne\boldsymbol{p}_2$ 的限制变得不重要). (80.9)中的积分等于[③]

$$V\int e^{i(\boldsymbol{p}_1-\boldsymbol{p}_2)\cdot\boldsymbol{r}/\hbar}\frac{\mathrm{d}V}{r}=V\frac{4\pi\hbar^2}{(\boldsymbol{p}_1-\boldsymbol{p}_2)^2}.$$

结果表达式(80.9)取下式

$$-2\pi e^2 V\sum_{\sigma}\iint\frac{n_{p_1\sigma}n_{p_2\sigma}}{(\boldsymbol{p}_1-\boldsymbol{p}_2)^2}\frac{\mathrm{d}^3p_1\mathrm{d}^3p_2}{(2\pi)^6\hbar^4}.$$

这个表达式的统计平均(在所考虑的近似下)依理想气体的平衡分布进行. 由于理想气体粒子在不同量子态下的统计独立性, 这时 $\langle n_{p_1\sigma}n_{p_2\sigma}\rangle = \bar{n}_{p_1\sigma}\bar{n}_{p_2\sigma}$; 而平均值 $\bar{n}_{p\sigma}$ 由费米分布公式 $\bar{n}_{p\sigma}=[e^{(\varepsilon-\mu_e)/T}+1]^{-1}$ 给出(μ_e 是电子化学势). 最

[①] 至于四个算符有相同指标的乘积项, 其项数比之相同指标两对各异的项数极其稀少, 因而不必考虑(这样的项对 Ω 的贡献含有附加因子 $1/V$).

[②] 为进一步说明(80.8)和(80.9)诸项的结构, 我们指出, 前者中的同指标算符对 $\hat{a}_{p\sigma}$, $\hat{a}_{p\sigma}^+$ 来自同一空间点($\boldsymbol{r}_1$ 或 $\boldsymbol{r}_2$)的 ψ 算符; 而在(80.9)的诸项中它们来自不同点的 ψ 算符.

[③] 这里用了熟知的库仑势傅里叶分量表示式

$$\int e^{i\boldsymbol{k}\cdot\boldsymbol{r}}\frac{\mathrm{d}V}{r}=\frac{4\pi}{k^2}$$

(参看§117习题3的脚注).

后,因为所得到的表达式只是与 e^2 成正比,所以根据(80.4)它直接给出所求的等离子体热力学势修正:

$$\Omega_{\text{exch}} = -\frac{4\pi e^2}{\hbar^4} V \iint \frac{\bar{n}_{p_1} \bar{n}_{p_2}}{(\boldsymbol{p}_1 - \boldsymbol{p}_2)^2} \frac{\mathrm{d}^3 p_1 \mathrm{d}^3 p_2}{(2\pi)^6} \tag{80.10}$$

(E. Wigner, F. Seitz, 1934).

在电子气强简并极限情况下($T \ll \hbar^2 n^{2/3}/m$),分布 $\bar{n}_p$ 化为阶跃函数($p \leqslant p_F$ 时, $\bar{n}_p = 1$; $p \geqslant p_F$ 时, $\bar{n}_p = 0$). 这时计算积分导致结果①

$$\Omega_{\text{exch}} = -V\frac{e^2 p_F^4}{4\pi^3 \hbar^3} = -V\frac{e^2 m^2 \mu_e^2}{\pi^3 \hbar^4}. \tag{80.11}$$

如果根据(57.3)用电子的数密度 $n_e = N_e/V$ 表示其中的化学势,上式给出自由能的修正:

$$F_{\text{exch}} = -N_e \frac{3^{4/3}}{4\pi^{1/3}} e^2 n_e^{1/3}. \tag{80.12}$$

在玻尔兹曼气体的相反极限情形下($\mu_e < 0, |\mu_e| \gg T$),由公式(80.10)计算给出②

$$\Omega_{\text{exch}} = -V\frac{e^2 m^2 T^2}{4\pi^2 \hbar^4} \mathrm{e}^{2\mu_e/T} \tag{80.13}$$

或者根据(46.1a)用 n_e 表示 μ_e 给出

$$F_{\text{exch}} = -V\frac{\pi e^2 \hbar^2 n_e^2}{2mT}. \tag{80.14}$$

在 $T \sim \mu_e$ 时,交换修正 $F_{\text{exch}} \sim Ve^2 n^{4/3}$,而在§78中求得的关联修正 $F_{\text{corr}} \sim \dfrac{Ve^3 n^{3/2}}{\sqrt{T}}$;这时根据近理想性条件

---

① 积分

$$I = \iint \frac{\mathrm{d}^3 p_1 \mathrm{d}^3 p_2}{(\boldsymbol{p}_1 - \boldsymbol{p}_2)^2}, \quad p_1, p_2 \leqslant p_F,$$

用代换 $\boldsymbol{p}_1 - \boldsymbol{p}_2 = \boldsymbol{q}, (\boldsymbol{p}_1 + \boldsymbol{p}_2)/2 = \boldsymbol{s}$ 化为区域 $\left|\boldsymbol{s} \pm \dfrac{\boldsymbol{q}}{2}\right| \leqslant p_F$ 上的积分 $I = \iint q^{-2} q \mathrm{d}^3 s$. 积分 $\int \mathrm{d}^3 s$(在给定的 $\boldsymbol{q}$ 下)是球心相距 q 且半径为 p_F 的两球之间所包的体积:

$$\int \mathrm{d}^3 s = \frac{4\pi}{3} h^2 (3p_F - h), \quad h = p_F - \frac{q}{2}.$$

然后,对 $\mathrm{d}^3 q$ 在区域 $0 < q < 2p_F$ 上积分,得到 $I = 4\pi^2 p_F^4$.

② 在这种情形下

$$\bar{n}_{p_1} \bar{n}_{p_2} = \exp\left(\frac{2\mu_e}{T} - \frac{p_1^2 + p_2^2}{2mT}\right) = \exp\left(\frac{2\mu_e}{T} - \frac{4s^2 + q^2}{4mT}\right),$$

而对 $\mathrm{d}^3 s \mathrm{d}^3 q$ 的积分扩展到 $\boldsymbol{q}$ 和 $\boldsymbol{s}$ 整个空间.

$$\frac{F_{\text{corr}}}{F_{\text{exch}}} \sim \left(\frac{e^2 n^{1/3}}{T}\right)^{1/2} \ll 1,$$

即电子交换修正实际上是主导项. 然而, 在温度升高时, F_{exch} 比 F_{corr} 减小得更快 (在 $T \gg \mu_e$ 时: $F_{\text{exch}} \propto T^{-1}$, 而 $F_{\text{corr}} \propto T^{-1/2}$). 所以存在这样的区域, 在其中两种修正有同样的数量级. 但是在该区域中, 等离子体的简并已经不强, 因此经典公式 (78.11)—(78.14) 可用于关联修正[①].

在以上讨论中假定了等离子体的离子组态不仅非简并, 而且几乎是理想的, 即离子的相互作用能比它们的热能小得多: $n^{1/3} e^2 \ll T$ [②]. 但是如果等离子体的密度不是太大:

$$\frac{me^2}{\hbar^2} \ll n^{1/3} \ll \frac{e^2 M}{\hbar^2} \tag{80.15}$$

(M 是离子质量), 那么温度 T 超过离子的简并温度

$$T \sim e^2 n^{1/3} \gg \frac{\hbar^2 n^{2/3}}{M} \tag{80.16}$$

(并且 $T \ll e^4 M/\hbar^2$). 在这些条件下离子组分形成非简并的但相当非理想的系统. 离子彼此之间及离子与电子之间相互作用能量的最小性这时相应于核的有序位形, 即核形成晶格(A. A. 阿布里科索夫, 1960). 这导致各种粒子的直接库仑相互作用能已经不再完全相抵. 在每一个晶胞内离子的场被位于其中的电子所抵消. 但是在一个晶胞的范围(其线度 $\sim n^{-1/3}$)内粒子的相互作用能不是零. 根据粗略估计, 这个能量 $\sim e^2 n^{1/3}$, 而对于整个晶格(晶胞数 $N \sim Vn$) 结合能为

$$|E_{\text{latt}}| \sim N e^2 n^{1/3} \sim V e^2 n^{4/3}. \tag{80.17}$$

它在数量级上与等离子体的简并电子组分交换能一致. 对于稳定晶格, 结合能自然是负的[③].

---

① 尽管如此, 计算任意简并程度下的电子关联修正问题仍有方法论上的意义. 这个问题将在本教程的另外一卷(第九卷)中研究.

② 为简单起见, 在这里和下面的估计中令 $z = 1$(氢的等离子体).

③ 晶格结合能的定量计算参看: Абрикосов(阿布里科索夫) A. A.// ЖЭТФ. - 1960. - Т. 39. - С. 1797.

第八章

相平衡

§81 相平衡条件

均匀物体的(平衡)状态是由给定任意两个热力学量(例如体积 V 和能量 E)来确定的. 但是却没有任何理由认为: 对于任何一对给定的 V 和 E 值来讲, 对应于热平衡状态的都正好是物体的均匀状态. 可能发生这样的情况: 在给定的体积和能量下, 物体在热平衡状态并不是均匀的, 而是分离成处于不同状态而相互接触的两个均匀部分.

一种物质的这样几个状态, 它们相互接触且彼此处于平衡而同时存在, 称为这种物质的不同的**相**.

我们写出两个相彼此平衡的条件. 首先, 像任何处于平衡状态的物体一样, 这两个相的温度 T_1 和 T_2 必须相等:
$$T_1 = T_2.$$
其次, 两个相中的压强相等的条件也必须满足:
$$P_1 = P_2,$$
因为在两个相的接触面上, 两个相彼此作用的力必须大小相等而方向相反.

最后, 两个相的化学势平衡的条件必须满足:
$$\mu_1 = \mu_2,$$
对于两相平衡的这个条件的推导, 完全像在 §25 中对于一个物体的任何两个相互接触部分的情形所进行的推导一样. 如果把化学势表示为压强和温度的函数, 而用 T 和 P 代表两个相的彼此相等的温度和压强, 那么我们就得到方程式:
$$\mu_1(P, T) = \mu_2(P, T), \tag{81.1}$$

由此得出,处于平衡状态的两个相的压强和温度可以把其中的一个量表为另一个量的函数.因此两个相不能在任意的压强和温度下处于相互平衡的状态;给定了这两个量中的一个量,就完全确定了另一个量.

如果用坐标轴代表压强和温度,那么可能发生相平衡的点都在一条曲线(**相平衡曲线**)上.同时,在这条曲线两侧的点都表示物体的均匀状态.当物体的状态沿着一条与相平衡曲线相交的线变化时,在与相平衡曲线的交点上,发生两相的分离,然后物体转变成另一个相.必须注意:即使完全平衡时本该有相分离,如果物体的状态变化很缓慢,有时物体仍旧保持均匀,这类例子可举过冷的蒸气和过热的液体.但是这样的状态是亚稳的.

如果用以温度和体积(属于一定量物质的)为坐标轴的图来描绘相平衡,那么同时具有两个相的状态将占满平面的整个区域,而不只是一条曲线;这种与 P,T 图不同之处是由于:体积 V 与压强不同,在两个相中是不等的.结果得到如图 12 所示的一类图.在阴影区两侧的区域 Ⅰ 和 Ⅱ 中的点相当于均匀的第一相和第二相.阴影区表示两个相彼此处于平衡的状态:在任意一点 a,处于平衡的两个相 Ⅰ 和 Ⅱ 所具有的比体积,由位于通过点 a 的水平直线上的点 1 和点 2 的横坐标来确定.由物质量的均衡很容易直接得出结论:相 Ⅰ 和相 Ⅱ 的量反比于线段 $a1$ 和 $a2$ 的长度(所谓**杠杆定则**).

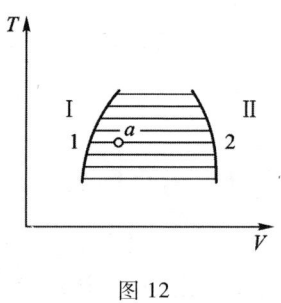

图 12

类似于两相平衡的条件,同一种物质的三相平衡是由下列各等式来确定的:

$$P_1 = P_2 = P_3, \quad T_1 = T_2 = T_3, \quad \mu_1 = \mu_2 = \mu_3. \tag{81.2}$$

如果用 P 和 T 来重新表示三个相的压强和温度的共同值,那么我们就得到条件

$$\mu_1(P,T) = \mu_2(P,T) = \mu_3(P,T). \tag{81.3}$$

这是具有两个未知数 P 和 T 的两个方程式;它们的解是一对确定的 P 和 T 值.三个相同时存在的状态(所谓**三相点**)在 P,T 图上用孤立的点来表示,这种点是三相中每两相的平衡曲线的交点(见图 13,图中区域 Ⅰ,Ⅱ,Ⅲ 是三个均匀相的区域).同一物质的多于三相的平衡显然是不可能的.

在 T,V 图上,三相点的邻域具有如图 14 所示的形式,其中阴影区域是每两个相成对平衡的区域;三相点(温度 T_{tr})处的平衡态中三相的比体积由点 1,2,3 的横坐标所确定.

从一个相转变到另一个相,伴随着放出或吸收一定量的热(**相变潜热**).按照相平衡条件,这样的相变在恒压和恒温下发生.但是在恒压过程中物体所吸收的热量,等于它的焓变.因此单分子相变潜热 q 是

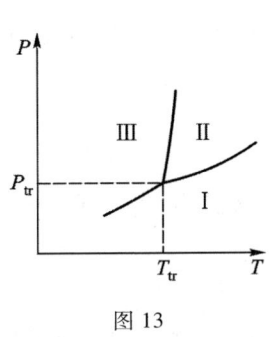

图 13

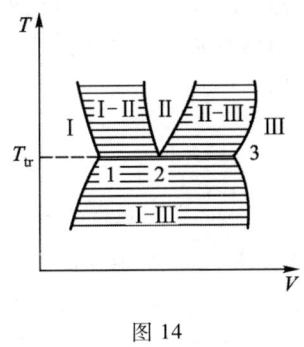

图 14

$$q = w_2 - w_1, \tag{81.4}$$

式中 w_1 和 w_2 是两相的单分子焓. 如果从第一相转变到第二相时吸收热量, 那么 q 是正的, 而相变时放热则 q 为负.

因为(对于由一种物质构成的物体来讲) μ 是单分子的热力学势, 所以可以写成

$$\mu = \varepsilon - Ts + Pv$$

(ε, s, v 是分子的能量、熵和体积). 因此条件 $\mu_1 = \mu_2$ 给出:

$$(\varepsilon_2 - \varepsilon_1) - T(s_2 - s_1) + P(v_2 - v_1) = (w_2 - w_1) - T(s_2 - s_1) = 0,$$

其中 T 和 P 是两个相的温度和压强, 由此

$$q = T(s_2 - s_1). \tag{81.5}$$

必须注意:该公式也可以直接取温度恒定从 $q = \int T ds$ 得出. (这个公式在这里适用, 因为相变是可逆地进行的——两相在相变过程中保持相互平衡.)

设在图 15 中的两条曲线表示两相的化学势对温度的函数关系(在给定的压强下). 两条曲线的交点确定两相能够彼此处于平衡的温度 T_0 (在给定的压强下). 在所有其余的温度下, 能够存在的只能是这一相或另一相. 很容易看出:在低于 T_0 的温度下, 存在的是第一相, 亦即稳定的是第一相; 而在高于 T_0 的温度下, 是第二相. 这个结论是从这一点得出的:稳定的状态是 μ 较小的那种状态(因为在给定 P 和 T 的条件下, 热力学势趋向于极小值). 另一方面, 在两条曲线的交点上, 偏导数 $\dfrac{\partial \mu_1}{\partial T}$ 的值

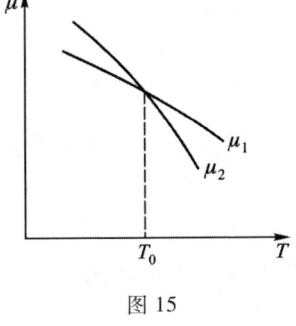

图 15

大于 $\dfrac{\partial \mu_2}{\partial T}$ 的值, 也就是说, 第一相的熵 $s_1 = -\dfrac{\partial \mu_1}{\partial T}$ 小于第二相的熵 $s_2 = -\dfrac{\partial \mu_2}{\partial T}$. 因

此,相变潜热 $q = T(s_2 - s_1)$ 是正的. 因此,我们得出结论:如果当温度升高时物体从一个相转变成另一个相,那么这时就吸收热量. 这个结果也可以从勒夏特列原理得出.

习 题

1. 试求出在固体上的饱和蒸气压的温度依赖关系. (把饱和蒸气考虑为理想气体;固体和气体都具有恒定的比热.)

解:蒸气的化学势由公式(43.3)所确定,而固体的化学势由公式(65.6)所确定. (由于饱和蒸气压相对地讲很小,对于固体可以忽略掉 PV 这个量而认为 Φ 等于 F.)令两式相等,我们就求出:

$$P = 常数 \cdot T^{(c_{p2}-c_1)} e^{(\varepsilon_{01}-\varepsilon_{02})/T},$$

其中角标1指固体,角标2指蒸气.

在同样的近似下,可以认为固体的焓等于它的能量;相变潜热(升华热) $q = w_2 - w_1$ 等于

$$q = (c_{p2} - c_1)T + (\varepsilon_{02} - \varepsilon_{01}).$$

特别是,在 $T=0$ 时的相变潜热是 $q_0 = \varepsilon_{02} - \varepsilon_{01}$,以致可以写成

$$P = 常数 \cdot T^{(c_{p2}-c_1)} e^{-q_0/T}.$$

2. 试求凝聚体蒸发到真空中的蒸发率.

解:蒸发到真空中去的蒸发率由单位时间内离开物体的单位表面积的粒子数来确定. 我们考虑同它自己的饱和蒸气处于平衡的物体. 于是离开物体表面的粒子数,等于在同样时间内落到这个表面上并"附着"到它上面的粒子数,也就是说等于

$$\frac{P_0}{\sqrt{2\pi mT}}(1 - R),$$

式中 $P_0 = P_0(T)$ 是饱和蒸气压, R 是气体同物体表面发生碰撞时气体粒子的平均"反射系数"(参看(39.2)). 如果 P_0 不太大,则离开物体表面的粒子数与它周围的空间中是否有蒸气存在无关,因此上面所写的式子就确定了我们所求的蒸发到真空中的蒸发率.

§82 克拉珀龙-克劳修斯方程

取相平衡条件

$$\mu_1(P, T) = \mu_2(P, T),$$

两边对温度求导数. 当然,这时必须注意到压强 P 不是独立变量,而是由这个方程式本身所确定的温度函数. 因此我们写成:

$$\frac{\partial \mu_1}{\partial T} + \frac{\partial \mu_1}{\partial P}\frac{dP}{dT} = \frac{\partial \mu_2}{\partial T} + \frac{\partial \mu_2}{\partial P}\frac{dP}{dT},$$

而且,因为 $(\partial \mu/\partial T)_P = -s$,$(\partial \mu/\partial P)_T = v$(参看(24.12)),我们得到

$$\frac{dP}{dT} = \frac{s_1 - s_2}{v_1 - v_2}, \tag{82.1}$$

式中 s_1,v_1 和 s_2,v_2 是两相的分子熵和分子体积.

在这个公式中,差值 $s_1 - s_2$,可以用从一个相转变到另一个相的潜热来表示. 把 $q = T(s_2 - s_1)$ 代入,我们就求出所谓**克拉珀龙－克劳修斯方程**

$$\frac{dP}{dT} = \frac{q}{T(v_2 - v_1)}. \tag{82.2}$$

这个公式所确定的是:当温度变化时处于平衡的两个相的压强的变化,或是说,压强沿着相平衡曲线随温度的变化. 同一公式也可以写成形式

$$\frac{dT}{dP} = \frac{T(v_2 - v_1)}{q},$$

这个公式所确定的是:当压强变化时两相相变温度(如冰点或沸点)的变化. 因为气体的分子体积总是大于液体的分子体积,而当液体转变成气体时吸收热量,因此当压强增加时沸点的温度总是升高 $\left(\frac{dT}{dP} > 0\right)$. 当压强增加时冰点的温度是升高还是降低,视溶化时体积增加或是减小而定①.

公式(82.2)的所有这些结论与勒夏特列原理完全一致. 例如,我们来考虑液体同它自己的饱和蒸气处于平衡的情形. 如果增加压强,则沸点的温度应当升高;由于这个缘故,一部分蒸气转变成液体,这又转而引起压强的降低;也就是说,系统对于使它离开平衡状态的外作用就好像起着反作用一样.

我们来考虑公式(82.2)的一个特例,即讨论固体或液体同它的蒸气的平衡的情形. 这时公式(82.2)所确定的是饱和蒸气压随温度的变化.

气体的体积通常比包含同样数目粒子的凝聚体的体积大得多. 因此在(82.2)中,相对于体积 v_2 可略去体积 v_1(我们把气体作为第二相),也就是说,取 $\frac{dP}{dT} = \frac{q}{Tv_2}$. 把蒸气考虑为理想气体,我们可以由公式 $v_2 = \frac{T}{P}$,把它的体积用压强和温度来表示;于是我们得到:

$$\frac{dP}{dT} = \frac{qP}{T^2},$$

即

$$\frac{d\ln P}{dT} = \frac{q}{T^2}. \tag{82.3}$$

---

① 例外的情况是氦的同位素 ^{3}He,在一定的温度区间内溶解热是负的.

我们看到:在相变潜热可以认为是常数的温度区,饱和蒸气压按照指数规律($\propto \exp(-q/T)$)随温度而变化.

习 题

1. 试求出沿着液体及其饱和蒸气的平衡曲线变化时(即在液体一直同它的饱和蒸气处于平衡的过程中)的蒸气比热. 蒸气可以认为是理想气体.

解:所求的比热 h 等于
$$h = T\frac{\mathrm{d}s}{\mathrm{d}T},$$
式中 $\dfrac{\mathrm{d}s}{\mathrm{d}T}$ 是沿着相平衡曲线取的导数,即
$$h = T\frac{\mathrm{d}s}{\mathrm{d}T} = T\left(\frac{\partial s}{\partial T}\right)_P + T\left(\frac{\partial s}{\partial P}\right)_T\frac{\mathrm{d}P}{\mathrm{d}T} = c_p - T\left(\frac{\partial v}{\partial T}\right)_P\frac{\mathrm{d}P}{\mathrm{d}T}.$$
把(82.3)式的 $\dfrac{\mathrm{d}P}{\mathrm{d}T}$ 和 $v = \dfrac{T}{P}$ 代入上式,我们求出:
$$h = c_p - \frac{q}{T}.$$
在低温下,h 是负的,也就是说,如果可以取走热量,以使得蒸气一直同液体处于平衡,那么它的温度可以升高.

2. 试求出在蒸气一直同液体处于平衡的过程中(即沿着液体及其蒸气的平衡曲线)蒸气体积随温度的变化.

解:导数 $\dfrac{\mathrm{d}v}{\mathrm{d}T}$ 必须沿着相平衡曲线来确定:
$$\frac{\mathrm{d}v}{\mathrm{d}T} = \left(\frac{\partial v}{\partial T}\right)_P + \left(\frac{\partial v}{\partial P}\right)_T\frac{\mathrm{d}P}{\mathrm{d}T}.$$
把(82.3)和体积 $v = \dfrac{T}{P}$ 代入上式,我们求出:
$$\frac{\mathrm{d}v}{\mathrm{d}T} = \frac{1}{P}\left(1 - \frac{q}{T}\right).$$
在低温下,$\dfrac{\mathrm{d}v}{\mathrm{d}T} < 0$,也就是说,在所考虑的过程中,蒸气的体积随温度的增加而减小.

§83 临界点

相平衡曲线(在 PT 平面上)可能在某一点终止(图 16);这样的点称为**临界点**,而与它相对应的温度和压强称为**临界温度**和**临界压强**. 在高于 T_c 的温度和大于 P_c 的压强下,不存在不同的相,而物体总是均匀的. 可以说:在临界点,两相之间的差别完全消失. 临界点的概念是由 Д. И. 门捷列夫首先提出的(1860).

在以 T,V 为坐标的有临界点存在的平衡图看上去就像图 17 所描绘的样子. 当温度趋近于它的临界值时, 彼此处于平衡的两相的比体积也逐渐接近, 而在临界点(图 17 中的 K)完全等同. 以 P,V 为坐标的平衡图具有类似的形式.

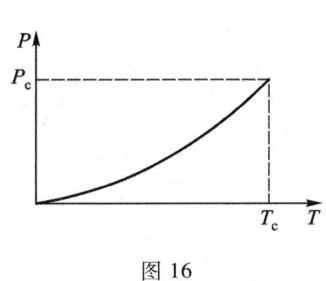

图 16

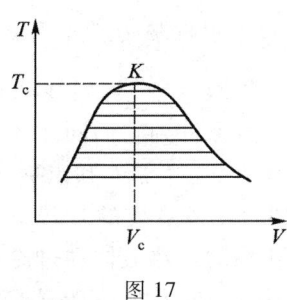

图 17

当存在着临界点时, 一种物质的任何两态之间可以发生连续的相变, 在这种相变过程中, 任何时刻物质都不会分离成两相——要做到这一点, 只需要沿着任何一条绕过临界点而与相平衡曲线从不相交的曲线来改变物质的状态. 在这种意义下, 当有临界点存在时, 关于不同相的概念本身有随意性, 不可能在所有情况下指出: 什么样的状态是这一相, 什么样的状态是另一相. 严格地讲, 只有当两相彼此接触而同时存在时, 亦即只有在相平衡曲线的诸点上, 才可以说两相.

显然, 只有当两相之间仅具有纯粹定量的差别时, 对于这样的两相才可能有临界点存在. 液体和气体就是这样, 它们的区别只在于分子间相互作用的大小程度不同.

至于像物质的液体和固体(晶体)或各种晶态这样的相, 则彼此间有质的差别, 因为它们各自的内部对称性不同. 显然, 对于任何对称性质(对称元素)我们只能说它存在, 或者它不存在; 它只可能即刻、突发地出现或消失, 而不可能逐渐地出现或消失. 在每一种这样的状态, 物体或者具有这一种对称, 或者具有另一种对称, 因而总是可以指出物体在两相中间属于哪一相. 因而对于这样的相, 临界点是不可能存在的, 而相平衡曲线必然或者延伸到无限远, 或者同其它各相的平衡曲线相交而终止.

通常的相变点并不是物质热力学量的数学奇点. 实际上, 每一相也可以在相变点的另一侧存在(虽然是亚稳的); 热力学不等式在这一点并未破坏. 在相变点, 两相的化学势只是彼此相等而已: $\mu_1(P,T) = \mu_2(P,T)$; 对于函数 $\mu_1(P,T)$ 和 $\mu_2(P,T)$ 的任一个来讲, 这一点毫无特殊之处[①].

---

① 然而, 必须指出, 这种说法是有条件的, 因为在亚稳态 $\mu(P,T)$ 的概念有某种不确定性. 亚稳态是不完全平衡, 具有某种弛豫时间(在这里相应于新相成核过程, 参看 §162). 所以, 这种状态下热力学函数只有在不考虑这些过程时才能定义, 而且不能把它们看成是(对应于物质完全平衡态的)稳定区函数的解析开拓.

我们在 PV 平面上画一条液体和气体的**等温线**，也就是当均匀物体等温膨胀时 P 对 V 的关系的曲线（图 18 上的 abc 和 def）．根据热力学不等式 $\left(\dfrac{\partial P}{\partial V}\right)_T <$ 0，P 是 V 的减函数．等温线的这样的斜率必然一直保持到它们同液体和气体的平衡曲线的交点（点 b 和点 e）以外的一段延伸线上；等温线的片段 bc 和 ed 各对应于亚稳的过热液体和过冷蒸气，在这两段上，热力学不等式仍旧保持．

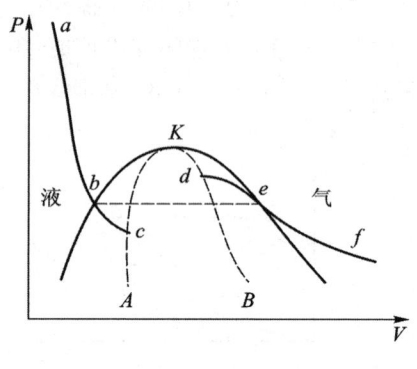

图 18

（当然，在点 b 和点 e 之间的完全平衡的状态等温变化，对应于水平线段 be，那里发生两相分离．）如果考虑到点 b 和点 e 具有同样的纵坐标 P，那么，显然等温线的两部分不可能以连续的方式彼此过渡，它们之间必然有间断．等温线在点 c 和点 d 终止，在这两点热力学不等式被破坏，即

$$\left(\frac{\partial P}{\partial V}\right)_T = 0. \tag{83.1}$$

把液体和气体等温线的终点轨迹标绘出来，我们就得到一条曲线（图 18 上的 AKB），在这条曲线上，热力学不等式（对于均匀物体来讲）破坏；它限定了一个区域，在任何条件下物体在其中都不可能以均匀的状态存在．在这条曲线和相平衡曲线之间的区域是过热液体和过冷蒸气可能存在的区域[①]．显然，在临界点，两条曲线应当彼此相触．至于正好在曲线 AKB 上的各点中，只有临界点 K 对应于均匀物体实际存在的状态；它是这条曲线同稳定均匀状态区接触的唯一一点．

值得指出，在临界点处的条件（83.1）也可以由下面的简单考虑得到．在临界点附近，液体和蒸气的比体积彼此接近．用 V 和 $V + \delta V$ 来表示它们，我们就可以把两相压强相等的条件写成形式

$$P(V, T) = P(V + \delta V, T). \tag{83.2}$$

把等式右边按 δV 的幂次展开，再除以很小而有限的量 δV，我们就求出：

$$\left(\frac{\partial P}{\partial V}\right)_T + \frac{\delta V}{2}\left(\frac{\partial^2 P}{\partial V^2}\right)_T + \cdots = 0. \tag{83.3}$$

由此看出：当 δV 趋向于 0 时，亦即在临界点处，$\left(\dfrac{\partial P}{\partial V}\right)_T$ 在任何情形下都应当变

---

① 等温线上相应于过热液体的片段（图 18 上的 bc）可以部分地位于横轴之下．换句话说，过热液体可以具有负压强；这样的液体在它的边界面上施加了指向其内部的力．由此可见，压强未必为正，在自然界中物体可以有压强值为负的（虽然只是亚稳的）状态．（关于这一点，在 §12 中已经讲过．）

成 0.

与普通的相平衡点相反,临界点是物质热力学函数的数学奇点(限制物体均匀状态存在区域的整条曲线 AKB 也是这样). 物质在临界点附近的奇异性与行为将在 §153 中研究.

§84 对应态定律

范德瓦尔斯的内插物态方程

$$P = \frac{NT}{V - Nb} - \frac{N^2 a}{V^2}, \tag{84.1}$$

同液体和蒸气之间的相变的上述性质定性地符合.

由这个方程所确定的等温线如图 19 所示. 通过临界点 K 上方的一些曲线表示 $T > T_c$ 时的单调减函数 $P(V)$. 穿越临界点的等温线在那里有拐点. 在温度 $T < T_c$ 时,每条等温线都有极小值和极大值,二者其间为 $\left(\frac{\partial P}{\partial V}\right)_T > 0$ 的一段;这些段(在图 19 中用虚线表示)并不与自然界中实际存在的任何物质均匀态对应.

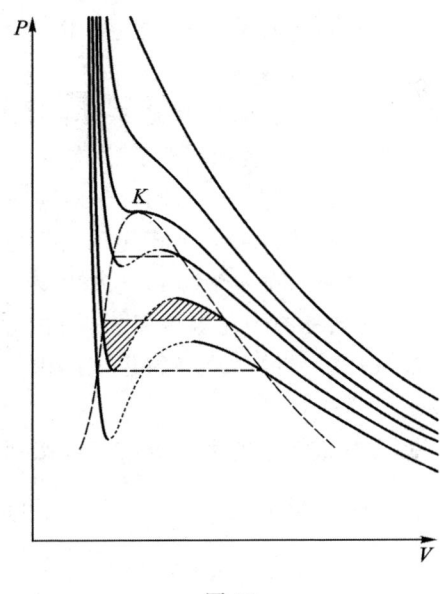

图 19

正如上节已经阐明的,与等温线相交的水平线段相应于液体到气体的平衡相变. 该线段应该在的水平位置取决于相平衡条件 $\mu_1 = \mu_2$,我们把它写成

$$\int_1^2 d\mu = 0,$$

式中积分沿着从一个相的状态过渡到另一个相的状态的路径求. 等温线上有 $d\mu = v dP$,因此沿等温线求积分

$$\int_1^2 V dP = 0. \tag{84.2}$$

在几何上,这个条件表示图 19 中对一条等温线画的阴影面积相等(麦克斯韦法则).

临界温度、临界压强和临界体积可以用范德瓦尔斯方程中所含的参量 a 和 b 来表示. 为此,对表达式(84.1)求微商并且写出确定等温线拐点的方程

$$\left(\frac{\partial P}{\partial V}\right)_T = 0, \quad \left(\frac{\partial^2 P}{\partial V^2}\right)_T = 0,$$

它们与(84.1)式一起给出

$$T_c = \frac{8}{27}\frac{a}{b}, \quad V_c = 3Nb, \quad P_c = \frac{1}{27}\frac{a}{b^2}. \tag{84.3}$$

现在我们引入如下定义的约化温度、约化压强和约化体积

$$T' = \frac{T}{T_c}, \quad P' = \frac{P}{P_c}, \quad V' = \frac{V}{V_c} \tag{84.4}$$

采用这些量,范德瓦尔斯方程取如下形式

$$\left(P' + \frac{3}{V'^2}\right)(3V' - 1) = 8T'. \tag{84.5}$$

这个方程只含有 V'、P' 和 T',而并不含任何表征该物质的量.因此方程(84.5)是范德瓦尔斯方程适用的所有物体的物态方程.两个物体具有同样的 T'、P'、V' 时,它们的状态称为**对应态**(显然,所有物体的临界状态都是对应态).由(84.5)得出结论:如果两个物体在 T'、P'、V' 这三个量中有两个相等,那么第三个也相等,也就是说,它们处于对应态(**对应态定律**).

由方程式(84.5)所确定的"约化"等温线 $P' = P'(V')$ 对于所有的物质都是相同的.因而,确定液体到气体相变点的直线段也有一样的位置.因此可以得出结论:在同样的约化温度下,所有的物质应当具有同样的如下各量:1) 约化饱和蒸气压,2) 饱和蒸气约化比体积,3) 与饱和蒸气处于平衡的液体的约化比体积.

对应态定律也可以应用于液态到气态的相变潜热上.这时"约化蒸发热"应当由一个无量纲量即 $\frac{q}{T_c}$ 充当.因此可以写成①:

$$\frac{q}{T_c} = f\left(\frac{T}{T_c}\right). \tag{84.6}$$

最后我们指出,对应态定律并非专指范德瓦尔斯方程.当仅含有两个参量的任意物态方程转化为用约化量表示时,表征具体物质的参量消失.对应态定律,作为不局限于物态方程某种具体形式的一般结论,本身比范德瓦尔斯方程多少更精确些.但是,一般说来其适用性仍十分有限.

---

① 温度显著低于临界点时,比值 $\frac{q}{T_c}$ 约等于 10(q 为分子蒸发热).

第九章

溶液

§85 由不同粒子构成的系统

直到现在为止我们还只限于讨论由全同粒子所构成的系统. 现在我们要来研究由不同粒子构成的系统. 由几种物质混合而成的任何类型的混合物都是这样的系统; 如果混合物有一种物质比其它几种多得多, 那么它就称为其它几种物质在这种占优势的物质(溶剂)中的**溶液**.

一些物质在完全平衡时的数量可以任意给定, 它们的种数通常称为系统的**独立组分**的数目. 在完全平衡的状态下系统的所有热力学量完全由温度和压强的数值以及独立组分的粒子数来确定. 如果系统中不同物质之间可以产生化学反应, 那么独立组分的数目可以与系统中不同物质的总数不一致; 如果这样的系统处于非完全平衡的状态, 那么要确定它的热力学量, 一般来讲必须知道系统中所有物质的数量.

可以很容易把§24 的结果推广到由不同粒子构成的物体上去. 首先, 所有的热力学量必须是所有可加性变量——例如各种粒子的数目和体积——的一次齐次函数.

其次, 原先作为某个热力学势对粒子数的导数给出物体单一化学势的概念(§24), 现在混合物的每种组分有化学势 μ_i——热力学势对组分粒子数 N_i 的导数. 相应地, (24.5), (24.7)—(24.9) 所有各式中的 μdN 这一项现在必须代之以和式 $\sum \mu_i dN_i$.

这样, 微分表达式 $d\Phi$ 写成

$$d\Phi = -SdT + VdP + \sum_i \mu_i dN_i,$$

而化学势

$$\mu_i = \left(\frac{\partial \Phi}{\partial N_i}\right)_{P,T}. \tag{85.1}$$

这时化学势被表示为压强、温度和各种物质的**浓度**(即粒子数之比)的函数. 粒子数只能以比值的形式包含在 μ_i 中,这是因为: Φ 是 N_i 的一次齐次函数,所以化学势必然是这些变量的零次齐次函数.

根据 Φ 是 N_i 的一次齐次函数这一事实,从欧拉定理得出:

$$\Phi = \sum_i N_i \frac{\partial \Phi}{\partial N_i} = \sum_i \mu_i N_i, \tag{85.2}$$

这是公式 $\Phi = N\mu$ 的推广.

对于热力学势 Ω,我们现在得到

$$\Omega = F - \sum \mu_i N_i,$$

由此再一次得到公式 $\Omega = -PV$. 如果物体处于外场中而不同部分的压强不同,仅在此时上式不再适用.

§25 的结果也可以直接推广:系统在外场中的平衡条件要求每一种组分的化学势都像温度一样在整个系统中都是常数:

$$\mu_i = 常数. \tag{85.3}$$

最后,由不同粒子组成的系统的吉布斯分布具有形式

$$w_{nN_1N_2\cdots} = \exp\frac{\Omega + \sum \mu_i N_i - E_{nN_1N_2\cdots}}{T}, \tag{85.4}$$

这是公式(35.2)的自然的推广.

§86 相律

现在我们考虑系统由不同物质构成并形成 r 个相互接触的相(每一相一般来讲包含所有的物质).

设系统中独立组分的数目为 n. 于是每一相由压强、温度和 n 个化学势来表征. 我们由 §81 知道:由全同粒子构成的各相的平衡条件是温度相等、压强相等和化学势相等. 显然,在有几种组分存在的普遍情形下,各相的平衡条件是温度相等、压强相等和每一个化学势相等. 设在所有各相中的共同温度和压强是 T 和 P;为了区别属于不同相和不同组分的化学势,我们用两个角标来标记它们:上角标(罗马数字)代表相,下角标(阿拉伯数字)代表组分. 于是相平衡条件可以写成形式

$$\mu_1^{\mathrm{I}} = \mu_1^{\mathrm{II}} = \cdots = \mu_1^r,$$
$$\mu_2^{\mathrm{I}} = \mu_2^{\mathrm{II}} = \cdots = \mu_2^r,$$
$$\cdots\cdots\cdots\cdots\cdots\cdots\cdots\cdots\cdots \tag{86.1}$$

$$\mu_n^{\mathrm{I}} = \mu_n^{\mathrm{II}} = \cdots = \mu_n^{r}.$$

这些化学势作为函数每一个都有 $n+1$ 个独立变量：P,T 和各种组分在某相中的 $n-1$ 个浓度（每相有 n 个独立的不同种粒子数，它们之间有 $n-1$ 个独立的比值）。

条件(86.1)是一组 $n(r-1)$ 个方程式。这些方程式中的未知数的数目等于 $2+r(n-1)$。这些方程式要有解，它们的数目在任何情况下都必须不大于未知数的数目，即

$$n(r-1) \leqslant 2 + r(n-1),$$

亦即

$$r \leqslant n + 2. \tag{86.2}$$

换句话说，在由 n 种独立组分所构成的系统中，可以有不多于 $n+2$ 个的相同时处于平衡。这就是所谓**吉布斯相律**。在 §81 中我们已经有过这个相律的特殊情形：在一种组分的情形下，能够相互接触而同时存在的相的数目不可能大于 3。

如果同时共存的相数 r 小于 $n+2$，那么在方程组(86.1)中，有 $n+2-r$ 个变量显然可以具有任意值。换句话说，可以任意改变任何 $n+2-r$ 个变量，而不破坏平衡；当然，同时其余的变量是以完全确定的方式变化的。可以任意被改变而不破坏平衡的变量的数目，称为系统的**热力学自由度**的数目。如果用字母 f 来代表它，那么就可以把相律写成形式

$$f = n + 2 - r, \tag{86.3}$$

式中 f 当然不能小于 0。如果相数等于它的最大可能值 $n+2$，那么 $f=0$，这就是说，在方程组(86.1)中所有的变量都是确定的，其中没有一个能够改变而不使平衡破坏或不使任何一相消失。

§87 稀溶液

我们在 §87—§91 中要研究稀溶液的热力学性质，所谓稀溶液就是这样的溶液：其中溶质的分子数远远小于溶剂的分子数。我们首先来考虑只有一种溶质的溶液；对于几种溶质的溶液，可以直接推广。

设 N 为溶液中溶剂的分子数，n 为溶质的分子数。我们把比值 $\dfrac{n}{N}=c$ 称为溶液的浓度；根据上面所作的假设，$c \ll 1$。

现在我们来求溶液的热力学势的表达式。设 $\Phi_0(T,P,N)$ 为纯溶剂（其中没有溶解任何东西）的热力学势。按照公式 $\Phi = N\mu$（对于纯物质适用），可写

$$\Phi_0 = N\mu_0(P,T),$$

式中 $\mu_0(P,T)$ 是纯溶剂的化学势。我们用字母 $\alpha = \alpha(P,T,N)$ 表示在溶剂中引入一个溶质分子时热力学势发生的微小变化。在稀溶液的假定下，溶质的分子

在溶液中彼此相距足够远,所以它们的相互作用很弱. 略去这个相互作用,可以认定,在溶剂中引入 n 个溶质分子时热力学势的变化等于 $n\alpha$. 但是,这样得到的表达式 $\Phi_0 + n\alpha$ 中,并没有以适当的方式考虑所有溶质分子的全同性. 如果在计算配分函数时将所有溶质分子当成彼此可区分的,用公式(31.5)得到的就该是这个式子. 正如我们所知(参看(31.7)),这样计算出来的配分函数实际上还应该再除以 $n!$.[①]

这就使得在自由能中,因而也在热力学势 Φ 中出现附加的一项 $T\ln n!$. 因此,

$$\Phi = N\mu_0(P,T) + n\alpha(P,T,N) + T\ln n!$$

其次,因为 n 虽然比 N 小很多,但就其本身来讲仍是一个很大的数,所以在最后一项中可以用 $n\ln\dfrac{n}{e}$ 来代替 $\ln n!$. 于是

$$\Phi = N\mu_0 + n\left(\alpha + T\ln\frac{n}{e}\right) = N\mu_0 + nT\ln\left(\frac{n}{e}e^{\alpha/T}\right).$$

现在我们应当考虑到这一情况:Φ 必须是 n 和 N 的一次齐次函数. 为此,显然对数中的宗量 $e^{\alpha/T}$ 必须具有 $\dfrac{f(P,T)}{N}$ 的形式. 因此,

$$\Phi = N\mu_0 + nT\ln\left[\frac{n}{eN}f(P,T)\right].$$

最后,引入 P 和 T 的一个新函数:$\psi(P,T) = T\ln f(P,T)$,我们就求出溶液的热力学势的表达式:

$$\Phi = N\mu_0(P,T) + nT\ln\frac{n}{eN} + n\psi(P,T). \tag{87.1}$$

在本节开头我们曾经假设把一项 $n\alpha$ 加到纯溶剂的热力学势上去,这个假设实际上不是别的,而就是相当于按 n 的幂次展开成级数并只保留一次项. 按 n 展开的下一幂次项正比于 n^2,根据相对于 n 和 N 的齐次性,它应该形为 $\dfrac{n^2\beta(P,T)}{2N}$,这里 β 只是 P 和 T 的函数. 因此,当精确到二次项时,稀溶液的热力学势具有形式

$$\Phi = N\mu_0(P,T) + nT\ln\frac{n}{eN} + n\psi(P,T) + \frac{n^2}{2N}\beta(P,T). \tag{87.2}$$

上式推广到几种物质的溶液,显然为

$$\Phi = N\mu_0 + \sum_i n_i T\ln\frac{n_i}{eN} + \sum_i n_i\psi_i + \sum_{i,k}\frac{n_i n_k}{2N}\beta_{ik}. \tag{87.3}$$

[①] 我们在这里忽略量子效应,对于稀溶液——就像对于足够稀薄的气体一样——这总是允许的.

式中 n_i 是各种不同溶质的分子数.

从(87.1)式很容易求出溶液中溶剂的化学势(μ)和溶质的化学势(μ'):前者等于

$$\mu = \frac{\partial \Phi}{\partial N} = \mu_0 - T\frac{n}{N} = \mu_0 - Tc, \qquad (87.4)$$

后者等于

$$\mu' = \frac{\partial \Phi}{\partial n} = T\ln\frac{n}{N} + \psi = T\ln c + \psi. \qquad (87.5)$$

§88 渗透压

在这一节和下几节中,我们要研究溶液的一些性质,并且仍旧认为溶液是稀溶液,因而将利用上节的公式.

我们假设:同一物质在同一溶剂中但具有不同浓度 c_1 和 c_2 的两种溶液被一层膜彼此隔离开,溶剂的分子可以通过这层膜,但是溶质的分子不能通过(半透膜).来自膜的两侧的压强在这种情况下是不同的(在§12中关于压强相等的讨论在这里由于半透膜的存在而并不适用).这两个压强之差称为**渗透压**.

这两种溶液之间的平衡条件是(除了它们的温度相等以外)这两种溶液中的溶剂的化学势必须相等.这时溶质的化学势未必相等,因为由于膜的半透性,平衡只对于溶剂发生.

把两种溶液的压强用 P_1 和 P_2 来表示,并利用(87.4)式,我们得到如下形式的平衡条件:

$$\mu_0(P_1,T) - c_1 T = \mu_0(P_2,T) - c_2 T. \qquad (88.1)$$

压强差 $P_2 - P_1 = \Delta P$(即渗透压)对于稀溶液来讲是相当小的.因此可以把 $\mu_0(P_2,T)$ 按 ΔP 的幂次展开成级数,并只保留头两项:

$$\mu_0(P_2,T) = \mu_0(P_1,T) + \Delta P\frac{\partial \mu_0}{\partial P}.$$

把上式代入(88.1),我们就求出:

$$\Delta P\frac{\partial \mu_0}{\partial P} = (c_2 - c_1)T.$$

但是 $\frac{\partial \mu_0}{\partial P}$ 并不是别的,而就是纯溶剂的分子体积 v.因此我们得到:

$$\Delta P = (c_2 - c_1)\frac{T}{v}. \qquad (88.2)$$

如果在膜的一边是纯溶剂($c_1 = 0, c_2 = c$),那么在这种特殊情况下,渗透压等于

$$\Delta P = \frac{cT}{v} = \frac{nT}{V}, \tag{88.3}$$

式中 n 是在溶剂的体积 V 中的溶质分子数(由于溶液很稀,V 相当精确地等于溶液的总体积). 公式(88.3)称为**范托夫公式**. 必须注意到:这个公式适用于一切稀溶液,而与(无论是溶剂还是溶质的)具体物质种类无关,并且它同理想气体的物态方程有相似性. 这里渗透压代替了气体压强;溶液体积代替了气体体积;溶质的分子数代替了气体中的粒子数.

§89 溶剂相的相互接触

在这一节中我们来考虑溶剂相互接触的两相之间的平衡,每一相都各溶解着一定量的同一溶质. 相平衡条件是(除了压强相等、温度相等以外)两相中的溶剂化学势相等且溶质化学势相等. 我们现在利用第一个条件,并把它写成

$$\mu_0^{\mathrm{I}}(P,T) - c_{\mathrm{I}} T = \mu_0^{\mathrm{II}}(P,T) - c_{\mathrm{II}} T, \tag{89.1}$$

式中 c_{I} 和 c_{II} 是浓度,μ_0^{I} 和 μ_0^{II} 是两相的纯溶剂化学势.

应当注意:我们现在所考虑的系统由两种组分构成,并以两相存在,所以具有两个热力学自由度. 因此在 $P,T,c_{\mathrm{I}},c_{\mathrm{II}}$ 这四个量中只有两个量能任意选择;例如,如果我们选定 P 或 T 和一个浓度,那么另一个浓度这时也定了.

假如溶剂的两相都不包含溶质,那么它们平衡的条件就是

$$\mu_0^{\mathrm{I}}(P_0,T_0) = \mu_0^{\mathrm{II}}(P_0,T_0) \tag{89.2}$$

(这时我们用 T_0 和 P_0 表示两相的温度和压强).

因此,当纯溶剂的两相平衡时,压强和温度的依赖关系由方程式(89.2)来确定,将某种物质溶入这两相后,相应的依赖关系就由方程式(89.1)来确定. 对于稀溶液来讲,二者彼此相近.

现在我们在等式(89.1)中把 $\mu_0^{\mathrm{I}}(P,T)$ 和 $\mu_0^{\mathrm{II}}(P,T)$ 按 $P - P_0 = \Delta P$ 和 $T - T_0 = \Delta T$ 的幂次展开成级数,其中 P_0 和 T_0 是纯溶剂的相平衡曲线上某一点的压强和温度,这一点应接近于在溶液相平衡曲线上的给定点 P,T. 在展开式中我们只保留 ΔP 和 ΔT 的一次项,并考虑到(89.2),于是由(89.1)就得到:

$$\frac{\partial \mu_0^{\mathrm{I}}}{\partial T}\Delta T + \frac{\partial \mu_0^{\mathrm{I}}}{\partial P}\Delta P - c_{\mathrm{I}} T = \frac{\partial \mu_0^{\mathrm{II}}}{\partial T}\Delta T + \frac{\partial \mu_0^{\mathrm{II}}}{\partial P}\Delta P - c_{\mathrm{II}} T.$$

但是,$-\frac{\partial \mu_0}{\partial T}$ 和 $\frac{\partial \mu_0}{\partial P}$ 正是纯溶剂单分子熵 s 和单分子体积 v. 添加相角标后,可得:

$$-(s_{\mathrm{I}} - s_{\mathrm{II}})\Delta T + (v_{\mathrm{I}} - v_{\mathrm{II}})\Delta P = (c_{\mathrm{I}} - c_{\mathrm{II}})T. \tag{89.3}$$

根据公式(81.5),我们有:

$$(s_{\mathrm{II}} - s_{\mathrm{I}})T = q,$$

式中 q 是溶剂从第一相转变到第二相的相变潜热. 因此(89.3)也可以改写成形

式

$$\frac{q}{T}\Delta T + (v_\mathrm{I} - v_\mathrm{II})\Delta P = (c_\mathrm{I} - c_\mathrm{II})T. \tag{89.4}$$

我们来考虑这个公式的两个特殊情形. 首先我们选择点 P_0, T_0, 使得 $P_0 = P$. ΔT 就是在溶解过程中两相间的相变温度改变, 也就是当两相都是溶液时这一相变(在压强 P 下)的温度 T 与(在同样压强下)纯溶剂相变温度 T_0 之差. 因为这时 $\Delta P = 0$, 所以由(89.4)我们得到:

$$\Delta T = \frac{T^2(c_\mathrm{I} - c_\mathrm{II})}{q}. \tag{89.5}$$

在一相为纯溶剂的情形下, 例如 $c_\mathrm{II} = 0, c_\mathrm{I} = c$, 则

$$\Delta T = \frac{T^2 c}{q}. \tag{89.6}$$

特别是, 如果溶质不溶于固相, 那么就可以由这个公式确定出在溶解过程中凝固温度的改变; 这时的两相是液态的溶液和固态的溶剂, 而 ΔT 是溶剂从溶液中凝固出来的温度与纯溶剂凝固温度之差. 凝固时放热, 即 q 是负的. 因而 $\Delta T < 0$, 也就是说, 如果凝固出来的是纯溶剂, 那么溶质的溶解就使得凝固温度降低.

如果溶质不是挥发性的, 那么也可以由关系式(89.6)确定出在有溶质溶解时沸点的改变; 这时的两相是液态溶液和溶剂蒸气. 现在 ΔT 是溶剂从溶液中蒸发出来的温度和纯溶剂沸点之差. 因为沸腾时吸热, 所以 $q > 0$, 因而 $\Delta T > 0$, 也就是说, 在溶解过程中沸点升高.

从公式(89.6)得出的所有这些结论都同勒夏特列原理完全一致. 例如, 设液态的溶液同固态的溶剂处于平衡. 如果增加溶液的浓度, 那么根据勒夏特列原理, 凝固点必然降低, 以至于一部分固态溶剂转移到溶液中去, 而浓度又降低. 系统好像在抗拒偏离平衡状态. 类似地, 如果同溶剂蒸气处于平衡的液态溶液的浓度增加, 那么沸点必然升高, 使得一部分蒸气凝结到溶液中去而浓度得以降低.

现在我们来讨论公式(89.4)的另一个特殊情形, 我们选取 P_0, T_0 使得 $T_0 = T$. 于是, ΔP 是溶液两相平衡时的压强与纯溶剂两相平衡时的压强(在同样温度下)之差. 现在 $\Delta T = 0$, 因而由(89.4)我们得到:

$$\Delta P = \frac{T(c_\mathrm{I} - c_\mathrm{II})}{v_\mathrm{I} - v_\mathrm{II}}. \tag{89.7}$$

我们把上式应用于液相和气相之间的平衡. 在这种情形下, 一相(液相)的体积同另一相的体积比较起来可以忽略不计, 因而(89.7)变成

$$\Delta P = \frac{T(c_\mathrm{I} - c_\mathrm{II})}{v}, \tag{89.8}$$

式中 v 是气相(第一相)的分子体积. 注意到 $Pv = T$, 并在同样的精确度下把 $P \approx P_0$ 代入(P_0 是在纯溶剂上面的饱和蒸气压), 可以把这个公式写成形式

$$\Delta P = P_0(c_{\mathrm{I}} - c_{\mathrm{II}}). \tag{89.9}$$

如果气相是纯溶剂的蒸气($c_{\mathrm{I}} = 0, c_{\mathrm{II}} = c$), 则(89.9)具有形式

$$\frac{\Delta P}{P_0} = -c, \tag{89.10}$$

式中 c 是溶液的浓度. 这个公式给出溶液上方溶剂饱和蒸气压(P)与纯溶剂上方溶剂饱和蒸气压(P_0)之差. 在溶解过程中饱和蒸气压的相对降低等于溶液的浓度(**拉乌尔定律**)[①].

§90 相对于溶质的平衡

我们进一步考虑同一种物质在两种不同溶剂(例如, 两种互不溶混的液体)中的两种溶液, 它们相互接触而构成一个系统. 它们的浓度用记号 c_1 和 c_2 来表示.

这个系统的平衡条件是溶质在两种溶液中的化学势相等. 借助于(87.5), 可以把这个条件写成形式

$$T \ln c_1 + \psi_1(P, T) = T \ln c_2 + \psi_2(P, T).$$

函数 ψ_1 和 ψ_2 对于不同的溶剂自然是不同的. 由此我们求出:

$$\frac{c_1}{c_2} = \exp \frac{\psi_2 - \psi_1}{T}. \tag{90.1}$$

这个等式的右边只是 P 和 T 的函数. 因此, 溶质在两种溶剂之间适当分配, 使得相对浓度(在给定的压强和温度之下)总是恒定的, 而与溶质和溶剂的总量无关(**分配定律**). 显然, 这同一个定律也适用于一种物质溶解在相互接触的同一溶剂两相中的情形.

其次, 我们考虑一种气体(看作是理想的)同它在某种凝聚态溶剂中的溶液之间的平衡. 平衡条件, 这也就是纯气体的和被溶解气体的化学势相等, (借助于(42.6)和(87.5))可以写成形式

$$T \ln c + \psi(P, T) = T \ln P + \chi(T).$$

由此我们求出:

$$c = P \exp\left(\frac{\chi - \psi}{T}\right). \tag{90.2}$$

函数 $\psi(P, T)$ 表征液态(或固态)溶液的性质; 但是当压强不大时, 液体的性质几乎与压强无关. 因此 $\psi(P, T)$ 对压强的关系可以不予考虑, 而可以认为

[①] 应当提醒一下: c 指分子浓度$\left(\text{分子数之比} \frac{n}{N}\right)$.

(90.2)中 P 的系数是与压强无关的常数:
$$c = P \times 常数. \tag{90.3}$$
因此当气体溶解时,(稀)溶液的浓度正比于气体的压强(**亨利定律**)[①].

习　题

1. 试求出处于重力场中的溶液浓度随高度的变化.

解:我们应用在外力场中的平衡条件(85.3),并且把它对溶质写出: $T\ln c + \psi(P,T) + mgz = 常数$,因为溶质的分子在重力场中的势能是 mgz(z 是高度,m 是分子的质量).我们把这个等式对高度求导数,同时考虑到温度是常数(这是平衡条件之一),得

$$\frac{T}{c}\frac{dc}{dz} + mg + \frac{\partial \psi}{\partial P}\frac{dP}{dz} = 0.$$

因为溶液的体积等于

$$\frac{\partial \Phi}{\partial P} = N\frac{\partial \mu_0}{\partial P} + n\frac{\partial \psi}{\partial P}$$

(我们把 Φ 的表达式(87.1)代入),所以可以把 $\dfrac{\partial \psi}{\partial P}$ 这个量称为一个溶质分子所占有的体积 v'.因此

$$\frac{T}{c}\frac{dc}{dz} + mg + v'\frac{dP}{dz} = 0.$$

为了求出 P 对 z 的依赖关系,我们利用溶剂的平衡条件[②]:

$$v\frac{dP}{dz} + Mg = 0,$$

式中 $v = \dfrac{\partial \mu_0}{\partial P}$ 是溶剂分子体积,M 是溶剂分子的质量.把 $\dfrac{dP}{dz}$ 代入前一条件,我们就求出:

$$\frac{T}{c}\frac{dc}{dz} + mg - Mg\frac{v'}{v} = 0.$$

如果溶液可以认为是不可压缩的,即 v 和 v' 都是常数,那么由此就求出公式

$$c = c_0 \exp\left[-\frac{gz}{T}\left(m - \frac{v'}{v}M\right)\right]$$

[①] 这里假定,气体的分子以不变的形态进入溶液.如果分子在溶解时分解(如,氢 H_2 在某些金属中的溶解),那么浓度对压强的依赖关系不同(参看§102,习题3).

[②] 在这个条件中涉及浓度的项 $\left(-T\dfrac{dc}{dz}\right)$ 很小,可以忽略不计.(在溶质的平衡条件中,这一项在分母中含有 c,因而并不小.)

(c_0 是溶液在 $z=0$ 处的浓度),这也就是根据阿基米德定律修正过的通常的气压公式.

2. 两种物质同时溶解在同一种溶剂中,求它们溶解度的改变之间的关系①.

解:两种溶质之间的相互作用由热力学势(87.3)中的二次项(正比于 $n_1 n_2$)刻画. 溶质的化学势为

$$\mu'_1 = \frac{\partial \Phi}{\partial n_1} = T\ln c_1 + \psi_1 + c_1\beta_{11} + c_2\beta_{12},$$

并且 μ'_2 有类似的式子 $\left(\text{浓度 } c_1 = \frac{n_1}{N}, c_2 = \frac{n_2}{N}\right)$. 每一种溶质在没有其它溶质时的溶解度 c_{01} 和 c_{02} 取决于平衡条件

$$\begin{aligned}\mu'_{01} &= T\ln c_{01} + \psi_1 + c_{01}\beta_{11},\\ \mu'_{02} &= T\ln c_{02} + \psi_2 + c_{02}\beta_{22},\end{aligned} \quad (1)$$

式中 μ'_{01},μ'_{02} 为纯溶质的化学势. 共溶解度 c'_{01},c'_{02} 取决于条件

$$\begin{aligned}\mu'_{01} &= T\ln c'_{01} + \psi_1 + c'_{01}\beta_{11} + c'_{02}\beta_{12},\\ \mu'_{02} &= T\ln c'_{02} + \psi_2 + c'_{02}\beta_{22} + c'_{01}\beta_{12}.\end{aligned} \quad (2)$$

从(2)中把(1)逐项相减并考虑到溶解度的改变相对微小($\delta c_{01} = c'_{01} - c_{01} \ll c_{01}$, $\delta c_{02} \ll c_{02}$),我们求出

$$T\frac{\delta c_{01}}{c_{01}} = -c_{02}\beta_{12}, \quad T\frac{\delta c_{02}}{c_{02}} = -c_{01}\beta_{12}.$$

由此得出

$$\delta c_{01} = \delta c_{02},$$

即两种物质溶解度的改变相同.

3. 求两种溶质同时存在时它们饱和蒸气压的改变之间的关系.

解:单种物质的溶液的饱和蒸气压各自取决于平衡条件

$$\begin{aligned}T\ln P_1 + \chi_1(T) &= T\ln c_1 + \psi_1 + c_1\beta_{11},\\ T\ln P_2 + \chi_2(T) &= T\ln c_2 + \psi_2 + c_2\beta_{22}\end{aligned}$$

(等号左边的表达式是蒸气状态下两种溶质的化学势). 混合溶液上的压强 P'_1 和 P'_2 来自条件

$$\begin{aligned}T\ln P'_1 + \chi_1 &= T\ln c_1 + \psi_1 + c_1\beta_{11} + c_2\beta_{12},\\ T\ln P'_2 + \chi_2 &= T\ln c_2 + \psi_2 + c_2\beta_{22} + c_1\beta_{12},\end{aligned}$$

由此,对于微小改变 $\delta P_1 = P'_1 - P_1, \delta P_2$,我们求出

$$T\frac{\delta P_1}{P_1} = c_2\beta_{12}, \quad T\frac{\delta P_2}{P_2} = c_1\beta_{12},$$

---

① 溶解度就是饱和溶液的浓度. 这里假设它仍然很小,以致稀溶液理论的公式能够应用.

因此所求的关系为

$$\frac{\delta P_1}{P_1} : \frac{\delta P_2}{P_2} = c_2 : c_1.$$

§91 溶解过程的放热和体积改变

溶解过程伴随着热量的释放或吸收；现在我们就来计算这种热效应．首先我们来确定由于溶解过程可能作的最大功．

我们假设：溶解过程是在恒温、恒压下进行的．在这种情形下，最大功由热力学势的改变所决定．假设在浓度为 c 的溶液中再溶解一些为数不多的 δn 个溶质分子，我们来对这个过程计算最大功．整个系统的总的热力学势的改变 $\delta\Phi$ 等于溶液和纯溶质的热力势的改变之和．因为有 δn 个溶质分子被加到溶液中去，所以溶液的热力学势的改变为

$$\delta\Phi_{\text{sol}} = \frac{\partial \Phi_{\text{sol}}}{\partial n}\delta n = \mu'\delta n,$$

式中 μ' 是溶质在溶液中的化学势．纯溶质的热力学势 Φ_0' 的改变等于

$$\delta\Phi_0' = -\frac{\partial \Phi_0'}{\partial n}\delta n = -\mu_0'\delta n,$$

因为溶质的分子数减少了 δn 个（μ_0' 是纯溶质的化学势）．因而在溶解过程中热力学势总的改变等于

$$\delta\Phi = \delta n(\mu' - \mu_0'). \tag{91.1}$$

现在只需要把(87.5)中的 μ' 代入上式，得到：

$$\delta\Phi = -T\delta n \ln\frac{c_0(P,T)}{c}, \tag{91.2}$$

式中

$$c_0(P,T) = \exp\frac{\mu_0' - \psi}{T} \tag{91.3}$$

是溶解度，即饱和溶液（就是与纯溶质处于平衡状态的溶液）的浓度．这个结论是直接从这样一个事实得出的：在平衡状态下 Φ 必须具有极小值，即必须 $\delta\Phi = 0$．公式(91.3)也可以直接从溶液与纯溶质的平衡条件即纯溶质和溶液中的溶质的化学势相等的条件得出．（但是，必须注意：只有在 c_0 很小的情况下，才可以认为 c_0 是与饱和溶液的浓度一致的，因为前面几节的所有公式都只适用于浓度很小的情形．）

上面所得到的式子就确定了所求的功：$|\delta\Phi|$ 这个量就是由于 δn 个分子的溶解可能作的最大功；这个量同时也是为了从浓度为 c 的溶液中分离出 δn 个溶质分子所必须耗费的最小功．

现在要计算在恒压下的溶解过程中所吸收的热量 δQ_P 已经没有困难(如果 $\delta Q_P < 0$,那么表示热量释放). 在恒压下进行的过程中所吸收的热量等于焓的改变(§14). 从另一方面来讲,因为

$$W = -T^2\left(\frac{\partial}{\partial T}\frac{\Phi}{T}\right)_P,$$

所以我们有①

$$\delta Q_P = -T^2\left(\frac{\partial}{\partial T}\frac{\delta\Phi}{T}\right)_P. \tag{91.4}$$

把(91.2)代入上式,我们就得到待求的热量:

$$\delta Q_P = T^2\delta n\frac{\partial \ln c_0}{\partial T}. \tag{91.5}$$

因此,溶解过程的热效应与溶解度对温度的依赖关系有关. 我们看到: δQ_P 直接正比于 δn;因此这个公式也适用于任何有限量的物质的溶解过程(当然溶液仍应保持为稀溶液). 溶解 n 个分子时吸收的热量等于

$$Q_P = nT^2\frac{\partial \ln c_0}{\partial T}. \tag{91.6}$$

我们再来确定在溶解过程中体积的改变,即溶液的体积相对于纯溶质及用以溶解溶质的溶剂二者总体积之差. 我们来计算由于溶解 δn 个分子所引起的体积改变 δV. 体积是热力学势对压强的偏导数. 因此体积的改变就等于在该过程中热力学势的改变对压强的偏导数,即

$$\delta V = \frac{\partial}{\partial P}\delta\Phi. \tag{91.7}$$

代入(91.2)中的 $\delta\Phi$,我们就求出:

$$\delta V = -T\delta n\frac{\partial}{\partial P}\ln c_0. \tag{91.8}$$

最后我们指出:公式(91.6)符合勒夏特列原理. 例如,我们假设 δQ_P 是负的,即在溶解过程中放热. 我们来考虑饱和溶液,如果使它冷却,那么根据勒夏特列原理,溶解度必然升高,导致进一步溶解. 这时热量释放出来,即系统好像抗拒破坏平衡的冷却一样. 从(91.6)也可以得出同样的结论,因为在这种情形下 $\frac{\partial c_0}{\partial T}$ 是负的. 类似的讨论也可以证明公式(91.8)同勒夏特列原理是一致的.

习 题

1. 试求出在形成饱和溶液时可能产生的最大功.

---

① 等容过程中热量吸收的类似公式是:

$$\delta Q_V = -T^2\left(\frac{\partial}{\partial T}\frac{\delta F}{T}\right)_V. \tag{91.4a}$$

解:在溶解前,纯溶剂的热力学势是 $N\mu_0$,纯溶质的热力学势是 $n\mu_0'$. 整个系统的热力学势是

$$\Phi_1 = N\mu_0 + n\mu_0'.$$

在溶解后的热力学势是

$$\Phi_2 = N\mu_0 + nT\ln\frac{n}{eN} + n\psi.$$

最大功是

$$R_{max} = \Phi_1 - \Phi_2 = -nT\ln\frac{n}{eN} + n(\mu_0' - \psi) = nT\ln\frac{ec_0}{c},$$

(对(91.2)式进行积分也可以得到这个量). 如果形成饱和溶液,即 $c = c_0$, $n = Nc = Nc_0$, 那么

$$R_{max} = nT = Nc_0T.$$

2. 试求出为了从浓度为 c_1 的溶液中分离出一部分溶剂以使溶液的浓度达到 c_2 须作的最小功.

解:在分离以前,溶液的热力学势是

$$\Phi_1 = N\mu_0 + Nc_1 T\ln\frac{c_1}{e} + Nc_1\psi$$

(溶质的分子数是 Nc_1; N 是溶剂原来的分子数). 为了使溶液的浓度达到 c_2, 必须从其中分离出 $N\left(1 - \dfrac{c_1}{c_2}\right)$ 个溶剂分子. 剩下的溶液以及分出来的溶剂二者的热力学势之和为

$$\Phi_2 = N\mu_0 + Nc_1 T\ln\frac{c_2}{e} + Nc_1\psi.$$

最小功是

$$R_{min} = \Phi_2 - \Phi_1 = Nc_1T\ln\frac{c_2}{c_1}.$$

§92 强电解质溶液

前几节中所用的把热力学量按浓度的幂次展开的方法完全不适用于强电解质溶液这种重要的情形;强电解质是在溶解时几乎完全离解成离子的物质. 离子间库仑相互作用力随距离增加而来的减弱很缓慢,这使得出现有一项正比于浓度的低幂次(低于二次,实际上是 3/2 次).

很容易看出:寻求强电解质的稀溶液热力学量的问题,可以归结为§78 中讨论过的几乎完全电离的理想气体问题(P. Debye, E. Hückel, 1923). 这个结论可从确定自由能的基本统计公式(31.5)出发得出. 我们分两步来求出配分函数

中的积分. 首先我们对溶剂分子的坐标和动量进行积分. 于是配分函数形为
$$\int e^{-F(p,q)/T} d\Gamma,$$
式中积分只遍及电解质粒子的相空间, 而 $F(p,q)$ 是带有"镶嵌"离子的溶剂自由能, 而离子的坐标和动量充当参量. 我们从电动力学知道：(体积和温度给定的)介质中的电荷系统自由能, 可以从电荷在自由空间中的能量出发, 通过将各二电荷的乘积除以介质介电常数 ε 导得①. 因此在计算溶液自由能的第二步与 §78 中进行的计算一样.

于是, 根据(78.12), 所求的强电解质对溶液自由能的贡献由下式给出：
$$-\frac{2e^3}{3\varepsilon^{3/2}} \left(\frac{\pi}{TV}\right)^{1/2} \left(\sum_a n_a z_a^2\right)^{3/2},$$
式中求和遍及溶液中所有类型的离子, 并且, (溶液整个体积中的) a 类离子的数目用 n_a 表示, 以同这一章的符号一致. 在给定的压强和温度下, 上式也代表对热力学势的贡献. 如果我们用 $V \approx Nv$ 来引入溶剂分子的体积 $v(P,T)$, 那么我们就可以把溶液的热力学势写成形式

$$\Phi = N\mu_0 + \sum_a \left(n_a T \ln \frac{n_a}{eN} + n_a \psi_a\right) - \frac{2e^3}{3\varepsilon^{3/2}} \left(\frac{\pi}{vT}\right)^{1/2} N \left(\frac{\sum_a n_a z_a^2}{N}\right)^{3/2}. \quad (92.1)$$

我们可以从这个式子用通常的法则推导出电解质溶液的任何热力学性质.

例如, 如果我们要计算渗透压, 那么我们可以写出溶剂的化学势：
$$\mu = \mu_0 - \frac{T}{N} \sum_a n_a + \frac{e^3}{3\varepsilon^{3/2}} \left(\frac{\pi}{vT}\right)^{1/2} \left(\frac{\sum_a n_a z_a^2}{N}\right)^{3/2}. \quad (92.2)$$

因此我们可以用像 §88 中一样的方法求出(在纯溶剂的边界上的)渗透压为：
$$\Delta P = \frac{T}{V} \sum_a n_a - \frac{e^3}{3\varepsilon^{3/2}} \left(\frac{\pi}{T}\right)^{1/2} \left(\frac{\sum_a n_a z_a^2}{V}\right)^{3/2}. \quad (92.3)$$

溶液的焓为：
$$W = -T^2 \left(\frac{\partial}{\partial T} \frac{\Phi}{T}\right)_P = Nw_0 - T^2 \sum_a n_a \frac{\partial}{\partial T} \frac{\psi_a}{T} + \frac{2e^3}{3} \left(\frac{\pi}{N}\right)^{1/2} \left(\sum_a n_a z_a^2\right)^{3/2} T^2 \frac{\partial}{\partial T} \frac{1}{\varepsilon^{3/2} T^{3/2} v^{1/2}}. \quad (92.4)$$

由这个式子我们可以求出**溶解热** Q, 溶解热在用大量的溶剂(在恒定的 P 和 T 下)稀释溶液(以致浓度趋近于零)时释放出来. 这个热量由在这个过程中的焓变来确定. 在(92.4)中线性依赖于粒子数的项显然对我们所求的差没有贡献,

---

① 这里假定离子间距比分子尺度大得多. 但是我们从 §78 知道：在所考虑的近似下, 对热力学量的主要贡献正是来自这样的距离.

因此我们得到：

$$Q = \frac{2\mathrm{e}^3 \pi^{1/2}}{3} N \left(\frac{\sum n_a z_a^2}{N}\right)^{3/2} T^2 \frac{\partial}{\partial T} \frac{1}{\varepsilon^{3/2} T^{3/2} v^{1/2}}. \tag{92.5}$$

所得公式成立的唯一条件，就是浓度应该足够小．实际上，电解质为强的，这就表明不同种类离子间的吸引能量总是小于 T．由此得出，在比分子线度大得多的距离下，相互作用的能量在任何情况下都比 T 为小．其实，稀溶液的条件（$n \ll N$）正表明：离子之间的平均距离比分子的线度为大．因此从这个条件自动得出如下不等式表示的弱相互作用条件

$$\frac{n}{V} \ll \left(\frac{\varepsilon T}{z^2 \mathrm{e}^2}\right)^3$$

（参看(78.2)式），它也是§78中所取近似的基础．

习 题

试求加入一定量的第二种电解质（其所有离子与第一种的全都不同）后第一种强电解质溶解度（假设很小）的改变．

解：强电解质的溶解度（即饱和溶液的浓度）由如下方程式所确定：

$$\mu_s(P,T) = \sum_a \nu_a \mu_a = T \sum_a \nu_a \ln \frac{n_a}{N} + \sum_a \nu_a \psi_a - \frac{\mathrm{e}^3}{\varepsilon^{3/2}} \left(\frac{\pi}{NvT}\right)^{1/2} \left(\sum_a \nu_a z_a^2\right) \left(\sum_b n_b z_b^2\right)^{1/2}. \tag{1}$$

式中 μ_s 是固态纯电解质的化学势，ν_a 是电解质的一个分子中 a 类离子的数目．如果我们把其它离子加到溶液中去，那么，因为和式 $\sum_b n_b z_b^2$ 必须包括所有存在于溶液中的离子，所以原来离子的化学势将由于这个和式的改变而改变．如果我们用 $n_a/N = \nu_a c_0$ 来定义溶解度 c_0，那么我们就可以在恒定的 P 和 T 下把(1)式进行变分来求出它的改变：

$$\delta c_0 = \frac{\pi^{1/2} \mathrm{e}^3 \left(\sum_b n_b z_b^2\right)^{1/2}}{2\varepsilon^{3/2} v^{1/2} T^{3/2} N^{3/2} \sum \nu_a} \delta\left(\sum_b n_b z_b^2\right).$$

变分号后的和式只含另加的离子类型．我们注意到，在所考虑的条件下溶解度增加．

§93 理想气体的混合物

热力学量（如能量和熵）的可加性只在物体各部分之间的相互作用可以忽略不计时才能成立．因此，对于几种物质的混合物——例如，几种液体的混合物，热力学量并不等于混合物各个组分的热力学量之和．

例外的情形是理想气体的混合物,因为根据定义,它们的分子之间的相互作用是可以忽略不计的. 例如,这样的混合物的熵,等于组成混合物的每一种气体在其它气体不存在时会有的熵之和;而每一种气体的体积等于整个混合物的体积;因而其压强等于混合物中该气体的分压强. 第 i 种气体的分压强 P_i 可以用整个混合物的压强 P 表示如下:

$$P_i = \frac{N_i T}{V} = \frac{N_i}{N} P, \tag{93.1}$$

式中 N 是混合物中的分子总数,N_i 是第 i 种气体的分子数. 因此根据(42.7),两种气体的混合物的熵等于

$$S = N_1 \ln \frac{eV}{N_1} + N_2 \ln \frac{eV}{N_2} - N_1 f_1'(T) - N_2 f_2'(T), \tag{93.2}$$

或根据(42.8),等于

$$\begin{aligned} S &= -N_1 \ln P_1 - N_2 \ln P_2 - N_1 \chi_1'(T) - N_2 \chi_2'(T) = \\ &= -(N_1 + N_2) \ln P - N_1 \ln \frac{N_1}{N} - N_2 \ln \frac{N_2}{N} - \\ &\quad - N_1 \chi_1'(T) - N_2 \chi_2'(T). \end{aligned} \tag{93.3}$$

混合物的自由能根据(42.4)等于

$$F = -N_1 T \ln \frac{eV}{N_1} - N_2 T \ln \frac{eV}{N_2} + N_1 f_1(T) + N_2 f_2(T). \tag{93.4}$$

类似地,借助(42.6)我们求出热力学势 Φ 为:

$$\begin{aligned} \Phi &= N_1 T \ln P_1 + N_2 T \ln P_2 + N_1 \chi_1(T) + N_2 \chi_2(T) = \\ &= N_1 (T \ln P + \chi_1) + N_2 (T \ln P + \chi_2) + N_1 T \ln \frac{N_1}{N} + N_2 T \ln \frac{N_2}{N}. \end{aligned} \tag{93.5}$$

由这个式子可以看出:混合物中两种气体的化学势分别为

$$\left. \begin{aligned} \mu_1 &= T \ln P_1 + \chi_1 = T \ln P + \chi_1 + T \ln \frac{N_1}{N}, \\ \mu_2 &= T \ln P_2 + \chi_2 = T \ln P + \chi_2 + T \ln \frac{N_2}{N}, \end{aligned} \right\} \tag{93.6}$$

即每一种气体的化学势所具有的形式就像压强为 P_1 或 P_2 的纯气体的化学势一样.

应当注意:气体混合物的自由能(93.4)具有形式

$$F = F_1(N_1, V, T) + F_2(N_2, V, T),$$

式中 F_1, F_2 是第一种和第二种气体的自由能作为粒子数、体积和温度的函数. 至于热力学势,则类似的关系式不再成立;混合物的热力学势 Φ 具有形式

$$\Phi = \Phi_1(N_1, P, T) + \Phi_2(N_2, P, T) + N_1 T \ln \frac{N_1}{N} + N_2 T \ln \frac{N_2}{N}.$$

假设有两种不同的气体,粒子数各为 N_1 和 N_2,各处于体积为 V_1 和 V_2 的容器中,但具有同样的温度和同样的压强. 然后把两个容器连通起来,因而气体被混合在一起,并且使混合物的体积为 $V_1 + V_2$,而压强和温度自然仍旧保持不变. 但是这时熵却发生变化:在混合以前,两种气体的熵等于它们的熵之和:

$$S_0 = N_1 \ln \frac{eV_1}{N_1} + N_2 \ln \frac{eV_2}{N_2} - N_1 f_1'(T) - N_2 f_2'(T).$$

混合以后的熵根据(93.2)是

$$S = N_1 \ln \frac{e}{N_1}(V_1 + V_2) + N_2 \ln \frac{e}{N_2}(V_1 + V_2) -$$
$$- N_1 f_1'(T) - N_2 f_2'(T).$$

熵的改变是

$$\Delta S = S - S_0 = N_1 \ln \frac{V_1 + V_2}{V_1} + N_2 \ln \frac{V_1 + V_2}{V_2};$$

因为在同样的压强和温度之下体积正比于粒子数,所以

$$\Delta S = N_1 \ln \frac{N}{N_1} + N_2 \ln \frac{N}{N_2}. \tag{93.7}$$

这个量是正的,即熵在混合以后是增加的;因为过程显然是不可逆的,所以这是理所当然的. ΔS 这个量被称为**混合熵**.

假如两种气体是相同的,则容器连通后的熵就会是:

$$S = (N_1 + N_2) \ln \frac{V_1 + V_2}{N_1 + N_2} - (N_1 + N_2) f'(T),$$

但是因为 $\frac{V_1 + V_2}{N_1 + N_2} = \frac{V_1}{N_1} = \frac{V_2}{N_2}$(相等的压强和温度下),所以熵的变化就会等于零.

因此,熵在混合过程中的变化正是由于被混合的气体的分子不同之故. 这相当于这样一个事实:如果要把一种气体的分子同另一种气体的分子重新分开来,就必须耗费一定的功.

§94 同位素混合物

不同的同位素的混合物(在任何聚集态)是一种特殊的"溶液". 为了简单明确起见,我们在下面只讨论一种元素的两种同位素的混合物,虽然这同样的结果也适用于任意多种同位素的混合物以及分子由不同的同位素所构成的复杂物质(化合物).

在经典力学中,同位素粒子的不同只在于它们的质量不同;至于不同同位素原子的相互作用的规律则是完全一样的. 这种情况,使得我们能够把混合物的热力学量非常简单地用纯同位素的热力学量表示出来. 在计算混合物的配分

函数时不同之处主要只在于:相空间的体积元不像纯物质的那样除以 $N!$,而是除以混合物的两种组分粒子数的阶乘之积 $N_1!\ N_2!$. 这就使得在自由能中出现附加项

$$N_1 T \ln \frac{N_1}{N} + N_2 T \ln \frac{N_2}{N}$$

(式中 $N = N_1 + N_2$),这两项相当于在§93 气体混合物的情形中所讨论过的混合熵.

同样的项也出现于混合物的热力学势中,后者可以写成形式

$$\Phi = N_1 T \ln \frac{N_1}{N} + N_2 T \ln \frac{N_2}{N} + N_1 \mu_{01} + N_2 \mu_{02}. \tag{94.1}$$

在这里 μ_{01}, μ_{02} 是每一种纯同位素的化学势;它们之间只相差一个与温度成正比的项:

$$\mu_{01} - \mu_{02} = -\frac{3}{2} T \ln \frac{m_1}{m_2}, \tag{94.2}$$

式中 m_1, m_2 是两种同位素的原子质量(这个差是由于在配分函数中对原子的动量进行积分而产生的;对于气体,(94.2)式只不过是化学常数之差乘以 T).

化学势之差(94.2)对于给定物质所有的相都相同.因此相平衡方程(两相的化学势相等的条件)对于不同的同位素是相同的.特别是,可以认为,在经典近似下不同纯同位素的饱和蒸气压是一样的.

只有当物质可以用经典统计来描述时情况才这样简单.在量子理论中,由于同位素之间分子振动能级和转动能级不同且原子核自旋不同等等,它们的差异要更深奥得多.

但是重要的是:即使在热力学量中考虑到一级修正项(数量级为 $\hbar^2$,参看§33)时,混合物的热力学势仍旧可以写成(94.1)的形式.事实上,这些项具有和式的形式,并且每一项只包含一个原子的质量(参看自由能的公式(33.15)).因此,这些项可以分组归并到化学势 μ_{01} 和 μ_{02} 中,结果公式(94.1)(当然不是(94.2))仍旧有效.

应当注意,热力学势(94.1)形式上无异于任意两种气体的混合物的热力学势(§93).具有这种性质的混合物称为是**理想的**.因此同位素混合物在精确到 $\hbar^2$ 数量级项时是理想的.在这种意义下,同位素混合物很例外,因为不同物质(非同位素)的凝聚混合物只有在极粗略的近似下才是理想的.

在公式(94.1)能够适用的范围内,可以对同位素的凝聚态混合物上的同位素蒸气压作出一些明确的结论.这种混合物两种组分的化学势等于

$$\mu_1 = T \ln c_1 + \mu_{01},$$
$$\mu_2 = T \ln c_2 + \mu_{02}.$$

(式中 $c_1 = \dfrac{N_1}{N}, c_2 = \dfrac{N_2}{N}$ 为同位素浓度.)令它们等于在气相中的化学势(具有形式 $T\ln P_1 + \chi_1(T)$ 和 $T\ln P_2 + \chi_2(T)$),我们就求出蒸气的分压强为:

$$P_1 = P_{01} c_1, \quad P_2 = P_{02} c_2, \tag{94.3}$$

式中 P_{01} 和 P_{02} 表示每一种纯同位素(在给定温度下)的蒸气压.因此两种同位素的蒸气分压强正比于它们在凝聚态混合物中的浓度.

至于纯同位素的饱和蒸气压,则如上面所指出的,在经典近似下,$P_{01} = P_{02}$. 在考虑到量子效应时,它们之间出现差别.对于任意物质计算出这种差别的普遍形式是不可能的.这样的计算只能对单原子元素(稀有气体)算到 $\hbar^2$ 量级项(K. Herzfeld, E. Teller, 1938).

对液相热力学势的修正项可由公式(33.15)①来确定;对于一个原子来讲,我们得到化学势

$$\mu = \mu_{cl} + \frac{\hbar^2}{24 m T^2}\overline{F^2},$$

式中 $\overline{F^2}$ 是在液体中一个原子受到的其它原子作用力的方均值.至于气体的化学势,则仍旧等于其经典表达式,因为气体的粒子(原子)间相互作用是可略的.令液体和气体的化学势相等,我们就求出对蒸气压经典值的修正项,而我们所感兴趣的两种同位素蒸气压之差等于

$$P_{01} - P_{02} = P_0 \frac{\hbar^2 \overline{F^2}}{24 T^3}\left(\frac{1}{m_1} - \frac{1}{m_2}\right), \tag{94.4}$$

式中 P_0 是 P_{01} 和 P_{02} 的共同的经典值.我们看到:这个差值的符号由两种同位素的原子质量倒数之差来确定,并且轻同位素的蒸气压大于重的.

§95 浓溶液上的蒸气压

现在我们来考虑溶液同其上蒸气之间的平衡,一般来讲,这时蒸气也是由两种物质组成的.我们所考虑的溶液可以是稀溶液,也可以是强溶液,即溶液中两种物质的含量可以是任意的.顺便提醒一下:在§89中得到的结果只适用于稀溶液.

因为溶液和蒸气彼此处于平衡,所以两种组分在溶液中和在蒸气中的化学势 μ_1 和 μ_2 彼此相等.如果 N_1^s 和 N_2^s 表示两种物质在溶液中的粒子数,那么对于溶液,我们可以把式(24.14)写成形式

$$d\Omega = -N_1^s d\mu_1 - N_2^s d\mu_2 - S^s dT - P dV^s. \tag{95.1}$$

在这里 S^s 和 V^s 是溶液的熵和体积;温度 T 和压强 P 对于溶液和蒸气是相同的.

---

① 我们再次用到:两个不同的热力学势的微小增量,用相应的变量表示时彼此相等(§15).

我们假设溶液上的蒸气很稀薄,以致可以看成是理想气体,即蒸气的压强很低.由于这种理由,在(95.1)中我们略掉正比于 P 的各项即 PdV 和 $d\Omega$. 我们首先在恒温下来考虑所有的导数.于是我们从(95.1)得到:

$$N_1^s d\mu_1 + N_2^s d\mu_2 = 0. \tag{95.2}$$

另一方面,对于气态的相来讲,

$$\mu_1^g = T\ln P_1 + \chi_1(T),$$
$$\mu_2^g = T\ln P_2 + \chi_2(T).$$

在这里 P_1 和 P_2 是两种组分的蒸气分压强.把这两个式子(在 T 取常数下)进行微分,我们求出:

$$d\mu_1^g = Td\ln P_1, \quad d\mu_2^g = Td\ln P_2.$$

以此代入(95.2),我们得到:

$$N_1^s d\ln P_1 + N_2^s d\ln P_2 = 0. \tag{95.3}$$

我们引入溶液的浓度 ξ 来表示第一种组分的粒子数与总粒子数之比:

$$\xi = \frac{N_1^s}{N_1^s + N_2^s},$$

并且以类似的方式引入蒸气的浓度 x. 分压强 P_1 和 P_2 各等于蒸气的总压强 P 与相应的组分的浓度的乘积,即 $P_1 = xP$, $P_2 = (1-x)P$. 把所有这些代入(95.3),并把得到的方程除以溶液中的粒子总数 $N = N_1^s + N_2^s$,求出:

$$\xi d(\ln Px) + (1-\xi)d[\ln P(1-x)] = 0,$$

由此得出

$$d(\ln P) = \frac{x-\xi}{x(1-x)}dx,$$

或

$$\xi = x - x(1-x)\frac{\partial(\ln P)}{\partial x}. \tag{95.4}$$

这个方程把溶液和蒸气的浓度同蒸气压对蒸气浓度的依赖关系联系起来.

如果考虑这些量对温度的依赖关系,那么还可以得到一个普遍的关系式.我们来对一种组分例如第一种组分写出蒸气中和溶液中化学势相等的条件:

$$\mu_1^g = \frac{\partial \Phi^s}{\partial N_1^s}.$$

用 T 除等式两边,并注意到相对于粒子数的微商是在恒温下取的,我们就可以写出:

$$\frac{\mu_1^g}{T} = \frac{\partial}{\partial N_1^s}\frac{\Phi^s}{T}.$$

现在我们来取等式两边相对于温度的全微商.同时在足够精确的程度下可以认

为:凝聚相(溶液)的热力学势与压强无关. 再注意到对温度的偏导数是

$$\frac{\partial}{\partial T}\frac{\Phi}{T} = -\frac{1}{T^2}\left(\Phi - T\frac{\partial \Phi}{\partial T}\right) = -\frac{W}{T^2},$$

我们就得到如下关系式:

$$T^2 \frac{\partial \ln P_1}{\partial T} = w_1^g - \frac{\partial W^s}{\partial N_1^s}. \tag{95.5}$$

在这里 w_1^g 是第一种物质蒸气的分子焓;而微商 $\dfrac{\partial W^s}{\partial N_1^s}$ 表示当把这种物质的一个分子加到溶液中时溶液的焓变. 因此(95.5)式的右边表示当第一种物质的一个粒子从溶液移到蒸气中时所吸收的热量.

对于纯净的第一种物质,关系式(95.5)变成通常的克拉珀龙－克劳修斯方程式:

$$T^2 \frac{\partial \ln P_{10}}{\partial T} = w_1^g - w_1^l,$$

式中 P_{10} 是纯的第一种物质的蒸气压, w_1^l 是它在液态的分子焓. 将(95.5)与这个方程式逐项相减,最后我们就得到如下关系式:

$$T^2 \frac{\partial}{\partial T} \ln \frac{P_1}{P_{10}} = -q_1, \tag{95.6}$$

式中用 $q_1 = \dfrac{\partial W^s}{\partial N_1^s} - w_1^l$ 来表示分子的**稀释热**,即第一种物质的一个粒子从液态移到溶液中时所吸收的热量. 自然,对于第二种物质也可以写出同样的关系式.

§96 溶液的热力学不等式

在 §21 中已经证明:物体只能够在满足一定条件即所谓热力学不等式的状态下存在. 但是这些条件只对由全同粒子所组成的物体推导过. 现在我们来对溶液进行类似的研究,并且只限于考虑只有两种物质的混合物的情形.

在 §21 中我们用来作为平衡条件的,不是闭合物体整体的熵为极大,而是一个与之等效的条件,即要求使物体的任一小部分从平衡状态改变到其它任何相邻状态所必需的最小功为正.

现在我们也采用类似的方式. 我们从溶液中划分出一小部分,其中的溶剂和溶质的粒子数设为 N 和 n. 在平衡状态,这一部分的温度、压强和浓度等于这些量在溶液其余部分(充当外部介质)的值. 所划分出来的这一部分包含一定数目 N 的溶剂粒子,为使这部分的温度、压强和溶质粒子数各与平衡值有虽小却非无限小的偏差 $\delta T, \delta P$ 和 δn,必须做功,现在我们来求这个功的最小值.

如果过程可逆,耗费的是最小功. 这时由外源所作的功等于系统能量的改

变,即
$$\delta R_{\min} = \delta E + \delta E_0$$
(没有角标的量是属于该小部分,有角标 0 者属于系统的其余部分). 用独立变量的变化表示 δE_0,
$$\delta R_{\min} = \delta E + T_0 \delta S_0 - P_0 \delta V_0 + \mu_0' \delta n_0,$$
式中 μ_0' 是介质中的溶质化学势;溶剂的粒子数在所考虑的过程中不发生变化,因而没有必要写出溶剂的类似项①. 由过程的可逆性,可以得出: $\delta S_0 = -\delta S$,而由整个溶液总体积和溶质总量的守恒,又有: $\delta V = -\delta V_0, \delta n = -\delta n_0$. 把这些量代入上式,我们就求出所求最小功的最后表达式:
$$\delta R_{\min} = \delta E - T_0 \delta S + P_0 \delta V - \mu_0' \delta n. \tag{96.1}$$
由此可见,作为平衡条件,我们要求溶液的任何一小部分满足不等式
$$\delta E - T_0 \delta S + P_0 \delta V - \mu_0' \delta n > 0. \tag{96.2}$$
像在 §21 中一样,以后我们将省略掉各量对其平衡值的偏离项中系数的角标 0;以后我们所指的总是这些系数在平衡状态的值.

我们把 δE 按 $\delta V, \delta S$ 和 δn 的幂次展开成级数(把 E 看成是 V, S 和 n 的函数). 取到二次项为止,有
$$\begin{aligned}\delta E &= \frac{\partial E}{\partial S}\delta S + \frac{\partial E}{\partial V}\delta V + \frac{\partial E}{\partial n}\delta n + \frac{1}{2}\Big[\frac{\partial^2 E}{\partial S^2}\delta S^2 + \frac{\partial^2 E}{\partial V^2}\delta V^2 \\ &+ \frac{\partial^2 E}{\partial n^2}\delta n^2 + 2\frac{\partial^2 E}{\partial S \partial V}\delta S \delta V + 2\frac{\partial^2 E}{\partial S \partial n}\delta S \delta n + 2\frac{\partial^2 E}{\partial V \partial n}\delta V \delta n\Big].\end{aligned}$$
但是
$$\frac{\partial E}{\partial V} = -P, \quad \frac{\partial E}{\partial S} = T, \quad \frac{\partial E}{\partial n} = \mu'.$$
因此,把它们代入(96.2)后,一次项都消去,得到:
$$\begin{aligned}2\delta R_{\min} &= \frac{\partial^2 E}{\partial S^2}\delta S^2 + \frac{\partial^2 E}{\partial V^2}\delta V^2 + \frac{\partial^2 E}{\partial n^2}\delta n^2 + 2\frac{\partial^2 E}{\partial S \partial V}\delta S \delta V \\ &+ 2\frac{\partial^2 E}{\partial S \partial n}\delta S \delta n + 2\frac{\partial^2 E}{\partial V \partial n}\delta V \delta n > 0.\end{aligned} \tag{96.3}$$
由二次型理论我们知道:要使具有三个变量(这里的 $\delta S, \delta V$ 和 δn)的二次型恒正,它的系数必须满足三个条件,对于二次型(96.3)这些条件的形式为

---

① 介质能量(在恒定的 N 下)的微分为
$$dE_0 = T_0 dS_0 - P_0 dV_0 + \mu_0' dn_0.$$
因为 T_0, P_0, μ_0' 这些量可以认为是常数,所以这个关系积分后,给出 E_0, S_0, V_0, n_0 这些量的有限改变之间类似的关系式.

不可将 μ_0' 同纯溶质的化学势相混淆.

§96 溶液的热力学不等式

$$\begin{vmatrix} \dfrac{\partial^2 E}{\partial V^2} & \dfrac{\partial^2 E}{\partial V \partial S} & \dfrac{\partial^2 E}{\partial V \partial n} \\ \dfrac{\partial^2 E}{\partial S \partial V} & \dfrac{\partial^2 E}{\partial S^2} & \dfrac{\partial^2 E}{\partial S \partial n} \\ \dfrac{\partial^2 E}{\partial n \partial V} & \dfrac{\partial^2 E}{\partial n \partial S} & \dfrac{\partial^2 E}{\partial n^2} \end{vmatrix} > 0,$$

$$\begin{vmatrix} \dfrac{\partial^2 E}{\partial V^2} & \dfrac{\partial^2 E}{\partial V \partial S} \\ \dfrac{\partial^2 E}{\partial S \partial V} & \dfrac{\partial^2 E}{\partial S^2} \end{vmatrix} > 0, \quad \dfrac{\partial^2 E}{\partial S^2} > 0. \tag{96.4}$$

把 E 对 V,S,n 的导数之值代入，这些条件可写成形式

$$\begin{vmatrix} \dfrac{\partial P}{\partial V} & \dfrac{\partial P}{\partial S} & \dfrac{\partial P}{\partial n} \\ \dfrac{\partial T}{\partial V} & \dfrac{\partial T}{\partial S} & \dfrac{\partial T}{\partial n} \\ \dfrac{\partial \mu'}{\partial V} & \dfrac{\partial \mu'}{\partial S} & \dfrac{\partial \mu'}{\partial n} \end{vmatrix} < 0, \quad \begin{vmatrix} \dfrac{\partial P}{\partial V} & \dfrac{\partial P}{\partial S} \\ \dfrac{\partial T}{\partial V} & \dfrac{\partial T}{\partial S} \end{vmatrix} < 0, \quad \dfrac{\partial T}{\partial S} > 0.$$

这些行列式都是雅可比式：

$$\dfrac{\partial(P,T,\mu')}{\partial(V,S,n)} < 0, \quad \left(\dfrac{\partial(P,T)}{\partial(V,S)}\right)_n < 0, \quad \left(\dfrac{\partial T}{\partial S}\right)_{V,n} > 0. \tag{96.5}$$

这些条件中的第二个和第三个给出我们已经知道的不等式

$$\left(\dfrac{\partial P}{\partial V}\right)_{T,n} < 0 \text{ 和 } C_v > 0.$$

至于第一个条件，则可以用如下方式进行变换：

$$\dfrac{\partial(P,T,\mu')}{\partial(V,S,n)} = \dfrac{\dfrac{\partial(P,T,\mu')}{\partial(P,T,n)}}{\dfrac{\partial(V,S,n)}{\partial(P,T,n)}} = \dfrac{\left(\dfrac{\partial \mu'}{\partial n}\right)_{P,T}}{\left(\dfrac{\partial(V,S)}{\partial(P,T)}\right)_n} < 0.$$

因为根据(96.5)中的第二个条件，上式中的分母小于0，所以必须有：

$$\left(\dfrac{\partial \mu'}{\partial n}\right)_{P,T} > 0. \tag{96.6}$$

用浓度 $c = \dfrac{n}{N}$ 代替 n，我们就求出（因为 N 是常数）

$$\left(\dfrac{\partial \mu'}{\partial c}\right)_{P,T} > 0. \tag{96.7}$$

因此，除不等式 $\left(\dfrac{\partial P}{\partial V}\right)_{T,c} < 0$ 和 $C_v > 0$ 以外，在溶液中还必须满足不等式(96.7).

应当注意:对于稀溶液来讲,$\frac{\partial \mu'}{\partial c} = \frac{T}{c}$,因此不等式(96.7)总是满足的.

需要作特殊考虑的是

$$\left(\frac{\partial \mu'}{\partial c}\right)_{P,T} = 0. \qquad (96.8)$$

这个等式相应于(96.4)的第一个行列式(三阶行列式)变为零. 在这种情形下,二次型(96.3)可能变成零(取决于 $\delta S, \delta V, \delta n$ 之值);为确定不等式(96.2)的条件是否满足,必须考察展开式中的高次项.

然而,在下一节我们会看到,这种状态是两种液态(浓度不同的两种溶液)的相平衡临界点,它与液体和气体的临界点相类似. 与后者一样,溶液的临界点实际上是物质热力学函数的奇点,在这里它们已不可能作正则展开. 我们只限于指出,正则展开(与下面在 §152 中对液气两相的临界点做法一样)会导致条件

$$\left(\frac{\partial^2 \mu'}{\partial c^2}\right)_{P,T} = 0, \quad \left(\frac{\partial^3 \mu'}{\partial c^3}\right)_{P,T} > 0, \qquad (96.9)$$

它们本该与不等式(96.8)同时满足.

§97 平衡曲线

由全同粒子构成的物体的状态取决于任意两个量(例如 P 和 T)的值.

为了确定具有两种组分的系统(**二元混合物**)的状态,必须给定三个量——例如 P,T 和浓度. 在这一节和下面几节中,我们把混合物的浓度定义为混合物中一种物质的含量对两种物质的总量之比,并用字母 x 来记它(显然,x 可以取从 0 到 1 的数值). 二元混合物的状态可以用三维坐标系中的一点来代表,这三个坐标轴表示这三个量的值(类似于在全同粒子所构成的系统中我们用 PT 平面上的一点来代表它的状态).

根据相律,一个二元组分的系统可以由不超过四个相互接触的相所构成. 这时这种系统的自由度数对于两相来讲等于 2,对于三相来讲等于 1,而对于四相来讲等于零. 因此,在三维坐标系中,代表两相彼此处于平衡的状态的诸点形成一个曲面;代表三相同时存在状态的诸点(三相点)则在一条曲线上(称为**三相点线**或**三相线**);而代表四相同时存在的状态点则只是一些孤立的点.

我们记得(§81):在单组分系统的情形中,两相处于平衡的状态由 PT 图上的一条曲线表示;这条曲线的每一点确定两相的压强和温度(根据平衡条件,它们在两相中相同). 然而,在曲线两侧的诸点则代表物体的均匀态. 如果坐标轴取温度和体积,那么代表相平衡的是这样一条曲线:在它内部的诸点表示分离成两相的状态,而这两相由 $T=$ 常数的水平线同平衡曲线的交点来代表.

对于混合物来讲,有类似的情况. 如果坐标轴取 P,T 和一种组分的化学势

(即在相互接触的各相中具有相同值的量),则代表两相平衡的是一个曲面:其每一点确定处于平衡的两相的 P,T 和 μ. 在三相存在的情形下,代表它们平衡的诸点(三相点)位于它们之中每两相的平衡曲面的交线上.

但是用变量 P,T,μ 并不方便,以下我们将用 P,T,x 这三个量作为独立变量. 用这些变量时,代表两相平衡的是一个曲面,这个曲面同 $P=$ 常数、$T=$ 常数这条直线的两个交点代表相互接触的两相在给定的 P 和 T 下的状态(也就是说,确定了它们的浓度——两相中的浓度自然是不同的). 在这条直线上位于这两个交点之间的诸点,表示均匀物体不稳定而发生分离的两相(由两个交点所代表)的状态.

以后我们通常只用二维的相图,而令其坐标轴代表 P 和 x 或 T 和 x;用这样的坐标可以画出平衡曲面同恒温或恒压的各平面相交的曲线. 这些曲线我们称为**平衡曲线**.

我们来讨论平衡曲线上两相中的浓度变得相同的点. 这里可能有两种情形:1) 在这一点两相的所有其余性质也变得相同,即两相变成全同的;2) 在这一点继续存在两个不同的相. 在第一种情形,这个点称为**临界点**;在第二种情形,我们称它为**等浓度点**.

在临界点附近平衡曲线具有如图 20 所示的形状,或者是临界点 K 为极小点的类似形状(横坐标代表 x,纵坐标代表 P 或 T;于是平衡曲线相应地为平衡曲面同恒温平面或恒压平面相交的曲线). 在这条曲线以内(阴影区)的诸点是分离成两相的状态;这两相中的浓度由相平衡曲线与相应的水平线的交点来确定. 在 K 点两相重合. 在非阴影区内的任意两点之间,可以沿着绕过临界点的一条任意路径完全连续地过渡.

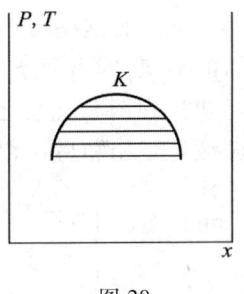

图 20

由图 20 可以看出,在临界点附近存在两相彼此处于平衡的状态,这两相可以有任意接近的浓度 x 和 $x+\delta x$. 对于这样的两相,平衡条件具有形式

$$\mu(P,T,x) = \mu(P,T,x+\delta x),$$

式中 μ 是混合物中一种组分的化学势. 由此可以看出(参看 §83):在临界点必须满足条件

$$\left(\frac{\partial \mu}{\partial x}\right)_{P,T} = 0. \tag{97.1}$$

这个条件等同于条件(96.8);因此临界点的这两种定义(这里的和 §96 中的)是等价的. 必须注意:在(97.1)中,μ 所指的是混合物的两种组分中任一种的化学势. 在(97.1)中取这一个还是另一个化学势所得到的两个条件实际上是等效的,这很容易证实,因为不论哪个化学势都是 Φ 相对于相应粒子数的微商,

而 Φ 又是两种粒子数的一次齐次函数.

显然,临界点在平衡曲面上形成一条曲线.

在等浓度点附近,平衡曲线具有如图 21 所示的形状(或者是等浓度点 K 为极小点的类似形状).两条曲线在极大点(或极小点)相切.两条曲线之间的区域是两相分离的区域.在 K 点,彼此处于平衡的两相的浓度变成相同,但是两相仍继续以分离的形式存在.这是因为:要从在 K 点重合的两点中的任一点过渡到另一点,只能通过两相分离的区域来实现.像临界点一样,等浓度点也在平衡曲面上形成一条曲线.

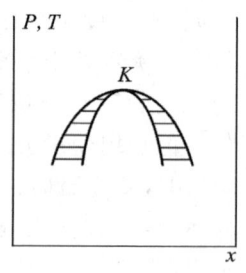

图 21

现在我们来考虑平衡曲线在低浓度下的性质(这时混合物中一种物质比另一种少得多,即 x 接近于 0 或 1).

在 §89 中已经证明:在低浓度下(即稀溶液的情形)溶液和纯物质的相平衡温度(在同一压强下)之差正比于两相浓度之差.对于在同一温度下的相平衡,压强之差也有同样的关系.除此以外,在 §90 中(也是对于低浓度的情形)还证明了两相中的浓度之比只与 P 和 T 有关,因而在 $x = 0$ 附近,这个比值可以认为是常数.

从所有这些考虑可以直接得出结论:在低浓度下,平衡曲线具有如图 22 所示的形状,即由两条相交于纵坐标轴上的直线所构成(或者有直线朝上的类似形状).在两条直线之间的区域是两相分离的区域.在这两条直线以上和以下的区域是一相和另一相的区域.

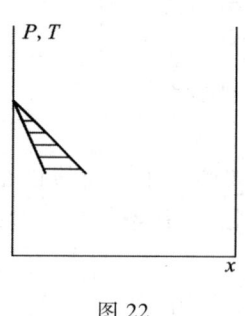

图 22

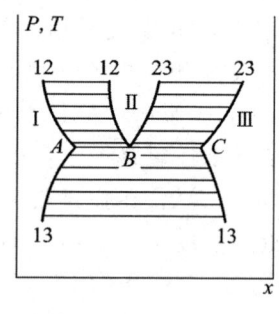

图 23

在这一节的开头已经指出:由两种组分所组成的系统可以包含三个相互接触的相.在三相点附近平衡曲线的样子如图 23 所示.在平衡条件下,所有三相具有相同的压强和温度.因此,决定这三相的浓度的 A,B,C 三点,位于与横坐标轴平行的同一直线上.A 点所确定的是第一相在三相点的浓度,它是第一、二相间及第一、三相间的平衡曲线 12 和 13 的交点.类似地,B 点是第一、二相间及第二、三相间的平衡曲线 12 和 23 的交点,而 C 点是第二、三相间及第一、三相间的平衡曲线 23 和 13 的交点. 自然, A,B,C 三点是 $P=$ 常数或 $T=$ 常数的平面与平衡曲面上三条曲线的交点; 在这三条曲线中, 我们把相应于 B 点的那一条曲线称为三相点线或三相线. Ⅰ, Ⅱ, Ⅲ 三个区域各为第一相、第二相、第三相的单相态. 在直线 ABC 以下且在两条 13 曲线之间的区域, 是分离成第一、第三两相的区域, 而在两条 12 曲线之间以及在两条 23 曲线之间(且都在 ABC 以上)的区域, 各为分离成第一、第二两相及第二、第三两相的区域. 区域 Ⅱ 显然必须整个位于 ABC 以上(或整个位于 ABC 以下). 一般来讲, 曲线 12, 13, 23 以一定的角度在 A,B,C 三点相交, 而不是以光滑的方式互相过渡. 当然, 曲线 12, 13, 23 的方向不必像图 23 中所描绘的那样. 重要的仅在于: 曲线 12 和 23 以及曲线 13 必须位于直线 ABC 的不同两侧.

如果把平衡曲面上上述这些特定曲线中的任一条投影到 PT 平面上, 那么这个投影把平面分成两部分. 对于临界曲线, 投影到这两部分之一的各点, 是对应于两个不同单相的诸点以及对应于两相分离的诸点. 投影到 PT 平面的另一个部分上的诸点, 则代表均匀的状态, 同时在这些点中任何一点都不会发生两相分离. 在图 24 中虚线表示临界曲线在 PT 平面上的投影. 字母 a,b 代表两相. 符号 $a-b$ 代表的是: 投影到平面上这一部分的诸点是两个单相的状态以及两相彼此处于平衡的状态. 符号 ab 所代表的是 a 和 b 两相在临界点以上合并而成的一个单相.

类似地, 三相线的投影也把 PT 平面分成两部分. 图 25 标示出哪些点投影到这两部分. 符号 $a-b-c$ 表示: 投影到这一部分的点代表 a,b,c 三个单相的状态以及 a 和 b 或 b 和 c 两相分离的状态.

图 24　　　　　　　　　图 25

图 26 表示等浓度点曲线的这种投影, 图 27 表示纯物质(即 $x=0$ 或 $x=1$)的相平衡曲线; 后者显然本来就在 PT 平面上. 图 27 上的字母 b 表示: 投影到 PT 平面的这一部分的诸点对应于只有 b 相的状态. 我们假定在符号 $a-b, a-b-c$ 的字母序列中约定字母 b 是浓度比 a 大的相, 而字母 c 是浓度比 b 大的相①.

---

① 为了避免误解, 必须强调指出: 对于等浓度线的情形(与三相线的情形不同), 符号 $a-b-c$ 在某种意义下有随意性, 这时 a 和 c 两个字母所代表的状态实际上并不是两个不同的相, 因为它们永远都不会以相互接触的方式同时存在.

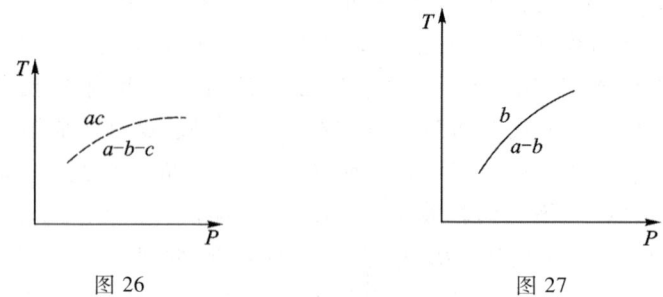

图 26 　　　　　　　图 27

必须注意:平衡曲线的这四种类型的特殊点(三相点、等浓度点、临界点和纯物质点)是平衡曲线的四种可能类型的极大(或极小).

如果这些相中的任一相总是(不论 P 和 T 的值)具有同一个确定的组成,则平衡曲线在上述这些特殊点附近就变得稍为简单一些.这样的相是两种组分的化合物,或者是纯物质相即总有浓度 $x=0$(或 $x=1$).

我们来讨论当成分不变的相存在时与之对应的平衡曲线在其端点附近的形状.显然,这样的点必须是平衡曲线的极大点或极小点,因而也就是在本节中所讨论过的各种类型的点.

如果成分不变的相是浓度 $x=0$ 的纯物质相,那么与它对应的线就同 P 或 T 轴重合,并且终止在如图 28 所示类型的点上.这个图描绘了平衡曲线在这种点附近的形状;图 22 中两条直线之一同纵坐标轴重合.

如果一相是成分确定的化合物,那么在等浓度点附近平衡曲线具有如图 29 所示的形状,即图 21 中的内部区域变成一条竖线.在它两侧的阴影区域是两相分离的区域,其中一相就是成分由这条直线所确定的化合物.如同图 21 所示的那样,在极大点曲线没有折点.

类似地,在三相点附近平衡曲线具有如图 30 所示的形状.化合物的相由一条竖线表示,图 23 中的区域Ⅱ在这里退化为这条线.

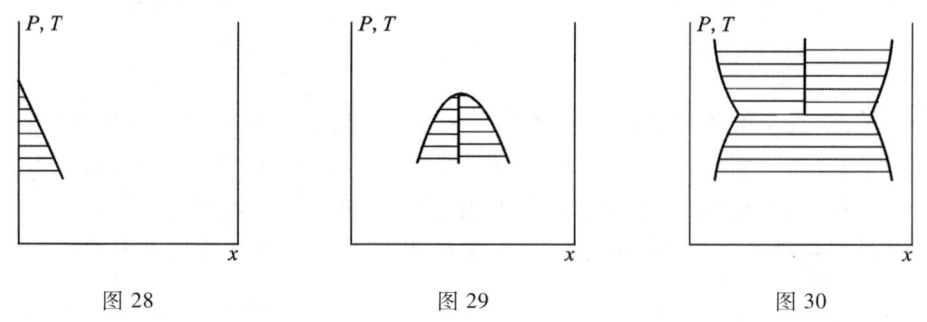

图 28　　　　　　　图 29　　　　　　　图 30

§98 相图举例

在这一节中我们要列举平衡曲线的基本类型；和上节不同，我们现在不仅在特殊点附近而且也在整体上考察它们的形状. 这些曲线（也称为**相图**）可能具有各种各样的形状，但是在大多数情况下，它们可归于下面所讨论的类型之一，或者是由其中几种类型组合而成. 在所有的相图上，凡是阴影区域都表示两相分离的区域；而无阴影的区域表示均匀状态的区域. 两相分离区域的边界曲线与水平线的交点确定（在给定的 P 和 T 下）分离的两相的成分. 同时，两相的相对量由 §81 中提到的"杠杆定则"来决定.

为了确定起见，我们在下面所讨论的都是 Tx 图；如果用 P, x 作为坐标，也可能有同样类型的相图. 横坐标轴表示浓度 x，其变化范围在 0 到 1 之间.

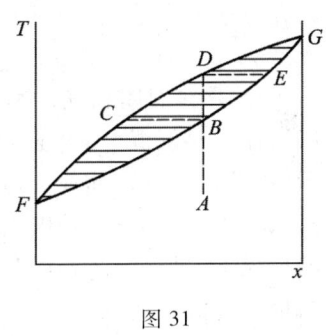

图 31

1. 存在两相；每一相都可以具有任何浓度（即两相中的两种组分可以按任意比例混合）. 在最简单的情形下，曲线没有任何极大值或极小值（除了相当于纯物质的点以外），这种相图的形式如图 31 所示（所谓"雪茄型"）.

例如，设其中一相是液体（雪茄以下的区域），而另一相是蒸气（雪茄以上的区域）；在这种情形下，雪茄的上面一根曲线称为凝聚曲线，下面一根曲线称为沸点曲线①.

如果加热成分一定的液体混合物，那么在（对应于给定浓度的）竖线 AD 同雪茄下曲线的交点（点 B）所确定的温度下，液体开始沸腾. 这时沸腾出来的蒸气，其成分由点 C 决定，就是说其浓度比液体低. 剩下液体的浓度显然将提高，因而，它的沸点也将相应地提高. 继续加热时，代表液相状态的点沿着下曲线向上移动，而代表沸腾出来的蒸气的点沿着上曲线向上移动. 沸腾在什么温度结束，取决于过程如何进行. 如果沸腾是在封闭的容器中进行，以至于沸腾出来的全部蒸气始终保持同液体接触，那么显然液体全部沸腾完毕的温度，就是蒸气的浓度达到液体起始浓度（点 D）的那个温度. 因此，在这种情况下，沸腾开始和结束的温度分别决定于竖线 AD 与雪茄的下和上曲线的交点. 如果让沸腾出来的蒸气不断跑掉（在开放的容器中沸腾），则在每一时刻与液体处于平衡的都只是刚刚沸腾出来的蒸气. 显然，在这种情形下，沸腾直至纯物质的沸点 G 才结束，在这一点，液体和蒸气的成分一样. 蒸气凝聚成液体也是以类似的方式进行的.

---

① 液体混合物的沸腾与凝聚的规律由康诺瓦洛夫（Д. П. Коновалов, 1884）建立.

如果两相是液体（雪茄上方）和固体（雪茄下方），所发生的情况也完全相似.

2. 两种组分在两相中可以按任意比例混合（同上例），但是具有等浓度点. 这种情形的相图具有如图 32 所示的形式（或具有极小值的类似形式）. 在等浓度点，两条曲线具有极大值（或极小值），并且彼此相切.

从一相转变到另一相的相变过程，同上例描述的情况类似，不同之处只在于：（只要一相不断移去，如液体在开放容器中沸腾，）过程既可以在纯物质点，也可以在等浓度点结束. 当成分正好相当于这一点时，整个过程始终在同一温度下发生①.

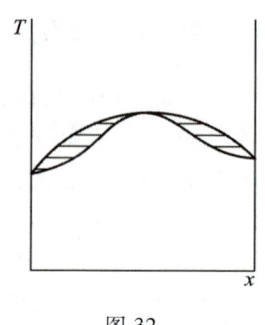

图 32

3. 存在液体和气体两相，在这两相中两种组分可以按任意比例混合，并且具有临界点. 相图如图 33 所示（K 是临界点）. 曲线右侧的区域相当于液态，左侧的区域相当于气态. 但是应当提醒一下：在有临界点存在的情况下，只有当两相同时处于相互平衡时，才能够严格地区分液相和气相.

这种类型的相图导致下述的特殊现象. 如果在封闭容器中加热液体，其成分由（通过点 K 右侧的）直线 AC 表示，那么在沸腾开始（在点 B）以后，随着加热的继续，蒸气量将逐渐增加，但是从某一时刻起，又开始减少，直到点 C 蒸气完全消失（所谓**逆行凝聚**）.

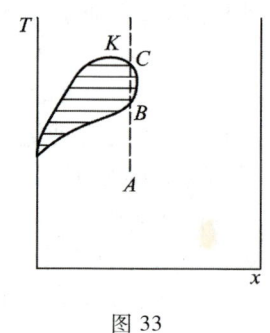

图 33

4. 两种液体可以混合，但不能按任意比例. 相图如图 34 所示. 在高于临界点 K 的温度下，两种组分可以按任意比例混合. 低于这个温度，两种组分不能按由阴影区域内诸点所代表的比例来混合. 在阴影区域内，液体分离成两相——两种液体混合物（两种溶液），它们的浓度决定于相应的水平线与平衡曲线的交点. 类似的相图也有可能，其中点 K 是极小点，或者有两个临界点一上一下，以至于两相分离（两种溶液）的区域被限制在一封闭曲线内.

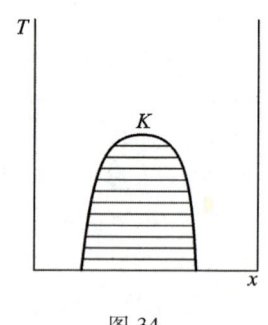

图 34

5. 在液态（或气态）中两种组分可以按任意比例混合，而在固态（或液态）中不能按任意比例混合（有限互溶）. 在这种情形下，存在着三相点. 三相点的温

---

① 相应于等浓度点的混合物也称为**共沸混合物**.

度可能低于两种纯组分的相平衡温度(点 A 和点 C),也可能介乎其间,(显然不可能高于它们,因为已经假设在高温相中两种组分可以任意混合,)相图的形式分别如图 35 和图 36 所示. 不妨设具有无限互溶的一相为液体,而有限互溶的相为固体. 在曲线 ABC(图 35) 或 ADC(图 36) 以上的区域是液态区;在曲线 ADF 和 CEG(图 35) 或 ABF 和 CEG(图 36) 两侧的区域是均匀固相(固溶体)的区域. 在三相点(其温度决定于直线 DBE),液相和不同浓度的两种固溶体处于平衡. 图 35 中的点 B 称为**共晶点**. 如果液体混合物具有相当于这一点的浓度,那么它的凝固完全保持同一浓度(而在其它的浓度下凝固出来的固体混合物,与液体有不同的浓度). 区域 ADB 和 CBE(图 35) 以及区域 ADB 和 CDE(图 36) 是分离成液相和一种固相的区域;区域 $DEGF$(图 35) 和 $BEGF$(图 36) 是分离成两种固相的区域.

如果在图 35 型的相图的情形下,两种组分在固态根本不能混合,那么相图就具有如图 37 所示的形式. 在直线 ABC 以上的阴影区域内,混合液体相和一种纯组分的固相处于平衡;在直线 ABC 以下的阴影区域内,两种纯物质固相处于平衡. 当降低液体混合物的温度时,从液体混合物中凝固出这种或那种纯组分,究竟是哪一种,取决于液体的浓度是在共晶点的右侧还是左侧. 随着温度的继续降低,液体的成分沿着曲线 DB 或 EB 而变化,直到在共晶点 B 液体全部凝固.

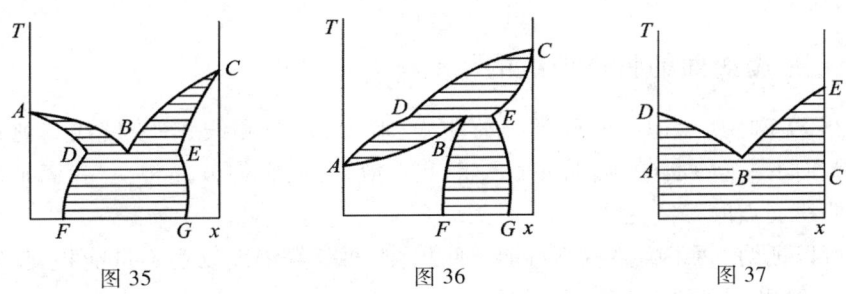

图 35　　　　　　图 36　　　　　　图 37

6. 两种组分在液态可以按任意比例混合,而在固态根本不能混合,但形成成分固定的化合物. 相图如图 38 所示. 直线 DE 决定化合物的成分. 这时,有两个三相点 B 和 G,在那里液相、固态化合物和一种纯组分固相处于平衡. 位于 B 和 G 两点之间的是等浓度点 D(参看图 29). 很容易看出相分离发生在哪里以及分离成什么相:在区域 DBE 内,分离成液相和固态化合物,在直线 CBE 以下,分离成化合物和一种纯组分的固态,等等. 液体的凝固结束在共晶点之一 G 或 B 处,这取决于液体的浓度是在直线 DE 的右侧还是左侧.

7. 两种组分在液态中可以按任意比例混合,在固态中则根本不能混合而是形成化合物,但是这种化合物在开始熔化以前的某个温度就已经分解了. 确定这种化合物的成分的直线,不能像前一种情形那样终止在等浓度点,因为它不能达到熔点.因此,它可以终止于一个如§97中图30所示类型的三相点(图39上的点A).图39表示出这时相图的可能形式,不难看出在图中阴影区域内哪些点出现哪些相的分离.

8. 两种组分在固态中完全不能混合,在液态中也不能按任意比例混合.在这种情形有两个三相点,在那里液体与两种固态纯组分彼此处于平衡(图40中的点B),或者一种纯组分与两种浓度不同的混合液相彼此处于平衡(点D).在曲线ABC和曲线DE以上的两个没有阴影的区域表示两种浓度不同的液态;直线CD以上的阴影区域表示分离成这两种液相的区域;区域DEF表示分离成液体和一种固态纯组分的区域;等等.

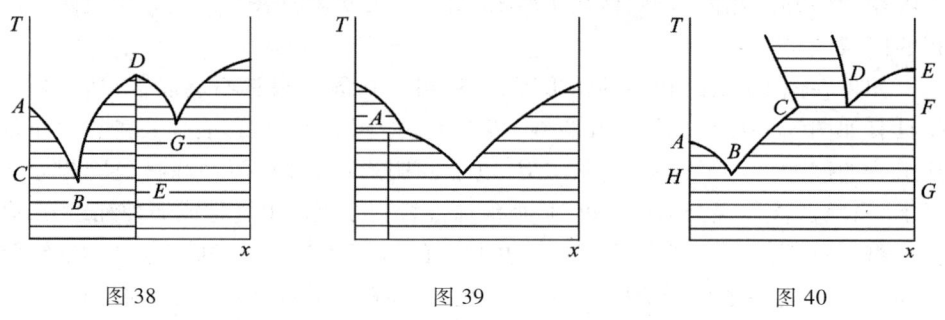

图38   图39   图40

§99 平衡曲面的特征曲线的相交

在§97中所考虑的四种类型的曲线(临界线、三相线、等浓度线和纯物质线)都在同一个曲面(平衡曲面)上.因此一般来讲,它们彼此相交.我们来描述这些曲线交点的一些性质.

可以证明,两条临界线不可能彼此相交,两条等浓度线也不可能相交.对于这些结论,我们不准备在这里证明.

我们现在来列举其余的交点的性质(仍旧不作证明).所有这些性质几乎都可以直接从§97中所讨论的平衡曲线的普遍性质引申出来.我们将图示上述曲线在PT平面上的投影(参看§97).它们的形状自然是随意取的.各处将用点线代表临界线,实线代表纯物质的相平衡线,虚线代表等浓度线,点划线代表三相线.字母与§97的图24—图27中的有相同意义.

临界线和纯物质线终止在它们的交点上(图41a).临界线和三相线也是在它们相交时终止(图41b).纯物质线同等浓度线相交时,只是后者终止了(图41c).在这种情形下,两条曲线在交点处彼此相切.等浓度线相交于临界线(图41d)或三相线(图41e)时,情况相同.在这两种情形下,都是等浓度线终止在交点,并且两条曲线在交点彼此相切.

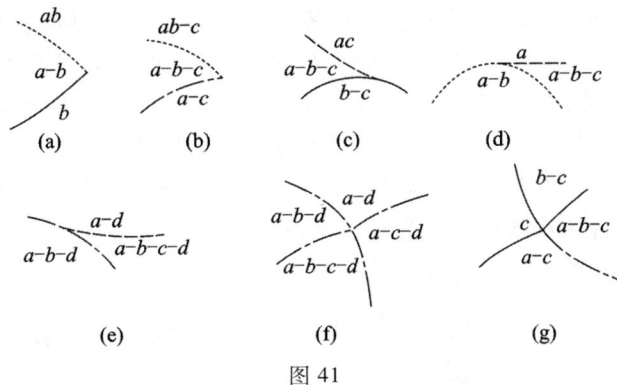

图 41

三相线的交点(图 41f)是四相点,即四相在这一点相互平衡.四条三相线在这点相遇,每条各自对应于四相中每三相的相互平衡.

最后,一条纯物质线和一条三相线的交点(图 41g),显然应当是该三相线同时与所有三条纯物质的相平衡线(各自对应于纯物质的三相中每两相的相互平衡)之间的交点.

§100 气体和液体

我们现在来更详细地考虑由两种组分所构成的液相和气相的平衡.

在温度足够高(T 与分子的平均相互作用能相比很大)时,所有的物质都可以按任意比例混合.从另一方面来讲,在这样的温度下物质变成气体,因此可以说:在气相中一切物质都具有无限的互溶度.(其实,当存在临界线时,液体与气体之间的区别在某种意义下已成为一种约定,而上述说法也是如此.)

至于在液态中,有些物质可以按任意比例混合,另一些则只在一定的比例范围内混合(有限互溶的液体).

对于两种组分在两相中都可按任意比例混合的前一种情形,这时相图中没有三相点,因为系统不可能由比两相更多的相来构成(所有的液态都是一相,所有的气态也都是一相).我们来考虑平衡曲面的特征曲线在 PT 平面上的投影.我们有两条纯物质的相平衡曲线(即两相中的浓度同为 $x=0$ 和 $x=1$ 的两条曲线).这两条曲线中的一条本身就在 PT 平面上,另一条则在与 PT 平面平行的平面上,因此它的投影与它本身完全一样.每一条曲线都终止在某一点,这一点就是相应纯物质的相临界点.临界线从这样两点中的一点开始而在另一点终止(临界线和纯物质线二者都终止在它们的交点上;参看 §99).因此,所有这些曲线在 PT 平面上的投影具有如图 42 所示的形式(记号与 §97, §99 中的完全相同).字母 g 和 l 的意义与 §97, §99 的各图中所用的字母 a,b,c 意义相同;g 代表气体,l 代表液体;投影到区域 g 和 l 中的分别为气态和液态;投影到区域 $g-l$ 中的是气态和液态,以及气态和液态分离的诸状态;在临界线以上,液体和气体的区别消失.

如果除此以外还有等浓度线,那么在 PT 平面上的投影具有如图 43 所示的形式.等浓度线投影位于自坐标原点出发的线 OB 以上(如图 43 所示),或者位于 OC 以下,而不在其间.只有 A,B,C 三点是这几条曲线的交点.点 D 并不相当于纯物质线同临界线的实际交点,而只在投影上存在.图上的字母 l_1 和 l_2 代表浓度不同的液相.在等浓度线以上只能存在一种液相①.

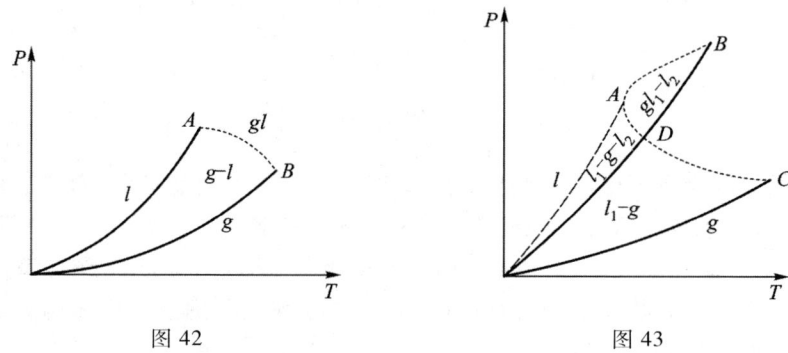

图 42   图 43

用不同温度(或压强)的平面去截割平衡曲面将得到相应的相图,考察这样的相图可以使特定曲线在 PT 平面上的投影的所有上述性质变得明显.例如,对应于压强在图 42 中的点 B 以下以及在点 A 和点 B 之间的截面图,分别给出如图 31 和 33 所示的相图.图 44 中所表示的是图 43 在一系列温度下的截面图(T_A,T_B,T_C 各为相应于 A,B,C 各点的温度):两相分离的区域在等浓度点发生"断裂",结果形成两个临界点;随着温度的升高,两块阴影区域各向两纵坐标轴上的一点收缩,首先是一块、然后是另一块逐渐消失.图 45 上表示的是这同一情形在一系列压强下的截面图.

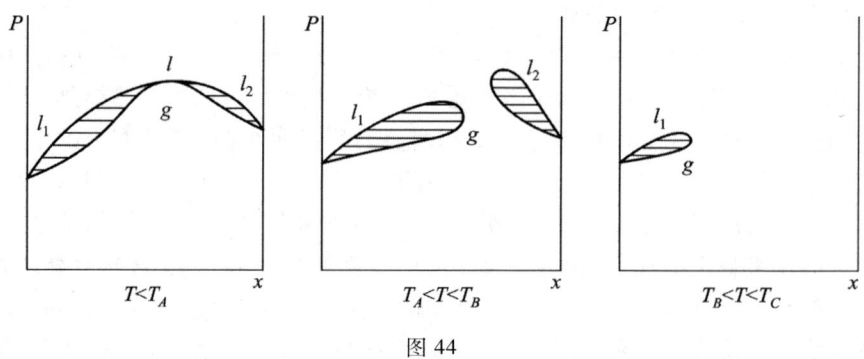

图 44

---

① 我们不讨论固相,在所有的 PT 图中约定画曲线时都从坐标原点出发,就好像凝固现象根本不发生一样.

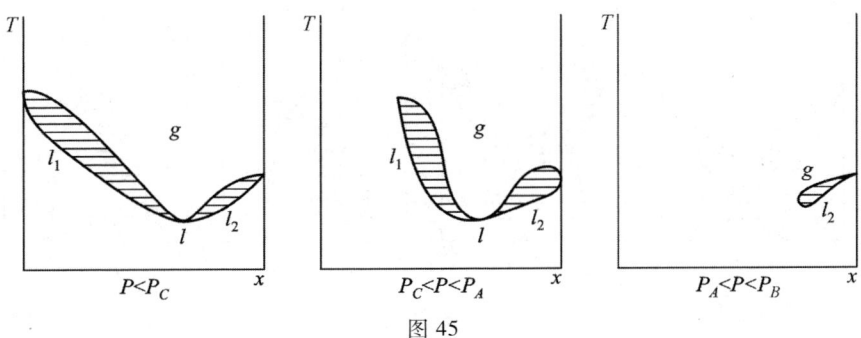

图 45

如果两种组分在液态中的互溶度是有限的,那么有三相线存在.这条曲线终止在某一点,而与从该点开始的临界线相接.图 46 和图 47 中所表示的是在这种情形下可能发生的两种本质上不同类型的 PT 投影图.它们的区别在于:三相线的投影在图 46 中是通过两条纯物质线的上方;而在图 47 中是通过它们两者之间(三相线的投影不可能通过两条纯物质线的下方,因为两种组分在气态中可以按任意比例混合).在这两种情形中,每一种情形都有两条临界线,其中一条的趋向是朝着压强增大的方向.

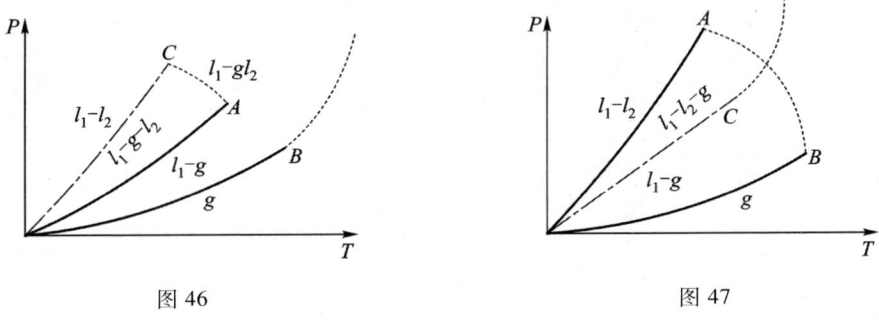

图 46　　　　　　　　　　图 47

对于图 46 所示的情形,顺序的几个 Px 平面和 Tx 平面截面图,如图 48 和图 49 所示.

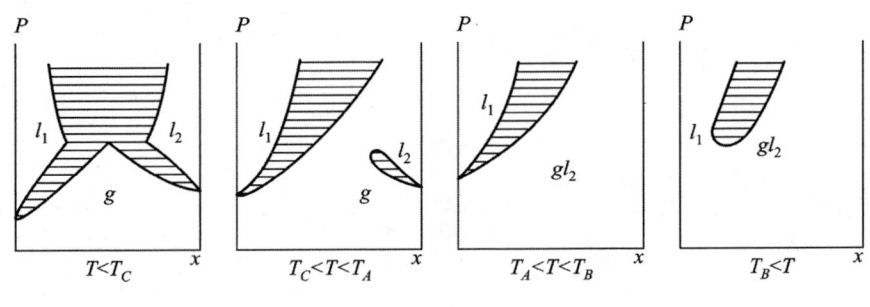

图 48

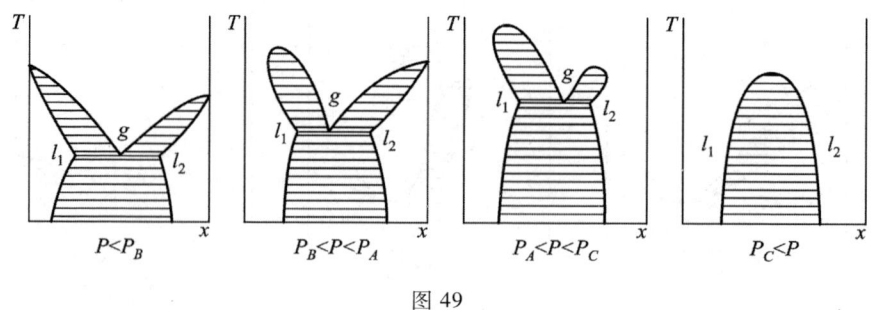

图 49

最后必须强调的是：在这一节中所考虑的 PT 图例子，只是液相和气相之间相互平衡的最典型例子，并没有把理论上所有可能的类型概括无遗.

第十章
化学反应

§101 化学平衡条件

在可反应物质的混合物中进行的化学反应,终将导致建立起一个平衡状态,在其中参与反应的每一种物质的量不再发生变化. 这种情况的热平衡称为**化学平衡**. 一般来讲,每一种化学反应都可以在正、逆两个方向进行;在达到平衡以前,两个反应方向中的一个占优势,而在平衡时,这两个相反的反应依适当速率进行,以使得每一种反应物质的粒子总数保持不变. 热力学应用于化学反应时,研究的主题只是化学平衡,而不是导致这种平衡的反应过程本身.

重要的是,化学平衡状态不依赖于反应以怎样的方式(以及在怎样的条件下)进行[①];它只依赖于反应物质的混合物实现平衡时所处的条件. 因此在推导化学平衡条件时,可以对反应以怎样的方式进行作任何假设.

首先我们来规定描述化学反应的方法. 大家知道,化学反应是以符号方程式的形式来描述的,在普遍形式下可写成(把所有各项都移到方程式一边):

$$\sum_i \nu_i A_i = 0, \tag{101.1}$$

式中 A_i 是反应物质的化学符号,而系数 ν_i 是正或负的整数. 例如,对于 $2H_2 + O_2 = 2H_2O$ 即 $2H_2 + O_2 - 2H_2O = 0$ 这个反应来讲,系数 $\nu_{H_2} = 2, \nu_{O_2} = 1, \nu_{H_2O} = -2$.

假设反应在恒温、恒压下进行. 在这样的过程中,系统的热力学势趋向于极小值. 因此在平衡状态下,热力学势 Φ 必须具有最小的可能值(在给定的 P 和 T 下). 我们用 $N_1, N_2, \cdots$ 来代表参加反应的各种物质的粒子数. 于是 Φ 为极小值

---

① 尤其是,它与反应是否有催化剂参与无关.

的必要条件可以写成 Φ 对 N_i 之一如 N_1(在给定的 P 和 T 下)的全导数等于零的形式:

$$\frac{\partial \Phi}{\partial N_1} + \frac{\partial \Phi}{\partial N_2}\frac{dN_2}{dN_1} + \frac{\partial \Phi}{\partial N_3}\frac{dN_3}{dN_1} + \cdots = 0.$$

各种粒子数 N_i 在反应时的变化,由反应方程式彼此相联系:显然,如果 N_1 改变 ν_1,那么其余每一种粒子数 N_i 各改变 ν_i. 换句话说,可以写成 $dN_i = \frac{\nu_i}{\nu_1}dN_1$,亦即 $\frac{dN_i}{dN_1} = \frac{\nu_i}{\nu_1}$. 因此上述等式可以改写成形式

$$\sum_i \frac{\partial \Phi}{\partial N_i}\frac{\nu_i}{\nu_1} = 0.$$

最后,把 $\frac{\partial \Phi}{\partial N_i} = \mu_i$ 代入并消去 ν_1,我们就得到:

$$\sum_i \nu_i \mu_i = 0. \tag{101.2}$$

这就是我们所求的化学平衡条件. 因此,要把它写出来,只需在化学反应方程式中把符号 A_i 替换为相应的 μ_i. 当混合物中可能有几种不同的反应时,平衡条件是由几个(101.2)型的方程式所组成的方程组. 每一个方程式都是用上述方法根据每一种可能反应的方程式所写出的.

应当指出:在反应物质以溶质的形式分配于相互接触的两种不同相中时,条件(101.2)仍旧保持同样的形式. 这是因为依据相平衡条件,平衡时每一种物质在两相中的化学势彼此相等.

§102 质量作用定律

我们把在上节中所得到的化学平衡普遍条件应用于在气体混合物中进行的反应,并且假设:气体可以看成是理想气体.

混合物中每一种气体的化学势等于(参看§93)

$$\mu_i = T\ln P_i + \chi_i(T), \tag{102.1}$$

式中 P_i 是混合物中第 i 种气体的分压强:$P_i = c_i P$. 在这里 P 是混合物的总压强,而 $c_i = \frac{N_i}{N}$ 是该种气体的浓度,我们把它定义为该种气体的分子数 N_i 对混合物中分子总数 $N = \sum_i N_i$ 之比.

现在很容易写出在气体混合物中反应的化学平衡条件. 把(102.1)代入(101.2),我们就求出:

$$\sum_i \nu_i \mu_i = T\sum_i \nu_i \ln P_{0i} + \sum_i \nu_i \chi_i = 0,$$

式中 P_{0i} 是各种气体在化学平衡状态下的分压强. 引入符号

$$K_p(T) = \exp\left(-\frac{\sum \nu_i \chi_i}{T}\right), \qquad (102.2)$$

我们就得到:

$$\prod_i P_{0i}^{\nu_i} = K_p(T). \qquad (102.3)$$

可以用 Pc_{0i} 来代替 P_{0i},其中 c_{0i} 是气体在化学平衡下的浓度;于是我们得到:

$$\prod_i c_{0i}^{\nu_i} = P^{-\sum \nu_i} K_p(T) \equiv K_c(P,T). \qquad (102.4)$$

在等式(102.3)或(102.4)右边的量只是温度和压强的函数,而与各种反应气体的初始含量无关;这个量通常称为**化学平衡常数**. 而公式(102.3)或(102.4)表示的规律称为**质量作用定律**.

气体反应平衡常数与压强的关系完全由等式(102.4)右边的因子 $P^{-\sum \nu_i}$ 来确定(如果反应物质的数量由它们的分压强来表示,那么平衡常数就始终与压强无关). 要建立平衡常数对温度的关系,需要对气体的性质作进一步的假设.

例如,如果气体具有恒定的比热,那么把(102.1)式同这种气体的热力学势公式(43.3)比较,就可以证明函数 $\chi_i(T)$ 具有形式

$$\chi_i(T) = \varepsilon_{0i} - c_{pi} T \ln T - T \zeta_i, \qquad (102.5)$$

式中 c_{pi} 是气体的比热,ζ_i 是气体的化学常数. 把这个式子代入(102.2),我们就得到平衡常数的如下公式:

$$K_p(T) = e^{\sum \nu_i \zeta_i} T^{\sum c_{pi} \nu_i} e^{-\sum \nu_i \varepsilon_{0i}/T}. \qquad (102.6)$$

它对温度的依赖关系主要是指数规律.

质量作用定律对于溶质之间的反应也成立,只要溶液可以认为是稀溶液. 事实上,每一种溶质的化学势具有形式

$$\mu_i = T \ln c_i + \psi_i(P,T). \qquad (102.7)$$

浓度 c_i 在这里被定义为该种溶质的粒子数与溶剂粒子数之比 $\left(c_i = \frac{n_i}{N}\right)$. 把(102.7)代入平衡条件(101.2),可以用同样的方法求出:

$$\prod_i c_{0i}^{\nu_i} = K(P,T), \qquad (102.8)$$

式中平衡常数

$$K(P,T) = \exp\left(-\frac{\sum \nu_i \psi_i}{T}\right). \qquad (102.9)$$

与气体反应的情形不同,在这里平衡常数对压强的依赖关系仍旧是未定的.

如果除了气体和溶质以外,还有处于纯凝聚相如纯固体(即没有同其它物质混合)的某种物质参加反应,那么平衡条件也会导致质量作用定律. 但是这时

因为纯相的化学势只与压强和温度有关，所以在这个定律的方程式左边不包含有关纯相的因子，即只需要写出气体（或溶质）浓度的乘积，就好像固体根本不存在一样．固体的存在只影响平衡常数对压强和温度的依赖关系．

如果参加反应的只有气体和固体，则由于气体的压强比较小，可认为固体的化学势与压强无关，因而平衡常数与压强的关系仍旧像在（102.4）中一样．但是这时指数中的和式 $\sum \nu_i$ 必须只表示反应方程式中气态物质的系数之和．

最后，如果稀溶液中除了溶质以外，溶剂也参加反应，那么这时质量作用定律也成立．事实上，当把溶剂的化学势代入化学平衡条件时，可把溶剂化学势中包含浓度的小项忽略不计，于是溶剂的化学势化为一个只与温度和压强有关的量．因此我们再次得到质量作用定律的方程式，并且在这个方程式的左边也只包含被溶反应物质的浓度，而不包含溶剂项．

习 题

1. 设气体的分子由相同双原子构成，并且在基态没有自旋和轨道角动量，试求双原子气体在高温下的离解度．

解：所要讨论的是 $A_2 = 2A$ 型的反应．我们将（在本题和下列各题中）用指标 1 和 2 分别标记混合物中属于原子（A）和分子（A_2）组分的量．离解度定义为已离解分子数 $\dfrac{N_1}{2}$ 与（不可离解气体该有的）分子总数 $N_0 = N_2 + \dfrac{N_1}{2}$ 之比 $\alpha = \dfrac{N_1}{2 N_0}$．根据质量作用定律（102.3）有

$$\frac{P_2}{P_1^2} = \frac{N_2(N_1+N_2)}{PN_1^2} = \frac{1-\alpha^2}{4\alpha^2 P} = K_p(T), \tag{1}$$

由此可得

$$\alpha = \frac{1}{\sqrt{1+4PK_p(T)}}.$$

化学平衡常数 K_p 可由将以下各量代入（102.6）式求得：比热 $c_{p_1} = \dfrac{5}{2}$，$c_{p_2} = \dfrac{9}{2}$ 以及化学常数

$$\zeta_1 = \ln\left[g_1 \left(\frac{m}{2\pi\hbar^2}\right)^{3/2}\right], \quad \zeta_2 = \ln\left[\frac{I}{\hbar^6 \omega}\left(\frac{m}{\pi}\right)^{3/2}\right]$$

（参看（45.4），（46.4），（49.8）），其中 m 是原子 A 的质量，g_1 是原子 A 基态的统计权重（在足够高的温度下 $g_1 = (2S+1)(2L+1)$，这里 S, L 是原子的自旋和轨道角动量）[1]．结果为

---

[1] 参看 §104 的脚注．

$$K_p(T) = \frac{8I\pi^{3/2}}{g_1^2 \omega m^{3/2} T^{1/2}} e^{\varepsilon_0/T}. \tag{2}$$

式中 $\varepsilon_0 = 2\varepsilon_{01} - \varepsilon_{02}$ 是分子的离解能.

2. 试求上题中可离解双原子气体的热容,分子的离解能为 $\varepsilon_0 = 2\varepsilon_{01} - \varepsilon_{02}$.

解:气体的熵由以下和式计算:

$$S = N_1\left(c_{p1} + \frac{\varepsilon_{01} - \mu_1}{T}\right) + N_2\left(c_{p2} + \frac{\varepsilon_{02} - \mu_2}{T}\right) =$$

$$= N_1\left(c_{p1} + \frac{\varepsilon_{01}}{T}\right) + N_2\left(c_{p2} + \frac{\varepsilon_{02}}{T}\right) - (N_1 + 2N_2)\frac{\mu_1}{T}$$

(每一个组分的熵,根据(43.6)和(43.3)用其化学势表示,之后用了平衡方程 $\mu_2 = 2\mu_1$).用 N_0 和 α 表示 N_1 和 N_2,把化学势写成

$$\mu_1 = \varepsilon_{01} + T\ln P_1 - c_{p1}T\ln T - \zeta_1 T, \quad P_1 = \frac{2\alpha}{1+\alpha}P$$

并且把 c_{p1} 和 c_{p2} 的值代入,我们得到

$$S = N_0\left(-\frac{1-\alpha}{T}\varepsilon_0 + 5\ln T + \frac{\alpha}{2} - 2\ln\frac{\alpha}{1+\alpha} + 常数\right), \tag{3}$$

这里也用到离解能 ε_0,而这里的常数是温度无关项,对所求的热容 $C_p = T\left(\frac{\partial S}{\partial T}\right)_P$ 没有影响.从(1)算出导数

$$\left(\frac{\partial \alpha}{\partial T}\right)_P = -\frac{(1-\alpha^2)\alpha}{2}\frac{d\ln K_p}{dT} = \frac{(1-\alpha^2)\alpha}{2T}\left(\frac{\varepsilon_0}{T} + \frac{1}{2}\right)$$

(K_p 取(2)式).现在对(3)的熵求微商,最后我们得到

$$C_p = \frac{N_0}{2}\left[9 + \alpha + \alpha(1-\alpha^2)\left(\frac{\varepsilon_0}{T} + \frac{1}{2}\right)^2\right].$$

3. 试确定氢以 H 原子形式溶解在金属中的浓度对金属上的 H_2 气压的依赖关系.

解:把过程考虑为化学反应 $H_2 = 2H$,平衡条件可写成形式 $\mu_{H_2} = 2\mu_H$;我们把 μ_{H_2} 写成理想气体的化学势:

$$\mu_{H_2} = T\ln P + \chi(T),$$

把 μ_H 写成溶质在溶液中的化学势:

$$\mu_H = T\ln c + \psi.$$

注意到 ψ 几乎与压强无关(参看§90),我们就求出:

$$c = 常数 \times \sqrt{P}.$$

§103 反应热

化学反应都伴有热量的吸收或放出.前一种情形称为**吸热反应**,后一种情

形称为**放热反应**. 显然, 如果某种反应是放热的, 那么它的逆反应就是吸热的, 反之亦然.

反应的热效应与发生反应的条件有关. 因此, 在讨论热效应时必须区分譬如说反应是在恒定的体积还是压强下进行的. (但是这种差别通常不大.)

像计算溶解热的情形(§91)一样, 我们首先来确定由于化学反应可能获得的最大功.

我们把由一个化学反应方程式所确定的一组分子之间的反应称为"元反应", 并且来计算反应物质混合物在元反应发生了很少的 δn 次后热力学势的改变; 这里我们假设反应在恒温恒压下进行. 于是我们得到:

$$\delta\Phi = \sum_i \frac{\partial\Phi}{\partial N_i}\delta N_i = \sum_i \mu_i \delta N_i.$$

在 δn 次的元反应后第 i 种物质分子数的改变显然等于

$$\delta N_i = -\nu_i \delta n.$$

因此,

$$\delta\Phi = -\delta n \sum_i \nu_i \mu_i. \tag{103.1}$$

由此可见, 在平衡状态下 $\frac{\delta\Phi}{\delta n}$ 变成 0, 这原是理所当然的.

式(103.1)是为了进行 δn 次的元反应所必须耗费的最小功的普遍表达式. 它也是同样次数元反应在逆方向发生时可能获得的最大功.

首先我们假设反应发生在气体之间. 利用 μ_i 的表达式(102.1), 我们就求出:

$$\delta\Phi = -\delta n \left(T \sum_i \nu_i \ln P_i + \sum_i \nu_i \chi_i \right),$$

引入平衡常数后, 得到:

$$\delta\Phi = T\delta n \left[-\sum_i \nu_i \ln P_i + \ln K_p(T) \right] =$$
$$= T\delta n \left[-\sum_i \nu_i \ln c_i + \ln K_c(P,T) \right]. \tag{103.2}$$

对于在溶液中进行的反应, 我们可借助于 μ 的表达式(102.7)类似地求出:

$$\delta\Phi = -\delta n \left(T \sum_i \nu_i \ln c_i + \sum_i \nu_i \psi_i \right),$$

引入平衡常数 $K(P,T)$ 后, 得到:

$$\delta\Phi = T\delta n \left[-\sum_i \nu_i \ln c_i + \ln K(P,T) \right]. \tag{103.3}$$

值 $\delta\Phi$ 的正负决定反应进行的方向: 因为 Φ 趋向于极小值, 所以当 $\delta\Phi < 0$ 时反应沿正方向(即化学反应方程式中"从左向右"的方向)进行, 如果 $\delta\Phi > 0$, 则意味着反应在所给定的混合物中实际上沿逆方向进行. 但是, 应当注意, 反应

§ 103 反 应 热

方向也可以从质量作用定律直接看出:我们对所给定的混合物写下乘积 $\prod_i P_i^{\nu_i}$,并同该反应的平衡常数值进行比较;例如,如果是 $\prod_i P_i^{\nu_i} > K_p$,那么这就意味着反应将沿正方向进行,以使得(反应方程式中 ν_i 为正的)初始物质的分压强减小,而($\nu_i < 0$ 的)反应产物的分压强增大.

现在我们也可以对 δn 次的元反应确定所吸收(或所放出,视符号而定)的热量. 根据公式(91.4),对于在恒温恒压下所进行的反应来讲,这个热量 δQ_p 等于

$$\delta Q_p = -T^2 \left(\frac{\partial}{\partial T} \frac{\delta \Phi}{T} \right)_P.$$

对于气体之间的反应,把(103.2)代入,我们就得到:

$$\delta Q_p = -T^2 \delta n \frac{\partial \ln K_p(T)}{\partial T}. \tag{103.4}$$

类似地,对于溶液,

$$\delta Q_p = -T^2 \delta n \frac{\partial \ln K(P,T)}{\partial T}. \tag{103.5}$$

必须注意: δQ_p 只是正比于 δn 而与任何给定时刻的浓度值无关;因此这些公式也适用于不很小的任意 δn.

如果 $Q_p > 0$,即反应是吸热的,则 $\frac{\partial \ln K}{\partial T} < 0$,即化学平衡常数随着温度的增加而下降. 相反地,对于放热反应($Q_p < 0$),平衡常数随温度而增长. 从另一方面来讲,平衡常数的增长意味着化学平衡朝着重新形成初始物质的方向移动(反应"从右向左"进行),以使乘积 $\prod_i c_{0i}^{\nu_i}$ 增加. 相反地,化学平衡常数的减小意味着化学平衡朝着形成反应产物的方向移动. 换句话说,可以表述法则如下:加热使平衡朝着过程伴有吸热的方向移动,而冷却使平衡朝着过程伴有放热的方向移动. 这个法则与勒夏特列原理完全一致.

对于气体之间的反应,在恒定体积下(同时在恒温下)进行反应时的热效应也很重要. 热量 δQ_v 同热量 δQ_p 之间的关系很简单. 事实上,在恒定体积过程中所吸收的热量等于系统能量的改变,而 δQ_p 则等于焓的改变. 因为 $E = W - PV$,显然

$$\delta Q_v = \delta Q_p - \delta(PV),$$

或者再代入 $PV = T\sum_i N_i$ 和 $\delta N_i = -\nu_i \delta n$,得

$$\delta Q_v = \delta Q_p + T\delta n \sum_i \nu_i. \tag{103.6}$$

最后,我们再来确定恒压(和恒温)下进行反应所导致的反应物质混合物的体积改变. 对于气体,这个问题很容易:

$$\delta V = \frac{T}{P}\delta N = -\frac{T}{P}\delta n \sum_i \nu_i. \tag{103.7}$$

特别地,如果反应不改变粒子总数($\sum_i \nu_i = 0$),那么反应进行时体积也不发生变化.

对于稀溶液中的反应,我们可以利用公式 $\delta V = \frac{\partial}{\partial P}\delta \Phi$,并且把(103.3)式代入,就得到:

$$\delta V = T\delta n \frac{\partial \ln K(P,T)}{\partial P} \tag{103.8}$$

因此,反应时体积的变化来自化学平衡常数对压强的依赖关系.类似于上述关于温度依赖关系的讨论,很容易得出结论:增加压强将促进伴有体积减小的反应(即把平衡朝这个反应方向移动),而减小压强将促进伴有体积增加的反应——这仍旧与勒夏特列原理完全一致.

§104 电离平衡

在足够高的温度下,气体粒子的碰撞可伴有电离.这种**热电离**的存在导致一种热平衡的建立,那里气体粒子以总数的一定比例处于不同的电离阶段.我们来考虑单原子气体的热电离;这种情形最为重要,因为化合物通常在出现热电离之前就已经完全离解了.

从热力学的观点来看,电离平衡乃是化学平衡的特殊情形,它相当于同时发生的可写成如下形式的多个"电离反应":

$$A_0 = A_1 + e^-, \quad A_1 = A_2 + e^-, \cdots, \tag{104.1}$$

式中符号 A_0 表示中性原子,$A_1, A_2, \cdots$ 表示一次离解、二次离解……的原子,e^- 表示电子.把质量作用定律应用于这些反应,就得出一组方程组

$$\frac{c_{n-1}}{c_n c} = PK_p^{(n)}(T) \quad (n = 1, 2, \cdots), \tag{104.2}$$

式中 c_0 是中性原子的浓度,$c_1, c_2, \cdots$ 是各种离子的浓度,c 是电子的浓度(这些浓度中的每一个都定义为该种粒子数目与包括电子在内的粒子总数之比).这些方程式还须加上表示气体作为整体有电中性的方程式

$$c = c_1 + 2c_2 + 3c_3 + \cdots. \tag{104.3}$$

方程组(104.2—104.3)确定在电离平衡下各种离子的浓度.

平衡常数 $K_p^{(n)}$ 很容易计算出来.所有参加反应的气体(中性原子气体、离子气体、电子气)都是"单原子"的,因而都具有 $c_p = \frac{5}{2}$ 的恒定比热,而它们的化学常数等于

$$\zeta = \ln\left[g\left(\frac{m}{2\pi\hbar^2}\right)^{3/2}\right],$$

式中 m 是该种气体粒子的质量，g 是该种粒子基态的统计权重；对于电子来讲，$g=2$，对于原子和离子，$g=(2L+1)(2S+1)$（L,S 各为原子或离子的轨道角动量和自旋）[①]。把这些值代入公式（102.6），我们就得到所求的平衡常数的表达式：

$$K_p^{(n)}(T) = \frac{g_{n-1}}{2g_n}\left(\frac{2\pi}{m}\right)^{3/2}\frac{\hbar^3}{T^{5/2}}\exp\frac{I_n}{T} \qquad (104.4)$$

(M. Saha, 1921)，式中 m 是电子的质量，而 $I_n = \varepsilon_{0,n} - \varepsilon_{0,n-1}$ 是原子的第 n 次电离能（第 n 次电离势）。

平衡常数 $K_c^{(n)} = PK_p^{(n)}$ 随着温度的增加而减小，当它达到 1 的量级时，气体的第 n 次电离的电离度也为 1 的量级。特别应当注意的是：虽然平衡常数的温度依赖关系是指数型的，但是这个电离阶段并不是在 $T \sim I_n$ 时才发生，而是在低得多的温度下就已经发生了。其原因在于指数因子 $\exp\left(\dfrac{I_n}{T}\right)$ 的系数很小；事实上，

$$\frac{P}{T}\left(\frac{\hbar^2}{mT}\right)^{3/2} = \frac{N}{V}\left(\frac{\hbar^2}{mT}\right)^{3/2},$$

这个量一般来讲很小，当 $T \sim I$ 时，它的数量级为原子体积与一个原子在气体中所占体积即 $\dfrac{V}{N}$ 之比。

因此，气体在比电离能小得多的温度下就已经充分电离了。但是同时气体中受激原子的数目仍旧非常少，因为一般来讲原子的激发能与电离能同数量级。至于当 T 同电离能可比时，这时气体已经差不多完全电离。当温度数量级达到原子中最后一个电子的电离能时，可以认为气体只由单个的电子和裸核所构成。

第一个电子的电离能 I_1 通常都比其次的各能值 I_n 小得多；因此存在一个温度范围，可以认为那里的气体除了中性原子以外只有带单电荷的离子。我们用电离原子数与原子总数之比 α 作为气体的**电离度**，于是有：

$$c_e = c_1 = \frac{\alpha}{1+\alpha}, \quad c_0 = \frac{1-\alpha}{1+\alpha},$$

而方程（104.2）给出：

[①] 可以认为，即使在充分电离的气体中，所有的原子和离子也都处于基态中；其原因在于：只要原子（或离子）的基态具有精细结构，那么我们总是可以假设 T 比这种结构的能量间距大得多。

$$\frac{1-\alpha^2}{\alpha^2} = PK_p^{(1)},$$

由此

$$\alpha = \frac{1}{\sqrt{1 + PK_p^{(1)}}}, \tag{104.5}$$

由这个式子就完全确定了电离度与压强和温度(在所考虑的温度范围内)的关系.

§105 涉及粒子对产生的平衡

在与电子的静止能量 mc^2 可比的极高温度下[①],物质内粒子的碰撞伴随着电子对(电子和正电子)的产生;由于这个缘故,粒子数不再是一个给定的量,而决定于热平衡条件.

电子对的产生(及其湮没)从热力学的观点而言,可以看成"化学反应"

$$e^+ + e^- = \gamma,$$

式中符号 e^+ 和 e^- 代表正电子和电子,而符号 γ 代表一个或几个光子. 光子气体的化学势等于 0(§63). 因此,产生偶对的平衡条件如下式:

$$\mu^- + \mu^+ = 0, \tag{105.1}$$

式中 μ^- 和 μ^+ 各为电子气和正电子气的化学势. 应当强调指出:在这里 μ 指化学势的相对论表达式,它包含粒子的静止能量(参看 §27),后者在粒子对产生过程中起着关键的作用.

在 $T \sim mc^2$ 的温度下,(在单位体积内)产生的电子对的数目就已经比原子的电子密度大得多[②]. 因此可以足够精确地认为:电子数等于正电子数. 于是 $\mu^- = \mu^+$,因而条件(105.1)给出:

$$\mu^- = \mu^+ = 0,$$

亦即在平衡状态下电子和正电子的化学势必须都等于 0.

电子和正电子服从费米统计;因此把 $\mu = 0$ 的费米分布(56.3)进行积分,就得到它们的数目:

$$N^+ = N^- = \frac{V}{\pi^2 \hbar^3} \int_0^\infty \frac{p^2 \mathrm{d}p}{e^{\varepsilon/T} + 1}, \tag{105.2}$$

式中 ε 由相对论表达式 $\varepsilon = c\sqrt{p^2 + m^2 c^2}$ 来确定.

当 $T \ll mc^2$ 时,这个数目正比于指数函数 $\exp\left(-\frac{mc^2}{T}\right)$,因而很小. 在相反的

---

① 能量 $mc^2 = 0.51 \times 10^6$ eV,因此温度 $\frac{mc^2}{k} = 6 \times 10^9$ K.

② 从公式(105.3)可以看出,当 $T \sim mc^2$ 时,生成的电子对的体积为 $\sim (\hbar/mc)^3$. 比起原子体积(即玻尔半径的立方 $(\hbar^2/me^2)^3$),这个体积非常小.

§105 涉及粒子对产生的平衡

情形下, $T \gg mc^2$. 我们可以令 $\varepsilon = cp$, 因而公式(105.2)给出：

$$N^+ = N^- = \frac{V}{\pi^2}\left(\frac{T}{\hbar c}\right)^3 \int_0^\infty \frac{x^2 \mathrm{d}x}{\mathrm{e}^x + 1}.$$

这里的积分可以用 ζ 函数(见 §58 第二个脚注)来表示, 因而我们得到：

$$N^+ = N^- = \frac{3\zeta(3)}{2\pi^2}\left(\frac{T}{\hbar c}\right)^3 V = 0.183\left(\frac{T}{\hbar c}\right)^3 V. \tag{105.3}$$

用同样的方法可以求出正电子气和电子气的能量：

$$E^+ = E^- = \frac{VT}{\pi^2}\left(\frac{T}{\hbar c}\right)^3 \int_0^\infty \frac{x^3 \mathrm{d}x}{\mathrm{e}^x + 1} = \frac{7\pi^2 T^4}{120(\hbar c)^3} V.$$

这个量是在同样体积中黑体辐射能量的 7/8.

习 题

试求出当 $T \ll mc^2$ 时电子和正电子的平衡密度.

解: 利用化学势的表达式(46.1a), 并把它加上 mc^2, 我们就得到：

$$n^+ n^- = 4\left(\frac{mT}{2\pi\hbar^2}\right)^3 \exp\left(-\frac{2mc^2}{T}\right),$$

式中 $n^- = N^-/V$ 和 $n^+ = N^+/V$ 各为电子和正电子的密度. 如果 n_0 为电子的初始密度(即没有电子对的产生时的密度), 则 $n^- = n^+ + n_0$, 因而我们得到：

$$n^+ = n^- - n_0 = -\frac{n_0}{2} + \left[\frac{n_0^2}{4} + \frac{1}{2\pi^3}\left(\frac{mc}{\hbar}\right)^6\left(\frac{T}{mc^2}\right)^3 \exp\left(-\frac{2mc^2}{T}\right)\right]^{1/2}.$$

第十一章
甚高密度物质的性质

§106 高密度物质的物态方程

研究物质在非常大的密度下的性质具有很基本的意义. 现在我们定性地考察这些性质随着密度的逐渐增加怎样变化.

当一个原子所占有的体积变得小于通常的原子大小时,原子就失去了个体性,于是物质变成高度压缩的电子-核等离子体. 如果物质的温度不是太高,则这种等离子体的电子成分是简并费米气体. 在§57末曾经指出这种气体的一个特殊性质:随着密度的增加它将更近于理想的. 因此当物质被高度压缩时,电子同核(以及彼此之间)的相互作用就变得无关紧要,而理想费米气体公式可用. 根据条件(57.9),上述情况在满足不等式

$$n_e \gg \left(\frac{m_e e^2}{\hbar^2}\right)^3 Z^2$$

时开始发生,式中 n_e 是电子数密度,m_e 是电子质量,Z 是物质的某一平均的原子序数. 由此,对于物质总的质量密度来说,我们得到不等式

$$\rho \gg \left(\frac{m_e e^2}{\hbar^2}\right)^3 m' Z^2 \sim 20 Z^2 \text{g/cm}^3, \tag{106.1}$$

式中 m' 是分到每个电子上的物质质量①,因此 $\rho = n_e m'$. 至于"核气体",则由于核质量很大,它远非简并,而它的贡献,例如对于物质的压强,在任何情况下与电子气的压强相比都完全可以忽略.

---

① 在本节所有的数值估计中都假定物质的平均原子重为平均原子序数的两倍,因此 m' 等于核子质量的两倍.

我们指出:与物质密度 $\rho \sim 20 Z^2 \text{g/cm}^3$ 对应的简并温度的数量级为 $10^6 Z^{4/3}$ K.

因此，在所考虑的条件下物质的热力学量可由将§57所得到的公式应用于电子成分而予确定．例如，对于压强我们有①

$$P = \frac{(3\pi^2)^{2/3}}{5} \frac{\hbar^2}{m_e} \left(\frac{\rho}{m'}\right)^{5/3}. \tag{106.2}$$

密度条件(106.1)给出关于压强的数值不等式

$$P \gg 5 \times 10^8 Z^{10/3} \text{bar}.$$

在上述各公式中，电子气是假设为非相对论性的．这就要求费米动量 p_F 比 mc 小得多(参看§61)，由此得出数值不等式

$$\rho \ll 2 \times 10^6 \text{g/cm}^3, \quad P \ll 10^{17} \text{bar}.$$

当电子气的密度和压强高到与上述值可比时，电子气变成相对论性的，而当不等式反向成立时，变成极端相对论性的．在后一种情形下，物态方程由公式(61.4)所确定，得②，

$$P = \frac{(3\pi^2)^{1/3}}{4} \hbar c \left(\frac{\rho}{m'}\right)^{4/3}. \tag{106.3}$$

再进一步提高密度就产生这样的状态：这时热力学上有利于电子被原子核俘获(同时放出中微子)的核反应．作为这种反应的结果，核电荷减少(而核重不变)，一般来讲这就使得核结合能减小，亦即质量亏损减小．足够高物质密度下这种过程在能量上的不利，足可由因电子数目减少所引起的简并电子气能量的减少而予以补偿．

要写出确定上述核反应的"化学平衡"的热力学条件并不困难．可以把上述核反应写成化学符号等式的形式

$$A_Z + e^- = A_{Z-1} + \nu,$$

式中 A_Z 代表核重为 A，电荷为 Z 的原子核；e^- 代表电子，ν 代表中微子．中微子不受物质的阻滞，因而离开物体；这样的过程必然使得物体持续不断地冷却．所以，仅当假设物质的温度等于零时，在这些条件下研究热平衡才有意义．这时平衡方程式中不应有中微子的化学势．核的化学势主要决定于它们的内能，后者我们用 $-\varepsilon_{A,Z}$ 来代表(通常把正的 $\varepsilon_{A,Z}$ 称为结合能)．最后，我们用 $\mu_e(n_e)$ 表

---

① 该公式给出数值估计：

$$P = 1.0 \times 10^{13} \left(\frac{\rho}{A'}\right)^{5/3} \text{dyn/cm}^2 = 1.0 \times 10^7 \left(\frac{\rho}{A'}\right)^{5/3} \text{bar}, \tag{106.2a}$$

式中 $A' = \frac{m'}{m_n}$ 为分在每个电子上的物质原子重(m_n 是核子质量)；ρ 以 g/cm³ 量度．

关于(106.2)式的粒子库仑相互作用修正，在§80中已经论及．

② 用与(106.2a)中同样的符号

$$P = 1.2 \times 10^9 \left(\frac{\rho}{A'}\right)^{4/3} \text{bar}. \tag{106.3a}$$

示电子气的化学势,它是气体中电子数密度 n_e 的函数. 于是化学平衡条件可写成形式

$$-\varepsilon_{A,Z} + \mu_e(n_e) = -\varepsilon_{A,Z-1},$$

引入符号 $\varepsilon_{A,Z} - \varepsilon_{A,Z-1} = \Delta$,则可写成:

$$\mu_e(n_e) = \Delta.$$

利用极端相对论性简并气体的化学势公式(61.2),我们就可由此得到:

$$n_e = \frac{\Delta^3}{3\pi^2(\hbar c)^3}. \tag{106.4}$$

因此,由平衡条件得出,电子密度为一常数值. 这意味着,如果逐渐增加物质的密度,则当电子密度达到(106.4)的值时,就开始发生上述的核反应. 如果继续压缩物质,那么就会有愈来愈多的核各俘获一个电子,以致电子总数减少,而其密度保持不变. 除了电子密度以外,物质的压强也保持常数,并且仍旧主要决定于电子气的压强;把(106.4)代入(106.3)后给出:

$$P = \frac{\Delta^4}{12\pi^2(\hbar c)^3}. \tag{106.5}$$

这样的过程将一直持续到所有的核都各俘获一个电子时为止.

在更高的密度和压强下,核将进一步俘获电子,而伴有核电荷的进一步减少. 结果,核包含的中子太多,以致变得不稳定而蜕变. 当密度为 $\rho \sim 3 \times 10^{11} \text{g/cm}^3$(压强为 $P \sim 10^{24}$ bar)时,中子在数目上开始超过电子,而当 $\rho \sim 10^{12} \text{g/cm}^3$ 时,则中子就其所产生的压强来讲也占优势(F. Hund, 1936). 从这里开始了密度的另一个范围:在那里,物质可以看成主要是简并中子费米气体,还有少量的电子和各种核,它们的浓度由相应核反应的平衡条件来确定. 在这个范围内物态方程为

$$P = \frac{(3\pi^2)^{2/3}}{5}\frac{\hbar^2}{m_n^{8/3}}\rho^{5/3} = 5.5 \times 10^3 \rho^{5/3} \text{bar}, \tag{106.6}$$

式中 m_n 是中子的质量.

最后,当密度 $\rho \gg 6 \times 10^{15} \text{g/cm}^3$ 时,简并中子气体变成极端相对论性的,而物态方程由下式确定:

$$P = \frac{(3\pi^2)^{1/3}}{4}\hbar c \left(\frac{\rho}{m_n}\right)^{4/3} = 1.2 \times 10^9 \rho^{4/3} \text{bar}. \tag{106.7}$$

然而,必须注意:当密度达到核物质密度的数量级时,特有的核力(核子的强相互作用)变得重要起来. 在这个密度值范围,公式(106.7)只具有定性的意义. 以我们对强相互作用现有的了解,还不能对显著超过核密度的物质状态作任何具体推断. 我们仅指出,在这个范围可以预料,除了中子以外还有其它粒子产生. 因为每种粒子占有各自的一组状态,中子转化为其它粒子,由于中子费米

分布的极限能量的减小也许在热力学上有利.

§107 大质量物体的平衡

我们来考虑质量很大的物体,它的各部分是靠万有引力维系在一起的. 我们所知道的实际的大质量物体都是以星球的形态存在的,它们不断地辐射出能量,因而决不是处于热平衡状态. 但是研究平衡状态下的大质量物体具有基本的意义. 这里我们将忽略温度对物态方程的影响,即考虑处于绝对零度下的物体("冷"物体). 在实际条件下外表面的温度比内部温度要低得多,因此考虑具有非零恒定温度的物体在任何情形下都没有物理意义.

我们进一步假设物体是不转动的;因此在平衡状态下它为球形,并且其密度分布是中心对称的.

物体中密度(和其它热力学量)的平衡分布可由下列各方程式求出. 牛顿引力势 φ 满足微分方程

$$\Delta\varphi = 4\pi G\rho,$$

式中 ρ 为物质的密度,G 为牛顿引力常数;在中心对称的情形下我们有:

$$\frac{1}{r^2}\frac{d}{dr}\left(r^2\frac{d\varphi}{dr}\right) = 4\pi G\rho. \tag{107.1}$$

此外,在热平衡状态下必须满足条件(25.2);在引力场中质量为 m' 的粒子其势能为 $m'\varphi$,因此我们有:

$$\mu + m'\varphi = 常数, \tag{107.2}$$

式中 m' 是物体粒子的质量,为简单起见已略去无外场时物质化学势的角标 0. 由(107.2)把 φ 用 μ 来表示,并代入方程(107.1),后者可写成形式

$$\frac{1}{r^2}\frac{d}{dr}\left(r^2\frac{d\mu}{dr}\right) = -4\pi m'G\rho. \tag{107.3}$$

当引力物体的质量增加时,它的平均密度自然也增加(这将由下面的计算证实). 因此当物体的总质量 M 足够大时,根据上节的叙述,可以把物体的物质看成为电子简并费米气体;最初是非相对论性的,当物体的质量更大时则是相对论性的.

非相对论性简并电子气的化学势依下式同物体密度 ρ 相联系:

$$\mu = \frac{(3\pi^2)^{2/3}}{2}\frac{\hbar^2}{m_e m'^{2/3}}\rho^{2/3} \tag{107.4}$$

(见(57.3)式,取 $\rho = \frac{m'N}{V}$;m' 为分配到每个电子上的质量,m_e 为电子质量). 由

此用 μ 来表示 ρ 并代入(107.3),我们得到①:

$$\frac{1}{r^2}\frac{\mathrm{d}}{\mathrm{d}r}\left(r^2\frac{\mathrm{d}\mu}{\mathrm{d}r}\right) = -\lambda\mu^{3/2}, \quad \lambda = \frac{2^{7/2}m_e^{3/2}m'^2 G}{3\pi\hbar^3}. \quad (107.5)$$

这个方程式的有物理意义的解必须在坐标原点没有奇异性:当 $r\to 0$ 时,$\mu\to$ 常数. 由这个要求自动地得出一阶导数应满足的条件:

$$\text{当 } r\to 0 \text{ 时}, \quad \frac{\mathrm{d}\mu}{\mathrm{d}r} = 0. \quad (107.6)$$

由方程(107.5)对 r 积分后,可以直接得出:

$$\frac{\mathrm{d}\mu}{\mathrm{d}r} = -\frac{\lambda}{r^2}\int_0^r r^2\mu^{3/2}\mathrm{d}r.$$

对方程(107.5)作简单的量纲研究,就可以得出一系列重要的结果. 方程(107.5)的解只包含两个独立的参量——常数 λ 和(例如)物体的半径 R,给定它们的值就单值地确定了解. 由这两个量只可以构成一个具有长度量纲的量——半径 R 本身,以及一个具有能量量纲的量:$\frac{1}{\lambda^2 R^4}$(常数 λ 的量纲是 $\mathrm{cm}^{-2}\cdot\mathrm{erg}^{-1/2}$). 因此函数 $\mu(r)$ 显然必须具有形式

$$\mu(r) = \frac{1}{\lambda^2 R^4}f\left(\frac{r}{R}\right), \quad (107.7)$$

式中 f 是只依赖于无量纲比值 $\frac{r}{R}$ 的某一函数. 因为密度 ρ 正比于 $\mu^{3/2}$,所以密度分布必须具有形式

$$\rho(r) = \frac{\text{常数}}{R^6}F\left(\frac{r}{R}\right).$$

因此当球的大小变化时,其密度分布保持相似形式,并且在对应点上的密度变化与 R^6 成反比. 特别是,球的平均密度反比于 R^6:

$$\bar{\rho} \propto \frac{1}{R^6}.$$

因而物体的总质量 M 反比于半径的立方:

---

① 容易看出:对于由电子和原子核所构成的电中性气体,可以把平衡条件写成(107.2)的形式,其中 μ 取电子的化学势,而 m' 取分配到每个电子上的质量. 实际上这个平衡条件的推导(§25)涉及考察将无限小量的物质从一处移到另一处. 但是在这种由带异号电荷粒子所构成的气体中,必须把这样的迁移理解为一定量中性物质(即电子和核一起)的迁移. 把异号电荷分开在能量上非常不利,因为这时产生很强的电场. 因此我们得到如下形式的平衡条件:

$$\mu_{\text{nuc}} + Z\mu_{\text{el}} + (m_{\text{nuc}} + Zm_{\text{el}})\varphi = 0$$

(每一个核分配到 Z 个电子). 由于核的质量比电子质量大得多,它们的化学势比 μ_{el} 小得多. 忽略掉 μ_{nuc} 并把上面方程的两边除以 Z,我们就得到:

$$\mu_{\text{el}} + m'\varphi = 0.$$

与在 §106 中一样,在本节的数值估计中假设 m' 等于核子质量的两倍 $(m' = 2m_n)$.

§107 大质量物体的平衡

$$M \propto \frac{1}{R^3}.$$

这两个关系式也可以写成形式

$$R \propto M^{-1/3}, \quad \bar{\rho} \propto M^2. \tag{107.8}$$

因此处于平衡状态的球体其线度反比于其总质量的立方根,而平均密度正比于质量的平方. 后一个结论证实了上面所作的假设:引力物体的密度随其质量的增加而增加.

由非相对论性的简并费米气体所构成的引力球体可在总质量 M 为任何值的情况下处于平衡状态——这一事实可从下面的定性讨论预见到. 这种气体的粒子总动能正比于 $N\left(\dfrac{N}{V}\right)^{2/3}$(参看(57.6)),也就是正比于 $\dfrac{M^{5/3}}{R^2}$,而整个气体的引力势能是负的,并且正比于 $\dfrac{M^2}{R}$. 这样的两个表达式之和可以在任何 M 值下具有极小值(作为 R 的函数),并且在极小点 $R \propto M^{-1/3}$.

把(107.7)代入(107.5),并引入无量纲变量 $\xi = \dfrac{r}{R}$,我们发现函数 $f(\xi)$ 满足方程

$$\frac{1}{\xi^2} \frac{\mathrm{d}}{\mathrm{d}\xi}\left(\xi^2 \frac{\mathrm{d}f}{\mathrm{d}\xi}\right) = -f^{3/2}, \tag{107.9}$$

并有边界条件

$$f'(0) = 0, \quad f(1) = 0.$$

这个方程没有解析解,而必须作数值积分. 这里指出:

$$f(0) = 178.2, \quad f'(1) = -132.4.$$

借助于这两个数值很容易确定常数 MR^3 的值. 把方程式(107.1)乘以 $r^2 \mathrm{d}r$ 并从 0 积分到 R,我们就得到:

$$GM = R^2 \frac{\mathrm{d}\varphi}{\mathrm{d}r}\bigg|_{r=R} = -\frac{R^2}{m'} \frac{\mathrm{d}\mu}{\mathrm{d}r}\bigg|_{r=R} = -\frac{f'(1)}{m'\lambda^2 R^3},$$

由此得出

$$MR^3 = 91.9 \frac{\hbar^6}{G^3 m_e^3 m'^5} = 2.2 \times 10^{13}\left(\frac{m_\mathrm{n}}{m'}\right)^5 \odot \mathrm{km}^3, \tag{107.10}$$

式中 $\odot = 2 \times 10^{33}\mathrm{g}$ 是太阳质量. 最后,很容易求出中心密度 $\rho(0)$ 与平均密度 $\bar{\rho} = \dfrac{3M}{4\pi R^3}$ 的比值为:

$$\frac{\rho(0)}{\bar{\rho}} = -\frac{f^{3/2}(0)}{3f'(1)} = 5.99. \tag{107.11}$$

图 50 中的曲线 1 图示出比值 $\dfrac{\rho(r)}{\rho(0)}$ 作为 $\dfrac{r}{R}$ 的函数①.

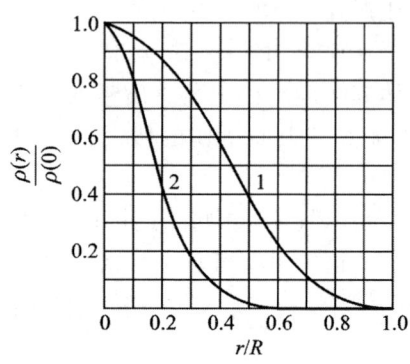

图 50

现在我们来研究由极端相对论性的简并电子气所构成的球体的平衡. 这种气体的粒子总动能正比于 $N\left(\dfrac{N}{V}\right)^{1/3}$ （参看(61.3)），也就是正比于 $\dfrac{M^{4/3}}{R}$；而引力势能正比于 $-\dfrac{M^2}{R}$. 因此，这两个量以同样的方式依赖于 R，而它们的和也具有形式：常数 $\cdot R^{-1}$. 由此得出结论：一般来讲，物体不可能处于平衡状态：如果常数 >0，则它有膨胀的趋势，直到气体变成非相对论性时为止；如果常数 <0，则与总能量的降低相对应的是 R 趋向于 0，即物体将无限制地收缩. 只有在常数 $=0$ 的特殊情形下，物体才可能处于平衡状态，并且是处于 R 为任意值的随遇平衡状态.

这些定性的讨论自然完全被定量的精确分析所证实. 所考虑的相对论性气体的化学势同密度的关系为（参看(61.2)）：

$$\mu = (3\pi^2)^{1/3} \hbar c \left(\dfrac{\rho}{m'}\right)^{1/3}. \tag{107.12}$$

代替方程式(107.5)，我们现在得到：

$$\dfrac{1}{r^2}\dfrac{d}{dr}\left(r^2 \dfrac{d\mu}{dr}\right) = -\lambda \mu^3, \quad \lambda = \dfrac{4Gm'^2}{3\pi c^3 \hbar^3}. \tag{107.13}$$

现在 λ 的量纲为 $\mathrm{erg}^{-2}\mathrm{cm}^{-2}$，注意到这一点，我们就发现：化学势作为 r 的函数必须具有形式

---

① 在上一节中我们看到：当密度 $\rho \gg 20Z^2 \mathrm{g/cm^3}$ 时，物质可以看成是非相对论性的简并电子气. 如果要求所考虑球体的平均密度满足这个不等式，则对于它的质量得到条件
$$M \gg 5 \times 10^{-3} Z \odot;$$
相应于这样的质量，半径小于 $5 \times 10^4 Z^{-1/3}$ km.

$$\mu(r) = \frac{1}{R\sqrt{\lambda}} f\left(\frac{r}{R}\right), \qquad (107.14)$$

而密度分布为

$$\rho(r) = \frac{\text{常数}}{R^3} F\left(\frac{r}{R}\right).$$

因此平均密度现在反比于 R^3，而总质量 $M \propto R^3 \bar{\rho}$ 是一个与球体大小无关的常数：

$$\bar{\rho} \propto \frac{1}{R^3}, \quad M = \text{常数} \equiv M_0. \qquad (107.15)$$

M_0 是平衡成为可能的唯一质量值；当 $M > M_0$ 时，物体有无限收缩的趋势，而当 $M < M_0$ 时，物体膨胀.

要精确地计算"临界质量"M_0，必须数值积分 (107.14) 中函数 $f(\xi)$ 所满足的方程:

$$\frac{1}{\xi^2} \frac{\mathrm{d}}{\mathrm{d}\xi}\left(\xi^2 \frac{\mathrm{d}f}{\mathrm{d}\xi}\right) = -f^3, \quad f'(0) = 0, \quad f(1) = 0. \qquad (107.16)$$

我们现在得到:

$$f(0) = 6.897, \quad f'(1) = -2.018.$$

对于总质量我们求出:

$$GM_0 = R^2 \frac{\mathrm{d}\varphi}{\mathrm{d}r}\bigg|_{r=R} = -\frac{f'(1)}{m'\sqrt{\lambda}},$$

由此得出

$$M_0 = \frac{3.1}{m'^2}\left(\frac{\hbar c}{G}\right)^{3/2} = 5.8\left(\frac{m_\mathrm{n}}{m'}\right)^2 \odot. \qquad (107.17)$$

令 $m' = 2m_\mathrm{n}$，我们得到 $M_0 = 1.45\odot$. 最后，中心密度与平均密度的比值等于

$$\frac{\rho(0)}{\bar{\rho}} = -\frac{f^3(0)}{3f'(1)} = 54.2.$$

在图 50 中的曲线 2 给出在极端相对论性的情形下 $\frac{\rho(r)}{\rho(0)}$ 作为 $\frac{r}{R}$ 的函数[①].

上面所得到的一个结果是关于平衡"冷"球体的质量和半径之间在 R 的整个变化范围内的依赖关系，它可以表示成确定依赖关系的 $M = M(R)$ 单一曲线. 当 R 很大（因而物体的密度很小）时，电子气可以看成是非相对论性的，因而函数 $M(R)$ 按 $M \propto R^{-3}$ 的规律下降. 当 R 足够小时，密度可以很大，以至于出现极端相对论性的情形，这时函数 $M(R)$ 差不多是常数 M_0（严格地讲，$R \to 0$ 时，

---

① 有关引力气体球平衡时 P 随 ρ 的幂律依赖关系问题由埃姆登（R. Emden, 1907）进行了研究. 有关极限质量的存在及其值 (107.17) 物理论证由 C. 钱德拉塞卡（C. Chandrasekhar, 1931）和 Л. Д. 朗道（1932）作出.

$M(R) \to M_0$). 在图 51 中显示了取 $m' = 2m_n$ 而计算出来的 $M = M(R)$ 曲线①. 必须注意到:极限值 $1.45\odot$ 只是渐渐地达到;这是因为密度随着远离物体中心而很快地下降;因此中心附近气体可以已经是极端相对论性的,而同时在物体的绝大部分体积内却还是非相对论性的. 还应当指出:曲线的开始部分(R 太小)没有实际物理意义. 事实上,当半径过小时,密度变得如此之大,以致在物质中开始发生核反应. 这时随着密度的增加,压强增长比 $\rho^{4/3}$ 慢,而在这样的物态方程下,一般来讲,任何平衡都是不可能的②.

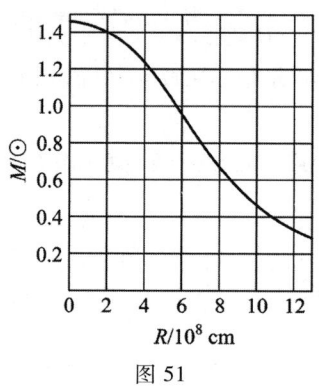

图 51

最后,当 R 值太大(因而 M 太小)时这条曲线也失去意义;如以前所证明的(参看本节第二个脚注),我们用的物态方程在这个范围内已不适用. 与此相联系,应当指出:"冷"物体通常可能具有的大小存在上限. 事实上,在图 51 中,物体的大线度对应于小质量和小密度. 但是当密度足够小时,物质将处于通常的"原子"状态,并且在所考虑的低温下将成为固体. 由这样的物质构成的物体,当进一步减少质量时,其大小显然要减小而不会像图 51 那样反而增加. 因而 $R = R(M)$ 的实际曲线必然在某一 M 值处有极大.

注意到这个半径的极大值必定对应于电子同核的相互作用变得重要的密度,即

$$\rho \sim \left(\frac{m_e e^2}{\hbar^2}\right)^3 m' Z^2$$

(参看(106.1)),容易确定半径的数量级. 把这个密度式与(107.10)式结合,我们就得到:

---

① 曲线的中间部分,通过利用简并气体的精确相对论性物态方程(参看 §61 习题 3)数值积分(107.3)而绘出.

② 如果化学势正比于密度的某次幂:$\mu \propto \rho^n$(因而 $P \propto \rho^{n+1}$),则物体的内能正比于 $V\rho^{n+1}$,亦即 M^{n+1}/R^{3n};而引力势能仍旧正比于 $-M^2/R$. 于是很容易看出:当 $n < 1/3$ 时,两个这样表达式之和作为 R 的函数虽然也具有极值,但这个极值是极大而不是极小.

$$R_{\max} \sim \frac{\hbar^2}{G^{1/2}em_em'Z^{1/3}} \sim 10^5 \frac{m_n}{m'Z^{1/3}}\text{km}. \tag{107.18}$$

§108 引力物体的能量

大家知道,物体的引力势能 E_{gr} 由下式给出:

$$E_{gr} = \frac{1}{2}\int \rho\varphi dV, \tag{108.1}$$

此处积分遍及物体的整个体积. 但是从这个量的另一表达式出发更为方便,它可以用下述方式求得. 我们设想:物体是由"取"自无穷远的物质逐渐"构成"的. 设 $M(r)$ 是半径为 r 的球内所包含物质的质量. 我们假设 r 为某一值的质量 $M(r)$ 已经从无穷远取来;于是为了移送一附加质量 $dM(r)$ 所需作的功,就等于这一质量(以半径为 r 且厚度为 dr 的球壳形式分布)在质量 $M(r)$ 的引力场中的势能,即

$$-\frac{GM(r)}{r}dM(r).$$

因此半径为 R 的球体其总引力势能为

$$E_{gr} = -G\int \frac{M(r)}{r}dM(r). \tag{108.2}$$

把平衡条件(107.2)进行微分,我们得到:

$$v\frac{dP}{dr} + m'\frac{d\varphi}{dr} = 0$$

(微分必须在恒温下取,$\left(\frac{\partial\mu}{\partial P}\right)_T = v$ 是单粒子体积). 微商 $-\frac{d\varphi}{dr}$ 是作用于离中心距离为 r 处的单位质量的引力,它等于 $-\frac{GM(r)}{r^2}$. 再引入密度 $\rho = \frac{m'}{v}$,我们就得到:

$$\frac{1}{\rho}\frac{dP}{dr} = -\frac{GM(r)}{r^2}. \tag{108.3}$$

根据此式把 $\frac{GM(r)}{r}$ 用 $\frac{dP}{dr}$ 表示,并且记 $dM(r) = \rho(r) \cdot 4\pi r^2 dr$,(108.2)式可表示成

$$E_{gr} = 4\pi\int_0^R r^3 \frac{dP}{dr}dr,$$

然后进行分部积分(并考虑到在物体的表面上,$P(R) = 0$,并且当 $r\to 0$ 时,$r^3 P \to 0$),得到

$$E_{gr} = -12\pi\int_0^R Pr^2 dr,$$

即

$$E_{gr} = -3\int P dV. \tag{108.4}$$

因此,平衡物体的引力势能可以表示为它的压强对体积积分的形式.

我们把这个公式应用于上节所考虑的由简并费米气体构成的物体. 我们对一般情形计算,并假设物质的化学势正比于密度的某次幂:

$$\mu = K\rho^{1/n}. \tag{108.5}$$

考虑到: $d\mu = vdP = \dfrac{m'}{\rho}dP$,得到压强

$$P = \dfrac{K}{(n+1)m'}\rho^{1+1/n}. \tag{108.6}$$

在平衡条件

$$\dfrac{\mu}{m'} + \varphi = 常数$$

中,右边的常数就是物体表面上的势,那里 μ 变成零;这个势等于 $-\dfrac{GM}{R}$($M = M(R)$ 是物体的总质量),因此可以写:

$$\varphi = -\dfrac{\mu}{m'} - \dfrac{GM}{R}.$$

把这个式子代入决定引力势能的积分(108.1),并利用公式(108.5)、(108.6),我们求出:

$$E_{gr} = -\dfrac{1}{2m'}\int \mu\rho dV - \dfrac{GM}{2R}\int \rho dV = -\dfrac{n+1}{2}\int P dV - \dfrac{GM^2}{2R}.$$

最后,根据(108.4)把等式右边的积分用 E_{gr} 表示,我们就得到:

$$E_{gr} = -\dfrac{3}{5-n}\dfrac{GM^2}{R}. \tag{108.7}$$

因此,物体的引力势能可以通过它的总质量和半径由一个简单的公式表示出来.

对于物体内部的热能 E 也可以得到一个类似的公式. 单粒子的内能等于 $\mu - Pv$(在温度和熵等于零的条件下);因此单位体积的能量为

$$\dfrac{1}{v}(\mu - Pv) = \dfrac{\rho\mu}{m'} - P = nP$$

(推导后一等式时用了公式(108.5)和(108.6)). 因此整个物体的内能为

$$E = n\int P dV = -\dfrac{n}{3}E_{gr} = \dfrac{n}{5-n}\dfrac{GM^2}{R}. \tag{108.8}$$

最后,物体的总能量为

$$E_{tot} = E + E_{gr} = -\dfrac{3-n}{5-n}\dfrac{GM^2}{R}. \tag{108.9}$$

对于非相对论性的简并气体,我们有 $n = \dfrac{3}{2}$,因此①

$$E_{\mathrm{gr}} = -\frac{6}{7}\frac{GM^2}{R}, \quad E = \frac{3}{7}\frac{GM^2}{R}, \quad E_{\mathrm{tot}} = -\frac{3}{7}\frac{GM^2}{R}. \tag{108.10}$$

而在极端相对论性的情形下,我们有 $n = 3$,因此

$$E_{\mathrm{gr}} = -E = -\frac{3}{2}\frac{GM^2}{R}, \quad E_{\mathrm{tot}} = 0. \tag{108.11}$$

在这种情形下总能量等于0,这与前一节关于这种物体的平衡所作的定性讨论是一致的②.

§109 中子球体的平衡

大质量的物体存在两种可能的平衡状态. 一种对应于物质的电子-核状态,§107中数值计算时就是这样假设的. 另一种则对应于物质的"中子"状态,那里差不多所有的电子都被质子所俘获,而物质可以看成是中子气体. 当物体的质量足够大时,第二种可能性必然变得比第一种在热力学上更为有利(W. Baade, F. Zwicky, 1934). 虽然核和电子转变成自由中子有相当大的能量耗费,但是当物体的总质量足够大时,物体由于线度减小和密度增加而释放出的引力能量足以抵消能量耗费.

首先我们来研究这样的问题:在什么条件下物体的中子状态可以有热力学平衡(即便是亚稳定的). 为此,我们从平衡条件

$$\mu + m_{\mathrm{n}}\varphi = 常数$$

出发,式中 μ 为化学势(单中子的热力学势),m_{n} 为中子质量,φ 为引力势.

因为在物体边界处压强必须等于零,显然在物体的某个外层物质有不大的压强和密度,因而处于电子-核状态. 虽然这一"壳"层的厚度也会与内部稠密的中子"核心"的半径可比,但是由于这一层的密度很小,可以认为它的总质量比核心的质量小得多③.

我们在两个位置即稠密核心边界附近和壳的外边界附近,比较它们的 $\mu + m_{\mathrm{n}}\varphi$. 在这两点的引力势可以认为各等于 $-\dfrac{GM}{R}$ 和 $-\dfrac{GM}{R'}$,其中 R 和 R' 分别为核心和壳的半径,而 M 为核心的质量,在我们所作的近似下等于物体的总质量. 至于

---

① 值得注意:在这种情形下,$2E = -E_{\mathrm{gr}}$,这与力学中按牛顿定律相互作用的粒子系统所适用的位力定理(参看本教程第一卷§10)是一致的.

② 为避免误解,应该提醒:相对论性内能 E(因之还有(108.11)中的 E_{tot})含有(产生压强 P 的)粒子的静止能量. 如果 E_{tot} 定义为物体的"结合能"(不记散布在空间中的物质的能量),则应该从中扣除粒子的静止能量.

③ 自然,在"核心"和"壳"之间并没有任何显著的边界存在,它们之间以连续的方式过渡.

化学势,则在这两种情形下主要都决定于相应粒子的内能(结合能),它们比热能要大得多.因此可以令这两个化学势之差就等于每单位原子量的中性原子(即核和 Z 个电子)的静止能量和中子静止能量之差;这个量用 Δ 表示.因此令 $\mu + m_n \varphi$ 之值在所考虑的两个位置的值相等,我们就得到:

$$m_n MG \left(\frac{1}{R} - \frac{1}{R'} \right) = \Delta.$$

由此可以看出:不论半径 R' 的值如何,中子核心的质量和半径都必须满足不等式

$$\frac{m_n MG}{R} > \Delta. \tag{109.1}$$

从另一方面来看,把§107的结果应用于由(非相对论性)简并中子气体构成的球体,可知 M 和 R 彼此联系如下式:

$$MR^3 = 91.9 \frac{\hbar^6}{G^3 m_n^8} = 3.6 \times 10^3 \odot \cdot \text{km}^3 \tag{109.2}$$

(即(107.10)式,但式中 m_e 和 m' 应改为 m_n).由此把 M 用 R 来表示并代入(109.1),我们就得到关于 M 的不等式.其数值估计为:

$$M > \sim 0.2 \odot.$$

例如,取氧的 Δ 值,则我们得到 $M > 0.17 \odot$,对铁则 $M > 0.18 \odot$.这样的质量相当于半径 $R < 26\text{km}$[①].

所得到的这个不等式确定了一个质量下限,低于它时物体的中子状态绝不可能稳定.但是它并不保证状态的完全稳定性,状态也可能是亚稳的.为了确定亚稳性的界限,必须比较物体在中子状态和电子-核状态的总能量.从一方面来讲,整个质量 M 从电子-核状态转变到中子状态要求损耗能量

$$\frac{M}{m_n} \Delta$$

以补偿核结合能.从另一方面来讲,这时由于物体的收缩发生能量的释放;根据公式(108.10),这一能量增益等于

$$\frac{3GM^2}{7} \left(\frac{1}{R_n} - \frac{1}{R_e} \right),$$

式中 R_n 为物体在中子状态的半径,由公式(109.2)所确定;R_e 为物体在电子-核状态的半径,由公式(107.10)确定.因为 $R_e \gg R_n$,所以可略去 $\frac{1}{R_e}$,我们得到如下保证物体的中子状态完全稳定的条件(省略掉 R_n 的角标):

$$\frac{3GMm_n}{7R} > \Delta. \tag{109.3}$$

[①] 值得强调:本节中的数值估算基于对物质结构的简单假设,不应该赋予过分的直接天文物理学涵义.

§109 中子球体的平衡

把这个条件同条件(109.1)进行比较,并考虑(109.2),我们就看到:由不等式(109.3)所确定的下限质量高于由(109.2)所得值达 $\left(\dfrac{7}{3}\right)^{3/4} = 1.89$ 倍. 因此,中子状态的亚稳性极限数值上位于质量

$$M \approx \dfrac{1}{3}\odot$$

(而半径 $R \approx 22$ km)①.

现在我们来讨论中子物体仍有平衡状态的质量值上限问题. 假如我们应用 §107 的结果(公式(107.17),但以 m_n 代替 m'),那么我们就会得到这个上限值为 $6\odot$. 但是实际上, §107 的结果并不适用于这里所考虑的情形,原因如下: 在相对论性的中子气体中,粒子的动能与静止能量同数量级(或更大)②,而引力势 $\varphi \sim c^2$. 由于这个缘故,牛顿引力理论已变得不适用,而必须根据广义相对论来进行计算. 同时我们在下面将会看到,极端相对论性的情形是根本达不到的;因此必须用简并费米气体的精确物态方程(见 §61 的习题3)来进行计算.

数值积分中心对称的静引力场方程完成计算,可得结果如下③:平衡中子球体质量的极限值只不过 $M_{\max} = 0.76\odot$,并且这个值在有限的半径(等于 $R_{\min} = 9.4$ km)下就已经达到;在图 52 描绘了所得到的质量 M 对半径 R 的依赖关系曲线. 因此,质量更大或半径更小的稳定中子球体不可能存

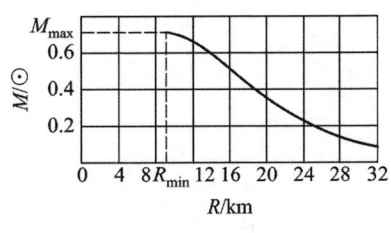

图 52

在. 应该指出:这里的质量 M 我们理解为乘积 $M = Nm_n$,式中 N 为球体中粒子(中子)的总数. 这个质量与决定物体在周围空间产生引力场的引力质量 M_{gr} 并不一致. 由于"引力质量亏损"的缘故,在稳定状态下始终有 $M_{gr} < M$(例如,在 $R = R_{\min}$ 时, $M_{gr} = 0.95M$)④.

至于质量超过 $M_{\max}$ 时球体的性状问题,事先可知,它将趋向于无限地收缩.

---

① 这时物体的平均密度等于 1.4×10^{13} g/cm³,因此中子气体实际上仍旧可以认为是非相对论性的,而上面所用的各式仍旧适用.

② 在相对论性的电子气中,粒子的动能虽然与电子的静止能量同数量级,但是同构成物质主要质量的核的静止能量相比仍旧很小.

③ 关于计算的细节,可参看原始文献 Oppenheimer J R, Volkoff G M. Phys. Rev. ,1939,55:374.

④ 图 52 中的点 $R = R_{\min}$ 实际上是曲线 $M = M(R)$ 的极大点. 在极大点之外,该曲线以内旋螺线的形式延伸,螺线渐近地趋于某个中心. 球心的密度是沿整条曲线单调递增的参量,对于与螺线极限点对应的球体,它趋向于无穷大(Н. А. Дмитриев, С. А. Холин, 1963). 但是曲线在 $R < R_{\min}$ 的部分并不对应于球的稳定态.

相应的研究参看 Дмитриев Н А, Холин С А. Вопросы космогонии, 1963, 9; Гаррисон Б К, Торн К С, Вакано М, Уилер Дж А. Теория гравитации и гравитационный коллапс. М. : Мир, 1967(Harrison B K, Thorne K S, Wakano M, Wheeler J A. Gravitation Theory and Gravitational Collapse. Chicago: University of Chicago Press, 1965).

这种无限制的**引力坍缩**的特点在本教程的另一卷中研究(参看第二卷§102—§104).

在 $M > M_{max}$ 时(对于所考虑的球体模型)引力坍缩必不可免,应当指出,这种坍缩的大体可能性实际上并不限于大质量."坍缩的"状态对于任何质量都存在,但是在 $M < M_{max}$ 时,它被非常高的势垒与静止平衡状态隔开[1].

---

[1] 参看 Зельдович Я Б. ЖЭТФ, 1962, 42: 641.

第十二章

涨落

§110 高斯分布

我们已经一再强调：表征处于平衡状态的宏观物体的各物理量，实际上总是在很大的精确程度上等于它们的平均值. 但是对平均值的偏离无论多么小，它们总是存在的(通常说：这些量在**涨落**)，因而产生寻求这些偏差的概率分布的问题.

我们来考虑某一闭合系统，设 x 为表征整个系统或其某一部分的某个物理量(在前一种情况下，这个量不一定要像能量那样在闭合系统中严格地保持恒定). 今后，为方便起见，假设已经从 x 中减去平均值 $\bar{x}$，因此在下面处处假定 $\bar{x}=0$.

在 §7 中所作的讨论表明：如果把系统的熵形式地看成子系统能量精确值的函数，那么函数 e^S 给出能量的概率分布(公式(7.17)). 但是很容易看出：在讨论中根本没有用到能量特有的任何性质. 因此，同样的推理可导致下面的结果：x 这个量的值在 x 和 $x+\mathrm{d}x$ 间隔内的概率正比于 $e^{S(x)}$，式中 $S(x)$ 是在形式上作为 x 精确值的函数的熵. 把这个概率用 $w(x)\mathrm{d}x$ 来表示，我们有[①]：

$$w(x) = 常数 \cdot e^{S(x)}. \quad (110.1)$$

在对该公式进一步研究以前，先考虑一下它的适用范围. 得出公式(110.1)的整个推导隐含地假定了 x 这个量的经典性质[②]. 因此我们必须求出保证量子效应可以忽略的条件.

在量子力学中大家知道，在能量和某一个量 x 二者的量子不确定度之间存

[①] 该公式首先由 A. 爱因斯坦(1907)用于研究涨落.
[②] 当然，这并不意味着整个系统必须是经典的. 系统的(除 x 以外的)其它量可以是量子性的.

在着关系式
$$\Delta E \Delta x \sim \hbar \dot{x},$$
式中 $\dot{x}$ 是 x 这个量的经典变化率(参看第三卷§16).

设我们所感兴趣的 x 这个量具有非平衡值,且它的变化率可以用时间 τ 来表征[①];这时 $\dot{x} \sim \dfrac{x}{\tau}$,因此
$$\Delta E \Delta x \sim \frac{\hbar x}{\tau}.$$
显然,x 这个量只能在其量子不确定度很小的条件下:$\Delta x \ll x$,可以说具有确定值;于是
$$\Delta E \gg \frac{\hbar}{\tau}.$$
由此可见,能量的不确定度必须比 $\dfrac{\hbar}{\tau}$ 大得多. 因而系统的熵这时具有不确定度
$$\Delta S \gg \frac{\hbar}{\tau T}.$$
要使公式(110.1)具有实际意义,显然必须使熵的不确定度远小于1:$\Delta S \ll 1$,由此得出
$$T \gg \frac{\hbar}{\tau}, \quad \tau \gg \frac{\hbar}{T}. \tag{110.2}$$
这就是所求的条件. 当温度太低或 x 这个量的变化太快(τ 太小)时,涨落就不能再按热力学处理,而纯量子的涨落将起首要的作用.

现在我们回到(110.1)式. 熵 S 在 $x = \bar{x} = 0$ 时具有极大值. 因此
$$\left.\frac{\partial S}{\partial x}\right|_{x=0} = 0, \quad \left.\frac{\partial^2 S}{\partial x^2}\right|_{x=0} < 0.$$
涨落中的 x 这个量很小. 把 $S(x)$ 展开成 x 的幂级数,并只取到二次项,我们得到:
$$S(x) = S(0) - \frac{\beta}{2}x^2, \tag{110.3}$$
式中 β 是一正常数. 代入(110.1),我们就得到下面形式的概率分布:
$$w(x)\,dx = A\exp\left(-\frac{\beta}{2}x^2\right)dx.$$
归一化常数 A 由条件
$$\int w(x)\,dx = 1$$

---

① 时间 τ 并不一定是 x 这个量达到平衡值的弛豫时间,如果它以振荡的方式趋于 $\bar{x}$,则 τ 可以小于弛豫时间. 例如,如果我们所讨论的是物体的某一小部分(其线度 $\sim a$)中压强的变化,那么 τ 与波长为 $\lambda \sim a$ 的声振动的周期同数量级,即 $\tau \sim a/c$,其中 c 为声速.

给出. 虽然我们在这里所用的 $w(x)$ 的表达式只适用于很小的 x, 但是被积函数随 $|x|$ 的增加而很快地减小, 所以积分范围可以拓展为从 $-\infty$ 到 $+\infty$ 的所有值. 积分后我们得到 $A = \sqrt{\beta/2\pi}$.

因此涨落 x 的不同值的概率分布由以下公式确定:

$$w(x)\,dx = \sqrt{\frac{\beta}{2\pi}}\exp\left(-\frac{\beta}{2}x^2\right)dx. \tag{110.4}$$

这种类型的分布称为**高斯分布**; 它在 $x = 0$ 处具有极大值, 并在其两侧对称地随着 $|x|$ 的增加而很快减小.

涨落的方均值等于

$$\langle x^2 \rangle = \int_{-\infty}^{\infty} x^2 w(x)\,dx = \frac{1}{\beta}. \tag{110.5}$$

所以高斯分布可以写成

$$w(x)\,dx = \frac{1}{\sqrt{2\pi\langle x^2\rangle}}\exp\left(-\frac{x^2}{2\langle x^2\rangle}\right)dx. \tag{110.6}$$

正如所料, $\langle x^2 \rangle$ 愈小, 则 $w(x)$ 的极大值愈尖锐.

应该指出, 知道了方均值 $\langle x^2 \rangle$, 就可以求出任何函数 $\varphi(x)$ 的方均值. 由于 x 很小我们有[①]:

$$\langle (\Delta\varphi)^2 \rangle = \left(\frac{d\varphi}{dx}\right)_{x=0}^2 \langle x^2 \rangle. \tag{110.7}$$

§111 多个热力学量的高斯分布

在上节中, 我们讨论了任意一个热力学量偏离其平均值的概率, 而并不考虑其它量的值, 亦即认为它们取值任意[②]. 用类似的方式也可以确定一系列热力学量同时偏离各自平均值的概率; 我们用 $x_1, x_2, \cdots, x_n$ 来代表这些偏差.

我们引入熵 $S(x_1, \cdots, x_n)$ 作为所考虑各量 $x_1, x_2, \cdots, x_n$ 的函数, 并且用 (110.1) 的 w 把概率分布写成

$$w\,dx_1\,dx_2\cdots dx_n.$$

我们把 S 按 x_i 的幂次展开; 取到二次项, 差 $S - S_0$ 可以表示为负定二次型的形式

$$S - S_0 = -\frac{1}{2}\sum_{i,k=1}^{n}\beta_{ik}x_ix_k.$$

显然 $\beta_{ik} = \beta_{ki}$. 在本节中以后我们将省略求和号, 而总是约定对重复出现两次的

[①] 当然, 这里假定了对于 $x \sim \sqrt{\langle x^2 \rangle}$ 的取值函数 $\varphi(x)$ 改变很小, 而且在 $x = 0$ 处导数 $\dfrac{d\varphi}{dx}$ 不为零.

[②] 这意味着: 我们在 §110 中所用的函数 $S(x)$ 是在给定的非平衡值 x 下熵可能取的最大值.

角标求和(遍及从 1 到 n 的所有值). 于是我们记:

$$S - S_0 = -\frac{1}{2}\beta_{ik}x_i x_k. \tag{111.1}$$

把这个式子代入(110.1),我们就得到所求的概率分布的表达式

$$w = A\exp\left(-\frac{1}{2}\beta_{ik}x_i x_k\right). \tag{111.2}$$

常数 A 取决于归一化条件 $\int w\mathrm{d}x_1\cdots\mathrm{d}x_n = 1$,其中(根据和§110中同样的理由)对所有 x_i 的积分都可以从 $-\infty$ 取到 ∞. 积分可计算如下. 我们对上述各量 x_i 作线性变换

$$x_i = a_{ik}x'_k, \tag{111.3}$$

它把二次型 $\beta_{ik}x_i x_k$ 化为平方和 $x'_i x'_i$. 为了满足

$$\beta_{ik}x_i x_k = x'_i x'_i \equiv x'_i x'_k \delta_{ik},$$

变换系数 a_{ik} 应满足

$$\beta_{ik}a_{il}a_{km} = \delta_{lm}. \tag{111.4}$$

这个等式的左边量的矩阵行列式等于行列式 $\beta = |\beta_{ik}|$ 和两个行列式 $a = |a_{ik}|$ 的乘积. 然而,行列式 $|\delta_{ik}| = 1$,所以由上述关系式得出

$$\beta a^2 = 1. \tag{111.5}$$

从变量 x_i 到变量 x'_i 的线性变换的雅可比式是常量即行列式 a. 所以变换以后归一化的积分分解成 n 个相同积分的乘积,考虑到(111.5)就得到

$$Aa\left[\int_{-\infty}^{\infty}\exp\left(-\frac{1}{2}x'^2\right)\mathrm{d}x'\right]^n = \frac{A}{\sqrt{\beta}}(2\pi)^{n/2} = 1.$$

因此我们最后求出多变量高斯分布的形式为

$$w = \frac{\sqrt{\beta}}{(2\pi)^{n/2}}\exp\left(-\frac{1}{2}\beta_{ik}x_i x_k\right). \tag{111.6}$$

我们引入

$$X_i = -\frac{\partial S}{\partial x_i} = \beta_{ik}x_k, \tag{111.7}$$

称之为量 x_i 的**热力学共轭量**[①]. 乘积 $x_i X_k$ 的平均值由下式确定:

$$\langle x_i X_k \rangle = \frac{\sqrt{\beta}}{(2\pi)^{n/2}}\int\cdots\int x_i \beta_{kl} x_l \exp\left(-\frac{1}{2}\beta_{ik}x_i x_k\right)\mathrm{d}x_1\cdots\mathrm{d}x_n.$$ 为了求出这个积分,我

[①] 值得注意,在线性关系(111.7)下,共轭性是双向的;如果同一个熵 S 用 X_i 各量表示,则

$$x_i = -\frac{\partial S}{\partial X_i}. \tag{111.7a}$$

实际上,利用(111.7)我们有

$$\mathrm{d}S = -X_k\mathrm{d}x_k = -\beta_{ki}x_i\mathrm{d}x_k = -x_i\mathrm{d}(\beta_{ik}x_k) = -x_i\mathrm{d}X_i.$$

们暂时假设：平均值 $\bar{x}_i$ 不等于 0，而等于某一有限值 x_{i0}. 于是在(111.6)中我们必须把 x_i 写成 $x_i - x_{i0}$，并且按平均值的定义我们得到：

$$\bar{x}_i = \frac{\sqrt{\beta}}{(2\pi)^{n/2}}\int\cdots\int x_i \exp\left[-\frac{1}{2}\beta_{ik}(x_i - x_{i0})(x_k - x_{k0})\right]dx_1\cdots dx_n = x_{i0}.$$

这个等式对 x_{k0} 微分，随后重新令所有的 $x_{10},\cdots,x_{n0}$ 都等于 0，于是在右边得到 δ_{ik}，而在左边正好得所求的积分.

因此我们得到：

$$\langle x_i X_k \rangle = \delta_{ik}. \tag{111.8}$$

把(111.7)式代入上式得到：

$$\beta_{kl}\langle x_l x_i \rangle = \delta_{ik},$$

由此得出

$$\langle x_i x_k \rangle = \beta^{-1}_{ik}, \tag{111.9}$$

式中 β^{-1}_{ik} 是 β_{ik} 的逆矩阵的矩阵元.

最后，我们来计算 $\langle X_i X_k \rangle$. 根据(111.7)和(111.8)，我们得到 $\langle X_i X_k \rangle = \beta_{il}\langle x_l X_k \rangle = \beta_{il}\delta_{lk}$，即

$$\langle X_i X_k \rangle = \beta_{ik}. \tag{111.10}$$

任意函数 $\varphi(x_1,\cdots,x_n)$ 的方均涨落也可以很容易求出. 因为相对于平均值的偏差很小，所以 $\Delta\varphi = \frac{\partial\varphi}{\partial x_i}\Delta x_i$. 在这里 $\frac{\partial\varphi}{\partial x_i}$ 记 $x_1 = x_2 = \cdots = 0$ 处的微商值. 由此得出

$$\langle(\Delta\varphi)^2\rangle = \frac{\partial\varphi}{\partial x_i}\frac{\partial\varphi}{\partial x_k}\langle x_i x_k \rangle = \frac{\partial\varphi}{\partial x_i}\frac{\partial\varphi}{\partial x_k}\beta^{-1}_{ik}. \tag{111.11}$$

如果有任意两个 x_i（譬如说是 x_1 和 x_2）的涨落是统计独立的，那么平均值 $\langle x_1 x_2 \rangle$ 就等于平均值 $\bar{x}_1$ 和 $\bar{x}_2$ 之积，而因为 $\bar{x}_1$ 和 $\bar{x}_2$ 都等于 0，所以 $\langle x_1 x_2 \rangle$ 也等于 0. 根据(111.9)，这表明 $\beta^{-1}_{12} = 0$. 不难看出，在高斯概率分布的情形下，逆定理也成立：如果 $\langle x_1 x_2 \rangle = 0$（即 $\beta^{-1}_{12} = 0$），则 x_1 和 x_2 这两个量的涨落是统计独立的.

事实上，两个量 x_1 和 x_2 的概率分布 w_{12}，可通过把分布函数(111.6)对所有其余的 x_i 积分而得到；这样得到的表达式形式为

$$w_{12} = \text{常数}\cdot\exp\left\{-\frac{1}{2}\beta'_{11}x_1^2 - \beta'_{12}x_1 x_2 - \frac{1}{2}\beta'_{22}x_2^2\right\}$$

（式中系数 β'_{ik} 一般不等于相应的矩阵元 β_{ik}）. 把(111.9)式应用于这个分布，我们就求出：$\langle x_1 x_2 \rangle = \beta'^{-1}_{12}$. 如果 $\langle x_1 x_2 \rangle = 0$，则 $\beta'^{-1}_{12} = 0$. 但是对于一个二阶矩阵来讲，逆矩阵元 β'^{-1}_{12} 为零意味着原矩阵元 β'_{12} 为零①. 结果，w_{12} 分解成关于 x_1 和

---

① 对于一个二阶矩阵，我们有：

$$\beta^{-1}_{12} = \frac{\beta_{12}}{\beta_{12}^2 - \beta_{11}\beta_{22}}.$$

x_2 的两个独立高斯分布之积,这也就是说它们是统计独立的.

习 题

求平均值 $\langle \exp(\alpha_i x_i) \rangle$,式中 α_i 是常数,而 x_i 是服从高斯分布(111.2)的涨落量.

解:这里须计算积分

$$\langle \exp(\alpha_i x_i) \rangle = A \int \exp\left(\alpha_i x_i - \frac{1}{2}\beta_{ik} x_i x_k\right) dx_1 \cdots dx_n.$$

用变换(111.3)把被积函数的指数化为

$$\alpha_i x_i - \frac{1}{2}\beta_{ik} x_i x_k = \alpha_i a_{ik} x'_k - \frac{1}{2} x'^2_k = -\frac{1}{2}(x'_k - \alpha_i a_{ik})^2 + \frac{1}{2}\alpha_i a_{ik}\alpha_l a_{lk},$$

此后,积分给出

$$\langle \exp(\alpha_i x_i) \rangle = \exp\left(\frac{1}{2}\alpha_i \alpha_l a_{ik} a_{lk}\right).$$

根据(111.4)有 $a_{ik} = a^{-1}_{km}\beta^{-1}_{mi}$,所以 $a_{ik}a_{lk} = \beta^{-1}_{li}$.因此,考虑到(111.9),最后有

$$\langle \exp(\alpha_i x_i) \rangle = \exp\left(\frac{1}{2}\alpha_i \alpha_k \langle x_i x_k \rangle\right).$$

§112 基本热力学量的涨落

我们现在对物体中划出的任意一小部分计算基本热力学量的方均涨落.自然,这一小部分仍旧包含足够多的粒子.但是,在很低的温度下,这个条件比保证不出现量子涨落的条件(110.2)更弱;在这种情况下,物体这一部分的极小允许尺度就由后一条件决定①.为了避免误解起见,必须强调指出:关于量子涨落如何重要的问题,与量子效应对物质的热力学量(物态方程)有何影响的问题没有任何关系;涨落可能是经典的,但同时物态方程却可以取决于量子力学公式.

对于像能量、体积这样的既具有热力学意义又具有纯力学意义的量来讲,涨落的概念是不言而喻的.但是像熵和温度这样的量,它们的确定必须涉及在一段时间内对物体的考察.例如,设 $S(E, V)$ 为物体的平衡熵,它作为(平均)能量和体积的函数.熵的涨落将理解为函数 $S(E, V)$ 的变化,这时 $S(E, V)$ 形式上看成是能量和体积(涨落着的)精确值的函数.

在前几节中我们已经看到,涨落的概率 w 正比于 e^{S_t},其中 S_t 为闭合系统(即物体作为整体)的总熵.这也可以等效地写成:

$$w \propto e^{\Delta S_t},$$

---

① 例如,对于压强的涨落来讲,条件 $\tau \gg \hbar/T$ 取 $\tau \sim a/c$ 时(参看§110 第三个脚注)给出 $a \gg \hbar c/T$.

§112 基本热力学量的涨落

式中 ΔS_t 是熵在涨落时的改变. 根据公式(20.8),我们有:
$$\Delta S_t = - R_{\min}/T_0,$$
式中 $R_{\min}$ 是使物体中该小部分以可逆方式发生给定的热力学量改变所必需的最小功(物体的其余部分相对于这一部分来讲起着介质的作用). 因此,
$$w \propto e^{-\frac{R_{\min}}{T_0}}. \tag{112.1}$$

我们用表达式
$$R_{\min} = \Delta E - T_0 \Delta S + P_0 \Delta V$$
来代替 $R_{\min}$,式中 $\Delta E, \Delta S, \Delta V$ 分别是物体中该小部分的能量、熵和体积在涨落时的改变,T_0 和 P_0 是介质的温度和压强,亦即物体温度和压强的平衡(平均)值. 以后我们将略去作为涨落量系数的所有各量的角标 0;总是指它们的平衡值. 因此我们有:
$$w \propto \exp\left(-\frac{\Delta E - T\Delta S + P\Delta V}{T}\right). \tag{112.2}$$

应当注意:在这种形式下,这个公式适用于任何涨落而不拘大小;至于这里的大涨落,意味着在这种涨落下,例如 ΔE 可以同物体的这一小部分的能量相当,但比起整个物体的能量自然仍旧很小. 应用于小涨落(通常就是这种情形)时,公式(112.2)给出下述结果.

把 ΔE 展开成级数,我们得到(参看§21):
$$\Delta E - T\Delta S + P\Delta V = \frac{1}{2}\left[\frac{\partial^2 E}{\partial S^2}(\Delta S)^2 + 2\frac{\partial^2 E}{\partial S \partial V}\Delta S\Delta V + \frac{\partial^2 E}{\partial V^2}(\Delta V)^2\right].$$

很容易看出:这个式子又可以写成形式
$$\frac{1}{2}\left[\Delta S\Delta\left(\frac{\partial E}{\partial S}\right)_V + \Delta V\Delta\left(\frac{\partial E}{\partial V}\right)_S\right] = \frac{1}{2}(\Delta S\Delta T - \Delta P\Delta V).$$

于是我们得到涨落概率(112.2)的形式如下:
$$w \propto \exp\frac{\Delta P\Delta V - \Delta T\Delta S}{2T}. \tag{112.3}$$

从这个普遍公式可以求出各种热力学量的涨落. 首先我们选取 V 和 T 作为自变量. 于是
$$\Delta S = \left(\frac{\partial S}{\partial T}\right)_V \Delta T + \left(\frac{\partial S}{\partial V}\right)_T \Delta V = \frac{C_v}{T}\Delta T + \left(\frac{\partial P}{\partial T}\right)_V \Delta V,$$
$$\Delta P = \left(\frac{\partial P}{\partial T}\right)_V \Delta T + \left(\frac{\partial P}{\partial V}\right)_T \Delta V$$

(参看(16.3)). 把这些式子代入(112.3)中的指数,我们就发现:$\Delta V\Delta T$ 项相消,而剩下:

$$w \propto \exp\left[-\frac{C_v}{2T^2}(\Delta T)^2 + \frac{1}{2T}\left(\frac{\partial P}{\partial V}\right)_T(\Delta V)^2\right]. \tag{112.4}$$

这个式子分解成两个因子,各自只与 ΔT 或 ΔV 有关. 换句话说,温度和体积的涨落是统计独立的,因而

$$\langle \Delta T \Delta V \rangle = 0. \tag{112.5}$$

把(112.4)中的两个因子逐一与高斯分布的普遍公式(110.6)比较,我们求出温度[①]和体积的方均涨落的表达式如下:

$$\langle (\Delta T)^2 \rangle = \frac{T^2}{C_v}, \tag{112.6}$$

$$\langle (\Delta V)^2 \rangle = -T\left(\frac{\partial V}{\partial P}\right)_T \tag{112.7}$$

这两个量为正,由热力学不等式 $C_v > 0$ 和 $\left(\frac{\partial P}{\partial V}\right)_T < 0$ 保证.

现在我们选取 P 和 S 作为(112.3)中的自变量. 于是

$$\Delta V = \left(\frac{\partial V}{\partial P}\right)_S \Delta P + \left(\frac{\partial V}{\partial S}\right)_P \Delta S,$$

$$\Delta T = \left(\frac{\partial T}{\partial S}\right)_P \Delta S + \left(\frac{\partial T}{\partial P}\right)_S \Delta P.$$

但是根据关系式 $dW = TdS + VdP$,我们有:

$$\left(\frac{\partial V}{\partial S}\right)_P = \frac{\partial^2 W}{\partial P \partial S} = \left(\frac{\partial T}{\partial P}\right)_S,$$

因此

$$\Delta V = \left(\frac{\partial V}{\partial P}\right)_S \Delta P + \left(\frac{\partial T}{\partial P}\right)_S \Delta S.$$

根据公式 $C_p = T\left(\frac{\partial S}{\partial T}\right)_P$,我们有:

$$\Delta T = \frac{T}{C_p}\Delta S + \left(\frac{\partial T}{\partial P}\right)_S \Delta P.$$

把 ΔV 和 ΔT 代入(112.3),得:

$$w \propto \exp\left[\frac{1}{2T}\left(\frac{\partial V}{\partial P}\right)_S(\Delta P)^2 - \frac{1}{2C_p}(\Delta S)^2\right]. \tag{112.8}$$

如同(112.4),这个式子也分解成两个因子,分别与 ΔP 和 ΔS 有关. 换句话说,熵和压强的涨落是统计独立的[②],因而

[①] 如果 T 用开尔文来计量,则 $\langle(\Delta T)^2\rangle = \frac{kT^2}{C_v}$.

[②] 成对量 T,V 和 S,P 的统计独立性可以由下述的论证直接看出. 如果对给定为 §111 各式中的 x_i 取 $x_1 = \Delta S, x_2 = \Delta V$,则相应的 X_i 为(参看 §22):$X_1 = \Delta T/T, X_2 = -\Delta P/T$. 但 $i \neq k$ 时 $\langle x_i X_k \rangle = 0$(根据普遍关系式(111.8)),因此得出(112.5)和(112.9).

§112 基本热力学量的涨落

$$\langle \Delta S \Delta P \rangle = 0. \tag{112.9}$$

对于熵和压强的方均涨落,我们求出:

$$\langle (\Delta S)^2 \rangle = C_p, \tag{112.10}$$

$$\langle (\Delta P)^2 \rangle = -T \left(\frac{\partial P}{\partial V} \right)_S. \tag{112.11}$$

从我们所得到的这些公式可以看出:可加性热力学量(体积和熵)的方均涨落正比于物体中它们所属的那一部分的大小(体积). 与此相应,这些量的方均根涨落正比于体积的平方根,因而相对涨落反比于体积的平方根;这与§2中所作的普遍论断(公式(2.5))完全一致. 但是对于温度和压强这样的量,则方均根涨落本身就反比于体积的平方根.

关系式(112.7)确定了物体中粒子数给定为 N 的某一部分的体积涨落. 把这个方程式的两边除以 N^2, 我们就求出单粒子的体积涨落

$$\left\langle \left[\Delta \left(\frac{V}{N} \right) \right]^2 \right\rangle = -\frac{T}{N^2} \left(\frac{\partial V}{\partial P} \right)_T. \tag{112.12}$$

显然,这个涨落与我们是在恒定体积下还是在恒定粒子数下考虑涨落必然是无关的. 因此由(112.12)可以求出物体给定体积内粒子数的涨落. 因为在这种情形下 V 是给定的量,所以应当写成:

$$\Delta \left(\frac{V}{N} \right) = V \Delta \left(\frac{1}{N} \right) = -\frac{V}{N^2} \Delta N.$$

以此代入(112.12),得:

$$\langle (\Delta N)^2 \rangle = -\frac{TN^2}{V^2} \left(\frac{\partial V}{\partial P} \right)_T. \tag{112.13}$$

对于某些计算,这个公式的另一种形式较方便. 因为微商 $\left(\frac{\partial V}{\partial P} \right)_T$ 是在恒定的 N 下取的,我们可写:

$$-\frac{N^2}{V^2} \left(\frac{\partial V}{\partial P} \right)_{T,N} = N \left(\frac{\partial}{\partial P} \frac{N}{V} \right)_{T,N}.$$

但是粒子数 N 作为 P, T, V 的函数,由于可加性的要求必须具有 $N = V f(P,T)$ 的形式(参看§24);换句话说,$\frac{N}{V}$ 只是 P 和 T 的函数,因而在恒定的 N 下或 V 下对 $\frac{N}{V}$ 求导都无关紧要,因此我们可写:

$$N \left(\frac{\partial}{\partial P} \frac{N}{V} \right)_{T,N} = \frac{N}{V} \left(\frac{\partial N}{\partial P} \right)_{T,V} =$$

$$= \left(\frac{\partial N}{\partial P} \right)_{T,V} \left(\frac{\partial P}{\partial \mu} \right)_{T,V} = \left(\frac{\partial N}{\partial \mu} \right)_{T,V}$$

(以上用到了关系式 $\frac{N}{V} = \left(\frac{\partial P}{\partial \mu}\right)_{T,V}$，它来自式(24.12) $VdP = SdT + Nd\mu$). 因此我们得到粒子数涨落的公式如下①：

$$\langle (\Delta N)^2 \rangle = T\left(\frac{\partial N}{\partial \mu}\right)_{T,V}. \tag{112.14}$$

除了上面所考虑的各热力学量以外，物体还由它相对于介质的宏观运动动量 $\boldsymbol{P}$ 来描述。在平衡状态没有任何宏观运动，即 $\boldsymbol{P} = 0$。但是，运动可由涨落引起；现在我们来确定这种涨落的概率。在这种情形下，最小功 $R_{\min}$ 就等于物体的动能：

$$R_{\min} = \frac{P^2}{2M} = \frac{Mv^2}{2},$$

式中 M 是物体的质量，$\boldsymbol{v} = \frac{\boldsymbol{P}}{M}$ 是宏观运动的速度。因此我们得到所求的概率：

$$w \propto \exp\left(-\frac{M\boldsymbol{v}^2}{2T}\right). \tag{112.15}$$

应当注意：速度涨落是与其它热力学量的涨落统计独立的。速度的每一直角坐标分量的方均涨落都等于

$$\langle (\Delta v_x)^2 \rangle = \frac{T}{M}, \tag{112.16}$$

它与物体的质量成反比。

从所得到的公式可以看出：像能量、体积、压强、速度这些量的经典方均涨落在绝对零度下（正比于温度的一次方）变成零。凡是具有纯力学意义的热力学量都具有这种共同性质，但是一般说来，像熵和温度这样的纯热力学量则没有这种性质。

温度涨落公式(112.6)也可以从另一种观点来解释。我们知道，温度的概念

---

① 这个公式可以很容易地直接从吉布斯分布得出。根据平均值的定义，我们有：

$$\overline{N} = e^{\Omega/T} \sum_N N e^{\mu N/T} \sum_n e^{-E_{nN}/T}.$$

把这个式子对 μ 微分（在恒定的 V 和 T 下），得

$$\frac{\partial \overline{N}}{\partial \mu} = \frac{1}{T} e^{\Omega/T} \sum_N \left(N^2 + N \frac{\partial \Omega}{\partial \mu}\right) e^{\mu N/T} \sum_n e^{-E_{nN}/T} = \frac{1}{T}\left(\langle N^2 \rangle + \overline{N} \frac{\partial \Omega}{\partial \mu}\right).$$

但是 $\frac{\partial \Omega}{\partial \mu} = -\overline{N}$，所以

$$\frac{\partial \overline{N}}{\partial \mu} = \frac{1}{T}(\langle N^2 \rangle - \overline{N}^2) = \frac{1}{T}\langle (\Delta N)^2 \rangle,$$

由此得(112.14)式。

从吉布斯分布出发，也可以得到其它热力学量涨落的表达式。

可以通过吉布斯分布引入；这时温度看成是确定这个分布的参量. 用于孤立物体时，吉布斯分布可完全描述其统计性质，不精确性仅在于：它导致物体的总能量有虽然很小但毕竟不等于零的涨落，而这种涨落实际上不应当存在（参看§28末尾）. 相反地，如果认为物体的能量是一个给定的量，那么就不能赋予物体一个完全确定的温度，而必须认为物体的温度应存在由公式（112.6）所确定的涨落，其中 C_v 是物体作为整体的热容. 显然这个量表征可以给孤立物体确定温度的精确程度.

习 题

1. 试求能量的方均涨落（用 V 和 T 作为自变量）.

解：我们有：
$$\Delta E = \left(\frac{\partial E}{\partial V}\right)_T \Delta V + \left(\frac{\partial E}{\partial T}\right)_V \Delta T = \left[T\left(\frac{\partial P}{\partial T}\right)_V - P\right]\Delta V + C_v \Delta T.$$

平方后取平均，得
$$\langle (\Delta E)^2 \rangle = -\left[T\left(\frac{\partial P}{\partial T}\right)_V - P\right]^2 T\left(\frac{\partial V}{\partial P}\right)_T + C_v T^2.$$

2. 试求 $\langle (\Delta W)^2 \rangle$（$P$ 和 S 为变量）.

解：
$$\langle (\Delta W)^2 \rangle = -TV^2\left(\frac{\partial P}{\partial V}\right)_S + T^2 C_p.$$

3. 试求 $\langle \Delta T \Delta P \rangle$（$V$ 和 T 为变量）.

解：
$$\langle \Delta T \Delta P \rangle = \frac{T^2}{C_v}\left(\frac{\partial P}{\partial T}\right)_V.$$

4. 试求 $\langle \Delta V \Delta P \rangle$（$V$ 和 T 为变量）.

解：
$$\langle \Delta V \Delta P \rangle = -T.$$

5. 试求 $\langle \Delta S \Delta V \rangle$（$V$ 和 T 为变量）.

解：
$$\langle \Delta S \Delta V \rangle = \left(\frac{\partial V}{\partial T}\right)_P T.$$

6. 试求 $\langle \Delta S \Delta T \rangle$（$V$ 和 T 为变量）.

解：
$$\langle \Delta S \Delta T \rangle = T.$$

7. 试求一垂直悬挂的数学摆的偏角方均涨落.

解：设 l 为摆长，m 为其质量，φ 为偏离铅垂线的角度. 在这种情形下，最小

功 $R_{\min}$ 就是当摆偏离时抵抗重力所作的机械功;小 φ 下, $R_{\min} = \frac{1}{2} mg \cdot l\varphi^2$. 因此

$$\langle \varphi^2 \rangle = \frac{T}{mgl}.$$

8. 试求一根拉紧的弦上各点偏移的方均涨落.

解:设 l 为弦长, F 为张力. 我们考虑弦上与其一端相距 x 处的一点,并设这点的横向位移为 y. 为了确定 $\langle y^2 \rangle$, 我们必须考虑当 x 这一点有给定位移 y 时弦的平衡形状;它由从弦的两固定端至 (x,y) 点间的两条直线段构成. 在弦的这种形变下,所作的功等于

$$R_{\min} = F(\sqrt{x^2+y^2}-x) + F[\sqrt{(l-x^2)+y^2}-(l-x)] \approx \frac{Fy^2}{2}\left(\frac{1}{x}+\frac{1}{l-x}\right).$$

由此我们求出方均值为

$$\langle y^2 \rangle = \frac{T}{Fl}x(l-x).$$

9. 试求弦上不同两点位移涨落乘积的平均值.

解:设 y_1, y_2 各为弦上与其一端相距 x_1, x_2 处的两点的横位移(并设 $x_2 > x_1$). 在给定的 y_1 和 y_2 下,弦的平衡形状由三条直线段构成,所作的功为

$$R_{\min} = \frac{F}{2}\left[y_1^2 \frac{x_2}{x_1(x_2-x_1)} + y_2^2 \frac{l-x_1}{(l-x_2)(x_2-x_1)} - 2y_1 y_2 \frac{1}{(x_2-x_1)} \right].$$

按照(111.9),我们求出

$$\langle y_1 y_2 \rangle = \frac{T}{Fl}x_1(l-x_2).$$

§113 理想气体中的涨落

把 $V = \frac{NT}{P}$ 代入(112.13),可以对通常理想气体中给定的某一相对较小的体积求出其粒子数的方均涨落. 这给出如下的简单结果:

$$\langle (\Delta N)^2 \rangle = N. \tag{113.1}$$

因此粒子数的相对涨落等于粒子平均数平方根的倒数:

$$\frac{\sqrt{\langle (\Delta N)^2 \rangle}}{N} = \frac{1}{\sqrt{N}}.$$

计算玻色或费米理想气体中粒子数的涨落,要用到(112.14)式,其中的 N,作为 μ, T 和 V 的函数,用表达式(56.5)通过积分相应的分布函数得到. 我们不在这里写出得到的复杂式子,而只注意下述情况. 我们知道,玻色气体在 $T < T_0$ 的温度下(参看§62), 压强与体积无关; 换句话说, 它的压缩率变成无限大. 根据(112.13), 由此就会得出结论: 粒子数的涨落也变成无限大. 这意味着: 在计

算低温下玻色气体中的涨落时,其粒子间的相互作用不论多弱也不能忽略不计;考虑到在任何实际气体中必然存在相互作用,涨落将有限.

我们进一步考虑气体粒子按不同量子态分布的涨落. 我们重新考虑粒子的量子态(包括它们平动的不同状态),并设 n_k 为态占有数.

我们考虑处于第 k 个量子态的一组 n_k 个粒子;由于这一组粒子与气体中其余粒子是完全统计独立的(参看§37),所以对之可用公式(112.14):

$$\langle (\Delta n_k)^2 \rangle = T \frac{\partial \bar{n}_k}{\partial \mu}. \tag{113.2}$$

上式用于费米气体时,应取

$$\bar{n}_k = \frac{1}{e^{(\varepsilon_k - \mu)/T} + 1}.$$

微分后,得:

$$\langle (\Delta n_k)^2 \rangle = \bar{n}_k (1 - \bar{n}_k). \tag{113.3}$$

对于玻色气体,用类似方式可得:

$$\langle (\Delta n_k)^2 \rangle = \bar{n}_k (1 + \bar{n}_k). \tag{113.4}$$

对于玻尔兹曼气体,把 $n_k = \exp\left(\frac{\mu - \varepsilon_k}{T}\right)$ 代入,自然地得到公式

$$\langle (\Delta n_k)^2 \rangle = \bar{n}_k, \tag{113.5}$$

这正是(113.3)和(113.4)在 $\bar{n}_k \ll 1$ 时所趋向的结果.

我们现在把(113.3)和(113.4)对总共包含 $N_j = \sum n_k$ 个粒子的 G_j 个相邻状态求和. 由于上述不同 n_k 的涨落统计独立性,我们得到:

$$\langle (\Delta N_j)^2 \rangle = G_j \bar{n}_j (1 \mp \bar{n}_j) = \bar{N}_j \left(1 \mp \frac{\bar{N}_j}{G_j}\right), \tag{113.6}$$

式中 $\bar{n}_j$ 是相邻各 $\bar{n}_k$ 的共同值,而 $\bar{N}_j = \bar{n}_j G_j$. 作为特例,以上公式可用于黑体辐射(平衡光子玻色气体),这时,在(113.4)中必须令 $\mu = 0$. 我们考虑(体积 V 内)频率相近(在小间隔 $\Delta \omega_j$ 内)的一组光子量子态;这样量子态的数目等于

$$G_j = \frac{V \omega_j^2 \Delta \omega_j}{\pi^2 c^3}$$

(参看(63.3)). 在这个频率范围内量子的总能量为

$$E_{\Delta \omega_j} = N_j \hbar \omega_j.$$

把(113.6)乘以 $(\hbar \omega_j)^2$ 并略去角标 j,可得黑体辐射在该频率间隔 $\Delta \omega$ 内能量 $E_{\Delta \omega}$ 涨落的表达式如下:

$$\langle (\Delta E_{\Delta \omega})^2 \rangle = \hbar \omega \cdot E_{\Delta \omega} + \frac{\pi^2 c^3 (E_{\Delta \omega})^2}{V \omega^2 \Delta \omega}. \tag{113.7}$$

这个式子由爱因斯坦(1909)首先推出.

习 题

试求电子气在比简并温度低得多的温度下的 $\langle(\Delta N)^2\rangle$.

解: 在计算 $\left(\dfrac{\partial N}{\partial \mu}\right)_{T,V}$ 时,我们可以用在绝对零度下 μ 的表达式(57.3). 由简单计算得:

$$\langle(\Delta N)^2\rangle = \frac{3^{1/3} mT}{\pi^{4/3} \hbar^2}\left(\frac{N}{V}\right)^{1/3} V.$$

§114 泊松公式

知道了气体给定体积内粒子数的方均涨落(113.1)后,我们就可以对粒子数涨落的概率写出相应的高斯分布:

$$w(N)\,dN = \frac{1}{\sqrt{(2\pi\bar{N})}}\exp\left\{-\frac{(N-\bar{N})^2}{2\bar{N}}\right\}\cdot dN \qquad (114.1)$$

但是这个公式只适用于小涨落. $N - \bar{N}$ 之差必须比粒子数 $\bar{N}$ 本身小得多.

如果气体中所选定的体积 V 足够小,那么其中的粒子数也不大,也值得考虑 $N - \bar{N}$ 同 $\bar{N}$ 可比的大涨落. 应当注意: 这个问题只对玻尔兹曼气体有意义,因为在费米气体或玻色气体中,这样的涨落的概率只有当体积小到量子涨落占优势的时候才变得显著起来.

解决上述问题的最简单方法如下. 设 V_0 和 N_0 为气体的总体积和其中的粒子总数,并设 V 为比 V_0 小得多的一部分体积. 由于气体的均匀性,显然某一给定粒子处于体积 V 内的概率就等于比值 $\dfrac{V}{V_0}$,而 N 个给定粒子同时处于 V 内的概率为 $\left(\dfrac{V}{V_0}\right)^N$. 同理,一个粒子不在体积 V 内的概率等于 $\dfrac{V_0 - V}{V_0}$,而 $N_0 - N$ 个给定粒子同时不在的概率为 $\left(1 - \dfrac{V}{V_0}\right)^{N_0 - N}$. 因此 N 个任意的粒子一起处于体积 V 内的概率 w_N 由下式给出:

$$w_N = \frac{N_0!}{N!(N_0 - N)!}\left(\frac{V}{V_0}\right)^N\left(1 - \frac{V}{V_0}\right)^{N_0 - N} \qquad (114.2)$$

式中引入了因子 $\dfrac{N_0!}{N!(N_0 - N)!}$,它是从 N_0 个粒子中选取 N 个的可能方式数.

在我们感兴趣的情形中,$V \ll V_0$,而粒子数 N 虽然可能与它的平均值 $\bar{N}$ 相

§114 泊松公式

差很大,但比起气体中的粒子总数 N_0 来自然还是小得多. 因此我们可以令 $N_0! \approx (N_0-N)! \, N_0^N$, 并略去幂指数中的 N, 于是得到:

$$w_N = \frac{1}{N!} \left(\frac{N_0 V}{V_0}\right)^N \left(1 - \frac{V}{V_0}\right)^{N_0}.$$

但是 $\dfrac{N_0 V}{V_0}$ 并不是别的, 而就是体积 V 内粒子数的平均值 $\bar{N}$. 因此我们有:

$$w_N = \frac{\bar{N}^N}{N!} \left(1 - \frac{\bar{N}}{N_0}\right)^{N_0}.$$

最后借助于熟知的公式

$$\lim_{n\to\infty}\left(1-\frac{x}{n}\right)^n = \mathrm{e}^{-x},$$

将 $\left(1-\dfrac{\bar{N}}{N_0}\right)^{N_0}$ 在大 N_0 下用 $\mathrm{e}^{-\bar{N}}$ 代替, 最后得所求的概率分布如下式①

$$w_N = \frac{\bar{N}^N \mathrm{e}^{-\bar{N}}}{N!}. \tag{114.3}$$

这就是所谓**泊松公式**. 容易看出, 它满足归一条件

$$\sum_{N=0}^{\infty} w_N = 1.$$

用这个分布可计算粒子数的方均涨落:

$$\langle N^2 \rangle = \sum_{N=0}^{\infty} N^2 w_N = \mathrm{e}^{-\bar{N}} \sum_{N=1}^{\infty} \frac{\bar{N}^N N}{(N-1)!} =$$

$$= \mathrm{e}^{-\bar{N}} \sum_{N=2}^{\infty} \frac{\bar{N}^N}{(N-2)!} + \mathrm{e}^{-\bar{N}} \sum_{N=1}^{\infty} \frac{\bar{N}^N}{(N-1)!} = \bar{N}^2 + \bar{N}.$$

由此, 所求的涨落仍有以前的值:

$$\langle (\Delta N)^2 \rangle = \langle N^2 \rangle - \bar{N}^2 = \bar{N}. \tag{114.4}$$

因此, 不仅对很大的 $\bar{N}$, 而且一般对任何 $\bar{N}$ 值, 粒子数的方均涨落都等于 $\bar{N}$.

应当注意: 公式 (114.3) 也可以直接从吉布斯分布得出. 根据吉布斯分布, 气体 N 个粒子同时按不同量子态的分布由下式确定:

---

① 对于小涨落 ($|N-\bar{N}| \ll \bar{N}$, 且 $\bar{N}$ 很大), 这个公式自然地过渡到公式 (114.1). 看出这一点很容易, 只要对大数 N 的阶乘应用斯特林渐近公式

$$N! = \sqrt{2\pi N} \cdot N^N \mathrm{e}^{-N},$$

并把 $\ln w_N$ 按 $N-\bar{N}$ 的幂次展开.

$$\exp\frac{\Omega + \mu N - \sum \varepsilon_k}{T},$$

式中 $\sum \varepsilon_k$ 是各个粒子能量之和. 为了获得所求的概率 w_N, 必须把这个表达式对分配到这个体积 V 中的粒子所有状态求和. 如果对每一个粒子的状态独立求和, 得到的结果必须除以 $N!$（参看 §41）, 于是得：

$$w_N = \frac{\mathrm{e}^{\Omega/T}}{N!}\Big(\sum_k \exp\frac{\mu - \varepsilon_k}{T}\Big)^N = \frac{\mathrm{e}^{\Omega/T}}{N!}\Big(\sum_k \bar{n}_k\Big)^N.$$

但是这里的和式不是别的, 而就是该体积内粒子数的平均值. 因此我们求出：

$$w_N = 常数 \cdot \frac{\bar{N}^N}{N!},$$

然后归一化条件给出：常数 $= \mathrm{e}^{-\bar{N}}$①, 重新回到公式（114.3）.

§115 溶液中的涨落

溶液中热力学量的涨落, 可以用 §112 中处理全同粒子所构成物体中的涨落的同样方法计算. 如果预先进行下述的考虑, 则相应的计算可以大大简化.

我们来考察一小部分溶液, 其中包含给定数目 N 的溶剂分子, 试图计算这一部分中溶质分子数 n 的平均涨落, 也就是其浓度 $c = \dfrac{n}{N}$ 的涨落. 为此, 我们必须考虑溶液在给定非平衡值 n 下可能的最完全平衡（参看 §111 第一个脚注）. 将浓度取定, 不影响溶液的这一小部分建立同其余部分之间涉及彼此能量交换或体积变化的平衡. 前者意味着在整个溶液中温度保持常数（参看 §9）, 而后者意味着压强保持常数（参看 §12）. 因此, 要计算方均值 $\langle(\Delta c)^2\rangle$, 只需考虑在恒温恒压下所发生的浓度涨落.

这个事实本身就意味着：浓度涨落同温度和压强的涨落是统计独立的, 换句话说②,

$$\langle \Delta T \Delta c \rangle = 0, \quad \langle \Delta c \Delta P \rangle = 0. \tag{115.1}$$

---

① 这就是说, $\Omega = -PV = -\bar{N}T$, 与理想气体的状态方程一致.

② 更严格的证明可以用 §112 第三个脚注中所描述的方法给出. 借助于热力学关系 $dE = TdS - PdV + \mu'dn$（在常数 N 下）,（96.1）可改写成形式

$$dR_{\min} = (T - T_0)dS - (P - P_0)dV + (\mu' - \mu'_0)dn.$$

由此可以看出：如果选择下列各量作为 x_i：$x_1 = \Delta S$, $x_2 = \Delta V$, $x_3 = \Delta n$, 那么它们的热力学共轭量为：$X_1 = \dfrac{\Delta T}{T}$, $X_2 = -\dfrac{\Delta P}{T}$, $X_3 = \dfrac{\Delta \mu'}{T}$. 于是由 $\langle x_3 X_1 \rangle = 0$ 和 $\langle x_3 X_2 \rangle = 0$ 得出（115.1）式.

根据(96.1),在恒温恒压下使粒子数 n 改变 Δn 所需要的最小功等于
$$R_{\min} = \Delta \Phi - \mu' \Delta n,$$
式中 μ' 是溶质的化学势. 把 $\Delta \Phi$ 按 Δn 的幂次展开, 我们有:
$$\Delta \Phi \approx \left(\frac{\partial \Phi}{\partial n}\right)_{P,T} \Delta n + \left(\frac{\partial^2 \Phi}{\partial n^2}\right)_{P,T} \frac{(\Delta n)^2}{2} = \mu' \Delta n + \left(\frac{\partial \mu'}{\partial n}\right)_{P,T} \frac{(\Delta n)^2}{2},$$
于是,
$$R_{\min} = \frac{1}{2}\left(\frac{\partial \mu'}{\partial n}\right)_{P,T}(\Delta n)^2.$$
把这个表达式代入普遍公式(112.1),并与高斯分布公式(110.5)比较,我们得到所求的粒子数 n 的方均涨落:
$$\langle (\Delta n)^2 \rangle = \frac{T}{(\partial \mu'/\partial n)_{P,T}}; \tag{115.2}$$
除以 N^2,得浓度的方均涨落:
$$\langle (\Delta c)^2 \rangle = \frac{T}{N(\partial \mu'/\partial c)_{P,T}}. \tag{115.3}$$
后者反比于溶液的这一小部分的物质量(N),这原是理所当然的(参看(112.11)后面的讨论).

对于稀溶液, $\frac{\partial \mu'}{\partial n} = \frac{T}{n}$, (115.2)式给出:
$$\langle (\Delta n)^2 \rangle = n. \tag{115.4}$$
应当注意,正如所料,这与理想气体中的粒子数涨落公式(113.1)完全类似.

§116 密度涨落的空间关联

在均匀的各向同性的介质(气体或液体)中,粒子在空间的所有位置都是等概率的,这一论断,在其余所有的粒子可以占据任意位置的条件下,适用于每一个给定的粒子. 自然,这个论断并不与下述事实矛盾:由于粒子的相互作用,在不同粒子的相对位置之间必然存在某种关联. 譬如说,如果我们同时考虑两个粒子,那么当给定一个粒子的位置时,另一个粒子的不同位置并不等概率.

用 $n(\mathbf{r})$ 表示精确(涨落着)的粒子数密度;乘积 ndV 是(在给定的时刻)处于体积元 dV 内的粒子数. 为表征粒子在空间两点位置间的关联,我们引入密度涨落的空间关联函数:
$$\langle \Delta n_1 \Delta n_2 \rangle = \overline{n_1 n_2} - \bar{n}^2, \tag{116.1}$$
式中 $\Delta n = n - \bar{n}$,而指标 1 和 2 区别在空间两点 $\mathbf{r}_1$ 和 $\mathbf{r}_2$ 的 $n(\mathbf{r})$ 值. 在各向同性均匀介质中关联函数仅仅与两点之间距离的绝对值 $r = |\mathbf{r}_2 - \mathbf{r}_1|$ 有关. 当 $r \to \infty$ 时,在点 $\mathbf{r}_1$ 和 $\mathbf{r}_2$ 的涨落成为统计独立的,因此关联函数趋于 0.

对于用上述方式引入的关联函数,通过以下讨论来解释其意义是有益的.

由于体积 dV 无限小,其中不可能同时有一个以上的粒子;在其中同时发现两个粒子的概率是高阶的无穷小.所以粒子的平均数 $\bar{n}dV$ 同时也是粒子处于体积元 dV 中的概率.我们再用 $\bar{n}w_{12}(r)dV_2$ 表示在一个粒子处于体积元 dV_1 的条件下,粒子处于体积元 dV_2 的概率($r\to\infty$ 时,$w_{12}\to 1$).如上所述,显然平均值

$$\langle n_1 dV_1 \cdot n_2 dV_2 \rangle = \bar{n}dV_1 \cdot \bar{n}w_{12}dV_2.$$

因此 $\langle n_1 n_2 \rangle = w_{12}\bar{n}^2$. 这个等式在 $\boldsymbol{r}_1 \neq \boldsymbol{r}_2$ 时成立,但不能过渡到 $\boldsymbol{r}_2 \to \boldsymbol{r}_1$ 的极限情形,因为推导中没有考虑到,如果点1和点2相同,则处于 dV_1 中的粒子也处于 dV_2 中.容易看出,考虑了这种情况的关系式应当具有形式

$$\langle n_1 n_2 \rangle = \bar{n}^2 w_{12} + \bar{n}\delta(\boldsymbol{r}_2 - \boldsymbol{r}_1). \tag{116.2}$$

实际上,如果我们取一个小体积 ΔV,把(116.2)乘以 $dV_1 dV_2$,并遍及这个小体积积分.这时 $\bar{n}^2 w_{12}$ 项给出一个二阶小量(正比于 $(\Delta V)^2$);而带 δ 函数的项给出一阶量 $\bar{n}\Delta V$,也本该如此,因为准确到一阶量时只可能有0或1个粒子处于小体积内.

关联函数(116.1)也可适当地分出带 δ 函数的项,写成形式

$$\langle \Delta n_1 \Delta n_2 \rangle = \bar{n}\delta(\boldsymbol{r}_2 - \boldsymbol{r}_1) + \bar{n}\nu(r), \tag{116.3}$$

式中

$$\nu(r) = \bar{n}[w_{12}(r) - 1]. \tag{116.4}$$

我们将原始量 $\langle \Delta n_1 \Delta n_2 \rangle$ 和函数 $\nu(r)$①二者都称为 Δn 的关联函数.

现在取某一有限体积 V,把等式(116.3)对 $dV_1 dV_2$ 积分.引入在这个体积中的粒子总数 N(因此 $\bar{n}V = \bar{N}$),得:

$$\langle (\Delta N)^2 \rangle = \bar{N} + \bar{n}\iint \nu(r) dV_1 dV_2,$$

或者把对 $dV_1 dV_2$ 的积分转为对其中一个粒子的坐标以及相对坐标 $\boldsymbol{r} = \boldsymbol{r}_2 - \boldsymbol{r}_1$ 的积分,

$$\int \nu dV = \frac{\langle (\Delta N)^2 \rangle}{\bar{N}} - 1. \tag{116.5}$$

于是,关联函数对某个体积的积分可用这个体积内总粒子数的方均涨落表示.利用后者的热力学公式(112.13),可借助热力学量表示这个积分:

$$\int \nu dV = -\frac{TN}{V^2}\left(\frac{\partial V}{\partial P}\right)_T - 1. \tag{116.6}$$

对于普通的(经典的)理想气体,理所当然积分变成零:在这种气体中,不同粒子位置间没有任何关联,因为它们之间没有任何相互作用——既没有直接的,也没有(量子的理想气体中)交换的相互作用.

相反,在液体中(远离临界点),由于液体的压缩率很小,表达式(116.6)中

---

① 函数 $\nu(r)$ 与 §79 中引入的函数 $\omega_{12}(r)$ 区别在于归一化:$\bar{n}\omega_{12} = \nu$.

的第一项比 1 小得多,积分接近于 -1[①]. 液体粒子之间的主要相互作用力,作用半径具有分子线度 a 的数量级. 考虑到这些力,关联函数 $\nu(r)$ 将随距离指数衰减,而指数为 $\sim -\dfrac{r}{a}$[②].

因为密度涨落和温度涨落是统计独立的,所以在研究密度涨落时,可以把温度当成是不变的. 根据定义,物体的总体积也不变. 在这些条件下,为使物体偏离平衡所需做的最小功等于物体总自由能的改变 ΔF_t. 因此涨落的概率

$$w \propto \exp\left(-\frac{\Delta F_t}{T}\right). \tag{116.7}$$

与密度涨落有关的改变 ΔF_t 可以表示为如下形式:

$$\Delta F_t = \frac{1}{2}\iint \varphi(r)\Delta n_1 \Delta n_2 dV_1 dV_2. \tag{116.8}$$

我们将演示如何用函数 $\varphi(r)$ 求出关联函数 $\nu(r)$[③].

我们考虑体积 V 很大但有限的物体,把 Δn 展开成傅里叶级数:

$$\Delta n = \sum_k \Delta n_k e^{i k \cdot r}, \quad \Delta n_k = \frac{1}{V}\int \Delta n e^{-i k \cdot r} dV \tag{116.9}$$

(由于 Δn 为实数 $\Delta n_{-k} = \Delta n_k^*$). 把这些表达式代入(116.8)并积分,所有带乘积 $\Delta n_k \Delta n_{k'} e^{i(k+k')\cdot r}$ 的项,$k' \neq -k$ 时变为零,结果求得

$$\Delta F_t = \frac{V}{2}\sum_k |\Delta n_k|^2 \varphi(k), \tag{116.10}$$

式中采用以新宗量 k 标识的同样字母 φ 表示函数 $\varphi(r)$ 的傅里叶积分分量

$$\varphi(k) = \int \varphi(r) e^{-i k \cdot r} dV. \tag{116.11}$$

因为和式(116.10)的每一项只与 Δn_k 中的一项有关,所以不同 Δn_k 的涨落统计独立. 每一个平方项 $|\Delta n_k|^2$ 在和式中出现两次($\pm k$),因此它的涨落的概率分布由下式给出

$$w \propto \exp\left(-\frac{V}{T}\varphi(k)|\Delta n_k|^2\right).$$

最后,考虑到 $|\Delta n_k|^2$ 是两个独立量的平方和(Δn_k 是复的),由此求得方均涨落

$$\langle |\Delta n_k|^2 \rangle = \frac{T}{V\varphi(k)}. \tag{116.12}$$

---

① 值 -1 似乎对应于液体粒子的彼此不可穿透性,它们被看成是密实的小球.

② 但是也存在长程弱相互作用力(范德瓦尔斯力). 这些力导致在关联函数中出现随距离(按幂律)缓慢衰减的项(参看本教程第九卷).

③ 用数学术语说,$\varphi(r)$ 是 ΔF_t 对 $n(r)$ 的二阶变分导数.

另一方面,在等式(116.3)的两边乘以 $\exp(-i\mathbf{k}\cdot\mathbf{r}) = \exp[-i\mathbf{k}\cdot(\mathbf{r}_2-\mathbf{r}_1)]$ 把它再对 $\mathrm{d}V_1\mathrm{d}V_2$ 积分,我们得到

$$\langle|\Delta n_k|^2\rangle = \frac{\bar{n}}{V}[1+\nu(k)], \quad \nu(k) = \int\nu(r)\mathrm{e}^{i\mathbf{k}\cdot\mathbf{r}}\mathrm{d}V. \quad (116.13)$$

最后,把(116.12)代入这里,得所求结果

$$\nu(k) = \frac{T}{\bar{n}\varphi(k)} - 1. \quad (116.14)$$

习 题

确定稀薄气体关联函数按 $\dfrac{N}{V}$ 的幂次展开的一次项.

解:从公式(79.2)出发,在一级近似下可以认为,给定的两个粒子外的所有其余粒子相距很远,它们的相互作用可以忽略不计,因此积分后给出 V^{N-2}. 以同样的精度可以设 $F = F_{\mathrm{id}}$. 结果求得

$$\nu(r) = \bar{n}[\mathrm{e}^{-U(r)/T} - 1],$$

式中 $U(r)$ 是气体两个粒子的相互作用能.

值得注意,把这个表达式代入(79.1)可给出气体的能量

$$E = E_{\mathrm{id}} + \frac{N^2}{2V^2}V\int U\left(1+\frac{\nu}{n}\right)\mathrm{d}V = E_{\mathrm{id}} + \frac{N^2}{2V}\int U\mathrm{e}^{-U/T}\mathrm{d}V.$$

当然,这个结果与近理想气体自由能的公式(74.4),(74.5)一致.

§117 简并气体中的密度涨落关联

正如上一节指出的,在经典理想气体中不同粒子的位置之间通常没有任何关联. 但是,在量子力学中根据波函数的对称性原理[①],由于理想气体粒子的间接相互作用产生了关联.

简并气体关联函数如何确定的问题,用二次量子化方法(已在§80中计算电子气能量时用过)解决最为简单.

众所周知,在这种方法里粒子数密度对应于算符

$$\hat{n}(\mathbf{r}) = \hat{\psi}^+(\mathbf{r})\hat{\psi}(\mathbf{r});$$

把 ψ 算符(80.5)代入后,用和式表示

$$\hat{n}(\mathbf{r}) = \sum_{\sigma\sigma'pp'}\hat{a}^+_{p\sigma}\hat{a}_{p'\sigma'}\psi^*_{p\sigma}(\mathbf{r})\psi_{p'\sigma'}(\mathbf{r}), \quad (117.1)$$

[①] 对于费米气体中涨落的关联,В. С. Фурсов 曾研究过(1937),而对玻色气体 А. Д. Галанин 曾研究过(1940).

§117 简并气体中的密度涨落关联

式中求和遍及所有的动量值 p, p'（对于体积 V 中的自由粒子）以及自旋分量 σ, σ'[①]. 但是由于 σ 值不同的自旋波函数有正交性，和式中只有 $\sigma = \sigma'$ 的项实际上不为零. 在乘积 $\psi_{p\sigma}^* \psi_{p'\sigma}$ 中归一化的自旋因子给出 1，因此，波函数可以简单地写成坐标平面波的形式

$$\psi_p = \frac{1}{\sqrt{V}} e^{i p \cdot r / \hbar}. \tag{117.2}$$

容易看出，和式(117.1)的所有对角项（$p = p'$）正好给出平均密度 $\bar{n}$：因为算符 $\hat{a}_{p\sigma}^+ \hat{a}_{p\sigma}$ 就是在给定量子状态下的粒子数 $n_{p\sigma}$，所以这些项的和等于

$$\frac{1}{V} \sum_{\sigma p} n_{p\sigma} = \frac{N}{V} = \bar{n}.$$

因此可写

$$\Delta \hat{n} = \hat{n}(r) - \bar{n} = {\sum_{\sigma p p'}}' \hat{a}_{p\sigma}^+ \hat{a}_{p'\sigma} \psi_p^* \psi_{p'}, \tag{117.3}$$

此处求和号上的撇号表示不计其中的对角项. 借助这个式子不难计算待求的平均值 $\langle \Delta n_1 \Delta n_2 \rangle$.

平均值的计算分两步. 首先应当对粒子状态求量子力学平均. 这种平均归结为对给定物理量取相应的对角矩阵元. 把属于不同点 r_1 和 r_2 的两个算符 (117.3) 式相乘，我们得到一个和式，它包含每次取四个算符 $\hat{a}_{p\sigma}, \hat{a}_{p\sigma}^+$ 所得的不同乘积项. 但是在所有这些乘积中，具有对角矩阵元的只是那些含有两对带等同指标算符 $\hat{a}_{p\sigma}, \hat{a}_{p\sigma}^+$ 之项，即

$${\sum_{\sigma p p'}}' \hat{a}_{p\sigma}^+ \hat{a}_{p'\sigma} \hat{a}_{p'\sigma}^+ \hat{a}_{p\sigma} \psi_p^*(r_1) \psi_{p'}(r_1) \psi_{p'}^*(r_2) \psi_p(r_2).$$

这些项构成对角矩阵，有

$$\hat{a}_{p'\sigma} \hat{a}_{p'\sigma}^+ = 1 \mp n_{p'\sigma}, \quad \hat{a}_{p\sigma}^+ \hat{a}_{p\sigma} = n_{p\sigma}$$

（从此往后，上号记费米统计，而下号记玻色统计）. 再把(117.2)式的 ψ_p 函数代入，得

$$\frac{1}{V^2} {\sum_{\sigma p p'}}' (1 \mp n_{p'\sigma}) n_{p\sigma} \exp\left[\frac{i}{\hbar}(p - p') \cdot (r_2 - r_1)\right].$$

这个表达式现在应该进行在统计意义上（即按照粒子在各量子态上的平衡分布）的平均. 因为处于不同量子态的粒子彼此行为完全独立，所以粒子数 $n_{p\sigma}$ 和 $n_{p'\sigma}$ 可独立求平均. 结果我们得到所求的平均值

$$\langle \Delta n_1 \Delta n_2 \rangle = \frac{1}{V^2} {\sum_{\sigma p p'}}' (1 \mp \bar{n}_{p'\sigma}) \bar{n}_{p\sigma} \exp\left[\frac{i}{\hbar}(p - p') \cdot (r_2 - r_1)\right]. \tag{117.4}$$

[①] 应该提醒：具有自旋的粒子的波函数是旋量，因而(117.1)中波函数的乘积实际上是协变旋量和逆变旋量按旋量指标（不应将之与表示状态自旋本征值分量的指标 σ, σ' 相混）适当求和后的"标量积".

现在照一般方式将对 $\boldsymbol{p},\boldsymbol{p}'$ 的求和化为对 $\dfrac{V\mathrm{d}^3p V\mathrm{d}^3p'}{(2\pi\hbar)^6}$ 的积分(这时 $\boldsymbol{p}\neq\boldsymbol{p}'$ 的限制变得不再重要). 积分分为两部分,其中第一部分为

$$\sum_\sigma \int \bar{n}_{p\sigma} \exp\left[\frac{\mathrm{i}}{\hbar}(\boldsymbol{p}-\boldsymbol{p}')\cdot(\boldsymbol{r}_2-\boldsymbol{r}_1)\right]\frac{\mathrm{d}^3 p\,\mathrm{d}^3 p'}{(2\pi\hbar)^6}.$$

对 $\dfrac{\mathrm{d}^3 p'}{(2\pi\hbar)^3}$ 的积分给出 δ 函数 $\delta(\boldsymbol{r}_2-\boldsymbol{r}_1)$,这使得可对被积式其余部分设 $\boldsymbol{r}_2-\boldsymbol{r}_1=0$;此后有

$$\delta(\boldsymbol{r}_2-\boldsymbol{r}_1)\sum_\sigma \int \bar{n}_{p\sigma}\frac{\mathrm{d}^3 p}{(2\pi\hbar)^3} = \bar{n}\delta(\boldsymbol{r}_2-\boldsymbol{r}_1).$$

这正好是公式(116.3)中的第一项. 因此,关联函数((116.3)中的第二项)有下面的表达式:

$$\nu(r) = \mp \frac{1}{\bar{n}}\sum_\sigma \left|\int e^{\mathrm{i}\boldsymbol{p}\cdot\boldsymbol{r}/\hbar}\bar{n}_{p\sigma}\frac{\mathrm{d}^3 p}{(2\pi\hbar)^3}\right|^2. \tag{117.5}$$

在平衡的气体中,粒子按量子态的分布依从费米或玻色分布公式

$$\bar{n}_{p\sigma} \equiv \bar{n}_p = \frac{1}{\mathrm{e}^{(\varepsilon-\mu)/T}\pm 1}. \tag{117.6}$$

这些数与 σ 无关;因此(117.5)中的对 σ 求和就给出因子 $g=2s+1$(s 是粒子的自旋). 所以,最后我们得到关联函数的如下公式①

$$\nu(r) = \mp \frac{g}{\bar{n}}\left|\int \frac{\mathrm{e}^{\mathrm{i}\boldsymbol{p}\cdot\boldsymbol{r}/\hbar}}{\mathrm{e}^{(\varepsilon-\mu)/T}\pm 1}\frac{\mathrm{d}^3 p}{(2\pi\hbar)^3}\right|^2, \tag{117.7}$$

或者,对 $\boldsymbol{p}$ 的取向积分后得

$$\nu(r) = \mp \frac{g}{4\pi^4 \bar{n} r^2 \hbar^4}\left|\int_0^\infty \frac{\sin(pr/\hbar)p\,\mathrm{d}p}{\mathrm{e}^{(\varepsilon-\mu)/T}\pm 1}\right|^2. \tag{117.8}$$

密度涨落傅里叶分量方均值的公式,只要将(117.7)式 $\nu(r)$ 代入普遍公式(116.13)并对坐标积分,也很容易得到②:

$$\langle |\Delta n_k|^2\rangle = \frac{g}{V}\int \bar{n}_p(1\mp \bar{n}_{p+\hbar k})\frac{\mathrm{d}^3 p}{(2\pi\hbar)^3}. \tag{117.9}$$

从(117.7)式首先可以看出,对于费米气体 $\nu(r)<0$,而对于玻色气体 $\nu(r)>0$. 换而言之,在玻色气体中,一个粒子在空间某点的存在增加了在这点附近发现另一个粒子的概率,即粒子经受独特的吸引力. 而在费米气体中,恰好相反,粒子呈现出的类似于排斥力(参看§56末尾的说明).

根据在本节开头所述,在经典极限下关联函数变为零:在 $\hbar\to 0$ 时,(117.7)中被积表达式振荡因子 $\exp\left(\dfrac{\mathrm{i}}{\hbar}\boldsymbol{p}\cdot\boldsymbol{r}\right)$ 的频率无限制地增加,积分趋于零.

---

① 对于玻色气体,这个公式只适于温度比玻色–爱因斯坦凝聚点高的情况(参看习题4).
② 谨防将气体密度涨落的傅里叶分量 Δn_k 与粒子的量子态占有数 $\bar{n}_p$ 相混.

当 $r \to 0$ 时,函数 $\nu(r)$ 趋于常数极限:

$$\nu(0) = \mp \frac{g}{\bar{n}} \left| \int \bar{n}_p \frac{d^3 p}{(2\pi\hbar)^3} \right|^2 = \mp \frac{\bar{n}}{g}. \tag{117.10}$$

我们把(117.8)式应用于 $T=0$ 时的费米气体. 在这种情况下,分布函数是阶跃函数:当 $p < p_F$ 时,$\bar{n}_p = 1$;当 $p > p_F$ 时,$\bar{n}_p = 0$,式中 $p_F = \hbar(6\pi^2 \bar{n}/g)^{1/3}$ 是极限动量. 因此求得

$$\nu(r) = -\frac{g}{4\pi^4 \hbar^4 \bar{n} r^2} \left| \int_0^{p_F} p \sin \frac{pr}{\hbar} dp \right|^2.$$

我们考虑不太小的距离,即认为 $\dfrac{p_F r}{\hbar} \gg 1$. 与此相应,只保留积分中 $\dfrac{1}{r}$ 的最低次项:

$$\nu(r) = -\frac{3\hbar}{2\pi^2 p_F r^4} \cos^2 \frac{p_F r}{\hbar} = -\frac{3\hbar}{4\pi^2 p_F r^4} \left(1 + \cos \frac{2 p_F r}{\hbar}\right). \tag{117.11}$$

在比所考虑距离小得多的区间 Δr 上,余弦变化很快. 对这样的区间求平均,得到

$$\nu(r) = -\frac{3\hbar}{4\pi^2 p_F r^4}. \tag{117.12}$$

习 题

1. 确定费米气体在 $T=0$ 时密度涨落的低波数 $\left(k \ll \dfrac{p_F}{\hbar}\right)$ 傅里叶分量的方均值.

解:(117.9)中的被积式只有在 $\bar{n}_p = 1, \bar{n}_{p+\hbar k} = 0$ 的各点才不等于 0(而等于 1),这些点在以原点为中心以 p_F 为半径的球内,同时在中心移了 $\hbar k$ 而半径相同的球以外. 在 $\hbar k \ll p_F$ 下求出这个区域的体积,得到

$$\langle |\Delta n_k|^2 \rangle = \frac{\pi g k p_F^2}{(2\pi)^3 \hbar^2 V} = \frac{3k\hbar}{4 p_F} \frac{\bar{n}}{V}.$$

2. 确定费米气体在比简并温度低得多的温度下的关联函数.

解:在(117.8)的积分中设 $\mu \approx \varepsilon_F = \dfrac{p_F^2}{2m}$,并作如下变换:

$$I = \int_0^\infty \frac{p \sin(pr/\hbar) dp}{e^{(\varepsilon - \varepsilon_F)/T} + 1} = -\hbar \frac{\partial}{\partial r} \int_0^\infty \frac{\cos(pr/\hbar) dp}{e^{(\varepsilon - \varepsilon_F)/T} + 1}.$$

分部积分,之后引入新变量 $x = \dfrac{p_F(p - p_F)}{mT}$. 由于 T 很小,被积式随着 $|x|$ 的增加而很快地减小,对 dx 的积分可以扩展为从 $-\infty$ 到 $+\infty$:

$$I = -\hbar^2 \frac{\partial}{\partial r} \frac{1}{r} \int_{-\infty}^{\infty} \sin\left(\frac{p_F}{\hbar}r + \lambda xr\right) \frac{\mathrm{d}x}{(\mathrm{e}^x+1)(\mathrm{e}^{-x}+1)} =$$

$$= -\hbar^2 \frac{\partial}{\partial r} \left[\frac{\sin(p_F r/\hbar)}{r} \int_{-\infty}^{\infty} \mathrm{e}^{\mathrm{i}\lambda rx} \frac{\mathrm{d}x}{(\mathrm{e}^x+1)(\mathrm{e}^{-x}+1)} \right]$$

(式中 $\lambda = \dfrac{mT}{\hbar p_F}$). 所得到的积分用 $(\mathrm{e}^x+1)^{-1} = u$ 代入化为欧拉 B 积分,结果得到

$$I = \hbar^2 \frac{\partial}{\partial r} \left[\frac{\pi \lambda}{\sinh(\pi \lambda r)} \sin \frac{p_F r}{\hbar} \right].$$

对于 $r \gg \dfrac{\hbar}{p_F}$ 的距离,对变化很快的余弦平方取平均,最后得到

$$\nu(r) = -\frac{3(mT)^2}{4\hbar p_F^3 r^2} \sinh^{-2}\left(\frac{\pi mTr}{\hbar p_F}\right).$$

在 $T\to 0$ 时这个公式变为 (117.12)。在 $\dfrac{p_F r}{\hbar}$ 不仅比 1 大,而且比 $\dfrac{\varepsilon_F}{T}$ 也大的渐近区内,我们有

$$\nu(r) = -\frac{3(mT)^2}{\hbar p_F^3 r^2} \exp\left(-\frac{2\pi mTr}{\hbar p_F}\right).$$

3. 对于玻色气体,在稍稍高于玻色 - 爱因斯坦凝聚起始点 T_0 的温度下,求其大距离 ($r \gg \hbar/\sqrt{mT}$) 的关联函数.

解: 在 T_0 点附近化学势 $|\mu|$ 很小 (参看 §62 习题). 这时 (117.7) 中的积分 (记作 I) 取决于小 p 值区: $\dfrac{\varepsilon}{T} \sim \dfrac{p^2}{mT} \sim \dfrac{|\mu|}{T} \ll 1$. 因此,被积表达式按 ε 和 μ 展开,求得①

$$I \approx T \int \frac{\mathrm{e}^{\mathrm{i} p \cdot r/\hbar}}{p^2/2m + |\mu|} \frac{\mathrm{d}^3 p}{(2\pi\hbar)^3} = \frac{mT}{2\pi\hbar^2 r} \exp\left[-r\frac{(2m|\mu|)^{1/2}}{\hbar}\right].$$

最后,

$$\nu(r) = \frac{gm^2 T^2}{4\pi^2 \bar{n}\hbar^4 r^2} \exp\left[-r\frac{2(2m|\mu|)^{1/2}}{\hbar}\right].$$

4. 求玻色气体在 $T < T_0$ 时的关联函数.

---

① 此处用了傅里叶变换公式

$$\int \frac{\mathrm{e}^{-\varkappa r}}{r} \mathrm{e}^{-\mathrm{i} k \cdot r} \mathrm{d}V = \frac{4\pi}{\varkappa^2 + k^2}, \quad \int \frac{\mathrm{e}^{\mathrm{i} k \cdot r}}{\varkappa^2 + k^2} \frac{\mathrm{d}^3 k}{(2\pi)^3} = \frac{\mathrm{e}^{-\varkappa r}}{4\pi r}.$$

得出该式的最简单方法如下. 注意到函数 $\varphi = \mathrm{e}^{-\varkappa r}/r$ 满足微分方程

$$\Delta \varphi - \varkappa^2 \varphi = -4\pi \delta(r),$$

方程两边乘以 $\mathrm{e}^{-\mathrm{i} k \cdot r}$ 并在整个空间积分 (并且对 $\mathrm{e}^{-\mathrm{i} k \cdot r} \Delta \varphi$ 作两次分部积分), 就得到所要的结果.

解：在 $T < T_0$ 下，有限比例的粒子数处于 $\boldsymbol{p}=0$（凝聚）的状态．重新回到表达式(117.4)，应该（在化求和为积分以前）预先分出 $\boldsymbol{p}$ 或 $\boldsymbol{p}'$ 等于零的项，并考虑到这时在每一个 $\boldsymbol{p}=0$ 的量子态中的粒子数：$n_{p=0}=\dfrac{N_{\varepsilon=0}}{g}$．此后，化求和为积分如正文所述，相应于(117.7)结果我们求得

$$\nu(r) = \frac{2n_0}{\bar{n}} I + \frac{g}{\bar{n}} I^2, \quad I = \int e^{i\boldsymbol{p}\cdot\boldsymbol{r}/\hbar} \bar{n}_p \frac{\mathrm{d}^3 p}{(2\pi\hbar)^3},$$

式中 $n_0 = \dfrac{N_{\varepsilon=0}}{g}$，并且 $\bar{n}_p$ 由 $\mu=0$ 的玻色分布公式给出：

$$\bar{n}_p = \frac{1}{e^{\varepsilon/T}-1}.$$

在距离 $r \gg \hbar/\sqrt{mT}$ 时，积分 $I = mT/(2\pi\hbar^2 r)$（从上题中公式取在 $\mu=0$），因此，

$$\nu(r) = \frac{mTn_0}{\pi\bar{n}\hbar^2 r} + \frac{gm^2 T^2}{4\pi^2 \bar{n}\hbar^4 r^2};$$

如果 T 不太接近 T_0（因此 n_0 不是太小），第二项可略．在相反的情况下，距离 $r \ll \hbar/\sqrt{mT}$，积分

$$I \approx \int \bar{n}_p \frac{\mathrm{d}^3 p}{(2\pi\hbar)^3} = \frac{\bar{n}-n_0}{g},$$

因此

$$\nu(r) \approx \nu(0) = \frac{\bar{n}^2 - n_0^2}{g\bar{n}}.$$

值得注意，对于玻色气体，积分 $\int \nu \mathrm{d}v$ 在 $T<T_0$ 时发散，所以按(116.5)式计算就会导致粒子数涨落有无限值，这与§113中的有关评述一致．

§118 涨落的时间关联

我们考虑表征处于热力学平衡的某个闭合系统或其一部分的任何一个物理量（在第一种情况下，有一些量如能量根据定义对闭合系统保持不变，所考虑的量不应该是这样的量）．这个量随时间有不大的变化，在其平均值附近涨落．我们仍然用 $x(t)$ 表示这个量的实际值与其平均值之间的差（以使 $\bar{x}=0$）．

在不同时刻的 $x(t)$ 值之间存在着某种关联；这意味着：x 在某一时刻 t 的值将影响它在另一时刻 t' 具有各值的概率．正像在前几节中讨论空间关联时一样，我们用乘积的平均值 $\langle x(t)x(t')\rangle$ 来表征时间关联．在这里，仍旧像通常一样是在统计的意义上来理解求平均，即对于量 x 在时刻 t 和 t' 的一切可能取值

的概率求平均. 在§1中已经指出,这样的统计平均等价于时间平均:在这里,在给定的差值 $t'-t$ 下对时间 t 和 t' 之一求平均. 这种方式得到的量

$$\varphi(t'-t) = \langle x(t)x(t') \rangle \qquad (118.1)$$

只依赖于差值 $t'-t$;所以,该定义也可以写成形式

$$\varphi(t) = \langle x(0)x(t) \rangle. \qquad (118.2)$$

当时差无限增大时,关联显然消失,与此相应函数 $\varphi(t)$ 趋于零. 我们还应该注意,由于定义(118.1)对于 t 和 t' 的交换明显对称,函数 $\varphi(t)$ 是偶的:

$$\varphi(t) = \varphi(-t). \qquad (118.3)$$

我们把 $x(t)$ 当成时间的函数,同时也就暗指它自身按经典方式行事. 然而,所述的定义也可以表达成适用于量子力学量的形式. 为此,x 这个量必须代之以量子力学的含时(海森伯)算符 $\hat{x}(t)$. 属于不同时刻的算符 $\hat{x}(t)$ 和 $\hat{x}(t')$ 通常不可对易,因此现在关联函数必须定义为

$$\varphi(t'-t) = \frac{1}{2}\langle \hat{x}(t)\hat{x}(t') + \hat{x}(t')\hat{x}(t) \rangle, \qquad (118.4)$$

此处的平均对精确的量子力学状态求①.

假设 x 是这样一个量,对它指定一个确定值(比它的平均涨落 $\langle x^2 \rangle^{1/2}$ 大得多),我们就能描述一个非完全平衡的确定状态. 换句话说,在给定 x 值下建立非完全平衡所需的弛豫时间,假设比 x 本身达到平衡值所需的时间小许多. 这个条件对于很宽的一类有物理意义的量都满足. 这类量的涨落称为是**准定态的**②. 本节下面将考虑这种类型的涨落,另外还假设 x 是经典量③.

我们还将假设,在趋向完全平衡的过程中,在系统中所发生的对于平衡的任何偏离,都不需要另外引入新量来描述. 换而言之,在每一时刻非平衡系统的状态完全取决于 x 的值(更普遍的情况将在下一节考虑).

设 x 这个量在某个时刻 t 具有比平均涨落大得多的值,即系统远离平衡. 那么可以断言:在以后的时刻,系统将力图趋于平衡状态,与此相应 x 将减小. 同时,由于所作的假设,x 的变化率在每个时刻完全取决于 x 本身在该时刻的值:

$$\dot{x} = \dot{x}(x).$$

如果 x 还是相当小,则可以把 $\dot{x}(x)$ 按 x 的幂次展开,并只保留线性项:

$$\frac{\mathrm{d}x}{\mathrm{d}t} = -\lambda x, \qquad (118.5)$$

---

① 这里必须再提醒一下:根据统计物理基本原理,无论是用系统定态精确波函数以力学的方式,还是用吉布斯分布以统计的方式,求平均所得的结果不受影响. 不同之处只在于:在前一种情形下结果用物体的能量表示,而在后一种情形下表示成温度的函数.

② 也称为**热力学的**.

③ 量子力学量准定态涨落的公式,最后可通过§124中所述的简单修正(参看(124.19))从经典量的公式得到.

式中 λ 是正的常数;展开式中零级项不出现,因为在完全平衡态中(即 $x=0$ 下)速率 $\dfrac{\mathrm{d}x}{\mathrm{d}t}$ 应该为零.方程(118.5)是描述非平衡系统弛豫过程的线性化宏观"运动方程"(弛豫过程物理性质完全依赖于 x 这个量的性质).常数 $\dfrac{1}{\lambda}$ 决定建立完全平衡的弛豫时间的数量级.

回到平衡系统中的涨落,引入 $\xi_x(t)$ 记某量在它于 $t=0$ 时刻有给定值 x 的条件下在稍后时刻 $t>0$ 的平均值;这个平均值一般不为零.显然,关联函数 $\varphi(t)$ 可用函数 $\xi_x(t)$ 写成

$$\varphi(t) = \langle x\xi_x(t) \rangle, \tag{118.6}$$

式中平均仅对初始时刻 $t=0$ 时 x 的不同值的概率求.

对于 ξ_x 比平均涨落大得多的值,从方程(118.5)另外有

$$\frac{\mathrm{d}\xi_x(t)}{\mathrm{d}t} = -\lambda\xi_x(t), \quad t>0. \tag{118.7}$$

考虑到 $\xi_x(t)$ 这个量为平均值,应该认为这个方程对于任意小的 $\xi_x(t)$ 也同样成立.把方程积分并记住根据定义有 $\xi_x(0)=x$,我们求得

$$\xi_x(t) = x\mathrm{e}^{-\lambda t},$$

最后,把它代入(118.6),我们就得到确定时间关联函数的公式

$$\varphi(t) = \langle x^2 \rangle \mathrm{e}^{-\lambda t}.$$

然而,该公式当前的形式仅适用于 $t>0$,因为在推导中(方程(118.7))实质上假设了时刻 t 在 $t=0$ 之后.另一方面,考虑到函数 $\varphi(t)$ 是偶函数,可以写出最后的公式:

$$\varphi(t) = \langle x^2 \rangle \mathrm{e}^{-\lambda|t|} = \frac{1}{\beta}\mathrm{e}^{-\lambda|t|} \tag{118.8}$$

($\langle x^2 \rangle$ 由(110.5)给出),它适用于无论正负的所有 t 值.这个函数在 $t=0$ 时具有两个不同的导数.这种情况起因于我们考虑的时间间隔比建立非完全平衡(在给定 x 值下的平衡)的所需时间大得多.考虑不在"准定态"理论可能范围内的较短时间间隔,当然在 $t=0$ 时会有等式 $\dfrac{\mathrm{d}\varphi}{\mathrm{d}t}=0$,正如 t 的导数连续的任何偶函数所应该的那样.

上述理论还可以表述成另一形式,它可能更有利.

如前所述,量 x(而非其平均值 ξ_x)的方程式 $\dot{x}=-\lambda x$,只是在 x 的值比平均涨落大得多的情况下成立.在任意的 x 值下,我们写

$$\dot{x} = -\lambda x + y, \tag{118.9}$$

这定义了新量 y.虽然 y 这个量的振幅绝对值不随时间改变,但是如果 x 足够大(在上述的意义下),则 y 相对较小,在方程(118.9)中可略.用这种方式引入

方程(118.9)中的量 y(通常称为"**随机力**"),应该看成是 x 这个量涨落的起源. 这里的随机力关联函数 $\langle y(0)y(t)\rangle$ 应当适当限定,以使得可导出 $\langle x(0)x(t)\rangle$ 的正确结果(118.8). 为此必须设定

$$\langle y(0)y(t)\rangle = 2\lambda\langle x^2\rangle\delta(t) = \frac{2\lambda}{\beta}\delta(t). \tag{118.10}$$

很容易证实这一点,只要把方程(118.9)的解写成

$$x(t) = e^{-\lambda t}\int_{-\infty}^{t} y(\tau)e^{\lambda\tau}d\tau,$$

并对乘积 $x(0)x(t)$ 写下二重积分然后求平均.

表达式(118.10)在 $t\neq 0$ 时变为零,这一事实意味着:$y(t)$ 在不同的时刻的值不相关. 实际上,这个说法自然是近似的,并且只是表明:$y(t)$ 的值只在与建立非完全平衡(在给定的 x 下的平衡)所需时间同数量级的时间间隔内才是相关的,正如已经指出的,在上述理论中它是可略小量.

§119 多变量涨落的时间关联

在上节所得到的结果可以推广到同时有若干个量 $x_1, x_2, \cdots, x_n$ 偏离其平衡值的涨落. 我们将再次假定,已经从这些值中减去平衡值,因此全部平均值有 $\bar{x}_i = 0$.

这些量涨落的关联函数(在经典理论中)取决于

$$\varphi_{ik}(t'-t) = \langle x_i(t')x_k(t)\rangle. \tag{119.1}$$

鉴于该定义本身,这些关联函数具有显然的对称性质

$$\varphi_{ik}(t) = \varphi_{ki}(-t). \tag{119.2}$$

然而,关联函数还存在另外一个对称性质,它具有深刻的物理意义. 它来自描述物体粒子运动的力学方程的时间反演对称性[①]. 由于这种对称性,在求平均时 x_i 和 x_k 中哪个取较早时刻哪个取较晚时刻,无关紧要. 所以 $\langle x_i(t')x_k(t)\rangle = \langle x_i(t)x_k(t')\rangle$,即

$$\varphi_{ik}(t) = \varphi_{ik}(-t). \tag{119.3}$$

从(119.2),(119.3)这两个性质,也可得出 $\varphi_{ik}(t) = \varphi_{ki}(t)$.

这里的推导暗含如下假定:x_i 在时间变号下保持不变. 但是也存在着在时间反演下自身变号的量(例如,与任何宏观运动的速度成正比的量). 如果两个量 x_i 和 x_k 都具有这样的性质,则关系式(119.3)将又成立. 如果两个量中一个变号而另一个不变,则时间反演对称性表明 $\langle x_i(t')x_k(t)\rangle = -\langle x_i(t)x_k(t')\rangle$,即

$$\varphi_{ik}(t) = -\varphi_{ik}(-t). \tag{119.4}$$

结合(119.2)得 $\varphi_{ik}(t) = -\varphi_{ki}(t)$.

[①] 这里假定系统不处于磁场中,也不作整体转动(参看§120下面).

与上节一样，现在假定涨落是准定态的，即 $x_1,\cdots,x_n$ 这一组值（超出平均涨落范围）决定非完全平衡的某个宏观状态. 在趋近完全平衡的过程中，x_i 各量随时间变化；假定这一组函数 $x_i(t)$ 完全表征这个过程，而不发生离开平衡的其它偏离. 那么，在每一个非平衡态中 x_i 的变化率是在该状态中 $x_1,\cdots,x_n$ 这些值的函数：

$$\dot{x}_i = \dot{x}_i(x_1,\cdots,x_n). \tag{119.5}$$

如果系统处于比较接近完全平衡的状态（也就是可以认为 x_i 很小），则函数(119.5)可按 x_i 的幂次展开至一次项，即表示成线性和的形式

$$\dot{x}_i = -\lambda_{ik}x_k \tag{119.6}$$

式中 λ_{ik} 是常系数①；这些表达式推广了方程(118.5).

由此可以按§118中的同样方式得出关联函数的方程. 对于给定在时刻 $t=0$ 的所有值 $x_1,x_2,\cdots$，引入在 $t>0$ 时刻 x_i 的平均值 $\xi_i(t)$，（为简便起见，略去记号 $\xi_i(t)$ 中的 x_i 值）. 这些量满足与(119.6)同样的方程：

$$\dot{\xi}_i = -\lambda_{ik}\xi_k, \tag{119.7}$$

并且它不再仅适于较大（与平均涨落相比）的 $\xi_i(t)$ 值，也适于任意小值. 将 $\xi_i(t)$ 乘以 $x_l = x_l(0)$ 并对不同值 x_l 的概率求平均，可得关联函数 $\varphi_{il}(t) = \langle \xi_i(t)x_l \rangle$. 对方程(119.7)进行这种运算，我们得到

$$\frac{d}{dt}\varphi_{il}(t) = -\lambda_{ik}\varphi_{kl}(t), \quad t>0 \tag{119.8}$$

（在这组方程中，指标 l 是自由的）.

正如已经指出的，方程(119.6)不是别的，而是描述非平衡系统弛豫过程的线性化宏观"运动方程". 我们看到，涨落关联函数方程组可由 $x_i(t)$ 的"运动方程"通过用函数 $\varphi_{il}(t)$ 代换 $x_i(t)$ 而轻易得到，这里的指标 l 是"自由的"，可取从1到n 的所有值. 这种方式得到的方程适于时间 $t>0$，应取如下"初条件"求积分：

$$\varphi_{ik}(0) = \langle x_i(0)x_k(0) \rangle \equiv \langle x_i x_k \rangle = \beta_{ik}^{-1} \tag{119.9}$$

（平均值$\langle x_i x_k \rangle$应该等于(111.9)的值）. 时间 $t<0$ 的关联函数随后根据对称性质直接确定.

§120 动理学系数的对称性

我们重新回到描述近平衡系统弛豫过程的宏观方程(119.6)：②

---

① 与§111中一样，约定对重复两次的拉丁指标从1求和到 n.

② 在具体应用中，常常碰到这样的情形：所趋向的完全平衡状态与某些外参量（如体积、外场）有关，而它们本身又随时间缓慢地变化；所考虑各量的平衡（平均）值也随着改变. 如果这种变化足够缓慢，那么我们仍旧可以利用所有上述的关系式，不过平均值 $\bar{x}_i$ 不能再假定总为零；如果用 $x_i^{(0)}$ 表示它们，(120.1)应改写成：

$$\dot{x}_i = -\lambda_{ik}(x_k - x_k^{(0)}). \tag{120.2a}$$

$$\dot{x}_i = -\lambda_{ik} x_k. \tag{120.1}$$

这些方程具有深藏的内部对称性,要明显地看出它们,方程右边表示量必须不用 x_i 这些宏观量本身(方程的左边为其变化率),而用其热力学共轭量

$$X_i = -\frac{\partial S}{\partial x_i}, \tag{120.2}$$

(它们已在 §111 中引入). 在平衡状态中,系统的熵极大,因此所有的 $X_i = 0$. 当 X_i 不为零但 $x_1, x_2, \cdots$ 比较小(即在系统的近平衡态)时,X_i 可以表示为线性函数的形式

$$X_i = \beta_{ik} x_k. \tag{120.3}$$

常系数 β_{ik} 是 X_i 的一阶导数,即 S 的二阶导数;因此

$$\beta_{ik} = \beta_{ki}. \tag{120.4}$$

如果按 (120.3) 把 x_i 各量用 X_i 表示,并代入 (120.1),则得到弛豫方程形为

$$\dot{x}_i = -\gamma_{ik} X_k, \tag{120.5}$$

式中

$$\gamma_{ik} = \lambda_{il} \beta^{-1}_{lk} \tag{120.6}$$

是新常数;它们常称为**动理学系数**. 现在我们证明**动理学系数的对称性原理**即**昂萨格原理**(L. Onsager, 1931),据之有

$$\gamma_{ik} = \gamma_{ki}. \tag{120.7}$$

证明所依事实已在上节提到:表征平衡系统中涨落的量满足同样的方程 (120.1) 或者 (120.5). 具体说,我们给定 $t = 0$ 时所有的值 $x_1, x_2, \cdots$,引入在时刻 t 涨落量 x_i 的平均值 $\xi_i(t)$,以及 X_i 的平均值 $\Xi_i(t)$;那么

$$\dot{\xi}_i = -\gamma_{ik} \Xi_k \quad (t > 0). \tag{120.8}$$

现在要用到 (在平衡系统中) 涨落对于时间反演的对称性;它由关系式 (119.3) 描述,可写成

$$\langle x_i(t) x_k(0) \rangle = \langle x_i(0) x_k(t) \rangle, \tag{120.9}$$

或者借助 $\xi_i(t)$ 写成

$$\langle \xi_i(t) x_k \rangle = \langle x_i \xi_k(t) \rangle, \tag{120.10}$$

式中平均按 x_i 在 $t = 0$ 时刻所有不同值的概率求. 把这个等式对 t 求微商,并且将 (120.8) 中 ξ_i 的导数代入得:

$$\gamma_{il} \langle \Xi_l(t) x_k \rangle = \gamma_{kl} \langle x_i \Xi_l(t) \rangle.$$

显然,当 $t = 0$ 时 Ξ_l 这些量与 $X_l(0)$ 相同;所以,在上式中令 $t = 0$,我们得到

$$\gamma_{il} \langle X_l x_k \rangle = \gamma_{kl} \langle X_l x_i \rangle,$$

式中平均乘积中的两个因子取同一时刻. 但是,根据 (111.8),这样的平均值

$\langle X_l x_k \rangle = \delta_{lk}$，于是，我们得出所求的结果(120.7)①.

但是对这个结果还必须作两点说明. 证明主要利用了力学方程的时间对称性. 但是对于匀速转动物体或者处于外磁场中物体的涨落，这种对称性的表述方式有所不同. 具体地说，这时只有在转动角速度 $\boldsymbol{\Omega}$ 或磁场 $\boldsymbol{H}$ 也同时反号的条件下，才有时间反演对称性. 因此，在这种情形下动理学系数与 $\boldsymbol{\Omega}$ 或 $\boldsymbol{H}$ 有关，以它们作为参数，并满足以下关系式：

$$\gamma_{ik}(\boldsymbol{\Omega}) = \gamma_{ki}(-\boldsymbol{\Omega}), \quad \gamma_{ik}(\boldsymbol{H}) = \gamma_{ki}(-\boldsymbol{H}). \tag{120.11}$$

此外，在推导中还假设：x_i 和 x_k 这些量自身在时间反演下不变. 如果时间反演下两个量都变号(两者都正比于任何宏观运动的速度)，关系式(120.9)，进而结果(120.7)仍然成立. 如果 x_i, x_k 中一个变号，而另一个不变，则在推导中应当从(119.4)而不是(119.3)出发，并且动理学系数的对称性原理应该表述为

$$\gamma_{ik} = -\gamma_{ki}. \tag{120.12}$$

完全类似的结果对于动理学系数 ζ_{ik} 也正确，这些系数出现在写成方程(120.5)"热力学共轭"形式的弛豫方程中：

$$\dot{X}_i = -\zeta_{ik} x_k, \quad \zeta_{ik} = \beta_{il} \gamma_{lk}. \tag{120.13}$$

系数 ζ_{ik} 具有与 γ_{ik} 同样的对称性质. 这一点用类似的推导可以看出，但是，考虑到 x_i 和 X_i 之间的相互对应特征(参看§111 第二个脚注)，本来就很显然.

如果所有量 $x_1, \cdots, x_n$ 具有同样的时间反演特性(因此 γ_{ik} 的矩阵完全对称)，则速率 $\dot{x}_i$ 可以表示成导数的形式

$$\dot{x}_i = -\frac{\partial f}{\partial X_i}, \quad f = \frac{1}{2}\gamma_{ik} X_i X_k \tag{120.14}$$

此处 f 为 X_i 的二次函数，系数为 γ_{ik}.

f 这个函数的重要性在于，它决定系统的熵 S 的变化率. 实际上，我们有

$$\dot{S} = \frac{\partial S}{\partial x_i}\dot{x}_i = -X_i \dot{x}_i = X_i \frac{\partial f}{\partial X_i},$$

而因为 f 是 X_i 的二次函数，所以根据欧拉定理我们得到

$$\dot{S} = 2f. \tag{120.15}$$

随着趋于平衡，熵增长而趋于极大值. 因此二次型 f 应是正定的；这要求系数 γ_{ik} 满足一定条件. 函数 f 也可以用 x_i 表示，这时它的导数给出速率 $\dot{X}_i$：

$$\dot{X}_i = -\frac{\partial f}{\partial x_i}, \quad f = \frac{1}{2}\zeta_{ik} x_i x_k. \tag{120.16}$$

---

① 值得提醒，这里该用关系式(120.9)而不该用(119.2)，后者给出 $\langle x_i(0) x_k(t) \rangle = \langle x_i(-t) x_k(0) \rangle$. 可以看到，把这个等式对 t 求微商并令 $t=0$，(借助(120.9))得到 $\langle \dot{x}_i x_k \rangle = 0$. 但是在所考虑的近似下函数 $\varphi_{ik}(t)$ (就像§118 中的 $\varphi(t)$) 在 $t=0$ 点对于 $t \to +0$ 和 $t \to -0$ 有两个不同的导数.

这时当然也仍有 $\dot{S} = -x_i \dot{X}_i = 2f$。

对于一个由处于外部介质中的物体所组成的系统,因闭合系统在偏离平衡时熵的改变等于 $R_{\min}/T_0$,其中 $R_{\min}$ 是把系统从平衡态转移到给定状态所必需的最小功(参看(20.8)),① 借此可变换(120.15)式。再令 $R_{\min} = \Delta E - T_0 \Delta S + P_0 \Delta V$(式中 E, S, V 是物体的量,而 T_0, P_0 是介质的温度与压强),我们得到

$$\dot{E} - T_0 \dot{S} + P_0 \dot{V} = -2fT_0. \tag{120.17}$$

特别是,如果平衡的偏离发生在不变的温度和压强(等于 T_0 和 P_0)下,则

$$\dot{\Phi} = -2fT, \tag{120.18}$$

而在不变的温度和体积下,则

$$\dot{F} = -2fT. \tag{120.19}$$

§121 耗散函数

物体在外部介质中的宏观运动一般来讲都伴随着不可逆的摩擦过程,它最终导致运动停止。这时物体的动能转变成热,或者说被耗散。

对这样一种运动作纯力学的研究显然是不可能的;因为宏观运动的能量转变成物体和介质的分子热运动的能量,所以纯力学研究将要求建立所有这些粒子的运动方程。因此,对于在介质中的物体是否能建立只含其宏观坐标的运动方程,这个问题属于统计物理范围。

但是这个问题在普遍的形式下是不可能解决的。因为物体原子的内部运动不仅依赖于物体在给定时刻的运动,而且还依赖于这个运动的以往历史,所以一般来讲,运动方程中不仅会出现物体的宏观坐标 $Q_1, Q_2, \cdots, Q_s$ 和它们对时间的一阶、二阶导数,而且还将出现所有更高阶的导数(更准确地讲,函数 $Q_i(t)$ 受到某种积分算符的作用)。在这种情况下,系统宏观运动的拉格朗日函数当然不存在,而不同情形的运动方程将具有完全不同的性质。

如果可以认为,系统在给定时刻的状态完全取决于坐标 Q_i 和速度 $\dot{Q}_i$,而高阶导数可略(是否小的精确判据必须针对每一种具体情形建立),那么这时可以在普遍的形式下建立运动方程。我们还将假设速度 $\dot{Q}_i$ 本身足够小,以至于它们的高次幂也可略。最后,假设所讨论的运动是在某种平衡位置附近的小振动,这种情形也正是通常在讨论中遇到的。这里假定已适当选取坐标 Q_i,使得在平衡位置时 $Q_i = 0$。于是,系统的动能 $K(\dot{Q}_i)$ 是速度 $\dot{Q}_i$ 的二次函数,而不依赖于坐标

---

① 由于熵的变化和 $R_{\min}$ 之间的这种关系,也可以把 X_i 定义成

$$X_i = \frac{1}{T_0} \frac{\partial R_{\min}}{\partial x_i}, \tag{120.2a}$$

有时候这比用定义(120.2)更方便(参看(22.7))。

§121 耗散函数

Q_i 本身,而外力作用引起的势能 $U(Q_i)$ 是坐标 Q_i 的二次函数.

我们引入广义动量 P_i,像通常一样定义为

$$P_i = \frac{\partial K(\dot{Q}_i)}{\partial \dot{Q}_i}. \tag{121.1}$$

它们决定了动量有速度线性组合的形式. 借助于这些等式我们又可以用动量来表示速度,代入动能的表达式后,得到动能是动量的二次函数,并且有以下等式:

$$\dot{Q}_i = \frac{\partial K(P_i)}{\partial P_i}. \tag{121.2}$$

如果完全忽略耗散过程,那么运动方程就是通常的力学方程;根据运动方程,动量对时间的导数等于相应的广义力:

$$\dot{P}_i = -\frac{\partial U}{\partial Q_i}. \tag{121.3}$$

首先应当注意:方程(121.2)和(121.3)形式上同动理学系数对称性原理是一致的,只要把在§120中引入的 $x_1, x_2, \cdots, x_{2s}$ 理解为坐标 Q_i 和动量 P_i. 实际上,把物体从处于平衡位置的静止状态移到位置为 Q_i 且动量为 P_i 的状态所需的最小功为

$$R_{\min} = K(P_i) + U(Q_i),$$

因此 $X_1, X_2, \cdots, X_{2s}$ 这些量可以解释为如下的导数(参看§120最后一个脚注):

$$X_{Q_i} = \frac{1}{T}\frac{\partial R_{\min}}{\partial Q_i} = \frac{1}{T}\frac{\partial U}{\partial Q_i},$$

$$X_{P_i} = \frac{1}{T}\frac{\partial R_{\min}}{\partial P_i} = \frac{1}{T}\frac{\partial K}{\partial P_i},$$

而方程(121.2)和(121.3)相当于关系式(120.5),并且

$$\gamma_{Q_iP_i} = -T = -\gamma_{P_iQ_i},$$

与规则(120.12)一致. (这里所遇到的就是时间反号时一个变量(Q_i)保持不变而另一个变量(P_i)反号的情形.)

依照普遍关系式(120.5),现在以如下方式写出包含耗散过程的运动方程:把 X_{Q_i}, X_{P_i} 这些量的某种线性组合附加到等式(121.2)和(121.3)的右边,同时使得动理学系数所要求的对称性仍能满足. 但是很容易看出,方程(121.2)必须保持不变,因为它们只不过是动量的定义(121.1)的必然推论,而与耗散过程之存在与否无关. 这表明加到方程式(121.3)上去的只能是 X_{P_i}(即导数 $\frac{\partial K}{\partial P_i}$)这些量的线性组合,否则动理学系数的对称性被破坏.

于是我们得到一组如下形式的方程

$$\dot{P}_i = -\frac{\partial U}{\partial Q_i} - \sum_{k=1}^{s} \gamma_{ik} \frac{\partial K}{\partial P_k},$$

式中常系数 γ_{ik} 彼此有关:

$$\gamma_{ik} = \gamma_{ki}. \tag{121.4}$$

把 $\frac{\partial K}{\partial P_k} = \dot{Q}_k$ 代入, 最后可写:

$$\dot{P}_i = -\frac{\partial U}{\partial Q_i} - \sum_{k=1}^{s} \gamma_{ik} \dot{Q}_k. \tag{121.5}$$

这就是所求的运动方程组. 我们看到: 在所考虑近似下, 耗散过程的存在导致附加**摩擦力**以运动速度的线性函数出现. 由于关系式(121.4), 摩擦力可写成如下的二次函数对相应速度的导数:

$$f = \frac{1}{2} \sum_{i,k} \gamma_{ik} \dot{Q}_i \dot{Q}_k, \tag{121.6}$$

这个函数称为**耗散函数**. 于是

$$\dot{P}_i = -\frac{\partial U}{\partial Q_i} - \frac{\partial f}{\partial \dot{Q}_i}. \tag{121.7}$$

引入拉格朗日函数 $L = K - U$, 可以把这些运动方程写成形式

$$\frac{\mathrm{d}}{\mathrm{d}t} \frac{\partial L}{\partial \dot{Q}_i} - \frac{\partial L}{\partial Q_i} = -\frac{\partial f}{\partial \dot{Q}_i}, \tag{121.8}$$

它们与通常形式的拉格朗日方程式不同之处在于右边出现耗散函数的导数.

摩擦的存在使得运动物体的总机械能 $(K + U)$ 减少. 根据 §120 的普遍结果, 能量衰减率决定于耗散函数. 由于本节所用记号与 §120 有所不同, 我们再重新证明一下. 我们有:

$$\frac{\mathrm{d}}{\mathrm{d}t}(K + U) = \sum_{i=1}^{s} \left(\frac{\partial K}{\partial P_i} \dot{P}_i + \frac{\partial U}{\partial Q_i} \dot{Q}_i \right) = \sum_i \dot{Q}_i \left(\dot{P}_i + \frac{\partial U}{\partial Q_i} \right),$$

把(121.7)代入, 并注意到耗散函数是二次的, 我们得到:

$$\frac{\mathrm{d}}{\mathrm{d}t}(K + U) = -\sum_i \dot{Q}_i \frac{\partial f}{\partial \dot{Q}_i} = -2f, \tag{121.9}$$

这正是我们所预期的.

最后我们指出: 在有外磁场存在的情形下, 运动方程仍旧有(121.5)的形式, 区别只在于(121.4)应改写为

$$\gamma_{ik}(\boldsymbol{H}) = \gamma_{ki}(-\boldsymbol{H}).$$

但是正是由于这个缘故, 不存在任何耗散函数可以用它的导数来定义摩擦力; 运动方程也就不能写成(121.7)的形式.

§122 涨落的谱分解

我们用通常的傅里叶展开公式引入涨落量 $x(t)$ 的谱分解：

$$x_\omega = \int_{-\infty}^{\infty} x(t) e^{i\omega t} dt, \qquad (122.1)$$

反之

$$x(t) = \int_{-\infty}^{\infty} x_\omega e^{-i\omega t} \frac{d\omega}{2\pi}. \qquad (122.2)$$

应该注意：积分 (122.1) 实际上是发散的，因为当 $|t| \to \infty$ 时，$x(t)$ 并不趋于零. 但是这种情况对于进一步的形式演算并不重要，因为演算的目的在于计算肯定有限的方均值①.

把 (122.2) 代入关联函数的定义 (118.1) 中，我们得到

$$\varphi(t'-t) = \langle x(t')x(t)\rangle = \iint_{-\infty}^{\infty} \langle x_\omega x_{\omega'}\rangle e^{-i(\omega t + \omega' t')} \frac{d\omega d\omega'}{(2\pi)^2}. \qquad (122.3)$$

为使等式右边的积分只是差 $t-t'$ 的函数，被积式应该含 $\omega + \omega'$ 的 δ 函数，即应该为

$$\langle x_\omega x_{\omega'}\rangle = 2\pi (x^2)_\omega \delta(\omega + \omega'). \qquad (122.4)$$

这个关系式应该看成是在这里用符号 $(x^2)_\omega$ 来表示的这个量的定义. 虽然量 x_ω 是复数，但是 $(x^2)_\omega$ 显然是实数. 实际上，表达式 (122.4) 只是在 $\omega' = -\omega$ 时才不等于零，而且关于 ω 和 ω' 互换是对称的，因此 $(x^2)_\omega = (x^2)_{-\omega}$；而 ω 变号等价于取复共轭.

把 (122.4) 代入 (122.3)，并通过对 $d\omega'$ 积分消去 δ 函数，得

$$\varphi(t) = \int_{-\infty}^{\infty} (x^2)_\omega e^{-i\omega t} \frac{d\omega}{2\pi}. \qquad (122.5)$$

特别是，$\varphi(0)$ 就是涨落量的方均值：

$$\langle x^2 \rangle = \int_{-\infty}^{\infty} (x^2)_\omega \frac{d\omega}{2\pi} = \int_{0}^{\infty} 2(x^2)_\omega \frac{d\omega}{2\pi}. \qquad (122.6)$$

我们看到，方均涨落的谱密度恰好就等于 $(x^2)_\omega$（或者 $2(x^2)_\omega$，如果积分只对正频率求). 根据 (122.5)，这个量就是关联函数的傅里叶分量. 反过来，

$$(x^2)_\omega = \int_{-\infty}^{\infty} \varphi(t) e^{i\omega t} dt. \qquad (122.7)$$

在写出公式中，假设 $x(t)$ 是经典的. 对于量子力学量，展开式 (122.1)，(122.2) 应该考虑为含时算符 $\hat{x}(t)$，而谱密度 $(x^2)_\omega$ 的定义应由 (122.4) 改写成

---

① 我们按照 С. М. Рытов 引入了涨落谱分解方法.

$$\frac{1}{2}\langle \hat{x}_\omega \hat{x}_{\omega'} + \hat{x}_{\omega'} \hat{x}_\omega \rangle = 2\pi (x^2)_\omega \delta(\omega + \omega'). \tag{122.8}$$

对于单个量准定态涨落的关联函数,在§118 中已得到表达式(118.8). 用初等积分可以得出其谱分解的如下结果:

$$(x^2)_\omega = \frac{1}{\beta}\left(\frac{1}{\lambda - i\omega} + \frac{1}{\lambda + i\omega}\right) = \frac{2\lambda}{\beta(\omega^2 + \lambda^2)}. \tag{122.9}$$

根据准定态涨落所作近似的物理含义,该表达式所适用的频率,与非完全平衡态建立时间的倒数相比应小很多.

凭借§118 末尾引入的随机力 $y(t)$,涨落量 x 的时间依赖关系可由方程 $\dot{x} = -\lambda x + y$ 描述. 把它用 $e^{i\omega t}$ 相乘并对 dt 从 $-\infty$ 积到 $+\infty$(对 $\dot{x}e^{i\omega t}$ 项作分部积分①),我们得到 $(\lambda - i\omega)x_\omega = y_\omega$. 由此显然应该令

$$(y^2)_\omega = (\omega^2 + \lambda^2)(x^2)_\omega = \frac{2\lambda}{\beta}. \tag{122.10}$$

当然,这个式子也能从(118.10)直接得到. 在(118.10)中存在 δ 函数 δ(t) 相应于在(122.10)中 $(y^2)_\omega$ 与 ω 无关.

所写的这些公式可以直接推广到几个热力学量 $x_1, x_2, \cdots$ 的同时涨落. 相应的关联函数 $\varphi_{ik}(t)$ 已在§119 中定义. 它们的谱分解分量取决于

$$(x_i x_k)_\omega = \int_{-\infty}^{\infty} \varphi_{ik}(t) e^{i\omega t} dt \equiv \int_{-\infty}^{\infty} \langle x_i(t) x_k(0) \rangle e^{i\omega t} dt, \tag{122.11}$$

代替(122.4),现在我们有:

$$\langle x_{i\omega} x_{k\omega'} \rangle = 2\pi (x_i x_k)_\omega \delta(\omega + \omega') \tag{122.12}$$

(在记号 $(x_i x_k)_\omega$ 中,因子的次序很重要).

时间变号等价于在谱分解中替换 $\omega \to -\omega$,而这又对应于取 $(x_i x_k)_\omega$ 的复共轭. 所以等式(119.2) $\varphi_{ik}(t) = \varphi_{ki}(-t)$ 表明

$$(x_i x_k)_\omega = (x_k x_i)_{-\omega} = (x_k x_i)_\omega^*. \tag{122.13}$$

由等式(119.3)或(119.4)表示的涨落时间反演对称性,用谱分解写出,为

$$(x_i x_k)_\omega = \pm (x_i x_k)_{-\omega} = \pm (x_i x_k)_\omega^*, \tag{122.14}$$

式中 + 号或 - 号分别相应于 x_i 和 x_k 时间反演行为相同或不同的情形;因此,在第一种情况下,$(x_i x_k)_\omega$ 是实的,而且关于指标 i, k 对称,而在第二种情况下,它是虚的且反对称的.

在§119 中已写过准定态涨落关联函数所服从的方程组(119.8). 这些方程式用谱分解很容易解出.

由于方程式(119.8)只涉及时间 $t > 0$,我们作"单边"的傅里叶变换:把方

---

① 这时含 $x(\pm\infty)$ 的项应略去;它们的出现与前面提到的积分(122.1)实际上发散的情况有关. 形式上看,这些项在计算平均值 $\langle y_\omega y_{\omega'} \rangle$ 时不重要,因为在 $\omega' = -\omega$ 时有限,而与带 δ 函数的主值项相比可略.

§122 涨落的谱分解

程乘以 $e^{i\omega t}$ 并且对 dt 从 0 积到 ∞，同时对 $e^{i\omega t}\dot{\varphi}_{il}(t)$ 作分部积分；考虑到 $\varphi_{il}(\infty) = 0$，得

$$-\varphi_{il}(0) - i\omega(x_i x_l)_\omega^{(+)} = -\lambda_{ik}(x_k x_l)_\omega^{(+)},$$

这里引入记号

$$(x_i x_l)_\omega^{(+)} = \int_0^\infty \varphi_{il}(t)e^{i\omega t}dt. \qquad (122.15)$$

值 $\varphi_{il}(0)$ 取决于"初始条件"(119.9)；所以

$$(\lambda_{ik} - i\omega\delta_{ik})(x_k x_l)_\omega^{(+)} = \beta_{il}^{-1}$$

或者

$$(\zeta_{ik} - i\omega\beta_{ik})(x_k x_l)_\omega^{(+)} = \delta_{il},$$

式中取代系数 λ_{ik} 引入了更方便(由于对称性)的动理学系数 $\zeta_{ik} = \beta_{il}\lambda_{lk}$ (参看 (120.13))。这个代数方程组的解为

$$(x_k x_l)_\omega^{(+)} = (\zeta - i\omega\beta)^{-1}_{kl},$$

这里的指数 -1 表示取逆矩阵。

另一方面，谱分解(122.11)中我们感兴趣的分量，可通过"单边"展开 (122.15) 的分量表示为

$$(x_i x_k)_\omega = (x_i x_k)_\omega^{(+)} + (x_k x_i)_\omega^{(+)*}; \qquad (122.16)$$

这一点很容易证实，只要把从 $-\infty$ 到 $+\infty$ 的积分表示成两个积分(从 $-\infty$ 到 0 和从 0 到 $+\infty$)之和的形式，对其中第一个积分作代换 $t \to -t$，并用上对称性质 (119.2)。这样，最后求得

$$(x_i x_k)_\omega = (\zeta - i\omega\beta)^{-1}_{ik} + (\zeta + i\omega\beta)^{-1}_{ki}. \qquad (122.17)$$

由于矩阵 ζ_{ik} 和 β_{ik} 的对称性质，量(122.17)自动地具有性质(122.14)[①]。

如果像在 §118 末尾对于单涨落量所做的那样，在弛豫方程中引入"随机力"，上述所得结果也可以表示为另外一种形式。如果随机力通过以热力学共轭量写的像(120.5)或(120.13)那样的方程引入，这时随机力的关联性质取特别简单的形式。这样，在方程式(120.13)中引进随机力 Y_i 后可写成

$$\dot{X}_i = -\zeta_{ik}x_k + Y_i; \qquad (122.18)$$

当 x_i 变得比自己的平均涨落更大时，可以忽略 Y_i。完全类似于在推导 (122.10) 中所做的，经过简单计算后，我们得到随机力关联函数的如下谱分解公式：

$$(Y_i Y_k)_\omega = \zeta_{ik} + \zeta_{ki}. \qquad (122.19)$$

与 (122.10) 一样，这些量与频率无关。

假如在方程式(120.5)中引进随机力 y_i

[①] 量 β_{ik} 的矩阵总是对称的。但是，如果 x_i 和 x_k 在时间反演下表现相反，则相应的 $\beta_{ik} = 0$。这是因为 β_{ik} 是二次型(111.1)中乘积 $x_i x_k$ 的系数，这个二次型决定偏离平衡时熵的变化。因为熵在时间反演下不变，而乘积 $x_i x_k$ 变号，所以熵不能含这样的项，即应当有 $\beta_{ik} = 0$。

$$\dot{x}_i = -\gamma_{ik}X_k + y_i, \tag{122.20}$$

则它们的关联函数有类似的公式

$$(y_i y_k)_\omega = \gamma_{ik} + \gamma_{ki}. \tag{122.21}$$

这个公式无须进一步计算就很清楚,只要再次留意 x_i 和 X_i 之间的互逆对应关系(参看§111第二个脚注). 公式(122.19)和(122.21)的优越性就在于其中只含有矩阵本身的分量,而不含逆分量[①].

作为以上所得公式的应用例子,我们研究一维振子的涨落,即考虑可在平衡位置($Q=0$)上静止的一个物体,但是它能够作关于某个宏观坐标 Q 的小振动. 由于涨落现象,坐标 Q 实际上偏离开 $Q=0$ 的值. 这种偏离的方均值直接取决于物体在偏离时所受到的准弹性力的系数.

我们写出振子的势能形为

$$U = \frac{m\omega_0^2}{2}Q^2,$$

式中 m 是它的"质量"(即广义动量 P 与速度 $\dot{Q}$ 之间的比例系数: $P=m\dot{Q}$),而 ω_0 是自由振动(无摩擦时)的频率. 于是方均涨落(参看§112 习题7)等于

$$\langle Q^2 \rangle = \frac{T}{m\omega_0^2}. \tag{122.22}$$

我们将对于振子振动伴有摩擦的普遍情况推导坐标涨落的谱分解.

有摩擦的振子运动方程为

$$\dot{Q} = \frac{P}{m}, \tag{122.23}$$

$$\dot{P} = -m\omega_0^2 Q - \gamma\frac{P}{m}, \tag{122.24}$$

式中 $-\gamma\frac{P}{m} = -\gamma\dot{Q}$ 是摩擦力. 在§121节中已经解释过,如果把 Q 和 P 看成变量 x_1 和 x_2,那么相应的 X_1 和 X_2 为 $\frac{m}{T}\omega_0^2 Q$ 和 $\frac{P}{mT}$. 这时方程式(122.23),(122.24)起着关系式 $\dot{x}_i = -\gamma_{ik}X_k$ 的作用,因此

$$\gamma_{11} = 0, \quad \gamma_{12} = -\gamma_{21} = -T, \quad \gamma_{22} = \gamma T.$$

为了把这些方程用于涨落,我们把(122.24)改写成

$$\dot{P} = -m\omega_0^2 Q - \frac{\gamma}{m}P + y, \tag{122.25}$$

在方程的右边引入了随机力 y. 而方程式(122.23)是动量的定义,应该保持不

[①] 表达式(122.19)和(122.21)与频率无关,表明关联函数 $\langle Y_i(t)Y_k(0)\rangle$ 和 $\langle y_i(t)y_k(0)\rangle$ 本身含有时间的 δ 函数,如同单涨落量的公式(122.10)一样. 这样

$$\langle y_i(t)y_k(0)\rangle = (\gamma_{ik}+\gamma_{ki})\delta(t). \tag{122.21a}$$

变. 根据公式(122.21),我们直接得到随机力涨落的谱密度

$$(y^2)_\omega = 2\gamma_{22} = 2\gamma T. \tag{122.26}$$

最后,为了获得待求的 $(Q^2)_\omega$,我们把 $P = m\dot{Q}$ 代入(122.25),把它写成

$$m\ddot{Q} + \gamma \dot{Q} + m\omega_0^2 Q = y. \tag{122.27}$$

把这个方程乘以 $e^{i\omega t}$ 并对时间积分,我们求出

$$(-m\omega^2 - i\omega\gamma + m\omega_0^2)Q_\omega = y_\omega,$$

由此最后得

$$(Q^2)_\omega = \frac{2\gamma T}{m^2(\omega^2 - \omega_0^2)^2 + \omega^2\gamma^2}. \tag{122.28}$$

§123 广义响应率

对于任意涨落的谱分布,不可能得到一个类似于准定态涨落的(122.9)型的普遍公式. 然而在许多情况下,表明有可能把涨落的性质与表征某些外来作用下物体性质的量联系起来. 这里所说的涨落既可以指经典量,也可以指量子量.

这种类型的物理量具有这样的性质,即其中的每一个量都存在一个外部作用,它由出现在物体哈密顿算符中的如下微扰算符描述:

$$\hat{V} = -\hat{x}f(t), \tag{123.1}$$

式中 $\hat{x}$ 是给定物理量的算符,而微扰的"广义力"f 是给定的时间函数.

在有这样的微扰存在时,量子力学平均值不等于零(而在无微扰平衡态,$\bar{x} = 0$),并且可以表示为 $\hat{\alpha}f$ 的形式,其中 $\hat{\alpha}$ 是一个线性积分算符,它对函数 $f(t)$ 的作用由下式给出:

$$\bar{x}(t) = \hat{\alpha}f = \int_0^\infty \alpha(\tau)f(t-\tau)d\tau, \tag{123.2}$$

式中 $\alpha(\tau)$ 是一个依赖于物体性质的时间函数. 时刻 t 的值 $\bar{x}$ 显然只依赖于力 f 在以前(而不是以后)诸时刻的值;表达式(123.2)满足这个要求. 量 $\bar{x}(t)$ 称为系统对外微扰的**响应**.

任何与时间有关的微扰都可以用傅里叶展开化成一套单色分量,各分量对时间的依赖为 $e^{-i\omega t}$. 把形为 $f_\omega e^{-i\omega t}$ 和 $\bar{x}_\omega e^{-i\omega t}$ 的 f 和 $\bar{x}$ 代入(123.2),可得力和响应的傅里叶分量之间的关系:

$$\bar{x}_\omega = \alpha(\omega)f_\omega, \tag{123.3}$$

式中函数 $\alpha(\omega)$ 定义为

$$\alpha(\omega) = \int_0^\infty \alpha(t)e^{i\omega t}dt. \tag{123.4}$$

如果给出 $\alpha(\omega)$,那么物体在该微扰影响下的行为就完全确定了. 我们把 $\alpha(\omega)$

称为**广义响应率**[①]. 它在下述理论中起着重要的作用,我们将会看到,它可以用来表示 x 这个量的涨落.

函数 $\alpha(\omega)$ 一般是复的. 其实部和虚部记为 α' 和 α'':

$$\alpha(\omega) = \alpha'(\omega) + i\alpha''(\omega). \tag{123.5}$$

由定义(123.4)直接可以看出:

$$\alpha(-\omega) = \alpha^*(\omega). \tag{123.6}$$

分解成实部和虚部,得

$$\alpha'(-\omega) = \alpha'(\omega), \quad \alpha''(-\omega) = -\alpha''(\omega), \tag{123.7}$$

即 $\alpha'(\omega)$ 是频率的偶函数,而 $\alpha''(\omega)$ 是频率的奇函数. 函数 $\alpha''(\omega)$ 在 $\omega = 0$ 处反号并过零值(有时是无穷大).

必须强调指出:(123.6)的性质仅仅表示这一事实:对于任何实数力 f 来讲,响应 $\bar{x}$ 也必定是实的. 如果函数 $f(t)$ 是纯单色的而且以实数表达式给出

$$f(t) = \mathrm{Re} f_0 e^{-i\omega t} = \frac{1}{2}[f_0 e^{-i\omega t} + f_0^* e^{i\omega t}], \tag{123.8}$$

那么把算符 $\hat{\alpha}$ 作用到这两项的每一项上,有:

$$\bar{x} = \frac{1}{2}[\alpha(\omega) f_0 e^{-i\omega t} + \alpha(-\omega) f_0^* e^{i\omega t}]; \tag{123.9}$$

这个式子为实数的条件就是(123.6).

在 $\omega \to \infty$ 的极限下,函数 $\alpha(\omega)$ 趋于一个有限的实极限 α_∞. 为了明确起见,下面假定这个极限为零;对于不等于零的极限 α_∞,只需对下面所得某些式子稍作一些明显修改.

物体在"力" f 作用下其状态的变化伴随着能量的吸收(耗散);这个能量的来源是外部作用,而能量被物体吸收以后转变成物体内部的热. 这种耗散也可以用 α 这个量来表示. 为此,我们利用等式

$$\frac{dE}{dt} = \overline{\frac{\partial H}{\partial t}},$$

根据该式,物体平均能量对时间的导数等于物体哈密顿算符对时间偏导数的平均值(参看§11). 因为在哈密顿算符中只有微扰 $\hat{V}$ 显含时间,所以有

$$\frac{dE}{dt} = -\bar{x}\frac{df}{dt}. \tag{123.10}$$

这个关系式在应用于这里所述的理论时十分重要. 如果一个具体过程中能量变化

[①] 举例来说, f 可以是外电场,而 x 是物体的电偶极矩. 这时 α 是物体的电极化率.

这样定义的 $\alpha(\omega)$ 比有时也用的**广义阻抗** $Z(\omega) = -\dfrac{1}{i\omega\alpha(\omega)}$ 更为方便,它是关系式 $f_\omega = Z(\omega)(\dot{x})_\omega$ 中的系数.

的表达式已知,那么将之同(123.10)比较,可以确定对于所考虑的变量 x 什么量起着"力" f 的作用.

将(123.8)和(123.9)的 f 和 $\bar{x}$ 代入(123.10),并对时间求平均,可以得到系统在单色微扰下单位时间内耗散的平均能量 Q. 含 $e^{\pm 2i\omega t}$ 的各项平均后为零,我们求出①

$$Q = \frac{i\omega}{4}(\alpha^* - \alpha)|f_0|^2 = \frac{\omega}{2}\alpha''|f_0|^2. \qquad (123.11)$$

由此我们看到:决定能量耗散的是响应率的虚部.因为所有的实际过程总伴有一定的能量吸收($Q>0$),所以我们得出一个重要结论:对于变量 ω 的所有正值,函数 α'' 有非零正值.

利用复变函数论的数学手段有可能获得函数 $\alpha(\omega)$ 的一些非常普遍的关系式.我们把 ω 看成复变量($\omega = \omega' + i\omega''$),研究函数 $\alpha(\omega)$ 在上半 ω 平面的性质.考虑到 $\alpha(t)$ 对于一切正 t 都是有限的,根据定义(123.4)可以得出结论:$\alpha(\omega)$ 在整个上半平面是一个单值函数,并且处处不发散,也就是说没有奇点.实际上,(123.4)中的被积式在 $\omega'' > 0$ 时含有指数衰减因子 $e^{-t\omega''}$,而函数 $\alpha(t)$ 在整个积分区域内又是有限的,所以积分收敛.函数 $\alpha(\omega)$ 在实轴($\omega'' = 0$)也没有奇点,只有在原点有可能.函数 $\alpha(\omega)$ 在上半平面内不存在奇点,从物理观点来看,这是因果性原理的结果,指出这一点很有用.基于这个原理(123.2)中的积分只遍及给定时刻 t 以前的时间,由之而来,(123.4)中的积分范围是从 0 到 ∞ (而不是从 $-\infty$ 到 $+\infty$).

根据定义(123.4),显然还有关系式

$$\alpha(-\omega^*) = \alpha^*(\omega). \qquad (123.12)$$

这是对实 ω 的关系式(123.6)的推广.特别是对于纯虚的 ω,我们有

$$\alpha(i\omega'') = \alpha^*(i\omega''),$$

即函数 $\alpha(\omega)$ 在上半虚轴是实的②.

我们来证明下述定理:函数 $\alpha(\omega)$ 在虚轴以外的上半平面上任何有限点处都不取实值;在虚轴上,$\alpha(\omega)$ 从在 $\omega = i0$ 处的一个正值 $\alpha_0 > 0$ 单调地下降到在 $\omega = i\infty$ 处的 0. 由此也特别得出结论:$\alpha(\omega)$ 在上半平面没有零点.

为了证明这一点③,我们利用复变函数论中的一个著名定理.根据这个定

---

① 如果所说的不是纯单色函数 $f(t)$,而是在有限时间间隔内作用的扰动(当 $|t| \to \infty$ 时 $f \to 0$),则在整个时间内能量总耗散用扰动的傅里叶分量的积分表示

$$\int_{-\infty}^{\infty} Q dt = -\int_{-\infty}^{\infty} i\omega\alpha(\omega)|f_\omega|^2 \frac{d\omega}{2\pi} = \int_0^{\infty} 2\omega\alpha''(\omega)|f_\omega|^2 \frac{d\omega}{2\pi}.$$

② 在下半平面,定义(123.4)不适用,因为积分发散.因此下半平面内,函数 $\alpha(\omega)$ 只能作为上半平面表达式(123.4)的解析延拓来定义.在这个区域内,一般来讲,函数 $\alpha(\omega)$ 有奇点包括分支点,为了单值定义函数,可能要沿上半轴作割线.这时等式(123.12)只表明 $\alpha(\omega)$ 在割线两岸的值为复共轭.

③ 以下所述的证明由迈依曼(Н. Н. Мейман)给出.

理,沿一封闭围道 C 所作的积分

$$\frac{1}{2\pi i}\int_C \frac{d\alpha(\omega)}{d\omega}\frac{d\omega}{\alpha(\omega)-a} \tag{123.13}$$

等于函数 $\alpha(\omega)-a$ 在围道所包围的区域内的零点数目与极点数之差. 设 a 为实数,并取 C 为由实轴和上半平面中的无穷大半圆所构成的围道(图 53). 首先我们假设 α_0 是有限值. 因为在上半平面内,函数 $\alpha(\omega)$ 没有极点,因而 $\alpha(\omega)-a$ 也没有极点,所以上述积分给出的就是差 $\alpha(\omega)-a$ 的零点数,亦即 $\alpha(\omega)$ 取实值 a 的点数.

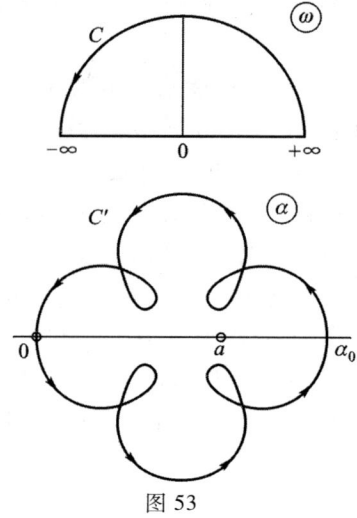

图 53

为了计算积分,我们把它写成形式

$$\frac{1}{2\pi i}\int_{C'} \frac{d\alpha}{\alpha-a},$$

这时积分沿复变量 α 平面中的围道 C',围道 C' 是 ω 平面中围道 C 的映像. 整个无限大半圆映像到 $\alpha=0$ 这一点,而坐标原点($\omega=0$)映像到另一实数点 α_0. ω 的正、负两半实轴映像到 α 平面中非常复杂的(一般是自交的)两条曲线,分别整条落在上、下两半平面内. 重要的是:这两条曲线除了在 $\alpha=0$ 和 $\alpha=\alpha_0$ 两点以外不与横坐标轴在任何一点相交,因为在 ω 为任何有限实值($\omega=0$ 除外)时, α 都不取实值. 由于围道 C' 具有这种性质,如果 a 点是位于 0 和 α_0 之间(如图 53 所示),那么当复数 $\alpha-a$ 沿着围道 C' 环绕一周时其辐角的总改变等于 2π;如果 a 位于该区间以外,那么总改变等于 0,与围道的自相交次数无关. 因此 (123.13) 式在 $0<a<\alpha_0$ 时等于 1, 在 a 的其它任何值下则等于 0.

于是我们得出结论:在 ω 的上半平面,对于位于上述区间内的任何实数值 a, $\alpha(\omega)$ 只取一次(而对区间以外的任何实数值, $\alpha(\omega)$ 一次也不取). 由此我们首先可以推断：在函数 $\alpha(\omega)$ 为实数的虚轴上，它不能具有极大值，也不能有极小值，否则它就会至少两次取某些值。因此在虚轴上函数 $\alpha(\omega)$ 单调地变化，对于从 α_0 到 0 的所有实数值，只在虚轴上取而不在任何别处，并且只取一次。

如果 $\alpha_0 = \infty$（即 $\alpha(\omega)$ 在 $\omega = 0$ 有极点），那么上述的证明只需改动如下：（在 ω 平面内）围道沿实轴部分应走原点上方的一个无穷小半圆绕开原点。这时图 53 中的围道 C' 的改变，可以设想成把 α_0 移到无穷远去的结果。这种情形下，在虚轴上函数 $\alpha(\omega)$ 单调地从 $+\infty$ 减小到零。

现在我们来推导函数 $\alpha(\omega)$ 的实部和虚部的一个关系式。为此，我们选取任意正实值 $\omega = \omega_0$，然后沿图 54 中所示的围道积分 $\dfrac{\alpha}{\omega - \omega_0}$。这个围道沿整个实轴走，而从点 $\omega = \omega_0 > 0$（可能还有点 $\omega = 0$，如果它是函数 $\alpha(\omega)$ 的极点）的上方绕开。这个围道由一个无穷大的半圆来闭合。在无穷远处，$\alpha \to 0$，因而函数 $\dfrac{\alpha}{\omega - \omega_0}$ 比 $\dfrac{1}{\omega}$ 更快地趋于 0。因此以下积分收敛：

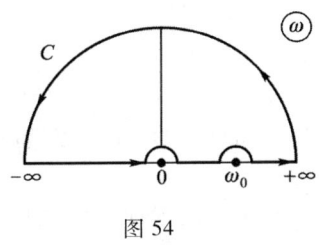

图 54

$$\int_C \frac{\alpha(\omega)}{\omega - \omega_0} d\omega ;$$

$\alpha(\omega)$ 在上半平面内没有奇点，而 $\omega = \omega_0$ 这一点已被排除在积分区域以外，因此函数 $\dfrac{\alpha}{\omega - \omega_0}$ 在围道 C 内处处解析，于是该积分等于零。

沿无穷远半圆的积分本身也等于零。点 ω_0 由一个无穷小半圆（半径 $\rho \to 0$）绕开。积分回路方向沿顺时针，因此对积分的贡献等于 $-i\pi\alpha(\omega_0)$。如果 α_0 有限，不必绕开原点，因此沿整个实轴的积分为：

$$\lim_{\rho \to 0}\left\{\int_{-\infty}^{\omega_0-\rho}\frac{\alpha}{\omega-\omega_0}d\omega + \int_{\omega_0+\rho}^{\infty}\frac{\alpha}{\omega-\omega_0}d\omega\right\} - i\pi\alpha(\omega_0) = 0.$$

第一项是从 $-\infty$ 到 $+\infty$ 的积分主值。用通常记号表示主值，于是有：

$$i\pi\alpha(\omega_0) = P\int_{-\infty}^{\infty}\frac{\alpha}{\omega-\omega_0}d\omega. \qquad (123.14)$$

在这里积分变量 ω 只取实数值。改用字母 ξ 来取代 ω，而用 ω 取代给定的实数值 ω_0；并且实变量 ω 的函数 $\alpha(\omega)$ 也写成 $\alpha = \alpha' + i\alpha''$ 的形式。取 (123.14) 的实部和虚部，最后求出下列两个关系式：

$$\alpha'(\omega) = \frac{1}{\pi}P\int_{-\infty}^{\infty}\frac{\alpha''(\xi)}{\xi - \omega}d\xi, \qquad (123.15)$$

$$\alpha''(\omega) = -\frac{1}{\pi}P\int_{-\infty}^{\infty}\frac{\alpha'(\xi)}{\xi - \omega}d\xi. \qquad (123.16)$$

这两个关系式(称为色散关系)首先由克拉默斯和克勒尼希(H. A. Kramers, R. L. Kronig,1927)得出.应当强调:在推导关系式时所用到的函数 $\alpha(\omega)$ 的唯一重要性质只是上半平面无奇点①. 因此可以说:克拉默斯－克勒尼希公式就像函数 $\alpha(\omega)$ 描述过的性质一样,是因果性物理原理的直接结果.

$\alpha''(\xi)$ 是奇函数,利用这一点,我们也可以把(123.15)改写成形式

$$\alpha'(\omega) = \frac{1}{\pi}P\int_0^\infty \frac{\alpha''(\xi)}{\xi-\omega}d\xi + \frac{1}{\pi}P\int_0^\infty \frac{\alpha''(\xi)}{\xi+\omega}d\xi,$$

即

$$\alpha'(\omega) = \frac{2}{\pi}P\int_0^\infty \frac{\xi\alpha''(\xi)}{\xi^2-\omega^2}d\xi. \tag{123.17}$$

如果函数 $\alpha(\omega)$ 在 $\omega=0$ 点有极点,而在它附近 $\alpha=\frac{iA}{\omega}$,那么绕开极点的半圆回路给出附加的实数项 $-\frac{A}{\omega}$,它应加到等式(123.14)的左边.因此这一项也出现在(123.16)式中:

$$\alpha''(\omega) = -\frac{1}{\pi}P\int_{-\infty}^\infty \frac{\alpha'(\xi)}{\xi-\omega}d\xi + \frac{A}{\omega}; \tag{123.18}$$

但是关系式(123.15)或(123.17)则保持不变.

我们也可以推导出一个关系式用实轴上的 $\alpha''(\omega)$ 值来表示正虚轴上的 $\alpha(\omega)$ 值. 为此,我们考虑积分

$$\int \frac{\omega\alpha(\omega)}{\omega^2+\omega_0^2}d\omega,$$

围道取实轴和上半平面的无穷大半圆(ω_0 为一实数). 这个积分可以用被积式在极点 $\omega=i\omega_0$ 的留数表示. 另一方面,沿无穷大半圆的积分等于零,因此我们求出:

$$\int_{-\infty}^\infty \frac{\omega\alpha(\omega)}{\omega^2+\omega_0^2}d\omega = i\pi\alpha(i\omega_0).$$

等式左边积分的实部为零,因为被积式是奇函数. 再把符号 ω_0 改成 ω,把 ω 改成 ξ,最后得到

$$\alpha(i\omega) = \frac{2}{\pi}\int_0^\infty \frac{\xi\alpha''(\xi)}{\omega^2+\xi^2}d\xi. \tag{123.19}$$

上式两边对 ω 积分,得

$$\int_0^\infty \alpha(i\omega)d\omega = \int_0^\infty \alpha''(\omega)d\omega. \tag{123.20}$$

---

① 至于 $\omega\to\infty$ 时 $\alpha\to0$ 的假设则是无关紧要的:假如极限 α_∞ 不等于零,那么只需以之差 $\alpha-\alpha_\infty$ 代替 α,并在公式(123.15),(123.16)中作相应的显而易见的改动.另见§126 的习题.

§124 涨落耗散定理

现在我们进一步计算,以便将涨落量 x 与上节引进的广义响应率相联系.

设变量 x 所属的物体处于某个确定的(第 n 个)定态.平均值(122.8)可以作为以下算符的相应的对角矩阵元来计算

$$\frac{1}{2}(\hat{x}_\omega \hat{x}_{\omega'} + \hat{x}_{\omega'} \hat{x}_\omega)_{nn} = \frac{1}{2}\sum_m \left[(x_\omega)_{nm}(x_{\omega'})_{mn} + (x_{\omega'})_{nm}(x_\omega)_{mn}\right], \quad (124.1)$$

式中求和遍及整个能谱(由于 $\hat{x}_\omega$ 是复算符,方括号中的两项彼此不等).

算符 $\hat{x}(t)$ 依赖于时间,这意味着在计算其矩阵元时必须使用含时波函数.因此有

$$(x_\omega)_{nm} = \int_{-\infty}^{\infty} x_{nm} e^{i(\omega_{nm}+\omega)t} dt = 2\pi x_{nm} \delta(\omega_{nm} + \omega), \quad (124.2)$$

式中 x_{nm} 是通常用物体粒子坐标表示的算符 $\hat{x}$ 的不含时矩阵元,而 $\omega_{nm} = \dfrac{E_n - E_m}{\hbar}$ 是状态 n 和状态 m 之间跃迁的频率.由此可见

$$\frac{1}{2}(\hat{x}_\omega \hat{x}_{\omega'} + \hat{x}_{\omega'} \hat{x}_\omega)_{nn} =$$
$$= 2\pi^2 \sum_m |x_{nm}|^2 [\delta(\omega_{nm}+\omega)\delta(\omega_{mn}+\omega') + \delta(\omega_{nm}+\omega')\delta(\omega_{mn}+\omega)]$$

(在这里已经考虑到,由于 x 是实数, $x_{nm} = x_{mn}^*$).在方括号中的 δ 函数的乘积显然可以改写成

$$\delta(\omega_{nm}+\omega)\delta(\omega+\omega') + \delta(\omega_{mn}+\omega)\delta(\omega+\omega').$$

然后再与(122.8)相比较,我们得到下式

$$(x^2)_\omega = \pi \sum_m |x_{nm}|^2 [\delta(\omega+\omega_{nm}) + \delta(\omega+\omega_{mn})]. \quad (124.3)$$

关于这个表达式的写法,我们作如下说明.虽然宏观物体的能级严格地讲是分立的,但是它们相当稠密,以至于实际上形成连续谱.如果把公式(124.3)对频率的小间隔(仍含很多能级)平均,那么可以不用 δ 函数把它写出.如果 $\Gamma(E)$ 是能量小于 E 的能级数,则

$$(x^2)_\omega = \pi\hbar |x_{nm}|^2 \left(\frac{d\Gamma}{dE_m} + \frac{d\Gamma}{dE_m'}\right), \quad (124.4)$$

式中 $E_m = E_n + \hbar\omega, E_m' = E_n - \hbar\omega$.

现在假设有一个由以下算符描述的(频率为 ω 的)周期微扰作用在物体上:

$$\hat{V} = -f\hat{x} = -\frac{1}{2}(f_0 e^{-i\omega t} + f_0^* e^{i\omega t})\hat{x}. \quad (124.5)$$

在这个微扰的影响下,系统(在单位时间内)发生跃迁 $n \to m$ 的概率如下式:

$$w_{mn} = \frac{\pi |f_0|^2}{2\hbar^2} |x_{mn}|^2 [\delta(\omega + \omega_{mn}) + \delta(\omega + \omega_{nm})] \quad (124.6)$$

(参看第三卷§42). 这个公式中的两项分别由(124.5)中的两项产生. 在每次跃迁中系统吸收(或发射)一个量子 $\hbar\omega$. 和式

$$Q = \sum_m w_{mn} \hbar\omega_{mn}$$

给出物体(单位时间内)所吸收的平均能量;这个能量来源是外部微扰,物体吸收后,耗散在物体中. 把(124.6)代入上式,我们得到

$$Q = \frac{\pi}{2\hbar} |f_0|^2 \sum_m |x_{nm}|^2 [\delta(\omega + \omega_{mn}) + \delta(\omega + \omega_{nm})] \omega_{mn}$$

或者,考虑到 δ 函数仅在其宗量为零时才不等于零,

$$Q = \frac{\pi}{2\hbar} \omega |f_0|^2 \sum_m |x_{nm}|^2 [\delta(\omega + \omega_{nm}) - \delta(\omega + \omega_{mn})]. \quad (124.7)$$

把(124.7)与(123.11)相比较,我们求出

$$\alpha''(\omega) = \frac{\pi}{\hbar} \sum_m |x_{nm}|^2 [\delta(\omega + \omega_{nm}) - \delta(\omega + \omega_{mn})]. \quad (124.8)$$

用这种方法算出的 $(x^2)_\omega$ 和 α'' 这两个量之间以一个简单的关系相联. 但是,只有在这两个量用物体的温度写下以后,这个关系式才显现出来. 为此,我们借助于吉布斯分布求平均(参看§118第一个脚注). 对于 $(x^2)_\omega$ 我们有

$$(x^2)_\omega = \pi \sum_{n,m} \rho_n |x_{nm}|^2 [\delta(\omega + \omega_{nm}) + \delta(\omega + \omega_{mn})],$$

式中为简便起见记

$$\rho_n = \exp\frac{F - E_n}{T},$$

E_n 是物体的能级,F 是物体的自由能. 因为现在求和对两个指标 m 和 n 进行,所以可以置换指标. 去掉方括号,并在第二项中置换 m 和 n,得到

$$(x^2)_\omega = \pi \sum_{m,n} (\rho_n + \rho_m) |x_{nm}|^2 \delta(\omega + \omega_{nm}) =$$
$$= \pi \sum_{m,n} \rho_n (1 + e^{\hbar\omega_{nm}/T}) |x_{nm}|^2 \delta(\omega + \omega_{nm})$$

或者,由于和式中的 δ 函数

$$(x^2)_\omega = \pi(1 + e^{-\hbar\omega/T}) \sum_{m,n} \rho_n |x_{nm}|^2 \delta(\omega + \omega_{nm}).$$

用完全类似的方法可得到

$$\alpha'' = \frac{\pi}{\hbar}(1 - e^{-\hbar\omega/T}) \sum_{m,n} \rho_n |x_{nm}|^2 \delta(\omega + \omega_{nm}).$$

这两个式子相互比较,求出

$$(x^2)_\omega = \hbar\alpha'' \coth\frac{\hbar\omega}{2T} = 2\hbar\alpha''\left\{\frac{1}{2} + \frac{1}{e^{\hbar\omega/T} - 1}\right\}. \quad (124.9)$$

涨落量的总方均值由积分给出：

$$\langle x^2 \rangle = \frac{\hbar}{\pi} \int_0^\infty \alpha''(\omega) \coth \frac{\hbar\omega}{2T} \mathrm{d}\omega. \tag{124.10}$$

这些重要的公式构成**涨落耗散定理**(简记为 FDT)的内容，由 Callen 和 Welton (H. B. Callen, T. A. Welton, 1951)提出. 这些公式把系统在外部微扰作用下物理量的涨落与耗散性质联系起来. 我们注意到：在(124.9)中括号内的因子是在温度 T 下振子的平均能量(以 $\hbar\omega$ 为单位)；$\frac{1}{2}$ 那一项对应于零点振动.

与§118 最后所作的完全类似，所得到的这些结果可以表示成另一种形式，只要形式地设想量 x 的自发涨落来自某种虚拟随机力的作用. 在这种情况下，写公式用傅里叶分量 x_ω 和 f_ω，并处理 x 如经典量，比较方便. 它们之间的关系类似于(123.3)，为

$$x_\omega = \alpha(\omega) f_\omega, \tag{124.11}$$

此后，对于方均涨落有

$$\langle x_\omega x_{\omega'} \rangle = \alpha(\omega)\alpha(\omega')\langle f_\omega f_{\omega'} \rangle,$$

或者，按照定义(122.4)，转换为涨落的谱密度：

$$(x^2)_\omega = \alpha(\omega)\alpha(-\omega)(f^2)_\omega = |\alpha(\omega)|^2 (f^2)_\omega.$$

因此，由(124.9)求出随机力的方均值的谱密度为

$$(f^2)_\omega = \frac{\hbar \alpha''(\omega)}{|\alpha(\omega)|^2} \coth \frac{\hbar\omega}{2T}. \tag{124.12}$$

这种处理方法在理论的具体应用中有些优点.

涨落耗散定理的推导基于把外界作用(124.5)看成小扰动；系统响应是线性的，即 $\bar{x}$ 与力 f 之间线性关联，这也与作用很小有关. 但是，应该强调，这不会导致对 x 这个量平均涨落的准许值本身产生任何物理限制. 只要辅助量 f 足够小，就可以保证外部作用很小，而 f 不在涨落耗散定理的最后表达式中出现. 因此，对于所考虑的物理量 x 的类型，它们(在热力学平衡的系统内)涨落的性质，完全取决于系统对无论多弱的外来作用如何响应的性质.

在 $T \gg \hbar\omega$ 的温度下，$\coth(\hbar\omega/2T) \approx 2T/\hbar\omega$，公式(124.9)变成

$$(x^2)_\omega = \frac{2T}{\omega} \alpha''(\omega). \tag{124.13}$$

其中量子常数消失，这相应于在这些条件下涨落是经典的.

如果对于所有主要的频率(那里 $\alpha''(\omega)$ 明显非零)不等式 $T \gg \hbar\omega$ 都成立，则在积分公式(124.10)中也可以取经典极限：

$$\langle x^2 \rangle = \frac{2T}{\pi} \int_0^\infty \frac{\alpha''(\omega)}{\omega} \mathrm{d}\omega.$$

但是根据(123.17)，这个积分可以用静态值 $\alpha'(0) = \alpha(0)$ 表示，因此①

$$\langle x^2 \rangle = T\alpha(0). \tag{124.14}$$

最后，我们回到以上结果与准定态涨落理论(§118)的联系。

首先我们注意到，如果 x 这个量具有在§110中所指的小涨落（即容许熵作展开(110.3)），则平方平均 $\langle x^2 \rangle = 1/\beta$。与(124.14)相比较表明，对于这样的量，

$$\alpha(0) = \frac{1}{\beta T}. \tag{124.15}$$

其次，设 x 属于具有准定态涨落的一类量。假定物体受到静力 f 的作用。这使得平衡态移动到 $\bar{x}$ 已不再为零而等于 $\bar{x} = \alpha(0)f = f/\beta T$ 的状态。于是描述远离平衡态系统弛豫的宏观方程形式为

$$\dot{x} = -\lambda\left(x - \frac{f}{\beta T}\right), \tag{124.16}$$

它与方程(118.5) $\dot{x} = -\lambda x$ 的区别在于速率 $\dot{x}$ 不是在 $x=0$ 处变为零，而是在 $x = f/\beta T$ 处。

可以认为方程(124.16)在物体受到含时的微扰作用时仍适用，只要力 $f(t)$ 变化的周期比非完全平衡(对应于给定的 x 值)的建立时间大得多。如果 $f(t)$ 是频率为 ω 的时间周期函数，则宏观值 $x(t)$ 也以同样的频率变化。把形为(123.8)，(123.9)的 $f(t)$ 和 $x(t)$ 代入方程(124.16)，并从中分出含 $\exp(-i\omega t)$ 和 $\exp(i\omega t)$ 的项，得

$$-i\omega\alpha(\omega)f_0 = -\lambda\alpha(\omega)f_0 + \frac{\lambda}{\beta T}f_0,$$

由此得出

$$\alpha(\omega) = \frac{\lambda}{\beta T(\lambda - i\omega)}. \tag{124.17}$$

根据涨落耗散定理(124.9)，现在求出

$$(x^2)_\omega = \frac{2\lambda}{\beta(\lambda^2 + \omega^2)}\frac{\hbar\omega}{2T}\coth\frac{\hbar\omega}{2T}. \tag{124.18}$$

---

① 这个表达式也能从经典统计的吉布斯分布直接得到。设 $x = x(q,p)$ 是某个经典量。在系统的能量中引入一项 $xf(f$为常数)，对于平均值 $\bar{x}$，我们有

$$\bar{x} = \int x(p,q)\exp\frac{F - E(q,p) + x(q,p)f}{T}dqdp.$$

按照定义，$f \to 0$ 时 $\alpha(0) = d\bar{x}/df$；对上式取微商，求得

$$\alpha(0) = \frac{1}{T}\int x^2 \exp\frac{F-E}{T}dqdp = \frac{1}{T}\langle x^2 \rangle.$$

(自由能 F 也依赖于 f，但是，在令 $f=0$，即 $\bar{x}=0$ 之后，含导数 $\frac{\partial F}{\partial f}$ 的一项消失）。

这个结果推广了适用于经典量涨落的公式(122.9). 表达式(124.18)与(122.9)差一个因子

$$\frac{\hbar\omega}{2T}\coth\frac{\hbar\omega}{2T}, \tag{124.19}$$

它在 $\hbar\omega \ll T$ 的经典极限下变为 1.

方程(124.16)也可以用另一种方式理解:不把它看成(处于外部作用下的)远离平衡系统的宏观运动方程,而看成在随机力 f 作用下平衡闭合系统内 $x(t)$ 这个量的涨落方程. 在这种解释下,它对应于方程(118.9),因此随机力的两种定义差别只在因子 $y = \frac{\lambda f}{T\beta}$. 把(124.17)代入(124.12),我们求出谱密度 $(y^2)_\omega$ 为

$$(y^2)_\omega = \frac{2\lambda}{\beta}\frac{\hbar\omega}{2T}\coth\frac{\hbar\omega}{2T}, \tag{124.20}$$

它与原来的表达式(122.10)相差一个同样的因子(124.19).

§125 多个量的涨落耗散定理

涨落耗散定理可以很容易地推广到同时有多个涨落量 x_i 的情形.

在这种情形下广义响应率取决于系统对如下形式微扰的响应:

$$\hat{V} = -\hat{x}_i f_i(t), \tag{125.1}$$

而且它们就是平均值 $\bar{x}_i(t)$ 与广义力 $f_i(t)$ 的傅里叶分量之间线性关系中的系数:

$$\bar{x}_{i\omega} = \alpha_{ik}(\omega) f_{k\omega}. \tag{125.2}$$

系统能量的变化根据下式用外部微扰表示:

$$\dot{E} = -\dot{f}_i \bar{x}_i. \tag{125.3}$$

就像公式(123.10)一样,该式通常用于建立量 x_i 和 f_i 之间的实际对应关系,作为理论的具体应用.

涨落的谱密度用如下的对称化乘积算符的平均值引入:

$$\frac{1}{2}\langle \hat{x}_{i\omega}\hat{x}_{k\omega'} + \hat{x}_{k\omega'}\hat{x}_{i\omega}\rangle = 2\pi(x_i x_k)_\omega \delta(\omega+\omega'), \tag{125.4}$$

该式是(122.8)式的推广. 这个平均值的计算,完全类似于(124.3)的推导,就是计算矩阵的对角(nn)元,结果为

$$(x_i x_k)_\omega = \pi \sum_m \left[(x_i)_{nm}(x_k)_{mn}\delta(\omega+\omega_{nm}) + (x_k)_{nm}(x_i)_{mn}\delta(\omega+\omega_{mn})\right]. \tag{125.5}$$

设周期性微扰作用于系统,在该微扰中

$$f_i(t) = \frac{1}{2}(f_{0i}e^{-i\omega t} + f_{0i}^* e^{i\omega t}). \tag{125.6}$$

系统对该微扰的响应为

$$\bar{x}_i(t) = \frac{1}{2}[\alpha_{ik}(\omega)f_{0k}e^{-i\omega t} + \alpha_{ik}^*(\omega)f_{0k}^* e^{i\omega t}]. \quad (125.7)$$

把(125.6),(125.7)代入(125.3)并按微扰的一个周期求平均,代替(123.11),我们得到耗散能量的如下表达式:

$$Q = \frac{i\omega}{4}(\alpha_{ik}^* - \alpha_{ki})f_{0i}f_{0k}^*. \quad (125.8)$$

另一方面,与推导(124.7)相似的计算给出

$$Q = \frac{\pi}{2\hbar}\omega \sum_m f_{0i}f_{0k}^*[(x_i)_{mn}(x_k)_{nm}\delta(\omega + \omega_{nm}) - (x_i)_{nm}(x_k)_{mn}\delta(\omega + \omega_{mn})],$$

与(125.8)相比较,我们得到

$$\alpha_{ik}^* - \alpha_{ki} = -\frac{2\pi i}{\hbar}\sum_m [(x_i)_{mn}(x_k)_{nm}\delta(\omega + \omega_{nm}) - (x_i)_{nm}(x_k)_{mn}\delta(\omega + \omega_{mn})].$$

$$(125.9)$$

最后,把(125.5)和(125.9)按吉布斯分布求平均如上节,我们求出涨落耗散定理(124.9)的如下推广公式:

$$(x_i x_k)_\omega = \frac{1}{2}i\hbar(\alpha_{ki}^* - \alpha_{ik})\coth\frac{\hbar\omega}{2T}. \quad (125.10)$$

与(124.11),(124.12)式相似,也可以把(125.10)用虚拟的随机力来表示,随机力的作用给出的结果与 x_i 这些量的自发涨落完全等效. 为此,我们写出

$$x_{i\omega} = \alpha_{ik}f_{k\omega}, \quad f_{i\omega} = \alpha_{ik}^{-1}x_{k\omega} \quad (125.11)$$

进而有

$$(f_i f_k)_\omega = \alpha_{il}^{-1}\alpha_{km}^{-1}(x_l x_m)_\omega.$$

把(125.10)代入上式,就得到

$$(f_i f_k)_\omega = \frac{i\hbar}{2}(\alpha_{ik}^{-1} - \alpha_{ki}^{-1*})\coth\frac{\hbar\omega}{2T}. \quad (125.12)$$

所得到的这些结果使我们能够作出一些有关广义响应率 $\alpha_{ik}(\omega)$ 对称性质的结论(H. B. Callen,M. L. Barasch,J. L. Jackson,R. F. Green,1952). 首先,我们假设 x_i,x_k 这些量在时间反演下不变;那么它们对应的算符 $\hat{x}_i,\hat{x}_k$ 是实的. 此外,我们还认为物体不具有磁结构(参看§128 第一个脚注),也不处于外磁场中;那么其定态波函数也是实的[①]. 因此 x 的矩阵元也是实的,而考虑到矩阵 x_{nm} 的厄米性,我们有 $x_{nm} = x_{mn}^* = x_{mn}$. 那么等式(125.9)的右边对于指标 i,k 是对

[①] 相互作用粒子系统的精确能级只可能相对于系统的总角动量取向是简并的. 假设物体包在器壁不动的容器内,可以消除简并的这种来源. 此后物体的能级就是非简并的,因而与此相应的精确波函数可以选为实的.

称的,因而左边对于指标 i,k 也是对称的.这样, $\alpha_{ik}^* - \alpha_{ki} = \alpha_{ki}^* - \alpha_{ik}$,或者 $\alpha_{ik} + \alpha_{ik}^* = \alpha_{ki} + \alpha_{ki}^*$,也就是说,我们得出结论: α_{ik} 的实部是对称的.

但是每个 α_{ik} 的实部(α_{ik}')和虚部(α_{ik}'')都由线性积分关系即克拉默斯 - 克勒尼希公式相联系.所以从 α_{ik}' 的对称性也得出 α_{ik}'' 的对称性,因而有整个 α_{ik} 的对称性.因此,我们得到最后结果:

$$\alpha_{ik}(\omega) = \alpha_{ki}(\omega). \qquad (125.13)$$

如果物体处于外磁场 $\boldsymbol{H}$ 中,这些关系式的形式有些变化.在外磁场中系统的波函数不是实的,但具有性质 $\psi^*(\boldsymbol{H}) = \psi(-\boldsymbol{H})$.相应地对于 x 的矩阵元,我们有

$$x_{nm}(\boldsymbol{H}) = x_{mn}(-\boldsymbol{H}),$$

并且在交换指标 i,k 时,只有同时也改变磁场 $\boldsymbol{H}$ 的符号,(125.9)右边的表达式才不改变.因此我们得到关系式

$$\alpha_{ik}^*(\boldsymbol{H}) - \alpha_{ki}(\boldsymbol{H}) = \alpha_{ik}^*(-\boldsymbol{H}) - \alpha_{ki}(-\boldsymbol{H}).$$

根据由克拉默斯 - 克勒尼希公式(123.14)给出的另一个关系式,可以得出 $\alpha_{ki} = i\hat{J}(\alpha_{ki})$,式中 $\hat{J}$ 是实线性算符.把这个等式与厄米共轭等式 $\alpha_{ik}^* = -i\hat{J}(\alpha_{ik}^*)$ 相加,得到

$$\alpha_{ik}^* + \alpha_{ki} = -i\hat{J}(\alpha_{ik}^* - \alpha_{ki})$$

(在式中,所有的 α_{ik} 当然有同样的 $\boldsymbol{H}$ 值).由此看出:如果差 $\alpha_{ik}^* - \alpha_{ki}$ 具有某种对称性,则和 $\alpha_{ik}^* + \alpha_{ki}$ 也同样具有,因而量 α_{ik} 本身也同样.因此,

$$\alpha_{ik}(\omega;\boldsymbol{H}) = \alpha_{ki}(\omega;-\boldsymbol{H}). \qquad (125.14)$$

最后,假设 x 这些量中有一些在时间反演下变号.这样的量的算符是纯虚的,因此 $x_{nm} = x_{mn}^* = -x_{mn}$.如果 x_i, x_k 两个量都属于这种类型,则全部推导和(125.13)的结果保持不变.假如这两个量中有一个在时间反演下变号,则在交换指标 i,k 时,等式(125.9)的右边变号.相应地,(125.13)变为

$$\alpha_{ik}(\omega) = -\alpha_{ki}(\omega), \qquad (125.15)$$

或者,对于磁场中的物体,有

$$\alpha_{ik}(\omega;\boldsymbol{H}) = -\alpha_{ki}(\omega;-\boldsymbol{H}). \qquad (125.16)$$

当然,所有这些关系式也可以作为涨落的时间对称性的结果而由(125.10)式得出.这样,如果 x_i 和 x_k 这两个量时间反演行为相同,则由于所述的对称性 $(x_i x_k)_\omega$ 是实的,并且相对于指标 i,k 对称(参看§122).于是公式(125.10)的右边对于同样的指标也必须是对称的,我们再次得出结果(125.13).广义响应率对称性质的这种推导与§120 中动理学系数对称性原理的推导完全相似;下面将看到,公式(125.13)—(125.16)可以看成这个原理的推广.

广义响应率与动理学系数的联系可以通过把涨落耗散定理与多变量准定

态涨落理论相比来说明. 我们写出这些相对应的公式,不再重复与上节末尾讨论单变量情况相似的所有内容.

响应率的静态值与熵的展开系数 β_{ik} 由如下等式相联系
$$T\alpha_{ik}(0) = \beta_{ik}^{-1}.$$
因此系统在静态力 f_k 作用下对平衡状态的偏移的决定量为
$$\bar{x}_i = \alpha_{ik}(0)f_k = \frac{\beta_{ik}^{-1}f_k}{T}, \quad \bar{X}_i = \beta_{ik}\bar{x}_k = \frac{f_i}{T}.$$
准静态力 $f_k(t)$ 作用下非平衡系统的宏观运动方程可以表示成
$$\dot{x}_i = -\gamma_{ik}\left(X_k - \frac{f_k}{T}\right), \tag{125.17}$$
它与(120.5)不同之处在于用 $X_k - \dfrac{f_k}{T}$ 代替了 X_k.

把形为周期函数(125.6),(125.7)的 $x_i(t)$ 和 $f_i(t)$ 代入(125.17)(并且把 X_k 写成线性组合 $X_k = \beta_{kl}x_l$ 的形式),我们得到
$$-\mathrm{i}\omega\alpha_{im}f_{0m} = -\gamma_{ik}\beta_{kl}\alpha_{lm}f_{0m} + \frac{1}{T}\gamma_{im}f_{0m},$$
由于 f_{0m} 的任意性,由此得出这些系数之间的关系式
$$-\mathrm{i}\omega\alpha_{im} + \gamma_{ik}\beta_{kl}\alpha_{lm} = \frac{1}{T}\gamma_{im},$$
或
$$\alpha_{ik} = \frac{1}{T}(\beta - \mathrm{i}\omega\gamma^{-1})_{ik}^{-1}. \tag{125.18}$$
这就建立起所求的 α_{ik} 与动理学系数 γ_{ik} 之间的联系.

按照定义,β_{ik} 相对于自己的两个指标是对称的$\left(\text{作为导数} -\dfrac{\partial^2 S}{\partial x_i\partial x_k}\right)$. 因此由 α_{ik} 的对称性也就得出 γ_{ik} 的对称性,即通常的动理学系数的对称性原理.

在方程(125.17)中把 f_k 看成随机力,把(125.18)代入(125.12)中我们得到
$$(f_if_k)_\omega = \frac{1}{2}\hbar\omega T(\gamma_{ik}^{-1} + \gamma_{ki}^{-1})\coth\frac{\hbar\omega}{2T}.$$
如果像(122.20)那样定义随机力 y_i,则 $y_i = \gamma_{ik}f_k/T$;对于它们的谱分布有
$$(y_iy_k)_\omega = (\gamma_{ik} + \gamma_{ki})\frac{\hbar\omega}{2T}\coth\frac{\hbar\omega}{2T}. \tag{125.19}$$
这个表达式与(122.21)差一同样的因子(124.19),在经典极限下它变为1.

§126 广义响应率的算符形式

涨落耗散定理也可以倒过来看,把等式(124.9)从右边读到左边,并且把

$(x^2)_\omega$ 以显式写成关联函数的傅里叶分量：

$$\alpha''(\omega) = \frac{1}{2\hbar}\tanh\frac{\hbar\omega}{2T}\int_{-\infty}^{\infty} e^{i\omega t}\langle \hat{x}(0)\hat{x}(t) + \hat{x}(t)\hat{x}(0)\rangle dt. \quad (126.1)$$

在这种形式下，该公式表明原则上能够根据系统的微观性质计算出系数 $\alpha''(\omega)$. 但是其不足之处在于它只能直接确定 $\alpha(\omega)$ 的虚部，而不是整个函数. 可以得到没有这种缺点的类似公式. 为此，我们对微扰系统直接计算量子力学平均值 $\bar{x}$（用微扰算符(124.5)[①]）.

设 $\Psi_n^{(0)}$ 是未微扰系统的波函数. 我们按照普遍的方法（参看第三卷§40），求微扰系统的一级近似波函数，

$$\Psi_n = \Psi_n^{(0)} + \sum_m a_{mn}\Psi_m^{(0)}, \quad (126.2)$$

式中系数 a_{mn} 满足方程

$$i\hbar\frac{da_{mn}}{dt} = V_{mn}e^{i\omega_{mn}t} = -\frac{1}{2}x_{mn}e^{i\omega_{mn}t}(f_0 e^{-i\omega t} + f_0^* e^{i\omega t}).$$

在解这个方程时应该把微扰看作是从 $t = -\infty$ 到 t 时刻"浸渐地"加进来（参看第三卷§43）；这意味着在因子 $e^{\pm i\omega t}$ 中应该作代换 $\omega \to \omega \mp i0$（式中符号 i0 表示 iδ 而 $\delta \to 0+$）. 于是

$$a_{mn} = \frac{1}{2\hbar}x_{mn}e^{i\omega_{mn}t}\left[\frac{f_0 e^{-i\omega t}}{\omega_{mn} - \omega - i0} + \frac{f_0^* e^{i\omega t}}{\omega_{mn} + \omega - i0}\right]. \quad (126.3)$$

借助于用这种方式得到的函数 Ψ_n，我们把平均值 $\bar{x}$ 作为算符 $\hat{x}$ 相应的对角矩阵元来计算. 在同样的近似下，我们有

$$\bar{x} = \int \Psi_n^* \hat{x}\Psi_n dq = \sum_m (a_{mn}x_{nm}e^{i\omega_{nm}t} + a_{mn}^*x_{mn}e^{i\omega_{mn}t}) =$$

$$= \frac{1}{2\hbar}\sum_m x_{mn}x_{nm}\left[\frac{1}{\omega_{mn} - \omega - i0} + \frac{1}{\omega_{mn} + \omega + i0}\right]f_0 e^{-i\omega t} + \text{复共轭项}$$

把这个结果与定义(123.9)相比较，我们求得

$$\alpha(\omega) = \frac{1}{\hbar}\sum_m |x_{mn}|^2\left[\frac{1}{\omega_{mn} - \omega - i0} + \frac{1}{\omega_{mn} + \omega + i0}\right]. \quad (126.4)$$

借助于公式

$$\frac{1}{x \pm i0} = P\frac{1}{x} \mp i\pi\delta(x) \quad (126.5)$$

（参看第三卷(43.10)），可把(126.4)式分为实部和虚部. 当然，对于 $\alpha''(\omega)$ 我们回到先前的结果(124.8).

[①] 这种方法比使用克拉默斯－克勒尼希关系式根据 $\alpha''(\omega)$ 来决定 $\alpha'(\omega)$（然后再决定整个 $\alpha(\omega)$）更加直接.

容易看出,表示式(126.4)是下面函数的傅里叶变换

$$\alpha(t) = \begin{cases} \dfrac{i}{\hbar}\langle \hat{x}(t)\hat{x}(0) - \hat{x}(0)\hat{x}(t)\rangle, & t > 0, \\ 0, & t < 0 \end{cases} \quad (126.6)$$

(正如关联函数一样,这里的平均值当然只依赖于两个算符 $\hat{x}(t)$ 所取时刻之差.)实际上,如果将函数(126.6)作为相对于未微扰系统第 n 个定态的对角矩阵元来计算,在 $t>0$ 时,有

$$\alpha(t) = \frac{i}{\hbar}\sum_m [x_{nm}(t)x_{mn}(0) - x_{nm}(0)x_{mn}(t)] =$$

$$= \frac{i}{\hbar}\sum_m |x_{nm}|^2 (e^{i\omega_{nm}t} - e^{i\omega_{mn}t}),$$

式中已按通常的规则

$$x_{nm}(t) = x_{nm}e^{i\omega_{nm}t}$$

转为不含时的矩阵元.因为函数 $\alpha(t)$ 只是在 $t>0$ 时才不等于零,它的傅里叶变换按照公式①

$$\int_0^\infty e^{i\omega t}dt = \frac{i}{\omega + i0} \quad (126.7)$$

来计算,与(126.4)一致.

因此,最后得出下面结果:

$$\alpha(\omega) = \frac{i}{\hbar}\int_0^\infty e^{i\omega t}\langle \hat{x}(t)\hat{x}(0) - \hat{x}(0)\hat{x}(t)\rangle dt \quad (126.8)$$

(R. Kubo,1956).对系统任何给定定态求平均,这个公式都适用,因而在对吉布斯分布求平均以后,公式保持不变.

对于影响多个变量 x_i 的微扰,决定系统对微扰响应的广义响应率 $\alpha_{ik}(\omega)$ 有完全类似的公式:

$$\alpha_{ik}(\omega) = \frac{i}{\hbar}\int_0^\infty e^{i\omega t}\langle \hat{x}_i(t)\hat{x}_k(0) - \hat{x}_k(0)\hat{x}_i(t)\rangle dt. \quad (126.9)$$

习　题

试求 $\omega \to \infty$ 时 $\alpha(\omega)$ 的渐近行为(设 $\alpha(\infty)=0$).

解:当 $\omega \to \infty$ 时,(126.8)式中小 t 值很重要.设 $\hat{x}(t) \approx \hat{x}(0) + t\dot{\hat{x}}(0)$,我们求得

$$\alpha(\omega) \approx \frac{i}{\hbar}\langle \hat{\dot{x}}\hat{x} - \hat{x}\hat{\dot{x}}\rangle \int_0^\infty te^{i\omega t}dt$$

---

① 根据 ω 的符号以 $t(1+i\delta\,\text{sign}\,\omega)$ 代替 t,此后再令 $\delta \to 0+$,将积分路径(在 t 的复平面上)上偏或下偏来计算积分.

(算符中省略了相同的宗量 $t=0$). 把(126.7)对 ω 求微商,计算积分并给出

$$\alpha(\omega) \approx -\frac{i}{\hbar\omega^2}\langle \hat{\dot{x}}\hat{x} - \hat{x}\hat{\dot{x}}\rangle; \tag{1}$$

如果其中对易子的平均值不等于 0,该公式正确.

由于是 ω 的偶函数,表达式(1)是实的,因此是 $\alpha'(\omega)$ 的渐近形式. 另一方面,$\omega \to \infty$ 时,由(123.15)我们有

$$\alpha'(\omega) \approx -\frac{2}{\pi\omega^2}\int_0^\infty \xi\alpha''(\xi)\mathrm{d}\xi$$

(这里已考虑到 $\alpha''(\xi)$ 是奇函数). 把这个表示式与(1)式相比较,我们求出下面对于 $\alpha''(\xi)$ 的"求和法则":

$$\int_0^\infty \omega\alpha''(\omega)\mathrm{d}\omega = \frac{i\pi}{2\hbar}\langle \hat{\dot{x}}\hat{x} - \hat{x}\hat{\dot{x}}\rangle. \tag{2}$$

§127 长分子弯曲的涨落

在普通分子中,原子间的强相互作用使得分子内部的热运动只是原子在其平衡位置附近的微小振动,这种运动实际上不改变分子的形状. 由许多原子组成的长链(如碳氢聚合物长链)分子的性状具有完全不同的特征. 分子很长,维系分子在平衡时的直线形状的力又相对较弱,这导致分子弯曲涨落可以很大,甚至分子产生卷曲. 分子的长度很大,这使得它可看成特殊的宏观线型系统,而且,可以用统计方法计算弯曲表征量的平均值(С. Е. Бреслер,Я. И. Френкель,1939[①]).

我们将考虑沿着自身的长度具有均匀结构的分子. 由于我们只对形状感兴趣,因此可以把这种分子当成均匀连续的线. 线的形状取决于线上每一点指定的曲率矢量 $\boldsymbol{\rho}$,其方向沿曲线的主法线方向,大小等于曲率半径的倒数.

一般说来,分子在每一点的曲率都很小,在这个意义上分子的弯曲很轻微(由于分子很长,这绝不排除远隔的点间的相对位移还会很大). 对于矢量 $\boldsymbol{\rho}$ 的很小值,弯曲分子单位长度的自由能可以按该矢量分量的幂展开. 因为在平衡位置(直线形状,各点 $\boldsymbol{\rho}=0$)自由能最小,所以在展开式中没有线性项,我们得到

$$F = F_0 + \frac{1}{2}\sum_{i,k} a_{ik}\rho_i\rho_k, \tag{127.1}$$

式中系数 a_{ik} 的值描述直线分子(抗弯曲)的性质并且由于假设分子的均匀性,

[①] 在这里的理论中,分子被看成孤立系统,不考虑它与周围分子的相互作用. 在凝聚物质内,此时后者当然可能对分子的形状有重大影响.虽然所得的结果对于实际物质的可适用性极其有限,其推导仍具有显著的方法论上的意义.

沿长度为常数.

矢量 $\boldsymbol{\rho}$ 位于(与给定点分子线垂直的)法平面内,而且在这个平面内有两个独立的分量. 与此相应,这些常数 a_{ik} 的集合构成平面内的二维二秩对称张量. 我们引入张量主轴,并用 a_1 和 a_2 表示张量主值(表示分子的线形,就其性质而言未必是轴对称的;因此 a_1 和 a_2 不一定相等). 结果(127.1)式取如下形式

$$F = F_0 + \frac{1}{2}(a_1\rho_1^2 + a_2\rho_2^2),$$

式中 ρ_1 和 ρ_2 是 $\boldsymbol{\rho}$ 在相应主轴方向的分量.

最后,沿整个分子的长度积分,我们就求出分子由于微小弯曲而引起的自由能总变化:

$$\Delta F_\mathrm{t} = \frac{1}{2}\int(a_1\rho_1^2 + a_2\rho_2^2)\mathrm{d}l \qquad (127.2)$$

(l 为沿着线长度的坐标). 显然,a_1 和 a_2 这两个量一定是正的.

设 $\boldsymbol{t}_a$ 和 $\boldsymbol{t}_b$ 为线上两点(a 和 b)切线方向的单位矢量,这两点被长度为 l 的一段线分开. 我们用 $\theta = \theta(l)$ 表示这两条切线之间的夹角,即

$$\boldsymbol{t}_a \cdot \boldsymbol{t}_b = \cos\theta.$$

我们首先考虑弯曲非常小,以至于即使对于相隔很远的两点,θ 角也很小. 通过矢量 $\boldsymbol{t}_a$ 和张量 a_{ik} 在 a 点法面内的两根主轴,我们作两个平面. 当 θ 值很小时,角度的平方 θ^2 可以表示为

$$\theta^2 = \theta_1^2 + \theta_2^2, \qquad (127.3)$$

式中 θ_1 和 θ_2 是矢量 $\boldsymbol{t}_b$ 相对于矢量 $\boldsymbol{t}_a$ 在上述这两个平面内转过的角度. 曲率矢量的分量与函数 $\theta_1(l)$ 和 $\theta_2(l)$ 的关系为

$$\rho_1 = \frac{\mathrm{d}\theta_1(l)}{\mathrm{d}l}, \quad \rho_2 = \frac{\mathrm{d}\theta_2(l)}{\mathrm{d}l},$$

并且当分子弯曲时,自由能的变化取如下形式

$$\Delta F_\mathrm{t} = \frac{1}{2}\int\left[a_1\left(\frac{\mathrm{d}\theta_1}{\mathrm{d}l}\right)^2 + a_2\left(\frac{\mathrm{d}\theta_2}{\mathrm{d}l}\right)^2\right]\mathrm{d}l. \qquad (127.4)$$

要计算在特定的 l 下有给定值 $\theta_1(l) = \theta_1$ 和 $\theta_2(l) = \theta_2$ 时的涨落概率,必须考虑在给定 θ_1 和 θ_2 下可能的最完全平衡(参看§111 第一个脚注). 换而言之,必须确定在给定 θ_1 和 θ_2 下可能的自由能最小值. 形为

$$\int_0^l\left(\frac{\mathrm{d}\theta_1}{\mathrm{d}l}\right)^2\mathrm{d}l$$

的积分,函数 $\theta_1(l)$ 在上、下限的值已给定($\theta_1(0) = 0, \theta_1(l) = \theta_1$),在 $\theta_1(l)$ 按线性规律变化时有极小值. 这时,

$$\Delta F_\mathrm{t} = \frac{a_1\theta_1^2}{2l} + \frac{a_2\theta_2^2}{2l},$$

而且涨落的概率

$$w \propto \exp\left(-\frac{\Delta F_t}{T}\right)$$

(参看(116.7)),所以我们得到两个角度的方均值为

$$\langle \theta_1^2 \rangle = \frac{lT}{a_1}, \quad \langle \theta_2^2 \rangle = \frac{lT}{a_2}.$$

因此所讨论的角度 $\theta(l)$ 的方均值等于

$$\langle \theta^2 \rangle = lT\left(\frac{1}{a_1} + \frac{1}{a_2}\right). \tag{127.5}$$

正如所料,在这种近似下,它与分子在所考虑两点之间那段长度成正比.

角度 $\theta(l)$ 很大的弯曲现在可以处理如下. 在线上三点 (a,b,c) 的切线方向 t_a, t_b, t_c 之间的角度,彼此之间有三角函数关系:

$$\cos\theta_{ac} = \cos\theta_{ab}\cos\theta_{bc} - \sin\theta_{ab}\sin\theta_{bc}\cos\varphi,$$

式中 φ 是平面 (t_a, t_b) 和 (t_b, t_c) 之间的夹角. 对这个式子求平均,并注意到在所考虑的近似下分子的 ab 段和 bc 段(在中间点切线方向 t_b 给定时)的弯曲涨落是统计独立的,我们得到

$$\langle \cos\theta_{ac} \rangle = \langle \cos\theta_{ab}\cos\theta_{bc} \rangle = \langle \cos\theta_{ab} \rangle \langle \cos\theta_{bc} \rangle$$

(含 $\cos\varphi$ 项求平均后通常消失).

这个关系式表明,平均值 $\langle \cos\theta(l) \rangle$ 应该是分子给定两点间片段长度 l 的乘性函数. 另一方面,根据(127.5)式,对于小 $\theta(l)$ 值应有

$$\langle \cos\theta(l) \rangle \approx 1 - \frac{\langle \theta^2 \rangle}{2} = 1 - \frac{lT}{a},$$

式中引入记号

$$\frac{2}{a} = \frac{1}{a_1} + \frac{1}{a_2}.$$

满足这两个要求的函数是

$$\langle \cos\theta \rangle = \exp\left(-l\frac{T}{a}\right). \tag{127.6}$$

这就是所求的公式. 值得注意,当距离 l 很大时,平均值 $\langle \cos\theta \rangle \approx 0$,这相当于分子上足够远两段的方向统计独立.

借助于公式(127.6)很容易确定分子两端(以直线度量的)距离 R 的方均值. 如果 $t(l)$ 是分子中任意一点切线方向的单位矢量,则两端之间的径矢等于

$$\boldsymbol{R} = \int_0^L \boldsymbol{t}(l)\,dl$$

(L 是分子的总长度). 把这个积分的平方写成重积分的形式并求平均,我们得到

$$\langle R^2 \rangle = \int_0^L \int_0^L \boldsymbol{t}(l_1) \cdot \boldsymbol{t}(l_2) \mathrm{d}l_1 \mathrm{d}l_2 = \int_0^L \int_0^L \exp\left(-\frac{T}{a}|l_1 - l_2|\right) \mathrm{d}l_1 \mathrm{d}l_2.$$

算出积分,得到最后的公式

$$\langle R^2 \rangle = 2\left(\frac{a}{T}\right)^2 \left(\frac{LT}{a} - 1 + \mathrm{e}^{-LT/a}\right). \tag{127.7}$$

在低温的情形下 ($LT \ll a$),这个公式给出

$$\langle R^2 \rangle = L^2 \left(1 - \frac{LT}{3a}\right); \tag{127.8}$$

当 $T \to 0$ 时,方均值 $\langle R^2 \rangle$ 趋近于分子总长度的平方 L^2,这是理所当然的. 如果 $LT \gg a$(温度很高或者长度 L 很大),则

$$\langle R^2 \rangle = \frac{2La}{T}. \tag{127.9}$$

这时 $\langle R^2 \rangle$ 与分子长度的一次幂成正比,因此当 L 增加时,比值 $\dfrac{\langle R^2 \rangle}{L^2}$ 趋于 0.

第十三章

晶体的对称性

§128 晶格的对称元素

宏观物体最普遍的对称性在于物体中粒子位形的对称性.

运动着的原子和分子在物体中并不占据精确确定的位置,为了严格地统计描述它们的排布必须引入一个**密度函数** $\rho(x,y,z)$ 来确定粒子在各个位置的概率:$\rho \mathrm{d}V$ 是单个粒子处于体积元 $\mathrm{d}V$ 内的概率. 粒子位形的对称性质取决于使函数 $\rho(x,y,z)$ 保持不变的坐标变换(平移、转动、反映). 一个给定物体的所有这些**对称变换**的集合构成它的**对称群**.

如果物体由不同的原子构成,则函数 ρ 必须对每一种原子单独确定. 然而,这并不重要,因为在现实物体中所有这些函数实际上都具有相同的对称. 同样地,我们也可以使用由所有原子在物体每一点产生的总电子密度所定义的函数 ρ[①].

对称性最高的物体是**各向同性体**,其性质在所有的方向上相同,包括气体和液体(以及非晶态固体). 显然,在这样的物体中每一个粒子在空间的所有位置一定都是等概率的,即应该有 ρ = 常数.

相反,在**各向异性**的**固态晶体**中密度函数绝对不可能是常数. 在这种情况下它是一个三重周期函数(其周期等于晶格的周期),而且在相应于晶格格点的诸点具有尖锐的极大值. 除了平移对称以外,一般说来,晶格(即函数 $\rho(x,y,z)$)还具有各种旋转和反映对称. 可以通过某种对称变换相互重合的格点,称为**等**

[①] 运动的电子不仅能产生平均电荷密度($e\rho$),而且也产生平均电流密度 $\boldsymbol{j}(x,y,z)$. 电流非零的这种物体也具有"磁结构",而且矢量函数 $\boldsymbol{j}(x,y,z)$ 的对称决定了这种结构的对称. 这将在本教程的另一卷中考虑(参看第八卷).

效格点.

在着手研究晶格的对称性时,首先应该弄清楚这种对称性可以由哪些元素组成.

晶格对称性的基础是空间的周期性,即沿一定方向平行移动一定距离(或称**平移**)时自身不变的特性[①];关于晶格的平移对称我们将在下一节详细讨论.

除了平移对称性以外,晶格还可以具有各种转动和反映对称;相应的对称元素(对称轴、对称面、旋转反映轴)也同样可以出现在尺寸有限的对称物体中(参看本教程第三卷§91).

但是除此以外,晶格还可以具有一种特殊类型的对称元素,它们是平移同旋转或反映的组合. 首先我们考虑平移同对称轴的组合. 一个对称轴同一个垂直于这个轴的平移的组合,不产生任何新型的对称元素. 很容易看出:旋转一个角度并随后在与轴垂直的方向平移,与单单围绕平行该轴的另一轴作同样角度的旋转等效. 但是,绕轴的旋转同沿同一轴的平移的组合,可导致一种新型的对称元素——**螺旋轴**. 如果一个晶格在绕一根轴旋转 $\frac{2\pi}{n}$ 的角度并同时沿该轴平移一定距离 d 以后同自身重合,那么它有 n 重螺旋轴.

如果绕一 n 重螺旋轴作 n 次旋转并同时平移,结果晶格沿该轴方向移动一个等于 nd 的距离. 因此,当一个晶格具有螺旋轴时,它也一定沿该轴方向具有周期性,且周期不大于 nd. 这意思就是:同 n 重螺旋轴相联系的平移其距离只能是

$$d = \frac{p}{n}a \quad (p = 1, 2, \cdots, n-1),$$

式中 a 是晶格在螺旋轴方向上的最小周期. 例如,二重螺旋轴只可能是一种类型,其平移为半周期;三重螺旋轴则可以具有 1/3 和 2/3 周期的平移;余类推.

类似地,也可以把平移同对称面相组合. 作一个平面反映再沿垂直该面的方向作平移,这不产生新的对称元素,因为很容易看出,这样一个变换等价于取另一与该面平行的平面作单一反映. 但是,反映同沿反映面内某一方向的平移的组合,可导致一种新型的对称元素——称为**滑移面**. 如果一个晶格在经一个平面反映并同时沿该面内某方向平移一定距离 d 以后同自身重合,那么它具有一个滑移面. 一个滑移面的二次反映只不过导致一个距离 $2d$ 的平移. 因此晶格所具备的滑移面其平移距离显然只能等于 $d = \frac{a}{2}$,式中 a 为晶格在该平移方向的最短周期长度.

[①] 这时,必须把晶格想像为无限的,不考虑晶体外表面的存在.

至于旋转反映轴,则它们同平移的组合并不产生新型对称元素.这是因为,任何平移在这种情形下都可以分解成两部分:一部分垂直于该轴,而另一部分与之平行,亦即垂直于反映面.因此,旋转反映变换同平移的组合,总是等价于另取该轴的某个平行轴作同样的单一变换.

§129 布拉维格子

晶格的平移周期可以用一组矢量 a 表示,其方向与平移方向相同而大小与平移长度相等.晶格具有无穷多个不同的平移周期.所有这些周期并非彼此独立,但总可以选取不在一个平面内的三个(对应于空间维数)作为基本周期.于是任何其它周期都能表示成三个矢量的矢量和形式,其中每一个矢量都是基本周期之一的倍乘.如果用 a_1, a_2, a_3 表示基本周期,则任意的周期 a 具有形式

$$a = n_1 a_1 + n_2 a_2 + n_3 a_3, \tag{129.1}$$

式中 n_1, n_2, n_3 是任意的正、负整数或零.

基本周期的选取绝不唯一;相反地,可以有无穷多种方式选取.设 a_1, a_2, a_3 为基本周期;我们根据下式再另外引入周期 a_1', a_2', a_3'

$$a_i' = \sum_k \alpha_{ik} a_k \quad (i, k = 1, 2, 3), \tag{129.2}$$

式中 α_{ik} 是某些整数.如果新的周期 a_i' 也是基本的,那么特别是原来的基本周期 a_i 也一定可以用 a_i' 表示为具有整数系数的线性函数的形式;于是任何其它周期也都能用 a_i' 表示.换句话说,如果由(129.2)式用 a_i' 表示 a_i,那么我们一定有如下的公式

$$a_i = \sum_k \beta_{ik} a_k',$$

而 β_{ik} 又是整数.众所周知,行列式 $|\beta_{ik}|$ 等于行列式 $|\alpha_{ik}|$ 的倒数.因为两者都是整数,由此得出结论: a_i' 为基本周期的充要条件是

$$|\alpha_{ik}| = \pm 1. \tag{129.3}$$

我们选一个格点并从它引出三个基本周期.由这三者构成的平行六面体称为晶格的原胞.于是整个晶格可以表示为这样的平行六面体规则堆砌集合.显然,所有的原胞具有完全相同的性质;它们具有完全相同的形状和体积,并且每胞含排列相同的等数目的每种原子.

显然,在所有原胞的所有顶点上的原子完全相同.换句话说,所有这些顶点都是等效格点,并且其中每点都可以经平移某个晶格周期而与任何其它点重合.所有这些通过平移可以彼此重合的等效格点的集合形成晶体所谓的**布拉维格子**.显然,布拉维格子并不包括晶格的所有格点.不但如此,一般来讲,它甚至不包括所有的等效格点,因为在晶格中还可能存在只有在变换涉及旋转或反映

时才彼此重合的等效格点.

选定晶格中的任一格点并作所有可能的平移,可以构造一个布拉维格子. 选择不在第一个布拉维格子中的另一格点作为起始,可得到相对于第一个有位移的另一个布拉维格子. 因此很显然,晶格一般来讲是一个套一个的若干布拉维格子; 每一个对应于特定的原子类型和位置,并且所有这些格子看成是纯几何上的点系时完全等同.

现在我们回到原胞的问题上来. 由于基本周期可以任意选择,原胞的选择也不唯一. 原胞可以由任意一组基本周期构成. 这样得到的原胞当然具有不同的形状,但是体积全都相同. 这一点由如下分析最容易看出. 由上面可知,对于可在给定晶体中构造的所有布拉维格子,每个原胞各有某个格子的一点. 因此在给定体积内的原胞数总是等于任何特定类型和位置的原子的数目,亦即与怎样选择原胞无关. 因而,每种原胞的体积都等于总体积除以原胞数.

§130 晶系

现在我们来研究所有可能的布拉维格子对称类型.

我们先来证明一个有关于晶格旋转对称性的普遍定理. 我们来看一下晶格可能具有哪些对称轴. 设 A(图 55)是布拉维格子的一点,有一根对称轴通过该点(与图面垂直). 如果 B 是另一格点,与 A 相距一个周期,那么一定有另一根同样的对称轴通过 B.

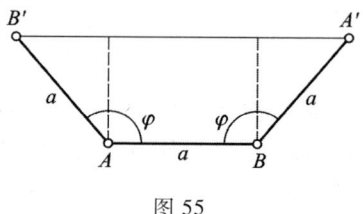

图 55

现在绕通过 A 的轴旋转角度 $\varphi = \dfrac{2\pi}{n}$($n$ 是轴的重数). 于是 B 点连同过它的轴移到 B' 位置. 类似地,绕 B 的旋转把 A 移到 A'. 构造过程要求 A' 和 B' 属于同一个布拉维格子,因此可以通过平移相互重合. 因此距离 $A'B'$ 也一定是晶格的一个周期. 如果 a 是在该方向的基本周期,那么距离 $A'B'$ 必然等于 ap,其中 p 是整数. 由图 55 看到,这给出方程

$$a + 2a\sin\left(\varphi - \frac{\pi}{2}\right) = a - 2a\cos\varphi = ap,$$

即

$$\cos\varphi = \frac{1-p}{2}.$$

因为 $|\cos\varphi| \leq 1$,所以 p 可以等于 3,2,1,0. 这些值对应于在 $\varphi = \dfrac{2\pi}{n}$ 中取 $n = 2,3,4,6$. 因此,一个晶格只可能具有重数为 2、3、4 和 6 的旋转对称轴.

现在我们来讨论布拉维格子相对于旋转和反映的对称类型. 这些对称类型

§ 130 晶 系

称为**晶系**. 每一个晶系是确定的一组对称轴和对称面,也就是一个点群.

很容易看出:布拉维格子的每一格点都是那里的对称中心. 实际上,布拉维格子中的每一个原子有与之对应的另一原子,后者同前者及给定的格点共线,并且这两个原子与该格点等距. 如果对称中心是布拉维格子除平移以外的唯一对称元素,那么有以下几种情况:

1. **三斜晶系**. 这种晶系在所有晶系中对称性最低,对应于点群 C_i. 三斜布拉维格子的格点,位于棱长、棱角都是任意的全同平行六面体的顶点上;这样的平行六面体如图 56 所示. 布拉维格子通常用专门的符号标记,三斜晶系记作 Γ_t.

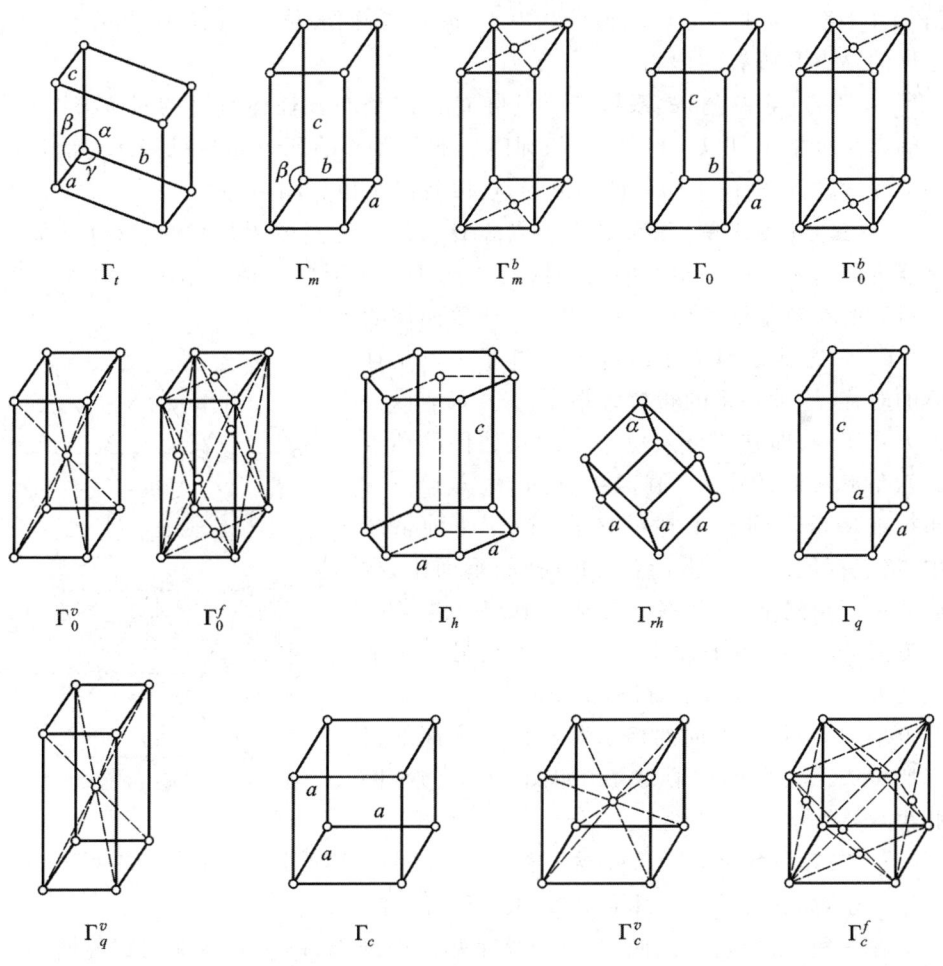

图 56

2. **单斜晶系**是对称性次低的晶系. 它的对称元素是一个二重轴和一个与它垂直的对称面, 也就是说这个晶系是点群 C_{2h}. 这是底面任意的直平行六面体的对称. 这种晶系的布拉维格子可以有两种构造方式. 第一种情形称为简单单斜布拉维格子(Γ_m), 格点位于以任意平行四边形作为面 ac 而直边为 b 的平行六面体的顶点上(图 56). 第二种情形是底心单斜格子(Γ_m^b), 格点不仅位于平行六面体的顶点, 而且还位于平行六面体的两个对立矩形面的中心.

3. **正交晶系**对应于点群 D_{2h}. 这是棱长任意的长方体的对称. 属于正交晶系的有四种布拉维格子. 在简单正交格子(Γ_0)中, 格点位于长方体的顶点上. 在底心格子(Γ_0^b)中, 格点还位于每个长方体的一对对立面的中心. 在体心格子(Γ_0^v)中, 格点位于长方体的顶点和中心. 最后, 在面心格子(Γ_0^f)中, 格点位于长方体的顶点及所有的面心.

4. **四方(或四角)晶系**对应于点群 D_{4h}; 这是四方柱体具有的对称. 这种晶系的布拉维格子可以有两种方式; 即简单的和体心的四方布拉维格子(记作 Γ_q 和 Γ_q^v), 格点分别位于四方柱体的顶点, 以及位于顶点和中心.

5. **三方(或三角)晶系**对应于点群 D_{3d}; 这是菱面体所具有的对称(菱面体是立方体沿着它的一根空间对角线拉长或压缩所形成的体). 在这个晶系中唯一可能的布拉维格子(Γ_{rh})中, 格点位于菱面体的顶点.

6. **六方晶系**对应于点群 D_{6h}; 这是正六角柱体的对称. 这种晶系的布拉维格子(Γ_h)只能以一种方式实现, 即它的格点位于正六角柱体的顶点和六角形底面的中心. 值得注意的, 六方和三方布拉维格子之间有下述的区别. 在这两种格子中, 格点都位于与 6 重(或 3 重)轴的垂面中, 构成等边三角网络. 但是在六方格子中, 在(沿着 C_6 轴方向的)相继各平面中, 格点一个在另一个的正上方(这些平面的示意图如图 57 所示). 至于三方格子, 则每一平面的格点都在前一平面的格点所构成三角形的中心之上(如图 57 中的小圈和小叉).

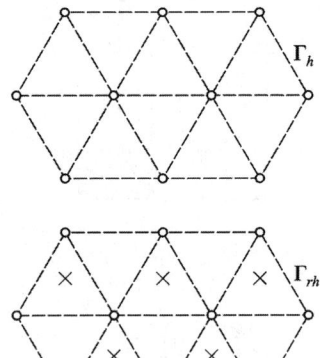

图 57

7. **立方晶系**对应于点群 O_h; 这是立方体的对称. 属于这种晶系的有三种布拉维格子: 简立方(Γ_c)、体心立方(Γ_c^v)和面心立方(Γ_c^f).

在三斜、单斜、正交、四方、立方这个晶系序列中, 每一晶系都比它前面的所有晶系具有更高的对称. 换句话说, 后面晶系包含前面晶系出现的所有对称元素. 在这种意义下, 三方晶系所具备的对称高于单斜晶系, 而同时低于立方和六

§ 130 晶 系

方晶系,这后二者都包含三方晶系的对称元素,即这两种晶系最为对称.

值得注意的还有下述情况. 乍看起来,除了上面所列举的 14 种布拉维格子以外,似乎还可能有其它类型. 例如对于简单四方格子,如果在柱体的上、下正方底面中心加上格点,那么这个格子仍有原先的四角对称. 但是很容易看出,这里并没有得到新的布拉维格子. 实际上,如果图 58 所示的方式用虚线联结这个格子的格点,那么我们看到新格子仍为简单四方. 很容易证实,所有其它类似情形也是如此.

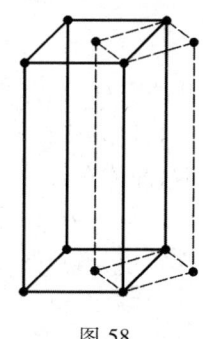

图 58

图 56 中所表示的各布拉维格子的平行六面体,本身具有它们所属晶系的全部对称元素. 但是必须注意:除了几种简单布拉维格子以外,这些平行六面体并不是原胞;构成这些平行六面体的周期不是基本周期. 对于面心布拉维格子,可以选取从平行六面体的任一顶点到面心的矢量作为基本周期;而对于体心格子可取从平行六面体的顶点到体心的矢量;诸如此类. 图 59 表示立方格子 Γ_c^f 和 Γ_c^v 的原胞;这两种原胞都是菱面体,它们本身并不具有立方晶系的全部对称元素. 显然,面心布拉维六面体的体积 v_f 是原胞体积的四倍:$v_f = 4v$;体心平行六面体和底心六面体的体积等于原胞体积的二倍:$v_v = 2v, v_b = 2v$.

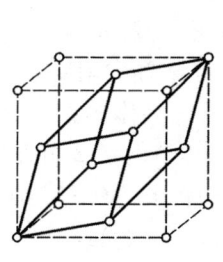 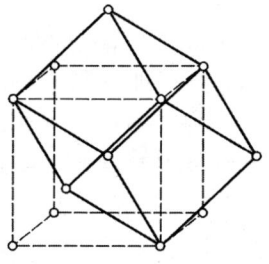

图 59

完全确定一个三斜布拉维格子,必须指定六个量:平行六面体的棱长和棱角. 对于单斜晶系,四个量就够了,因为有两个棱角总是直角;余可类推. 类似的分析容易发现,确定各种晶系的布拉维格子所必需的量(平行六面体的棱长和棱角)的数目如下:

三斜系…6 　　　三方系…2
单斜系…4 　　　六方系…2
正交系…3 　　　立方系…1
四方系…2

§131 晶类

对于所有可以称为是宏观的一系列现象来说,晶体的行为就像连续的均匀物质一样.晶体的诸多宏观性质仅仅与晶体中的方向有关.例如,光线通过晶体的特性只依赖于光线的方向;晶体的热膨胀在不同方向一般来讲是不同的;最后,晶体在各种外力影响下的弹性形变也依赖于方向.

另一方面,晶体的对称导致晶体中不同方向的等价性.晶体的所有各种宏观性质,沿这些方向完全一样.因此,可以说晶体的宏观性质取决于晶体中的方向对称性.例如,如果晶体具有对称中心,那么晶体中的任何方向都和它的相反方向等效.

晶格的平移对称不导致任何方向上的等价性,因为平移根本不改变方向.由于这个缘故,对于方向对称来说,螺旋轴和简单对称轴之间或是滑移面和简单对称面之间的差别无关紧要.

因此,晶体的方向对称,进而它的宏观性质的对称,由它的一组对称轴和对称面来决定,而且螺旋轴和滑移面这时应看成是简单的轴和面.这样的对称元素集称为**晶类**.

我们已经知道,一个实际晶体可以看成是一组互穿的等同布拉维格子.由于布拉维格子的套叠,实际晶体的对称一般不同于相应的布拉维格子的对称.

特别是,一个给定晶体的晶类对称元素集,一般不同于其晶系.显然,新格点加到布拉维格子上,只可能使得它的某些对称轴和对称面消失,而不会出现新元素.因此,与晶类所对应的晶系相比,即与该晶体布拉维格子的对称轴和对称面总数相比,晶类所包含的对称元素数目较少(或至多相等).

由以上分析可以提出寻求属于一个给定晶系的所有晶类的方法.为此,必须求出由该晶系的全部或某些对称元素所构成的全部点群.但是,这样得到的点群其对称元素有可能不只属于一个晶系.例如,前节中已经看到:所有的布拉维格子都具有对称中心.因此所有的晶系都包含点群 C_i.虽然如此,不同晶系的晶类划分,通常有唯一的物理方式.这就是,每个晶类所划归的晶系,在含有该晶类的所有晶系之中必须对称性最低.例如,晶类 C_i 必须归入只含反演中心而无任何其它对称元素的三斜晶系.这种晶类分法,绝不会把一个具有某种布拉维格子的晶体,归入一个可用对称性较低晶系的布拉维格子生成的晶类中(只有一个例外,见下).

满足这个条件的必要性在物理上很明显.实际上,晶体中属于其布拉维格子的原子按照比晶体对称所要求的更高对称方式配置,这在物理上极不可能.何况这样的位形即使偶然出现,那么任何外来影响(如加热)哪怕很弱也足以把它破坏,因为这种位形同晶体对称没有必然联系.举例来说,如果一个晶体属于一个由四方晶系就足以生成的晶类,假如它具备立方的布拉维格子,那么即使不很大的影响,也能引起立方原胞的一条棱伸长或缩短,而使它变成正方形棱柱体.

从这个例子可以看出起着重要作用的一个事实:高对称晶系的布拉维格子,可以通过微不足道的形变而变成低对称晶系的格子.但是也存在一个找不到这种变换的例外:用任何的无限小形变都不能使六方布拉维格子变成低对称的三方晶系格子.由图 57 可以看出:要把六方格子变成三方格子,每隔一层的格点必须位移一个有限距离,即从三角形的顶点移到中心.这导致三方晶系的全部晶类既可以由六方的,也可以由三方的布拉维格子来生成[①].

因此,要找出所有的晶类,必须从寻找对称程度最低的晶系即三斜晶系的点群开始,然后依次过渡到较高对称的晶系,而同时把已经归入较低对称晶系的点群(即晶类)去掉.结果发现总共只有 32 个晶类存在;这些晶类按照晶系分类列表如下:

晶系	晶类					
三斜	C_1,	C_i				
单斜	C_s,	C_2,	C_{2h}			
正交	C_{2v},	D_2,	D_{2h}			
四方	S_4,	D_{2d},	C_4,	C_{4h},	C_{4v},	D_4,	D_{4h}
三方	C_3,	S_6,	C_{3v},	D_3,	D_{3d}	
六方	C_{3h},	D_{3h},	C_6,	C_{6h},	C_{6v},	D_6,	D_{6h}
立方	T,	T_h,	T_d,	O,	O_h	

上述晶类的每一组中,最后一个是对称性最高的一个,包含该晶系的全部对称元素.如果晶类的对称同它所在晶系的对称等同,就称这种晶类为**全面象**晶类.如果晶类所具备的各种对称变换(旋转和反映,并包括全等变换在内)的数目比全面象晶类小一因子二或四,那么就分别称它们为**半面象**或**四分面象**晶类.例如,在立方晶系中,O_h 是全面象晶类,O,T_h,T_d 是半面象晶类,而 T 是四分面象晶类.

§132 空间群

在研究了布拉维格子的对称和晶体的方向对称以后,我们可以最终考虑晶格全部的真实对称.这种对称可以称为微观对称,以区别于在上节中所讨论的

---

① 通常把具有六方布拉维格子而属于三方晶类的晶体归入三方晶系.

晶体宏观对称.微观对称将决定晶体的依赖于原子在晶格中如何配置的性质(如晶体 X 射线散射).

晶格的(实际的)对称元素集合称为它的**空间群**.晶格总是具有确定的平移对称,除此以外,它还可能具有对称轴,如简单轴和螺旋轴、旋转反映轴以及对称面如简单面和滑移面.至于晶格的平移对称,则它完全由布拉维格子决定,因为后者的定义本身表明,除了布拉维格子周期以外,晶格没有其它平移周期.因此,要确定晶体的空间群,只需找出布拉维格子,并列举出与旋转和反映有关的对称元素.当然,同时还必须指出这些对称面和对称轴彼此间的相对位置.其次,必须注意到,晶格的平移对称意味着:如果晶格具备一个对称轴或对称面,它就会有无穷多个,且彼此只差一个等于晶格周期的平移.最后,除了这些相隔晶格周期的对称轴(或面)以外,平移对称和对称轴(或面)的同时存在,导致许多新轴(或面)的出现,后者不能通过平移任何晶格周期而与前者重合.例如,对称面的存在不仅导致出现与之平行的彼此相隔晶格周期的对称面,而且还出现平分这些周期的对称面.实际上很容易证实,对某一平面反映继而在垂直于该平面的方向位移距离 d,相当于取与之相距 $d/2$ 的平行平面作直接反映.

所有可能的空间群可按晶类划分.具体地说,如果在空间群的简单轴和螺旋轴之间及简单面和滑移面之间不予区别,这时一个空间群与某个晶类有相同的对称轴和对称面的集合,那么这个空间群划归该晶类.总共可能有 230 个不同的空间群存在[①].它们首先由费多罗夫(E. C. Фёдоров,1895)发现.空间群按晶类的划分如表 1.

表 1

晶类	空间群数目	晶类	空间群数目	晶类	空间群数目	晶类	空间群数目
C_1	1	S_4	2	S_6	2	C_{6v}	4
C_i	1	C_4	6	C_{3v}	6	D_6	6
C_s	4	C_{4h}	6	D_3	7	D_{6h}	4
C_2	3	D_{2d}	12	D_{3d}	6	T	5
C_{2h}	6	C_{4v}	12	C_{3h}	1	T_h	7
C_{2v}	22	D_4	10	C_6	6	T_d	6
D_2	9	D_{4h}	20	C_{6h}	2	O	8
D_{2h}	28	C_3	4	D_{3h}	4	O_h	10

---

① 其中包括区别只在于绕螺旋轴的旋转方向的 11 对空间群.

我们不准备在这里列出全部空间群的对称元素,那是非常繁琐的.这可以在专门的晶体学参考书中找到①.

不含有螺旋轴或滑移面的空间群,称为**点式空间群**,这样的群共有 73 个.其余的 157 个空间群含有上述对称元素.属于非点式空间群的晶格,显然在一个原胞内至少应该含有两个同样的原子:绕螺旋轴转动或在滑移面内反映都涉及不足一个基本周期的平移,所以这种变换不能使布拉维格子的格点彼此重合,因而晶格必须至少由两个填以相同原子的互穿布拉维格子构成.

§133 倒格子

所有表征晶格性质的物理量,都具有与晶格本身同样的周期性.例如,由晶格中原子的电子所产生的电荷密度,原子在晶格中处于任何一点的概率等都是这样的量.设函数 $U(r)$ 是任一这样的物理量.其周期性表明

$$U(r + n_1 a_1 + n_2 a_2 + n_3 a_3) = U(r), \quad (133.1)$$

式中 n_1, n_2, n_3 为任意整数,a_1, a_2, a_3 为晶格基本周期.

我们把周期函数 $U(r)$ 展开为三重傅里叶级数,展开式可写成

$$U = \sum_b U_b e^{ib \cdot r}, \quad (133.2)$$

式中求和遍及矢量 b 的一切可能值.表示为级数形式(133.2)的函数 U 必须满足周期性条件(133.1),b 的可能取值由这一要求决定.这意味着:如果 r 换成 $r+a$(a 为任意周期),所有的指数因子都必须保持不变.为此,标量积 $a \cdot b$ 必须永远是 2π 的整数倍.因此,依次选择基本周期 a_1, a_2, a_3 作为 a,必定有

$$a_1 \cdot b = 2\pi p_1, \quad a_2 \cdot b = 2\pi p_2, \quad a_3 \cdot b = 2\pi p_3,$$

式中 p_1, p_2, p_3 是正负整数或零.这三个方程式的解的形式为

$$b = p_1 b_1 + p_2 b_2 + p_3 b_3, \quad (133.3)$$

式中矢量 b_i 通过矢量 a_i 决定如下:

$$b_1 = \frac{2\pi}{v} a_2 \times a_3, \quad b_2 = \frac{2\pi}{v} a_3 \times a_1, \quad b_3 = \frac{2\pi}{v} a_1 \times a_2, \quad v = a_1 \cdot (a_2 \times a_3).$$

$$(133.4)$$

这样我们就确定了矢量 b 的所有可能值.式(133.2)中的求和遍及 p_1, p_2, p_3 的一切整数值.

大家知道,乘积 $v = a_1 \cdot (a_2 \times a_3)$ 在几何上表示由矢量 a_1, a_2, a_3 所构成的

---

① 例如,空间群的详尽描述可以在下列书中找到:Любарский Г. Я. Теория групп и ее применения в физике (Приложение IV). Физматгиз, 1958; International Tables for Crystallography, v. A. Space Group Symmetry. -Dordrecht-Boston: D. Reidel Publishing Company, 1983. 后者还对每个空间群列举出全部等效点.

平行六面体的体积,亦即原胞的体积;而乘积 $a_1 \times a_2$ 等代表这个原胞的三个面的面积. 因此,矢量 b_i 具有长度倒数的量纲,大小等于由矢量 a_1,a_2,a_3 所构成平行六面体的高的倒数乘以 2π.

由(133.4)可以看出: b_i 和 a_i 满足关系式

$$a_i \cdot b_k = \begin{cases} 0, & \text{如果 } i \neq k, \\ 2\pi, & \text{如果 } i = k. \end{cases} \quad (133.5)$$

这意味着矢量 b_1 垂直于 a_2 和 a_3, b_2 和 b_3 也类似.

在确定了矢量 b_i 以后,可以用 b_1,b_2,b_3 作为基本周期来形式地构造一个格子. 这样构成的格子称为**倒格子**; 矢量 b_1,b_2,b_3 称为**倒格基矢**①.

我们现在来计算倒格子原胞的体积. 它等于

$$v' = b_1 \cdot (b_2 \times b_3).$$

把(133.4)式代入上式,得

$$v' = \frac{(2\pi)^3}{v^3}(a_2 \times a_3) \cdot [(a_3 \times a_1) \times (a_1 \times a_2)] =$$
$$= \frac{(2\pi)^3}{v^3}[(a_2 \times a_3) \cdot a_1] \cdot [(a_3 \times a_1) \cdot a_2],$$

最后得

$$v' = \frac{(2\pi)^3}{v}. \quad (133.6)$$

显然,三斜布拉维格子的倒格子原胞也是一个任意的平行六面体. 类似地,其它晶系的简单布拉维格子其倒格子也是同一晶系的简单格子; 例如,简立方布拉维格子的倒格子也具有简立方原胞. 通过直接构造也很容易证实: 面心布拉维格子(正交、四方、立方)的倒格子是同一晶系的体心格子; 这时布拉维倒格子的平行六面体的体积 $v'_v = 8(2\pi)^3/v_f$, 式中 v_f 是布拉维正格子平行六面体的体积. 相反地,面心倒格子与体心正格子相对应,并且又有 $v'_f = 8(2\pi)^3/v_v$. 最后,对于底心正格子,其倒格子也具有底心的原胞,并且 $v'_b = 4(2\pi)^3/v_b$.

大家知道,形如下式的方程

$$b \cdot r = \text{常数}$$

(式中 b 为常矢量),描述一个垂直于矢量 b 的平面,它与原点的距离为 $\frac{\text{常数}}{b}$. 选择布拉维格子的任何一个格点作为原点,并设 $b = p_1 b_1 + p_2 b_2 + p_3 b_3$ 是倒格子的某一矢量(p_1,p_2,p_3 为整数). 把 r 也写成 $a = n_1 a_1 + n_2 a_2 + n_3 a_3$ 的形式,可得如下平面方程式

---

① 在现代物理学文献中采用的定义(133.4),与纯结晶学中采用的定义相差一个因子 2π.

$$\frac{\boldsymbol{b}\cdot\boldsymbol{a}}{2\pi} = n_1 p_1 + n_2 p_2 + n_3 p_3 = m, \tag{133.7}$$

式中 m 为给定常数. 如果这个方程式代表一个有无数个布拉维格点的平面(通常叫做**晶面**),那么 n_1, n_2, n_3 必须是一组整数. 为此,显然常数 m 也必须是整数. 在给定的 p_1, p_2, p_3 下,当常数 m 取不同整数值时,方程式(133.7)确定出无限多个相互平行的晶面.

整数 p_1, p_2, p_3 总是可以取成互质的,即除 1 以外没有公约数. 假如有这样的公约数存在,那么可以用它去除方程式的两边,而仍旧得到同样形式的方程式. 数字 p_1, p_2, p_3 称为这一族晶面的**米勒指数**,表示为 $(p_1 p_2 p_3)$.

晶面(133.7)与沿基本周期 $\boldsymbol{a}_1, \boldsymbol{a}_2, \boldsymbol{a}_3$ 取的坐标轴相交于 $\frac{m a_1}{p_1}, \frac{m a_2}{p_2}, \frac{m a_3}{p_3}$ 三点. 晶面在坐标轴上的截距(各以 a_1, a_2, a_3 为单位来量度)之比为 $\frac{1}{p_1} : \frac{1}{p_2} : \frac{1}{p_3}$,即截距反比于米勒指数. 例如,与坐标面平行的晶面(即在坐标轴上的截距之比为 $\infty : \infty : 1$),三个面分别有米勒指数 $(100), (010), (001)$. 与晶格基本平行六面体的对角面平行的晶面具有指数 (111),余类推.

很容易确定同一族晶面中相邻两晶面的间距. 晶面(133.7)到原点的距离是 $\frac{2\pi m}{b}$, b 是该倒格矢的长度. 下一个晶面到原点的距离是 $\frac{2\pi(m+1)}{b}$. 因此这两个晶面的间距 d 是

$$d = \frac{2\pi}{b}. \tag{133.8}$$

在结束有关晶格对称性问题讨论之际,必须指出,严格的周期型晶体并未穷尽固体的所有可能类型. 还存在所谓的**无公度**晶相,其密度函数 $\rho(x, y, z)$ 不是坐标的周期函数而只是条件周期的. 表征该相性质的函数 $U(\boldsymbol{r})$ 的傅里叶级数(133.2),其所含的矢量 $\boldsymbol{b}$ 将是三个以上基本周期的(整系数的)线性组合.

一般说来,前面所建立的周期晶体对称性质,对于无公度相不再成立. 特别是它们可能具有的对称轴阶次不止是在 §130 中指出的那些.

§134 空间群的不可约表示

对称性理论的物理应用通常用到所谓群表示这种数学工具. 在本节我们将论述有关空间群的分类和构建其不可约表示的方法[①].

我们先用比较数学化的术语重新概括在前几节表述的关于空间群结构的知识.

---

① 这里假设读者熟悉类似于第三卷第 12 章中的有关群论知识.

每个空间群都含有一个平移子群,它包含可使晶格与其自身重合的所有无限多个可能平移;这个子群也就是所谓晶体布拉维格子的数学表述.完全的空间群由这个子群再加上 n 个旋转和反映的对称元素得到,n 是相应晶类的对称变换数;这 n 个元素将称为旋转元素.空间群的任何一个元素可以表示成一个平移元素与一个旋转元素的乘积[①].

如果一个空间群不包含螺旋轴和滑移面(点式空间群),则旋转元素只能选晶类的 n 个旋转和反映对称变换.但是,在非点式空间群中旋转元素是旋转和反映同时伴有某个基本周期的特定分数倍的平移.

为了便于清楚地表征空间群的元素,可用符号 $(P|t)$ 表示它们,这里 P 是任何旋转或反映,而 t 是同时平移的矢量;当作用到任何一点的径矢 r 上时:$(P|t)r = Pr + t$. 两个元素的相乘按照明显的法则:

$$(P'|t')(P|t) = (P'P|P't + t'). \tag{134.1}$$

元素 $(P|t)$ 的逆元是

$$(P|t)^{-1} = (P^{-1}|-P^{-1}t); \tag{134.2}$$

它与 $(P|t)$ 相乘时,给出群的单位元 $(E|0)$(式中 E 记恒等旋转变换).

特别是,纯平移表示为 $(E|a)$,式中 a 是晶格任何周期.点式空间群的旋转元素,依上述方式选取则形为 $(P|0)$. 在非点式空间群中,旋转元素的形式为 $(P|\tau)$,式中 τ 是沿螺旋轴或滑移面发生的分数倍晶格周期的平移. 在第一种情形下,旋转变换 $(P|0)$ 的集合本身形成空间群的子群. 而在第二种情形下,元素 $(P|\tau)$ 本身并不形成子群,因为重复应用它们导致的不是恒等变换,而是某个晶格基本周期的平移. 但是,像这样的转动与反映 P(也就是说对简单轴和螺旋轴或是简单面和滑移面不加区别)总是组成一个群即决定晶类的点对称群;就此而言,这个点群可称为晶格的**方向群**[②].

下面我们来构造空间群的不可约表示[③].

所有这种表示都可以用如下形式的函数集实现

$$\varphi_{k\alpha} = u_{k\alpha} e^{ik\cdot r}, \tag{134.3}$$

式中 k 是常波矢,$u_{k\alpha}$ 是相对于平移不变的函数;指标 $\alpha = 1,2,\cdots$ 把具有相同 k 的函数编号. 作为平移 $r \to r + a$(式中 a 是晶格的任何一个周期)的结果,函数

[①] 必须指出,平移子群是阿贝尔群(它的全部元素可对易),而且是整个空间群的正规子群:与平移共轭的所有群元也是平移(两个元素 A 和 B 称为是共轭的,如果 $A = C^{-1}BC$,而 C 也是群元).

[②] 在各种情况下,空间群与方向群之间的关系从群论的观点看来可以用如下方式表述. 把空间群的所有元素按 n 个陪集分解,其中每一个包含一个旋转元素与所有可能平移的乘积的无穷集合,即给定 P 和 τ 下的形为 $(P|\tau+a)$ 的全部元素. 如果现在把每个陪集整体上看成新群的元素,则得到原空间群的所谓**商群**. 这个商群与方向群同构.

[③] 下述推导由塞茨(F. Seitz, 1936)给出.

(134.3)被乘以常数 $e^{i\mathbf{k}\cdot\mathbf{a}}$. 换而言之, 在函数(134.3)实现的表示中, 平移矩阵是对角的. 显然, 相差任何一个倒格子周期 $\mathbf{b}$ 的两个矢量 $\mathbf{k}$ 将导致函数 $\varphi_{\mathbf{k}\alpha}$ 在平移变换下具有同样的变换规律: 因为 $\mathbf{a}\cdot\mathbf{b}$ 是 2π 的整数倍, 所以 $\exp(i\mathbf{a}\cdot\mathbf{b}) = 1$. 这样的矢量将称为是**等效的**. 如果设想矢量 $\mathbf{k}$ 是从倒格子原胞的顶点引到其各点, 那么所有不等效的矢量只限于一个原胞内.

在旋转对称元素 $(P\mid\boldsymbol{\tau})$ 的作用下, 函数 $\varphi_{\mathbf{k}\alpha}$ 变换成矢量 $\mathbf{k}'$ 的不同 α 值函数 $\varphi_{\mathbf{k}'\alpha}$ 的线性组合, 这里的 $\mathbf{k}'$ 由矢量 $\mathbf{k}$ 在倒格子中作给定的旋转或反映得到: $\mathbf{k}' = P\mathbf{k}$[①]. 在群的全部 n 个旋转元素的作用下可以相互转换的所有(非等效)矢量 $\mathbf{k}$ 的集合, 称为波矢量 $\mathbf{k}$ 的波矢星. 在任意 $\mathbf{k}$ 的一般情形下, 波矢星含有 n 个矢量(**射线**). 含有波矢星的各射线的函数全应在不可约表示的基矢函数 $\varphi_{\mathbf{k}\alpha}$ 之内: 因为含有不等效 $\mathbf{k}$ 的函数在平移下乘了不同的因子, 所以无论怎样选择它们的线性组合作为可相互变换函数, 函数的数目都不会减少.

对于某些 $\mathbf{k}$ 值, 其波矢星的射线数可以少于 n, 因为可能有些旋转对称元素并不改变 $\mathbf{k}$ 或者把它转变成等效矢量. 例如, 如果矢量 $\mathbf{k}$ 沿对称轴, 则在绕该轴旋转时矢量不变; 从原胞的顶点到它的中心的矢量 $\mathbf{k}(\mathbf{k} = \mathbf{b}_i/2$, 式中 $\mathbf{b}_i$ 是倒格子的基本周期之一), 在反演时变成与它等效的矢量 $-\mathbf{k} = -\mathbf{b}_i/2 = \mathbf{k} - \mathbf{b}_i$.

包含在给定空间群内而且不改变矢量 $\mathbf{k}$(或者把它变为等效矢量)的那些对称旋转元素(全当作简单旋转或者反映 P)的集合, 称为矢量 $\mathbf{k}$ 的"**纯对称群**"或就叫波矢群; 它也是通常的点对称群之一.

我们首先考虑点式空间群的最简单情形. 这种群的不可约表示的基函数可以写成乘积的形式:

$$\varphi_{\mathbf{k}\alpha} = u_\alpha \psi_\mathbf{k}, \tag{134.4}$$

式中函数 u_α 相对于平移变换不变, 而 $\psi_\mathbf{k}$ 是表达式 $e^{i\mathbf{k}\cdot\mathbf{r}}$ (取等效的 $\mathbf{k}$) 的线性组合, 后者在矢量 $\mathbf{k}$ 的纯对称群的所有变换下不变; (134.4)中的矢量 $\mathbf{k}$ 取自己波矢星中所有值. 在平移变换下函数 u_α 不变, 而函数 $\psi_\mathbf{k}$ (还有 $\varphi_{\mathbf{k}\alpha}$) 被乘以 $\exp(i\mathbf{k}\cdot\mathbf{a})$. 在属于 $\mathbf{k}$ 群的旋转和反映之下, 函数 $\psi_\mathbf{k}$ 不变, 而函数 u_α 相互转换. 换句话说, 函数 u_α 实现了点群的一个不可约表示(由于这个缘故, 可称之为"**小表示**"). 最后, 不在 $\mathbf{k}$ 群内的旋转元素使具有不等效 $\mathbf{k}$ 的函数(134.4)的集合彼此变换. 用这种方式构造的空间群表示的维数等于 $\mathbf{k}$ 的波矢星中的射线数乘以小表示的维数.

因此, 求点式空间群的所有不可约表示的问题完全归结为把矢量 $\mathbf{k}$ 按其纯对称性进行分类以及已解决的寻求有限点群不可约表示问题.

[①] 对于矢量 $\mathbf{k}$ 在倒格子中的变换, 不言而喻, 所有的对称轴和对称面都应当看成是简单的, 即只应当考虑方向群.

现在我们转向具有螺旋轴或滑移面的空间群. 如果波矢 k 在它的群中所有变换下总不改变(即不转变为等效矢量)①,这些对称元素的存在仍然是非本质的. 这时相应的不可约表示仍然由形为(134.4)的函数实现,其中 u_α 形成矢量 k 的点群表示的基. 与点式空间群情况的唯一区别就在于: 在旋转变换下, (134.4) 中的函数 $\psi_k = \exp(\mathrm{i}\boldsymbol{k}\cdot\boldsymbol{r})$ 不再保持不变, 而被乘以 $\exp(\mathrm{i}\boldsymbol{k}\cdot\boldsymbol{\tau})$.

但是, 如果有多个等效的矢量 k 可在纯对称群的变换下相互转换, 形为 (134.4) 的函数不再适用. 在同时伴有平移 $\boldsymbol{\tau}$ 的旋转变换下, k 值等效却不相同的函数 $\exp(\mathrm{i}\boldsymbol{k}\cdot\boldsymbol{r})$ 被乘上不同的因子$\left(\text{因为}\dfrac{\boldsymbol{b}\cdot\boldsymbol{\tau}}{2\pi}\text{不是整数}\right)$, 所以它们的线性组合 ψ_k 不再变换到自身.

这时已不可能将旋转元素和平移分开考虑. 但是, 可以只考虑平移的无穷集合中的有限个, 而且仅须对从倒格子原胞的顶点引到原胞内部某些选定点的矢量考虑; 这些点的坐标(全部三个或其中几个)可用基本周期 $\boldsymbol{b}_1,\boldsymbol{b}_2,\boldsymbol{b}_3$ 的简单有理分数部分②表示. 由旋转元素(连同与其相伴的分数基本周期的平移 $\boldsymbol{\tau}$) 以及 $\dfrac{\boldsymbol{k}\cdot\boldsymbol{a}}{2\pi}$ 为有理分数(小于 1)的平移所组成的群, 称为扩展波矢群; 其余平移依旧可以认为是恒等变换. 可对这样构成的有限群给出不可约表示("小表示")的函数 $\varphi_{k\alpha}$, 连同 k 的波矢星其它射线对应的类似函数 $\varphi_{k'\alpha}$, 可实现空间群的不可约表示. 这里指出, 这些群小表示的维数可达到 6(晶类 $\boldsymbol{O}_h$ 的群)③.

我们以具体的例子说明这种方法.

我们考虑空间群 $\boldsymbol{D}_{2h}^2$, 它属于简单斜方布拉维格子并包含下列的旋转元素④:

$$(E\mid 0), (C_2^x\mid 0), (C_2^y\mid 0), (C_2^z\mid 0), (I\mid \boldsymbol{\tau}), (\sigma_x\mid \boldsymbol{\tau}), (\sigma_y\mid \boldsymbol{\tau}), (\sigma_z\mid \boldsymbol{\tau}),$$

式中 x,y,z 轴沿晶格的三个基本周期取, 而 $\boldsymbol{\tau}=(\boldsymbol{a}_1+\boldsymbol{a}_2+\boldsymbol{a}_3)/2$(对称轴 C_2 是简单的, 而与之垂直的平面 σ 是滑移面).

---

① 具体说, 这总包括矢量 $k=0$ 以及恒等变换为其波矢群单位元素的位置一般的矢量.

② 实际上这些分数常常只取 $\dfrac{1}{2},\dfrac{1}{3},\dfrac{2}{3}$(后两种值只出现在斜方六面体晶系与六方晶系的群中).

③ 如果把扩展波矢群的表示看成非扩展群(点群之一)的表示, 则群元 G 的表示矩阵 $\hat{G}$ 之间的关系式会与群元素本身之间的关系式不同: 假如 $G_1G_2=G_3$, 则相应表示矩阵之间的关系式一般并非为同样的等式 $\hat{G}_1\hat{G}_2=\hat{G}_3$(如同通常的表示), 而是形为 $\hat{G}_1\hat{G}_2=\omega_{12}\hat{G}_3$, 式中 ω_{12} 是某个相因子, 仅仅模为 1: $|\omega_{12}|=1$. 这些表示称为**射影表示**. 可以对于每个点群一次性地列出所有实质上不同的射影表示, 然后将之用作小表示去构造空间群的不可约表示.

射影表示理论的论述和结晶学点群的射影表示图表可在下列书中找到: Бир Г Л, Пикус Г Е. Симметрия и деформационные эффекты в полупроводниках. – М.: Наука, 1972.

另有空间群不可约表示的完全表, 见: Ковалев О В. Неприводимые и индуцированные представления и копредставления федоровских групп. – М.: Наука, 1986; Bradley C J, Cracknell A P. The mathematical theory of symmetry in solids. Oxford: Clarendon Press, 1972.

④ 空间群通常用晶类符号标记并附加上标记群在该类中的编号.

§134 空间群的不可约表示

例如,我们选取矢量

$$k = (1/2, 0, 0), \qquad (134.5)$$

式中括号内的数字给出矢量沿倒格子轴的分量并以其原胞的棱长($b_i = 2\pi/a_i$)为量度单位. 这个波矢量的纯对称含有点群 D_{2h} 的全部对称轴与对称面,因此这个矢量本身组成波矢星. 附加上满足 $\dfrac{k \cdot a}{2\pi} = \dfrac{1}{2}$ 的平移 $(E|a_1)$,得到扩展群. 结果,我们得到由 16 个元素分成 10 类组成的群,如表 2 的最上一行所示. 二元素如 $(C_2^y|0)$ 和 $(C_2^y|a_1)$ 的共轭性(即同属一类),可证实如下. 我们有

表 2

	$(E\|0)$	$(E\|a_1)$	$(C_2^x\|0)$	$(C_2^x\|a_1)$	$(C_2^y\|0)$ $(C_2^y\|a_1)$	$(C_2^z\|0)$ $(C_2^z\|a_1)$	$(I\|\tau)$ $(I\|\tau+a_1)$	$(\sigma_x\|\tau)$ $(\sigma_x\|\tau+a_1)$	$(\sigma_y\|\tau)$ $(\sigma_y\|\tau+a_1)$	$(\sigma_z\|\tau)$ $(\sigma_z\|\tau+a_1)$
Γ_1	2	-2	2	-2	0	0	0	0	0	0
Γ_2	2	-2	-2	2	0	0	0	0	0	0

$$(I|\tau)^{-1}(C_2^y|0)(I|\tau) = (I|-\tau)(C_2^y|0)(I|\tau) =$$
$$= (I|-\tau)(C_2^y I|C_2^y\tau) = (C_2^y|-\tau+C_2^y\tau).$$

但是

$$C_2^y\tau = \frac{1}{2}(-a_1+a_2-a_3), \quad C_2^y\tau-\tau = -a_1-a_3 = a_1-(2a_1+a_3),$$

而因为依 a_3 和 $2a_1$ 的平移应该看成恒等变换,所以

$$(I|\tau)^{-1}(C_2^y|0)(I|\tau) = (C_2^y|a_1).$$

根据群的元素数与类数,我们求出它有 8 个一维的和两个二维的不可约表示($8 \cdot 1^2 + 2 \cdot 2^2 = 16$). 所有的一维表示可从点群 D_{2h} 的表示得出,并且赋予平移 $(E|a_1)$ 特征标 1. 然而,这里生成的这些表示是"虚假的",应舍弃. 它们并不对应于这里的问题:它们的基函数相对于所有的平移不变,而给定 k 的函数 $\mathrm{e}^{ik \cdot r}$ 在平移 $(E|a_1)$ 下必定改变. 这样,只留下两个不可约表示,它们的特征标已在表 2 中列出. 这些表示的基函数可选

$$\Gamma_1: \cos\pi x, \quad \sin\pi x,$$
$$\Gamma_2: \cos\pi x \sin 2\pi y, \quad \sin\pi x \sin 2\pi y$$

(坐标 x, y, z 分别用相应的基本周期 a_1, a_2, a_3 的长度来量度).

我们再考虑与以下两个矢量的波矢星对应的表示:

$$k = (1/2, 0, \varkappa), \quad (1/2, 0, -\varkappa) \qquad (134.6)$$

它们具有纯对称 C_{2v}（C_2 的轴沿 z 轴）；式中 $\varkappa$ 是 0 和 1 之间的任意数（但 $\frac{1}{2}$ 除外）. $\boldsymbol{k}$ 的扩展群包含分成 5 类的 8 个元素（表 3）.（这个群的表示基函数与 z 的依赖关系归结为共同的因子 $\exp(2\pi i \varkappa z)$ 或 $\exp(-2\pi i \varkappa z)$，它们在群的所有变换下不变；因此，不必用沿 z 轴的平移来扩展群.）该群存在 4 个一维的和一个二维的不可约表示.

表 3

$(E\mid 0)$	$(E\mid \boldsymbol{a}_1)$	$(C_2^z\mid 0)(C_2^z\mid \boldsymbol{a}_1)$	$(\sigma_x\mid \boldsymbol{\tau})(\sigma_x\mid \boldsymbol{\tau}+\boldsymbol{a}_1)$	$(\sigma_y\mid \boldsymbol{\tau})(\sigma_y\mid \boldsymbol{\tau}+\boldsymbol{a}_1)$
2	−2	0	0	0

根据与上述情形同样的理由，应该丢弃一维表示，因此只剩下一个表示，其特征标在表 3 中给出. 它的基函数可以选为如下形式

$$\mathrm{e}^{\pm 2\pi i \varkappa z}\cos \pi x, \quad \mathrm{e}^{\pm 2\pi i \varkappa z}\sin \pi x$$

指数中的正负号分别与（134.6）中的第一和第二矢量对应；整个空间群完整的不可约表示为四维，并且用这组全部四个函数实现.

§135 时间反演对称性

在对称群理论的物理学应用中，通常还对群表示附加以下要求：表示的基函数必须是实的（更确切地说，可化为实的形式）. 此要求是时间反演对称的结果. 在量子力学中，由于这种对称性，互为复共轭的波函数必须对应于量子系统的同一个能级，因此必须出现在同一个**物理不可约**表示的基函数中（参看第三卷§96）. 在经典理论中这种对称性用运动方程对于替换 $t\to -t$ 的不变性来表达（方程式含有对时间的偶数阶——2 阶导数）. 正是因这一点，在寻求解为复数形式（$\propto \mathrm{e}^{-i\omega t}$）的（69.6）时，原子在晶格中位移 $\boldsymbol{u}_s$ 的方程仍然是实的；于是这些表达式的振幅可以取为实的[①].

当然实的基函数在所有对称元素作用下仍旧是实的；换而言之，群表示的所有矩阵也都是实的. 如果某个不可约表示不满足这个要求，则它必须同其复共轭表示联合成一个维数加倍的物理不可约表示. 让我们从这个观点出发，考虑在空间群表示中可以出现的情况（C. Herring, 1937）.

在这一方面，最简单的情况是当波矢 $\boldsymbol{k}$ 与 $-\boldsymbol{k}$ 的波矢星彼此不一致的时候. 这时从二波矢星中每一个建立起来的不可约表示显然都是复的. 例如，对于 $\boldsymbol{k}$

---

① 但是在有磁场时或具有磁结构的晶体中，情况已经不再是这样.

波矢星而言,表示的基函数在平移$(E|\boldsymbol{a})$下应乘以因子$\mathrm{e}^{\mathrm{i}\boldsymbol{k}\cdot\boldsymbol{a}}$,而这些因子之间不相互复共轭;因此很明显,无论如何选择这些函数的线性组合,都不能把变换矩阵化为实形式.另一方面,取这些函数的复共轭可得到复共轭的属于矢量$-\boldsymbol{k}$波矢星的表示.这两种表示联合可得实表示.因此,为得出物理不可约表示,对每个$\boldsymbol{k}$必须把矢量$-\boldsymbol{k}$也一起包括在波矢星中.换句话说,为了得到需要的整个波矢星,必须将方向群的所有元素并加上对称中心作用于某个原始的$\boldsymbol{k}$.

假如波矢星已经从一开始就包含全部需要的$\boldsymbol{k}$值,但是这还是不能保证在其上构建的不可约表示是实的.我们用简单的例子来说明.

考虑属于晶类S_4并具有简单四方布拉维晶格的点式空间群S_4^1.在该群中取出与以下两个矢量的波矢星对应的表示:

$$\boldsymbol{k} = (0,0,\varkappa), (0,0,-\varkappa), \tag{135.1}$$

式中z轴沿对称轴S_4,而$\varkappa$是0和1之间的任意数$\left(但\dfrac{1}{2}除外\right)$.这两个矢量的纯对称群是$C_2$,这个点群有两个一维表示,它们的特征标分别为

	E	C_2
A	1	1
B	1	-1

取其中第一个作为小表示,我们得到整个空间群的一个二维表示,表示基可以取为复共轭形式的函数$\exp(\pm 2\pi\mathrm{i}\varkappa z)$;因此这个表示是实的.与小表示$B$对应的整个群的二维表示由以下基函数实现:

$$\exp(2\pi\mathrm{i}\varkappa z)\cos 2\pi x, \quad \exp(-2\pi\mathrm{i}\varkappa z)\sin 2\pi x.$$

在这个表示中群的旋转元素的特征标为

$(E|0)$	$(S_4|0)$	$(C_2|0)$	$(S_4^3|0)$
2	0	-2	0

而平移的特征标为

$(E|\boldsymbol{a}_1)$	$(E|\boldsymbol{a}_2)$	$(E|\boldsymbol{a}_3)$
2	2	$2\cos 2\pi\varkappa$

所有这些特征标都是实的,然而表示却是复的:它的基函数不可能转变成实的形式.这些函数加上其复共轭,亦即将等价的(具有同样特征标)两个复共轭表示[①]联合起来,可得到物理上的不可约表示.

在已考虑的例子中,对于$\boldsymbol{k}$空间中填满直线(对称轴)的波矢值,时间反演对称导致物理不可约表示的维数加倍.这样的加倍情况也发生于$\boldsymbol{k}$值填满$\boldsymbol{k}$空

---

① 值得提醒,在点群中这种情况不会发生:对于这些群所具有实特征标的不可约表示都是实的.

间的整个平面时,这里说的平面垂直于二重螺旋轴.

我们再考虑一个非点式空间群 C_2^2 的例子,这个群属于晶类 C_2 而且具有简单单斜布拉维晶格. 其中二重轴(取作 z 轴)是螺旋轴,带有半个周期的平移: $(C_2 | \boldsymbol{a}_3/2)$. 对于这个群考虑以下两个波矢的波矢星:

$$\boldsymbol{k} = (\varkappa, \lambda, 1/2), \quad (-\varkappa, -\lambda, 1/2), \tag{135.2}$$

式中 $\varkappa$ 和 λ 是 0 与 $\frac{1}{2}$ 之间的任意数(x 轴和 y 轴斜交,在垂直于对称轴的平面中);波矢星包含 $\boldsymbol{k}$ 和 $-\boldsymbol{k}$ 在内,因为矢量 $(-\varkappa, -\lambda, -1/2)$ 和 $(-\varkappa, -\lambda, 1/2)$ 是等效的. 该波矢星对应于两个等效的(具有相同实特征标的)二维不可约群表示,分别由以下的基函数及其复共轭实现:

$$e^{\pm 2\pi i(\varkappa x + \lambda y)} e^{i\pi z}$$

物理不可约表示可由联合这两个复共轭表示得到. 它的四个基函数分成两对,各对应于波矢星中两个波矢之一:

$$e^{2\pi i(\varkappa x + \lambda y)} e^{\pm i\pi z}, \quad e^{-2\pi i(\varkappa x + \lambda y)} e^{\pm i\pi z}.$$

如果不可约表示与它的基函数一起已经找到,关于它是实是复的问题,答案变得很明显. 然而在更复杂的情况下(也为了研究某些更一般的问题),如果有一个判据可供从小表示特征标直接回答这个问题,是十分有用的. 从以下群表示论的普遍定理出发,能够得出这样的判据①.

对于群的每个不可约表示,以下和式可以取三个值中之一:

$$\frac{1}{g} \sum_G \chi(G^2) = \begin{cases} +1 & (a), \\ 0 & (b), \\ -1 & (c) \end{cases} \tag{135.3}$$

(求和遍及所有群元,g 是群的阶). 根据这些数值:(a) 表示为实的;(b) 表示为复的,并且与其复共轭的表示不等价(有复共轭特征标);(c) 表示为复的,并且与其复共轭的表示等价(有同样的实特征标).

略去细节,我们将概述如何改写这个判据以便用于空间群. 根据上节所述的构建空间群不可约表示的方法,特征标可以表示为

$$\chi[(P | \boldsymbol{\tau} + \boldsymbol{a})] = \sum_i \chi_{\boldsymbol{k}_i}[(P | \boldsymbol{\tau})] \exp(i\boldsymbol{k}_i \cdot \boldsymbol{a}), \tag{135.4}$$

式中 $\chi_{\boldsymbol{k}}[(P | \boldsymbol{k})]$ 是群旋转元素的小表示特征标,求和遍及波矢星的以 P 为其对称群元素之一的那些射线 $\boldsymbol{k}_1, \boldsymbol{k}_2, \cdots$. 把这个公式用于元素

$$(P | \boldsymbol{\tau} + \boldsymbol{a})^2 = (P^2 | \boldsymbol{\tau} + P\boldsymbol{\tau} + \boldsymbol{a} + P\boldsymbol{a}) = (P | \boldsymbol{\tau})^2 (E | \boldsymbol{a} + P\boldsymbol{a}),$$

我们有

---

① 它的证明可参阅 §132 最后一个和 §134 倒数第二个脚注所列书籍.

$$\chi[(P\mid\boldsymbol{\tau}+\boldsymbol{a})^2] = \sum_i \chi_{k_i}[(P\mid\boldsymbol{\tau})^2]\exp[\mathrm{i}\boldsymbol{a}\cdot(\boldsymbol{k}_i+P^{-1}\boldsymbol{k}_i)]$$

(在指数中已作代换 $\boldsymbol{k}_i P\boldsymbol{a}=\boldsymbol{a}P^{-1}\boldsymbol{k}_i$). 这些特征标应该对所有的平移和所有的旋转元素 $(P\mid\boldsymbol{\tau})$ 求和. 和式

$$\sum_{\boldsymbol{a}} \exp[\mathrm{i}\boldsymbol{a}\cdot(\boldsymbol{k}_i+P^{-1}\boldsymbol{k}_i)]$$

仅在 $\boldsymbol{k}_i+P^{-1}\boldsymbol{k}_i=0,\boldsymbol{b}$ 时不为零. 最后注意到, 由于在(最后应计算的)对 i 求和中波矢星所有射线等价, 所有各项相同.

结果我们得到以下最终的 Herring 判据:

$$\frac{1}{n_k}\sum \chi_k[(P\mid\boldsymbol{\tau})^2] = \begin{cases} +1 & (\mathrm{a}), \\ 0 & (\mathrm{b}), \\ -1 & (\mathrm{c}), \end{cases} \quad (135.5)$$

式中 χ_k 是小表示的特征标, 而取求和遍及可将 $\boldsymbol{k}$ 变换成 $-\boldsymbol{k}$ 的等效矢量即 $P\boldsymbol{k}=-\boldsymbol{k}+\boldsymbol{b}$ 的空间群的那些旋转元素 $(P\mid\boldsymbol{\tau})$[①]; n_k 是波矢纯对称群中旋转元素的数目.

特别是, 假如空间群完全不含具有所指定性质的旋转元素, 则和式(135.5)中一项也没有, 因此出现情况(b), 这与前面讨论过的 $\boldsymbol{k}$ 与 $-\boldsymbol{k}$ 有不同波矢星的情形一致.

在前面所考虑的群 S_4^1 的例子中, 元素 $(S_4\mid 0)$ 和 $(S_4^3\mid 0)$ 具有所要求的性质; 它们的平方是元素 $(C_2\mid 0)$. 所以和式(135.5)为

$$\frac{1}{2}\{\chi_k[(S_4\mid 0)^2]+\chi_k[(S_4^3\mid 0)^2]\} = \chi_k[(C_2\mid 0)];$$

对于小表示 A 它等于 $+1$, 对于小表示 B 等于 -1, 因此, 有情况(a)和(c), 再次与已求出的结果相符.

§136 晶格简正振动的对称性质

空间群表示数学工具的物理应用之一, 是晶格简正振动按其对称性的分类[②].

值得注意的是, 对于每个给定的波矢 $\boldsymbol{k}$, 原胞含 ν 个原子的晶格具有 3ν 个简正振动, 每个有频率值 $\omega(\boldsymbol{k})$. 在 $\boldsymbol{k}$ 整个变化区域内, 振动的色散关系 $\omega=\omega(\boldsymbol{k})$ 有 3ν 个分支 $\omega_\alpha(\boldsymbol{k})$; 每个 $\omega_\alpha(\boldsymbol{k})$ 在某个有限区间即**声子能带**中取值. 所有本质上不同的波矢值都在倒格子的一个原胞内; 如考虑全部无穷的倒格子, 则函数 $\omega_\alpha(\boldsymbol{k})$ 在其中是周期的:

[①] 这时 $(P\mid\boldsymbol{\tau})^2$ 不改变矢量 $\boldsymbol{k}$ (或者把它转变成等效的), 即显然包含在矢量 $\boldsymbol{k}$ 的纯对称群内.

[②] 首先把空间群表示用于研究晶格的物理性质的有: F. Hund, 1936 和 L. P. Bouckaert, R. Smoluchowski, E. P. Wigner, 1936.

$$\omega_\alpha(\boldsymbol{k}+\boldsymbol{b}) = \omega_\alpha(\boldsymbol{k}). \tag{136.1}$$

晶格振动按其对称群不可约表示分类的物理原则,与有限对称系统(多原子分子,参看第三卷§100)作类似分类的原则相同.属于同一频率的振动简正坐标,本身可作为基而实现晶格对称群的某个不可约表示.

空间群的每个不可约表示,首先由它的波矢星指定.由此立即得出,来自同一波矢星的只是 $\boldsymbol{k}$ 值不同的简正振动,有相同频率.换句话说,每个函数 $\omega_\alpha(\boldsymbol{k})$ 都具有相关晶类的完全方向对称.同时,如上节指出的,由于对时间反演的对称,$\boldsymbol{k}$ 的波矢星必须补上所有的矢量 $-\boldsymbol{k}$ (如果 $\boldsymbol{k}$ 与 $-\boldsymbol{k}$ 的波矢星本身不同);换句话说,始终有①

$$\omega_\alpha(-\boldsymbol{k}) = \omega_\alpha(\boldsymbol{k}). \tag{136.2}$$

对于给定的 $\boldsymbol{k}$ 值(即波矢星的一条射线),简正坐标可在对应于不同频率的小表示基之间分布.如果小表示的维数 f 大于1,则在这个 $\boldsymbol{k}$ 值下有简并:f 个分支的频率相同.

当矢量 $\boldsymbol{k}$ 取倒格子中的一般位置时,它不具有纯对称(它的群只含有唯一元,即恒等变换);这时全部的 3ν 个值 $\omega_\alpha(\boldsymbol{k})$ 一般不同.如果波矢的纯对称很高,以致它的群具有维数 $f>1$ 的不可约表示,简并可以出现.如果只考虑空间对称,这只能发生在倒格子的孤立点上,或是在其中的整条直线(对称轴)上.时间反演对称也可导致 $\boldsymbol{k}$ 空间中整个平面上的(二重)简并(F. Hund, 1936; C. Herring, 1937);根据上节所述,这种简并可发生在垂直于二重螺旋轴的平面上(参看与波矢星(135.2)有关的表示的例子)②.

为了对具体晶格的简正振动分类,首先必须求出用所有振动坐标(原子的位移矢量)实现的空间群全部振动表示.这个表示是可约的,通过将之分解成不可约部分,可确定出频率的简并度及相应振动的对称性质.这时可能发生,同一个表示多次出现在振动表示之中:这表明存在着几个不同频率具有相同的简并度且对应于相同对称性的振动.

这个步骤与分子振动分类方法相似(第三卷§100).然而,有一个重要的区别:晶格振动还要用取连续系列数值的参数 $\boldsymbol{k}$ 表征,并且分类必须对波矢的每个值(或每类值)分别进行.空间群不可约表示的波矢星取决于给定的 $\boldsymbol{k}$ 值.所以实际上只需确定振动的小表示并把它分解为不可约小表示即矢量 $\boldsymbol{k}$ 对称群

---

① 从物理观点看,晶格振动的变换 $\boldsymbol{k} \to -\boldsymbol{k}$ 与时间反演的联系是明显的:变换时间的符号就把波的传播反向(或用声子语言说,改变声子动量 $\boldsymbol{p} = \hbar\boldsymbol{k}$ 的符号).

② 除了与晶格对称有关的简并以外,也可能有在 $\boldsymbol{k}$ 的"偶然"值下的简并;只有真的解了具体晶格中的原子运动方程,才可能从理论上预言这种简并的存在.对这里的可能情况的研究,参看论文:Herring C. Phys. Rev. 1937, 52: 365. (该文已收入 Knox R S, Gold A. Symmetry in the Solid State. Benjamin, New York, 1964.)

的不可约表示.

晶格振动在极限情况($k\to 0$)下的分类,最为简单. 当 $k=0$ 时,所有空间群(简单的或非简单的)不可约小表示与晶格对称点群或其晶类的不可约表示相同. 为了求振动表示(D_{vib}),只需要考虑在一个原胞中的原子(换言之,所有平移等效的原子①必须看成同一个原子). 我们不再重述分子中的原子振动有关的全部讨论,只指出求得 $k=0$ 时晶格振动表示的特征标的下列法则. 绕对称轴的角度 φ 的旋转 $C(\varphi)$ 或者绕旋转反映轴的旋转 $S(\varphi)$ 其特征标等于

$$\chi_{\text{vib}}(C) = \nu_C \chi_v(C), \quad \chi_{\text{vib}}(S) = \nu_S \chi_v(S), \qquad (136.3)$$

式中

$$\chi_v(C) = 1 + 2\cos\varphi, \quad \chi_v(S) = -1 + 2\cos\varphi$$

是(极)矢量的三个分量所给出表示的特征标,而 ν_C 或 ν_S 是在变换下保留原位置的或变到平移等效位置上的原子数②. 这同一组公式决定平面反映(变换 $S(0)$)和对称中心反演(变换 $S(\pi)$)的特征标. 绕螺旋轴的旋转或滑移面的反映显然把所有原子变换到非平移等效的位置上;因此对于它们总有 $\chi_{\text{vib}} = 0$.

我们举例说明这些法则③. 金刚石的晶格属于非点式空间群 $\boldsymbol{O}_h^7$. 它具有面心立方布拉维格子,在一个单胞内有两个相同的原子,占据立方胞空间对角线上的顶点(0 0 0)和点 $\left(\frac{1}{4}\ \frac{1}{4}\ \frac{1}{4}\right)$ 的位置④. 群 $\boldsymbol{O}_h^7$ 的旋转元素有一半与点群 $\boldsymbol{T}_d$ 的旋转和反映相一致. 这些变换使这两个原子留在原位置或者移到平移等效位置;因此,这些元素的振动表示特征标为 $\chi_{\text{vib}} = 2\chi_v$. 群 $\boldsymbol{O}_h^7$ 的其余的旋转元素是螺旋转动及滑移面反映,它们由群 $\boldsymbol{T}_d$ 的元素与 $\boldsymbol{\tau} = \left(\frac{1}{2}\ \frac{1}{2}\ \frac{1}{2}\right)$ 下的反演 $(I\mid\boldsymbol{\tau})$ 结合得到;这些元素使(0 0 0)点的原子移到非平移等效点 $\left(\frac{1}{4}\ \frac{1}{4}\ \frac{1}{4}\right)$,因此它们的特征标 $\chi_{\text{vib}} = 0$. 把这样得到的振动表示按点群 $\boldsymbol{O}_h$ 的不可约表示分解,得 $D_{\text{vib}} = F_{2g} + F_{2u}$⑤. 声学振动坐标描述在 $k=0$ 时的胞整体运动,并像矢量的分量

---

① 这些是等同布拉维格子上占有的格点.
② 在分子的情况下,振动表示的特征标应该减值以消除与分子整体平移和转动对应的坐标. 在晶格的情况下,这些自由度的个数(6)与自由度总数相比极少,不必作这种减值.
③ 为避免误解,我们指出,仅按照结晶学上的晶格对称对振动光学支极限频率所作的分类,不适用于离子晶体. 离子晶格的长波光学振动伴有晶体的宏观极化以及相应的宏观电场的出现;一般说来,这种电场会改变(降低)振动的对称性.
④ 原子的坐标相对于立方胞的棱长给出(以棱长为单位). 值得提醒,面心立方胞的体积是原胞体积的四倍. 晶格的基本周期是从顶点到点 $\left(\frac{1}{2}\ \frac{1}{2}\ 0\right),\left(\frac{1}{2}\ 0\ \frac{1}{2}\right),\left(0\ \frac{1}{2}\ \frac{1}{2}\right)$ 即立方胞面心的矢量.
⑤ 点群 $\boldsymbol{O}_h$ 可以看成直积 $\boldsymbol{O}\times\boldsymbol{C}_i$ 或者 $\boldsymbol{T}_d\times\boldsymbol{C}_i$,在这里用其中的第二种. 与此相应,由群 $\boldsymbol{T}_d$ 的表示构建群 $\boldsymbol{O}_h$ 的不可约表示. 具体地说,点群 $\boldsymbol{O}_h$ 的表示 F_{2g} 和 F_{2u} 从群 $\boldsymbol{T}_d$ 的表示 F_2 得出,彼此的区别在于反演下分别有偶宇称和奇宇称(参看第三卷§95).

一样变换；因而，表示 F_{2u} 与它们相对应，在群 O_h 中矢量分量根据这个表示变换. 至于表示 F_{2g}，它则与光学振动的三重简并极限频率相对应①.

离开点 $k=0$ 时，一般说来，光学振动的简并消失. 根据对称性，分裂的大小（在 $k=0$ 点的附近）像矢量 k 分量的一阶或二阶齐次函数那样改变. 用量子微扰论容易得到适当的判据. 小波矢 $k\equiv\delta k$ 的晶格振动哈密顿算符形为 $\hat{H}_0+\hat{\gamma}\delta k$，式中 $\hat{H}_0$ 是 $k=0$ 振动的哈密顿算符，而 $\hat{\gamma}$ 是某个矢量算符；$\hat{\gamma}\delta k$ 这项起产生分裂的微扰作用. 如果算符 $\hat{\gamma}$ 对属于相同简并的振动频率的二状态间的跃迁具有不等于 0 的矩阵元，分裂大小是 δk 的一阶，否则分裂是 δk 的二阶. 这里应该顾及到算符 $\hat{\gamma}$ 在时间反演下是奇的；这是由于波矢 δk 在时间反演下是奇的，而乘积 $\hat{\gamma}\delta k$（就像任何哈密顿算符一样）应该不变. 因此，这个问题的解答归结为对时间反演下为奇的矢量算符定出对角（按频率）矩阵元的选择定则（参看第 3 卷 §97）. 如果简并的频率对应于某个不可约表示 D，则这些定则取决于它跟自己的直积 $\{D^2\}$ 的反对称部分的展开式；如果这个展开式含有矢量分量变换的部分，则非零矩阵元存在.

如果晶格的点对称群（晶类）含反演中心，分裂显然是 δk 的二阶；这很明显，因为表示 $\{D^2\}$ 的平方基矢在反演下显然是偶的，而矢量的分量改变符号. 假如晶类不含反演，则可能有两种情况. 例如，对于晶类 O，二维不可约表示 E 和三维表示 F_1 和 F_2 的自身反对称乘积为②

$$\{E^2\} = A_2, \quad \{F_1^2\} = \{F_2^2\} = F_1 + F_2.$$

矢量的分量按 F_1 变换；因而，二重简并频率的分裂是 δk 的二阶，而三重简并的分裂是一阶的.

我们转向波矢非零的振动. 在点式空间群的情形下，它们的分类与前面所说的 $k=0$ 的情况方式相同. 不可约小表示在这里与矢量 k 的点对称群的不可约表示相同，为了求振动的小表示仍然应该只考虑在一个原胞内的原子.

我们以金刚石晶格的光学振动为例说明这个过程. 体心立方体的倒格子与这种结构的面心布拉维格子相对应. 在 $k=0$ 点（立方体胞的顶点）波矢的内在对称是 O_h，而且（如上所述）存在光学振动的一个三重简并频率与表示 F_{2g} 相对应；这个表示的特征标为：③

	E	$8C_3$	$3C_2$	$6\sigma'$	$6S_4$	I	$8S_6$	3σ	$6C_2'$	$6C_4$
F_{2g}:	3	0	-1	1	-1	3	0	-1	1	-1.

---

① 声学振动的极限频率总是简并的；该振动的宏观特征导致所有三支有同一值 $\omega=0$，虽然并非来自对称性要求. 在这种意义上这个简并是"偶然的".

② 点群的不可约表示的记号，参看第三卷 §95.

③ 首先列举包含在点群 T_d 中的对称元素，然后是它们乘以反演 I 所得元素. 元素 $3C_2$ 是以立方胞的棱为轴的角度 π 旋转；$6C_2'$ 是以立方各面对角线为轴的角度 π 旋转；$6\sigma'$ 是关于立方胞相对棱所在平面的反射；3σ 是关于胞面所在平面的反射.

我们考察离开 $k=0$ 点时这个频率的分裂.

在位移沿立方体胞的空间对角线时,矢量 k 具有内在对称 C_{3v}. 对于这个群,由同样三个振动坐标实现的表示是可约的:

	E	$2C_3$	$3\sigma'$	
	3	0	1	$=E+A_1$,

即三重简并的频率分裂为一个二重简并的和一个非简并的. 这种类型的分裂也发生在位移沿立方胞棱长时,这时波矢的内在对称是 C_{4v}:

	E	C_2	$2C_4$	2σ	$2\sigma'$	
	3	-1	-1	-1	1	$=E+B_2$.

当位移沿立方胞的一个面的对角线时,矢量 k 的内在对称降低到 C_{2v},并且频率的分裂是完全的:

	E	C_2'	σ	σ'	
	3	1	-1	1	$=A_1+A_2+B_2$.

对于非点式空间群的晶格,简正振动的分类十分复杂,我们就讨论到此为止[①].

§137 一维和二维的周期结构

扩展到无限距离上的密度函数的三维周期性是固态晶体的特性. 我们考虑这样一个问题:在自然界中能否存在其密度函数只有一维或者二维周期性的物体(R. Peierls,1934;Л. Д. 朗道,1937).

例如,一个物体有密度 $\rho=\rho(x)$,可以认为是由排列规则的彼此平行的平面(垂直于 x 轴)组成,但原子在每个平面内随机分布. 在 $\rho=\rho(x,y)$ 时,原子沿直线(平行于 z 轴)随机排列,同时这些线本身规则地排列.

为研究这一类问题,我们考虑一小块物体由热涨落引起的位移. 显然,如果这位移随物体线度的增加而无限增大,则必定会"抹平"函数 ρ,即与所作的假设产生矛盾. 换而言之,能够存在的结构其平均位移,无论物体的线度有多大必须总是有限的.

首先,我们验证通常晶体满足这个条件. 用 $u(x,y,z)$ 记坐标为 x,y,z 的小块的涨落位移矢量,并把它表示为傅里叶级数

$$u = \sum_k u_k e^{ik\cdot r}; \quad (137.1)$$

矢量 k 的分量同时取正负值,因为 u 是实的,系数 u_k 有关系式 $u_{-k}=u_k^*$. 级数(137.1)中将只出现波矢不太大的项($k\lesssim 1/d$,d 是发生位移的小块的线度). 我

[①] 这一类群的例子可以在§134所引的Г. Л. бир 和 Г. Е. Пикус 的书中找到.

们考虑恒定温度下的涨落;其概率这时取决于公式

$$w \propto \exp\left(\frac{-\Delta F_{\mathrm{t}}}{T}\right), \tag{137.2}$$

式中

$$\Delta F_{\mathrm{t}} = \int (F - \bar{F})\mathrm{d}V \tag{137.3}$$

是物体总自由能在涨落时的变化,而 F 现在表示属于物体单位体积的自由能(参看(116.7)).

为了计算 ΔF_{t},必须把 $F - \bar{F}$ 按位移的幂次展开. 这时进入展开式中的并非函数 $\boldsymbol{u}(x,y,z)$ 本身,而只是它的导数,因为差 $F - \bar{F}$ 在 $\boldsymbol{u} = $ 常数时应该为零,这时对应于物体的整体简单平移. 很显然,在展开式中不可能有导数的线性项;否则, F 不可能在 $\boldsymbol{u} = 0$ 时有极小值. 其次,由于波矢量 $\boldsymbol{k}$ 很小,如果忽略含高阶导数的项,自由能的展开式只需限于 $\boldsymbol{u}$ 的一阶导数的二次项. 结果我们求得 ΔF_{t} 形为

$$\Delta F_{\mathrm{t}} = \frac{1}{2}V\sum_{\boldsymbol{k}} u_{ik}u_{lk}^{*}\varphi_{il}(k_{x},k_{y},k_{z}), \tag{137.4}$$

式中实张量元 φ_{il} (i,l 是求和所遍及的张量指标)是矢量 $\boldsymbol{k}$ 分量的二次函数①.

根据(111.9),由此得位移矢量傅里叶分量的方均涨落:

$$\langle u_{ik}u_{lk}^{*}\rangle = \frac{T}{V}\varphi_{il}^{-1}(k_{x},k_{y},k_{z}), \quad \langle u_{ik}u_{lk'}\rangle = 0 \quad \text{当 } \boldsymbol{k}' \neq -\boldsymbol{k}, \tag{137.5}$$

式中 φ_{il}^{-1} 是张量 φ_{il} 的逆张量的分量②. 为更加明确起见,把该式表示为

$$\langle u_{ik}u_{lk}^{*}\rangle = \frac{T}{V}\frac{A_{il}(\boldsymbol{n})}{k^{2}}, \tag{137.6}$$

式中量 A_{il} 仅与矢量 $\boldsymbol{k}$ 的方向有关($\boldsymbol{n} = \boldsymbol{k}/k$). 平均值 $\langle u_{i}u_{l}\rangle$ 从(137.6)式由对 $\boldsymbol{k}$ 求和得到;用通常的方式把对 $\boldsymbol{k}$ 求和转化为积分,例如对方均位移矢量求得

$$\langle \boldsymbol{u}^{2}\rangle = T\int \frac{A_{ll}(\boldsymbol{n})}{k^{2}}\frac{\mathrm{d}^{3}k}{(2\pi)^{3}} = T\int A_{ll}(\boldsymbol{n})\frac{\mathrm{d}k\mathrm{d}o}{(2\pi)^{3}}. \tag{137.7}$$

该积分是 k 的一次幂,在下限($\boldsymbol{k}\to 0$)收敛③. 因此,位移涨落的方均值理所当然是与物体体积无关的有限值.

下一步,我们考虑具有密度函数 $\rho = \rho(x)$ 的物体. 因为在这样的物体中在 y 轴和 z 轴方向上 $\rho = $ 常数,所以沿这些轴的任何位移都不能"抹平"密度函数而不在考虑之列. 于是,只需要考虑位移 u_{x}. 容易看出,一阶导数 $\frac{\partial u_{x}}{\partial y}, \frac{\partial u_{x}}{\partial z}$ 通常不会出

---

① 含乘积 $u_{ik}u_{lk'}\exp[\mathrm{i}(\boldsymbol{k}+\boldsymbol{k}')\cdot\boldsymbol{r}]$ 的诸项,当 $\boldsymbol{k}' \neq -\boldsymbol{k}$ 时在对体积积分后消失.

② 为确定(137.5)中共同的数值系数,必须考虑到每个乘积 $u_{ik}u_{lk}^{*}$ 有两次($\mp\boldsymbol{k}$)出现在(137.4)中,给出 $2\mathrm{Re}(u_{ik}u_{lk}^{*})$ 而乘积 $u_{ik}u_{lk}^{*}$ 的实部本身是两个独立乘积之和.

③ 值得提醒,所写的被积式形式只适于不太大的 k 值.

现在自由能的展开式中：如果物体整体绕 y 轴或 z 轴转动，则这些导数变化，然而自由能显然保持不变. 这样一来，在展开式 $F - \bar{F}$ 中需要考虑下列的位移二次项：

$$\left(\frac{\partial u_x}{\partial x}\right)^2, \quad \frac{\partial u_x}{\partial x}\left(\frac{\partial^2 u_x}{\partial y^2} + \frac{\partial^2 u_x}{\partial z^2}\right), \quad \left(\frac{\partial^2 u_x}{\partial y^2} + \frac{\partial^2 u_x}{\partial z^2}\right)^2.$$

为了简化公式，我们假设 yz 平面内各向同性，这不影响最后结果. 于是对 y 和对 z 的导数必须以对称性组合出现. 代入(137.3)后上述表达式相应地给出这样一些项

$$|u_{xk}|^2 k_x^2, \quad |u_{xk}|^2 k_x \varkappa^2, \quad |u_{xk}|^2 \varkappa^4,$$

式中 $\varkappa^2 = k_y^2 + k_z^2$. 虽然后两式比第一式含有波矢分量的更高次幂，然而它们可能有同样的数量级，因为事先不知道 k_x 与 $\varkappa$ 的相对大小.

于是，自由能的变化形为

$$\Delta F_t = \frac{1}{2} V \sum_k |u_{xk}|^2 \varphi(k_x, \varkappa^2), \tag{137.8}$$

式中 φ 是变量 k_x 和 $\varkappa^2$ 的二次函数. 代替(137.7)现在有

$$\langle u_x^2 \rangle = T \int \frac{1}{\varphi(k_x, \varkappa^2)} \frac{\mathrm{d}^3 k}{(2\pi)^3} = \frac{T}{8\pi^2} \int \frac{\mathrm{d}k_x(\varkappa^2)}{\varphi(k_x, \varkappa^2)}. \tag{137.9}$$

但是，在 $k \to 0$ 时该积分对数发散. 方均位移发散意味着，具有特定值 $\rho(x)$ 的某点可大距离移动；换而言之，密度 $\rho(x)$ 在整个物体中"抹平"，因此除了平凡的 $\rho = $ 常数，任何函数 $\rho(x)$ 都不可能.

对于物体具有 $\rho = \rho(x, y)$ 的情况，类似的讨论导致方均位移的如下表示式：

$$\langle u_x^2 \rangle, \langle u_y^2 \rangle = \frac{T}{(2\pi)^3} \int \frac{\mathrm{d}k_x \mathrm{d}k_y \mathrm{d}k_z}{\varphi(k_x, k_y, k_z)}, \tag{137.10}$$

式中 φ 仍是其宗量的二次函数. 容易看出，该积分在下限收敛，因此平均涨落位移保持有限. 于是，具有这种结构的物体能够存在；某种所谓的**"盘状"液晶**看来具有这种结构.

直到目前为止，在本节已论及的都是三维物体，只是其中原子排列的有序性设想为二维（或一维）的. 现在我们讨论在二维系统中原子整齐排列的可能性问题，在这种系统中原子只占据某个表面[①]. 普通固态晶体的二维相似体是薄膜，其中的原子以规则的方式排列在平面晶格点上. 这种排列能够用密度函数 $\rho(x, y)$ 来描述（与前面所考虑的情况相比，现在有另外的意义，因为只考虑原子在 $z = $ 常数的一个表面上）. 然而，容易看出，热涨落"抹平"这种晶体，因此唯一的可能性是 $\rho = $ 常数. 实际上，涨落位移 $\boldsymbol{u}$（在 xy 平面）分量的乘积的平均值仍取决于形为(137.6)，(137.7)的公式，只是现在积分遍及二维 $\boldsymbol{k}$ 空间：

---

① 如位于两个各向同性相界面上的单分子吸附膜（参看 §159）.

$$\langle u_i u_l \rangle = T \int \frac{A_{il}(\boldsymbol{n})}{k^2} \frac{\mathrm{d}k_x \mathrm{d}k_y}{(2\pi)^2}, \qquad (137.11)$$

并且 $k \to 0$ 时积分对数性发散.

但是,在这里必须作下列附带说明. 严格地说,所得的结果只意味着: 二维系统的尺度(面积)无限增大时,涨落位移成为无穷大(而允许考虑任意小的波矢). 但是,由于积分发散的缓慢性(对数性)特征,涨落还很小时薄膜的尺度可以已经很大[1]. 在这种情况下,有限大小的薄膜在实际上可能显现"固态晶体"的性质,并且对于它可以近似地讨论二维晶格. 在下节我们会看到,二维系统的这种性质低温下表现得更突出.

§138 二维系统的关联函数

表达式(137.11)决定二维晶体系统在每个给定点的方均涨落位移. 通过考虑在系统不同点的涨落之间的关联函数,可以更深刻地理解这样系统的性质.

首先指出,在 $T=0$ 下,二维晶格完全能够以任意大小存在: 积分(137.11)的发散正是由热($T \neq 0$)涨落引起; 设 $\rho_0(\boldsymbol{r})$ 是该系统在 $T=0$ 下的密度函数[2]. 现在我们来确定在有限的却是足够低(与德拜温度相比很小)的温度下密度涨落的关联函数. 在这些条件下,晶格中只有长波振动被激发; 换而言之,密度函数的变化主要取决于长波的涨落.

设在晶格 $\boldsymbol{r}$ 点的原子的涨落位移为 $\boldsymbol{u}(\boldsymbol{r})$. 如果在晶格常数数量级的距离上函数 $\boldsymbol{u}(\boldsymbol{r})$ 变化很小(这相应于我们感兴趣的小波矢涨落),则在空间每一点密度的变化可以看成只是由于晶格有等于位移矢量局部值的移动. 换而言之,涨落中的密度可记为 $\rho(\boldsymbol{r}) = \rho_0[\boldsymbol{r} - \boldsymbol{u}(\boldsymbol{r})]$,而在不同点 $\boldsymbol{r}_1$ 和 $\boldsymbol{r}_2$ 的涨落之间的关联取决于平均值

$$\langle \rho(\boldsymbol{r}_1)\rho(\boldsymbol{r}_2) \rangle = \langle \rho_0[\boldsymbol{r}_1 - \boldsymbol{u}(\boldsymbol{r}_1)] \rho_0[\boldsymbol{r}_2 - \boldsymbol{u}(\boldsymbol{r}_2)] \rangle. \qquad (138.1)$$

周期性函数 $\rho(\boldsymbol{r})$ 可展开为傅里叶级数(参看(133.2)):

$$\rho_0(\boldsymbol{r}) = \bar{\rho} + \sum_{\boldsymbol{b} \neq 0} \rho_{\boldsymbol{b}} \mathrm{e}^{\mathrm{i}\boldsymbol{b} \cdot \boldsymbol{r}}, \qquad (138.2)$$

式中 $\boldsymbol{b}$ 是(平面的)倒格矢; 常数项 $\bar{\rho}$ 已从和式中分出. 把这些级数代入(138.1)并求平均,下面将会看到,$\boldsymbol{b}' \neq -\boldsymbol{b}$ 的乘积 $\rho_{\boldsymbol{b}}\rho_{\boldsymbol{b}'}$ 项都消失. $\boldsymbol{b}' = -\boldsymbol{b}$ 的乘积对(138.1)给出贡献

$$|\rho_{\boldsymbol{b}}|^2 \exp[\mathrm{i}\boldsymbol{b} \cdot (\boldsymbol{r}_1 - \boldsymbol{r}_2)] \langle \exp[-\mathrm{i}\boldsymbol{b} \cdot (\boldsymbol{u}_1 - \boldsymbol{u}_2)] \rangle \qquad (138.3)$$

(为简便起见,记 $\boldsymbol{u}(\boldsymbol{r}_1) = \boldsymbol{u}_1, \boldsymbol{u}(\boldsymbol{r}_2) = \boldsymbol{u}_2$).

---

[1] 具有一维周期性的三维物体也类似,这时积分(137.9)对数发散.

[2] 在本节的这里和下面 $\boldsymbol{r} = (x, y)$ 是系统平面中的二维径矢.

§138 二维系统的关联函数

位移矢量涨落的概率分布由公式(137.2)给出,其中 ΔF_t 是与 $\boldsymbol{u}(\boldsymbol{r})$ 有关的二次泛函. 如果把 $\boldsymbol{u}(\boldsymbol{r})$ 在空间不同(离散的)点的值看成不同的涨落量 x_a ($a = 1, 2, \cdots$),则表示它们的概率分布是高斯分布. 于是(138.3)中的求平均可以利用公式

$$\langle \exp(\alpha_a x_a) \rangle = \exp\left(\frac{1}{2}\alpha_a\alpha_b \langle x_a x_b \rangle\right),$$

(参看§111 习题),这给出

$$\langle \exp[-i\boldsymbol{b}\cdot(\boldsymbol{u}_1 - \boldsymbol{u}_2)]\rangle = \exp\left(-\frac{1}{2}b_i b_l \chi_{il}\right), \quad (138.4)$$

式中

$$\chi_{il}(\boldsymbol{r}) = \langle (u_{i1} - u_{i2})(u_{l1} - u_{l2}) \rangle = 2\langle u_i u_l \rangle - \langle u_{i1} u_{l2} \rangle - \langle u_{i2} u_{l1} \rangle$$

($\boldsymbol{r} = \boldsymbol{r}_1 - \boldsymbol{r}_2$). 最后就是将形为展开式(137.1)的 $\boldsymbol{u}_1$ 和 $\boldsymbol{u}_2$ 代入. 这时注意到平均值 $\langle u_{ik} u_{lk'} \rangle$ 在 $\boldsymbol{k}' \neq -\boldsymbol{k}$ 时为零,而在 $\boldsymbol{k}' = -\boldsymbol{k}$ 时由(137.11)式给出,得

$$\chi_{il}(\boldsymbol{r}) = T\int \frac{A_{il}(\boldsymbol{n})}{k^2} \cdot 2(1 - \cos\boldsymbol{k}\cdot\boldsymbol{r}) \frac{dk_x dk_y}{(2\pi)^2}. \quad (138.5)$$

在 k 很小时该积分收敛,因为在 $k\to 0$ 时因子 $(1 - \cos\boldsymbol{k}\cdot\boldsymbol{r}) \propto k^2$①. 积分在大 k 一侧对数发散. 实际上,这种发散性仅仅因为在大 k 值下所用的近似不再适用: 在 $k \gtrsim k_{\max}$, $\hbar c k_{\max} \sim T$ 时(c 是声速; 参看§110),涨落不再是经典的(在低温下,这个条件在 $k \gg 1/a$ 之前被破坏,此处 a 是晶格常数). 另外注意到,在 k 很大时被积式中含快速振荡因子 $\cos\boldsymbol{k}\cdot\boldsymbol{r}$ 的项可以忽略,我们求得

$$\chi_{il}(\boldsymbol{r}) = \frac{T}{\pi}\bar{A}_{il} \ln(k_{\max} r) \quad (138.6)$$

(A_{il} 上的横线表示对平面内的矢量 $\boldsymbol{k}$ 的方向求平均).

把(138.6)代入(138.3)、(138.4)并对 $\boldsymbol{b}$ 求和,可得所求的关联函数;这个函数随距离 r 增大而减小的渐近规律取决于和式中减小最慢的项:

$$\langle \rho(\boldsymbol{r}_1)\rho(\boldsymbol{r}_2) \rangle - \bar{\rho}^2 \propto \frac{|\rho|^2}{r^{T\alpha_b}}\cos\boldsymbol{b}\cdot\boldsymbol{r}, \quad \alpha_b = \frac{1}{2\pi}b_i b_l \bar{A}_{il}, \quad (138.7)$$

式中所选出项的矢量 $\boldsymbol{b}$ 应使 α_b 具有最小的值.

由此可见,在二维晶格中,虽说在 $r\to\infty$ 时关联函数趋于 0(与三维晶格不同,那里趋于有限值),但只是按幂律,而且温度愈低速度愈慢②.

---

① 追溯该因子的来源可知,它起因于(138.3)中的等式 $\boldsymbol{b}' = -\boldsymbol{b}$. 容易证明,在 $\boldsymbol{b}' \neq -\boldsymbol{b}$ 时,被积式中的相消不发生,积分将发散. 因为这些积分出现在指数宗量中(参看(138.3)),所以它们的发散性导致对关联函数的相应贡献变为零.

② 这种形式的关联函数已由 Rice(T. M. Rice, 1965)对别的二维物体(二维超导体)求得,也由 Янкович(B. Jancovici, 1967)和 В. Л. Березинекий(1971)对二维晶格求得.

为了比较值得指出,在普通的液体中关联函数按照快得多的指数律减小(参看§116).

我们强调指出,根据本身的力学特性,我们所讨论的二维物体属固态晶体. 这一点从以下事实可以看出:它们用几个弹性模量表征,而不像液体那样只用单个的体压缩模量. 同样值得注意,关联函数(138.7)是各向异性的.

对于密度函数为$\rho(x)$的三维系统的关联函数,相似而稍为繁杂的计算也导致同样类型的规律.

§139 分子取向的对称性

条件ρ = 常数是物体呈各向同性的必要条件,但绝不是充分条件. 这从下面例子可以明显看出. 我们设想物体由长形分子构成,并且分子作为整体(它的质心)在空间的所有位置都是等概率的,但是分子轴取向显著偏于一个方向. 显然,这样的物体是各向异性的,虽然对于构成分子的每一个原子而言ρ = 常数.

对于这里将要讨论的对称性,有关性质可以用不同原子的位置之间的彼此关联予以表述. 设$\rho_{12}dV_2$是给定原子1的位置后原子2处于体元dV_2中的概率(这时通常涉及不同类型的原子);ρ_{12}是依赖于两个原子的坐标r_1和r_2的函数,而且这个函数的对称性质决定物体(有ρ = 常数)的对称性.

密度函数ρ为常数意味着,物体各部分的相对位置改变(体积不变时)并不引起物体平衡状况的任何改变,即不引起它的热力学量有任何改变. 这正好是表征液体(和气体)的性质. 因此,可将ρ = 常数且关联函数ρ_{12}为各向异性的物体归于特殊一类即**液晶**或各向异性的流体. 分子空间取向分布各向异性的物体应归到这里.

就这种分布的对称性而言,有两类可能的情形. 其中之一(所谓**丝状相液晶**)关联函数仅依赖于差$r_{12} = r_1 - r_2$;当矢量r_{12}的长度改变而方向不变时,不显示任何周期性(虽然可有随r_{12}的增大而衰减的振荡). 换而言之,这种函数没有平移对称,而且它的对称群只可能由各种旋转与反映组成,即点群中的某一个. 从纯几何的观点看来,它可以是具有任意阶次对称轴的任何点群. 然而,绝大多数已知的向列相液晶看来都有完全对称的轴,沿该轴的两个方向是等价的. 点群$C_{\infty h}$,D_∞,$D_{\infty h}$有这种性质[①]. 但是,在下节我们会看到,D_∞的对称性(不含任何对称面)导致液晶状态不稳定,因而自动出现某种"次级"周期结构表征液晶的另一种类型即所谓**螺状相液晶**.

除了列举的两种类型以外,还存在另外一些各向异性的具有各种层状结构的液态物质,通常把它们合归一组即**近晶相液晶**. 看起来,至少其中有一些物体

[①] 在其余的轴对称群(C_∞,$C_{\infty v}$)中,轴的两个方向不等价. 一般说来,这样的一些液晶是热释电的.

其密度 $\rho(x)$ 仅在一个方向上是周期性的. 这些物体可以想像为由彼此可自由的相对移动的等间隔平面层所组成. 每一层分子以有序方式取向, 但是它们的质心位置无序.

在 §137 中已经证明, 密度函数的一维周期结构可被热涨落抹平. 然而这些涨落的发散只是对数性的. 尽管这排除了一维周期性延伸到任意大距离的可能性, 但是并不排除(正如 §137 末尾已经指出的)它有可能存在于不太大的但仍然是宏观的空间区域内.

最后, 应当提醒, 在普通的各向同性的液体内, 也存在两种不同类型的对称. 如果构成液体的物质没有立体异构体, 那么这种液体不仅相对于绕任何轴的任何角度旋转对称, 而且相对于任何平面反映都是完全对称的; 换而言之, 它的对称群是绕一点旋转的完全群再加上一个对称中心(K_h 群). 如果液体物质有两种立体异构体, 并且液体所含这两种异构体的分子数不等, 则液体没有对称中心(因而不会允许平面反映), 它的对称群就只是绕一点旋转的完全群(K 群).

§140 丝状相液晶和螺状相液晶

丝状相液晶的方向对称性是单轴的: 在液体的每一点只存在一个唯一的分子取向即轴对称的轴向. 所以这种物体的宏观状态可以通过在每一点给定一个用以规定取向的单位矢量 $\boldsymbol{n}(\boldsymbol{r})$ 来描述; 这个矢量称为指向矢. 在完全平衡状态下物体是均匀的, 即 $\boldsymbol{n}=$ 常数. 非均匀分布的 $\boldsymbol{n}(\boldsymbol{r})$ 描述液晶的各种不同的形变状态.

在宏观的形变下, $\boldsymbol{n}(\boldsymbol{r})$ 跨物体缓慢地变化(形变的特征尺度比分子尺度大得多). 因此, 函数 $\boldsymbol{n}(\boldsymbol{r})$ 对坐标的导数是小量, 导数阶次愈高, 小量的阶次也愈高. 把液晶形变的总自由能写成积分形式 $F_{\mathrm{t}}=\int F\mathrm{d}V$ 后, 我们将自由能密度按 $\boldsymbol{n}(\boldsymbol{r})$ 的导数的幂次展开(C. W. Oseen, 1933; F. C. Frank, 1958).

标量 F 的展开式只可能含有矢量 $\boldsymbol{n}$ 的分量及其导数的标量组合. 总共存在着两种关于一阶导数的线性标量组合: 真标量 $\nabla\cdot\boldsymbol{n}$ 和赝标量 $\boldsymbol{n}\cdot\nabla\times\boldsymbol{n}$. 其中第一种在对体积积分时变为对物体表面的积分, 因此, 在考虑物质的体性质时并不重要.

呈一阶导数二次的真标量可以通过写下四阶张量

$$\frac{\partial n_k}{\partial x_i}\frac{\partial n_l}{\partial x_m}$$

并由它用缩并一对指标或者乘以矢量 $\boldsymbol{n}$ 的分量的方法构成不变量得到. 这时还应该考虑到矢量 $\boldsymbol{n}$ 是单位矢量, 因此

$$\frac{\partial}{\partial x_i}\boldsymbol{n}^2 = 2n_k\frac{\partial n_k}{\partial x_i} = 0.$$

用这种方法我们求得不变量：

$$[(\boldsymbol{n}\cdot\boldsymbol{\nabla})\boldsymbol{n}]^2, \quad \frac{\partial n_k}{\partial x_i}\frac{\partial n_k}{\partial x_i}, \quad (\boldsymbol{\nabla}\cdot\boldsymbol{n})^2, \quad \frac{\partial n_k}{\partial x_i}\frac{\partial n_i}{\partial x_k}.$$

但是最后两式彼此仅差一散度：

$$\frac{\partial n_i}{\partial x_i}\frac{\partial n_k}{\partial x_k} - \frac{\partial n_k}{\partial x_i}\frac{\partial n_i}{\partial x_k} = \frac{\partial}{\partial x_i}\left(n_i\frac{\partial n_k}{\partial x_k} - n_k\frac{\partial n_i}{\partial x_k}\right),$$

所以它们对总自由能的贡献只相差意义不大的物体面积分（J. L. Ericksen, 1962）. 因此, 不变量①

$$\frac{\partial n_k}{\partial x_i}\frac{\partial n_k}{\partial x_i} = (\boldsymbol{n}\cdot\boldsymbol{\nabla}\times\boldsymbol{n})^2 + (\boldsymbol{\nabla}\cdot\boldsymbol{n})^2,$$

以及$(\boldsymbol{n}\cdot\boldsymbol{\nabla}\times\boldsymbol{n})^2$可以选作独立不变量. 最后, 还可以构造一阶导数的二次赝标量：$(\boldsymbol{n}\cdot\boldsymbol{\nabla}\times\boldsymbol{n})\boldsymbol{\nabla}\cdot\boldsymbol{n}$②.

呈二阶导数线性的标量也属于同阶小量; 但是, 所有这些量都可以通过分部积分归结为一阶导数的二次项.

因此, 我们得到液晶自由能密度的如下表达式

$$F = F_0 + b\boldsymbol{n}\cdot\boldsymbol{\nabla}\times\boldsymbol{n} + \frac{a_1}{2}(\boldsymbol{\nabla}\cdot\boldsymbol{n})^2 + \frac{a_2}{2}(\boldsymbol{n}\cdot\boldsymbol{\nabla}\times\boldsymbol{n})^2 +$$
$$+ \frac{a_3}{2}[(\boldsymbol{n}\cdot\boldsymbol{\nabla})\boldsymbol{n}]^2 + a_{12}(\boldsymbol{n}\cdot\boldsymbol{\nabla}\times\boldsymbol{n})\boldsymbol{\nabla}\cdot\boldsymbol{n}, \quad (140.1)$$

式中 b, a_1, a_2, a_3, a_{12} 为常数（温度的函数）.

正如上节已经指出的, 在所有已知的这种类型的液晶中方向 $\boldsymbol{n}$ 与 $-\boldsymbol{n}$ 是等效的；为满足这一要求必须设 $a_{12} = 0$. 其次, 如果在晶体的对称元素中有平面对称, 则应该有 $b = 0$. 实际上, 因为 $\boldsymbol{n}\cdot\boldsymbol{\nabla}\times\boldsymbol{n}$ 是赝标量. 而自由能是真标量, 所以系数 b 必须是赝标量. 但是具有平面对称的介质不可能用赝标量来表征, 因为平面反映会导致等式 $b = -b$. 因而, 丝状相液晶的自由能为

$$F = F_0 + \frac{a_1}{2}(\boldsymbol{\nabla}\cdot\boldsymbol{n})^2 + \frac{a_2}{2}(\boldsymbol{n}\cdot\boldsymbol{\nabla}\times\boldsymbol{n})^2 + \frac{a_3}{2}[(\boldsymbol{n}\cdot\boldsymbol{\nabla})\boldsymbol{n}]^2. \quad (140.2)$$

所有的三个系数 a_1, a_2, a_3 都应该是正的. 于是 $\boldsymbol{n}$ = 常数对应于平衡态.

假如液晶不具有对称面, 则 $b \neq 0$③. 我们可把 (140.1)（其中 $a_{12} = 0$）式改写成

---

① 选一个坐标轴（z 轴）沿空间给定点的 $\boldsymbol{n}$ 方向（这时 $\partial n_z/\partial x_i = 0$）, 并把表达式展开为分量形式, 容易证明该式.

② 乘积 $[(\boldsymbol{n}\cdot\boldsymbol{\nabla})\boldsymbol{n}]\cdot\boldsymbol{\nabla}\times\boldsymbol{n} = 0$, 因为从 $\boldsymbol{\nabla}\boldsymbol{n}^2 = 0$ 得出 $(\boldsymbol{n}\cdot\boldsymbol{\nabla})\boldsymbol{n} = -\boldsymbol{n}\times(\boldsymbol{\nabla}\times\boldsymbol{n})$.

③ 由同一种非镜像对称分子的立体异构体物质组成的液晶（包括所有螺状相液晶）, 总有这种对称性. 由同一种物质的两种不同立体异构体组成的晶体, 常数 b 的符号不同.

$$F = F_0 + \frac{a_1}{2}(\boldsymbol{\nabla} \cdot \boldsymbol{n})^2 + \frac{a_2}{2}(\boldsymbol{n} \cdot \boldsymbol{\nabla} \times \boldsymbol{n} + q_0)^2 + \frac{a_3}{2}[(\boldsymbol{n} \cdot \boldsymbol{\nabla})\boldsymbol{n}]^2,$$
(140.3)

式中 $q_0 = b/a_2$（而常数 $-b^2/2a_2$ 已包含在 F_0 内）. 这种物质的平衡态对应于指向矢的方向分布，这时

$$\boldsymbol{\nabla} \cdot \boldsymbol{n} = 0, \quad (\boldsymbol{n} \cdot \boldsymbol{\nabla})\boldsymbol{n} = 0, \quad \boldsymbol{n} \cdot \boldsymbol{\nabla} \times \boldsymbol{n} = -q_0.$$

这些方程有解

$$n_x = 0, \quad n_y = \cos q_0 x, \quad n_z = \sin q_0 x. \tag{140.4}$$

这种结构（即螺状相液晶）可以想像成由如下过程得来：线型介质最初以 $\boldsymbol{n} = $ 常数沿 yz 平面的某个方向定向，然后绕 x 轴均匀旋转. 螺状相晶体的取向对称沿空间的某个方向（x 轴）是周期性的（因此关联函数 $\rho_{12} = \rho_{12}(x, \boldsymbol{r}_{12})$）. 矢量 $\boldsymbol{n}$ 沿 x 轴每经过长度为 $2\pi/q_0$ 的间隔就返回原值；但是由于方向 $\boldsymbol{n}$ 和 $-\boldsymbol{n}$ 在物理上等价，真正的结构重复周期等于 π/q_0. 这样的结构，常称作**螺旋型的**.

当然，仅仅在螺旋型结构的周期远大于分子尺度的条件下，上述的理论才成立. 实际上，螺状相液晶总满足该条件（周期 $\pi/q_0 \sim 10^{-5}$cm）.

§141 液晶中的涨落

本节考虑在丝状相液晶中指向矢 $\boldsymbol{n}$ 的方向涨落（P. G. de Gennes, 1968）.

把 $\boldsymbol{n}$ 表示成 $\boldsymbol{n} = \boldsymbol{n}_0 + \boldsymbol{\nu}$，式中 $\boldsymbol{n}_0 \equiv \bar{\boldsymbol{n}}$ 是跨整个体积不变的平衡方向，而 $\boldsymbol{\nu} \equiv \Delta \boldsymbol{n}$ 是偏离该值的涨落. 因为 $\boldsymbol{n}^2 = \boldsymbol{n}_0^2 = 1$，所以 $\boldsymbol{n}_0 \cdot \boldsymbol{\nu} \approx 0$，即矢量 $\boldsymbol{\nu}$ 垂直于 $\boldsymbol{n}_0$. 与此相应，涨落的关联函数

$$\langle \nu_\alpha(\boldsymbol{r}_1) \nu_\beta(\boldsymbol{r}_2) \rangle \tag{141.1}$$

是垂直于 $\boldsymbol{n}_0$ 的平面中的二维张量（α, β 是该平面内的矢量的指标）. 在均匀但各向异性的液体中，这个函数不仅与矢量 $\boldsymbol{r} = \boldsymbol{r}_2 - \boldsymbol{r}_1$ 的大小有关，而且也与它的方向有关.

磁场对指向矢的涨落有强烈影响. 这种效应与液晶的自由能密度中出现的如下附加项有关：

$$F_{\text{magn}} = -\frac{\chi_a}{2}(\boldsymbol{n} \cdot \boldsymbol{H})^2. \tag{141.2}$$

此项与矢量 $\boldsymbol{n}$ 本身有关，而不是像（140.2）那样与 $\boldsymbol{n}$ 的导数有关[①]. 如果 $\chi_a > 0$，则平衡方向 $\boldsymbol{n}$ 与场的方向一致；如果 $\chi_a < 0$，则它在垂直于场的平面内. 为明确起见，令 $\chi_a > 0$，因此 $\boldsymbol{n}_0 \parallel \boldsymbol{H}$. 这时 $(\boldsymbol{n} \cdot \boldsymbol{H})^2 \approx H^2(1 - \boldsymbol{\nu}^2)$；略去与 $\boldsymbol{\nu}$ 无关的项，我们有

---

① 在单轴各向异性的介质中，磁化率是形为 $\chi_{ik} = \chi_0 \delta_{ik} + \chi_a n_i n_k$ 的张量，而介质磁化对自由能有贡献 $-\chi_{ik} H_i H_k / 2$. 量（141.2）是该贡献的与 $\boldsymbol{n}$ 有关的部分.

$$F_{\text{magn}} = \frac{\chi_a}{2} H^2 \boldsymbol{\nu}^2. \tag{141.3}$$

根据(140.2)和(141.3)取 F 并且只保留 $\boldsymbol{\nu}$ 的二阶量,我们得到涨落中总自由能变化的如下表达式

$$\Delta F_{\text{t}} = \frac{1}{2}\int\left[a_1(\boldsymbol{\nabla}\cdot\boldsymbol{\nu})^2 + a_2(\boldsymbol{\nabla}\times\boldsymbol{\nu})_x^2 + a_3\left(\frac{\partial\boldsymbol{\nu}}{\partial x}\right)^2 + \chi_a H^2\boldsymbol{\nu}^2\right]\mathrm{d}V$$

$$\tag{141.4}$$

(取 x 轴沿 $\boldsymbol{n}_0$ 方向).应该着重指出,一旦用了晶体形变能表达式(140.2),我们就局限于考虑波长远大于分子尺度的涨落.

现在,类似于§116 那样把涨落量 $\boldsymbol{\nu}(\boldsymbol{r})$ 表示为在体积 V 中的傅里叶级数:

$$\boldsymbol{\nu} = \sum_k \boldsymbol{\nu}_k \mathrm{e}^{\mathrm{i}\boldsymbol{k}\cdot\boldsymbol{r}}, \quad \boldsymbol{\nu}_{-k} = \boldsymbol{\nu}_k^*. \tag{141.5}$$

把此级数代入之后,式(141.4)变成 $(\Delta F_{\text{t}})_k$ 项之和,其中每一项都仅仅与特定值 $\boldsymbol{k}$ 的分量 $\boldsymbol{\nu}_k$ 有关.选取 xy 平面使之过方向 $\boldsymbol{k}$(和 $\boldsymbol{H}$),我们得到

$$(\Delta F_{\text{t}})_k = \frac{V}{2}[(a_1 k_y^2 + a_3 k_x^2 + \chi_a H^2)|\nu_{yk}|^2 + (a_2 k_y^2 + a_3 k_x^2 + \chi_a H^2)|\nu_{zk}|^2].$$

由此(参看§116)我们求得方均涨落:

$$\left.\begin{aligned}\langle|\nu_{yk}|^2\rangle &= \frac{T}{V(a_1 k_y^2 + a_3 k_x^2 + \chi_a H^2)}, \\ \langle|\nu_{zk}|^2\rangle &= \frac{T}{V(a_2 k_y^2 + a_3 k_x^2 + \chi_a H^2)}, \\ \langle\nu_{yk}\nu_{zk}\rangle &= 0.\end{aligned}\right\} \tag{141.6}$$

我们看到,没有场时傅里叶分量 $\boldsymbol{\nu}_k$ 的涨落在 $\boldsymbol{k}\to 0$ 时无限地增大(然而,决定矢量 $\boldsymbol{\nu}$ 本身方均值的对 $\mathrm{d}^3 k$ 的积分仍是有限的).施加磁场压制了在波矢 $k \lesssim H(\chi_a/a)^{1/2}$ 处的涨落(这里 a 是系数 a_1, a_2, a_3 的数量级)[1].

关联函数(141.1)可以由(141.6)按照以下公式计算:

$$\langle\nu_\alpha(\boldsymbol{r}_1)\nu_\beta(\boldsymbol{r}_2)\rangle = \int \mathrm{e}^{\mathrm{i}\boldsymbol{k}\cdot\boldsymbol{r}} \langle\nu_{\alpha k}\nu_{\beta k}^*\rangle \frac{V\mathrm{d}^3 k}{(2\pi)^3} \tag{141.7}$$

(参见(116.13)).我们不在这里写出冗长的积分结果[2],仅指出,不存在场时关

---

[1] 涨落的这种特征类似于通常的液体密度在临界点附近的涨落行为或者序参量在二级相变点附近的涨落行为(参看下面的§146、§152).虽然在这里提到的情形中,到临界点的"距离"是压制涨落的因素,而在这里是与温度无关的因子外磁场.我们注意到,正是因为当 k 很小时 $\boldsymbol{n}$ 的涨落增大,才可以认为这些涨落与别的涨落量无关.就此而言最重要的是,我们不考虑二级相变点的附近.在那里,表征相变的其它量的涨落也增大,一般已经不能再认为 $\boldsymbol{n}$ 的涨落与其它量的涨落无关.还必须强调,涨落的增大并不给公式(141.6)的应用范围带来任何限制,可是,例如公式(146.8)的适用性受不等式(146.15)限制.

[2] 推导中表达式(141.6)当然应该改写成与坐标轴的具体选择无关的形式.

联函数随距离 $r = |\boldsymbol{r}_2 - \boldsymbol{r}_1|$ 增加如 $1/r$ 一样减小. 在有场的情况下,减小成为指数型,关联半径 $r_c \sim (a/\chi_a)^{1/2} H^{-1}$.

类似的方法也可以处理螺状相液晶的指向矢方向涨落,这里只作简要评述.

在胆甾型介质中,能够区别出螺旋状结构的局部轴向的涨落与相位即矢量 $\boldsymbol{n}$ 绕该轴转角的涨落. 这两种中第一种类型的涨落是有限的. 相位涨落的方均值(无磁场时)在 $\boldsymbol{k} \to 0$ 的情形下呈对数性发散. 在这方面,具有一维周期性取向结构的介质中的涨落完全类似于具有一维周期性粒子构形的介质中的涨落(§137). 严格地说,在任意大的介质中这种周期性本来就是不可能的. 但是,由于螺状相液晶螺旋结构的周期很大,涨落的发散性仅仅出现在很大的尺度上,以致整个问题变为纯粹抽象的.

关于由规则排列的平面层所构成的近晶相液晶中的涨落,可以说几句. 正如在 §139 中指出的,这种结构会被热涨落"抹平",因此只能出现在有限体积中. 然而,有趣的是这些涨落会受磁场压制. 我们要解释这种效应的来源.

在每一层中,分子都以指向矢 $\boldsymbol{n}$ 为主导方向有序地取向;设该方向垂直于层表面. 在涨落时,发生层表面的形变及指向矢的转动;设 $\boldsymbol{u}$ 是层上各点的位移矢量,而 $\boldsymbol{\nu}$ 仍为指向矢的改变($\boldsymbol{n} = \boldsymbol{n}_0 + \boldsymbol{\nu}$). 在长波形变下,可以把层面看作几何面,而且这时小量 $\boldsymbol{\nu}$ 与 $\boldsymbol{u}$ 彼此以关系式 $\boldsymbol{\nu} = -\nabla(\boldsymbol{u} \cdot \boldsymbol{n}_0)$ 相联系(方向的改变垂直于表面);对其傅里叶分量有:$\boldsymbol{\nu}_k = -i\varkappa(\boldsymbol{u}_k \cdot \boldsymbol{n}_0)$,式中 $\varkappa$ 是 $\boldsymbol{k}$ 在层平面内的分量. 在有磁场时,指向矢的方向改变给 ΔF_t 带来正比于 $\boldsymbol{\nu}^2$ 的附加贡献(141.3). 这又导致决定方均涨落位移的积分(137.9)中被积式的分母出现 $\sim \varkappa^2$ 的项(以及 $\sim \varkappa^4$ 的项);结果积分不再发散.

最后,我们考虑存在丝状相二维系统(薄膜)的可能性问题. 在这种系统中,分子的取向由置于薄膜平面内的指向矢 $\boldsymbol{n}$ 指定. 如果考虑它的涨落(具有在薄膜平面内的波矢 $\boldsymbol{k}$),则可得到与(141.6)相似的式子:在没有场时,$\langle \boldsymbol{\nu}_k^2 \rangle \propto 1/\varphi(k_x, k_y)$,式中 $\varphi(k_x, k_y)$ 是矢量 $\boldsymbol{k}$ 的分量的二次函数. 但是为了求得总的涨落 $\langle \boldsymbol{\nu}^2 \rangle$ 必须把这个式子对 $d^2k \propto kdk$ 积分,并且积分对数性发散. 因此,热涨落抹平二维丝状相结构. 然而,就像固态晶体二维结构(§137)的情形一样,对数性发散并不排除在有限区域内存在这种结构的可能性.

第十四章

二级相变与临界现象

§142 二级相变

在 §83 中曾经指出:具有不同对称的两相(晶态和液态、不同型的晶态)之间,不能像液态和气态之间所可能的那样以连续的方式发生相变. 在每一种状态下,物体具有这种或者另一种对称,因此总是可以说出它属于两相中的哪一相.

不同型晶态之间的转变通常通过相变实现,相变中晶格突然重构,而物体的状态经历跃变. 但是除了这种跃变以外,还可能有另外一类与对称的改变有关的相变. 为了阐明这种相变的性质,我们举一个具体例子. 在高温下,$BaTiO_3$ 具有立方晶格,其晶胞如图 60 所示(Ba 原子在顶点,O 原子在面心,Ti 原子在胞的体心). 当温度降到某一确定值时,Ti 原子和 O 原子开始沿着立方体某一条棱的方向相对于 Ba 原子移动. 显然,只要这种位移一开始发生,晶格的对称就立刻改变:从立方对称变到四方对称.

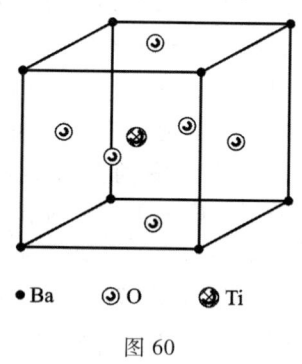

图 60

这个例子的特征在于:物体的状态并不发生任何跃变. 晶格中原子的位形[①]以连续的方式变化. 但是,原子偏离它们原始对称位形的位移不管多么小,都足以使晶格对称立刻改变. 以这种方式实现的从一种晶型到另一种晶型的转变,

---

① 为了简化讨论起见,我们约定谈及原子的位形及其对称时,视原子如同静止. 实际上,应该讲原子在空间不同位置的概率分布和这种分布的对称.

称为**二级相变**,以区别于通常的相变,相应地后者称为一级相变①.

因此,说二级相变是连续的,指物体的状态以连续的方式变化.然而应当强调,在相变点对称的变化自然是跳跃的,而在每一时刻可以说出物体属于两相的哪一相.但是,在一级相变点,两种不同状态的物体处于平衡,而在二级相变点两相的状态等同.

除了物体对称的改变由原子位移引起(如以上所举的例子)的情形以外,在二级相变过程中对称的改变也可由晶体排序上的变化而引起.在§64中已经指出,如果某种给定类型的原子所可能占有的格点数目超过该种原子本身的数目,那么出现**排序**的概念.我们把该种原子在完全规则晶体中所处的位点称为"本座",相应地,当晶体"无序化"时这种原子的一部分所转移到的位点称为"异座".在我们感兴趣的许多二级相变问题中,"本座"和"异座"在几何上是完全相似的,其区别只在于该种原子处于这两种格点上的概率不同②.现在如果在本、异座的概率相等(当然它们不会等于1),那么所有这些格点都变成等效的,因而出现新的对称元素,也就是说晶格对称性提高.这样的晶体称为**无序晶体**.

我们就以上所述举例说明.完全有序的CuZn合金具有立方晶格,其Zn原子譬如说位于立方胞的顶点,Cu原子位于体心(图61a;简立方布拉维格子).当温度升高而发生"无序化"时,Cu原子和Zn原子改变位置,这就是说,两种原子在所有格点上出现的概率都不等于零.只要Cu(或Zn)原子处于胞顶点和体心的概率不一样(晶体不完全无序),那么这些格点仍旧不是等效的,而晶格仍旧保持原来的对称.但是这些概率一旦相等,所有的格点就变成等效的,因而晶体的对称提高,出现新的平移周期(从胞顶点到体心),因而晶体具有体心立方的布拉维格子(图61b)③.

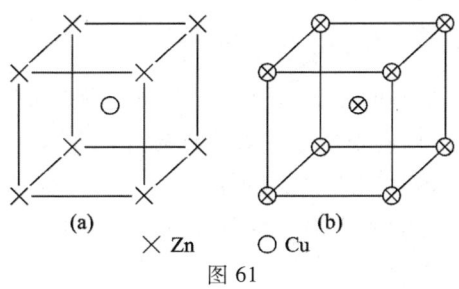

图61

---

① 二级相变点也称为**居里点**(特别是与物体的磁结构变化有关的相变点).

② 应当注意,这里总可以认为:原子处于"本座"的概率大于处于"异座"的概率,只不过因为否则就应当颠倒叫法.

③ 原则上可能发生如下情况:有序化的出现并不引起晶体对称的改变.在这种情形下二级相变是不可能的;即使有序晶体会以连续方式过渡到无序,比热也不会发生任何跃变(见后).当然,在这种情形下一级相变是可能的.

以上我们只讨论了不同晶型之间的转变.但是二级相变未必就应该涉及晶格中原子位形的对称变化.以不同的别种对称性质描述的两相之间,也可通过二级相变实现相互转变.铁磁或反铁磁物质居里点就是例子;在这种情况下,我们考虑物体中基本磁矩排列对称的改变(更确切地说,物体中电流 j 的消失,参看§128 第一个脚注).金属转变为超导状态(没有磁场时)和液态氦转变为超流态也都是二级相变.在这两种情形下,物体的状态都以连续的方式变化,但是在相变点,物体都获得全新的性质.

因为在二级相变点两相的状态完全一致,显然,正好在相变点时物体的对称总应该包含两相的全部对称元素.以后将证明:相变点处的对称与该点一侧的对称即两相中一相的对称处处一致.因此,在二级相变时物体对称的改变具有如下非常重要的共同性质:两相中的对称彼此联系,一相对称较高,而另一相较低①.必须着重指出:在一级相变时,物体对称的改变不受任何限制,两相的对称可以彼此毫无共同之处.

在绝大多数已知的二级相变情形下,对称较高的相,对应于较高的温度,而对称较低者对应于低温.特别是,从有序态到无序态的二级相变总是在温度升高时发生.然而,该规则不是热力学的规律,因此容许有例外②.

为简便起见,以下约定把更对称的相称为对称的,而把欠对称的相称为非对称的.

为了定量地表征物体在经过相变点时结构的变化,可引入所谓**序参量** η,它的定义方式应使得它在非对称相中取非零值(正或负),而在对称相中等于零.因而,对于与原子偏离其对称相中位置有关的相变,η 可理解为该偏移量.对于和晶体排序改变有关的相变(如上述的 CuZn 合金例),参数 η 可以定义为

$$\eta = \frac{w_{Cu} - w_{Zn}}{w_{Cu} + w_{Zn}},$$

式中 w_{Cu} 和 w_{Zn} 分别为 Cu 和 Zn 原子处于任一给定格点的概率.对于磁相变,η 可取作铁磁体的单位体积宏观磁矩或者反铁磁体的子晶格磁矩.

我们再次强调:物体对称的改变(增加)只发生在 η 精确地变成零的时刻;只要序参量不等于零,不管多小都导致对称降低.在过二级相变点时,η 连续地变为零,没有突变.

在二级相变点不存在状态的跃变,这就使得物体状态的热力学函数(熵、能

---

① 必须提醒,这里所说的高对称应包含另一较低对称的所有元素(转动、反映、平移周期),以及此外的附加元素.

上述要求是二级相变可能发生的必要条件,但绝非充分;下面将看到,在这种相变下对称的可能变化还服从进一步的限制.

② 罗谢尔盐的低居里点便是一例,在该点以下晶体属于斜方晶系,而该点以上属单斜晶系.

量、体积等)在过相变点时保持连续.因此,二级相变不同于一级相变,不伴有放热或吸热.但是下面将要看到:上述这些热力学量的导数(即比热、热膨胀系数、压缩率等)在二级相变点处有跃变.

值得注意:从数学上看,二级相变点是热力学量特别是热力学势 Φ 的某种奇点(这种奇点的特性将在 §148, §149 讨论).为阐明这一点,首先提醒一级相变点并不是奇点,它只是两相热力学势 $\Phi_1(P,T)$ 和 $\Phi_2(P,T)$ 彼此相等的点,并且相变点两侧的函数 Φ_1 和 Φ_2 中的每一个对应于物体的某一平衡态(虽然可能是亚稳的).然而,在二级相变中,如果形式地从相变点的另一侧看任一相的热力学势,那么它根本不对应于任何平衡态,也就是说,不对应于 Φ 的任何极小值(在下一节中我们将看到:对称相的热力学势在相变点的另一侧甚至会对应于 Φ 的极大值).

根据以上所述,在二级相变中不可能有过热或过冷的现象(它们可以出现在通常的相变中).在这种情况下,两相中的任一相都不可能越过相变点而在另一侧存在(当然,这里没有考虑建立原子平衡分布所需要的时间,它在固态晶体中可以很长).

习 题

设 c 是二元固溶体一种成分的原子浓度,而 c_0 是该原子"本座"的浓度.如果 $c \neq c_0$,晶体不可能完全有序.假定差 $c - c_0$ 很小而且晶体几乎是完全有序的,确定原子在"异座"的浓度 λ,并将之用 $c = c_0$ 时 λ 该有的值 λ_0 (对于给定的 P 和 T)来表示(C. Wagner, W. Schottky, 1930).

解:我们总是只考虑一种成分的原子,引入原子在异座的浓度 λ 及本座不为该原子占有的浓度 λ';浓度相对于晶体中全部原子总数而定义.显然,

$$c - c_0 = \lambda - \lambda'. \tag{1}$$

把整个晶体看成是"溶液","溶质"为处于异座的原子与不为原子占有的本座,而处于本座的粒子起溶剂的作用.于是,原子从异座过渡到本座,可以看成是溶质(具有小浓度 λ 和 λ')之间发生"化学反应"生成溶剂(浓度 ≈ 1).对这种"反应"运用质量作用定律,我们得到 $\lambda \lambda' = K$,此处 K 仅与 P 和 T 有关.在 $c = c_0$ 时应该有 $\lambda = \lambda' \equiv \lambda_0$,所以 $K = \lambda_0^2$,结果

$$\lambda \lambda' = \lambda_0^2. \tag{2}$$

从(1)和(2)可得所求的浓度

$$\lambda = \frac{1}{2}[(c - c_0) + \sqrt{(c - c_0)^2 + 4\lambda_0^2}],$$

$$\lambda' = \frac{1}{2}[-(c - c_0) + \sqrt{(c - c_0)^2 + 4\lambda_0^2}].$$

§143 比热的跃变

二级相变定量理论的出发点,在于考虑在相对于对称态有一定的偏离时(即在给定的序参量 η 下)物体的热力学量;例如,把物体的热力学势表示为 P,T 和 η 的函数。当然,这里必须注意,在函数 $\Phi(P,T,\eta)$ 中,变量 η 在某种意义下与变量 P,T 并不同等;压强与温度可以任意给定,而实际出现的 η 值本身必须由热平衡条件即(在给定 P,T 下)Φ 的极小值条件来决定。

在二级相变过程中状态变化的连续性,在数学上表示为在相变点附近,η 可以取任意小的值。在考虑相变点的邻域时,我们把 $\Phi(P,T,\eta)$ 按 η 的幂展开为级数:

$$\Phi(P,T,\eta) = \Phi_0 + \alpha\eta + A\eta^2 + C\eta^3 + B\eta^4 + \cdots, \quad (143.1)$$

式中系数 $\alpha, A, B, C, \cdots$ 都是 P 和 T 的函数。

然而,必须着重指出:把 Φ 记为正则展开(143.1)并没有考虑到已经指出的情况即相变点是热力学势的奇点;后面把(143.1)中的系数按温度的幂次展开时也有这个问题。本节与后面的 §144—§146 涉及的理论都假定这种展开成立[①];展开的适用性条件问题,将在 §146 中讨论。

可以证明(参看下节),如果 $\eta=0$ 和 $\eta\neq 0$ 的状态有不同的对称(正如所假设的),则展开式(143.1)中的一次项恒为零:$\alpha\equiv 0$。至于二次项中的系数 $A(P,T)$,则很容易看出:在正好相变点处它必须变为零。事实上,在对称相中值 $\eta=0$ 应该对应于 Φ 的极小值;为此,显然必须有 $A>0$。然而,在相变点另一侧的非对称相中,与稳定态(即 Φ 极小)对应的必须是非零的 η 值;这只有在 $A<0$ 时才有可能;图 62 图示了 $A>0$ 和 $A<0$ 时函数 $\Phi(\eta)$ 的形状。既然在相变点的一侧 A 为正的,而在另一侧为负,那么正好在该点处 A 必须为零。

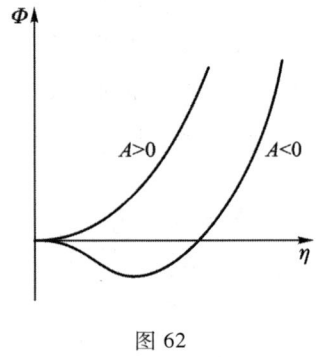

图 62

但是,如果相变点本身是稳定态,即 Φ 作为 η 的函数在这一点($\eta=0$)有极小值,那里的三次项必须为零,而四次项为正。因此,必须有

$$A_c(P,T) = 0, \quad C_c(P,T) = 0, \quad B_c(P,T) > 0, \quad (143.2)$$

式中下标 c 表示相变点。系数 B 在相变点处为正,当然在该点邻域也为正。

这里存在两种可能情况。由于物体的对称性三次项可能恒为零:$C(P,T)\equiv 0$。这时在相变点只剩下一个条件 $A(P,T)=0$;它决定 P 和 T 彼此之

---

① 这个理论由 Л. Д. 朗道(1937)提出,他也首先给出了二级相变与物体对称变化之间的普遍联系。

间的函数关系. 因此,(在 PT 平面内)存在二级相变点的整条曲线[①].

假如 C 不恒为零,则相变点由两个方程决定:$A(P,T) = 0, C(P,T) = 0$. 因此,在这种情形下,连续相变点只可能是孤立点[②].

当然,连续相变点构成一条线的情形更有意思,以下说二级相变也就指这种情况. 其中一个特例是与磁结构的出现或消失有关的相变. 这种情况是时间反演对称的结果. 在这个变换下磁矩(在这里起序参量的作用)变号,而物体的热力学势却不会改变. 因此,显然这时 Φ 的展开式通常不含任何奇次项.

于是,我们假定 $C \equiv 0$,而热力学势的展开式具有形式

$$\Phi(P,T,\eta) = \Phi_0(P,T) + A(P,T)\eta^2 + B(P,T)\eta^4. \quad (143.3)$$

式中 $B > 0$,而在对称相中 $A > 0$,在非对称相中 $A < 0$;相变点取决于方程 $A(P,T) = 0$.

在这里的理论中已假定函数 $A(P,T)$ 在相变点没有奇点,因此在其附近函数可按偏离该点"距离"的整数幂展开

$$A(P,T) = a(P)(T - T_c), \quad (143.4)$$

式中 $T_c = T_c(P)$ 是相变温度. 系数 $B(P,T)$ 可以用 $B(P) = B(P,T_c)$ 代替. 因此,热力学势的展开式取如下形式

$$\Phi(P,T) = \Phi_0(P,T) + a(P)(T - T_c)\eta^2 + B(P)\eta^4, \quad (143.5)$$

并且 $B(P) > 0$.

在非对称相中,在相变点附近 η 对温度的依赖关系,取决于 Φ 作为 η 的函数是极小值的条件. 令偏微商 $\partial \Phi/\partial \eta$ 等于零,我们得到 $\eta(A + 2B\eta^2) = 0$,因此

$$\eta^2 = -\frac{A}{2B} = \frac{a}{2B}(T_c - T). \quad (143.6)$$

($A < 0$ 时的根 $\eta = 0$ 对应于 Φ 的极大值,而不是极小值.) 应该注意到,两相在温度标尺上的排列与 a 的符号有关:当 $a > 0$ 时,非对称相对应于温度 $T < T_c$;而 $a < 0$ 时则对应于温度 $T > T_c$[③].

忽略 η 的高次幂,求得熵

$$S = -\frac{\partial \Phi}{\partial T} = S_0 - \frac{\partial A}{\partial T}\eta^2$$

(由于 $\partial \Phi/\partial \eta = 0$,$\eta$ 对温度的导数项消失). 在对称相中,$\eta = 0$,而 $S = S_0$;在非对称相中

[①] 但是该条件需要精确化,参看 §145 第六个脚注.

[②] 可以证明:对于各向同性液体和固态晶体之间的相变,展开式中的三次项总存在. 参看 Л. Д. Ландау//ЖЭТФ. 1937. Т. 7. С. 627. (文集—第一卷. 第 29 篇论文,—М.:Наука,1969.)

[③] 为明确起见,以下总是认定对称相位于 $T > T_c$,这也是绝大多数的情况. 相应地,取 $a > 0$.

$$S = S_0 + \frac{a^2}{2B}(T - T_c). \tag{143.7}$$

正好在相变点上该式变为 S_0,因此熵理所当然地保持连续.

最后,我们确定两相在相变点的热容 $C_p = T(\partial S/\partial T)_p$. 对于非对称相,(143.7)式求微商得

$$C_p = C_{p0} + \frac{a^2 T_c}{2B}. \tag{143.8}$$

就对称相而言,$S = S_0$,所以 $C_p = C_{p0}$. 这样,在二级相变点热容经历跃变. 由于 $B > 0$,在相变点 $C_p > C_{p0}$,也就是说,从对称相转变到非对称相时热容增加(不问它们的温度顺序).

除 C_p 以外,经受跃变的还有其它一些量:C_v、热膨胀系数、压缩率,等等. 不难推导所有这些量跃变间的关系. 首先,我们注意到体积和熵在相变点连续,即它们的跃变 ΔV 与 ΔS 为零:

$$\Delta V = 0, \quad \Delta S = 0.$$

假定沿相变点曲线压强是温度的函数,把这两个等式沿该曲线对温度微分. 因为 $(\partial S/\partial P)_T = -(\partial V/\partial T)_P$,结果得

$$\Delta\left(\frac{\partial V}{\partial T}\right)_P + \frac{\mathrm{d}P}{\mathrm{d}T}\Delta\left(\frac{\partial V}{\partial P}\right)_T = 0, \tag{143.9}$$

$$\frac{\Delta C_p}{T} - \frac{\mathrm{d}P}{\mathrm{d}T}\Delta\left(\frac{\partial V}{\partial T}\right)_P = 0. \tag{143.10}$$

这两个方程把热容 C_p、热膨胀系数和压缩率在二级相变点的跃变联系起来(W. Keesom,P. Ehrenfest,1933).

以温度和体积作为独立变量,沿相变点曲线求 $\Delta S = 0$ 和 $\Delta P = 0$(相变时压强不变)的微商,可得

$$\Delta\left(\frac{\partial P}{\partial T}\right)_V + \frac{\mathrm{d}V}{\mathrm{d}T}\Delta\left(\frac{\partial P}{\partial V}\right)_T = 0, \tag{143.11}$$

$$\frac{\Delta C_v}{T} + \frac{\mathrm{d}V}{\mathrm{d}T}\Delta\left(\frac{\partial P}{\partial T}\right)_V = 0. \tag{143.12}$$

我们注意到,

$$\Delta C_p = T\left(\frac{\mathrm{d}P}{\mathrm{d}T}\right)^2 \Delta\left(-\frac{\partial V}{\partial P}\right)_T, \tag{143.13}$$

$$\Delta C_v = -T\left(\frac{\mathrm{d}V}{\mathrm{d}T}\right)^2 \Delta\left(-\frac{\partial V}{\partial P}\right)_T^{-1}, \tag{143.14}$$

因而热容的跃变与压缩率的跃变同号. 从上述关于热容跃变的结论得出:由非对称相到对称相压缩率跃变地减小.

在本节最后,我们再次回到开头并考虑函数 $\Phi(P,T,\eta)$ 的含义问题.

在形式上引入了任意值 η 下的这个函数,这一般并不要求实际上存在与这些值对应的宏观状态(即不完全平衡态). 然而,必须强调,在二级相变点附近,这样的态事实上存在. 实际上,随着逼近相变点时,Φ 作为 η 的函数,其极小变得越来越平. 这表明使物体达到有平衡值 η 状态的"回复力"变得越来越弱,因而关于序参量的平衡建立弛豫时间无限增大(而且总是长于物体建立均等压强的时间).

习 题

求溶液二级相变中比热突变与溶解热突变之间的关系(И. М. 栗弗席兹,1950).

解:单溶质分子的溶解热定义为

$$q = \frac{\partial W}{\partial n} - w_0',$$

式中 W 是溶液的焓,而 w_0' 是纯溶质的单分子焓. 由于 w_0' 不受溶液中相变所影响,对于 q 的跃变有

$$\Delta q = \Delta \frac{\partial W}{\partial n} = \Delta \frac{\partial}{\partial n}\left(\Phi - T\frac{\partial \Phi}{\partial T}\right) = -T\Delta \frac{\partial^2 \Phi}{\partial n \partial T}$$

(这里已用到化学势 $\mu' = \partial\Phi/\partial n$ 在相变时连续). 另一方面,把方程 $\Delta(\partial\Phi/\partial T)=0$ (熵的连续性)沿相变温度作为浓度 c 函数的曲线(在压强不变下)求微商,得

$$\frac{\mathrm{d} T_c}{\mathrm{d} c}\Delta \frac{\partial^2 \Phi}{\partial T^2} + N\Delta \frac{\partial^2 \Phi}{\partial n \partial T} = 0.$$

由此得出所求的关系式:

$$N\Delta q = \frac{\mathrm{d} T_c}{\mathrm{d} c}\Delta C_p.$$

应该指出,在推导这个关系时没有对溶液的浓度作任何假设.

§144 外场对相变的影响

现在我们考虑:当物体受到外场作用且外场效应依赖于参量 η 时,相变的性质如何变化. 我们不指定这种场的物理本性,只以普遍形式来表示对场的假设. 这就导致,场的作用可描述为在物体的哈密顿算符中出现了如下形式的微扰算符

$$\hat{H}_h = -\hat{\eta}hV, \tag{144.1}$$

该算符与场的"强度"h 和 η 量的算符 $\hat{\eta}$ 成线性关系；V 是物体的体积①. 假如把热力学势定义为 P,T 和 h 的函数,根据参量微商定理(参看(11.4),(15.11)),η 的平均(平衡)值由如下公式给出

$$V\overline{\eta} = -\frac{\partial \Phi(P,T,h)}{\partial h}. \tag{144.2}$$

为了保证朗道理论中这些关系式成立,展开式(143.5)必须附加上一项 $-\eta hV$:

$$\Phi(P,T,\eta) = \Phi_0(P,T) + at\eta^2 + B\eta^4 - \eta hV, \tag{144.3}$$

式中引入了记号 $t = T - T_c(P)$ ②.

首先,我们注意到,场无论多弱都导致在整个温度范围内参量 η 变得不为零. 换句话说,场降低了高对称相的对称,以致两相之间的差别消失. 相应地,孤立相变点也消失；相变被"消解". 特别是比热不再跃变,而是在一整个温度区间内出现反常. 该区间的数量级可以从条件 $\eta hV \sim at\eta^2$ 估计出来,η 取(143.6)后,得

$$t \sim h^{2/3}\frac{B^{1/3}V^{2/3}}{a}.$$

为定量地研究相变,我们写出平衡条件 $(\partial \Phi/\partial \eta)_{T,h} = 0$ ③:

$$2at\eta + 4B\eta^3 = hV. \tag{144.4}$$

高于和低于 T_c 的温度下,η 与场 h 的依赖关系不同④.

在 $t > 0$ 时,方程(144.4)的左边随 η 单调增加(图 63a). 因此在每一个给定的 h 值下,方程只有一个(实)根,它在 $h = 0$ 时变为零. 函数 $\eta(h)$ 是单值的,并且 η 的正负与 h 完全一致(图 64a).

如果 $t < 0$,则方程(144.4)的左边不是 η 的单调函数(图 63b),因此在 h 值的一定区间内,方程具有三个不同的实根,函数 $\eta(h)$ 不再是单值的(如图 64b 所示). 这个区间的边界,显然取决于条件

$$\frac{\partial}{\partial \eta}(2at\eta + 4B\eta^3) = 2at + 12B\eta^2 = 0,$$

也就是不等式 $-h_t < h < h_t$,式中

---

① 例如,在铁磁体的居里点(顺磁相的相变点)附近,参量 η 是单位体积中的宏观磁矩,而场 h 是磁场；在铁电体中,参量 η 是物体单位体积的电偶极矩,而 h 是电场. 在其它的情况下,场 h 可能并没有直接的物理含义,但是,形式地引入场有助于加深理解相变的性质.

② 在朗道理论中,平衡值 $\eta(P,T)$ 取决于该展开式的极小值,即条件 $\partial \Phi(P,T,\eta)/\partial \eta = 0$. 当然,关系式(144.2)也满足:

$$\frac{\partial \Phi}{\partial h} = \left(\frac{\partial \Phi}{\partial h}\right)_\eta + \left(\frac{\partial \Phi}{\partial \eta}\right)_h \frac{\partial \eta}{\partial h} = \left(\frac{\partial \Phi}{\partial h}\right)_\eta = -V\eta.$$

③ 我们只考虑在给定压强下的相变；为简单起见,略去表示在求微商时压强不变的下标 P.

④ 值得提醒,我们约定了 $a > 0$,因此对称相(当 $h = 0$ 时,$\eta = 0$)对应于温度 $t > 0$ ($T > T_c$).

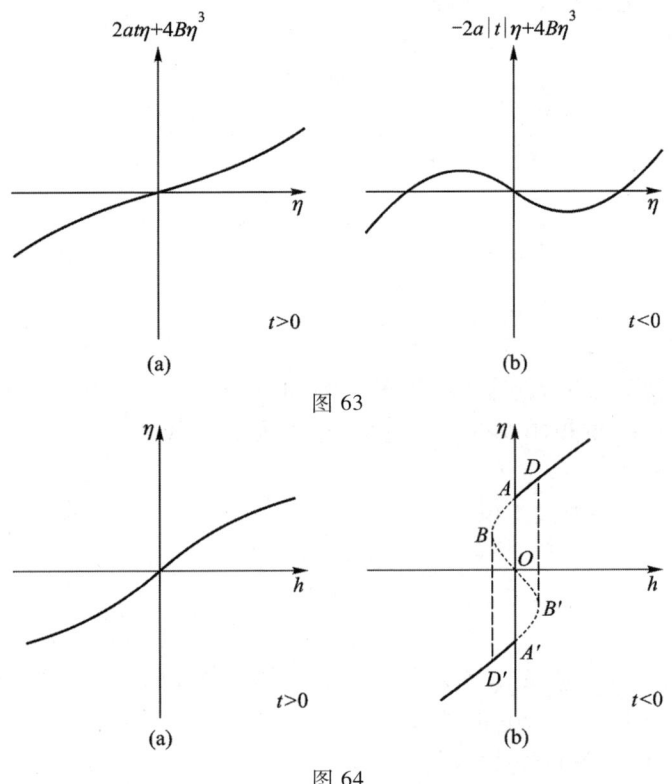

图 63

图 64

$$h_t = \left(\frac{2}{3}\right)^{3/2} \frac{(a|t|)^{3/2}}{VB^{1/2}}. \quad (144.5)$$

但是容易看出,$(\partial \eta/\partial h)_T < 0$ 的整段曲线 BB',对应于热力学不稳定态. 实际上, 方程(144.4)对 h 求微商,得

$$\left(\frac{\partial \eta}{\partial h}\right)_T \left(\frac{\partial^2 \Phi}{\partial \eta^2}\right)_{T,h} = V; \quad (144.6)$$

由此看到,当 $(\partial \eta/\partial h)_T < 0$ 时,$(\partial^2 \Phi/\partial \eta^2)_{T,h} < 0$,即在这里 Φ 有极大,而非极小.

在曲线段 AB 和 $A'B'$ 上,热力学势为极小,但是这种极小值分别大于曲线段 $A'D'$ 和 AD 对应的极小值;这由直接计算容易证实,然而结果也显然可以预见: 因为场 h 以 $-\eta h V$ 项出现在 Φ 中,η 与 h 同号必定在热力学上有利. 换而言之, 曲线段 AB 和 $A'B'$ 对应于物体的亚稳态. 因此,函数 $\eta(h)$ 的真实平衡行为由图 64b 所示的连续线段 $DAA'D'$ 给出,线上所有的点对应于热力学稳态. 如果在给 定的温度 $t < 0$ 下改变场,则在经过值 $h = 0$ 时出现一级相变:值反号的 $\eta = \pm\left(\frac{a|t|}{2B}\right)^{1/2}$ 的两相在该点彼此处于平衡.

物体的磁化率定义为导数

$$\chi = \left(\frac{\partial \eta}{\partial h}\right)_{T; h \to 0}. \tag{144.7}$$

对等式(144.4)求微商,得

$$\frac{\partial \eta}{\partial h} = \frac{V}{2at + 12B\eta^2};$$

当 $h \to 0$ 时对于 $t > 0$ 有 $\eta^2 = 0$ 且对于 $t < 0$ 有 $\eta^2 = -\frac{at}{2B}$,代入上式得

$$\chi = \frac{V}{2at} \quad \text{当 } t > 0 \text{ 时,} \quad \chi = \frac{V}{-4at} \quad \text{当 } t < 0 \text{ 时.} \tag{144.8}$$

当 $t \to 0$ 时 χ 变为无穷大,这个结果很自然:正如在上节最后所述,随着相变点的趋近,函数 $\Phi(\eta)$ 的极小变得越来越平;正因为如此,即使不大的微扰也强烈地影响 η 的平衡值.

如果场的大小取以下值

$$h_t \sim \frac{(a|t|)^{3/2}}{V B^{1/2}},$$

则场所诱发的参量 $\eta_{\text{ind}} \sim \chi h$ 与自发的(无场)特征量 $\eta_{\text{sp}} \sim (a|t|/B)^{1/2}$ 同样数量级. 场 $h \ll h_t$ 是"弱的",意味着在一级近似下场不影响物体的热力学量. 场 $h \gg h_t$ 形成"强场"区,其中热力学量的值在一级近似下取决于场;显然当 $t = 0$ 时,任何场在此意义下都是强场.

在强场区,序参量

$$\eta = \left(\frac{hV}{4B}\right)^{1/3}. \tag{144.9}$$

容易验证:在此区热容 C_p 与场的大小无关.

§145 二级相变中对称的改变

在上几节所讨论的理论中,我们考虑了物体的对称发生一定改变的二级相变,预先假定这样的相变是可能的. 但是,这样的理论不可能回答,对称的改变实际上究竟是否通过二级相变发生. 本节将细述的理论就是为了这个目的,它的出发点是问题的另一种提法:物体在相变点处的特定对称给定后,回答在该点两侧可能有何种对称.

为了明确起见,我们讨论由晶格结构改变亦即晶格中原子位形对称的改变所引起的相变. 设 $\rho(x, y, z)$ 为(在§128中引入的)密度函数,它决定晶体中原子在不同位置的概率分布. 晶格的对称是那些使函数 $\rho(x, y, z)$ 保持不变的坐标变换的集合(群). 自然,这里是指晶格的全部对称,包括旋转、反映以及所有可能平行位移(平移)的无限(离散)集合;换句话说,是230个空间群中的一个.

§145 二级相变中对称的改变

设 G_0 为晶体在相变点处的对称群。由群论知道，任意函数 $\rho(x,y,z)$ 可以用某些函数 $\varphi_1,\varphi_2,\cdots$ 的线性组合来表示，这些函数具有可在给定群的所有变换下相互转换的性质。在一般情形下，这些函数的数目等于该群元素的数目；但是如果被展开的函数 ρ 本身具有一定的对称，那么函数 φ_i 的数目也可能较少。

考虑到这一点，晶体的密度函数 $\rho(x,y,z)$ 可表示成和式

$$\rho = \sum_i \eta_i \varphi_i,$$

式中函数 φ_i 在群 G_0 的所有变换下相互变换。这些变换的矩阵构成群 G_0 的所谓表示。函数 φ_i 的选择不唯一；显然，可以用它们的任何线性组合来代替它们本身。大家知道，总是可以适当选择函数 φ_i，以使得它们可分成几组，每组包含数目尽可能少的函数，并且在群 G_0 的所有变换下构成每组的函数只在组内相互变换。这些组中每组函数的变换矩阵是群 G_0 的不可约表示，而这些函数本身是表示的基。因此，可写

$$\rho = \sum_n \sum_i \eta_i^{(n)} \varphi_i^{(n)}, \tag{145.1}$$

式中 n 是不可约表示的编号，i 是它的基函数编号。以下假定函数 $\varphi_i^{(n)}$ 已以某种方式归一化了。

在函数 $\varphi_i^{(n)}$ 中，总有一个它本身在群 G_0 的所有变换下不变（构成群的单位表示）。换句话说，这个函数（记作 ρ_0 来代表）具有 G_0 的对称。把 ρ 的其余部分用 $\delta\rho$ 来表示，可写

$$\rho = \rho_0 + \delta\rho, \quad \delta\rho = {\sum_n}' \sum_i \eta_i^{(n)} \varphi_i^{(n)}, \tag{145.2}$$

式中已经把群的单位表示排除在求和之外（这用带撇的求和号表示）。

函数 $\delta\rho$ 具有比 G_0 低的对称，因为即使 $\delta\rho$ 在这个群的某些变换下保持不变，也总不会在所有变换下都如此。我们注意到，函数 ρ 的对称 G（显然同 $\delta\rho$ 的对称一致），严格地说，从一开始就假定低于对称 G_0，否则，整个和式(145.1)就会只有一项即构成单位表示的函数 ρ 本身[①]。

因为物理量 $\delta\rho$ 是实的，而且在所有的变换下仍应如此，说到不可约表示，显然应该指物理上的不可约表示，其基函数可以取实函数（§135）；与此相应，以后假定函数 $\varphi_i^{(n)}$ 总是实的。

晶体的热力学势 Φ 是密度函数 ρ 的泛函，并且以参量的形式依赖于压强 P 和温度 T：

$$\Phi = \Phi\{\rho;P,T\}.$$

换句话说，Φ 是诸系数 $\eta_i^{(n)}$ 的函数（当然依赖于函数 $\varphi_i^{(n)}$ 本身的具体形式）。

[①] 对于磁相变，代替密度 $\rho(x,y,z)$ 必须考虑物体中的电流密度 $j(x,y,z)$。在顺磁相中 $j=0$，而在相变点的另一侧 $j=\delta j$ 很小。

$\eta_i^{(n)}$ 作为 P 和 T 的函数的实际取值由热力学平衡条件即 Φ 为极小条件来决定. 于是,晶体的对称 G 也被确定,因为函数(145.2)的对称显然取决于函数 $\varphi_i^{(n)}$ 线性组合中系数的值,而 $\varphi_i^{(n)}$ 的变换规律已知.

为保证晶体在相变点处具有对称 G_0,必须使全部的 $\eta_i^{(n)}$ 在该点变为零,即 $\delta\rho = 0, \rho = \rho_0$. 因为晶体在二级相变时状态的变化是连续的,所以 $\delta\rho$ 在相变点也应该连续而无跳跃地变为零,即系数 $\eta_i^{(n)}$ 必须趋于零且在相变点附近可取任意小的值. 因而,热力学势 $\Phi(P, T, \eta_i^{(n)})$ 在相变点附近可展成 $\eta_i^{(n)}$ 的幂级数.

我们首先指出,在群 G_0 的变换下函数 $\varphi_i^{(n)}$ 相互变换(在每个不可约表示的基函数内),因此可以用另一种方式表示这些变换;仿佛是系数 $\eta_i^{(n)}$ 按同样规律被变换,而不是函数 $\varphi_i^{(n)}$. 其次,因为物体的热力学势显然不会依赖于坐标系的选择,所以它相对于坐标系的任何变换一定是不变的.

如果某个变换把 ρ_0 变为 ρ_0',而 $\delta\rho$ 变为 $\delta\rho'$,则

$$\Phi\{\rho_0 + \delta\rho\} = \Phi\{\rho_0' + \delta\rho'\}.$$

由此可见,如果把势看成在给定 ρ_0 下只是 $\delta\rho'$ 的泛函,则对于不改变 ρ 的变换即 G_0 群的变换, Φ 是不变的. 因此在 Φ 的 $\eta_i^{(n)}$ 幂展开中,每一项应该只包含适当幂次的 $\eta_i^{(n)}$ 的不变组合.

按照群的不可约表示(非单位表示)变换的量,构不成线性不变式[①]. 然而,每个表示却有唯一的二次不变式,即 $\eta_i^{(n)}$ 的正定二次型,它总可以化成平方和.

因此, Φ 展开式的主项是如下形式:

$$\Phi = \Phi_0 + \sum_n{}' A^{(n)} \sum_i \eta_i^{(n)2}, \tag{145.3}$$

式中 $A^{(n)}$ 是 P 和 T 的函数.

在相变点上,晶体必须具有对称 G_0,就是说,值 $\eta_i^{(n)} = 0$ 应该对应于平衡态. 显然,只有在所有的 $A^{(n)}$ 非负时, Φ 才可能当全部 $\eta_i^{(n)} = 0$ 时有极小值.

如果在相变点处所有的 $A^{(n)} > 0$,则在相变点附近它们也是正的,也就总有 $\eta_i^{(n)} = 0$,因而根本不会发生任何对称变化. 为使非零的 $\eta_i^{(n)}$ 出现,系数 $A^{(n)}$ 之一必须变号;因此在相变点处这个系数应该变为零[②]. (两个系数 $A^{(n)}$ 同时变成零的情

[①] 否则意味着在给定的表示中含有单位表示,即表示是可约的.

[②] 更确切地说,这个条件应该表述如下. 诸系数 $A^{(n)}$ 当然依赖于函数 $\varphi_i^{(n)}$ 的具体形式,它们是这些以 P 和 T 作为参量的函数的二次泛函. 在相变点的一侧,所有这些泛函 $A^{(n)}\{\varphi_i^{(n)}; P, T\}$ 实质上是正的. 相变点可定义为这样一点:在该点(随着 P 或 T 的缓慢改变), $A^{(n)}$ 之一可以为零: $A^{(n)}\{\varphi_i^{(n)}; P, T\} \geqslant 0$. 这个为零条件对应于特定的一组函数 $\varphi_i^{(n)}$,原则上它们可以由求解适当的变分问题来确定. 这些函数也是确定在相变点处变化 $\delta\rho$ 的函数 $\varphi_i^{(n)}$. 把它们代入泛函 $A^{(n)}\{\varphi_i^{(n)}; P, T\}$,正好得到函数 $A^{(n)}(P, T)$,后者在相变点处满足条件 $A^{(n)}(P, T) = 0$. 此后可以认为函数 $\varphi_i^{(n)}$ 已经给定,后面也总这样假定. (允许 $\varphi_i^{(n)}$ 随 P 和 T 变,会导致阶次比这里考虑各项高的修正项.)

§145 二级相变中对称的改变

况只能发生在 PT 平面的孤立点上。这样的点是多条二级相变曲线的交点。）

于是，在相变点的一侧，所有的 $A^{(n)} > 0$，而在另一侧系数 $A^{(n)}$ 之一为负。与此相应，在相变点的一侧，总是所有的 $\eta_i^{(n)} = 0$，而在另一侧出现非零的 $\eta_i^{(n)}$。换而言之，可以下结论：在相变点的一侧，晶体具有较高的对称 G_0，这种对称维持至相变点处，而在相变点的另一侧，对称降低，因而群 G 是群 G_0 的子群。

由于 $A^{(n)}$ 之一变号，出现了属于相应的第 n 个表示的非零 $\eta_i^{(n)}$。因此，具有对称 G_0 的晶体变成密度为 $\rho = \rho_0 + \delta\rho$ 的晶体，此处

$$\delta\rho = \sum_i \eta_i^{(n)} \varphi_i^{(n)} \tag{145.4}$$

是群 G_0 的单个不可约表示（任何非单位表示）基函数的线性组合。以下略去不可约表示编号的角标 n，而总是指恰巧出现在所考虑相变中的那个。

我们引入记号

$$\eta^2 = \sum_i \eta_i^2, \quad \eta_i = \eta \gamma_i \tag{145.5}$$

（因而 $\sum_i \gamma_i^2 = 1$），并把 Φ 的展开式写成

$$\Phi = \Phi_0(P, T) + \eta^2 A(P, T) + \eta^3 \sum_\alpha C_\alpha(P, T) f_\alpha^{(3)}(\gamma_i) +$$
$$+ \eta^4 \sum_\alpha B_\alpha(P, T) f_\alpha^{(4)}(\gamma_i) + \cdots, \tag{145.6}$$

式中 $f_\alpha^{(3)}, f_\alpha^{(4)}, \cdots$ 是由诸 γ_i 构成的三次、四次等阶次不变式；对于每一阶次由 γ_i 可以构成多少个独立的不变式，则相应的对 α 求和就有多少项。在热力学势的这个展开式中，系数 A 在相变点必须变成零。为使相变点本身是稳定态（即在 $\eta_i = 0$ 时 Φ 在该点具有极小值），三次项必须为零，而四次项必须实质上为正。在 §143 中已经指出，只有在 Φ 的展开式中三次项恒为零的条件下，二级相变曲线（在 PT 平面中）才能够存在。现在可以把上述条件表述为：如果 η_i 按照群 G_0 的给定不可约表示变换，用这些量不可能构成三次不变式[①]。

假设这个条件被满足，精确到四次项的展开式可写成

$$\Phi = \Phi_0 + A(P, T) \eta^2 + \eta^4 \sum_\alpha B_\alpha(P, T) f_\alpha^{(4)}(\gamma_i). \tag{145.7}$$

因为二次项不含 γ_i，所以这些量直接由四次项即（145.7）中 η^4 的系数为极小的条件来决定[②]。把这个系数相应的极小值直接记为 $B(P, T)$（根据以上所述，它必须为正），我们得到形为（143.3）的 Φ 展开式，而将 Φ 看作只是 η 的函数，像

---

① 用表示论的语言说，这表明给定表示 Γ 的所谓对称立方 $[\Gamma^3]$ 本身不应该含有单位表示。对于空间群的不可约（字面意义上）表示，三次不变式不可能多于一个（其证明参看：Шур М. С.//ЖЭТФ. 1966. Т.51. С.1260）。把两个表示合并为一个物理上不可约表示时，可能出现两个三次不变式。

② 有可能四次不变式只一个（$\sum \eta_i^2$）$^2 = \eta^4$。这种情形下，四次项不依赖于 γ_i，必须用依赖于 γ_i 的高次项来定 γ_i。在某些情形下，如果依赖于 γ_i 的四次项求极小后变为零，也有必要计算高次项。

在§143中所做的那样,由Φ为极小的条件可决定η.这样求出的γ_i值决定函数$\delta\rho$的对称:

$$\delta\rho = \eta \sum_i \gamma_i \varphi_i, \quad (145.8)$$

即确定了对称为G_0的晶体在二级相变后所形成的对称G[①].

在上述形式下,η_i这些量的集合起序参量的作用,描述非对称相偏离对称相的程度.我们看到,这个参量一般是多分量的,并且比值$\gamma_i = \eta_i/\eta$确定非对称相的对称,而公因子η定量地度量对给定对称的偏离.

但是,所得出的条件还不足以保证二级相变能够存在.如果考虑到与空间群表示的分类性质有关的事实[②](至今有意未提到),还有一个重要的条件需要阐明.在§134中已看到,这些表示不仅按离散的特征(如小表示的编号)分类,而且还按取一系列连续值的参量k分类.因而在展开式(145.3)中系数$A^{(n)}$应该不仅依赖于离散编号n,而且也依赖于连续变量k.

设相变与系数$A^{(n)}(k)$(作为P和T的函数)变为零有关,这个系数具有确定编号n和确定值$k = k_0$.但是,为使相变实际上发生,必须使$A^{(n)}$作为k的函数在$k = k_0$处(从而在k_0波矢星的所有矢量处)有极小值,即$A^{(n)}(k)$在k_0的附近按$k - k_0$的展开式应不含线性项.否则,某些系数$A^{(n)}(k)$必定会先于$A^{(n)}(k_0)$变为零,所考虑类型的相变便不可能发生.根据以下讨论,可以得到这个条件的方便表述.

值k_0确定函数φ_i的平移对称,因而也确定函数$\delta\rho$(145.8)的平移对称即新相的晶格周期.这个结构应该比k值在k_0附近的结构稳定.但是$k = k_0 + \varkappa$($\varkappa$为小量)的结构与$k = k_0$的结构相差一个后者周期的空间"调制",即在比晶格周期(胞线度)大许多的距离($\sim 1/\varkappa$)上出现不均匀性.这种不均匀性的宏观描述,是将序参量η_i当作缓变的坐标函数(而φ_i在原子间的距离上振荡).因而,我们得出晶体状态相对于宏观均匀性破坏的稳定性要求.

量η_i在空间上非恒定时,晶体热力学势密度不仅依赖于η_i,而且还依赖于其坐标微商(在一级近似下依赖于一阶微商).与此相应,在相变点附近,必须把Φ(每单位体积)在相变点附近按η_i及其梯度$\nabla\eta_i$的幂展开.如果(整个晶体的)热力学势在常数η_i下应取极小,这个展开式中梯度一次项应恒为零(微商

[①] 在§143中,我们考虑了具有给定对称变化的相变.用这里所引入的概念,可以说我们事先假定了γ_i这些量具有给定的值(因而函数$\delta\rho$有给定的对称).在这样表述问题时,在展开式(143.3)中不出现三次项,这不会是保证存在二级相变点曲线的充分条件,因为它并不排除在用几个γ_i展开的普遍式中出现三次项的可能性(如果给定的不可约表示非一维).例如,如果有三个η_i量,并且乘积$\gamma_1\gamma_2\gamma_3$是不变式,则Φ的展开式含三次项,然而,当函数$\delta\rho$具有特定对称从而要求一个或两个γ_i为零时这个三次项变成零.

[②] 本节下面所叙述的结果与例子由 E. M. 栗弗席兹(1941)得出.

的二次项应该是正定的;但是这个情况对 η_i 并不施加任何限制,因为对于按照任何不可约表示变换的 η_i 这样的二次型存在).

在微商的线性项中,较重要的只是正比于 $\partial \eta_i/\partial x, \cdots$ 的项以及含乘积 $\eta_i \partial \eta_k/\partial x, \cdots$ 的项. 高次项显然不重要. 整个晶体的热力学势即全体积积分 $\int \Phi \mathrm{d}V$ 应取极小. 但是 Φ 中所有的全微商在积分后给出常数, 对积分极小的决定无影响;因而可以略去 Φ 中只与 η_i 的微商成正比的所有项. 在含乘积 $\eta_i \partial \eta_k/\partial x, \cdots$ 的项中,可以略去所有对称组合

$$\eta_k \frac{\partial \eta_i}{\partial x} + \eta_i \frac{\partial \eta_k}{\partial x} = \frac{\partial}{\partial x} \eta_i \eta_k, \cdots,$$

只保留反对称的部分

$$\eta_k \frac{\partial \eta_i}{\partial x} - \eta_i \frac{\partial \eta_k}{\partial x}, \cdots \qquad (145.9)$$

在 Φ 的展开式中只能有(145.9)量的不变线性组合. 所以, 出现相变的可能性条件是不存在这样的不变量①.

梯度 $\nabla \eta_i$ 的分量, 像矢量分量与 η_i 的乘积一样变换. 因此, 差(145.9)变换时如同矢量分量再乘以量 η_i 的反对称积. 于是, 要求由(145.9)量不可能构成一个线性标量, 等效于要求不可能由反对称积

$$\chi_{ik} = \varphi_i \varphi_k' - \varphi_k \varphi_i' \qquad (145.10)$$

构成任何组合而可像一个矢量分量那样变换(这里 φ_i, φ_i' 是相应不可约表示的同样基函数, 为避免差恒等于零, 它们取在两个不相同的点 x, y, z 和 x', y', z' 上).② 用两个指标 $k\alpha$ 标记表示的基函数(如§134), 我们把差(145.10)写成

$$\chi_{k\alpha, k'\beta} = \varphi_{k\alpha} \varphi_{k'\beta}' - \varphi_{k\alpha}' \varphi_{k'\beta}, \qquad (145.11)$$

式中 $k, k', \cdots$ 是同一波矢星的矢量.

设矢量 k 占据最一般的位置而且没有任何纯对称. 按照旋转群元的数目, 波矢星 k 含有 n 个矢量(如果空间群自身不含反演, 则为 $2n$ 个), 并且每个 k 都伴有与之不同的矢量 $-k$. 相应的不可约表示由相同数目的函数 φ_k (每 k 一个, 因而略去角标 α)来实现. 量

$$\chi_{k,-k} = \varphi_k \varphi_{-k}' - \varphi_k' \varphi_{-k} \qquad (145.12)$$

在平移下不变. 在旋转元素的作用下, 这 n(或 $2n$)个量相互变换, 实现相应点群(晶类)的表示, 其维数等于群阶. 但是这样的表示(所谓正则表示)含有全部的不可约群表示, 其中包括矢量分量变换的表示.

---

① 这样不变量称为**栗弗席兹不变量**.

② 在表示理论中这表明, 给定表示 Γ 的反对称平方 $[\Gamma^2]$ 不应该包含矢量分量变换所遵从的不可约表示.

类似的讨论指出,矢量 k 的群含有一根对称轴和过该轴的对称平面时,有可能由 $\chi_{k\alpha,-k\beta}$ 量构造出一个矢量.

但是,如果矢量 k 的群含有彼此相交的对称轴或与对称面相交的对称轴,或者含有反演(我们说这样的群具有中心点),则上述讨论不适用了. 在这种情况下,是否可由(145.11)量构成矢量的问题,必须就具体情况分别处理. 特别是,如果 k 的群含有反演(因而 k 与 $-k$ 等效),只有一个函数 φ_k 对应于波矢星的每个 k,则肯定不可能构造这样的矢量:这时不存在 χ_{kk} 是平移不变的,而矢量分量却总必须这样.

由此可见,所提出的要求大大限制了在二级相变时可能的对称变化. 所有无穷多个不同的不可约群表示 G_0 中,只需要考虑为数不多的有中心点的 k 矢量群.

当然,只有在倒格子中占据某些特殊位置的矢量 k,可能有这类纯对称;它们的分量等于倒格子基本周期的某几个简单分数 $\left(\dfrac{1}{2},\dfrac{1}{3},\dfrac{1}{4}\right)$. 这表明,在二级相变下晶体平移对称(即布拉维格子)的变化只可能是某几个基本周期增加不大的倍数. 研究证实,在大多数情况下,布拉维格子可能发生的改变是周期加倍. 此外,在体心(斜方、四方、立方)晶格和面心立方晶格中某些周期可能有四倍的改变;而在六方晶格中增到三倍. 同时,原胞的体积可能增加 2,4,8 倍;在面心立方晶格中还有增到 16 或 32 倍的情形,而在六方晶格中增到 3 或 6 倍.

自然,布拉维格子不变的相变也是可能的($k=0$ 的不可约表示相应于此). 这时对称的变化在于旋转元素数目的减少,即改变晶类.

我们指出如下普遍的定理:对于对称变换数目减半的任何结构变化,二级相变都可能存在;出现这种变化的方式,或是晶类不变而晶体原胞增大一倍,或是原胞不变而旋转和反映的数目减半. 证明的依据在于:如果群 G_0 有阶数减半的子群 G,则在 G_0 的不可约表示中总有一个一维表示,而实现该表示的函数对于子群 G 的所有变换不变,但在 G_0 群的所有其余变换下变号. 显然,在这种情况下没有奇次不变式,而(145.11)型的量完全不可能由一个函数构成.

可以看出,下面的定理也成立:对于对称变换数目减为三分之一的结构变化,二级相变不可能出现,因为 Φ 的展开式中存在三次项.

最后,作为上述一般理论的应用实例,我们考虑合金中有序的出现,在无序态中合金具有体心立方晶格,原子位于立方胞的顶点和体心(如图 61b 所示)[①]. 问题在于决定二级相变时这种晶格可出现的可能排序类型(即结晶学中的所谓超晶格).

---

① 这种晶格属于点式空间群 O_h^9.

对于体心立方晶格,倒格子是面心立方. 选取正格子立方胞的棱作为长度单位,则倒格子立方胞的棱长等于 $2 \cdot 2\pi$. 在这个倒格子中,下列矢量 $\boldsymbol{k}$ 有含中心点的纯对称群:

$$
\left.\begin{aligned}
&(a)\ (0\ 0\ 0)\ \boldsymbol{O}_h, \\
&(b)\ \left(\tfrac{1}{2}\ \tfrac{1}{2}\ \tfrac{1}{2}\right) \boldsymbol{O}_h, \\
&(c)\ \left(\tfrac{1}{4}\ \tfrac{1}{4}\ \tfrac{1}{4}\right), \left(-\tfrac{1}{4}\ -\tfrac{1}{4}\ -\tfrac{1}{4}\right) \boldsymbol{T}_d, \\
&(d)\ \left(0\ \tfrac{1}{4}\ \tfrac{1}{4}\right), \left(\tfrac{1}{4}\ 0\ \tfrac{1}{4}\right), \left(\tfrac{1}{4}\ \tfrac{1}{4}\ 0\right), \\
&\quad\ \left(0\ \tfrac{1}{4}\ -\tfrac{1}{4}\right), \left(-\tfrac{1}{4}\ 0\ \tfrac{1}{4}\right), \left(\tfrac{1}{4}\ -\tfrac{1}{4}\ 0\right) \boldsymbol{D}_{2h}
\end{aligned}\right\} \quad (145.13)
$$

这里所列的是矢量 $\boldsymbol{k}$ 在沿倒格子立方胞三条棱方向(x,y,z 轴)上的分量,以棱长为单位度量;如果用上面所选单位写出矢量 $\boldsymbol{k}$,这些数字必须乘以 $2 \cdot 2\pi = 4\pi$. 在(145.13)中,只列出不等价的矢量,即每个波矢星 $\boldsymbol{k}$ 的矢量.

解决所提出的问题时不必考虑所有的小表示,这大大简化了下一步研究. 理由在于我们感兴趣只是形成超晶格时可能出现的对称变化,这时原子在现有的格点上有序排列而无相对位移. 这种情况下,无序晶格的原胞只含一个原子. 因而,超晶格的出现只能是由于不同原胞格点不再等价. 这意味着,密度分布函数所产生的变化 $\delta\rho$ 相对于 $\boldsymbol{k}$ 群的所有旋转变换(不伴有平移)应该不变;换句话说,只允许单位小表示. 与此相应,在基函数(134.3)中可以用 1 代替 u_α.

现在我们依次考虑在(145.13)中列举的波矢星 $\boldsymbol{k}$.

a) $\boldsymbol{k} = 0$ 的函数有完全的平移不变性. 换句话说,在这种情况下原胞不变,而因为每胞只含一个原子,不发生任何对称改变.

b) 与这个 $\boldsymbol{k}$ 对应的函数是 $\exp[2\pi i(x+y+z)]$. 这个函数以及由之通过所有的旋转和反映所得到的函数可组成线性组合

$$\varphi = \cos 2\pi x \cos 2\pi y \cos 2\pi z, \quad (145.14)$$

它具有群 $\boldsymbol{k}$ 的对称 $\boldsymbol{O}_h$. 生成相的对称是密度函数 $\rho = \rho_0 + \delta\rho$ 的对称,此处 $\delta\rho = \eta\varphi$[①]. 函数 φ 对于晶类 $\boldsymbol{O}_h$ 的所有变换以及沿立方胞任意一条棱的平移都是不变的,而对于沿空间对角线一半 $\left(\tfrac{1}{2}\ \tfrac{1}{2}\ \tfrac{1}{2}\right)$ 的平移却不是. 因此,有序相有简单立方的布拉维格子且原胞中有两个不等效点:$(0\ 0\ 0)$ 和 $\left(\tfrac{1}{2}\ \tfrac{1}{2}\ \tfrac{1}{2}\right)$,由不

[①] 当然,这并不意味着在实际晶体中变化 $\delta\rho$ 就是由函数(145.14)给出. 在表达式(145.14)中重要的只是它的对称性.

同原子占据. 能够按这种形式完全排序的合金, 其组成为 AB (如 §142 中所述的合金 CuZn).

c) 与这些矢量 k 对应的是对称为 T_d 的函数:

$$\varphi_1 = \cos\pi x \cos\pi y \cos\pi z, \quad \varphi_2 = \sin\pi x \sin\pi y \sin\pi z. \quad (145.15)$$

从这两个可以构成两个四次不变式: $(\varphi_1^2 + \varphi_2^2)^2$ 和 $(\varphi_1^4 + \varphi_2^4)$. 因此 Φ 的展开式 (145.7) 形为

$$\Phi = \Phi_0 + A\eta^2 + B_1\eta^4 + B_2\eta^4(\gamma_1^4 + \gamma_2^4). \quad (145.16)$$

这里必须区分两种情况. 设 $B_2 < 0$, 那么 Φ 作为 γ_1 和 γ_2 的函数, 在附加条件 $\gamma_1^2 + \gamma_2^2 = 1$ 下有极小点 $\gamma_1 = 1, \gamma_2 = 0$. 函数 $\delta\rho = \eta\varphi_1$ 有面心布拉维格子的晶类 O_h 对称, 该晶格立方胞的体积为原来晶格立方胞的 8 倍. 原胞含有四个原子 (而立方胞含 16 个原子). 把同种原子放在等效格点上, 借此可以得出, 这种超晶格对应于组成为 ABC_2 的三元合金, 其原子位置为:

4A $(0\ 0\ 0), \left(0\ \frac{1}{2}\ \frac{1}{2}\right)$ 和循环置换,

4B $\left(\frac{1}{2}\ \frac{1}{2}\ \frac{1}{2}\right), \left(0\ 0\ \frac{1}{2}\right)$ 和循环置换,

8C $\left(\frac{1}{4}\ \frac{1}{4}\ \frac{1}{4}\right), \left(\frac{3}{4}\ \frac{3}{4}\ \frac{3}{4}\right), \left(\frac{1}{4}\ \frac{3}{4}\ \frac{3}{4};\right)$ 和循环置换, $\left(\frac{1}{4}\ \frac{1}{4}\ \frac{3}{4}\right)$ 和循环置换

(这里给出的原子坐标, 其单位取新立方胞的棱长, 为原始胞棱长的两倍; 参看图 65). 如果原子 B 和 C 同种, 得到组成为 AB_3 的有序晶格.

现在, 设 $B_2 > 0$. 这时在 $\gamma_1^2 = \gamma_2^2 = 1/2$ 处 Φ 有极小, 因此 $\delta\rho = \eta(\varphi_1 + \varphi_2)/\sqrt{2}$ (或者 $\delta\rho = \eta(\varphi_1 - \varphi_2)/\sqrt{2}$, 结果相同)①. 该函数的对称, 与前一种情况同样, 属于面心布拉维格子的晶类 O_h, 但是只有两套等效格点, 可分别被 A, B 两种原子占据:

8A $(0\ 0\ 0), \left(\frac{1}{4}\ \frac{1}{4}\ \frac{1}{4}\right), \left(\frac{1}{4}\ \frac{3}{4}\ \frac{3}{4}\right)$ 和循环置换, $\left(0\ \frac{1}{2}\ \frac{1}{2}\right)$ 和循环置换,

8B $\left(\frac{1}{2}\ \frac{1}{2}\ \frac{1}{2}\right), \left(\frac{3}{4}\ \frac{3}{4}\ \frac{3}{4}\right), \left(\frac{1}{4}\ \frac{1}{4}\ \frac{3}{4}\right)$ 和循环置换, $\left(0\ 0\ \frac{1}{2}\right)$ 和循环置换

(参看图 65b).

d) 与这些矢量 k 对应的是下列函数

$$\varphi_1 = \cos\pi(y-z), \quad \varphi_3 = \cos\pi(x-y), \quad \varphi_5 = \cos\pi(x-z),$$
$$\varphi_2 = \cos\pi(y+z), \quad \varphi_4 = \cos\pi(x+y), \quad \varphi_6 = \cos\pi(x+z).$$

它们具有所要求的对称 D_{2h}, 由这些函数可以构成一个三次不变式和四个四次

---

① 在两种情形下 γ_1 和 γ_2 只不过是数, 这是由于 Φ 中只有一项(依赖于 γ_1, γ_2). 如果有多个不同的四次不变式, 则使 Φ 取极小的一组 γ_i 中某些会依赖于 P, T.

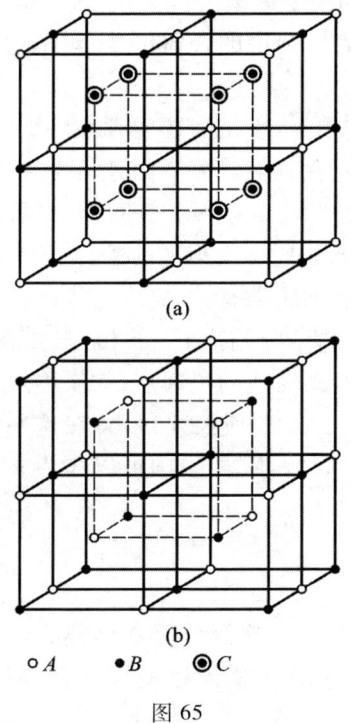

○ A ● B ◉ C

图 65

不变式,因此展开式(145.6)取形式

$$\Phi = \Phi_0 + A\eta^2 + C\eta^3(\gamma_1\gamma_3\gamma_5 + \gamma_2\gamma_3\gamma_6 + \gamma_1\gamma_4\gamma_6 + \gamma_2\gamma_4\gamma_5) + B_1\eta^4 +$$
$$+ B_2\eta^4(\gamma_1^4 + \gamma_2^4 + \gamma_3^4 + \gamma_4^4 + \gamma_5^4 + \gamma_6^4) + B_3\eta^4(\gamma_1^2\gamma_2^2 + \gamma_3^2\gamma_4^2 + \gamma_5^2\gamma_6^2) +$$
$$+ B_4\eta^4(\gamma_1\gamma_2\gamma_3\gamma_4 + \gamma_3\gamma_4\gamma_5\gamma_6 + \gamma_1\gamma_2\gamma_5\gamma_6).$$

由于有立方项,在这种情况下二级相变不可能出现. 要考察孤立的连续相变点(参看§150)是否存在及其性质如何,则必须研究函数 Φ 在其极小值附近的行为,我们不在此继续探讨.

从上一例子我们看到,热力学理论对二级相变的可能性加了非常严格的限制;对于例子中的情形,只能通过形成三种超晶格而实现相变.

值得指出以下的细节:在情形(c)中,$B_2 < 0$ 时密度函数的实际改变 $\delta\rho = \eta\varphi_1$ 只涉及出现在热力学势(145.16)中的两个参量 γ_1 和 γ_2 之一. 这体现了上述理论的一个重要特征:在研究晶格在二级相变中的具体改变时,也必须考虑"几乎可能"的其它改变.

到目前为止,我们考察了结构对应于矢量 k 位于倒格子中某个具有有理指标的对称点时的二级相变. 这时非对称相像对称相一样有严格的周期性.

另一种情况发生于相变到无公度相时,这种相在§133的末尾曾提及. 在这种情形下，k 并不对应于倒格子中某个对称点. 该矢量可能占据某个对称轴或对称平面上的普通位置，或者空间中的普通位置. 对于这种相变，不存在导数线性不变式的要求可以放宽.

假定 k 位于某个对称轴上. 于是问题中存在附加的自由参量——矢量 k 沿着这个轴的分量 k_x. 假如对称性容许在该轴上存在最多一个的由(145.9)量构成的不变式，则相变到这种状态的二级相变可能出现. 实际上，这个不变式通过某个系数 g 含在 Φ 的展开式中. g 变为零的条件($g(P, T, k_x) = 0$)决定 k_x 的值. 应该注意到，这个值与温度和压强有关.

类似地，有可能相变到 k 在对称面上的相，只要在面上的相应不变式最多只有两个；而也有可能相变到空间的普通点，如果不变式最多三个①.

在热力学势中导致无公度的项往往很小. 在这些情况下，无公度性表现为基本结构的长波"调制"."螺旋面"磁结构可以作为一个例子，这在第八卷中讨论.

§146 序参量的涨落

已经多次指出，二级相变点实际上是物体热力学函数的奇点. 这种奇异性的物理本质在于序参量涨落的反常增大，这又与已经提到的热力学势极小在相变点处变平有关. 容易求出这种增大的规律(在所考虑的朗道理论的框架内). 这里我们将假设相变时的对称变化只由一个序参量 η 描述.

在给定的常数值的压强与温度下，使系统偏离平衡态所需的最小功等于系统热力学势的改变 $\Delta\Phi_t$②. 所以，在恒定的 P 和 T 下涨落的概率为

$$w \propto \exp\left(-\frac{\Delta\Phi_t}{T}\right). \tag{146.1}$$

在本节参量 η 的平衡值将记为 $\bar\eta$. 在偏离平衡不远时，

$$\Delta\Phi_t = \frac{1}{2}(\eta - \bar\eta)^2 \left(\frac{\partial^2\Phi_t}{\partial\eta^2}\right)_{P,T}.$$

根据定义(144.7)，借助于(144.6)可用物质在弱场中的响应率表示导数 $\partial^2\Phi_t/\partial\eta^2$. 于是涨落的概率(在相变点温度 T_c 附近)可写成

$$w \propto \exp\left[-\frac{(\eta - \bar\eta)^2 V}{2\chi T_c}\right].$$

由此得到方均涨落

---

① 已经提过，对于沿对称轴的 k 总能由(145.9)量至少构成一个不变式. 也可证明：面上不变式至少两个. 在空间一般点上总有三个不变式. 在这种情况下，对称对于相变不加限制.

② 在本节加角标"t"记整个物体的热力学势(Φ 和下文中的 Ω)，无角标的字母用于单位体积的势值.

$$\langle (\Delta \eta)^2 \rangle = \frac{T_c \chi}{V}. \tag{146.2}$$

根据(144.8),它在 $T \to T_c$ 下像 $1/t$ 一样增长①.

为了进一步阐明这个发散的特征和涵义,我们计算序参量涨落的空间关联函数. 这里我们感兴趣的是长波涨落,其中的涨落量跨物体尺度上缓慢变化; 我们在后面将会看到,正是这些涨落在相变点附近反常地增大.

对于非均匀物体(顾及了跨体积的不均匀涨落的物体就是这样)应该通过作为物体中的点坐标函数的势密度,将热力学势表示成积分 $\Phi_t = \int \Phi dV$. 但是用势 Φ 描述热力学状态时,给定的是物体中的粒子数 N,而不是体积(依赖于 P 和 T). 所以,在介质中选出指定的某个含可变粒子数 N 的体积 V,用与之有关的别的势来描述较为有利. 这样的函数可取温度和化学势 μ(在给定的 V 下)的函数 $\Omega_t(T,\mu)$; 这里具有类似性质的变量 μ 起变量 P 的作用(与 P 一样,其值在平衡系统内恒等).

在相变点附近函数 $\Phi(P,T,\eta)$ 的展开式(144.3)中依赖于 η 的项是 $\Phi_0(P,T)$ 上的小增量(取极小定出 η 后,剩余项有同一数量级). 所以,根据小增量定理可以立刻写出势 $\Omega(\mu,T,\eta)$ 的类似展开式:

$$\Omega(\mu,T,\eta) = \Omega_0(\mu,T) + \alpha t \eta^2 + b\eta^4 - \eta h, \tag{146.3}$$

它具有相同的系数,但用不同的变量表示即以 μ 代替 T(这里的势 Ω 是单位体积的,因而其中的系数 $\alpha = a/V, b = B/V$②).

展开式(146.3)对应于均匀介质. 在非均匀物体中,它不仅含 η 自身的不同次幂,而且也含它对坐标的不同阶导数. 这里对于长波涨落在展开式中可限于只取最低阶导数(及其最低幂次)项. 一阶导数的线性项形为 $f(\eta) \partial \eta / \partial x_i$, 在对体积积分后变为对物体表面的积分,代表在这里不重要的表面效应③. 形为常数 $\cdot \partial^2 \eta / \partial x_i \partial x_k$ 的项也是如此. 因此,在 Ω 的展开式中必要考虑的前几个导数项是正比于下式之项:

$$\eta \frac{\partial^2 \eta}{\partial x_i \partial x_k}, \quad 或 \quad \frac{\partial \eta}{\partial x_i} \frac{\partial \eta}{\partial x_k}.$$

---

① 值得指出,表达式(146.2)也可以直接从涨落耗散定理得到. 为此只需指出: 如果将场 h 等同于这个定理表述中提到的频率 $\omega = 0$ 的外来作用 f(§124),则量 x 对应于 $\Delta \eta V$,而广义响应率 $\alpha(0)$ 为乘积 χV. 于是从(124.14)得到公式(146.2).

② 但是,这时必须注意到,系数 $A \approx \alpha t$ 现在应该按差 $t = T - T_c(\mu)$ 而不是按 $T - T_c(P)$ 的幂次展开; 在这种意义上系数的值 $\alpha = a/V$ 是变化的.

③ 当相变用几个序参量描述时,一阶导数的一次项在 Ω 的展开式中也不出现. 在这种情况下论证该结论还要用到物体在相变点的稳定条件(§145).

并且,前者在对体积积分后化为后者. 最后我们求出,前面所写的函数 Ω 必须加形如下式之项:

$$g_{ik}(\mu,T)\frac{\partial\eta}{\partial x_i}\frac{\partial\eta}{\partial x_k}; \tag{146.4}$$

仍约定对重复的矢量下标求和如前. 以下只限于最简单的 $g_{ik}=g\delta_{ik}$ 情况(对应于 $\eta=0$ 时的立方对称);这种情况已经显现出关联函数的所有特征. 因此,热力学势密度可写成

$$\Omega=\Omega_0+\alpha t\eta^2+b\eta^4+g\left(\frac{\partial\eta}{\partial\boldsymbol{r}}\right)^2-\eta h. \tag{146.5}$$

很显然,要使均匀物体稳定,应该 $g>0$;否则 Ω_t 在 $\eta=$ 常数时不会有极小.

在给定 μ 和 T 下考虑涨落时,必须将其概率写成

$$w\propto\exp(-\Delta\Omega_t/T),$$

因为在这些条件下使系统偏离平衡状态所需的最小功是 $R_{\min}=-\Delta\Omega_t$.[①]

现在具体考虑对称相中(没有场 h 时)的涨落;此时 $\bar{\eta}=0$,因而 $\Delta\eta=\eta$. 准至涨落的二次项,势 Ω_t 的改变可写成[②]

$$\Delta\Omega_t=\int\left[\alpha t(\Delta\eta)^2+g\left(\frac{\partial\Delta\eta}{\partial\boldsymbol{r}}\right)^2\right]dV. \tag{146.6}$$

然后,下步处理类似于§116. 把涨落量 $\Delta\eta(\boldsymbol{r})$ 展开为体积 V 中的傅里叶级数:

$$\Delta\eta=\sum_k\Delta\eta_k e^{i\boldsymbol{k}\cdot\boldsymbol{r}},\quad \Delta\eta_{-k}=\Delta\eta_k^*. \tag{146.7}$$

它的梯度为

$$\frac{\partial\Delta\eta}{\partial\boldsymbol{r}}=\sum_k i\boldsymbol{k}\Delta\eta_k e^{i\boldsymbol{k}\cdot\boldsymbol{r}}.$$

把这些表达式代入(146.6),除了含有乘积 $\Delta\eta_k\Delta\eta_{-k}=|\Delta\eta_k|^2$ 的项以外,所有各项对体积积分后都等于零. 结果得到

$$\Delta\Omega_t=V\sum_k(gk^2+\alpha t)|\Delta\eta_k|^2,$$

进而

$$\langle|\Delta\eta_k|^2\rangle=T/[2V(gk^2+\alpha t)] \tag{146.8}$$

(参看从(116.10)到(116.12)的推导). 我们看到,当 $t\to0$ 时,实际上正是 $k\sim$

---

① 指定所选体积中的 η 值,这并不妨碍在这个体积和"环境"之间有粒子(或能量)交换. 因而,可以在给定的 μ(和 T)下考察 η 的涨落;参看§115 的开头.

② 基于这种形式表达式的涨落理论首先由奥恩斯坦和策尼克(L. S. Ornstein, F. Zernicke,1917)提出(应用于临界点附近的涨落).

§ 146 序参量的涨落

$\sqrt{\alpha t/g}$ 的长波涨落增大了[①]. 我们着重指出,公式(146.8)本身只适用于足够大的波长 $1/k$,在任何情况下它都应比原子间距大得多.

待求的关联函数可引入如下:
$$G(\boldsymbol{r}) = \langle \Delta\eta(\boldsymbol{r}_1)\Delta\eta(\boldsymbol{r}_2)\rangle, \quad \boldsymbol{r} = \boldsymbol{r}_1 - \boldsymbol{r}_2, \tag{146.9}$$

它的计算用以下和式:
$$G(\boldsymbol{r}) = \sum_k \langle |\Delta\eta_k|^2\rangle e^{i\boldsymbol{k}\cdot\boldsymbol{r}}$$

或者变换到 $\boldsymbol{k}$ 空间的积分
$$G(\boldsymbol{r}) = \int \langle |\Delta\eta_k|^2\rangle e^{i\boldsymbol{k}\cdot\boldsymbol{r}} \frac{V d^3 k}{(2\pi)^3}. \tag{146.10}$$

利用§117习题3的脚注给出的傅里叶变换公式,求得($r \neq 0$ 时)
$$G(r) = \frac{T_c}{8\pi g r}\exp(-r/r_c), \tag{146.11}$$

式中
$$r_c = \sqrt{g/\alpha t}. \tag{146.12}$$

这个量称为涨落的**关联半径**;它决定了关联作用显著减小的距离的数量级. 在趋近相变点时,关联半径增大如 $1/\sqrt{t}$,而在该点上关联函数减小如 $1/r$.

当 $r = 0$ 时,积分(146.10)决定在无穷小体元内参量 η 的方均涨落;在 k 很大时积分发散. 但是,这种发散只不过是因为表达式(146.8)(对应于长波涨落)在该区不适用,并且只表明在 $\langle(\Delta\eta)^2\rangle$ 中存在不依赖于 t 的项.

为避免误解,我们强调,前面所写的表达式(146.2)决定在线度 $l \gg r_c$ 的体积 V 中参量 η 的平均涨落;可以把这个量记为 $\langle(\Delta\eta)^2\rangle_V$;函数 $\Delta\eta(\boldsymbol{r})$ 对体积 V 的平均值恰好是傅里叶分量 $\Delta\eta_{k=0}$;所以,很自然,$k=0$ 时的表达式(146.8)与(146.2)一致. 后者也可以根据以下显而易见的公式从关联函数得到:
$$\langle(\Delta\eta)^2\rangle_V = \frac{1}{V^2}\int\langle\Delta\eta(\boldsymbol{r}_1)\Delta\eta(\boldsymbol{r}_2)\rangle dV_1 dV_2 = \frac{1}{V}\int G(\boldsymbol{r}) dV, \tag{146.13}$$

上式适用于任何有限体积 V. 我们注意到,正好在 $t=0$ 点上(有 $G \propto 1/r$)该积分正比于 $1/l$,式中 l 是所考虑涨落的区域线度. 这里的方均 $\langle(\Delta\eta)^2\rangle_V$ 不仅依赖于体积,而且还依赖于区域的形状.

现在我们能够对于在这里所建立的基于展开式(146.5)的涨落理论,表述

[①] 当然,在相变点的另一侧即非对称相中,也有类似的结果. 那里 $\bar\eta = (-\alpha t/2b)^{1/2}$,代替(146.6)式,势 Ω_t 的变化(仍准至 $\sim(\Delta\eta)^2$)为
$$\Delta\Omega_t = \int\left[-2\alpha t(\Delta\eta)^2 + g\left(\frac{\partial\Delta\eta}{\partial r}\right)^2\right]dV.$$
显然,这里的关于 $\langle|\Delta\eta_k|^2\rangle$(和下面的关联函数)的结果与前面的相比,区别仅在于用 $2\alpha|t|$ 取代 αt.

决定其适用范围的条件. 作为这个条件, 应该要求参量 η 对关联体积求平均的方均涨落, 与特征值 $\bar{\eta}^2 \sim \alpha|t|/b$ 相比很小. 这个量在 $V \sim r_c^3$ 下由(146.2)给出, 从而求得条件

$$T_c \chi / r_c^3 \ll (\alpha|t|)/b, \tag{146.14}$$

或者(由(144.8)和(146.12)取 χ 和 r_c)得

$$\alpha|t| \gg T_c^2 b^2 / g^3 \tag{146.15}$$

(А. П. Леванюк, 1959; В. Л. Гинэбург(金兹堡), 1960)[①].

确定以上所得到的这些公式中温度依赖关系也需要按 $t = T - T_c$ 的幂次展开(在按 η 的展开系数中). 作这种展开的可能性要求满足条件 $t \ll T_c$; 为保证这与条件(146.15)在任何情况下相容, 必须有

$$\frac{T_c b^2}{\alpha g^3} \ll 1. \tag{146.16}$$

条件(146.14)—(146.16)确保涨落足够小, 同时也确保在上几节所叙述的整个朗道相变理论可用. 我们看出, 只有当不等式(146.16)满足时, 这个定理成立的温度范围才存在. 在这种情况下, 对于相变时可允许对称变化的选择定则, 理论的结论仍然成立[②]. 然而, 对于热力学量的温度依赖关系, 不可避免在 T_c 附近有个窄区, 那里朗道理论并不适用. 因而这个理论的结论应该只涉及该温度区外的两相状态. 那么, 在§143 中所得到的热力学量跃变的表达式, 应该理解为在该区两端的两相值之差. 紧靠 T_c 点的邻域, 对应于不等式(146.15)的相反式, 称为**涨落区域**; 在那里涨落起决定性作用.

在上述的计算中, 并未考虑区分固体和液体的弹性性质[③], 或是物体由于排序而出现的形变效应(称为**伸缩**). 在朗道理论的框架内, 这些效应不影响上几节所述的结论. 但是这两种因素的联合作用会强烈影响序参量的涨落, 进而影响相变的特征. 研究这个问题需要运用许多弹性理论, 所以超出本卷的范围. 在这里, 我们只是限于指出某些结果.

依晶体对称的不同, 伸缩形变按序参量可以呈线性的或者二次的. 在这两个情形下物体的弹性性质对相变可有不同的影响.

在线性伸缩的情形下, 以字母 γ 表示应变张量分量 u_{ik} 与序参量之间的比例系数的数量级: $u_{ik} \sim \gamma \eta$. 这种效应对涨落的影响出现在 $\alpha t \lesssim \gamma^2/\lambda$ 的相变点邻域内(λ 为物体弹性模量的数量级). 在很多情况下, 伸缩是弱效应, 在这种意义下

---

① 这个条件也可由直接计算物体比热在相变点附近的涨落修正而得以证实(参看§147 的习题).
② 但是, 对于由几个序参量描述的相变, 建立朗道理论的所有适用条件, 需要更详细的研究.
③ 这里最重要的不在于这些性质为各向异性的事实本身, 而在于形变不可化为单个的全方向压缩形变. 在这种意义下, 以下的讨论将也可用于有非零切变模量的各向同性固体.

§147 有效哈密顿量

γ 值很小. 那么, 上述温度区很窄且位于涨落区内.

长波的涨落 ($k \lesssim \sqrt{\gamma^2/\lambda g}$) 在这里受压制, 并且关联半径不会增大而超过值 $r_c \sim \sqrt{g\lambda/\gamma^2}$. 结果在相变点热容只经受到有限的跃变, 就像朗道理论中一样[①].

平方伸缩导致不同的结果[②]. 这种效应也压制涨落, 然而程度更弱. 如果不考虑伸缩, 比热在相变点会变为无穷大 (参阅 §148), 则平方伸缩就会与先前不同而导致熵的小跃变, 即相变成为一级但接近于二级; 这时比热仍旧有限, 虽然值反常地高[③].

习 题

试确定在外场 h 中当 $T = T_c$ 时序参量涨落的关联半径.

解: 平衡值 $\bar{\eta}$ 由 (144.9) 式给出, 而热力学势的密度为

$$\Omega = \Omega_0 + b\eta^4 + g\left(\frac{\partial \eta}{\partial \bm{r}}\right)^2 - h\eta = \bar{\Omega} + \frac{3b^{1/3}h^{2/3}}{2^{1/3}}(\eta - \bar{\eta})^2 + g\left(\frac{\partial \eta}{\partial \bm{r}}\right)^2.$$

对于关联函数又得到以前的结果 (146.11), 有关联半径

$$r_c = \frac{2^{1/6} g^{1/2}}{3^{1/2} b^{1/6} h^{1/3}}.$$

§147 有效哈密顿量

在转到叙述朗道理论适用范围以外 (即相变点邻域内) 的相变性质之前, 我们看看如何表述有关研究这些性质的统计学问题[④].

根据 (35.3), 热力学势 Ω 由配分函数定义为

$$\Omega = -T \ln \sum_N \mathrm{e}^{\mu N/T} \int \mathrm{e}^{-E_N(p,q)/T} \mathrm{d}\Gamma_N, \tag{147.1}$$

式中积分遍及 N 粒子系统的整个相空间. 假如只对与序参量的某个给定分布 $\eta(\bm{r})$ 对应的部分相空间求积分, 则由公式 (147.1) 所决定的泛函 $\Omega[\eta(\bm{r})]$ 可以看成是对应于该分布的势. 连续分布 $\eta(\bm{r})$ 在这里用复变量的离散集合 $\eta_k = \eta'_k + \mathrm{i}\eta''_k$ 即傅里叶展开式 (146.7) 的分量来代替较为方便. 于是 $\Omega[\eta]$ 的定义写成

$$\Omega[\eta(\bm{r})] = -T \ln \sum_N \mathrm{e}^{\mu N/T} \times$$
$$\times \int \exp\left(-\frac{E_N(p,q)}{T}\right) \prod_k \delta(\eta'_k - \eta'_k(p,q;N)) \delta(\eta''_k - \eta''_k(p,q;N)) \mathrm{d}\Gamma_N, \tag{147.2}$$

[①] 参看: Леванюк А. П., Собянин А. А. // Письма в ЖЭТФ. — 1970. — Т. Ⅱ. — 第 540 页.

[②] 这种情形的特例是顺磁态到铁磁态的相变, 在这里晶体的磁化强度矢量是序参量. 形变与磁化强度间的线性关系排除了时间反演下的对称性要求 (这时形变保持不变, 但磁矩变号).

[③] 参看: Ларкин А. И., Пикин С. А. // ЖЭТФ. — 1969. — Т. 56. — 第 1664 页.

[④] 关于二级相变问题的这种提法由 Л. Д. 朗道提出 (1958).

式中 $\eta_k(p,q;N)$ 是量 η_k 作为相空间点 p,q 的函数. 显然, 在这种定义下①

$$\Omega = -T\ln\int\exp\left(-\frac{\Omega[\eta]}{T}\right)\prod_k(V\mathrm{d}\eta_k'\mathrm{d}\eta_k''). \tag{147.3}$$

在上一节就已经证明, 只有小波矢 k 的涨落在相变点附近会有反常增大; 因而, 热力学函数的奇异性特征也正是取决于这些涨落. 同时, 物质的定量特征如相变温度 T_c 本身, 却主要取决于物质中的原子近距离相互作用, 短波分量 η_k 与之对应. 这个物理上显而易见的事实, 在配分函数中表现为较大的相体积与较大值的 k 对应.

设 k_0 (截断参量) 是比特征原子线度的倒数小得多的某个 k 值. 分布 $\eta(r)$ 的长波部分由以下和式给出:

$$\tilde{\eta}(r) = \sum_{k<k_0}\eta_k\mathrm{e}^{ik\cdot r}, \tag{147.4}$$

而与该分布对应的热力学势 $\Omega[\tilde{\eta}]$ 由公式 (147.2) 给出, 其中按 k 的乘积应该只遍取 $k<k_0$ 的值. 相应地, $\Omega[\tilde{\eta}]$ 与 Ω 的联系由公式 (147.3) 给出, 其中的积分只对 $k<k_0$② 的 η_k 求.

在相变点附近, 泛函 $\Omega[\tilde{\eta}]$ 可以按函数 $\tilde{\eta}(r)$ 的幂次展开; 因为这个函数缓变, 所以在展开式中可只取其最低阶导数项, 同时, 这个展开式还必须体现相变存在这一事实, 因为 T_c 的值取决于不在 $\tilde{\eta}$ 中的短波分量. 这表明, 展开式 $\Omega[\tilde{\eta}]$ 应该恰好具有 (146.5) 的形式

$$\Omega[\tilde{\eta}] = \Omega_0 + \int[\alpha t\tilde{\eta}^2 + b\tilde{\eta}^4 + g(\nabla\tilde{\eta})^2 - h\tilde{\eta}]\mathrm{d}V.$$

最后, 去掉记号 $\sim$, 我们得出热力学势的如下表达式

$$\Omega - \Omega_0 = -T\ln\int\exp\left(-\frac{H_{\mathrm{eff}}}{T_c}\right)\prod_{k<k_0}(V\mathrm{d}\eta_k'\mathrm{d}\eta_k''), \tag{147.5}$$

式中

$$H_{\mathrm{eff}} = \int[\alpha t\eta^2 + b\eta^4 + g(\nabla\eta)^2 - h\eta]\mathrm{d}V \tag{147.6}$$

充当相变系统的**有效哈密顿量**.

在朗道理论的适用范围内, 涨落很小. 这表明, 在配分函数 (147.5) 中起重要作用的 η 值有很窄的范围, 位于使有效哈密顿量取最小的 $\eta = \bar{\eta}$ 附近. 用鞍点法 (即指数宗量用最小点附近的展开式取代) 求积分后, 应该回到朗道理论的热

---

① 在连乘号下引入了归一因子 V 以使得势 Ω 与体积成正比, Ω 也该如此.

② 为简化讨论, 设物理量 η 是经典的. 这种假设是非本质的, 因为长波变量 $\tilde{\eta}$ 在任何情形下都是经典的. 但是对于量子系统, 类似 $\hbar k_0 u \ll T$ 的条件必须满足, 此处 u 是序参量振荡的特征传播速度.

力学势;所以,有效哈密顿量中的系数与朗道理论的热力学势中的系数应该完全一致. 然而,与通过差 $t=T-T_{\rm c}^{(0)}$ 而出现在(147.6)中的 $T_{\rm c}^{(0)}$ 值相比,涨落修正这时导致相变温度 $T_{\rm c}$ 有某种移动。

由(147.4)用 η_k 取代 $\eta(\boldsymbol{r})$,将有效哈密顿量通过这些变量表示之后,积分(147.5)取在变量 η_k 的无穷集合上. 假如会算这个(所谓连续型的)积分,便可解释函数 $\Omega(\mu,T)$ 在相变点附近的奇异性质. 但是,这做不到.

对于奇异性的形成,波矢取 $k\sim 1/r_{\rm c}$ 的涨落,起关键作用. 当 $t\to 0$ 时,关联半径 $r_{\rm c}\to\infty$,于是很小的 k 值变得重要. 因此,极为可能,奇异性的特征并不依赖于截断参数值 k_0 的选取. 如果可认为这种奇异性在于热力学势中出现了温度 t 和场 h 的非整数次幂项,则以上推断意味着这些幂指数(所谓**临界指数**)与 k_0 无关.

由此又应该得出,这些指数与有效哈密顿量中的系数 b 和 g 的具体值无关,进而与系数所依赖的 μ 或者 P 无关. 实际上,$k_0\to k_0/\lambda$ 的改变相当于坐标标度变化 $\boldsymbol{r}\to\lambda\boldsymbol{r}$,所以后者不应该改变临界指数. 另一方面,变换 $\boldsymbol{r}\to\lambda\boldsymbol{r}$ 改变有效哈密顿量中的系数 g,但不改变系数 b;所以临界指数不应该依赖于 g. 类似地,在变换 $\boldsymbol{r}\to\lambda\boldsymbol{r}$ 的同时也变换连续型积分的变量 $\eta\to\lambda\eta$,则我们改变 b 而不改变 g,因此,临界指数也与 b 无关. 通常系数 α 的变化并不重要,因为它可通过不影响指数的 t 的相应标度变化消去.

这样,应该预料,临界指数对于有效哈密顿量形如(147.6)的所有系统都是相同的. 然而,它们也可能不同,假如系统的对称使得(仍假定单个序参量)有效哈密顿量中导数的二次项具有更普遍的形式(146.4).

继续这种思路可以预料,在更一般的情况下,当相变中对称的变化用多分量的序参量描述时,临界指数仅仅与有效哈密顿量的结构有关而与其系数的具体值无关. 这里所说的哈密顿量结构,包括四次不变式的数目与形式(还有其系数间不等式的符号与关系),以及序参量导数平方项的形式.

最后,关于如何计算配分函数(147.5),(147.6)按 b 的幂次展开的逐阶项,再说几句. 设 $h=0,t>0$,由此 $\bar{\eta}=0$;当 $b=0$ 时,有效哈密顿量为

$$H_{\rm eff}^{(0)} = V\sum_{k<k_0}(\alpha t + gk^2)\,|\eta_k|^2; \tag{147.7}$$

它分解为若干项的和,各项只依赖于 η_k 中的一个. 这时配分函数很容易计算(参看习题). 展开式的后继项(对应于计及不同 $\boldsymbol{k}$ 的涨落间的"相互作用")是各个不同 η_k 的乘积按高斯分布[$\propto\exp(-H_{\rm eff}^{(0)}/T_{\rm c})$]的平均. 这样的积分可用下面的一个定理计算:若干个 η_k 的乘积的平均,等于将该乘积的因子按所有可能方式配对后的配对平均值乘积之和. 每一个配对平均值是涨落的关联函数

(波矢 k), 因而计算按 b 幂次展开的各阶项归结为计算关联函数的乘积的各种积分①. 趋近相变点时, 这些积分发散, 但是不可能从中分离出求和的一组"最发散"积分②.

在以上的问题提法中, 假定了奇异性的特征并不依赖于在有效哈密顿量按 η 的幂次展开中是否存在高次项. 很有理由假设实际上的确如此, 因为这些项导致的积分发散弱于 $\sim \eta^4$ 项.

习 题

在朗道理论的适用范围内, 求热容的一级涨落修正 (А. П. Леванюк, 1963).

解: 计算对无外场的对称相进行. 在一级近似下, 有效哈密顿量由 (147.7) 式给出. 由公式 (147.5) 计算配分函数, 给出

$$\Omega - \Omega_0 = -T_c \sum_{k<k_0} \ln\frac{\pi T}{(\alpha t + gk^2)} = T_c V \int_0^{k_0} \ln\frac{(\alpha t + gk^2)}{\pi T} \frac{2\pi k^2 \mathrm{d}k}{(2\pi)^3}$$

(积分对半个 k 空间求, 因为 η_k 与 η_{-k} 并非独立). 作为势 Ω 的小修正, 该表示式也给出对势 Φ 的修正. 将该式两次对 t 求微商, 给出对热容的修正

$$C_p - C_{p0} = \frac{T_c^2 V \alpha^2}{4\pi^2}\int_0^\infty \frac{k^2 \mathrm{d}k}{(\alpha t + gk^2)^2} = \frac{T_c^2 V \alpha^{3/2}}{16\pi g^{3/2}}\frac{1}{\sqrt{t}}. \tag{1}$$

如果要求该修正项比热容的跃变 (143.8) 小很多, 可再次得出朗道理论 (146.15) 适用条件形如

$$\alpha|t| \gg \frac{T_c^2 b^2}{64\pi^2 g^3}. \tag{2}$$

§148 临界指数

现有的二级相变理论基于某些未经严格证明却十分合理的假设之上, 当然也基于对这些假设用实验数据及具体简单模型上的数值计算结果所作的验证.

这些数据支持我们假设, 当 $T\to T_c$ 时, 导数 $\partial C_p/\partial T$ 总是变为无穷大, 而且在许多情况下热容 C_p 本身也是如此. 由此已经能够对其它一些热力学量的行为下许多结论. 这里由热容本身变为无穷大这一假设出发讨论 (A. B. Pippard, 1956).

---

① 上述定理在这里的作用类似于量子电动力学中的威克定理, 级数中的每一单项都可以用类似于费曼图的图来表示. 关于用这样建立起来的"图技术"来计算配分函数的叙述, 见专著: Паташинский А. З., Покровский В. Л. Флуктуационная теория фазовых переходов. – М.: Наука, 1982.

② 如果形式地讨论四维空间中 (那里积分在 $t\to 0$ 时呈对数发散) 的相变问题, 这种分离能做到. 以此为基础, 威尔逊 (K. G. Wilson, 1971) 提出了估算临界指数的方法: 对 "$4-\varepsilon$ 维空间" (ε 为小量) 计算它们, 然后将结果外推至 $\varepsilon = 1$.

物体 $C_p = T(\partial S/\partial T)_P$ 趋于无穷大，表明熵可以表示为
$$S = S(T, P - P_c(T))$$
(式中 $P = P_c(T)$ 是 PT 平面中的相变点曲线方程)，并且这个函数对其第二个宗量的导数，当 $P - P_c \to 0$ 时趋于无穷. 把对这个宗量的微商用′号表示而且只保留发散项，我们有

$$\left(\frac{\partial S}{\partial T}\right)_P = -S' \frac{dP_c}{dT}, \quad -\left(\frac{\partial V}{\partial T}\right)_P = \left(\frac{\partial S}{\partial P}\right)_T = S',$$

由此得

$$C_p = T_c \frac{dP_c}{dT}\left(\frac{\partial V}{\partial T}\right)_P \quad \text{当 } T \to T_c \text{ 时,} \tag{148.1}$$

即热膨胀系数按照与 C_p 同样的规律变为无穷.

容易看出，所作的推导在于使 S 沿相变点曲线的导数的发散部分等于零. 因此，很自然，式(148.1)在形式上应与方程(143.10)(对 $\Delta S = 0$ 沿同一条曲线求微商得到)完全一致，区别只在于没有记号 Δ. 因此，与(143.9)类比，可以立即写下另一关系：

$$-\left(\frac{\partial V}{\partial P}\right)_T = \left(\frac{\partial V}{\partial T}\right)_P \frac{dT}{dP_c} = \frac{C_p}{T_c}\left(\frac{dT}{dP_c}\right)^2, \tag{148.2}$$

即等温压缩率也变为无穷(但由于(16.14)绝热压缩率仍旧有限). 至于热容 C_v，它仍旧有限，并且从(143.14)可以看出，在相变点它也没有突变：式(143.14)的右边由于 $(\partial V/\partial P)_T$ 为无穷大而等于零，所以 $\Delta C_v = 0$[①]. 导数 $(\partial P/\partial T)_V$ 也是如此；把(148.2)代入(16.10)可以证明，在相变线上

$$\left(\frac{\partial P}{\partial T}\right)_V = \frac{dP_c}{dT}. \tag{148.3}$$

值得强调，上述的结果实质上与二级相变点在 PT 平面上占据整条线(并且该线的斜率有限)有关.

记在涨落区内热容的温度关系为

$$C_p \propto |t|^{-\alpha} \tag{148.4}$$

(仍记 $t = T - T_c$). 本节下面会看到，有理由假定指数 α 在相变点两侧的值相等(下面引入的其它指数也是这样). 当然，规律(148.4)中的比例因子在两侧不同.

因为热量 $\int C_p dT$ 在任何情况下应该有限，所以有 $\alpha < 1$. 如果不是热容本身

---

① 在相变线上 C_v 不能变为无穷的理由很明显：否则这会导致 $C_v = T\left(\dfrac{dV_c}{dT}\right)^2\left(\dfrac{\partial P}{\partial V}\right)_T$ (参看(143.14))，而这肯定不可能，因为 C_v 为正且 $\left(\dfrac{\partial P}{\partial V}\right)_T$ 为负. 但是，在相变线上热容 C_v 具有无穷的导数(见习题).

而只是 $\partial C_p/\partial T$ 趋于无穷,则 $-1<\alpha<0$;表达式(148.4)此时确定的只是热容 $C_p = C_{p0} + C_{p1}|t|^{-\alpha}$ 的奇异部分.

非对称相序参量平衡值趋于零的规律可记为
$$\eta \propto (-t)^\beta, \quad \beta > 0. \tag{148.5}$$
根据定义,指数 β 只对非对称相而言①.

为了描述参量 η 自身的涨落性质,引入指数 ν 决定关联半径的温度依赖关系:
$$r_c \propto |t|^{-\nu}, \quad \nu > 0, \tag{148.6}$$
及指数 ζ 决定 $t=0$ 时关联函数随距离减小的规律:
$$G(r) \propto r^{-(d-2+\zeta)}, \tag{148.7}$$
式中 d 是空间维数(对于通常物体 $d=3$).将(148.7)写成这种形式,其目的在于使给出的定义也适用于二维系统中($d=2$)的二级相变.规律(148.7)也适用于非零的 $|t| \ll T_c$,但仅限于距离 $r \ll r_c$.

规律(148.4)—(148.7)中幂指数称为**临界指数**.应该强调,在推导以下临界指数之间关系的精度下,不可能识别出幂律背景中的对数因子.在这种意义下,例如零指数对应的既可能是物理量趋于常数极限,也可能是它对数增长.

另有一组指数,引入来描述有外场 h 存在时物体在涨落区的性质.这时应该区分外场在§144 末尾所述的意义下是"弱场"还是"强场",即 $h \ll h_t$ 或是 $h \gg h_t$,此处 h_t 是特定的场值,在该场值下场诱发的序参量 $\eta_{\text{ind}} \sim \chi h$ 与自发序参量的特征值 $\eta_{\text{sp}}(t)$ 有同样的数量级.弱场区有指数 γ 用以决定响应率的变化规律:
$$\chi \propto |t|^{-\gamma}, \quad \gamma > 0. \tag{148.8}$$
前面引入的指数也可在该区指定:零场下导得的规律(148.4)—(148.6)当然属于弱场的极限情形.

对于强场的相反情形,我们引入决定热力学量和相关半径对场的依赖关系的临界指数:
$$C_p \propto h^{-\varepsilon}, \tag{148.9}$$
$$\eta \propto h^{1/\delta} \quad (\delta > 0), \tag{148.10}$$
$$r_c \propto h^{-\mu} \quad (\mu > 0) \tag{148.11}$$
(这里明确假设 $h>0$)②.

物质在二级相变点附近涨落区内性状的极限规律的普适性,在上节描述的

---
① 为明确起见,在这里和以后,温度 $t<0$ 总是对应于非对称相.
② 朗道理论对应于如下的临界指数值:
$\alpha = 0, \quad \beta = 1/2, \quad \gamma = 1, \quad \delta = 3, \quad \varepsilon = 0, \quad \mu = 1/3, \quad \nu = 1/2, \quad \zeta = 0.$

意义下,指临界指数的类似普适性. 于是应该预料到,它们的值对于只由一个序参量描述的有对称变化的一切相变都相同.

临界指标彼此之间以一系列精确关系式相联系. 其中有几个几乎可由不同指数的定义直接推出;我们就从导出这些关系式开始.

已在§144中指出,施加外场 h 会抹去某个温度区的相变. 由前面所提到的条件 $\eta_{\text{ind}}(h) \sim \eta_{\text{sp}}(t)$,现在将之理解为在给定 h 下对 t 的要求,则可以估计温度区 t 的大小. 根据定义(148.5)和(148.8),我们有

$$\eta_{\text{sp}} \propto |t|^{\beta}, \quad \eta_{\text{ind}} = \chi h \propto h|t|^{-\gamma},$$

令这两个量相等,给出

$$|t|^{\beta+\gamma} \propto h. \tag{148.12}$$

另一方面,这同一"抹平"区还可以这样估计,即要求热力学势的场部分与热部分同数量级;前者为 $-V\eta h$,而后者 $\sim t^2 C_p$,因为 $C_p = -T\partial^2 \Phi/\partial T^2$. 由此求得 $|t|^{2-\alpha-\beta} \propto h$,由(148.12)用 t 表示 h,得等式

$$\alpha + 2\beta + \gamma = 2 \tag{148.13}$$

(J. W. Essam, M. E. Fisher, 1963).

其次,我们利用一个明显的事实:在相变抹平区的边界处(即在(148.12)条件下)可以同样有效地用温度 t 或者场 h 来表示每个热力学量. 例如,这里有

$$\eta \propto |t|^{\beta} \propto h^{1/\delta},$$

而再由(148.12)通过 t 表示 h,得等式

$$\beta\delta = \beta + \gamma \tag{148.14}$$

(B. Widom, 1964). 用同样的方法,从热容 C_p 的两种表示出发,我们求得

$$\varepsilon(\beta + \gamma) = \alpha. \tag{148.15}$$

等式(148.14)、(148.15)联系两类指数,这两类分别决定热力学量在弱场中的温度依赖关系以及在强场中的与 h 的依赖关系.

用同样的方法,对于决定关联半径性状的指数,可得到类似的等式①:

$$\mu(\beta + \gamma) = \nu. \tag{148.16}$$

最后,通过估计公式(146.13)两边的表达式还可以得到一个关系式. 根据(146.2)和定义(148.8),在给定体积 V 内的方均涨落为:

$$\langle (\Delta\eta)^2 \rangle_V = \frac{T_c \chi}{V} \propto |t|^{-\gamma}.$$

关联函数的积分取决于该函数显著不为零的空间区域 $\sim r_c^d$,并且根据定义(148.7),其数量级 $\propto r_c^{-(d-2+\zeta)}$. 所以积分值(在 d 维空间内)为

---

① 显而易见,从(148.14)—(148.16)可得出等式
$$\beta\delta\varepsilon = \alpha, \quad \beta\delta\mu = \nu, \quad \varepsilon\nu = \alpha\mu.$$

$$\propto r_c^d \cdot r_c^{-(d-2+\zeta)} = r_c^{2-\zeta} \propto |t|^{-\nu(2-\zeta)}.$$

比较两式,得等式

$$\nu(2-\zeta) = \gamma. \tag{148.17}$$

因此,我们得到了联系 8 个指数的 5 个关系式.因而,这些指数全都可以只通过独立的三个表示.

特别是,由此能够作出早已指出过的结论:"温度"指数 α,γ,ν 的数值在相变点两侧相同.事实上,以 γ 为例,假如它对 $t>0$ 和 $t<0$ 不同,则从(148.14)就该得出,指数 δ 依赖于 t 的符号.然而,这个指数属于强场 h,仅满足与 t 的符号无关的条件 $h \gg h_t$,因此本身不可能依赖于该符号(其它两个"场"指数 ε 和 μ 也是如此).从关系式(148.13)和(148.16)可得,指数 α 和 ν 也不依赖于 t 的符号.

由所得到的结果,可在 t 和 h 之间的任意关系之下,对系统的热力学函数作出某些结论.现在以函数 $\eta(t,h)$ 为例说明,将之表示为

$$\eta = h^{1/\delta} f\left(\frac{t}{h^{1/\beta\delta}}, t\right)$$

(在给定 P 下).函数 f 的第一个宗量的选择,取决于划分强场和弱场的条件(148.12)(这里可根据(148.14)令 $\beta+\gamma=\beta\delta$);这个宗量可取从小到大的一切值.在相变点附近 t 总是很小,为得到函数 $\eta(t,h)$ 中的主项应取 t 为零.于是,得表达式

$$\eta(t,h) = h^{1/\delta} f\left(\frac{t}{h^{1/\beta\delta}}\right), \quad h>0, \tag{148.18}$$

式中 f 只是单个宗量 $x=t/h^{1/\beta\delta}$ 的函数,表达式(148.18)是对 $h>0$ 写出的;由于系统在 h 和 η 同时变号下对称,$h<0$ 时的公式可以从(148.18)只不过作代换 $h \to -h, \eta \to -\eta$ 得到.

在强场($x \ll 1$)下应该得到极限规律(148.10);这表明

$$f(x) = \text{常数} \quad \text{当} \ x \to 0 \ \text{时}. \tag{148.19}$$

不仅如此,在 $h \neq 0$ 时,无论 $t>0$,还是 $t<0$,序参量都不为零,而且 $t=0$ 点在物理上毫不特异;这意味着函数 $f(x)$ 可按 x 的整数幂展开.

在弱场中,当 $t<0$ 时序参量遵循规律(148.5),而当 $t>0$ 时应该有 $\eta=\chi h$,且 χ 由(148.8)给出;从这些要求得

$$f(x) \propto (-x)^\beta \quad \text{当} \ x \to -\infty \ \text{时}; \quad f(x) \propto x^{-\gamma} \quad \text{当} \ x \to \infty \ \text{时}. \tag{148.20}$$

弱场的概念以 $t \neq 0$ 为前提.对于给定的非零 t 值,零场并不是热力学函数的奇点.所以函数 $\eta(t,h)$ 在 $t \neq 0$ 时可按变量 h 的整数次幂展开(并且展开式对于 $t>0$ 和 $t<0$ 不同).然而,这种性质的自然表述要求将 $\eta(t,h)$ 用变量 $h/t^{\beta\delta}$ 的函

数写出,而不是写成(148.18)的形式.

类似的考虑也适用于序参量涨落的关联函数.例如,在没有外场时,它依赖于距离 r,还依赖于参量 t.但是,在相变点附近关联函数 $G(r;t)$ 可以表示为

$$G(r;t) = \frac{1}{r^{d-2+\zeta}} g(rt^\nu), \qquad (148.21)$$

即以单变量 $x = rt^\nu$ 的函数表示.当 $x \to 0$ 时,这个函数趋近于常数极限(与定义(148.7)对应),当 $x \to \infty$ 时,呈指数衰减,而关联半径对温度的依赖关系遵循规律(148.6).

习　题

如果 C_p 依(148.4)趋于无穷大($\alpha > 0$),求导数 $\partial C_v / \partial T$ 在 $t \to 0$ 时随温度变化的规律.

解:以高于(148.1)、(148.2)的精度,当 $t \to 0$ 时我们写

$$C_p = T_c \frac{dP_c}{dT} \left(\frac{\partial V}{\partial T} \right)_P + a,$$

$$\left(\frac{\partial V}{\partial T} \right)_P = - \left(\frac{\partial V}{\partial P} \right)_T \frac{dP_c}{dT} + \frac{b}{T_c} \frac{dT}{dP_c},$$

式中 a, b 是常数.把这两个式子代入(16.9),我们求得

$$C_v \approx a - b - \frac{b^2}{C_p}.$$

如果 C_p 像 $|t|^{-\alpha}$ 一样增大,则 $\partial C_v / \partial T \propto |t|^{-(1-\alpha)}$.当 $t = 0$ 时函数 C_v 在有垂直切线的尖点处为极大.

§149　标度不变性

关系式(148.13)—(148.17)不涉及对于相变点附近涨落模式特征的任何假设[①].有关临界指数的更进一步的结论需要在这方面的具体假设.

我们注意到,理论中一般含有两个决定涨落空间分布的特征尺度:关联半径 r_c 以及物体的另一尺度 r_0,在 r_0 大小的部分内序参量的方均涨落同其典型平衡值应可比.[②] 确保朗道理论适用的不等式(146.14)可以写成 $r_c \gg r_0$(实际上,根据(146.13)和(146.11)在体积 $V \sim r_0^3$ 内有: $\langle (\Delta \eta)^2 \rangle \sim T_c / g r_0$,令其等同于 $\eta^2 \sim \alpha |t| / b$,得 $r_0 \sim T_c b / g \alpha |t|$;再与(146.12)的 r_c 比较,得条件(146.15)).当 $t \to 0$ 时,r_0 比 r_c 增长得更快,在朗道区域边界变得可比.涨落区域(由

---

① 所以很自然,在朗道理论内全部这些关系式也都满足.

② 当然,这里所说的分布仅针对比原子线度大得多的距离.

(146.15)的反向不等式确定)的基本假设,认为理论在那里通常没有任何小参量. 尤其是应该处处有 $r_0 \sim r_c$,所以 r_c 成了表征涨落的唯一尺度. 这个推想称为标度不变性假设(L. Kadanoff,1966；А. З. Паташинский, В. Л. Покровский, 1966).

为估计在体积 $V \sim r_c^3$ 中的涨落,可以利用公式(146.2)①. 将之代入条件

$$\frac{T_c \chi}{V} \sim \eta^2, \tag{149.1}$$

取体积 $V \sim r_c^d$,再根据临界指数的定义用 t 的幂表示所有的量 χ, r_c, η,可得等式 $\nu d - \gamma = 2\beta$,或考虑到(148.13),得

$$\nu d = 2 - \alpha. \tag{149.2}$$

把这个关系式与§148中所得到的联立起来,所有的临界指数可以只用两个独立指数来表示②.

在标度不变性的要求下有可能以统一的方式得出临界指数之间的所有一般关系式. 为此,首先我们更正规地表述这个要求.

设所有空间距离的尺度都改变同样的倍数: $r \to r/u$,此处 u 为某个常数. 于是,标度不变性在于断定: 适当改变量 t, h, η 的度量标度后,理论中的所有关系式仍可保持不变. 换句话说,可以选取指数 $\Delta_t, \Delta_h, \Delta_\eta$(所谓的**标度维度**)并作变换

$$t \to tu^{\Delta_t}, \quad h \to hu^{\Delta_h}, \quad \eta \to \eta u^{\Delta_\eta} \quad 且 \quad r \to r/u, \tag{149.3}$$

使得因子 u 从所有关系式中消失.

尤其是,空间标度变化应该引起涨落关联半径的同样变化($r_c \to r_c/u$); 因此,这保证了关联函数的渐近表达式($\sim \exp(-r/r_c)$)有不变性. 根据定义(148.6)和(148.11),当 $h=0$ 时关联半径 $r_c = \mathrm{const} \cdot t^{-\nu}$,而当 $t=0$ 时,$r_c = \mathrm{const} \cdot h^{-\mu}$. 作变换(149.3)并要求这些表达式中的系数不变,得

$$\Delta_t = \frac{1}{\nu}, \quad \Delta_h = \frac{1}{\mu}. \tag{149.4}$$

其次,考虑在场 h 无穷小变化下热力学势的变化. 根据(144.2),有

$$\mathrm{d}\Phi = -V\eta \mathrm{d}h$$

(这里 $t=$ 常数,也总是 $P=$ 常数). 在标度变换下,体积 $V \to V/u^d$,要求表达式 $\mathrm{d}\Phi$ 保持不变,即

$$Vu^{-d} \cdot \eta u^{\Delta_\eta} \cdot \mathrm{d}h u^{\Delta_h} = V\eta \mathrm{d}h,$$

---

① 值得提醒,这种形式(即以响应率 χ 表示)的该公式具有普遍性,而与朗道理论的假设无关(参看§146第二个脚注).

② 在朗道理论中没有标度不变性(所以等式(149.2)并不成立).

得

$$\Delta_\eta = d - \Delta_h = d - \frac{1}{\mu}. \tag{149.5}$$

因此,维度 $\Delta_t, \Delta_h, \Delta_\eta$ 可用两个临界指数 μ 和 ν 来表示. 要求其它关系式的标度不变性,导致其余临界指数用这两个指数表示的式子.

系统"状态方程"是序参量以温度和场表示的表达式 $\eta = \eta(t,h)$,现在讨论其不变性条件. 这表明应保证

$$\eta(tu^{\Delta_t}, hu^{\Delta_h}) = u^{\Delta_\eta}\eta(t,h).$$

这个函数方程的解具有形式

$$\eta(t,h) = h^{\Delta_\eta/\Delta_h} f\left(\frac{t}{h^{\Delta_t/\Delta_h}}\right) = h^{\mu d - 1} f\left(\frac{t}{h^{\mu/\nu}}\right). \tag{149.6}$$

类似的考虑可用于热力学势 $\Phi(t,h)$(确切地说,其奇异部分,以下仍记作 Φ). 由于是可加量,物体的总热力学势正比于体积. 因此,其标度变换下的不变性,要求应可写

$$\frac{1}{u^d}\Phi(tu^{\Delta_t}, hu^{\Delta_h}) = \frac{1}{u^d}\Phi(tu^{1/\nu}, hu^{1/\mu}) = \Phi(t,h).$$

由此得出

$$\Phi(t,h) = h^{d\mu}\varphi\left(\frac{t}{h^{\mu/\nu}}\right). \tag{149.7}$$

当然,在 (149.6),(149.7) 中的函数 f 和 φ 彼此相关,因为 $-\partial\Phi/\partial h = \eta V$. 表达式 (149.6),(149.7) 在这里是对 $h > 0$ 写的;由于有效哈密顿量相对于代换 $h \to -h, \eta \to -\eta$ 是对称的,对前面式子作同样的代换可得 $h < 0$ 的公式①.

我们基于式 (149.7) 作进一步讨论. 在 (148.18) 那里已经提到,在给定的非零 h 下,热力学函数对于 t 没有奇异性,因而必定可按这个变量的整数幂展开. 这表明,当 $h \neq 0, t \to 0$ 时,(149.7) 中的函数 $\varphi(x)$ 可按小变量 $x = t/h^{\mu/\nu}$ 的整数幂展开为级数. 这个展开式的前几项给出

$$\Phi(t,h) \propto h^{\mu d}\left[1 + c_1 \frac{t}{h^{\mu/\nu}} + c_2 \frac{t^2}{h^{2\mu/\nu}} + \cdots\right], \tag{149.8}$$

式中 c_1, c_2 是常数系数. 序参量和热容可计算如下:

$$\eta = -\frac{1}{V}\frac{\partial\Phi}{\partial h}, \quad C_p \approx -T_c\frac{\partial^2\Phi}{\partial t^2},$$

现在要求当 $t \to 0$ 时它们应遵从规律 $\eta \propto h^{1/\delta}$ 和 $C_p \propto h^{-\varepsilon}$(对应于强场情形),则

---

① 但是,我们再次提醒,η 作为变量出现在有效哈密顿量中,配分函数的连续型积分对它取. 在热力学公式中,η 指序参量的平衡值,它由热力学势的导数 $\partial\Phi/\partial h$(或 $\partial\Omega/\partial h$)给出,而热力学势由配分函数确定. 当然,有效哈密顿量的对称导致在热力学关系中类似的对称.

可得临界指数之间的两个关系式:

$$(\mu d - 1)\delta = 1, \quad \mu\left(\frac{2}{\nu} - d\right) = \varepsilon;$$

容易验证,它们实际上可由前面用其它方法得到的已知关系式导出.

设现在 t 有非零值,于是热力学量在变量 h 过零值时没有奇异性,因此函数 $\Phi(t,h)$ 可按 h 的整数幂展开. 这表明,当 $h\to 0, t\ne 0$ 时,函数 $\varphi(x)$ 按小变量 $1/x = h^{\mu/\nu}/t$ 的展开式应当具有形式

$$\varphi(x) \propto x^{\nu d}[1 + c_1 x^{-\nu/\mu} + c_2 x^{-2\nu/\mu} + \cdots];$$

因子 $x^{\nu d}$ 补偿非整数幂 $h^{d\mu}$,而展开变量 $x^{-\nu/\mu} \propto h$. 但是,当 $t>0$ 和 $t<0$ 时展开式相同. 当 $t>0$ 时,势 $\Phi(t,h)$ 仅含 h 的偶次幂,因为导数 $-\partial\Phi/\partial h = V\eta$ 对于对称相应该是 h 的奇函数:

$$\Phi \propto t^{\nu d}\left[1 + c_2 \frac{h^2}{t^{2\nu/\mu}} + \cdots\right], \quad t>0, \quad h\to 0. \tag{149.9}$$

当 $h\to 0$ 时,热容应遵从规律 $t^{-\alpha}$,而序参量按规律 $\eta = \chi h \propto h t^{-\gamma}$(相应于弱场情形),容易证实,由此得到的关系式也与已知的等效. 假如温度 $t<0$,则当 $h\to 0$ 时展开式 $\Phi(t,h)$ 含有 h 的全部整数幂:

$$\Phi \propto (-t)^{\nu d}\left[1 + c_1 \frac{h}{(-t)^{\nu/\mu}} + c_2 \frac{h^2}{(-t)^{2\nu/\mu}} + \cdots\right], \quad t<0, h\to 0 \tag{149.10}$$

(当然,系数 c_1, c_2 有所不同)①. 容易验证,对于自发(与 h 无关)的序参量可得所求的规律 $(-t)^\beta$.

关于关联半径的变换,前面已有讨论,这里还须考虑在 $t\to 0$ 时参量 η 涨落的关联函数,并对表达式

$$G(r) = 常数 \cdot r^{-(d-2+\zeta)} \quad (t=0).$$

要求标度不变性. 这里应该假设,涨落量 $\eta(r)$ 在空间的不同点就像 η 的平均值一样独立地变换②. 于是,关联函数变换如 $G\to Gu^{2\Delta_\eta}$,可得条件

$$d + 2 - 2/\mu = \zeta. \tag{149.11}$$

该等式还是已知关系式的推论.

最后,我们讨论临界指数的数值. 实验数据与数值计算的结果都证实,(在三维情形下)指数 α 和 ζ 都非常小:$\alpha \sim 0.1, \zeta \sim 0.05$. 在所列表格的第一行中,给出了令 $\alpha = \zeta = 0 (d=3)$ 时所找到的其它指数的数值. 根据在 §147 中所述的

---

① 比如说,如果 (149.10) 与场 $h>0$ 有关,则 $h<0$ 的公式可以从前者用代换 $h\to -h$ 得到. 值得注意(参看 §144),$t<0$ 时,在符号不同的场中的状态属于物理上等同的"相",而有符号不同的序参量(自发的及诱发的);当 $h\to 0$ 时,两相彼此平衡.

② 这里重要的是,所说的距离 r 应比关联半径小得多,但比原子间距大得多.

威尔逊方法对于序参量的不同分量数目 n 可估算 α 和 ζ，接受这些值后所得的指数值在其余各行中给出①.（这里认为有效哈密顿量仅仅依赖于各分量的平方和 $\eta^2 = \eta_1^2 + \eta_2^2 + \cdots$.）

	α	β	γ	δ	ε	μ	ν	ζ
	0	$\frac{1}{3}$	$\frac{4}{3}$	5	0	$\frac{2}{5}$	$\frac{2}{3}$	0
$n=1$	0.110	0.325	1.240	4.82	0.070	0.402	0.630	0.031
$n=2$	-0.07	0.346	1.315	4.80	-0.004	0.403	0.669	0.033
$n=3$	-0.115	0.364	1.387	4.80	-0.066	0.403	0.705	0.033

(149.12)

§150 连续相变的孤立点和临界点

二级相变曲线（在 PT 相图上）把不同对称的两相分开，当然它不能简单地在某一点终止. 但是它可以跨入一级相变曲线. 这样的从一条曲线到另一条曲线的转折点可称为**二级相变的临界点**；它在某种意义上类似于通常的临界点（图66 的 K 点，本节各图中，实线和虚线分别表示一级和二级相变点曲线）②.

在朗道理论的框架内，物质在这种点附近的性质，可以同样采用在 §143 中发展起来的序参量幂展开的方法（Л. Д. 朗道，1935）来研究.

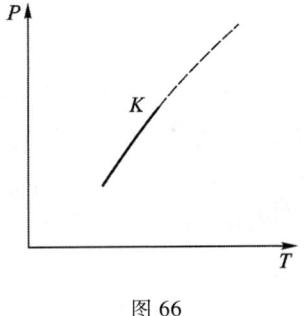

图66

在展开式(143.3)中，临界点取决于两个系数 $A(P,T)$ 和 $B(P,T)$ 变为零（如果 $A=0, B>0$，且有二级相变，则相变曲线只能终止于 B 变号处）. 为使物体的状态在临界点上稳定，五次项必须恒为零，而且六次项为正. 因此，我们从如下展开式出发：

$$\Phi(P,T,\eta) = \Phi_0(P,T) + A(P,T)\eta^2 + B(P,T)\eta^4 + D(P,T)\eta^6,$$
(150.1)

并且在临界点 $A_c = 0, B_c = 0, D_c > 0$.

在非对称相中，由热力学势取最小，得

---

① 指数 α 和 ζ 之值取自 Le Guillou J. G., Zinn-Justin J.// Phys. Rev. – 1980. – V. B21. – P. 3976.

② 文献中也称这样的点为**三临界点**.

$$\eta^2 = \frac{1}{3D}\left[-B + \sqrt{B^2 - 3AD}\right]. \tag{150.2}$$

忽略 η 的高次项,对该相的熵 $S = -\partial\Phi/\partial T$ 有:$S = S_0 - a\eta^2$,式中 $a = \partial A/\partial T$. 再一次求微商,得热容

$$C_p = \frac{Ta^2}{2\sqrt{B^2 - 3AD}}, \tag{150.3}$$

此处只写出分母在临界点为零的项.

令温度 $T_0 = T_0(P)$ 为满足 $B^2 - 3AD = 0$ 的温度;显然,当 $P = P_c$ 时,T_0 与 T_c 相同. $B^2 - 3AD$ 按 $T - T_0$ 的幂次展开的第一项为

$$B^2 - 3AD = -3a_0 D_0(T - T_0). \tag{150.4}$$

在临界点附近,差 $T_c(P) - T_0(P)$ 是二阶小量;事实上,当 $T = T_c(P)$ 时,有 $A = 0$,因而差

$$T_c(P) - T_0(P) = -\frac{B^2}{3a_0 D_0}, \tag{150.5}$$

也就是说,当 $P \to P_c$ 时,它趋于零如 B^2.

把(150.4)代入(150.3),得

$$C_p = \left(\frac{T^2 a^3}{12D}\right)_c^{1/2} \frac{1}{\sqrt{T_0 - T}} \tag{150.6}$$

(这个公式中系数取值时可用 T_c 代替 T_0 而仍有同样的精度). 于是,在趋近临界点时,非对称相的热容按 $(T_0 - T)^{-1/2}$ 增大.

对于正好在二级相变曲线上的状态,令(150.3)中 $A = 0$(或者把(150.5)代入(150.6)),得

$$C_p^{(\text{II})} = \frac{T_c a_c^2}{2B}. \tag{150.7}$$

量 B 在临界点变为零,在其附近正比于 $T - T_c$(或 $P - P_c$).

仍然在临界点附近,现在我们确定在一级相变线上非对称相的热容. 在这条线的各点上,两种不相同相即对称相和非对称相,彼此平衡. 非对称相中参量 η 的值取决于平衡条件 $\Phi(\eta) = \Phi_0$,并且同时必须有 $\partial\Phi/\partial\eta = 0$. 将(150.1)的 Φ 代入,得方程

$$A + B\eta^2 + D\eta^4 = 0, \quad A + 2B\eta^2 + 3D\eta^4 = 0,$$

因而

$$\eta^2 = -\frac{B}{2D}, \tag{150.8}$$

再把这个值代入方程 $\Phi(\eta) = \Phi_0$,给出

$$4AD = B^2. \tag{150.9}$$

这是一级相变线的方程.

非对称相在这条线上的热容通过将(150.9)代入(150.3)直接得出:

$$C_p^{(1)} = \frac{T_c a_c^2}{|B|}. \tag{150.10}$$

与(150.7)相比可看出,在离临界点同样远处,一级相变线上的热容是二级相变线上的两倍.从非对称相到对称相的相变热为:

$$q = T_c(S_0 - S) = \left(\frac{aT}{2D}\right)_c |B|. \tag{150.11}$$

还可看出,一级相变曲线在临界点平滑地过渡到二级相变曲线.前一条曲线上,微商 dT/dP 取决于条件

$$2DdA + 2AdD - BdB = 0,$$

它由方程(150.9)微分得到.二级相变的曲线方程为 $A=0$,因此 dT/dP 取决于条件 $dA=0$.但是在临界点 $A=0,B=0$,所以两个条件一致,dT/dP 没有突变.用类似的方式可以证明,二阶微商 d^2T/d^2P 经历突变.

沿曲线 $P=P_c$ 趋近临界点时,根据(150.6)热容 C_p 按规律 $|t|^{-1/2}$ 变化,即指数 $\alpha=1/2$.(沿 PT 平面上所有其它径向趋近时,除了正好在二级相变线即曲线 $A=0$ 的方向上以外,同样的极限规律成立;这时到 K 点距离起着 t 的作用.)在非对称相中序参量按规律 $\eta \approx (-A/3D)^{1/4} \propto |t|^{1/4}$ 变化,即指数 $\beta=1/4$.决定关联半径性质的指数 ν,如同在朗道理论中所有二级相变点处,有同样值 $\nu=1/2$.在推导公式(146.8)的近似下,B 变为零并不影响结果.由(148.13)—(148.17)可导得其余指数,值为 $\gamma=1,\delta=5,\varepsilon=\mu=2/5,\zeta=0$.我们已经知道,上述结论所基于的朗道理论在二级相变线附近并不适用.然而,值得注意的是,该理论的适用条件随着临界点的趋近而更易满足,正如不等式(146.15)所示,那里 B 出现在右边.当然,B 变为零并不意味着在临界点完全没有涨落修正.但是,前面所给出的指数值,已经满足标度不变性关系式(149.2).所以很自然,涨落理论的结果与朗道理论结果的区别仅在于到临界点距离的对数项.应该提醒,对数因子不显示在指数值中.

下一步我们考虑(仍在朗道理论框架内)一级和二级相变线交点的某些性质.

在二级相变中非对称相的对称,通过将 Φ 展开式中的四次项作为系数 $\gamma_i = \eta_i/\eta$ 的函数极小化来决定(正如§145所示).然而,这些项也与 P 和 T 有关,因而有可能出现,在相变线的不同区段非对称相具有各种不同的对称.我们考虑这类情形中最简单的一种:二级相变线(图 67 的曲线 AC)与一级相变线(BD 线)相交.区域 I 是对称相;相 II 和 III 的对称群是相 I 对称群的子群.但是,一般说来,它们并非一个为另一个的子群,所以把这两相分开的曲线 BD 是一级相变

线. 在 B 点所有三相等同①.

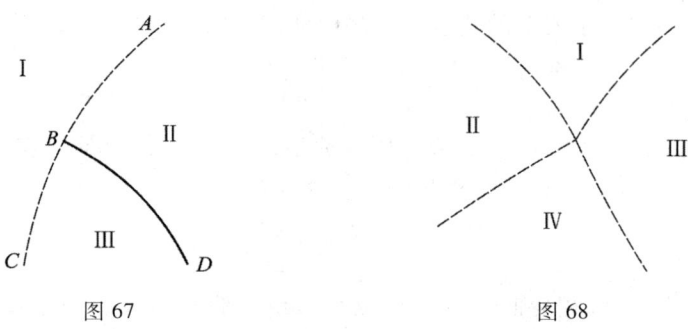

图 67 图 68

图 68 图示了几条二级相变线相交的一种可能类型. 如果 I 是最对称的相,则相 II 和 III 的对称群是相 I 对称群的子群,而相 IV 的对称群是相 II 和 III 的子群②. 最后, 还需要考虑热力学势展开式中三次项不恒为零的情形. 在这种情况下, 存在连续相变点的条件, 要求除系数 $A(P,T)$ 为零外, 展开式(145.6)中三次不变式的系数 $C_\alpha(P,T)$ 也该为零. 显然, 这仅当三次不变式只有一个时才有可能;否则对两个未知量 P 和 T 会得到不止两个方程. 在只有一个三次不变式时, $A(P,T)=0$ 和 $C(P,T)=0$ 这两个方程决定相应的一对 P,T 值, 即连续相变点是孤立的.

由于这些点是孤立的, 它们必定以某种方式位于 (在 PT 平面中) 一级相变曲线的交点上. 我们不在这里详细研究, 只限于指出一些结果③.

最简单的类型如图 69a 所示. 相 I 具有的对称较高, 而相 II 和 III 较低; 这时相 II 和 III 的对称相同, 两相区别仅在于 η 的符号. 在连续相变点 (图中的 O 点), 所有三相变为等同.

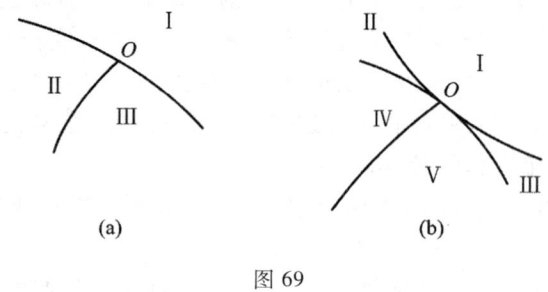

(a) (b)

图 69

---

① 涨落修正也许会导致在 B 点出现奇异性, 线 AB 和 CB 形成尖点.

② 图 67 型的交点在文献中称为**双临界点**, 而图 68 型的交点称为**四临界点**. 如果非对称相之一是无公度相, 则双临界点也称为**栗弗席兹点** (参看本节习题). ——俄文版编者注

③ 参看 Ландау Л. Д. //ЖЭТФ. - 1937. - Т. 7. - С. 19 (Собрание трудов. —Т. 1, статья 28. - М.: Наука, 1969.)

在更复杂的情况下,有两条(如图 69b 所示)或更多条一级相变曲线在连续相变点相切. 相 I 最对称, 其余对称较低, 并且相 II 和 III (以及相 IV 和 V) 的对称相同, 而这些相的区别只是 η 的符号.

习 题

设序参量单分量且只依赖于坐标 x, 试分析栗弗席兹点附近的相图 (A. Michelson, 1977).

解: 栗弗席兹点是可公度相在相变线上的失稳点, 对应于在热力学势中 $(d\eta/dx)^2$ 项的系数变为零, 所以必须考虑 $(d^2\eta/dx^2)$ 阶次的项:

$$\Phi_t = \int \left[\Phi_0 + A\eta^2 + B\eta^4 + g\left(\frac{d\eta}{dx}\right)^2 + \frac{f}{2}\left(\frac{d^2\eta}{dx^2}\right)^2 \right] dV. \tag{1}$$

在 $g > 0$ 区, 具有常数 η 的状态即可公度相是稳定的. 相应地,

$$g > 0, \qquad A > 0, \qquad \eta = 0 \quad (相 \text{ I}),$$
$$g > 0, \qquad A < 0, \qquad \eta = (-A/2B)^{1/2} \quad (相 \text{ II}).$$

方程 $A(P, T) = 0$ 在 $g > 0$ 时确定对称相 I 与可公度相 II 之间的二级相变线. 栗弗席兹点取决于 A 和 g 同时变为零:

$$A(P_L, T_L) = 0, \quad g(P_L, T_L) = 0.$$

在该点附近, A 和 g 是 $P - P_L$ 和 $T - T_L$ 的线性函数. 在 $g < 0$ 区相变发生在 η 依赖于 x 的无公度相中. 在栗弗席兹点附近, 可以认为这种依赖性是纯正弦的:

$$\eta(x) = \eta_0 \cos qx.$$

将其代入 (1) 并考虑到 $\overline{\cos^2 qx} = 1/2$, $\overline{\cos^4 qx} = 3/8$, 可得单位体积的热力学势:

$$\Phi = \Phi_0 + \frac{1}{2}\tilde{A}(q)\eta_0^2 + \frac{3}{8}B\eta_0^4, \tag{2}$$

式中 $\tilde{A}(q) = A + gq^2 + (f/2)q^4$. 如果 $g < 0$, 当 $q = q_0 \equiv (-g/f)^{1/2}$ 时函数 $\tilde{A}(q)$ 具有极小值. 量 q_0 为"调制"波矢. 它的波长 $2\pi/q_0$ 以反比于到栗弗席兹点的距离的平方根的方式变成无穷大. 最小值 $\tilde{A}(q_0) = A - g^2/2f$. 方程

$$\tilde{A}(q_0) = A - \frac{g^2}{2f} = 0$$

决定从对称相 II 到无公度相 III 的二级相变线. 将 (2) 对 η_0 求最小, 可得调制振幅 $\eta_0^2 = (2/3)(-\tilde{A}/B)$ 和势的值 $\Phi_{III} = \Phi_0 - (1/6)(\tilde{A}^2/B)$. 令 Φ_{III} 与公度相的势 $\Phi_{II} = \Phi_0 - (1/4)(A^2/B)$ 相等, 可得相 II 和 III 之间的一级相变线的方程

$$A = \frac{1}{\sqrt{6} - 2} \frac{g^2}{f}.$$

所得的相图大致如图 70 所示.

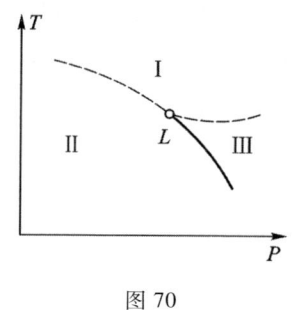

图 70

§151 二维晶格中的二级相变

由于不可能以普遍的形式从理论上定出临界指数,精确解析可解的二级相变问题的简单模型具有特别的意义. 有一个特定的二维晶格模型,昂萨格首先解决了其相变问题(L. Onsager, 1944)[①].

所考虑的模型是由 N 个格点组成的平面正方晶格,每个格点有一个"偶极子",其轴垂直于晶格平面. 偶极子可以有两个相反的取向,所以偶极子在晶格中的可能组态总数等于 2^N[②]. 我们描述不同的组态如下. 每个格点有整数坐标 k, l,赋予变量 σ_{kl},它可取 ± 1 两个数值,对应于偶极子的两种可能取向. 如果仅限于考虑相邻偶极子之间的相互作用,则组态能可以写成

$$E(\sigma) = -J \sum_{k,l=1}^{L} (\sigma_{kl}\sigma_{k,l+1} + \sigma_{kl}\sigma_{k+1,l}) \qquad (151.1)$$

(L 是晶格边的格点数[③],晶格设想为大的正方形;$N = L^2$). 参数 J 决定一对相邻偶极子的相互作用能;对于偶极子的相同和相反的取向,作用能分别等于 $-J$ 和 $+J$. 以下假设 $J > 0$. 这时"完全极化的"(有序的)组态具有最小的能量,那里全部偶极子有相同取向. 这种组态在绝对零度下实现;随着温度增加,有序程度减小,在相变点变为零,这时候每个偶极子的两种取向变成等概率的.

定义热力学量需要计算配分函数

$$Z = \sum_{(\sigma)} e^{-E(\sigma)/T} = \sum_{(\sigma)} \exp\left[\theta \sum_{k,l}(\sigma_{kl}\sigma_{k,l+1} + \sigma_{kl}\sigma_{k+1,l})\right], \qquad (151.2)$$

此处求和遍及所有可能的 2^N 组态,而 $\theta = J/T$. 通过按 θ 的幂次展开并考虑到所有的 $\sigma_{kl}^2 = 1$,容易证实,

---

① 昂萨格原先用的方法极为复杂,以后,许多作者简化了问题的解法. 下面所述方法(部分利用了卡茨和沃德方法的某些思想(M. Kac, J. C. Ward, 1952))由 Н. В. Вдовиченко(1964)提出.

② 该模型在文献中以伊辛模型为人所知;实际上它首先由楞次引入(W. Lenz, 1920),伊辛(E. Ising, 1925)研究了一维的情形(其中没有相变).

③ 当然,假设数 L 为宏观大,而且以下总是忽略边界效应(与晶格边界附近格点的特殊性有关).

§151 二维晶格中的二级相变

$$\exp(\theta\sigma_{kl}\sigma_{k'l'}) = \cosh\theta + \sigma_{kl}\sigma_{k'l'}\sinh\theta = \cosh\theta(1 + \sigma_{kl}\sigma_{k'l'}\tanh\theta).$$

所以,表达式(151.2)可以改写成

$$Z = (1 - x^2)^{-N} S, \tag{151.3}$$

式中

$$S = \sum_{(\sigma)} \prod_{k,l=1}^{L} (1 + x\sigma_{kl}\sigma_{k,l+1})(1 + x\sigma_{kl}\sigma_{k+1,l}) \tag{151.4}$$

而且记 $x = \tanh\theta$.

在(151.4)的求和号后,是变量 x 和 σ_{kl} 的多项式. 由于每个格点有四个近邻,每个 σ_{kl} 会以零次幂到四次幂出现在多项式中. 对所有 $\sigma_{kl} = \pm 1$ 的项求和之后,含有 σ_{kl} 的奇次幂的项变为零,因此只是含有 σ_{kl} 的 0,2 和 4 次幂的那些项给出非零的贡献. 因为 $\sigma_{kl}^0 = \sigma_{kl}^2 = \sigma_{kl}^4 = 1$,所以多项式中含有所有变量 σ_{kl} 偶次幂的每一项,对于和式给出正比于总组态数 2^N 的贡献.

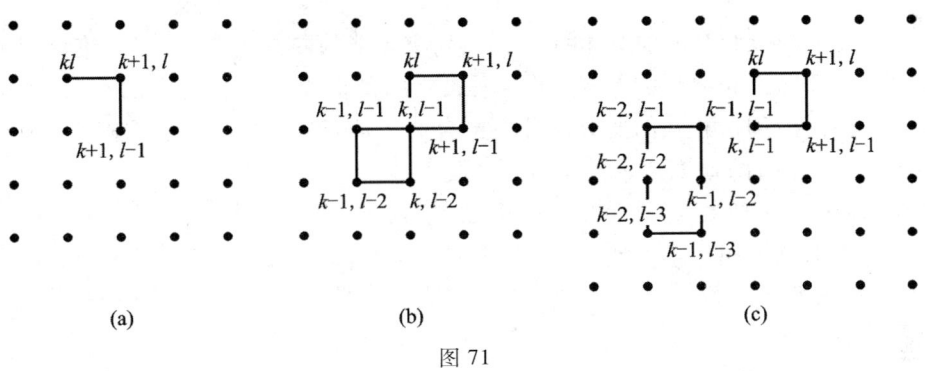

图 71

多项式的每一项可以唯一地对应于一组连接相邻格点对的线或"键". 例如,下列的多项式项与图 71 所示的图对应:

a) $x^2 \sigma_{kl} \sigma_{k+1,l}^2 \sigma_{k+1,l-1}$,

b) $x^8 \sigma_{kl}^2 \sigma_{k+1,l}^2 \sigma_{k+1,l-1}^4 \sigma_{k,l-1}^2 \sigma_{k,l-2}^2 \sigma_{k-1,l-1}^2 \sigma_{k-1,l-2}^2$,

c) $x^{10} \sigma_{kl}^2 \sigma_{k+1,l}^2 \sigma_{k+1,l-1}^2 \sigma_{k,l-1}^2 \sigma_{k-2,l-1}^2 \sigma_{k-1,l-1}^2 \sigma_{k-1,l-2}^2 \sigma_{k-1,l-3}^2 \sigma_{k-2,l-3}^2 \sigma_{k-2,l-2}^2$.

图的每一根线赋以因子 x,而其每一端点赋以因子 σ_{kl}.

对配分函数的不为零贡献只来自多项式中含有 σ_{kl} 偶次幂的项,这在几何上表示为,应该有两根或者四根键终止在图的每个点. 换句话说,求和仅对闭合图进行(这里允许在一点如图 71b 的点 $(k, l-1)$ 自交).

于是,和式 S 可以表示成如下形式

$$S = 2^N \sum_r x^r g_r, \tag{151.5}$$

式中 g_r 是由 r(偶数)根键构成的闭合图数;同时每个多连通图(例如,图 71c 的图)计数为一.

进一步的计算分两步:(1)对上述形式的图形的求和化为对所有可能的闭圈的求和,(2)将所得到的求和化为格点"随机行走"问题计算.

每个图将看成一个或几个闭圈的集合. 对于无自交图,这种表示显而易见;比如,图71c 是两个圈图的集合. 对于自交图,分解方式不唯一;同样的图形可以由数目不同的圈图组成,依赖于构成方法. 以图72 为例说明,它给出表示图71b 的三种方式:一个或两个无自交圈图,或者一个自交圈图. 更复杂图的每一自交点可以按这三种方式类似地经过.

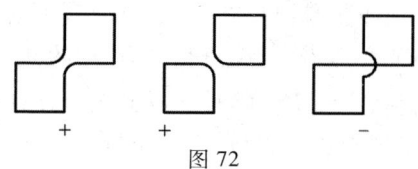

图 72

容易看出,(151.5)的求和可扩充至所有可能的圈图集合,只要在统计图数 g_r 时每图都带上符号 $(-1)^n$,这里 n 是给定的圈图集合中自交点的总数. 实际上,在这样计算时,和式的所有额外项会自动抵消. 例如,图72 的三图相应地有符号 $+,+,-$,因而其中两个相消,只留下对和式的单个贡献,正该如此. 在新的和式中将也含"复键"图,其最简单的例子如图73a 所示. 这些图属于非容许图(有奇数条即三条键汇于某些点),但是,它们实际上从和式中消失,也正该如此. 在构造与这种图对应的圈图时,每条公共键有两种走法:无自交(如图73b)或

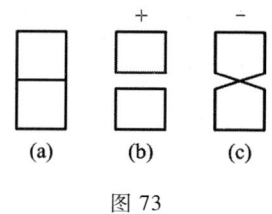

图 73

有自交(图73c),所得的圈图集合在和式中有相反的符号而相消. 其次,可以不必直接考虑自交数,如果利用已知的一个几何结果:绕平面闭圈时切线的总旋转角等于 $2\pi(l+1)$,此处 l 是整数(或正或负),其偶性与圈图自交数 ν 的偶性一致. 所以,如果赋予圈图中的每个格点(旋转角 $\varphi = 0, \pm\pi/2$)以因子 $e^{i\varphi/2}$,则绕整个圈图后这些因子的乘积给出 $(-1)^{\nu+1}$. 对于 s 个圈图的集合,得因子 $(-1)^{n+s}$,此处 $n = \sum \nu$.

因此,如果圈图中每个格点加权 $e^{i\varphi/2}$ 并对整个图(圈图集合)再引入因子 $(-1)^s$(以抵消 $(-1)^{n+s}$ 中同一因子),则可以不考虑自交数.

用 f_r 记全部长度为 r(即由 r 条键组成)的单圈图之和,并且每个圈图其上各点有因子 $e^{i\varphi/2}$. 那么,总键数为 r 的全部二圈图之和等于

$$\frac{1}{2!}\sum_{r_1+r_2=r} f_{r_1} f_{r_2}$$

（因子 $\frac{1}{2!}$ 是考虑到指标 r_1, r_2 置换时二圈图不变），对于三圈图等也类似. 因此，和式 S 取如下形式

$$S = \sum_{s=0}^{\infty} (-1)^s \frac{1}{s!} \sum_{r_1, r_2 \cdots = 1}^{\infty} x^{r_1 + \cdots + r_s} f_{r_1} \cdots f_{r_s}.$$

因为在 S 中包含具有任意总长度 $r_1 + r_2 + \cdots$ 的圈图集合，所以在内层求和中，数 $r_1, r_2 \cdots$ 可独立地取从 1 到 ∞ 的所有值[①]. 于是，

$$\sum_{r_1, \cdots, r_s} x^{r_1 + \cdots + r_s} f_{r_1} \cdots f_{r_s} = \Big(\sum_{r=0}^{\infty} x^r f_r \Big)^s,$$

而 S 化为

$$S = \exp\Big(- \sum_{r=0}^{\infty} x^r f_r \Big). \tag{151.6}$$

至此，第一步计算完成.

为了方便后面讨论，指定每一格点有从它出发的四个可能方向，后者用专门指标 $\nu = 1, 2, 3, 4$ 编号，比如说按规则

$$\begin{array}{c} 2 \\ \uparrow \\ 3 \leftarrow \bullet \rightarrow 1 \\ \downarrow \\ 4 \end{array}$$

我们引入辅助量 $W_r(k, l, \nu)$，它是从某个给定点 k_0, l_0, ν_0 到点 k, l, ν 的长度为 r 的所有可能路径之和（每键依旧有因子 $e^{i\varphi/2}$，此处 φ 为走到下一键时方向的改变）；这时走向 k, l, ν 的最后一步不应该沿箭头 ν 所指的方向[②]. 在这种定义下，$W_r(k_0, l_0, \nu_0)$ 是所有沿 ν_0 方向从 k_0, l_0 离开而又返回到该点的圈图之和. 显然，

$$f_r = \frac{1}{2r} \sum_{k_0, l_0, \nu_0} W_r(k_0, l_0, \nu_0). \tag{151.7}$$

实际上，上式左右两边均为所有单圈图之和，但是 $\sum W_r$ 包含每个圈图 $2r$ 次，因为它可以走两个相反方向，而且其 r 个点的每一个都可取作出发点[③]. 把 (151.7) 代入 (151.6)，得

[①] 格点数大于 N 的圈图对求和没有贡献，因为必定含有复键.

[②] 当然，实际上 $W_r(k, l, \nu)$ 仅依赖于差 $k - k_0, l - l_0$.

[③] 在所叙述的公式(151.8)的推导中有大漏洞；问题在于对和式(151.6)中圈图数所作的计数，并非对任何圈图都正确. 例如，一对等同圈图在和式中不出现两次，而是 1 次. 类似地，在(151.7)式中每个圈图出现 $2r$ 次的结论并非对所有圈图正确. 但是，产生的"反常"项在最后的表达式(151.8)中消去了. 完全的证明参看 Sherman S.//J. Math. Phys. – 1960. – V. 1 – P. 202；– 1963. – V. 4 – P. 1213. – 俄文版编者注

$$S = \exp\Big[- \sum_{r=1}^{\infty} \sum_{k_0, l_0, \nu_0} \frac{x^r}{2r} W_r(k_0, l_0, \nu_0) \Big]. \tag{151.8}$$

从 $W_r(k, l, \nu)$ 的定义有下列递推关系

$$\left.\begin{aligned}
W_{r+1}(k, l, 1) &= W_r(k-1, l, 1) + e^{-\frac{i\pi}{4}} W_r(k, l-1, 2) + \\
&\quad + 0 + e^{\frac{i\pi}{4}} W_r(k, l+1, 4), \\
W_{r+1}(k, l, 2) &= e^{\frac{i\pi}{4}} W_r(k-1, l, 1) + W_r(k, l-1, 2) + \\
&\quad + e^{-\frac{i\pi}{4}} W_r(k+1, l, 3) + 0, \\
W_{r+1}(k, l, 3) &= 0 + e^{\frac{i\pi}{4}} W_r(k, l-1, 2) + \\
&\quad + W_r(k+1, l, 3) + e^{-\frac{i\pi}{4}} W_r(k, l+1, 4), \\
W_{r+1}(k, l, 4) &= e^{-\frac{i\pi}{4}} W_r(k-1, l, 1) + 0 + \\
&\quad + e^{\frac{i\pi}{4}} W_r(k+1, l, 3) + W_r(k, l+1, 4).
\end{aligned}\right\} \tag{151.9}$$

构成这些关系式的方法是显然的;例如,作最后的第 $r+1$ 步,到达点 $k,l,1$ 时,可从左面,从下面,或者从上面,但是不可从右面;W_r 前的系数来自因子 $e^{i\varphi/2}$.

用 Λ 表示方程组(151.9)(含所有的 k,l)的系数矩阵,可写

$$W_{r+1}(k, l, \nu) = \sum_{k', l', \nu'} \Lambda(kl\nu \mid k'l'\nu') W_r(k', l', \nu').$$

根据构造这个方程组的方法,可赋予这个矩阵一个直观图像:点一步一步地在晶格中"游动",其每步从一格点到另一个的"转移概率"等于矩阵 Λ 的相应元;事实上,仅在 k 或 l 只改变 0 或 ± 1 时矩阵元不为零,即该点每一步只走过一条键.很显然,长度 r 的"转移概率"将取决于矩阵 Λ^r.特别是,这个矩阵的对角分量将给出点走完长度为 r 的一圈后返回出发点的"概率",即与 $W_r(k_0, l_0, \nu_0)$ 相等.于是,

$$\operatorname{tr} \Lambda^r = \sum_{k_0, l_0, \nu_0} W_r(k_0, l_0, \nu_0).$$

与(151.7)比较,得

$$f_r = \frac{1}{2r} \operatorname{tr} \Lambda^r = \frac{1}{2r} \sum_i \lambda_i^r,$$

式中 λ_i 是矩阵 Λ 的本征值.把这个表达式代入(151.8)并置换 i 和 r 的求和次序,得

$$S = \exp\Big(-\frac{1}{2} \sum_i \sum_{r=1}^{\infty} \frac{1}{r} x^r \lambda_i^r \Big) = \exp\Big[\frac{1}{2} \sum_i \ln(1 - x\lambda_i) \Big] =$$

$$= \prod_i \sqrt{1 - x\lambda_i}. \tag{151.10}$$

借助于如下傅里叶变换转到其它表示后矩阵 Λ 很容易对指标 k, l 对角化:

§151 二维晶格中的二级相变

$$W_r(p,q,\nu) = \sum_{k,l=0}^{L} \exp\left[-\frac{2\pi i}{L}(pk+ql)\right] W_r(k,l,\nu).$$

对方程组(151.9)两边取傅里叶分量后,其中每个方程都只含指标为 p,q 的 $W_r(p,q,\nu)$,即矩阵相对于 p,q 为对角的. 对于给定的 p,q,其矩阵元等于

$$\Lambda(pq\nu | pq\nu') = \begin{pmatrix} \varepsilon^{-p} & \alpha^{-1}\varepsilon^{-q} & 0 & \alpha\varepsilon^{q} \\ \alpha\varepsilon^{-p} & \varepsilon^{-q} & \alpha^{-1}\varepsilon^{p} & 0 \\ 0 & \alpha\varepsilon^{-q} & \varepsilon^{p} & \alpha^{-1}\varepsilon^{q} \\ \alpha^{-1}\varepsilon^{-p} & 0 & \alpha\varepsilon^{p} & \varepsilon^{q} \end{pmatrix},$$

式中

$$\alpha = e^{i\pi/4}, \quad \varepsilon = e^{2\pi i/L}.$$

对于给定的 p,q,简单的计算给出

$$\prod_{i=1}^{4}(1-x\lambda_i) = \det(\delta_{\nu\nu'} - x\Lambda_{\nu\nu'}) =$$
$$= (1+x^2)^2 - 2x(1-x^2)\left(\cos\frac{2\pi p}{L} + \cos\frac{2\pi q}{L}\right).$$

于是,由(151.3)和(151.10),最终得配分函数:

$$Z = 2^N(1-x^2)^{-N} \times \prod_{p,q=0}^{L}\left[(1+x^2)^2 - 2x(1-x^2)\left(\cos\frac{2\pi p}{L} + \cos\frac{2\pi q}{L}\right)\right]^{1/2}. \tag{151.11}$$

热力学势①

$$\Phi = -T\ln Z = -NT\ln 2 + NT\ln(1-x^2) -$$
$$-\frac{1}{2}T\sum_{p,q=0}^{L}\ln\left[(1+x^2)^2 - 2x(1-x^2)\left(\cos\frac{2\pi p}{L} + \cos\frac{2\pi q}{L}\right)\right]$$

或者,将求和变换为积分,得

$$\Phi = -NT\ln 2 + NT\ln(1-x^2) -$$
$$-\frac{NT}{2(2\pi)^2}\iint_0^{2\pi}\ln\left[(1+x^2)^2 - 2x(1-x^2)(\cos\omega_1 + \cos\omega_2)\right]d\omega_1 d\omega_2, \tag{151.12}$$

此处仍记 $x = \tanh(J/T)$.

现在我们考察这个表达式. 在被积式对数宗量可变为零的 x 值处,函数 $\Phi(T)$ 有奇点. 作为 ω_1 和 ω_2 的函数,这个宗量在 $\cos\omega_1 = \cos\omega_2 = 1$ 时为极小,这

---

① 在所考虑的模型中,温度只影响偶极子的取向有序,但不影响其间距(晶格的"热膨胀系数"等于零). 在这种情况下,自由能和热力学势并无实质性差别.

时它等于
$$(1+x^2)^2 - 4x(1-x^2) = (x^2+2x-1)^2.$$
这个表达式仅对于 x 的一个（正）值 $x_c = \sqrt{2} - 1$ 有最小值为零；相应的温度 T_c $\left(\tanh\dfrac{J}{T_c} = x_c\right)$ 为相变点.

$\Phi(T)$ 在相变点的附近按 $t = T - T_c$ 幂次的展开，除规则部分外还含有奇异项. 在这里我们只对奇异项感兴趣（规则部分直接用它在 $t=0$ 时的值取代）. 为求得奇异项的形式，把（151.12）中的对数宗量在其最小值附近按 ω_1, ω_2 和 t 的幂次展开后，该积分取如下形式

$$\iint_0^{2\pi} \ln[c_1 t^2 + c_2(\omega_1^2 + \omega_2^2)]\,d\omega_1 d\omega_2,$$

式中 c_1, c_2 是常数. 积分之后得，在相变点附近热力学势形为

$$\Phi \approx a + \frac{1}{2} b (T - T_c)^2 \ln|T - T_c|, \tag{151.13}$$

式中 a, b 仍为常数（且 $b > 0$）. 热力学势本身在相变点连续，而热容按如下规律变为无穷大：

$$C \approx -bT_c \ln|T - T_c|, \tag{151.14}$$

它在相变点的两边是对称的.

在这个模型中，序参量 η 由格点平均偶极矩（晶格的自发极化）充当，它在相变点以下不为零，而在以上为零. 这个量与温度的依赖关系也可以定下；在相变点附近，序参量按如下规律趋近于零

$$\eta = \text{常数} \cdot (T_c - T)^{1/8} \tag{151.15}$$

(L. Onsager, 1947).

关联函数定义为两个格点偶极矩涨落的乘积的平均值. 关联半径可证实在 $T \to T_c$ 时按规律 $1/|T - T_c|$ 趋于无穷大，而在 $T = T_c$ 处，关联函数随距离按如下规律减小

$$\langle \Delta\sigma_{kl} \Delta\sigma_{mn} \rangle \propto [(k-m)^2 + (l-n)^2]^{-1/8}.$$

这些结果，以及解决该模型在外场中性质问题的结果，表明在相变点附近其行为满足标度不变性假设的要求. 这时临界指数有下列值：

$$\begin{gathered}\alpha = 0, \quad \beta = 1/8, \quad \gamma = 7/4, \quad \delta = 15, \quad \varepsilon = 0,\\ \mu = 8/15, \quad \nu = 1, \quad \zeta = 1/4\end{gathered} \tag{151.16}$$

(指数 ζ 根据（148.7）取 $d=2$ 定)①.

---

① 值得提醒（参看（148.11）后的脚注），至于临界指数，零指数也对应于对数增长.

§152 临界点的范德瓦尔斯理论

在§83中就已经指出:液气相变的临界点是物质热力学函数的奇点. 这种奇异性的物理本质类似于二级相变点奇异性的本质:正如后者与序参量涨落的增大有关,在接近临界点时物质密度的涨落增大. 这种在物理本质上的相似性导致这两种现象的可能数学描述有一定的相似性,这将在下节论述.

首先,作为必要的准备,考虑如何基于忽略涨落而描述临界现象. 这样的理论(类似于二级相变理论中的朗道近似),假定物质的热力学量(作为变量 V 和 T 的函数)没有奇异性,即可以按这些变量的小改变展开为幂级数. 因此,本节以下所述的全部结果,只依赖于微商 $(\partial P/\partial V)_T$ 变为零[①].

我们先假定

$$\left(\frac{\partial P}{\partial V}\right)_T = 0, \tag{152.1}$$

阐明这时物质的稳定性条件. 在§21中推导热力学不等式时,我们从条件 (21.1)出发,由之得不等式(21.2),后者在条件(21.3)、(21.4)下成立. 如果 (21.4)取等式:

$$\frac{\partial^2 E}{\partial S^2}\frac{\partial^2 E}{\partial V^2} - \left(\frac{\partial^2 E}{\partial V \partial S}\right)^2 = 0, \tag{152.2}$$

则极值条件的这个特殊情形对应于这里感兴趣的情形(152.1). 现在二次型 (21.2)既可为正,也可为零,视 δS 和 δV 的值而定;所以量 $E - T_0 S + P_0 V$ 是否有最小值的问题,需要进一步研究.

显然,我们应该考察的是(21.2)正好取等式的情况:

$$\frac{\partial^2 E}{\partial S^2}(\delta S)^2 + 2\frac{\partial^2 E}{\partial S \partial V}\delta S \delta V + \frac{\partial^2 E}{\partial V^2}(\delta V)^2 = 0. \tag{152.3}$$

注意到(152.2),该等式可以改写成如下形式

$$\frac{1}{\partial^2 E/\partial S^2}\left(\frac{\partial^2 E}{\partial S^2}\delta S + \frac{\partial^2 E}{\partial S \partial V}\delta V\right)^2 = \frac{1}{\partial^2 E/\partial S^2}\left[\delta\frac{\partial E}{\partial S}\right]^2 = \frac{C_v}{T}(\delta T)^2 = 0.$$

因此,等式(152.3)表明,应该在恒定温度下 $(\delta T = 0)$,考虑对平衡态的偏离.

恒温下,原来的不等式(21.1)变成 $\delta F + P\delta V > 0$. 把 δF 展开成 δV 的幂级数并考虑到假设 $\frac{\partial^2 F}{\partial V^2} = -\left(\frac{\partial P}{\partial V}\right)_T = 0$,得

$$\frac{1}{3!}\left(\frac{\partial^2 P}{\partial V^2}\right)_T \delta V^3 + \frac{1}{4!}\left(\frac{\partial^3 P}{\partial V^3}\right)_T \delta V^4 + \cdots < 0.$$

[①] 热力学量作为变量 P, T 的函数,这时可有由于变量变换的雅可比式变为零而引起的奇异性.

这个不等式在任意 δV 下成立的条件为①

$$\left(\frac{\partial^2 P}{\partial V^2}\right)_T = 0, \quad \left(\frac{\partial^3 P}{\partial V^3}\right)_T < 0. \tag{152.4}$$

现在考虑临界点附近的物态方程. 这时利用变量 T 和 n 代替变量 T 和 V 较为方便, 这里 n 是粒子数密度(单位体积内的粒子数). 我们也引入记号

$$t = T - T_c, \quad p = P - P_c, \quad \eta = n - n_c. \tag{152.5}$$

以这些变量, 条件(152.1)和(152.4)可写成

$$\left(\frac{\partial p}{\partial \eta}\right)_t = 0, \quad \left(\frac{\partial^2 p}{\partial \eta^2}\right)_t = 0, \quad \left(\frac{\partial^3 p}{\partial \eta^3}\right)_t > 0, \quad \text{当} \quad t = 0 \text{ 时}. \tag{152.6}$$

如果限于按小量 t 和 η 展开的前几项, 压强对温度和密度的依赖关系可写成

$$p = bt + 2at\eta + 4B\eta^3, \tag{152.7}$$

此处 a, b, B 为常数. 根据(152.6)中的前两个条件, 这个展开式没有 η 和 η^2 的项, 而由第三个条件, $B > 0$. 在 $t > 0$ 时, 物体的所有均匀态都是稳定的(无处有相分离), 即对所有 η 应有 $(\partial p/\partial \eta)_t > 0$; 由此得出, $a > 0$. 展开式的 $t\eta^2$ 和 $t^2\eta$ 项可略, 因为它们必定比 $t\eta$ 项小许多; $t\eta$ 项却应该留下, 因为它出现在下面会用到的导数中:

$$\left(\frac{\partial p}{\partial \eta}\right)_t = 2at + 12B\eta^2. \tag{152.8}$$

表达式(152.7)决定均匀物质在临界点附近的等温线(图74). 它们的形状和范德瓦尔斯等温线类似(参看图19). 当 $t < 0$ 时, 它们有最小和最大, 而根据条件(84.2)得出的水平段(最下一条等温线的 AD)对应于从液态到气态的平衡相变. 将条件(84.2)中的 V 取作分子体积

$$v = \frac{1}{n} \approx \frac{1}{n_c} - \frac{\eta}{n_c^2}, \tag{152.9}$$

该条件可写成

$$\int_A^D v\,dp = \frac{1}{n_c}(p_2 - p_1) - \frac{1}{n_c^2}\int_A^D \eta\,dp = 0.$$

但是, 平衡中的两相压强相等, $p_1 = p_2$, 最后得

$$\int_A^D \eta\,dp = \int_{\eta_1}^{\eta_2} \eta\left(\frac{\partial p}{\partial \eta}\right)_t d\eta = 0. \tag{152.10}$$

从表达式(152.8)可以看出, 被积式是 η 的奇函数. 所以显然应该有

---

① 值得指出, (21.3)式取等式的情形, 在这里的讨论中不可能, 否则条件(21.4)不满足. (21.3)和(21.4)这两个表达式同时变为零也不可能: 如果在 $(\partial P/\partial V)_T$ 和 $(\partial^2 P/\partial^2 V)_T$ 变为零的条件上再加一个条件, 则两个未知数有三个方程, 一般没有公共解.

§152 临界点的范德瓦尔斯理论

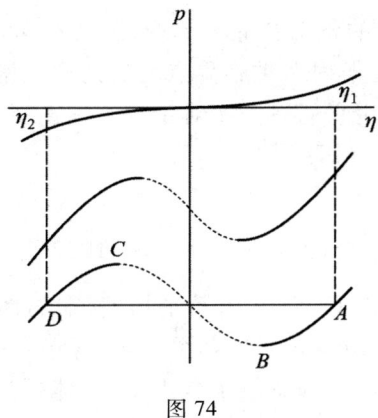

图74

$$\eta_1 = -\eta_2.$$

现在运用压强相等条件和公式(152.7),有

$$2at\eta_1 + 4B\eta_1^3 = 0.$$

结果得彼此处于平衡的两相密度值如下:

$$\eta_1 = -\eta_2 = \sqrt{\frac{-at}{2B}}. \tag{152.11}$$

与亚稳区边界(图74的B点和C点)对应的密度η_1'和η_2'取决于条件$(\partial p/\partial \eta)_t = 0$,由此得[①]

$$\eta_1' = -\eta_2' = \sqrt{\frac{-at}{6B}}. \tag{152.12}$$

将(152.11)代入,则(152.7)中最后两项之和为零. 于是,

$$p = bt \quad (t < 0) \tag{152.13}$$

是pt平面中的气液平衡曲线方程(所以$b > 0$)[②]. 根据克拉珀龙-克劳修斯方程(82.2),临界点附近的汽化热为

$$q \approx bT_c \frac{\eta_1 - \eta_2}{n_c^2}. \tag{152.14}$$

因此,从(152.11)可得,当$t \to 0$时汽化热按如下规律趋于零

$$q \propto \sqrt{-t}. \tag{152.15}$$

从公式(16.10)可得,在临界点$(\partial p/\partial \eta)_t$变为零,而同时热容$C_p$变为无穷大. 考虑到(152.8),得

$$C_p \propto \frac{1}{at + 6B\eta^2}. \tag{152.16}$$

---

① 如果将热力学量在亚稳态边界上奇异性考虑在内,则理论通常不包括曲线BC.
② 当$t > 0$时,方程(152.13)决定临界等容线即过临界点的常数密度($\eta = 0$)曲线.

特别是,对于平衡曲线上的状态有 $\eta \propto \sqrt{-t}$,所以 $C_p \propto (-t)^{-1}$.

最后,在上述理论框架内考虑临界点附近的密度涨落. 必要的普遍公式已在§116 中导出,为了运用它们只需要对于物体偏离平衡时总自由能的改变量 ΔF_t 找出具体形式.

我们把 ΔF_t 表示成

$$\Delta F_t = \int (F - \bar{F}) \mathrm{d}V,$$

式中 F 是单位体积的自由能,而 $\bar{F}$ 为其平均值,在物体内为常数. 在常数温度下,把 $F - \bar{F}$ 按密度涨落 $\Delta n = n - \bar{n}$(或等价量 $\Delta \eta = \eta - \bar{\eta}$)的幂展开. 展开的第一项正比于 Δn,由于物体中的总粒子数不变,对体积积分后它变为零. 二阶项为①:

$$\frac{1}{2}\left(\frac{\partial^2 F}{\partial n^2}\right)_T (\Delta n)^2 = \frac{1}{2n_c}\left(\frac{\partial P}{\partial \eta}\right)_t (\Delta n)^2.$$

除了在临界点处为零的这一项以外,还应该考虑 Δn 的另一二次项,它与密度有涨落的物体的不均匀性有关. 在这方面,我们不再重复在§146 中给过的讨论,直接指出,该项是 Δn 对坐标一阶导数的二次项;在各向同性的介质中,这一项只能是梯度的平方. 因此,我们得出如下形式的表达式②

$$\Delta F_t = \int \left[\frac{1}{2n_c}\left(\frac{\partial p}{\partial \eta}\right)_t (\Delta n)^2 + g\left(\frac{\partial \Delta n}{\partial r}\right)^2 \right] \mathrm{d}V. \tag{152.17}$$

现在把 Δn 表示为傅里叶级数(116.9),它可化为(116.10)的形式,其中函数 $\varphi(k)$ 取

$$\varphi(k) = \frac{1}{n_c}\left(\frac{\partial p}{\partial \eta}\right)_t + 2gk^2 = \frac{2}{n_c}(at + 6B\bar{\eta}^2) + 2gk^2,$$

再根据(116.14),可得待求关联函数的傅里叶变换

$$\nu(k) = \frac{T}{2}[at + 6B\bar{\eta}^2 + gn_c k^2]^{-1} \tag{152.18}$$

(由于这个表达式的分母很小,$\nu(k)$ 中的常数 1 可略). 这个公式完全类似于(146.8). 因此,坐标表示的关联函数 $\nu(r)$ 具有(146.11)的同一形式,且关联半径为

$$r_c = \left(\frac{gn_c}{at + 6B\bar{\eta}^2}\right)^{1/2}. \tag{152.19}$$

---

① 自由能 F 属于物质的给定(单位)体积,所以 $(\partial F/\partial n)_T = \mu$. 二阶导数为

$$\left(\frac{\partial^2 F}{\partial n^2}\right)_T = \left(\frac{\partial \mu}{\partial n}\right)_T = \frac{1}{n}\left(\frac{\partial P}{\partial n}\right)_T$$

(因为在常数 T 下 $\mathrm{d}\mu = v\mathrm{d}P$,此处 $v = 1/n$ 是分子体积).

② ΔF_t 表示成了物体中单点函数(而不是一般表达式(116.8)中那样的积分),这与假设 Δn 缓变有关,即只考虑密度涨落的长波分量.

特别地，在临界等容线上 $(\bar{\eta}=0):r_c \propto t^{-1/2}$.

§153 临界点的涨落理论

上节所得到的那些公式，使得有可能将临界点类比于二级相变点，对比二者附近物质特性的热力学描述．为此，依照朗道理论的精神，先把 η 不当成是 P 和 T 的确定函数，而看成独立变量，其平衡值由最小化某个热力学势 $\Phi(P,T,\eta)$ 来确定．后者应该这样选择，以使得这个最小化实际上导致正确的物态方程 (152.7)．满足这个要求的表达式为[①]

$$\Phi(P,T,\eta) = \Phi_0(P,T) + \frac{N}{n_c^2}[-(p-bt)\eta + at\eta^2 + B\eta^4]. \quad (153.1)$$

把 (153.1) 与 (144.3) 相比较，现在我们看到，在朗道理论对外场中二级相变的描述与范德瓦尔斯理论对气液两相临界点的描述之间存在类似．这时在第二种情形下，物质密度的变化 $\eta = n - n_c$ 相当于序参量，而充当外场的是差

$$h = p - bt. \quad (153.2)$$

如果 $\Phi(t,h)$ 是物体在二级相变点附近的热力学势（在特定的压强值下），则表达式 $\Phi(t,p-bt)$ 给出了物质在临界点附近热力学势的形式．在 §146 中有关从势 Φ 过渡到势 Ω 的方法的全部论述，适于任意情形，因此在两种问题中的势 Ω 也有相似性．

在 §147 中已经指明，如何从朗道理论的热力学势 Ω 转到有效哈密顿量，用以在精确的涨落理论中描述相变．因此，在上述相似性下可以预料：热力学量在临界点附近行为的规律，等同于外场中（单个序参量描述的）二级相变涨落区的极限规律（适当替换 η 和 h 的意义）．

应该马上强调，这种等同性显然只是一个近似．在基于有效哈密顿量 (147.6) 的相变理论中，存在关于变换 $h \to -h, \eta \to -\eta$ 的精确对称（因三次项 $\sim \eta^3$ 恒为零）．在临界点理论中，这种对称只是近似的；破坏这种对称的项在 (153.1) 中不存在（因而也不存在于有效哈密顿量中），仅是因为它们与其余项相比很小．所以，只能断定：两种问题的极限关系式中的主导项应该相同[②]．

在相变理论中，在 $t > 0$ 且 $h = 0$ 时，$\eta = 0$；而 $t < 0$ 且 $h \to 0$ 时，序参量有非零

[①] 方括号前的系数在下面并不重要，可以这样选择，使得表达式 (153.1) 最小化给出正确的势 $\Phi(P,T)$．

看似奇怪，在 (153.1) 中 p 和 t 之间不对称，这体现在 η^2 前的系数不含 p．实际上，仅当 η 项的系数 $p - bt$ 很小时 η^2 项才重要；在这种情形下，写 $at\eta^2$ 或写 $ap\eta^2/b$ 一样．（另见本节末尾）．

[②] 当然，所描述的相似性不应该掩盖两种现象在物理上的差别：在二级相变的情形下，我们谈论整条的相变点曲线，它在 PT 平面上分隔不同对称的两相的存在区域，而临界点是孤立点（平衡曲线的终点），位于两相有相同对称的相图中．

值 η_1 和 η_2 的两相处于平衡，此处 $\eta_1 = -\eta_2$（§144 图64b 的 A 和 A' 点）；这里的这个等式是上述的有效哈密顿量对称的精确结果. 在临界点的情形下，与这些性质相应的是等式

$$p - bt = 0, \tag{153.3}$$

它决定 $t > 0$ 下的临界等容线（$\eta = 0$ 即 $n = n_c$），以及 $t < 0$ 下的液汽平衡曲线. 在这里，等式 $\eta_2 = -\eta_1$ 指示相平衡曲线在 $t\eta$ 平面中的对称性，而扩充的相似性表明这些值在 $t \to 0$ 下趋于零，遵从规律

$$\eta_1 = -\eta_2 \propto (-t)^\beta, \tag{153.4}$$

且与(148.5)有同样的指数①. 但是，因为有效哈密顿量（在 $h = 0$ 时）对于 η 变号的不变性只是近似的，所以产生了关于和式 $\eta_1 + \eta_2$ 温度依赖关系的极限规律的问题. 根据至今为止的讨论，仅可断定这个量是比 η_1 和 η_2 本身更高阶的小量；在本节末尾，将再回到这个问题上来.

平面 ηt 上的相图如图75所示. 阴影区表示两相分离区，它的边界为对称曲线，与规律(153.4)一致.

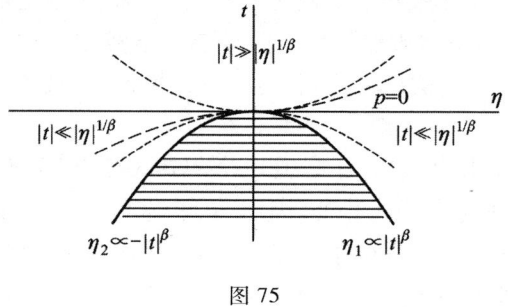

图75

汽化热与差 $\eta_1 - \eta_2$ 有关如公式(152.14)，所以，当 $|t| \to 0$ 时它趋于零，遵从同样的规律

$$q \propto (-t)^\beta. \tag{153.5}$$

在临界点的所有邻域内均匀物质的一般物态方程（在平面 ηT 内）可以表示为

$$p - bt = \pm |\eta|^\delta f\left(\frac{t}{|\eta|^{1/\beta}}\right), \tag{153.6}$$

式中上、下符号对应于 $\eta > 0$ 和 $\eta < 0$（B. Widom, 1965）. 这个公式对应于相变理

---

① 在这里和本节下面，二级相变的临界指数特指用单个序参量描写的且有效哈密顿量形如(147.6)的相变指数值.

临界点的范德瓦尔斯理论对应于(148.11)后的脚注中对朗道理论所列出的指数值.

论中(在 h 下解得的)方程(148.18).

在§149 已讨论过二级相变中函数 $f(x)$ 的解析性,同样的考虑也适用于(153.6). 例如,在给定的非零 η 值下,t 变号时无处过临界点,因此 $t=0$ 不是函数(153.6)的奇点. 于是,它可以按 t 的整数幂展开. 换句话说,函数 $f(x)$ 可按 x 的整数幂展开. 展开的前两项为 $1 + c_1 x$,结果物态方程取如下形式:

$$p - bt \propto \pm |\eta|^\delta \left(1 + c_1 \frac{t}{|\eta|^{1/\beta}} + \cdots\right), \quad \text{当} \quad |t| \ll |\eta|^{1/\beta} \text{ 时};$$
(153.7)

展开式第一项对应于相变理论中强场情况下的定义(148.10). 在图 75 中虚线标示这个状态方程适用区的边界. 在该区还可以区分两种极限情况. 如果 $t \ll p$(特别是在临界等温线即 $t=0$ 线上),则

$$p \propto \pm |\eta|^\delta.$$
(153.8)

假如 $t \gg p$(特别是在临界等压线即 $p=0$ 线上),则

$$t \propto \pm |\eta|^\delta.$$
(153.9)

把(153.8)和(153.9)相比较可看出,p 和 t 之间存在应有的对称①.

类似地,对于给定的非零 t 值,变量 η 的零值也不是奇点. 所以,在 $t>0$ 且 $\eta \to 0$ 时,函数(153.6)可按 η 的整数幂展开,而且,同样因为有效哈密顿量对于 η 和 h 的同时变号有对称性,展开式只含 η 的奇次幂. 由此得出②

$$f(x) \propto x^{\beta\delta}(c_1 x^{-\beta} + c_3 x^{-3\beta} + \cdots), \quad \text{当} \quad x \to \infty \text{ 时};$$

因子 $x^{\beta\delta}$ 约去非整数幂 η^δ,而展开变量 $x^{-\beta} \propto \eta$. 因此,物态方程取如下形式:

$$p - bt \propto t^\gamma [c_1 \eta + c_3 \eta^3 t^{-2\beta} + \cdots], \quad \text{当} \quad t \gg |\eta|^{1/\beta} \text{ 时}, (153.10)$$

此处已用到等式(148.14):$\beta\delta = \beta + \gamma$. 展开式(153.10)的第一项对应于弱场中相变理论的关系式 $\eta = \chi h \propto h t^{-\gamma}$.

在恒定的 t 下,p 对 η 的不同阶导数的行为,依赖于趋近临界点所沿的方向(在 ηt 平面内). 在沿临界等温线($t=0$)逼近时,函数 $p(\eta)$ 由公式(153.8)给出. 指数 δ 的实际值在 4 和 5 之间. 因此,沿临界等温线不仅 $(\partial p / \partial \eta)_t$,而且后几阶导数也趋于零.

在沿任意其它方向(两相分离区之外,即沿射线 $t = $ 常数 $\cdot |h|$,常数 >0)趋近临界点时,不等式 $t \gg |\eta|^{1/\beta}$ 成立,因为实际上 $1/\beta > 1$. 于是,由物态方程有

$$\left(\frac{\partial p}{\partial \eta}\right)_t \propto t^\gamma \to 0,$$

---

① 当 $t \propto \eta^\delta$ 时,(153.6)中函数 $f(x)$ 的宗量 $x \propto t/t^{1/\beta\delta} \ll 1$,因为事实上 $\beta\delta = \beta + \gamma > 1$. 这证实,在物态方程(153.7)中 $t \gg p$ 的情形实际上是可能的.

② $x \to -\infty$ 的情形不现实,因为当 $t<0$ 时,值 $|\eta|^{1/\beta} \ll |t|$ 位于相的分离区.

而二阶导数为

$$\left(\frac{\partial^2 p}{\partial \eta^2}\right)_t \propto \eta t^{\gamma-2\beta} = t^{\gamma-\beta}\frac{\eta}{t^\beta}.$$

因子 $\eta/t^\beta \ll 1$,而 $t^{\gamma-\beta} \to 0$,因为实际上 $\gamma > \beta$.因此,导数 $(\partial^2 p/\partial \eta^2)_t$ 也趋于零.

根据与相变理论中公式(149.7)的相似性,并作指数恒等替换 $d\nu = 2 - \alpha$, $\mu/\nu = 1/(\beta+\gamma)$,可以直接写出热力学势的表达式

$$\Phi(p,t) = |h|^{2-\alpha}\varphi\left(\frac{t}{|h|^{1/(\beta+\gamma)}}\right), \quad h = p - bt, \quad (153.11)$$

由之可以推知物质热容在临界区的行为.无须重复所有的讨论,根据同(149.9)和(149.10)的相似性,可立刻写出后面所需要的极限表达式①:

$$\Phi(p,t) \propto t^{2-\alpha} \quad \text{当} \quad t > 0, h \to 0 \text{ 时,} \quad (153.12)$$

$$\Phi(p,t) \propto (-t)^{2-\alpha}\left[1 + c_1\frac{|h|}{(-t)^{\beta+\gamma}}\right] \quad \text{当} \quad t < 0, h \to 0 \text{ 时.}$$

$$(153.13)$$

对表达式(153.12)两次微商,可得在临界等容线上 $(p - bt = 0, t > 0)$ 的热容

$$C_v \propto t^{-\alpha}. \quad (153.14)$$

因为在 $h = 0, t > 0$ 下的微商意味着 $\eta = 0$ 下的微商,所以有等容热容.因此,临界等容线上的热容 C_v 与二级相变中的热容 C_p 行为相似.

根据公式(16.10)有

$$C_p - C_v \propto \frac{(\partial p/\partial t)_\eta^2}{(\partial p/\partial \eta)_t}.$$

在逼近临界点时,导数 $(\partial p/\partial t)_\eta$ 趋于常数极限 b,这从物态方程(153.7)或(153.10)容易看出.所以,

$$C_p \propto \left(\frac{\partial p}{\partial \eta}\right)_t^{-1}. \quad (153.15)$$

趋于临界点时这个表达式发散得比 C_v 快;所以 C_v 项与 C_p 相比后已略去.

最后,我们讨论在临界点附近两相共存曲线的非对称性问题(В. Л. Покровский,1972).正如已经指出的,这种非对称性只可能在以下情况中出现:这时有效哈密顿量含有一些项,破坏了对于变换 $h \to -h, \eta \to -\eta$ 的对称.第一个这样的项为 $\sim \eta^2 h$②;它的出现在形式上可以认为起因于有效哈密顿量中的 t 被替换为 $t + $ 常数 $\cdot h$;于是

---

① 值得提醒,这里的 Φ(如同在§149 中)指热力学势的奇异部分.它是对非奇异主要部分的小修正,同时它也给出对其它热力学势的同样修正.这里指出,在相平衡曲线上这个附加量的特征值 $\propto t^{2-\alpha}$(这个评注将在§154 用到).

② 有效哈密顿量添加 $\sim \eta^3 t$ 项,不破坏对称,因为这样的项经施加变换 $\eta \to \eta + $ 常数 $\cdot t$ 即可除去.关于这方面可再提一下(参看(149.7)后的脚注),有效哈密顿量中的 η 只是连续型积分的变量,因此上述变换并不改变配分函数.

$$a\eta^2 t \to a\eta^2(t + 常数 \cdot h).$$

有效哈密顿量中的这种代换导致在表示成 h 和 t 的函数的热力学势中的类似代换:

$$\Phi(h,t) \to \Phi(h, t + 常数 \cdot h).$$

在两相共存曲线附近,函数 $\Phi(h,t)$ 由表达式(153.13)给出;待求的密度用对 h 的微分计算. 结果得到

$$V\eta\big|_{h\to\pm 0} = -\left(\frac{\partial \Phi}{\partial h}\right)_{h\to\pm 0} \propto \mp c_1(-t)^\beta + (2-\alpha) \cdot 常数 \cdot (-t)^{1-\alpha}.$$

第一项给出已知的在对称两相共存曲线上的密度(153.4);这一项在作求和 $\eta_1 + \eta_2$ 后消失,留下

$$\eta_1 + \eta_2 \propto (-t)^{1-\alpha}, \tag{153.16}$$

它给出所寻求的规律. 现实中 $1-\alpha > \beta$[①],非对称性实际上相对较弱:当 $t \to 0$ 时,$\dfrac{\eta_1+\eta_2}{\eta_1} \to 0$. 和式 $\eta_1 + \eta_2$ 实际上为正;这表明,计及非对称项后共存曲线变形如图 76 所示.

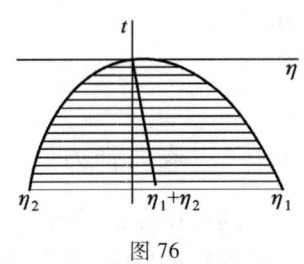

图 76

---

① 早已提醒,事实上 $\beta + \gamma > 1$. 不等式 $1-\alpha > \beta$ 从精确的关系式 $\alpha + 2\beta + \gamma = 2$ 直接得出.

第十五章

表面

§154 表面张力

到现在为止,我们一直忽略不同物体之间分界面的存在而引起的效应[①]. 因为随着物体尺度(粒子数)的增加,表面效应比体积效应增强慢得多,所以在只研究物体的体性质时,忽略面效应完全合理. 但是,有一系列现象却直接与分界面的性质有关.

分界面的热力学性质完全由如下定义的一个量(物体状态的函数)来表征. 我们用 $\mathscr{S}$ 表示分界面的面积,并考虑这个面积改变一个无限小量 $d\mathscr{S}$ 的可逆过程. 在这个过程中所耗费的功显然正比于 $d\mathscr{S}$,也就是说,可以写成形式

$$dR = \alpha d\mathscr{S}. \tag{154.1}$$

用这样方式确定的量 α 是分界面的基本特性,称为**表面张力系数**.

公式(154.1)与物体体积可逆变化时功的公式 $dR = -PdV$ 完全对应. 因此可以说:α 对于表面所起的作用正如同压强之于体积. 特别是,很容易证明:作用到分界面任何区域的边界围线单位长度上的力,其大小等于 α,而方向沿围线的法线向内并与表面相切.

这里暗含 α 为正;以下将说明的确如此. 假如 $\alpha < 0$,那么作用到表面的边界围线上的力,其方向沿围线的法线向外,亦即会"拉伸"表面;换句话说,两相间的分界面会无限增大,亦即相将混合而根本不会存在. 反之,当 $\alpha > 0$ 时,分界面的面积倾向于取(在两相体积给定下的)最小可能值. 因此举例来说,如果一个

[①] 实际上,相互接触的两相由一薄过渡层隔开;我们不关注其结构,可以把它看成是几何面.

各向同性相浸没于另一相中,那么它取球状(当然,这里忽略了外场即重力场的作用).

现在我们比较详细地来考虑同一纯物质的液体和蒸气这两个各向同性相之间分界面的表面张力. 如果所考虑的是平衡中两相的分界面,则应当记住它们的压强和温度之间有确定的函数关系即相平衡曲线方程. 同时,在本质上 α 只依赖于单自变量而不是二变量.

在不考虑表面效应的情形下,由(同一种物质的)两相所构成的系统,当整个系统的体积给定为 V 时,其能量微分具有形式 $dE = TdS + \mu dN$(在平衡时两相的温度 T 和化学势 μ 都相等,因而可对整个系统直接写出这个等式). 当考虑到存在表面效应时,显然还必须把(154.1)式加到这个等式的右边:

$$dE = TdS + \mu dN + \alpha d\mathfrak{S}. \tag{154.2}$$

但是,不选能量而选热力学势 Ω 即以 T,μ(以及体积 V)为自变量的热力学势,则较为方便. 这里用 Ω 的方便之处在于,T 和 μ 在两相中有相同值(至于压强则在考虑表面效应以后一般不一致,参看 §156). 势函数 Ω 的微分(仍在 V = 常数下)是

$$d\Omega = -SdT - Nd\mu + \alpha d\mathfrak{S}. \tag{154.3}$$

我们所考虑的系统的热力学量(例如 E,Ω,S)可以表示成"体的"和"面的"两部分之和. 但是这样的划分并不唯一,因为每一相中粒子数的确定只能精确到两相之间过渡层中粒子数的数量级;对于每一相的体积,也是一样. 这种不确定程度正好与我们所感兴趣的表面效应同数量级. 为使划分唯一,可以外加如下的自然条件:两相的体积 V_1 和 V_2 相加应有等式 $V_1 + V_2 = V$(式中 V 是系统的总体积),并且还有等式

$$n_1 V_1 + n_2 V_2 = N,$$

式中 N 是系统中的粒子总数,而 $n_1 = n_1(\mu, T)$ 和 $n_2 = n_2(\mu, T)$ 是每一相(当作无边界时)粒子数的体积密度. 这两个等式确定了体积 V_1, V_2(以及粒子数 $N_1 = n_1 V_1, N_2 = n_2 V_2$)的选择,从而也确定了所有其它热力学量体积部分的值. 我们用角标 0 记体积部分,而表面部分用角标 s 记;根据以上定义,有粒子数 $N_s = 0$.

由(154.3),在恒定的 T 和 μ(因而 α 恒定)下,有 $d\Omega = \alpha d\mathfrak{S}$;所以显然 $\Omega_s = \alpha \mathfrak{S}$. 因此

$$\Omega = \Omega_0 + \alpha \mathfrak{S}. \tag{154.4}$$

因为熵 $S = -\left(\dfrac{\partial \Omega}{\partial T}\right)_{\mu,\mathscr{S}}$,所以它的表面部分为①

$$S_s = -\frac{\partial \Omega_s}{\partial T} = -\mathscr{S}\frac{\mathrm{d}\alpha}{\mathrm{d}T}. \qquad (154.5)$$

其次,我们来求表面自由能;因为 $F = \Omega + N\mu$,而 $N_s = 0$,所以

$$F_s = \alpha\mathscr{S}. \qquad (154.6)$$

表面能为

$$E_s = F_s + TS_s = \left(\alpha - T\frac{\mathrm{d}\alpha}{\mathrm{d}T}\right)\mathscr{S}. \qquad (154.7)$$

在表面积从 $\mathscr{S}_1$ 变到 $\mathscr{S}_2$ 的可逆等温过程中,所吸收的热量等于

$$Q = T(S_{s2} - S_{s1}) = -T\frac{\mathrm{d}\alpha}{\mathrm{d}T}(\mathscr{S}_2 - \mathscr{S}_1). \qquad (154.8)$$

在这个过程中,热量 Q 和功 $R = \alpha(\mathscr{S}_2 - \mathscr{S}_1)$ 之和等于能量的改变 $E_{s2} - E_{s1}$,理应如此.

对应态定律(§84)也可定性地应用于液体及其蒸气之间的表面张力.由临界温度和临界压强可构造一个量纲为 $\mathrm{erg/cm}^2$ 的量,根据对应态定律的精神可以预料,α 与这个量的无量纲比值将是约化温度 T/T_c 的普适函数:

$$\frac{\alpha}{(T_c P_c^2)^{1/3}} = f\left(\frac{T}{T_c}\right) \qquad (154.9)$$

(在温度远低于临界温度时,这个比值约等于 4).

在临界点,液相与气相变为等同,它们的界面不再存在,表面张力系数应该变为零. 根据临界点涨落理论的概念,其趋于零的规律可以用 §148 中引入的临界指数描述.

趋近临界点时,两相之间的过渡层宽度增加,并达到宏观的线度. 在离临界点足够近的地方,这个宽度应该是涨落关联半径 r_c 的数量级. 现在只需要把宽度 r_c 乘上热力学势密度的特征量,更确切地说,是与临界现象有关的奇异部分,便可得出表面张力. 这个密度 $\propto (-t)^{2-\alpha}$ (参看(153.12)的脚注)②. 因此,表面张

---

① 平衡态的系数 α 是单自变量函数;这样的函数对 μ 和 T 的偏导数,本身没有意义. 但是,取了

$$N_s = -\left(\frac{\partial \Omega_s}{\partial \mu}\right)_T = 0,$$

在形式上已令 $\left(\dfrac{\partial \alpha}{\partial \mu}\right)_T = 0$;这时显然有

$$\frac{\mathrm{d}\alpha}{\mathrm{d}T} = \left(\frac{\partial \alpha}{\partial T}\right)_\mu,$$

这已用在(154.5)中.

② 用同一个字母 α 标记表面张力与临界指数大概不致于引起误解.

力系数 $\propto r_c(-t)^{2-\alpha}$;注意到,根据(148.6) $r_c \propto (-t)^{-\nu}$,根据(149.2) $2 - \alpha = \nu d = 3\nu$,最后,我们求得

$$\alpha \propto (T_c - T)^{2\nu} \tag{154.10}$$

(B. Widom,1965). 事实上 $2\nu \approx 1.3$①.

§155 晶体表面的张力

晶体作为各向异性的物体,在不同的面上表面张力不同;可以说,表面张力是界面方向(即米勒指数)的函数,我们阐明这种关系的特征.②

为了简化讨论,我们考虑如图 77 所示正方网格形状的二维晶格. 这时过晶格点的直线起晶面的作用.

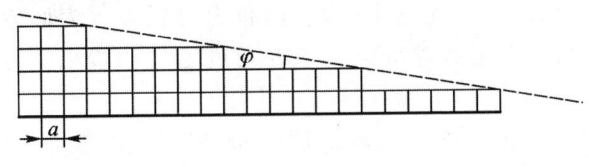

图 77

设 α_0 是指数为(01)的面上的表面张力. 我们考察与前者有小交角 φ 的边线. 它有指数(1n)且 n 很大. 受边线限制的晶面,具有如图 77 所示的大宽度和给定高度的"阶梯"的形状. (虚边线为(1 6).)为明确起见,令高度等于晶格的周期 a. 这时每个单位长度走 $1/(na)$ 步阶. 每个台阶的存在导致出现某种附加的表面能量,我们用字母 β 表示. 当 n 很大时,每个台阶彼此相隔很远,相互作用可略. 相对于表面张力 α_0 部分的附加项这时只不过由 β 与单位长度所占台阶数的乘积即 $\beta/(na)$ 给出.

如果引入由边线(1n)与边线(01)所成角度 φ,则当 n 足够大时有 $\varphi \approx 1/n$,因此边线(1n)的表面张力可以写成

$$\alpha = \alpha_0 + \left(\frac{\beta}{a}\right)\varphi.$$

当 φ 趋于 0 (即 n 趋于无穷大)时,比值 $(\alpha - \alpha_0)/\varphi$ 因而趋于有限极限,它可以看成导数

---

① 在范德瓦尔斯理论中,过渡层的厚度也等于关联半径,因而表面张力的规律 $\propto (-t)^{2-\alpha-\nu}$(未用到关系式(149.2))在该理论中也成立. 从 $\alpha = 0, \nu = 1/2$ 得到 $(-t)^{3/2}$.

② 详见:Ландау Л. Д. О равновесной форме кристаллов.//Сборник, посвященный семидесятилетию акад. А. Ф. Иоффе.—М.:Изд-во АН СССР,1950. p.44; Ландау Л. Д. // Собрание трудов.—М.:Наука,1969. 第 2 卷,第 70 篇论文.

$$\frac{d\alpha}{d\varphi} = \frac{\beta}{a}.$$

现在考虑指数为 $(1\bar{n})$ 的边线,即具有负的 n 而相对于边线 (01) 反方向倾斜. 由于现在台阶数为 $\frac{1}{|n|a}$,同样的讨论给出表面张力的变化量为 $\frac{\beta}{|n|a}$,因而

$$\alpha = \alpha_0 - \frac{\beta}{a}\varphi,$$

并且导数等于

$$\frac{d\alpha}{d\varphi} = -\frac{\beta}{a}.$$

因此,表面张力是边界方向的非常特殊的函数. 一方面,对于方向充分接近的两个晶面,其 α 值的差也充分小,即表面张力可以表示为面方向的连续函数的形式. 另一方面,这个函数对每个 φ 值在角度增加和减小的方向上分别有两个不同的导数值.

假定表面张力作为界面方向的函数已知. 现在提出这样的问题:怎样借助于这个函数来确定晶体的平衡外形(刻面);应当强调,在通常条件下所观察到的刻面决定于晶体的生长条件,而绝不是平衡外形. 平衡外形决定于自由能 F 为极小值的条件(在给定的 T, N 和晶体体积 V 之下)或者等价地说自由能的表面部分为极小值的条件. 后者等于

$$F_s = \oint \alpha d\hat{s},$$

其中积分遍及晶体的整个表面(对于各向同性的物体,$\alpha = $ 常数,$F_s = \alpha\hat{s}$,因而平衡外形直接决定于总面积 $\hat{s}$ 为极小值的条件,亦即外形是球).

设 $z = z(x,y)$ 是晶体表面的方程式,引入符号

$$p = \frac{\partial z}{\partial x}, \quad q = \frac{\partial z}{\partial y},$$

表示决定表面在每一点的方向的两个微商;α 可以表示为它们的函数:$\alpha = \alpha(p, q)$. 平衡外形决定于条件

$$\int \alpha(p,q)\sqrt{1 + p^2 + q^2}\,dxdy = 极小值, \qquad (155.1)$$

同时有附加条件

$$\int z\,dxdy = 常数 \qquad (155.2)$$

(体积恒定). 这个变分问题导致微分方程

$$\frac{\partial}{\partial x}\frac{\partial f}{\partial p} + \frac{\partial}{\partial y}\frac{\partial f}{\partial q} = 2\lambda, \qquad (155.3)$$

式中引入了符号

$$f(p,q) = \alpha(p,q)\sqrt{1 + p^2 + q^2}, \tag{155.4}$$

而 $\lambda =$ 常数.

其次,根据定义,我们有 $\mathrm{d}z = p\mathrm{d}x + q\mathrm{d}y$;引入辅助函数

$$\zeta = px + qy - z, \tag{155.5}$$

我们有 $\mathrm{d}\zeta = x\mathrm{d}p + y\mathrm{d}q$,即

$$x = \frac{\partial \zeta}{\partial p}, \quad y = \frac{\partial \zeta}{\partial q}, \tag{155.6}$$

在这里 ζ 看成是 p 和 q 的函数. 把(155.3)中对 x 和 y 的微商改写成雅可比式的形式,两边乘以 $\dfrac{\partial(x,y)}{\partial(p,q)}$,并利用(155.6)式,可得方程

$$\frac{\partial(\partial f/\partial p, \partial \zeta/\partial q)}{\partial(p,q)} + \frac{\partial(\partial \zeta/\partial p, \partial f/\partial q)}{\partial(p,q)} = 2\lambda \frac{\partial(\partial \zeta/\partial p, \partial \zeta/\partial q)}{\partial(p,q)}.$$

这个方程有一个积分

$$f = \lambda \zeta = \lambda(px + qy - z),$$

即

$$z = \frac{1}{\lambda}\left(p\frac{\partial f}{\partial p} + q\frac{\partial f}{\partial q} - f\right). \tag{155.7}$$

此式不是别的,而就是如下平面族的包络面:

$$px + qy - z = \frac{1}{\lambda}\alpha(p,q)\sqrt{1 + p^2 + q^2}, \tag{155.8}$$

式中 p,q 充当参数.

上面所得到的结果,可以用下述几何作图的形式来表述. 在自坐标原点引出的每一根径矢上,截取一段长度正比于 $\alpha(p,q)$ 的线段,其中 p,q 决定径矢的方向[①]. 过线段端点作与之垂直的平面;则这些平面的包络给出晶体的外形. (G. V. Wulff,1901).

可以证明(参看本节第一个脚注所引文献):由于在这一节开始时所提到的函数 α 的特殊性质,由这个定则所确定的晶体平衡外形,包含数个对应于小米勒指数晶面的平面区. 这些平面区的大小随着米勒指数的增加而迅速减小. 这实际上表明晶体的平衡外形由为数不多的平面区构成,它们不以尖锐的角度相交,而由圆滑区相联结.

§156 表面压强

我们以两相作用在界面上的力相等为根据证明了(§12)相互接触的两相

---

① 径矢的三个方向余弦正比于 $p,q,-1$.

压强相等的条件. 如同在别处, 这里完全忽略了表面效应. 显然, 如果界面不是平面, 则当它移动时, 它的面积进而表面能一般也会发生变化. 换句话说, 两相之间有弯曲的界面存在, 会导致出现附加力, 结果两相的压强将不等; 它们之差称为**表面压强**.

这个量取决于力学平衡条件: 在界面处作用于每相的力的总和应该等于零.

我们考虑各向同性的两相 (两种液体或液体和蒸气), 假定其中一相 (相1) 是浸没在另一相中的球体. 这时每一相内压强恒定.

现在保持系统总体积不变而使界面作无穷小可逆位移. 根据 §154 开头所述, 在此过程中所做的功可表示为

$$dR = -P_1 dV_1 - P_2 dV_2 + \alpha d\mathfrak{s} = -(P_1 - P_2)dV_1 + \alpha d\mathfrak{s}, \quad (156.1)$$

式中指标 1 和 2 分别对应于两相. 力学平衡条件为这个功等于零:

$$dR = -(P_1 - P_2)dV_1 + \alpha d\mathfrak{s} = 0.$$

最后, 把 $V_1 = \frac{4\pi}{3}r^3$, $\mathfrak{s} = 4\pi r^2$ (式中 r 是球的半径) 代入这里, 得到待求的公式

$$P_1 - P_2 = \frac{2\alpha}{r}. \quad (156.2)$$

在界面为平面的情形下 ($r \to \infty$), 两个压强相等, 正如所料.

从力学平衡条件得到的公式 (156.2) 只定了两相压强之差. 如果考虑同种物质的两相彼此之间处于完全的热力学平衡, 这时可以分别计算每一相中的压强. 实际上, 压强 P_1 和 P_2 满足方程 $\mu_1(P_1, T) = \mu_2(P_2, T)$. 两相界面为平面时, 其共同压强 (用 P_0 表示) 在同样的温度下由关系式 $\mu_1(P_0, T) = \mu_2(P_0, T)$ 确定. 两式逐项相减, 有

$$\mu_1(P_1, T) - \mu_1(P_0, T) = \mu_2(P_2, T) - \mu_2(P_0, T). \quad (156.3)$$

假定偏差

$$\delta P_1 = P_1 - P_0, \quad \delta P_2 = P_2 - P_0$$

相对的很小, 将等式 (156.3) 的两边按它们展开, 求得

$$v_1 \delta P_1 = v_2 \delta P_2, \quad (156.4)$$

式中 v_1, v_2 是两相的分子体积 (参看 (24.12)). 把公式 (156.2) 改写成 $\delta P_1 - \delta P_2 = 2\alpha/r$, 并与上式联立, 得待求的 δP_1 和 δP_2:

$$\delta P_1 = \frac{2\alpha}{r} \frac{v_2}{v_2 - v_1}, \quad \delta P_2 = \frac{2\alpha}{r} \frac{v_1}{v_2 - v_1}. \quad (156.5)$$

对于蒸气中的液滴, 有 $v_1 \ll v_2$; 把蒸气看成理想气体, 有 $v_2 = T/P_2 \approx T/P_0$, 结果求得

$$\delta P_1 = \frac{2\alpha}{r}, \quad \delta P_g = \frac{2v_1\alpha}{rT} P_0 \quad (156.6)$$

(为明显起见,下标写成"l"和"g"以代替 1 和 2). 我们看到,液滴上的蒸气压随液滴半径的减小而增加,且超过平液面上的饱和蒸气压.

在液滴非常小的情形下,$\delta P_g/P_0$ 不再很小,公式(156.6)变得不适用,因为由于蒸气的体积强烈地依赖于压强,从(156.3)到(156.4)的展开不再允许. 液体的压缩率很小,压强变化对其影响不大,方程(156.3)的左边仍可以用 $v_l\delta P_l$ 代替. 把蒸气形为 $\mu = T\ln P_g + \chi(T)$ 的化学势代入右边,求得

$$\delta P_l = P_l - P_0 = \frac{T}{v_l}\ln\frac{P_g}{P_0}.$$

因为在给定的情况下,$\delta P_l \gg \delta P_g$,所以差 $P_l - P_0$ 可用 $P_l - P_g$ 来代替,利用表面压强的公式(156.2),最后我们得到

$$\ln\frac{P_g}{P_0} = \frac{2\alpha v_l}{rT}. \tag{156.7}$$

对于液体中的气泡,用类似的方式可以得出与(156.6)、(156.7)同样的公式,只是其中的符号正好相反.

§157 溶液的表面张力

现在我们来考虑液态溶液和气相(任何气体及其在液体中的溶液、溶液及其蒸气等等)之间的界面.

像在 §154 中一样,我们把所考虑的系统的所有热力学量都划分为体积部分和表面部分;划分的方法由溶剂的体积和粒子数的条件 $V = V_1 + V_2$ 和 $N = N_1 + N_2$ 来决定. 换句话说,系统的整个体积 V 全部划分到两相中去,因此,把 V_1 和 V_2 各乘以相应的溶剂粒子数的体积密度后,它们之和就正好等于系统中的溶剂粒子总数 N. 因此根据这个定义,表面部分 $N_s = 0$.

像其它的量一样,溶质的粒子数也可以表示成两部分之和的形式:$n = n_0 + n_s$. 可以说,设想溶质在体积 V_1 和 V_2 中各以等于它在相应溶液中体积浓度值的恒定浓度分布,则 n_0 是其中所含的总数. 这样定义的粒子数 n_0 可能大于,也可能小于溶质粒子的实际总数 n. 如果 $n_s = n - n_0 > 0$,那么这意味着溶质以较高的浓度积累在表面层中(称为**正吸附**). 如果 $n_s < 0$,则表明在表面层中的浓度低于其体值(称为**负吸附**).

溶液的表面张力系数不再只依赖于一个自变量,而是两个. 因为热力学势 Ω 对化学势的微商(取反号)给出相应的粒子数,所以 $\Omega_s = \alpha \mathcal{S}$ 对溶质的化学

势 μ' 微分,可以得到 n_s[①]:

$$n_s = -\frac{\partial \Omega_s}{\partial \mu'} = -\Im\left(\frac{\partial \alpha}{\partial \mu'}\right)_T. \tag{157.1}$$

我们假设:气相的压强是很小,以致于它对液相性质的影响可略. 公式(157.1)中 α 的微商本应在给定温度下沿相平衡曲线来取,这里可以用在恒定(等于 0 的)压强(和恒定 T)下取的微商来代替. 把 α 看作温度和溶液浓度 c 的函数,(157.1)式可改写成形式

$$n_s = -\Im\left(\frac{\partial \alpha}{\partial c}\right)_T \left(\frac{\partial c}{\partial \mu'}\right)_{T,P}. \tag{157.2}$$

但是根据热力学不等式(96.7),微商 $\left(\frac{\partial \mu'}{\partial c}\right)_{T,P}$ 总是正的. 因此由(157.2)得出:n_s 和 $\left(\frac{\partial \alpha}{\partial c}\right)_T$ 具有相反的符号. 这意味着:如果溶质的作用是提高表面张力(α 随着溶液浓度的增加而增大),那么有负吸附. 然而,降低表面张力的物质则被正吸附.

如果溶液很稀,那么溶质的化学势具有 $\mu' = T\ln c + \psi(P,T)$ 的形式;将之代入(157.2),得

$$n_s = -\Im\frac{c}{T}\left(\frac{\partial \alpha}{\partial c}\right)_T. \tag{157.3}$$

对于(压强 P 下)液体表面的气体吸附,可以得到类似的公式:

$$n_s = -\Im\frac{P}{T}\left(\frac{\partial \alpha}{\partial P}\right)_T. \tag{157.4}$$

如果不仅溶液很稀,而且溶液的吸附也很弱,那么 α 可按 c 的幂次展开成级数,并近似地写成:

$$\alpha = \alpha_0 + \alpha_1 c,$$

式中 α_0 是纯溶剂两相界面的表面张力. 于是由(157.3)我们求出:

$$\alpha_1 = -\frac{n_s T}{\Im c},$$

因此

$$\alpha - \alpha_0 = -\frac{n_s T}{\Im}. \tag{157.5}$$

[①] 系数 α 现在是两个独立变量(例如 μ' 和 T)的函数;而微商 $\frac{\partial \Omega_s}{\partial \mu'}$ 应当在 T 和溶剂的化学势 μ 都为恒定的条件下来取. 但是我们所采纳的条件

$$N_s = -\left(\frac{\partial \Omega_s}{\partial \mu}\right)_{\mu',T} = 0,$$

表明已形式地令 $\left(\frac{\partial \alpha}{\partial \mu}\right)_{\mu',T} = 0$,因此可写等式(157.1)(参看§154 第二个脚注).

值得指出,这个公式与渗透压的范霍夫公式在形式上相似(表面积在这里起体积的作用).

§158 强电解质溶液的表面张力

溶有强电解质时液体表面张力的改变,对于稀溶液可用普遍的方式计算(L. Onsager, N. Samaras, 1934).

设离开自由面 x 处的离子(a 类)因自由面的存在而具有的附加能量为 $w_a(x)$(当 $x\to\infty$ 时,$w_a(x)$ 趋于零). 表面附近的离子浓度与溶液内部的浓度 c_a 二者相差一个因子

$$\exp\left(-\frac{w_a}{T}\right) \approx 1 - \frac{w_a}{T}.$$

因此,表面对液体中这些离子总数的贡献为

$$n_{as} = -\frac{\Im c_a}{vT}\int_0^\infty w_a \mathrm{d}x \tag{158.1}$$

(v 是溶剂的分子体积).

为了计算表面张力,我们从如下关系式出发

$$\Im \mathrm{d}\alpha = -\sum_a n_{as}\mathrm{d}\mu_a', \tag{158.2}$$

式中求和对溶液中各类离子进行. 对于稀溶液($\mu_a' = T\ln c_a + \psi_a$)

$$\Im \mathrm{d}\alpha = -T\sum_a \frac{n_{as}}{c_a}\mathrm{d}c_a. \tag{158.3}$$

把(158.1)代入上式,得

$$\mathrm{d}\alpha = \frac{1}{v}\sum_a \mathrm{d}c_a \int_0^\infty w_a \mathrm{d}x. \tag{158.4}$$

稍后将会看到,积分的主要贡献来自比分子间距为大而又比德拜半径 $1/\varkappa$ 为小的距离 x[①].

能量 w_a 由两部分构成:

$$w_a = \frac{\varepsilon - 1}{\varepsilon(\varepsilon + 1)}\frac{e^2 z_a^2}{4x} + ez_a\varphi(x). \tag{158.5}$$

第一项来自所谓的"像力",它施加在置于介电常数为 ε 的介质中且与表面相距 x 的电荷 ez_a 上. 由于不等式 $x \ll 1/\varkappa$,电荷 ez_a 周围离子云的屏蔽效应并不影响这个能量. 在第二项中,$\varphi(x)$ 代表溶液中所有其它离子所产生的势场由于表面的存在而发生的改变. 但是这一项在这里并不重要,因为考虑到溶液的电中性

---

① 溶液中 $\varkappa^2$ 的表达式与(78.8)式的不同仅在于分母中的因子 ε.

($\sum_a c_a z_a = 0$, 进而 $\sum_a z_a dc_a = 0$), 将(158.5)代入(158.4)后这一项不再出现.

因此,(158.4)求积分后,得

$$d\alpha = \frac{(\varepsilon-1)e^2}{4\varepsilon(\varepsilon+1)v} \sum_a \ln\frac{1}{\varkappa a_a} d(z_a^2 c_a).$$

积分在上、下限对数发散,证实了上述关于积分范围的说法. 我们自然地取了屏蔽半径 $1/\varkappa$ 作为积分上限,而取原子线度量级的量 a_a(对于不同类型的离子有不同的值)作为积分下限. 考虑到 $\varkappa^2$ 正比于 $\sum z_a^2 c_a$, 可以看出,所得到的表达式是一个全微分,因而可以直接积分,其结果为:

$$\alpha - \alpha_0 = \frac{(\varepsilon-1)e^2}{8\varepsilon(\varepsilon+1)v} \sum_a c_a z_a^2 \ln\frac{\lambda_a z_a^2}{\sum_b c_b z_b^2}, \tag{158.6}$$

其中 α_0 是纯溶剂的表面张力,λ_a 是无量纲常数.

这个式子解答了提出的问题. 我们看到,溶入强电解质后液体的表面张力增大.

§159 吸附

吸附在狭义下理解是指这种情形:溶质积聚在凝聚相(吸附剂)的表面[①],而几乎不透入其体积内. 这样形成的吸附膜可以用"**表面浓度**" γ 来表征, 它定义为单位表面积上被吸附物质(吸附质)的粒子数. 如果发生吸附的气体压强很小, 浓度 γ 应当与压强成正比[②]; 当压强很大时, γ 的上升变慢, 而趋于一个极限值, 对应于吸附质分子紧密堆积形成**单分子层**.

设 μ' 是吸附质的化学势. 用§96中对于体积溶液所用过的同样方法,对于吸附我们可以得到热力学不等式

$$\left(\frac{\partial \mu'}{\partial \gamma}\right)_T > 0, \tag{159.1}$$

这与不等式(96.7)完全类似. 另一方面,由(157.1)我们有:

$$\gamma = -\left(\frac{\partial \alpha}{\partial \mu'}\right)_T = -\left(\frac{\partial \alpha}{\partial \gamma}\right)_T \left(\frac{\partial \gamma}{\partial \mu'}\right)_T, \tag{159.2}$$

考虑到不等式(159.1),由此得出:

$$\left(\frac{\partial \alpha}{\partial \gamma}\right)_T < 0, \tag{159.3}$$

即表面张力随着表面浓度的增加而降低.

---

① 为了明确起见,这里考虑气相吸附.
② 但是这个规则在固体表面吸附中实际上并不满足,因为事实上这种表面并非总是足够均匀.

形成吸附膜所必须做的最小功,等于热力学势 Ω 相应的改变:

$$R_{\min} = \mathfrak{s}(\alpha - \alpha_0), \tag{159.4}$$

式中 α_0 是纯净表面上的表面张力. 由此我们根据(91.4)求出吸附热

$$Q = -\mathfrak{s}T^2\left(\frac{\partial}{\partial T}\frac{\alpha - \alpha_0}{T}\right)_P. \tag{159.5}$$

吸附膜可以看成二维热力学系统,它可以是各向同性的,也可以是各向异性的,尽管两体积相是各向同性的[①]. 因此就产生关于吸附膜可能对称类型的问题.

在 §137 的末尾已经提到,虽然不可能存在线度任意大的二维晶格(由于热涨落的"抹平"),如果薄膜的尺寸相对有限,它仍然可以表现出固体晶态的性质. 正如 §138 末尾所指出的,抹平的结构仍保持各向异性. 这种各向异性膜的对称类型应当按照点群来分类. 这时绕轴的转动和相对于平面的反映,当然应该使薄膜平面与自身重合而且使两相的相互位置也保持不变,薄膜就位于两相的界面上. 后者意味着,对称面不可能与薄膜平面重合. 因此,薄膜只可能具有垂直于它的平面的对称轴以及过这根轴的对称面. 换句话说,薄膜可能的对称类型只限于点群 C_n 和 C_{nv}.

与三维物体的情况一样,在二维薄膜中也可能存在不同的相. 薄膜的两相平衡条件除了要求它们的温度和化学势相等以外,还要求它们的表面张力相等. 这后一个条件相当于在体积相中的压强相等条件,并且只不过表示要求两相彼此作用的力应当平衡.

§160 润湿

我们考虑吸附质的蒸气当压强接近于饱和压强时在固体表面上的吸附. 平衡时的浓度 γ 取决于等化学势条件:吸附质的化学势 μ' 与蒸气的 μ_g 相等. 这时可能出现几种情形,视 μ' 依赖于 γ 的特征而定.

假定吸附质的量逐渐增加,吸附层变为宏观厚的液体膜,表面浓度 γ 在这时约定取正比于液膜厚度 l 的一个量:$\gamma = \rho l/m$,式中 m 是分子的质量,ρ 是液体的密度. 膜厚增加时,吸附质的化学势趋于液体化学势的体值 μ_1. 我们约定从这个极限值起计量 μ' 值(在给定的 P 和 T 下),即以后将 μ' 写成 $\mu' + \mu_1$,因此,根据定义当 $\gamma \to \infty$ 时,$\mu' \to 0$.

蒸气的化学势可以表示为

[①] 我们在这里考虑液体表面吸附;固体表面吸附对这里的讨论意思不大,因为上面已经提到,事实上固体表面几乎总是有不均匀性.

应当指出,在同一纯物质的各向同性的两相(液态和蒸气)之间出现关于各向异性的界面,原则上也是可能的.

$$\mu_g = \mu_1(T) + T\ln\frac{P}{P_0},$$

式中 $P_0(T)$ 是饱和蒸气压；这里用到了饱和蒸气压的定义，它是与液体呈平衡之值，即当 $P = P_0$ 时应该有 $\mu_g = \mu_1$①. 表面的浓度取决于条件 $\mu' + \mu_1 = \mu_g$，即

$$\mu'(\gamma) = T\ln\frac{P}{P_0}. \qquad (160.1)$$

假定有几个 γ 值满足该方程，则其中使得势 Ω_s 取极小值者对应于稳定态. 考虑它的单位面积表面之值，我们得到可称作固气液面（任意层厚下）"有效表面张力系数" α 的一个量，它可反映界面层的存在. 具体地说，把关系式（159.2）积分，可写

$$\alpha(\gamma) = \int_\gamma^\infty \gamma \frac{d\mu'}{d\gamma}d\gamma + \alpha_{sl} + \alpha_{lg}. \qquad (160.2)$$

常数的选取，应使得 $\gamma\to\infty$ 时函数 $\alpha(\gamma)$ 化为固-液和液-气体相界面的表面张力之和.

还应指出，不等式（159.1）在任何 γ 下成立，是热力学态稳定性的必要条件.

现在我们考虑几种典型的情况，它们依据函数 $\mu'(\gamma)$ 的特征而出现. 在以下的图 78 中，实线表示这个函数在宏观厚的液膜区内的形式，而虚线对应于"分子厚度"的吸附膜区. 当然，这两区的函数用一种比例表示，严格地说是不可能的，在这个意义上，这些图有随意性.

在图示的第一种情况（图 78a）下，在薄膜的宏观厚度范围内函数 $\mu'(\gamma)$ 随 γ（即随膜厚）的增长而单调减小. 至于在分子线度区内，则在这里函数 $\mu'(\gamma)$ 当 $\gamma\to 0$ 时总是按规律 $\mu' = T\ln\gamma$ 趋于 $-\infty$，这对应于吸附质在表面的"稀溶液". 根据（160.1），平衡浓度取决于曲线与水平线 $\mu'=$ 常数 ≤ 0 的交点. 这里的情形下，这只发生在分子浓度区，即应该发生上节所述的通常分子吸附.

如果 $\mu'(\gamma)$ 是单调上升处处为负的函数（图 78b），则平衡时在吸附剂表面形成宏观厚度的液膜. 尤其是，当压强 $P = P_0$（饱和蒸气）时生成的膜应当很厚，以致于里面物质的性质已经与液态的体性质没有区别，结果饱和蒸气与自己的液相接触. 在这种情形下，我们说液体完全润湿这里的固体表面.

原则上也可能有更复杂的情况. 例如，如果函数 $\mu'(\gamma)$ 穿过零点且有极大值（图 78c），则有润湿发生，但仅在厚度小于一定的极限值时形成稳定膜. 与 A 点对应的有限厚度膜同饱和蒸气处于平衡. 亚稳态区 AB 以及完全不稳定区 BC 将该状态与别的稳定态（固体壁与体性质液体的平衡态）隔开.

---

① 我们把液体看成是不可压缩的，即忽略它的化学势与压强的依赖关系.

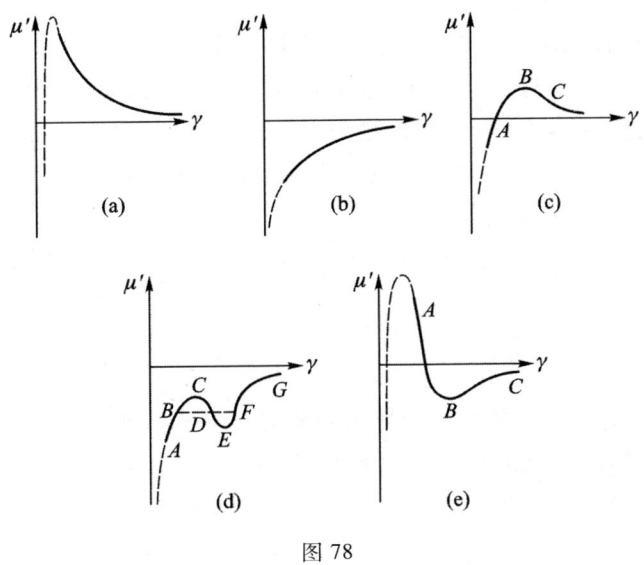

图 78

如图 78d 所示类型的曲线对应于在一定厚度区内不稳定的薄膜. 直线 BF 截得相等的面积 BCD 和 DEF, 并联结 B 点和 F 点, 这两点具有相同的 α 值(在相同的 μ' 下, 这从 (160.2) 很容易看出). 分支 AB 和 FG 对应于稳定膜; 区间 CE 完全不稳定, 而区间 BC 和 EF 亚稳.

在这种情况下, 不稳定区的两个边界(B 点和 F 点)对应于宏观膜厚. 从某个宏观厚度到分子线度厚度的区间内的不稳定性似乎对应于图 78e 所示类型的曲线. 然而, 这种曲线更可能只不过导致不润湿. 实际上, 稳定性边界会对应于分支 BC 上一点, 过这点的水平线会在曲线上截出上下面积相等的两部分. 但是, 一般说来这是不可能的: 前一面积与在分子距离上的力有关, 而后一面积与小得多的范德瓦尔斯力有关(见后文), 后者比前者为小. 这意味着, 在整个分支 BC 上的表面张力将大于固体表面分子吸附的表面张力, 所以薄膜只会是亚稳的.

液膜化学势(以 μ_1 为起算值) 衡量液膜中的物质能量与它在液体中能量的体值之间的差异. 因此, μ' 显然取决于在比原子线度为大的距离 $\sim l$ 上的原子间作用力(所谓的范德瓦尔斯力). 势 $\mu'(l)$ 能够以普遍的形式进行计算, 并且结果通过固体壁和液体的介电系数表示(参阅第九卷).

§161 接触角

我们来考虑三种物体——固体、液体和气体(或者固体和两种液体)——的接触; 分别用角标 1, 2 和 3 来区别, 于是我们可以把界面上的表面张力系数表

示为 $\alpha_{12},\alpha_{13},\alpha_{23}$(图 79).

在这三种物体的接触线上有三个表面张力作用,每一个指向相应两个物体的界面内. 我们用 θ 记液体表面和固体平面表面之间的角度,称之为**接触角**. 这个角度的值决定于力学平衡条件:三个表面张力的合力应当没有沿固体表面的分量:

$$\alpha_{13} = \alpha_{12} + \alpha_{23}\cos\theta,$$

由此得出

$$\cos\theta = \frac{\alpha_{13} - \alpha_{12}}{\alpha_{23}}. \qquad (161.1)$$

如果 $\alpha_{13} > \alpha_{12}$,亦即气体和固体之间的表面张力大于固体和液体之间的表面张力,那么 $\cos\theta > 0$,因而接触角是锐角(如图 79 所示). 如果 $\alpha_{13} < \alpha_{12}$,那么接触角是钝角.

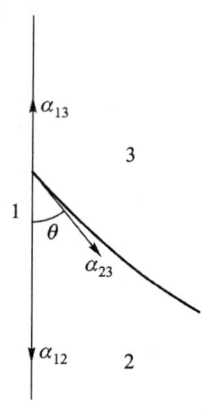

图 79

由(161.1)式可以看出:稳定接触的任何实际情况,应当满足不等式

$$|\alpha_{13} - \alpha_{12}| \leqslant \alpha_{23}; \qquad (161.2)$$

否则平衡条件会导致无意义的虚值角度 θ. 另一方面,如果我们把 $\alpha_{12},\alpha_{13},\alpha_{23}$ 理解为一对物体在没有第三者时自身相应的表面张力系数值,那么条件(161.2)完全有可能不满足. 但是实际上应当注意到:当三种不同的物质相互接触时,在它们每两种的界面上,一般有可能形成第三种物质的吸附膜,而降低表面张力. 结果所得到的系数 α 总是满足不等式(161.2),而这样的吸附一定会发生,否则这个不等式就不被满足.

如果液体完全润湿固体表面,那么在固体表面上所形成的不是吸附膜,而是宏观厚度的液膜. 结果,气体将到处与同一液体接触,而固体和气体之间的表面张力根本不用考虑. 力学平衡条件直接给出 $\cos\theta = 1$,即接触角等于零.

如果相互接触的三个物体中没有一个是固体,而是一个液滴(图 80 中的 3)在另一种液体(1)的表面上,而后者又与气体(2)邻接,则可作类似讨论. 在这种情形下,接触角 θ_1 和 θ_2 由三个表面张力的合力为零来决定,即矢量和

$$\alpha_{12} + \alpha_{13} + \alpha_{23} = 0. \qquad (161.3)$$

显然,这时 $\alpha_{12},\alpha_{13},\alpha_{23}$ 中每一个量的大小应当不大于另两个之和,而不小于它们之差.

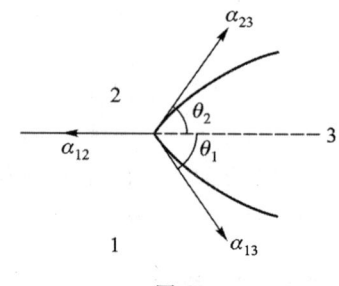

图 80

§162 相变时的成核

如果一种物质处于亚稳态,那么它迟早会进入另一个呈稳定的状态. 例如,过冷的蒸气终究会凝聚成为液体;过热的液体会转变成为蒸气. 这种相变以下述方式发生. 在均匀相中,由于涨落的缘故,会形成小团的另一相;例如,在蒸气中形成小液滴. 如果蒸气是稳定相,那么这些小液滴总是不稳定,终究消失. 但是如果蒸气是过冷的,那么其中出现的小液滴足够大时,会随时间继续生长,而充当蒸气的凝聚中心. 小液滴必须具备足够的大小,才能补偿在液体和蒸气之间出现界面所引起的能量上的不利效应[①].

因此,存在一个特定的最小临界尺度,亚稳相中生成的新相的所谓**核**应该具备这样的尺度,才能成为形成新相的中心. 因为究竟哪一相稳定,取决小于还是大于临界的尺度,所以"临界核"同亚稳相处于不稳定平衡. 下面将讨论出现这种核的概率[②]. 相变的起点取决于正好具有最小必要尺度的核的出现概率(详见第 10 卷).

我们考虑在各向同性相中核的形成:在过冷蒸气中形成液滴,或者在过热的液体中形成蒸气泡. 核可以认为是球形,因为它的尺度很小,重力对它形状的影响完全可略. 对于同周围介质处于平衡的核,根据(156.2)有

$$P' - P = \frac{2\alpha}{r},$$

由此得出核的半径为

$$r_c = \frac{2\alpha}{P' - P} \tag{162.1}$$

(凡带撇量属于核,不带撇量则属于基本的亚稳相).

根据普遍公式(112.1),涨落生成核的概率 w 正比于 $\exp(-R_{\min}/T)$,式中 $R_{\min}$ 是形成该核所需的最小功. 因为核的温度和化学势与周围介质(基本相)有相同值,所以这个功等于该过程中热力学势 Ω 的变化. 核形成以前,亚稳相的体积等于 $V+V'$,而它的热力学势为 $\Omega = -P(V+V')$. 体积 V' 的核形成以后,整个系统的热力学势为 $\Omega = -PV - P'V' + \alpha\mathcal{S}$. 所以,

$$R_{\min} = -(P' - P)V' + \alpha\mathcal{S}. \tag{162.2}$$

对于球形核 $V' = \frac{4}{3}\pi r^3, \mathcal{S} = 4\pi r^2$,并用(162.1)来表示 r,我们求得

[①] 必须注意,这里所描述的形成新相的机理,只有在足够纯的物质中才能真正实现. 实际上,形成新相中心的通常是各种类型的"杂质"如尘土、离子.

[②] 关于任意大小核的出现概率的计算,及所述关系式的说明,参看习题 2.

$$R_{\min} = \frac{16\pi\alpha^3}{3(P'-P)^2}. \tag{162.3}$$

正像在§156中一样,当两相之间的分界为平面时,我们用符号 P_0 表示两相(在给定温度 T 下)的压强;换句话说,压强取值 P_0 时,给定的温度 T 是通常的相变点,过热或者过冷都相对它而言. 如果亚稳相仅仅稍为过热或者过冷,则差 $\delta P = P - P_0$,$\delta P' = P' - P_0$ 都相对较小,并且由关系式(156.4)相联系:

$$v'\delta P' = v\delta P, \tag{162.4}$$

式中 v' 和 v 为核和亚稳相的分子体积. 在公式(162.3)中用 $\delta P' - \delta P$ 取代 $P' - P$ 并且由(162.4)用 δP 表示 $\delta P'$,可得在稍为过热或过冷的相中形成一个核的概率:

$$w \propto \exp\left\{-\frac{16\pi\alpha^3 v'^2}{3T(v-v')^2(\delta P)^2}\right\}. \tag{162.5}$$

如果考虑在过热液体中形成蒸气泡,则在该公式中 v 与 v' 相比可略,于是

$$w \propto \exp\left\{-\frac{16\pi\alpha^3}{3T(\delta P)^2}\right\}. \tag{162.6}$$

至于在过冷蒸气中形成液滴,在(162.5)中 v' 与 v 相比可略,而对于 v 可以用 $v = T/P \approx T/P_0$ 代入. 这就给出

$$w \propto \exp\left\{-\frac{16\pi\alpha^3 v'^2 P_0^2}{3T^3(\delta P)^2}\right\}. \tag{162.7}$$

亚稳定性的程度可以用差 $\delta T = T - T_0$ 代替 δP 来度量,这里 T 是亚稳相(核与之处于平衡)的温度,T_0 是界面为平面时两相平衡的温度. 根据克拉珀龙-克劳修斯公式,δT 和 δP 由下式相联系:

$$\delta P = \frac{q}{T_0(v-v')}\delta T,$$

式中 q 是从亚稳相到核所在相的分子相变潜热. 把这个式子代入(162.5),可得形成核的概率

$$w \propto \exp\left\{-\frac{16\pi\alpha^3 v'^2 T_0}{3q^2(\delta T)^2}\right\}. \tag{162.8}$$

如果饱和蒸气同固体表面(器壁)接触,而后者又能够被该种液体完全润湿,则蒸气的凝聚就直接发生在这个固体表面上,而不形成任何核. 在这种情况下,在固体表面上形成液膜不需要做功去形成表面,因而亚稳相(过冷蒸气)不可能存在.

由于同样的原因,表面暴露的固体一般来讲也不可能过热,因为液体通常能完全湿润同种物质的固相表面,而这意味着:在熔化物体的表面形成液层不需要做功去形成新表面.

然而,在熔化中的晶体内部形成核仍有可能,只要保持适当的加热条件:物体从内部加热,并且它的表面温度保持在熔点以下. 这种核的形成概率主要依赖于固体中与形成液滴相伴的弹性形变.

习 题

1. 试求液体在固体表面上成核的概率,假定接触角的值已知为 θ(非零).

解:液态核具有球缺的形状,其底的半径为 $r\sin\theta$(r 为相应球体的半径). 它的体积等于

$$V = \frac{\pi r^3}{3}(1-\cos\theta)^2(2+\cos\theta),$$

它的球面部分面积和底面积各为 $2\pi r^2(1-\cos\theta)$ 和 $\pi r^2\sin^2\theta$. 利用确定接触角的关系式(161.1),可以求出核形成时 Ω_s 的改变等于

$$\alpha\cdot 2\pi r^2(1-\cos\theta) - \alpha\cos\theta\cdot\pi r^2\sin^2\theta = \alpha\pi r^2(1-\cos\theta)^2(2+\cos\theta),$$

式中 α 是在液体和蒸气的界面上的表面张力系数. Ω_s 的这一改变相当于在蒸气中形成一个体积为 V 的液态核,且其表面张力为

$$\alpha_{\text{eff}} = \alpha\left(\frac{1-\cos\theta}{2}\right)^{2/3}(2+\cos\theta)^{1/3}.$$

相应地,在正文导得的成核概率公式中用 α_{eff} 代替 α,我们就得到所求的公式.

2. 求任意大小的核形成时的 $R_{\min}$.

解:把亚稳相看成外部介质,核在其中;计算成核所做的功可采用公式(20.2):$R_{\min} = \Delta(E - T_0 S + P_0 V)$,考虑到这里该过程温度不变,就发生在介质的温度下,所以 $R_{\min} = \Delta(F + P_0 V)$. 这个量的确定,只需考虑转变成另一相的物质量(因为在亚稳相中的其余大量物质的状态保持不变). 仍用不带撇和带撇的字母分别表示原始相和新相中的量,有

$$R_{\min} = [F'(P') + PV' + \alpha\mathcal{S}] - [F(P) + PV] =$$
$$= \Phi'(P') - \Phi(P) - (P'-P)V' + \alpha\mathcal{S}; \tag{1}$$

如果核与亚稳相处于不稳定平衡,则 $\Phi'(P') = \Phi(P)$,又回到(162.2).

假定亚稳定度很小,有 $\Phi'(P') \approx \Phi'(P) + (P'-P)V'$,因此(1)化为 $R_{\min} = n[\mu'(P) - \mu(P)] + \alpha\mathcal{S}$,式中 $n = V'/v'$ 是核中的粒子数. 对于球形核

$$R_{\min} = -\frac{4\pi r^3}{3v'}[\mu(P) - \mu'(P)] + 4\pi r^2\alpha. \tag{2}$$

在亚稳区,$\mu(P) > \mu'(P)$,因此第一项(体积项)是负的. 可以说,表达式(2)描述了在形成稳定核时应克服的势垒. 在相当于核临界尺寸的 r 值处:

$$r = r_c = \frac{2\alpha v'}{\mu(P) - \mu'(P)},$$

它有极大值. 当 $r<r_c$ 时, 减小 r 在能量上有利而核消解; 当 $r>r_c$ 时, 增加 r 有利而核生长[①].

§163 相在一维系统中存在的不可能性

在一维(线型)系统(即粒子置于一条线附近的系统)中是否可能有不同的相存在, 这是一个具有理论意义的问题. 下面的讨论能够对这个问题给出一个否定的回答: 相互接触在一点且具有任意大尺度即长度的两个均匀相之间, 不可能有热力学平衡 (Л. Д. Ландау, 1950).

为了证明这个论断, 我们设想一个线型系统由两不同相的线段交替连接而成. 设 Φ_0 是这个系统在不考虑两相间有接触点存在时的热力学势; 换句话说, 它是两相热力学势的总量, 而与如何划分成段无关. 为了考虑上述接触点的影响, 我们可以把这个系统形式地看作这些点在两相中的"溶液". 如果这个"溶液"是稀的, 那么系统的热力学势 Φ 具有形式

$$\Phi = \Phi_0 + nT\ln\frac{n}{eL} + n\psi.$$

其中 n 是长度 L 中的接触点数. 因此

$$\frac{\partial \Phi}{\partial n} = T\ln\frac{n}{L} + \psi.$$

在足够小的"浓度" $\frac{n}{L}$ 下(即两不同相的线段数目不多), $\ln\frac{n}{L}$ 是负的且绝对值很大, 以致

$$\frac{\partial \Phi}{\partial n} < 0.$$

由此可见, Φ 随着 n 的增大而减小, 而因为 Φ 应当趋于极小值, 所以这意味着 n 会增大(直到微商 $\frac{\partial \Phi}{\partial n}$ 变正). 换句话说, 两相有变成愈来愈小的线段而混合的趋势, 也就是说, 根本不可能作为分离的两相而存在.

但是, 我们指出, $\partial\Phi/\partial n$ 的表达式中的对数主导项正比于温度. 因此所述的结论不适用于绝对零度温度.

[①] 如果注意到在 $r=r_c$ 的条件下 $\mu(P)-\mu'(P) \approx (v-v')\delta P$, 这时计算 $R_{\min}$ 当然导致在正文中得到的公式(162.5). 这里指出, 对于 $r>r_c$, 概率公式(112.1)没有意义, 因为存在这种核时介质不稳定.

索引[1]

B

遍历假说　　10
标度维度　　420
波矢星　　365
泊松绝热曲线　　109

C

常量
　　玻尔兹曼~　　29
　　斯特藩-玻尔兹曼~　　165
超晶格　　402
弛豫时间　　5
纯态和混合态　　15
磁结构　　351,391

D

单分子层　　454
德拜半径　　213
德哈斯-范阿尔芬效应　　157
等离子体　　216
等效
　　~矢量　　365
　　~格点　　352
点

玻意尔~　　202
反转~　　208
栗弗席兹~　　426,427
等浓度~　　255
三相~　　254
点式空间群　　361
定理
　　位力~　　81
　　小增量~　　61
定律
　　玻尔兹曼~　　166
　　亨利~　　239
　　格林艾森~　　181
　　杜隆-珀蒂~　　175
　　基尔霍夫~　　167
　　康诺瓦洛夫~　　259
　　居里~　　136
　　帕斯卡~　　35
　　分配~　　238
　　拉乌尔~　　238
　　维恩位移~　　165
定则
　　杠杆~　　259

---

[1] 这个索引不重复目录,而是其补充.索引包括目录中未直接反映出来的术语和概念.

索引

F

反转温度　202
放热反应　272
非简谐性　129, 176, 187
分布
　　巨正则～　93
　　普朗克～　163

G

公式
　　范托夫～　236
　　维恩～　164
　　久保～　346
　　瑞利－金斯～　164
共沸混合物　260
共晶点　261
关联半径　385, 438

H

黑洞　66
恒温器　22
宏观状态　11
滑移面　352
化学常数　117
化学势　119
混合熵　247

J

基本周期　353
极限频率　182, 373
简并温度　149
交换效应　96
晶类
　　半面象～　359
　　全面象～　359
　　四分面象～　359
晶面　363
晶体的排序　387

晶系　355
绝对黑体　168

K

卡诺循环　49
可逆性和不可逆性　27, 37

L

朗道抗磁性　152
栗弗席兹不变量　401
理想混合物　248
连续型积分　413
零点缺陷　171
螺旋轴　352

M

米勒指数　363

N

凝聚
　　逆行～　260
　　玻色－爱因斯坦～　161

P

泡利顺磁性　152
平衡
　　非完全～　11
　　统计～　5
配分函数　79

Q

气体的离解　270
群
　　方向～　364
　　纯对称～　365
　　商～　364

索　引

R

热力学共轭量　296,322
热力学势　93
热容　42

S

色散关系　336
声学振动和光学振动　373,374
双原子气体的离解　120
随机力　320,329

T

统计
　～独立性　5
　～系综　8
　～权重　20,116
　能级的统计权重　116

W

微正则分布　10,19,94
位力系数　203,208
无公度相　363,405,427
物态方程　105,106

X

吸热反应　271
稀释热　251
相空间　2

Y

响应　331
小表示　365
效率　50
旋转气体　99,108

亚稳态　55
液晶　380
　盘状相～　377
　丝状相～　380
　近晶相～　380,385
　螺状相～　380
液晶的指向矢　381
逸度　202
引力坍缩　292
有效截面　101
原胞　353

Z

涨落
　准定态～　318
　热力学～　318
　方均根～　6,301
　相对～　7,307
　～区域　410,419
振子的密度矩阵　77
正氢和仲氢　124
子系统　2

郑重声明

高等教育出版社依法对本书享有专有出版权。任何未经许可的复制、销售行为均违反《中华人民共和国著作权法》，其行为人将承担相应的民事责任和行政责任；构成犯罪的，将被依法追究刑事责任。为了维护市场秩序，保护读者的合法权益，避免读者误用盗版书造成不良后果，我社将配合行政执法部门和司法机关对违法犯罪的单位和个人进行严厉打击。社会各界人士如发现上述侵权行为，希望及时举报，我社将奖励举报有功人员。

反盗版举报电话　（010）58581999　58582371
反盗版举报邮箱　dd@hep.com.cn
通信地址　北京市西城区德外大街4号　高等教育出版社法律事务部
邮政编码　100120

《弹性理论(第五版)》

　　本书是《理论物理学教程》的第七卷,系统地讲述了弹性力学的基本理论和方法,重点讨论了弹性理论的基本方程,介绍了半无限弹性介质问题,固体接触问题的经典解法和晶体的弹性性质,还讨论了板和壳的问题,杆的扭转和弯曲以及弹性系统的稳定性问题,并用宏观连续介质力学方法深入地阐述了弹性波以及振动的理论问题,位错的力学问题,固体的热传导和黏性理论以及液晶的力学理论。本书叙述精练,推演论证严谨,更着重于问题的物理描述。本书可作为高等学校物理专业高年级本科生教学参考书,也可供相关专业的研究生和科研人员参考。

《连续介质电动力学(第四版)》

　　本书是《理论物理学教程》的第八卷,系统阐述了实体介质的电磁场理论以及实物的宏观电学和磁学性质。全书论述条理清晰,内容广泛,包括导体和介电体静电学、恒定电流、恒定磁场、铁磁性和反铁磁性、超导电性、准恒电磁场、磁流体动力学、介质内的电磁波及其传播规律、空间色散、非线性光学和电磁波散射等内容。本书可作为理论物理专业的研究生和高年级本科生教学参考书,也可供科研人员和教师参考。